中国革命の方法

共産党はいかにして権力を樹立したか

三品英憲【著】
Hidenori Mishina

名古屋大学出版会

中国革命の方法

目　　次

序　章　土地改革と中国近現代史 ……………………………………… 1

  1　問題の所在　1
  2　扱う時期の概観　7
  3　戦後国共内戦と土地改革　11
  4　本書の考察対象　29
  5　資料と手法　35
  6　本書の構成と用語法　42

第 I 部　華北農村と毛沢東──社会経済構造

第 1 章　毛沢東の台頭と中国社会認識 ……………………………… 46

  はじめに　46
  1　毛沢東の台頭と「群衆」の解釈権　47
  2　中国農村社会に対する毛沢東の認識　56
  小　　結　66

第 2 章　華北農村の社会経済構造 ……………………………………… 68

  はじめに　68
  1　華北における農業経営の類型　70
  2　冬麦小米区の社会経済構造──陝西省米脂県の調査報告　77
  3　冬麦高粱区の社会経済構造──河北省定県の調査報告　86
  小　　結　99

第 3 章　近代華北村落の社会関係 ……………………………………… 103
      ──『中国農村慣行調査』分析

  はじめに　103
  1　権利・紛争・調停と面子　107
  2　紛争・訴訟と村落社会　126
  小　　結　140

目　次　iii

第 II 部　農村革命工作へ——土地改革の展開

第 4 章　国共対峙と農村工作 ……………………………………………… 142
——五四指示の再検討

はじめに　142

1　抗日戦争後の反奸闘争・減租減息運動（1945 年 8～10 月）　148

2　放手発動と減租運動　155

3　漢奸・悪覇の「封建勢力」化と華北農村革命　163

小　結　173

第 5 章　国共内戦の全面化と階級政党への回帰 ……………………… 176

はじめに　176

1　内戦全面化前夜の中国共産党　179

2　内戦全面化以後の中国共産党　191

小　結　200

第 6 章　土地改革の解禁と基層幹部 …………………………………… 202
——共産党統治下の地域社会

はじめに　202

1　国共内戦全面化以降の土地改革と華北農村（1946 年 7～11 月）　205

2　1946 年 11 月後半以降の土地改革と中央・地方・基層　221

小　結　246

第 7 章　階級闘争の不振から覆査運動へ ……………………………… 248

はじめに　248

1　覆査運動の指示と地方党組織の躊躇　250

2　富農規定の変更と覆査運動　266

小　結　288

第 III 部　加速する暴力とその帰結——土地改革の行方

第 8 章　貧雇農と基層幹部の相克 ………………………… 292
——農村社会の権力変動

はじめに　292
1　「貧雇農を中核とする路線」下の覆査と農村社会　293
2　社会秩序のさらなる変化と戦時動員　306
小　結　324

第 9 章　中国土地法大綱の決定と華北社会 ………………… 327

はじめに　327
1　中国土地法大綱と「貧雇農を中核とする路線」　329
2　中国土地法大綱と華北の地方党組織　343
小　結　353

第 10 章　誰が貧農か ……………………………………… 355
——流動化する社会秩序と戦争への献身

はじめに　355
1　中国土地法大綱下の各級党員と貧雇農　356
2　中国土地法大綱下の社会と秩序　376
小　結　392

第 11 章　「行き過ぎ」是正の論理と党中央 ……………… 394

はじめに　394
1　任弼時の危機感と「どのように階級を分析するか」　396
2　「行き過ぎ」是正と毛沢東　416
小　結　438

第 12 章　「行き過ぎ」は共産党の統治に何をもたらしたのか …… 440

はじめに　440
1　貧農団に対する各級党組織の牽制　441

2　貧雇農の正統性のゆらぎと基層社会　448

　　3　「行き過ぎ」是正と社会秩序　453

　　小　　結　470

終　章　中華人民共和国はどのようにして成立したのか……………473

　　1　本書で明らかにしたこと　473

　　2　中国革命の方法　478

　　3　土地改革の「遺産」と中華人民共和国　488

　参考文献　493

　あとがき　503

　図表一覧　511

　索　　引　512

　中文要旨　525

　英文要旨　530

序　章

土地改革と中国近現代史

1　問題の所在

1）中華人民共和国における国家と社会

　中国における国家と社会の関係の転換点はどこか。具体的な問題として言え
ば，大躍進政策に象徴されるような，毛沢東期中国（1949～76 年）における国
家による社会の支配は，なぜ可能になったのか。これが本書の大きな問題意識
である。

　この問いは難問である。なぜ難問なのか。それは，中華人民共和国（以下，
人民共和国）の成立から十年もたたないうちに実現した国家による支配の姿と，
抗日戦争期（1937～45 年）までに形成された国家としての中国の姿との差が，
あまりにも大きいためである。

　人民共和国を樹立した中国共産党（以下，共産党）は，1950 年代，アメリカ
との対立の激化に対応するため急速に社会に対する統制の度合いを強めていっ
た。都市においては三反五反運動などの大衆運動を仕掛けて私営企業の国有・
国営化を推し進め，農村においては農業の集団化を推進した（奥村 1999：第 5
章）。その過程では，共産党が望む政策を社会に受け入れさせる強制力の大き
さが如実に示された。その力が特に顕著に表れたのが農村での過程である[1]。

　共産党は，戦後内戦期（1946～49 年）から建国初期にかけて土地改革（土地
所有権の分配）を実施して全国の農民を自作農化していたが，1957 年末から始

まった大躍進政策ではその土地所有権を取り上げて人民公社に組織した。人民公社とは，最大で県レベル（たとえば現在の河北省においては，県は数百平方キロ，人口数十万人）を単位として設立された社会の基本組織で，土地の所有権を放棄させられた農民が社員として雇用・使用され，その働き（労働点数）にしたがって賃金が支払われる集団農場である。そこにいたる過程ではもちろん農民からの抵抗が生じており，人民公社の前段階である高級合作社（収穫物を労働点数だけにもとづき分配する集団農場。つまり高級合作社への参加は，土地の所有権を放棄することを意味していた）の加入率は 1955 年まで低いままで推移していた。この状況を一変させたのが毛沢東であり，1955 年に毛沢東が「纏足をした女のようだ」と批判してから農民の高級合作社への加入が一気に加速した（毛里 2012：61-62）。その後，集団化が農業生産の現実に合わないことを実感した農民たちは，1956 年の冬から 1957 年の春にかけて退社騒ぎを起こすが（高橋 2021：161），1958 年 5 月に人民公社化が開始され 8 月に入社が呼びかけられると，9 月には全農村の人民公社化がほぼ達成された（小林 1997：331-333）。1950 年代半ば，国家（党）は農民の意志に反する政策を強行して実現するだけの強制力を有していたことがわかる[2]。

　人民公社に組織された農村住民は，公社に設けられた共同食堂で食事をとるなど私的生活を極限まで縮小されるなかで，国家による限界を超えた収奪にさらされた。国家は核兵器開発と軍需に直結する重化学工業部門へと重点的に資金を投入し，民生用の生産については労働力の過剰投入（人海戦術）によって資金不足を克服しようとしたため，農村住民は「土法高炉」での製鉄や水利建設へと「蟻」のように労働力を提供することになった（奥村 1999：151-155）。その結果，農業生産に向ける意欲と道具と時間が失われ，1959 年から数年間，

---

1) 都市住民の統合では，以下に述べる農村の集団化によって食糧が国家の統制下に置かれ，食糧をはじめとする生活必需品が配給制になったことが大きな意味をもった。

2) ただしこれは党と国家が経済を有効に制御していたことを意味していない。人民共和国で「現実に形成された「態勢」は，すべての国民と物質的資源を，分権化された地方間で有機的連関なしに，資源制約の壁にぶつかるまで無秩序，やみくもに動員した「態勢」であ」った（上原 2009：133）。本書が問題とするのは住民を動員する国家の能力である。

全国で 3000 万人とも 4500 万人とも言われる餓死者を出す大飢饉となった（毛里 2012：38-39）。国家（党）は社会が崩壊するほど労働力を動員できる力をもっていたのである。

　しかも，この数千万人に及ぶ餓死者の中心は農村住民であった（久保・土田・高田・井上 2008：159）。食糧を生産する農村住民が餓死する一方で，都市住民は守られたのである。その背景として毛里和子は，中央省庁である糧食部が，1959 年に把握した穀物生産量の 3 分の 1 を買い付けの形で農民から収奪したことを指摘している（毛里 2012：39）。このことはつまり，国家は餓死者が出るほど農村から食糧を収奪できる力をもっていたことを意味している。1950 年代後半，国家（党）は，住民の多くが希望していない政策を強制的に実現し，国家が必要とする物資と労働力を住民の負担能力を無視して社会から調達し，その政策のために生じた結果を受忍させるだけの力を有していた。

　このように国家が社会と家庭に深く浸透し，人や資源を限界まで調達することが可能であるような国家の姿は，山之内靖の言う「総力戦体制」に含めることができるだろう。奥村哲は毛沢東期の社会主義中国を「総力戦の態勢」と呼んだが，総動員に即応できる体制は，確かに 1950 年代半ばにはその姿を現していたのである[3]。

---

3) ただし，総力戦体制を構築する過程において国家がどのような役割を果たしたのかという点については，山之内が考察の対象に取り上げた諸国家と人民共和国とでは大きく異なる。前者では，「市民としての正当性を与えられていない」ため「総力戦の遂行にあたって主体的な担い手になろうとする内面的動機を欠いている」「劣位の市民」は，総力戦の遂行に際して重大な障害となることから，国家は階級を超越する立場から全人民の強制的均質化を図った（山之内 2015：64-66）。これに対し後者では，国家は国民を「人民」と「人民の敵」に分け，自らを「人民」階級の側に立つものであると宣言して，「人民の敵」を屈服させた形での統合を目指した。特定の階級が指導する均質化を図ったと言える。また長谷部恭男は，共産主義の国家は「治者と被治者の自同性の前提となる被治者の同一性」を「階級を基準として，達成する」国家であり，「国家の多元化と分裂を認めず，友敵を明確に識別する強力な国家」であるとする（長谷部 2006：51）。

2）抗日戦争期までの国家と社会

　しかしこのような総力戦体制の国家を，清末以降の近代化過程はもとより，抗日戦争時に構築された戦時体制からの単純な延長線上に捉えることはできない。

　日清戦争で日本に，さらに義和団事件で列強に敗北した清朝は，明治維新に倣った近代化政策である光緒新政を推し進めたが，その政策の基礎データとなるべき地籍は不十分であり戸籍も未整備であった（戸籍の調査は公式には1711年を最後に行われていなかった）。これは，伝統的に中国では統治機構が県レベル以上にしか置かれておらず，納税者（土地所有者）の管理と徴税業務は「社書」などと呼ばれる徴税請負人に委ねられていたことと関係している（笹川2002：9-10）。新たに開墾した土地は当該地域を管轄する社書に届けるのが原則ではあったが，それは必ずしも義務ではなく遺漏も多かった（課税地として登録されていない耕地を「黒地」と呼ぶ）。近代化政策の財源は土地所有者に公平に負担されるべきだったが，そのためには改めて土地の測量を行って地権者を確定する必要があった。

　しかしここにも問題が存在した。末端行政事務を担うに足る能力をもった自治的・自律的な村落共同体が存在しなかったからである。したがって光緒新政は，社会の基層に行政村を設置することから始めなければならなかった（旗田1973：63-64）。結局，信頼できる地籍図を作成し地権者を確定できるようになったのははるかに時代が下った1930年代のことであり，当時最新の技術であった航空測量を用いて低コストで製図できるようになってからのことであった（笹川2002：第7章）。この時まで中国の国家は，誰がどこに住み，どのくらいの収入があるのか把握できなかったのである。

　もちろん，1928年に国民革命を成功させて全国政権を樹立した国民党・国民政府は手をこまねいていたわけではない。国民党は第一次大戦後に中国国内で高まったナショナリズムの流れに棹さす政党であり，民衆運動を介して国民を統合しつつ，ロシアのボルシェビキに倣って党が国家と社会を一元的かつ強力に指導する体制を樹立しようとした。久保亨は，人民共和国において実現した国家体制の原型がここにあると指摘する（久保2020：375-378）。また満洲事

変によって日本の侵略姿勢が露わになるなか，蔣介石は 1934 年に中国人民を勤勉かつ健康な近代的国民に改造することを企図して「新生活運動」の号令を発した。その目的は，「礼儀作法－身体美学と公共意識の普及による国民創出」にあった（深町 2013：324）。

しかし，結果的には「国民創出に成功しえぬまま」（深町 2013：325），また国家と社会との間の距離が十分埋まらないまま，中国は総力戦体制を構築した日本から全面戦争の挑戦を受けることになった。「南京の十年」で構築した基盤を緒戦で失った国民党・国民政府は，重慶に移り重化学工業を開発して抗戦経済を維持したが（久保 2020：第 3 章），前線で消費される人命と食糧は，基盤となるべき住民データがないなかで四川省など奥地の社会から強制的に調達せざるをえなかった。その結果，徴発と徴兵は，富裕者が当局者と結託して負担を回避する一方，収奪にさらされた社会的弱者がさらに没落していくという形で住民間の恐るべき不公平を生み，社会のなかに巨大な貧富の格差と分裂を生じさせた（笹川・奥村 2007）。中国にとって抗日戦争は，総力戦体制を構築して遂行されたとは言えないのである。

共産党の支配も 1930 年代はルーズであった。国民革命の途中で国民党から弾圧を受けた共産党は，長江中流域と華南の農村に根拠地（中華ソビエト共和国）を樹立して国民党軍[4]と対峙したが，高橋伸夫によれば，当該時期の共産党は組織としても統治権力としてもルーズであり，中央からの指示・命令はしばしば革命活動の現場で放置され，勝手に読み替えられた（高橋 2006）。農民は共産党の意のままにならず，基層幹部も自己の利益のために党の権力を利用していた。共産党は，国民党軍の包囲殲滅作戦によって 1930 年代半ばに中華ソビエト共和国を放棄するまで，高橋が「勝手な包摂」と呼ぶこのような状況に翻弄されていた。この時期，共産党は社会を統制する能力をもっていなかったのである。

このようにみれば，毛沢東期の人民共和国の国家体制が，近代以降，抗日戦

4）正式名称は国民革命軍であり南京国民政府の中央軍であるが，1948 年 5 月までの国民政府は国民党の独裁下にあり，政府・軍も党と一体化していたため，以下本書では国民党軍と表記する（『中華民国史大辞典』1178，1184 頁）。

争期までの中国で行われていた国家建設の単純な延長線上にないことは明らか
である。抗日戦争期の国民政府と1950年代初頭の人民共和国の，同一地域（四
川省）からの食糧徴発量を比較した笹川裕史は，後者は前者に比べて2.3倍か
ら3倍（計画買付額を加算すれば4.3倍から5.4倍）の食糧を引き出したことを指
摘している（笹川2006：250-251）。また金子肇は，1954年に実施された全国人
民代表大会の「普通選挙」において，共産党は社会を末端から把握・統制する
能力を使って自らの望む結果を作り出し，全国人民代表大会を擬制化（形式化）
することに成功したとし，それは1947年の国民大会・立法院選挙のときにみ
せた国民党の社会統制能力とは大きな差があったとする（金子2019：266-267）。
隔絶していた国家（統治権力）と社会は，いつの間にか前者が後者を浸潤する
形で融合し，国家は社会から随意に限界まで（あるいは限界以上に）資源を調
達することができるようになっていたのである。では，いつ，どのようにして
中国の国家と社会の関係は変化したのだろうか。抗日戦争から1950年代まで
の間に何が起こったのだろうか。これが本書の問いである。

3）本書が取り上げる問題

　このような問いをふまえて本書が取り上げる具体的な対象は，共産党が戦後
国共内戦期に実施した，土地改革を中心的課題とする農村革命である。本書は，
ここに国家（党）と社会の関係の転換点，住民統合の質的な転換点があったの
ではないかという仮説を立てる。もっとも，これは独創的な問いではない。共
産党の公定史観がすでに「土地改革によって民衆の支持を調達した」という形
で，それ以前の国家・社会関係からの質的な転換を説明しているからである。
そしてもちろん，これまでにこの共産党の公定史観に対しては多くの批判がな
されてきた。しかしのちに詳述するように，それらの研究は「共産党はなぜ勝
利できたのか」という問題を解こうとするものであって，人民共和国成立後の
展開まで説明できるものにはなっていない。本書は公定史観に代わる射程を
もった歴史像を提起しようとしている。

　とはいえもちろん，「この時期に質的転換があった」という仮説に合致する
事象だけを集めるのは本末転倒であろう。考察の結果，筆者の診立てが誤って

おり，転換が生じたのはこの時期ではなかったということがわかるという可能性はある。たとえば河野正は1950年代半ばまでの河北省における農村変革について検討するなかで，基層社会が大きく変わったのは集団化時期であるという見通しを立てている（河野2016）。しかし河野の議論はなぜそれが可能になったのか説明しておらず，集団化時期の社会改造を可能にするプログラム・構造が，その前の時期に社会に埋め込まれたと考える余地は残されている。まずは戦後内戦期農村革命の展開を丁寧に再構成することが必要であろう。共産党はどのような社会でどのような革命活動を行い，それはどのような結果を生んだのか。そしてそのことは人民共和国の構造にどのような影響を与えたのか。本書はこのような問題群を考察する。

2　扱う時期の概観

　ここで，共産党の土地政策の変遷と国民党・共産党の関係にかかわる出来事を中心に，1930年代半ばから人民共和国成立までの経緯を概観しておく。

　1930年代，共産党は長江中流域・華南の山間部に中華ソビエト共和国を設立して土地革命（地主の土地を没収して小作農に分配する政策）を実施していた。これは，共産党が中国の現状を「半植民地・半封建」社会と規定し，近代化・富強化を図るうえで国内的には封建制の打破を必須としたからである[5]。共産党がみるところ，中国の封建制とは地主制であり，地主の土地支配を破壊することこそが生産力の解放のために必要であった[6]。

　しかしこの現実認識と解決方法は国民党・国民政府が容認しうるものではなかった。共産党根拠地は国民党軍の包囲殲滅作戦にさらされ，共産党は1934年11月に根拠地を放棄して流浪の旅に出ることになる（長征）。翌年10月に

　5）中国社会が半封建社会であり，目下の革命は社会主義革命ではなくブルジョア的な民主主義革命であるという規定は中国共産党第六回全国大会（六全大会，1928年6〜7月）で確立した（中西1969：179）。

　6）「中共六全大会決議」『中国共産党史資料集』第4巻，6-7頁。

陝西省延安に到達した毛沢東率いる中央紅軍に対し国民党軍はなおも追撃の手を緩めなかったが，一致抗日を求める張学良らが1936年12月に西安事件を起こし，1937年7月の盧溝橋事件から日本と中国が全面的に軍事衝突したことで翌月より国共両党は協力関係に入った。なお，これに際して中国共産党中央委員会（以下，中共中央）は，1937年8月23日から25日まで陝西省北部で会議（洛川会議）を開いて「抗日救国十大綱領」を決議し，抗日民族統一戦線を形成するために土地革命を停止し「減租減息」運動によって農民の土地問題を解決することを宣言した[7]。減租減息とは，小作料と利息の軽減を意味する。この方針が1946年までの共産党の土地政策の基本方針となった。

　共産党内では，抗日戦争の時期，毛沢東の権力と権威が確立しつつあった。もともと共産党内ではソ連への留学経験のある人びとがコミンテルンの威光を背景に権威と権力を握っていたが，毛沢東は中華ソビエト共和国を放棄せざるをえなくなったことの責任を厳しく追及することで権力を奪取し，また「マルクス主義の中国化」の必要性を主張することでコミンテルンの影響力を相対化することに成功した。こうした流れは1942年から始まった延安整風運動で確実なものとなり，1943年3月には毛沢東の党内「最終決定権」が確認された（石川2021：112-114，139-145）。そして1945年4月から6月まで開かれた中国共産党七全大会で，「毛沢東思想」を共産党の党規約の核に据えることが決議された[8]。

　1945年8月に日本が降伏すると，共産党は東北や華北に出現した空白地域に支配地域を拡大した。そのために生じた内戦再開の危機はアメリカの仲介によりひとまず回避され（同年10月，双十協定），共産党も同年12月に減租減息政策を維持して階級闘争（土地革命）を強行しないことを確認した[9]。このような状況の下で1946年1月に開かれた中国政治協商会議では，国共両党とそれ以外の党派も合わせて，戦時体制を解除した後の国家の姿について合意がなさ

7）『中国共産党歴史大辞典　新民主主義革命時期』523，581-582頁。
8）『中国共産党歴史大辞典　新民主主義革命時期』527頁。
9）「減租和生産是保衛解放区的両件大事」と「1946年解放区的工作方針」。ともに『中国共産党歴史大辞典　新民主主義革命時期』629頁。

れた。しかし 1946 年春に東北からソ連軍が撤退し始めるとその空白地域をめ
ぐって国共両軍の間で武力衝突が生じ、さらに 3 月に開かれた国民党第六期第
二回中央委員会が「国民党の中央委員会が政府閣僚を選任する」と決議して、
国民党の一党独裁体制を維持することを確認すると、全面的な内戦勃発の危機
が高まることになった。

　このような状況のなかで、中共中央は 1946 年 5 月 4 日に党内に対する秘密
の指示として「土地問題に関する指示（関於土地問題的指示）」、いわゆる五四
指示を発出し、土地政策の転換を行った。ただし、この五四指示が何を目的と
して出されたものなのかは重要な問題であり、論者によって見解が異なる。こ
こではひとまず共産党の公式見解を挙げておきたい[10]。それによれば、五四指
示は「減租減息闘争のなかから封建的搾取を消滅させ徹底的に土地問題を解決
したいという広大な農民の切実な要求」に鑑み、「地主の手中から土地を奪還
し耕者有其田〔耕作者がその耕地を所有する〕を実現したいという広大な農民の
要求を肯定する」よう麾下の党員・党組織に命じた文書であり、これによって
中共中央は、「抗日戦争期に制定された減租減息政策を、地主の土地を没収し
農民の所有に帰す政策に変えることを決定した」とされる。

　一方、軍事的に圧倒的優位に立つ国民党・国民政府は、1946 年 6 月末、共
産党の根拠地（辺区）に対する軍事行動に踏み切り、全面的な国共内戦が始
まった[11]。戦況は予想どおり国民党軍が優勢であり、1946 年 10 月には抗日戦
争以来の華北の重要な根拠地（晋察冀辺区）の中心であった張家口市が陥落し、
1947 年 3 月には延安市も陥落した（図序-1）。これ以降 1948 年 5 月まで、共産
党中央指導部は毛沢東率いる中共中央と劉少奇率いる中共中央工作委員会に分
かれ、前者は国民党軍をひきつけつつ陝西省北部を転戦し、後者は陝西省の根
拠地（陝甘寧辺区）に隣接する晋綏辺区を経由して晋察冀辺区に移動した。

10）『中国共産党歴史大辞典　新民主主義革命時期』630 頁。
11）当時、約 127 万人の共産党軍に対し、国民党軍は 470 万人の兵力を擁していたと言われ
　　る（久保・土田・高田・井上 2008：139）。なお田中恭子は 1945 年 9 月時点の兵力とし
　　て、共産党軍 32 万人に対し国民党軍 370 万人というさらに懸隔の大きな数字を挙げて
　　いる（田中 1996：46）。

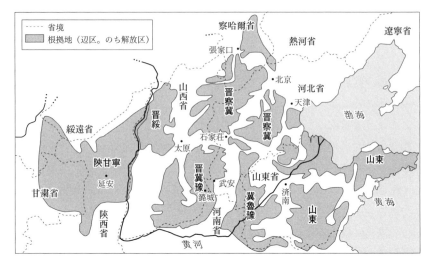

図序-1 1945年における華北の主な共産党根拠地
出所）光岡（1972）巻末の「抗日戦争形勢図（1945年）」にもとづき作成。

このように二手に分かれた中央指導部のうち，土地改革を中心的課題とする農村革命事業を担当したのは，晋察冀辺区の河北省平山県に拠点を置いた劉少奇の中共中央工作委員会であった。共産党中央指導部は上述の軍事的危機が迫るなか，1947年2月に「貧雇農を中核とする路線（貧雇農骨幹路線）」で土地改革を行うことを命じていたが，劉少奇は五四指示以来の農村革命運動を総括して新たな方針を打ち出すべく，1947年7月から共産党の各地方党組織の農村革命担当者を河北省平山県に集めて全国土地会議を開催した。2カ月に及ぶ会議の結果，9月に「中国土地法大綱」を決議して10月に公布した。中国土地法大綱は，地主的土地所有を全廃し，富農の余剰資産についても没収して村民に一律に分配することを規定した急進的な内容をもつ命令であり，この実施を妨げる者は共産党組織・党員であっても排除することを謳っていたこともあって，土地改革運動が過激化する（共産党の用語で「左傾」と呼ばれる）契機となったとされる。

このときの急進的な土地改革が共産党にとってどのような意味をもっていた

のかは，のちに紹介するように論者によって大きく異なるが，この時期，国共
内戦の戦況が共産党にとって有利に傾きつつあったことは事実である。1947
年 11 月には華北の要衝である石家荘を奪取し，同時期に行われた東北秋季攻
勢と 1947 年 12 月から 1948 年 3 月までの間に行われた東北冬季攻勢によって，
東北の中小都市が共産党の支配下に入っていった。共産党は 1948 年初めに中
国土地法大綱にもとづく急進的な土地改革を棚上げする一方，軍事的攻勢を加
速させ，同年下半期からの三大戦役（遼瀋戦役・淮海戦役・平津戦役）に勝利し
て内戦の行方を決定づけた。そして，1949 年 9 月には中国人民政治協商会議
を開催して新国家の基本方針を定めた「共同綱領」を採択し，10 月 1 日に人
民共和国の成立を宣言したのである。

3　戦後国共内戦と土地改革

1）共産党の公定史観

　このように抗日戦争後の国共内戦で共産党が劇的な勝利を獲得できたのはな
ぜなのか。共産党の勝利をどのように説明するかという問題については，この
期間に実施された土地改革との関係をめぐって大きな争点が形成されてきた。
1950 年 6 月，毛沢東は次のように述べている。すなわち，「われわれはすでに
北方のおよそ 1 億 6000 万人の地域で土地改革を完成させた」が，「われわれの
解放戦争は主としてこの 1 億 6000 万の人民に依拠して勝利したのであり」，
「土地改革の勝利があって初めて蔣介石を打倒する勝利があった」と述べ，土
地改革と内戦勝利との間に強い因果関係があることを示した[12]。現在でも共産
党の公定史観では，土地改革が共産党の勝利をもたらした大きな要因であると
されている。

　たとえば中共中央直轄の文献研究室で共産党史研究に従事していた金冲及

12）毛沢東「不要四面出撃——毛沢東在中共七届三中全会上的講話」(1950 年 6 月 6 日)，
　　『中共中央文件選集』第 3 冊，145 頁。

は[13]，近代中国を半植民地・半封建社会と捉え，農村では封建勢力としての地主が農奴としての貧農（小作農）を支配していたとし，共産党の土地改革はこの封建的支配構造を覆すための革命であったとする（金2002：394）。金によれば，地主の土地を没収して貧農に分配しようとする共産党の闘いは，中世から近代に向かって歴史の歯車を動かす革命だったのであり，貧農を中心とする人民には封建的搾取を打ち破り新たな生産力を手にしようとする積極性が内在していた。共産党と貧農の利害・意志は一致しており，共産党は貧農を中心とする広範な人民の支持を得て封建勢力を代表する国民党に勝利した，とされる。ここでは共産党の勝利は「歴史の必然」として説明されている。

　共産党中央党校で共産党史を研究する羅平漢も[14]，金冲及と同様の枠組みで共産党の勝利と土地改革の関係を説明している（羅2018）。金冲及と異なるのは，この間に人民共和国内で提起された疑念，たとえば中国社会では伝統的に均分相続を行ってきたのであり，固定的な階級を前提として歴史を説明することは困難ではないかという指摘や，地主などの大規模経営が実際には農業生産をリードしていたのではないかという指摘などに対して目配りをしている点である（羅2018：第1章）。しかし羅平漢は，このような鋭い指摘に言及しつつも，前者の問題に関しては「当時の中国農村の土地集中の状況が必ずしも従来宣伝されていたような重大なものでなかったとしても，地主富農が所有する土地は中農よりもはるかに多く，貧農は言うまでもないということは，おそらく歴史的事実である」と述べ（羅2018：28），また後者の問題についても，「座して小作料を受け取ることを目的とする地主が手元に土地を集中させることは，決して集約的経営や生産規模のためではない。地主が農業経営の腕利きであると言うに至っては，おそらく当て推量である」と述べ（羅2018：14），実質的にすべて却下して従来の説明の枠組みを維持している。土地改革によって広範な人民の支持を得て共産党が内戦に勝利したという歴史像は，共産党の支配が正統であることを主張する「建国神話」として，中国における共産党の独裁が続く

13）『中国共産党組織史資料』第7巻上，265頁。
14）羅（2022）の著者紹介による。

限り維持されるであろう。

2）暴力への着目

しかし，このような「建国神話」の裏側で実際に何が起こっていたのか。公定史観に対する異論は，同時代の欧米人観察者が残したルポルタージュが伏流水となる。そのうちのひとつ『翻身――ある中国農村の革命の記録』の著者ウィリアム・ヒントンは，連合国救済復興機関の技術者として中国に渡り，任務終了後も英語教師として滞在する傍らで1948年2月から4月まで山西省潞城県張荘村に赴き，調査を行った（前掲図序-1参照）。そこでは県や区の幹部・工作隊・村幹部や村民への聞き取り調査を行い，また現地で開かれた各種の集会にも陪席して記録を残した。もうひとつのルポルタージュはクルック夫妻（Isabel and David Crook）による *Revolution in a Chinese Village: Ten Mile Inn* である。クルック夫妻は1947年11月末に河北省武安県の什里店に赴き，1948年春ごろまでそこで調査を行った（同じく前掲図序-1参照）。この2つのルポルタージュは，いずれも地主による搾取の過酷さと貧農の生活の悲惨さを強調しており，基本的には土地改革の必要性を認めている。その意味では公定史観を補強するものにほかならないが，見逃せないのは，闘争の残酷さと社会秩序の混乱ぶりが克明に描かれている点である。

張荘村でも什里店でも，「闘争対象」とされた人びとは集団的な暴力にさらされ殺害された。什里店では，村人が憎しみのあまり正式な手続きを経ずに4人の闘争対象を川に追いつめ，石を投げて殺害する様子が描かれている（Crook 1959：151-153）。また張荘村でも反奸清算（対日協力者に対する懲罰）闘争で多くの村人が惨殺され（ヒントン1972a：197-199），抗日戦争期以来何度も繰り返されてきた闘争の結果，もはや村内に富裕者がいなくなっていたにもかかわらず，村の幹部が「闘争の果実」を不当に占有しているのではないかと疑われ，上級の党組織から「貧雇農」に認定された人びとに監禁されて尋問を受けている（ヒントン1972a：442-443）。こうした様子は基本的に，貧苦の農民が革命に対してもつ積極性を示すものとして肯定的に描かれているが，客観的にみれば，これは暴力と殺人の閾値が極端に低い恐ろしい社会である。2つの優れた同時

代的なルポルタージュは，内戦期土地改革の暴力性や秩序に与えた衝撃に注目する契機を提供した。

　近年でも，ブライアン・デマール（Brian DeMare）の *Land Wars: The Story of China's Agrarian Revolution* が，1920 年代後半に毛沢東が行った農村調査から 1940 年代の戦後国共内戦期，さらには建国初期の「土地法」にもとづく土地改革までを通観したうえで，張荘村や什里店の情報を多く参照しながら「工作隊の到着」「組織化」「分配」「闘争」といった共産党の農村革命の各場面における暴力的な実態について分析している。この 2 つのルポルタージュに描かれた農村革命の暴力性は，「建国神話」の相対化において今なお重要な役割を果たしている。

3）内戦期土地改革は共産党の勝利に貢献しなかったとする研究

　では，このように極端な暴力をともなった土地改革は，結局のところ共産党の支配にとってマイナスに作用したのだろうか，それともプラスに作用したのだろうか。

　O. A. ウェスタッド（Odd Arne Westad）の *Decisive Encounters: The Chinese Civil War, 1946-1950* は，土地改革にともなう暴力による秩序破壊は共産党の支配にとってマイナスに作用したとする。同書は次のように述べている（引用中の下線・破線・強調は引用者による。以下同じ）。

　　共産党が地方で行ったとされる土地改革キャンペーンについても，新たな証拠にもとづいて再検討されなければならない。内戦中，急進的な土地改革を宣伝することで，党が敵の猛攻から生き残ることができた地域や時期もあった。たとえば，1946 年から 47 年初頭にかけての華北の一部地域である。しかし全体としてみれば，農村部における土地分配の著しい不平等を是正するための努力は，国民党を倒すための軍事的・政治的闘争において，共産党にとっておそらく益とも害ともなった。戦争の目的上，村々において重要なのは，誰が共産党軍を支持し，誰が反対するかであり，地方のエリートが積極的に国民党と同盟するような場合を除き（同盟する理由はほとんどなかった），

土地の再分配は〔状況を〕不安定化させるものであり，逆効果であっただろう。共産党が新たに支配した地域では，小作料引き下げおよび古いツケの清算という戦時政策が，導入可能な最大限の社会事業である，ということを，毛沢東は十分早いタイミングで——すなわち，1947年までに——認識させられることとなったが，これは共産党が勝利できた理由のひとつであった。

(Westad 2003：10-11)

　下線部にあるように，同書は，「華北の一部地域」では土地改革の宣伝が意味をもったとしつつ，全体としては，農村での政策を土地分配ではなく減租減息と清算闘争にとどめたことが大きな意味をもったとする（破線部）。もし共産党が土地分配を続行していれば，共産党は内戦に敗れる可能性があったということになるだろう。したがって同書は，「重要な戦いは，ほんの少し異なる配置をするだけで，違った結果になったかもしれないという偶発性を強調」している（Westad 2003：328-329）。

　人民共和国において公定史観に挑戦している楊奎松も，極端な暴力をともなった土地改革運動は共産党の勝利に対してマイナスに働いたとする（楊2009：第1章）。楊奎松は，きわめて緻密な実証によって当該期間の共産党幹部たちの動きを復元し，そのなかで土地改革運動において残酷な状況が出現したことを抉り出している。結論としては，そのように運動が過激化した地域は共産党の支配地域全体からすれば部分的であり，全体としてみたときには土地改革は農民の動員に有効だったとしているが（楊2009：103），行論においては「土地改革が農民の動員に有効だった地域」をまったく取り上げておらず，この結論は，公定史観に抵触することを避けるためのレトリックである可能性が高い。そうだとすれば，楊奎松の本当の主張は，極端な暴力をともなった土地改革運動は社会の混乱を招いただけであり，共産党の支配・動員にとってマイナスに働いたと評価するものと言えるだろう。

　とはいえ，共産党が内戦に勝利したのは厳然とした事実である。もし土地改革が勝因でなかったとすれば，他に勝因がなければならない。たとえば高橋は，先にみたように「散漫な党組織」と「勝手な包摂」をキーワードとして1930

年代の共産党と農村社会との関係について説明したが，戦後の国共内戦につい
ても同じ要素が勝因になったという見方をしている。高橋は「共産党が勝利す
るためには，国民政府の力を相対的に上回りさえすればよかった」としつつ，
「紅軍の勝利に基づく実力の誇示と，党を困惑させた機会主義的な農民大衆の
打算と，これまた党が意図しなかった「散漫な」党組織という要素が出会った
ところに党による動員能力が大幅に向上する可能性」があったとする（高橋
2006：169，171）。また阿南友亮も，「1946 年以降の共産党軍の急速な拡大は
……〔省略を示す。以下同〕中国の社会に多く存在した傭兵，自衛団体，匪賊な
どの既成の武力と共産党との関係という視角から改めて検討する必要」がある
と述べ（阿南 2012：445），のちに発表した戦後内戦期土地改革と共産党の軍事
力の形成に関する専論では，国民党軍将兵を多量に吸収したことが勝利に結び
ついたとしている（阿南 2019）。時期はややずれるが，人民共和国成立初期の
貴州省農村社会における共産党支配の確立過程を「民兵」に注目して明らかに
した高暁彦によれば，在地武装団体（「匪賊」）に手を焼いた共産党は，それら
の在地武装団体を「民兵」として体制内に取りこむことで地域社会を掌握した
とされる（高 2022）。阿南は，その後さらに研究を進展させ，1945 年以降の東
北の共産党軍の増強にソ連の多大な援助が存在したことを綿密な研究で明らか
にしている（阿南 2023）。これらの見解は，共産党が内戦に勝利したことの要
因を，土地改革を中心的課題とする農村革命とは異なる要素から説明するもの
として位置づけられよう。

　また，「共産党が勝利した」のではなく「国民党が負けた」とする説明も，
日本において公定史観を相対化しようとする研究の主流を形成してきた。その
集大成として位置づけられる姫田光義編著『戦後中国国民政府史の研究』では，
編者の姫田が「総論」において戦後国民政府の諸失策について概観している。
そこでは，没収した日本資産を国家が独占したこと，国民政府の官僚による不
正腐敗が横行したこと，共産党鎮圧に向けた軍事費調達のための通貨乱発が物
価の上昇を招いたこと，そして国民党の独裁体制への強制的な移行が民衆の離
反を招いたことなどが，国民党・国民政府の敗因として挙げられている（姫田
2001）。こうした研究蓄積をふまえて書かれた概説書である，久保亨ほか編著

『現代中国の歴史』も日中戦争後の国民政府の失政を重視し，戦後，国民政府はアメリカの構想にいち早く参加し自由貿易体制へと舵を切ったため，戦争で疲弊していた国内経済をさらに疲弊させ，国民の支持を失っていったとする。その一方で共産党の土地改革については，「土地を得た農民は共産党を支持し，共産党の軍隊に兵員を提供することに協力した」としつつ，1947年11月の中国土地法大綱が実施された地域では農民の支持を失ったため，「土地革命が持った意味は，共産党自身が後になって主張したほどには大きなものではなかった」という評価を下している（久保・土田・高田・井上 2008：142）。東北地方における社会の変容を19世紀後半からの歴史的展開をふまえて考察した隋藝も，戦後内戦期の共産党の農村革命と同地域における軍事的優勢の獲得とは直接的な因果関係がなかったとしたうえで，「戦争〔内戦〕の初期段階で優勢であった国民党が敗北した要因は自らの戦略の失敗にあった」と述べている（隋 2018：107）。

　加えて，たとえば笹川裕史『中華人民共和国誕生の社会史』は，四川省を「銃後」とした戦後の国民政府が，共産党との内戦のために行った徴兵・徴発が社会内にさらなる深刻な亀裂を生み出し，その統治が内部から崩壊しつつあったことを活写している。共産党はこのように分裂した社会のなかで，戦争の負担を引き受け富裕者への憎悪を募らせていた人びとの不満を「土地改革」の呼びかけの下に糾合するとともに，彼らに負担を転嫁していた人びとを「人民の敵」として攻撃し，その富と権力を分配することによって力を得たとする。この議論は，土地改革が特定の社会における特定の歴史的展開のなかでもった意義を重視してはいるが，そうした状況を作り出したという意味で，国民党・国民政府の敗因をより強調していると言えるだろう。

　これらの説明は，それぞれ事態の一面を確実に捉えたものである。しかしいずれも，本章冒頭で述べたような抗日戦争期までの中国と人民共和国との差が生じた理由も含めて，人民共和国の成立を完全に説明するものではない。たとえば，共産党が農村での政策を土地の分配ではなく減租減息と清算闘争にとどめたことが大きな意味をもったとするウェスタッドの説明は，内戦の帰趨に決定的な影響を与えた期間（1946年下半期～47年末），共産党は土地改革の実現

を追求していたという事実と符合しない。

　軍事化した社会に存在する諸軍事勢力を糾合して国民党軍を相対的に上回る戦力を獲得したことが決定的な意味をもったとする主張については，兵士の「質」の問題を考える必要がある。共産党の地方党組織であった冀東軍区政治部は，1946 年 2 月 9 日付で同軍区の幹部に対して警告を発しているが，そのなかでは「敵から寝返ってきた兵士は，比較的長期間，人民に敵対する立場に立って敵のために奉仕してきており，……そのため少し時間があるとすぐに元に戻る」と述べ，その質の低さに注意を喚起していた[15]。実際に東北では，日本降伏後に共産党軍に組み込まれた旧満洲国軍兵士や在地武装集団は国民党軍の攻勢とともに大量に離反し，その過程で各部隊を指揮していた共産党幹部が多数殺害された（隋 2018：88-90）。「寝返り兵」は向背常ならず，厳しい戦況には耐えられなかったといえよう。人民共和国成立初期の貴州省農村でも，「民兵」として統治権力の暴力装置の一端を担った在地武装団体は，人民解放軍のプレゼンスが弱まると自律性を回復して暴走したとされる（高 2022）。

　しかし 1947 年 5 月 3 日には，冀東区を管轄する冀察熱遼区[16]の党代表会において程子華が「冀察熱遼区のこの 1 年間の各方面における積極的な準備と努力によって……すでに新しい変化が発生しており」，「われわれは現在すでに運動戦を主とし，広範な遊撃戦で補うことができる」状況になっていると述べている（ただし，同じ文章では「われわれの主力軍はなお兵員が不足しており，新兵の割合が非常に大きい」とも述べている）[17]。ここで言う「運動戦」とは，「遊撃戦」と対比されていることからみて，現代の軍事用語で言う「機動戦」（「機動」とは「敵に対して有利な態勢をとるために，部隊が戦闘態勢を整えて移動すること」〈内田 2016：163〉）を意味するだろう。実際に，1947 年 9 月に行われた清風店戦役では，共産党軍は戦闘態勢のまま約 100 キロを一昼夜で走破し，国民党軍

---

15)「冀東軍区政治部給全軍領導幹部的一封信」（1946 年 2 月 9 日），『冀東武装闘争』394-395 頁。

16)『中国共産党組織史資料』第 4 巻上，220-221 頁。

17) 程子華「関於目前形勢与任務」（1947 年 5 月 3 日），『熱河解放区』295-296 頁。

を急襲・殲滅している[18]。こうした高次の機動戦は，従軍する兵士に高い練度とそれだけの訓練を可能にする意識の裏づけがなければ不可能であろう。兵数の多寡はもちろん戦況に影響を及ぼしたであろうが，その質こそ戦術を選択するうえで重要な要素であり，1946年から47年にかけて相手の主力と正面から戦闘できるような質が獲得されていったことを示している。

　このような兵士の質の問題を考える際には，当該時期の華北の農民がいかにして兵士になったのかという問題を研究している斉小林の研究成果も重要である。斉小林『当兵』は，1947年から華北の根拠地では「自報公議（兵士になることを希望した者に対し，村民たちが参加する集会でその是非を議論し確認する方法）」が従軍動員（徴兵）の主要な方式になったと指摘したうえで，実際には従軍条件を備えた青年にとって自報公議は一種の強力な外的制約であったとする（斉2015：124-128）。このことは，1947年になって初めて，条件を備えた青年が徴兵に応じざるをえないような圧力が村民の間で働くようになったことを物語っている。斉小林はその圧力の由来については説明していないが，李金錚は河北省档案館（公文書館）が所蔵する当時の共産党の指示・報告書を丹念に分析することによって，土地改革によって農村社会に対する共産党の統制が成立したことが，自報公議による農民の従軍の実現に決定的な意味をもっていたと指摘している（李2016：124）。

　また斉小林は，晋察冀辺区の冀中区（河北省）における1948年上半期のデータにもとづいて，「戦闘減員〔戦死者・戦傷者〕に党員が占める割合は，非戦闘減員〔逃亡者〕に党員が占める割合よりも高い。そのほか，逃亡者に占める党員の割合は部隊の中で党員が占める割合よりも低い。したがって党員は一般の兵士の戦闘意志に比べて幾分固く，一般に部隊を強固にすること，そして戦闘の中で率先垂範となる作用を果たすことができた」と述べている（斉2015：295）。自報公議によって従軍させられた青年と，ここでいう「戦闘から逃げない党員」とは完全に一致するものではないだろうが，同村民からの圧力によって出征した青年も「逃げられない兵士」になったことは想像に難くない。この

---

18)「中央軍委一局関於清風店戦役総結」（1947年11月12日），『石家庄解放』175頁。

ような斉小林の議論は，1947 年以降に共産党軍の兵士の質に変化があったことを強く示唆している。

上述したように，国民党・国民政府の側にむしろ敗因があったとする議論は，確かに公定史観を相対化するうえで重要な知見を提供した。しかし，人民共和国の成立後に党と国家が農民に対して発揮した強制力が，どのように形成されたのかを説明するものではない。抗日戦争期と戦後内戦期の徴発および徴兵が社会に深刻な亀裂を生んだとする議論も，国民政府の統治下に亀裂が生み出された地域と，共産党が基盤とした地域との間にはずれがあり（前者は西南地域，後者は華北地域），人民共和国の成立と構造を直線的に説明するものではない。共産党が勝利したことの原因と構造を，人民共和国における歴史展開を視野に入れた上でどのように説明するか，この問題は依然として完全には解かれていないのである[19]。共産党の土地改革をはじめとする内戦期の農村革命運動が基層社会に何をもたらし，どういった構造の支配・権力を立ち上げたのか，改めて考察する必要がある。

---

19) もちろん，こうした問いの立て方自体に問題がある可能性はある。たとえば阿南（2023）は，戦後内戦期に関する近年の諸研究を総括し，「社会改革こそが共産党の軍事的勝利の決定要因だったとする説明は，説得力を大幅に失った」とし（阿南 2023：78），東北における共産党軍の質的変化（火砲や戦車といった重装備とその運用技術の提供）にソ連の軍事支援が大きな意味をもっていたとする。アメリカや台湾の機密文書にもとづくこの指摘は説得力がかなり高く，また問題の焦点を共産党軍の数量ではなく「質」に移した点についても同意する。しかし本書の立場からすれば，阿南がこのように論断するうえで参照した諸研究は，いずれも（とりわけ華北における）土地改革を中心的課題とする内戦期の農村革命の展開過程とその社会に対する影響を動態的に追ったものではなく，それぞれ検討の余地を残している。また，日本の降伏から 1946 年初頭までの東北地方におけるソ連の軍事的支援を追った丸山鋼二は，ソ連が接収した旧関東軍の武器が共産党に引き渡され，その一部が華北との接続地である熱河や渤海湾をはさんだ山東半島に送られたこと（丸山 2005：310–311），また綏遠や張家口ルートでもソ連の武器が共産党側に引き渡されたことに言及しているが，その具体的状況は不明とされており（丸山 2005：315），ソ連の軍事支援と華北の軍事情勢については，直接的な関係にあったのかどうかも含めてなお不明な点も多い。本書は，ひとまず華北の農村革命の展開過程とそれが華北農村社会に与えた影響を詳細に追うことで，改めて土地改革と共産党軍の「質」の変化に関する議論に一石を投じようとするものである。

4）内戦期土地改革が共産党の勝因になったとする研究

以上の諸研究に対し，土地改革を中心的課題とする内戦期の農村革命が共産党の支配にプラスに作用したとする議論も存在する。とはいえ，公定史観が描くような「土地を分配された貧農が共産党を支持し動員に応じた」という単純な構図で理解しているわけではない。たとえば角崎信也は，闘争によって獲得された財物が貧困農民に軍へ参加する経済的インセンティブを与えた点に，土地改革の意味があったとする（角崎 2010a）。角崎は，こうした物質的なインセンティブによる動員は村レベルにおける共産党の権力を強化したのではないとするが，少なくとも動員に対して農村革命には意味があったとする点で，前にみた諸議論とは一線を画している。劉金海も同様に，土地改革が農民の動員に成功した要因として，その範囲が土地という「生産資源」の分配だけではなく衣食住にわたる「生活資源」の分配にまで及んでいたことを挙げている（劉 2017）。しかし，内戦期の農村革命が共産党の支配にとってプラスに作用したとする議論の多くは，物質的な側面ではなく農民に与えた精神的なインパクトを重視している。

こうした議論の先駆的業績であり，かつ今なお影響力を持ち続けているのが，1978 年に刊行されたスザンヌ・ペパー（Suzanne Pepper）の *Civil War in China: The Political Struggle, 1945–1949* である。ペパーの議論は，戦後国共内戦で共産党が勝利することになった原因を広い視野から説明しようとするものであり，国民党・国民政府の崩壊過程を描いた第 1 部に続く第 2 部において共産党の選択を詳細に跡づけている。同書は，抗日戦争期から戦後内戦期にかけて共産党が基盤とした華北地域（特に河北と山東）では小作制の存在感が小さかったことを正面から捉え（Pepper 1978：第 VII 章），小作農に土地を分配したことが共産党への支持を高め内戦の勝利に貢献したとする公定史観が成り立たないことを指摘する（Pepper 1978：243）。では農村革命は内戦の勝利と無関係だったのかといえば，ペパーはそうした立場も採らない。抗日戦争期以降に根拠地とした河北や山東では小作制の割合は低かったが富は確かに偏在しており，「この 2 つの省の農村農家のかなりの割合が，借金や借地，雇用労働，補助的生産への従事がなければ，自立するのに十分な土地を所有していなかった」ことが社会

内部に摩擦を生み出していた（Pepper 1978 : 240）。そのうえで共産党は，1920年代後半からの苦難に満ちた革命の経験によって「現場」に合わせる柔軟性を獲得しており，地主の土地を小作人に分配するという理論上の土地改革の定義に固執せず，主として反奸清算闘争を通して富裕者（指導層）を貧民に攻撃させ，既成の秩序を覆したことが，共産党の基層社会における基盤を固め内戦の勝利に結びついたとする（Pepper 1978 : 311, 328）。このようにペパーの議論は，毛沢東をはじめとする共産党指導部が，華北農村社会の構造と政策との間にギャップがあることを認識したうえで，反奸清算闘争などにおいて共産党が「敵」に向けて行使した暴力が基層社会の住民に対して大きな恐怖を与え，そのことが統治力の形成につながったとする点に特徴がある（Pepper 1978 : 297）。

　その後，日本でも，農村革命時に共産党が基層社会へと持ちこんだ暴力が，共産党の支配の確立において大きな意味をもったとする議論が現れた。田中恭子の『土地と権力』である。田中は，共産党は「〔19〕37〜46 年の期間にも，非公式であったにせよ，土地その他の富の再分配を，意識的におこなってきた」と述べ（田中 1996 : 166），抗日戦争期から反奸清算闘争による事実上の土地改革が実行されていたとする点でペパーと認識を共有する。そのうえで田中は，華北の人口密度の高さ（土地不足）のために中農化しきれない人びとの存在が中央指導部の疑念を呼び，土地改革運動を過激化させていったとし（田中 1996 : 191），そのような事実上の土地改革において住民相互に暴力を行使させ，恐怖を生み出したことを重視する（田中 1996 : 412）。ただし田中は，1947 年10 月の中国土地法大綱後に現れた「左傾」（行き過ぎ）については，統治の基盤を掘り崩したとして共産党の支配にとってのマイナス面を強調しているが（田中 1996 : 334），議論全体としては，住民相互に暴力を行使させるなかで農民たちが共産党の望むことをいち早く理解し，それに合わせて自らの態度を決定するようになったと主張している（田中 1996 : 422）。

　台湾の陳永発も，内戦期の農村革命において基層社会に暴力が持ちこまれたことを重視する。陳永発「内戦・毛沢東和土地革命」によれば，毛沢東は，1930 年代の農村革命の経験を通して暴力的な階級闘争の実行が食糧と兵士の徴発に有効なことを認識しており，1940 年代の土地改革においても意図的に

過激で残酷な闘争を遂行したとする（陳 1996a：10）。そしてこの闘争に加担した貧雇農は，共産党と「運命共同体」を形成したという（陳 1996c：18）。

　このような陳永発の議論は陳耀煌によって精緻化された。陳耀煌『統合与分化』の第 6 章「減租減息から土地改革へ」は，抗日戦争期から戦後内戦期にかけての共産党の農村革命を考察し，共産党の支配の確立に役立ったのは暴力的な階級闘争（土地改革）だけではなく，それが地主に妥協する統一戦線的政策（減租減息政策）と組み合わされたことで有効性を増したとする。陳耀煌は，共産党は社会を分断する階級闘争を「打」（押し），対立を融和させる統一戦線的政策を「拉」（引き）とし，「押し」の政策によって社会を分断したうえで「引き」の政策を展開することで，「多数と団結し少数を孤立させる」ことに成功し，支配体制を効果的に構築したとする（陳 2012：448-450）。

　人民共和国でも，土地改革を中心的課題とする農村革命が共産党の動員に大きな役割を果たしたとする主張が現れている。その先駆者である張鳴は，土地改革によって華北農村社会に吹き荒れた暴力（殺人）が農民の立場を不安定にし，共産党が社会の基層に至る統治機構を確立させ，農民を動員することを可能にしたとする（張 2003）。また廉如鑑は，村民同士が暴力を行使し既存の人間関係が破壊されることを「高強度の内闘争」と呼び，これによって村民が「原子化」したことが共産党による大規模な動員を実現させたとする（廉 2015：153）。「新革命史」を唱えて公定史観の捉えなおしを行っている李金錚は，土地改革がもたらした物質的利益が農民の従軍を導いたわけではないとしたうえで，土地改革によって共産党が「伝統的な地主勢力と宗族勢力の根幹を破壊し，新型の政権組織を立ち上げて農村社会に対する全面的な支配を実現した」ことが，農民を戦争に動員することを可能にしたとする（李 2016：123）。

5）本書の立場

　以上のように，暴力をともなう「大衆運動」が共産党による社会の統合と支配に役立ったとするのは，人民共和国成立後の都市部での運動（たとえば三反五反運動）にも共通する認識であり[20]，内戦期の根拠地から人民共和国への連続性を示唆するものである。戦後内戦期の農村革命に関する研究の到達点のひ

とつは確かにここにあるだろう。しかし，こうした議論にもいくつかの問題がある。

その最大の問題は，毛沢東・共産党は社会の状況と政策の射程をどこまで認識していたのかということである。ペパーは，毛沢東・共産党は華北農村の社会経済構造が減租減息政策や土地改革政策に合わないことを知っていて，反奸清算闘争を農村革命の中心に位置づけたとした（Pepper 1978：257）。陳永発は，毛沢東は暴力的な階級闘争が動員に有効なことを知っていて，土地改革において意図的に過激で残酷な闘争を遂行したとする。田中も「中共が土地改革においてめざしたものは政治革命であって，経済効果は付随的なものとして期待したにすぎ」ず，「村の革命である土地改革において，経済を重視していては，これほど徹底した改革はできなかったであろう」と述べている（田中 1996：421）。陳耀煌も，毛沢東・共産党は「押し」（階級闘争）と「引き」（統一戦線的政策）それぞれの政策がもつ意味を明確に認識し，効果的に実施することで支配体制の構築に成功したとする。張鳴はより明確に「階級構成の尺度をめぐる混乱は，ある意味で支配者側の意図的なものであった」と述べ，その理由として「運動の態勢を形成するのに必要な「空気」を作り出すために，共産党の幹部は一部の人々の冤罪は必要な代償であるとみていたのであり，階級区分の基準が多元的で不条理であればあるほど，危険を回避するために人びとがより必死に運動に参加するよう刺激することになる」からであったとしている（張 2003：2）。なお廉如鑑は，急進的で暴力的な土地改革は共産党中央指導部が意識的に行わせたのか否かと問題の焦点を示しているが（廉 2015：150-152），自身の論考ではこの問題に直接回答していない。しかし，毛沢東・共産党にとって社会に対する認識と具体的な闘争方法は，それほど柔軟に選択できるものだったのだろうか。

本章冒頭で述べたように，共産党にとって土地改革は中国社会が（半）封建社会であるから必要な革命だったのであり，それは（半）封建社会から近代社

20）泉谷（2007），岩間（2008），金野（2008）など。いずれも人民共和国成立後の上海において大衆運動（大衆動員）が権力の形成にどのような影響を与えたのか，克明に描いている。

会へと発展させるために必要とされた。他方，反奸清算闘争は漢奸（対日協力者）に対する懲罰闘争であり，闘争対象は階級敵に限定していない。だからこそ共産党は一致抗日のために土地改革を棚上げにしたのであり，毛沢東はそれを「日中間の矛盾〔民族矛盾〕が主要矛盾となり，国内矛盾〔階級矛盾〕が副次的・従属的な地位に下がった」という論理で説明した[21]。反奸清算闘争と階級闘争とは厳密に区別されていたのである。とすれば，「華北社会では地主制が未発達であるから反奸清算闘争で代替する」ということは，共産党がもともと有していた社会認識や革命戦略との間に深刻な問題を引き起こすだろう。階級区分の基準を意図的にあいまいにしたとする張鳴の議論も同じである。「農民が何らかの闘争に立ちあがればよいのだから，方法は何でも構わない」というわけにはいかないのである[22]。もし共産党が「方法は何でも構わない」という立場に立っていたのであれば，なぜ 1947 年春に農村運動の担い手を「貧雇農」（小作農と労働者）という階級に限定する「貧雇農を中核とする路線」に舵を切ったのであろうか。反奸清算闘争だけを目指すのであれば，担い手を「貧雇農」に限定する必要はないはずである。もちろん，事実として農村革命の現場では反奸清算闘争が中心に行われ，本来の対地主闘争が低調だった可能性はある。しかしその場合にも，共産党指導部が意図的にそのように実行させたかどうかということは，慎重に検討されるべきであろう。実際，陳永発の主張は楊奎松から根拠不十分として厳しい批判を受けている（楊 2009：7-10）。

　しかも，このことは共産党が理論的な拠りどころとしていた単線的発展段階論とも深刻な問題を引き起こす。ペパーが指摘するように，華北農村社会では地主制が発達しておらず自作経営が中心であったとして，もしそのことを共産

21）毛沢東「中国抗日民族統一戦線在目前階段的任務」（1937 年 5 月 3 日），『毛沢東集』第 5 巻，189 頁。

22）李里峰は，内戦期の土地改革が過激化した原因のひとつとして，「中共の階級政策は，階級的搾取や階級対立がすべての場所にあることを予定しており，同時に固定的な数量の比率を持っていた」ために，「〔階級区分の基準に関する〕文書の規定と完全に符合する地主や富農がいない村では，工作隊と基層幹部は「目標」を探し出して任務を完成させないわけにはいかなかった」と述べている（李 2013：86）。この指摘は大変鋭いが，こうした現実との乖離やそのために現場で行われた対応が，内戦期土地改革全体の展開と中央指導部の認識にどのような影響を与えたのかは説明していない。

党が認めたとすれば，共産党は華北農村社会が共産党の言う（半）封建社会ではないと認めることになる。この場合，華北農村社会を単線的発展段階論のどの歴史段階に位置づければよいのだろうか。つまり，「華北農村では地主制が発達しておらず自作経営が中心である」という社会認識に立つこと自体，共産党にとって容易なことではなかった可能性が高いのである。共産党は，意図的に反奸清算闘争を推進したり，階級闘争と統一戦線的政策を「押し」と「引き」として使って基層社会を揺さぶったのだろうか。結果としてそうなっただけではないのだろうか。

　田中の議論も同様の問題を抱えている。『土地と権力』第4章は，土地改革の進展にともなって「分配すべき土地の不足」が明らかとなったが，そのことが党指導部に基層幹部（とりわけ村幹部）が土地を多く取得したり隠したりしているのではないかという疑念を抱かせ，最終的には貧雇農による基層政権の再編と土地の絶対均分に向かわざるをえなくさせたと説明する（田中1996：217–220）。しかし，その一方で田中は，同じ第4章で，毛沢東と劉少奇が五四指示の直後（5月8日）に出した補足の説明を根拠として「中共指導者たちは農村人口に対して耕地が足りないことを知らなかったわけではない」とする（田中1996：185）。「農村人口に対して耕地が足りない」ことを認識しておきながら，分配すべき土地の不足が「基層幹部が土地を多く取得したり隠したりしている」ことによるものだと考えるのは矛盾している。『土地と権力』はこの問題を解いていない。

　そして，もし共産党指導部が「農村人口に対して耕地が足りない」ことを知っていたとするならば，それは共産党が念頭においていた農村社会像との間で矛盾が生じる。土地改革とは，本来，土地の所有権を土地所有者から現耕作者に移転するだけの改革であり，農村社会の基本的な構造が地主—小作関係なのであれば，土地が不足することは考えられないからである（労働力だけを提供してきた雇農にも土地を分配することになれば1人当たりの土地は減少することになるが，共産党は雇農すなわち農業労働者が小作農よりも多数を占めているとは想定していなかった。雇農が多数を占めているのであれば，当該社会を農業資本家と賃労働者とが生産関係を取り結ぶ近代社会として定位しなければならなくなる）。

もし共産党指導部が「農村人口に対して耕地が足りない」ことを認識していたのであれば，中国が（半）封建社会であるという社会像とどのように整合性をとったのだろうか。

　以上のように，内戦期の農村革命が共産党の支配の確立にとって有効であったとする議論は，筆者のみるところ，共産党が，個別政策や政策体系だけではなく理論や世界観における統合を求めるイデオロギー政党[23]であることを軽視している点に問題がある。もちろん，共産党がイデオロギー政党であるからといって必ずしもイデオロギー的に硬直した組織であるとみる必要はないが，イデオロギー政党であるがゆえに，歴史の見方や社会に対する認識を変更することが容易でないことは理解しておく必要がある。イデオロギーにもとづく歴史や社会に対する解釈と，客観的な現実との間の緊張関係をより丁寧に捉えなければならない。

　またこの問題では，共産党内を層化して捉える必要がある。一般的に言えば，共産党の末端組織の党員ほど，現場の社会状況から受ける影響が大きくなると考えられる。イデオロギーに対する理解度も末端にいくほど下がるだろう。中央レベルの指導者が見ていた景色と，基層の党員が見ていた景色は異なっていたかもしれない。同じ景色を見ていても，それをどのように解釈するかという点で，中央レベルの指導者と基層の党員とでは異なっていた可能性もあるだろう。共産党支配地域の社会経済の客観的な構造はどのようなものであり，それを共産党の各層（毛沢東をはじめとする中央レベルの指導者，各地の根拠地を統括していた指導者，さらには県など地域の幹部，村に置かれた党支部の党員など）はそれぞれどのように認識し，どのような政策を立案して実行していったのか。そして，その政策が実行されることで生じた新たな現実を，それぞれどのような「現実」として認識したのか。以上をふまえて本書は，党内各層の認識の相

23）加藤哲郎は，コミンテルンを分析するための枠組みとして「政党イデオロギー」を政策・綱領・理論・世界観に累層化して捉え，このうち政策レベルでの統合を求める政党を「政策政党」「利益政党」とし，綱領・理論・世界観のレベルで統合を求める政党を「イデオロギー政党」としている（加藤 1991：43-45）。本書で言う「イデオロギー政党」もこの類型に準じている。

違，それらと支配下の地域社会の客観的現実との関係を丁寧に読み解くという，いわば政治史・社会経済史・思想史の交点で，内戦期共産党の支配体制の確立過程を描いていく。

　内戦期の農村革命が共産党の支配確立にとって有効であったとする議論のもうひとつの大きな問題は，過激な農村運動が住民を統合したとするメカニズムの説明にある。

　ペパーと田中は，共産党が農村に持ちこみ，また農村住民相互に行使させた暴力が，恐怖と共産党への畏怖を生み出し社会の統合に役立ったとする。また陳永発は，住民に暴力を行使させることで彼らは共産党と「運命共同体」を形成したと表現した（陳 1996：18）。陳耀煌の言う「押し」も，同様の衝撃を農村住民に与えるものであった。こうした説明は確実に当該社会で起こっていた事態の一面を捉えているだろう。しかし疑問がないわけではない。たとえば「運命共同体」は敵がいて初めて機能するものであり，共産党の内戦勝利が確実となって国民政府が戻ってくる可能性がなくなれば，「運命共同体」は実質的に意味をもたなくなるだろう。また共産党の持ちこむ暴力に対して住民が畏怖していたとしても，党が派遣した工作隊が村を去れば村落住民は自律性を取り戻すのではないだろうか。権力がつねに暴力を振りかざしていなければならない状態は，支配が安定的に確立しているとは言えず，もっぱら恐怖に頼る支配は，監視の目が緩めば機能しなくなるだろう。その場合，人民共和国成立後に共産党が上から強引に進めた政策は，どのようなメカニズムで実現されたのだろうか。

　本書は以上をふまえ，共産党が土地改革を中心的課題とする農村革命によって農村社会にもたらした恐怖はいかなる構造のものであり，その恐怖がどのように操作され，その結果，どのような新しい秩序が作られたのかを考察する。その視野の涯には，人民共和国において強度の動員を可能にしたような，共産党の社会に対する高い操作性がいかにして獲得されたのか（あるいは，獲得されたのはこの時期ではなかったのか）という問題がある。

　なお，本来ならば以上の問題を考える際には当該社会の住民たちの民俗や心性も考慮する必要がある。丸田孝志によって当該時期の華北（特に晋冀魯豫辺

区）村落の住民は伝統的な民俗・心性の中に生きており，共産党の革命はそれを近代化しようとする意図をもっていたことが明らかにされているが（丸田2013），本書ではこうした側面を扱うことはできない。ただし丸田の議論は，共産党の農村革命運動の細かな展開と民俗・心性のあり方を対応させて説明するという方法を採っていない点に問題がある[24]。民俗の問題は，本書の考察結果をふまえ別の機会に改めて考えたい。

4　本書の考察対象

　抗日戦争期から戦後内戦期にかけて，共産党の支配地域には「辺区」と呼ばれる臨時の行政単位が複数置かれ，各辺区には中共中央の出先機関である中央局・分局が置かれていた（前掲図序-1参照）。本書はそのひとつである晋察冀辺区（晋察冀中央局）を中心に取り上げる。晋察冀辺区は，1937年11月に設立された晋察冀軍区から発展した共産党の最も古い抗日根拠地のひとつであり（晋察冀辺区の成立は1938年1月）[25]，現在の山西省・河北省・内モンゴル自治区にまたがる地域に広がっていた（後掲図6-1参照）。

　晋察冀辺区のなかは冀晋区・冀中区・冀東区（以上の3つは「分区」とも呼ばれる）・察哈爾省に分けられており，党組織として区委員会（区委）と省委員会（省委）が，行政組織として区行署（行政公署）と察哈爾省人民政府が設置されていた[26]（なお，冀東区を管轄する冀東区委は，1947年5月に一級上の冀察熱遼分局とともに中共中央東北局の管轄に移された[27]）。各分区・察哈爾省の内部も複数の区域に分けられており，それぞれに第○地方委員会（第○地委）と呼ばれる党組織が置かれて複数の県を統括した（なお，第○地委が管轄する地域は，そのナンバーを冠して○分区と呼ばれた）。各県には行政組織として県政府が置かれ，

24）詳細については三品（2014）を参照。

25）『中国共産党歴史大辞典　新民主主義革命時期』550頁。

26）以下，冀東区を除く本段落の記述は，『中国共産党組織史資料』第4巻上による。

27）『中国共産党組織史資料』第4巻上，221，761頁。

県の下には区（区公所），区の下には村（村公所）があった。共産党の組織としては，県に県委員会（県委），区に区委員会（区委。したがって略称が冀晋区などの区委と重複している点に注意が必要である），村に党支部が置かれていた。建前の上では各級の行政組織と党組織とは分離されることになっていたが，実態としてはほぼ一体化していた（ただし，1947年後半まで党支部の名簿は公表されていなかった）。

　ここで，華北の村についても概略を述べておきたい。一般的に華北地域の村落は華中や華南に比べて大規模で集村と呼ばれる形態をとっており，現在では行政単位としての行政村とおおむね重なっているとされる（河野2023：31）。人口規模としては，たとえば華北平原に位置する河北省定県（現・定州市）の1930年の調査によれば，県全体の1村あたり戸数の平均は146.15戸であり，最大値は1,200戸，最小値は6戸であった（『定県社会概況調査』125頁）。県城付近の村の1戸あたりの平均人数は5.6人とされていることから計算すれば（『定県社会概況調査』122頁），1930年の定県の1村あたりの平均人数は800人余となる。

　このような基層社会に対し，国民政府は1930年代初頭から地方行政機構の強化を目指して保甲制の導入を図った。10戸を1甲とし，10甲を1保とし，それぞれに長を置いて治安維持や政治教育にあたらせる制度である（久保・土田・高田・井上2008：71）。華北平原には，日本の傀儡政権下にあった1930年代末に導入された。集落の大小によって，複数の保で構成された村とひとつの保が置かれた村があり，前者では複数の保を統括する者が村長となった（たとえば山東省歴城県冷水溝荘では，数保を束ねる者〈総保長〉が「荘長」すなわち村長であった。『中国農村慣行調査』第4巻，9頁）。また後者では，保長がそのまま村長であった（このような村として，たとえば河北省順義県沙井村があった。『中国農村慣行調査』第1巻，101頁）。本書では，史料上に記された「保長」，「荘長」などについては，その集落の代表者であるとみなせる場合，「村長」と付記する。なお，こうした村（商工業者が集住する都市的機能をもった集落は鎮とも呼ばれる）を複数束ねる形で郷が，郷を複数束ねる形で区が置かれていた（『中国農村慣行調査』第4巻，23-24頁，および同書第5巻，5頁）。

序　章　土地改革と中国近現代史　**31**

　本書で晋察冀辺区を中心に取り上げるのは，以下の理由からである。晋察冀辺区は上述のように現在の山西省・河北省・内モンゴル自治区を含んでいたが，なかでもとくに河北省の東部，すなわち華北平原は大穀倉地帯であった。表序-1 は，農業生産が好調だった 1936 年度における華北各省の農業生産に関するデータを示したものである。ここからは，河北省は小麦と高粱の栽培面積・生産量においては山東省の水準は下回るものの，黄土高原に位置する山西省・察哈爾省・陝西省・綏遠省をはるかに上回る穀物生産力を誇っていたことがわかる[28]。また，衣料を製造するために欠かせない棉花栽培では山東省を大きく上回っていたことも軍需の面から見逃せない。河北省は食糧と衣類の供給において内戦期の共産党を支える（潜在力をもつ）重要な地域であった。

　さらに河北省は，このように高い農業生産力が多くの人口を養っており，人的資源の供給の面でも内戦期の共産党を支えていた。表序-2 は 1946 年における華北各省の人口と耕地面積を示したものであるが，河北省は総人口・農家戸数・農民人口のいずれにおいても河南省とほぼ同じ水準にあり，人口密度では山東省と同じ水準にあったことがわかる。そしてこのことは，共産党が動員できた人数に結びついていた。表序-3 は，1950 年代初頭に「革命戦死者遺族」や「革命傷痍軍人」など公的な救済の対象となっていた人の数を省ごとに示したものであるが，ここからは，河北省は救済対象者が他省に比べて際立って多く，表序-2 で総人口・農家戸数・農民人口がほぼ同じだった河南省の 2 倍程度の人数を出して内戦を支えていたことがわかる[29]。

　こうした人的貢献度に関する河北省の数字は，先にふれた冀中区のデータにもとづく斉小林『当兵』の指摘，すなわち 1948 年上半期までに共産党員が「逃げない兵士」として戦い戦死するようになったという指摘に合致している。

---

28) 華北各省の農業生産の特徴については，弁納（2013）か，許道夫『中国近代農業生産及貿易統計資料』にもとづき，より広い視野から詳細に分析している。
29) 四川省の救済対象者数は河北省よりも多いが，救済対象となった「革命傷痍軍人」数は河北省の 3 分の 1 程度である。もちろん，後者には朝鮮戦争での戦傷者が含まれていることを考慮するべきではあるが，河北省との差の大きさを考えると，四川省の救済対象者の多くは「革命戦死者遺族」ではなく，現役兵士の家族や工作人員の家族として救済対象になっていた可能性が高い。

表序-1　1936 年度におけ

省	小麦の栽培面積 （千市畝）	比率	小麦の生産量 （千市担）	比率	高粱の栽培面積 （千市畝）	比率	高粱の生産量 （千市担）	比率
河北省	29,730	1.00	30,656	1.00	12,454	1.00	24,279	1.00
山西省	18,394	0.62	19,151	0.62	5,644	0.45	8,251	0.34
察哈爾省 *	3,305	0.11	2,533	0.08	3,259	0.26	3,455	0.14
陝西省	14,594	0.49	17,758	0.58	1,330	0.11	2,508	0.10
綏遠省	3,423	0.12	2,973	0.10	940	0.08	1,076	0.04
山東省	51,730	1.74	71,021	2.32	16,701	1.34	42,514	1.75
河南省	61,425	2.07	105,414	3.44	12,347	0.99	22,509	0.93

出所）『中国近代農業生産及貿易統計資料』。省ごとの出所については，河北省は 15–16 頁と 203 頁，山西省は
　　17–18 頁と 203 頁，河南省は 19–21 頁と 204 頁。
　注）＊ のデータは 1946 年度のもの。−はデータがないことを示す。1 千市畝＝ 66.67 ha，1 千市担＝ 50 t。比率

表序-2　1946 年における

省	総面積 （A） （千市畝）	耕地面積 （B） （千市畝）	比率	総人口 * （C） （千人）	比率	農家戸数 （D） （千戸）	比率	農民人口 （E） （千人）	比率
河北省	209,779	109,132	1.00	32,020	1.00	4,224	1.00	24,117	1.00
山西省	240,588	27,879	0.26	15,222	0.48	1,874	0.44	9,876	0.41
察哈爾省	388,480	15,526	0.14	2,150	0.07	309	0.07	1,558	0.06
陝西省	291,360	45,627	0.42	10,471	0.33	1,385	0.33	7,767	0.32
綏遠省	454,522	17,086	0.16	2,230	0.07	250	0.06	1,366	0.06
山東省	229,203	100,450	0.92	40,076	1.25	5,918	1.40	53,024	2.20
河南省	256,397	98,499	0.90	29,254	0.91	5,060	1.20	26,220	1.09

出所）『中国近代農業生産及貿易統計資料』。データごとの出所については，総面積は 8 頁，耕地面積と農家戸
　注）＊ のデータは 1947 年のもの。1 千市畝＝ 66.67 ha，1 市畝＝ 6.667 a ＝ 666.7 ㎡。比率はいずれも河北省＝
　　年の数字（62,421 千市畝）に比べて異常に低いが，そのままにして計算した。

　ここからは，河北省で大量に調達された党員を中核とする兵士が，内戦期の共
産党軍の重要な柱になっていたという像が描けよう。また，上述のように，
1947 年 3 月に延安が陥落したあと土地改革政策の責任者となった劉少奇は，
毛沢東の中共中央と離れて晋察冀中央局の所在地（河北省阜平県）に向かい，
その後も河北省平山県にとどまって指示を出していた。晋察冀辺区が，内戦期
の共産党にとってきわめて重要な地域であったことを示している。これが，本
書が内戦期土地改革の展開と地域社会に対する支配の確立過程を考察するうえ
で，主として晋察冀辺区に焦点をあてる理由である。

　もちろん，他の根拠地の動向を軽視してよいわけではない。とくに，晋綏辺
区，晋冀魯豫辺区，東北区の動きはきわめて重要であろう。本来ならば，そう

序　章　土地改革と中国近現代史　　33

る華北各省の農業生産

粟の栽培面積 （千市畝）	比率	粟の生産量 （千市担）	比率	棉花の栽培面積 （千市畝）	比率	棉花の生産量 （千市担）	比率
17,773	1.00	36,171	1.00	10,623	1.00	4,186	1.00
11,280	0.63	15,484	0.43	2,678	0.25	733	0.18
2,390	0.13	2,581	0.07	–	0.00	–	0.00
2,982	0.17	4,221	0.12	4,883	0.46	1,063	0.25
1,556	0.09	1,380	0.04	–	0.00	–	0.00
15,992	0.90	39,644	1.10	6,239	0.59	2,554	0.61
13,406	0.75	16,416	0.45	8,553	0.81	2,455	0.59

13-14 頁と 203 頁，察哈爾省は 79-80 頁，陝西省は 70-72 頁と 208 頁，綏遠省は 78 頁，山東省は

はいずれも河北省＝1 とする。

華北各省の人口と耕地面積

人口密度 （C/A） （人／市畝）	比率	総人口 1 人あたり 耕地面積（B/C） （市畝）	比率	農家 1 戸あたり 耕地面積（B/D） （市畝）	比率	農民 1 人あたり 耕地面積（B/E） （市畝）	比率
0.15	1.00	3.41	1.00	25.84	1.00	4.53	1.00
0.06	0.41	1.83	0.54	14.88	0.58	2.82	0.62
0.01	0.04	7.22	2.12	50.25	1.94	9.97	2.20
0.04	0.24	4.36	1.28	32.94	1.28	5.87	1.30
0.00	0.03	7.66	2.25	68.34	2.65	12.51	2.76
0.17	1.15	2.51	0.74	16.97	0.66	1.89	0.42
0.11	0.75	3.37	0.99	19.47	0.75	3.76	0.83

数・農民人口は 10 頁，総人口は 2-5 頁。

1 とする。山西省の耕地面積のデータは，その前後である 1934 年の数字（55,836 千市畝）や 1949

　した多様な地域の展開をそれぞれふまえたうえで全体像を再構築するべきであ
るが，本書は他の地域の動向については限定的に扱わざるをえなかった。それ
は主に物理的な理由からである。本書が採った分析・考察方法は，共産党の機
関紙や工作隊用に各地方で作られたパンフレットに記載された情報（あるいは
「記載されなかった」という情報）を徹底的に読み込むというものであり，共産
党のすべての支配地域に対して同じ密度で分析を行った場合，完成には長期を
要する。そこで，中間報告として晋察冀辺区の状況から構築できる歴史像を提
示することにした。
　しかしながら，晋察冀辺区に焦点をあてて問題を考察しようとする本書は，
単なる地域史を超えた広がりももっている。というのは，本書でのちにみるよ

表序-3 1950 年代初頭において救済対象となっていた者の人数

地　　域	革命戦死者遺族・兵士家族・工作人員家族で救済対象となっている者の人数（1950 年）*	革命傷痍軍人で救済対象となっている者の人数（1953 年）**
北京市	70,215	1,736
天津市	34,946	555
上海市	14,231	1,585
河北省	2,346,882	42,818
山西省	1,232,895	15,978
平原省	766,573	–
察哈爾省	367,462	–
綏遠省	163,686	–
内蒙古	156,703	2,193
遼寧省	1,525,488	23,056
吉林省	554,465	7,136
黒龍江省	441,736	15,104
松江省	412,049	–
熱河省	391,921	–
陝西省	843,344	6,399
甘粛省	133,797	2,199
寧夏省	14,313	0
青海省	36,347	308
新疆省	74,601	1,787
山東省	3,240,222	52,068
江蘇省	2,593,421	20,145
安徽省	957,895	11,578
浙江省	205,235	5,533
福建省	223,008	2,898
河南省	1,088,830	22,861
湖北省	413,468	11,768
湖南省	160,000	6,001
江西省	194,216	4,465
広東省	178,117	12,455
広西省	255,000	4,111
四川省	3,092,454	16,709
貴州省	734,111	2,035
雲南省	21,706	3,467
西康省	35,110	0
合　　計	22,974,447	296,948

出所）『民政統計歴史資料匯編（1949-1992）』。* は「1950 年烈軍工属人数」65 頁。** は「歴年革命傷残人員撫恤人数（一）」113 頁。
注）-は省が取り消されていたことを示す。西康省の 1953 年の数字は，元表では「西蔵省」の数字である。

うに，中共中央は支配していた地域全体から均等に情報を集めて政策を決定していたわけではなく，断片的・選択的な情報にもとづき全地域に対して一律の指示を下していたからである。そのなかでも晋察冀辺区の情報は，晋察冀辺区自体のもつ重要性に鑑みて，中央指導部において相当重視されていた。したがって，晋察冀辺区の状況を丹念に跡づけることは，当該時期の共産党の政策全体をある程度理解することを可能にする。とはいえ，繰り返しになるが，中央と晋察冀辺区の動きだけをみることで全体像をつかむことはできない。その意味で本書が中間報告であることは間違いない。本書の提示する方法と暫定的結論の妥当性に対する議論を通してさらに理解を深化させるべく，あえて現時点で本書を発表することにした次第である。

5　資料と手法

　本書は，共産党によってのちに編纂された文書集（資料集）に加え，主に晋察冀中央局の機関紙『晋察冀日報』と（中華民国）法務部調査局所蔵の資料を用いる[30]。編纂された資料集に掲載された文書からは，毛沢東をはじめとする共産党の中央指導部や，各辺区中央局レベルの認識が読み取れる。法務部調査局所蔵の資料は，辺区のなかの分区以下の単位によって刊行されたものが多く，分区や県以下の情報を多く伝えるが，国民政府によって偶然鹵獲されたものであり，時系列的な変化をみるうえで限界がある。また国民政府にとっての戦況が悪くなる1947年後半以降の資料数が少ないことも問題である。とはいえ，農村革命の現場に近いレベルの情報を伝える貴重な資料であることは間違いない。

　『晋察冀日報』は晋察冀中央局が刊行していた機関紙（日刊）であり，1937年12月11日に『抗敵報』として発刊し，1940年1月に『晋察冀日報』に改称されたあと，1948年6月に『人民日報』に合併されるまで晋察冀辺区の情

---

30) この共産党内部文書については，三品（2002），および三品（2011a）を参照。

報を掲載する重要なメディアであり続けた（藤田 1976：47）。したがって『晋察冀日報』の紙面には晋察冀中央局の操作が入っており，そのこと自体から同中央局の意図や認識を探ることができる。本書は，以上の基本資料に加え，1947 年 3 月までの中共中央の機関紙『解放日報』，晋綏分局の機関紙『晋綏日報』，晋冀魯豫中央局の機関紙『人民日報』なども適宜利用しながら，内戦期土地改革の展開について考察する。

　ここで，改竄も含めた情報操作について言及しておく。上述の資料のうち，のちの時代に内容が改竄されている可能性が最も高いのは，『毛沢東選集』の例を引くまでもなく[31]，共産党が編集した資料集に収録されている文書である。もちろん「掲載しない」という形での情報操作もある。たとえば金冲及主編『劉少奇伝』には，共産党の土地改革責任者を集めて 1947 年 7 月から開かれた全国土地会議についての記述があり，そこでは会議録・発言録が使用されているが（『劉少奇伝』上巻，525–536 頁），それらは現時点では一般の者が閲覧できる状態にはない。共産党が編集した資料集に掲載されている文書も同様に，その実物と照合する手段はない。公定史観に適合的なように改竄され，不適合な文書は表に出さないという形で情報操作が行われているとみるべきであろう。

　これに対し，のちの時代に改竄された可能性が最も低いのが機関紙である。とくに影印の場合は特定の部分だけ改変することは困難であり，また改変するとしても，他の部分との整合性をとるためには同時期の歴史に対する深い理解と膨大な作業量を要する。このことから，機関紙に掲載されている記事はそのまま当時のものとしてみることが可能である。とはいえもちろん，当時掲載された記事そのものが情報操作されていた可能性まで否定しているわけではない。というよりもむしろ，紙面に掲載される情報は，内容・書き方はもとより報道するタイミングにいたるまで徹底的に操作されていたとみるべきである。

　では，何をどこまで信じるべきか。まず当時の機関紙がどのように情報を集め記事にして掲載していたのかを確認する。戦後国共内戦期の共産党のメディ

---

31) 『毛沢東選集』の書き換えについては今堀（1966）に詳しい。本書で参照する毛沢東の著作については，初出に近い版を収録した竹内実編『毛沢東集』を可能な限り使用する。

アやプロパガンダ政策を研究する梅村卓によれば，共産党は抗日戦争期から新聞などのメディア戦略に本格的に力を入れはじめ，1940年代前半には陝甘寧辺区を中心として各地に通信員を配置して記事を執筆させるとともに，各分区党委員会および県委員会の宣伝部長がその所管地区内の通信員を統括し，新聞社と連絡をとる体制を整備したとされる（梅村2015：85-86）。晋察冀辺区や晋綏辺区でも同様に，各地に「通訊員」（通信員）を置いて記事を送らせていたことが以下の記事から窺える。

　たとえば『晋察冀日報』1948年1月29日の記事（「冀中導報検査　不真実和失掉立場的新聞」）からは，晋察冀辺区の冀中分区が発行していた『冀中導報』が，分区が管轄する県の中の各区に「通訊幹事」を置き，さらにその下に「労農通訊員」を置いていたことがわかる。また『晋察冀日報』1947年12月25日の記事（「報導不実堅持錯誤　保徳通訊員康薄泉撤職」）は，晋綏辺区の情報を記載したものであるが，そこでは「保徳の通訊員の康薄泉は何度も報道が事実に合わなかったが，頑として誤りを改めなかった。そこで晋綏日報および晋綏新華総分社は，彼の通訊員の資格を取り消すことを決定した」と報じられている。これらは，地方各級の党員・幹部が記者となって，地元の情報を記事にしていたことを示している。

　そのほかに，晋察冀日報社など新聞社自身が雇用する記者を派遣して，記事を執筆させていた事例も確認できる。たとえば『晋察冀日報』1947年12月28日の記事（「堕落分子記者　李湘洲破壊土改」）は，冀中導報社の記者であった李湘洲が，取材で訪れた村で，闘争対象を殴打しようとする群衆を制止するなどして「重大な堕落分子である」ことが判明したため，「区党委は彼を党から除名し……冀中導報社も彼の職を解いた」とする。このように新聞社の専門の記者が現場に派遣されて記事を書くこともあったが，基層で行政や革命に従事する幹部が新聞の重要な情報源であったことは間違いない。

　しかし，このことは情報の正確さを失わせることにつながった。1948年1月，晋察冀辺区ではそれまでの報道を見直す運動が展開され，1月28日の『晋察冀日報』には1年間の「誤報」に関する編集部の署名つき記事が掲載された。そのなかで以下のような事例が報じられている（記事からの抜粋。①以下の番号

は引用者が便宜的に付けたものである）。

【史料序-1 (1)】 ①〔1947年〕7月11日，本紙上に涞水県の土地改革の情報が掲載された。……この原稿自体を見れば非常に具体的であるが，事実ではなかった。この原稿を書いた曹漢章同志は検討して言う。「この原稿の資料は，県で会を開いた時の状況報告の中にあったいくつかの村の数字を根拠にしているほか，一，二，五区の幹部がちょっと話した覆査〔点検〕の状況にもとづいている。資料は不精確であり，また県の責任を負う同志と共同での討論を経ていない。……当時，私はその他の地区のこうした原稿が多いことを見て，適当にこの記事を書いた。その目的は，「他の地区に涞水の成果を見せるため」だった」，と。

②〔1947年〕1月4日，本紙は「曲陽県の翻身〔搾取からの解放〕はうまく行った。12万人が闘争に参加した」という記事を載せた。……しかし実際には，原稿を書いた侯徳章同志の検討によれば，「この文章を書いた動機は，各地の土地改革についてはすでに報道があるのに，曲陽だけなく，心中「耐えがたい」と思ったからだ。そこで農会に少し問い合わせ，いくつかの試験村の資料を集めた。……この内容は当時の曲陽にはまったくないものだった。……「全県で闘争に参加したものは12万人に達し，全県人口の60％を占めた」と原稿を書いたときには，燕趙村を根拠として（ここでは全村で3,000人余のうち，闘争に参加したものは1,400人で70％を占めた）……推計して，「12万人が闘争に参加した」という数字を算出した」，と。

③〔1947年〕1月11日，新聞紙上に曲陽県の生産の情報を掲載した。記事は言う。「1年間，曲陽の生産は空前の成果を獲得し，全県で増産した食料は1万大石であり，土布〔手織綿布〕は自給を達成した。……」，と。この情報は実際のものではなかった。原稿を書いた侯徳章同志は自分で検討して言っている。「この記事の根拠は，県生産委員会の総括であり，さらに自分の観察を加えた。この総括は多くの事実が羅列されており，1946年の大生産が過去を「超過した」ことを表していた。原稿を書いたとき，この資料〔総括〕の真実性を十分に信じられなかった。去年〔1946年〕の曲陽のいく

つかの地区では災害が非常に重大であり，実地調査したところ1945年にも
及ばなかったからだ。しかし，去年の指導スローガンが「過去のいかなる年
も超過する」だったのを考慮し，報道を書く際には必ずこの点をふまえなけ
ればならず，1年間の生産に成果がなかったことになり，報道も意義がない
と考えた。そのため，自分でさえも信じていない，実際には「食料を万石増
産した」わけではないのにそれをタイトルにし……た。発表後，人から私が
何を根拠にしたのかと絶えず問われたが，私が「生産総括である」と答えた
ら，すべての人は口を閉ざし，自分は得意になった」，と。
(『晋察冀日報』1948年1月28日「晋察冀日報一年来錯誤報導的検挙〈本報編輯
部〉」)

また，翌1月29日の『晋察冀日報』にも，冀中導報社で「誤報」が検討さ
れたことを伝える記事が掲載されている。

【史料序-2】 冀中導報は，今月上旬，事実ではない記事と立場を失った記事
を摘発したことを掲載した。……検査の中からわかったことは，ある情報は
予測と推測にもとづいたものであり，あるいは伝聞で書かれたものであった
ということである。……展春□同志は自分を検討して次のように言った。
「党報に原稿を書く目的は，第一に，新聞社の指導者に見せるためであり，
私が「任務」を完成させたことを見せるためである。第二に文化水準のある
人に見せるためである。第三に，自分が目立つためである」，と。
　　(『晋察冀日報』1948年1月29日「冀中導報検査　不真実和失掉立場的新聞」)

【史料序-1 (1)】の①と②の下線部からは，通訊員には，近隣の県の状況が
圧力となって情報を加工しようとするバイアスがかかっていたことがわかる。
それは自分が所属する組織の体面のためだったかもしれないし，③や【史料
序-2】の下線部にあるように，自分の評価と体面のためだったかもしれない。
いずれにしても，現地の統治と運動に携わる者が記事を書く以上，そうした
「見栄」が生じることは避けられないものであった。
　同じことは，通訊員から原稿を受け取る上級機関にも生じた。前掲の1948

年1月28日の『晋察冀日報』記事は，次のような事例も掲載している。

【史料序-1 (2)】 ④〔1947年〕2月17日，本紙に掲載された定襄の土地改革に関する記事……の中で，「五区の赤貧農はいなくなった」というのは郭修真同志が書いたものである。……郭修真同志は，当時，区幹部聯席会議の中で牛台村というひとつの村の資料だけにもとづいて推測し，「五区の赤貧農はほとんど（大部）[32] いなくなった」という記事を書いた。この原稿は〔晋察冀日報〕冀晋分社に送られ，分社は「ほとんど（大部）」とあったのを「全部」に改めた。

⑤〔晋察冀日報〕編集部自身にも重大な「でっちあげ」があった。……〔1947年〕2月16日の新聞紙上に吉林の土地改革の情報を掲載したが，新華社の電報では「初歩的に一段落を告げた」とあったのに，われわれ編集部は大きな活字を使って「吉林完成土地改革」とタイトルを付けた。

（『晋察冀日報』1948年1月28日「晋察冀日報一年来錯誤報導的検挙〈本報編輯部〉」）

このうち④は，そもそも原稿自体，通訊員が推測で書いたものであったうえに，受け取った冀晋分社が記事にする際にさらに表現を「盛った」とするものである。⑤は晋察冀辺区の情報を「盛った」ものではないが，晋察冀日報編集部に，土地改革が全国的に順調であると見せたい欲求があって表現を歪めたことを告白している。このように，報道には圧力・見栄・欲求などさまざまな力がかかっていた。

しかし，だからといって新聞にはまったく虚偽の情報が掲載されていたと考えるのは早計である。新聞には読者がおり，記事に書かれた当事者も読むことが予想されるからである。たとえば晋察冀日報編集部は，1948年1月24日の記事（「阜平康家峪村貧農団犯了関門主義」）で取り上げた阜平県土門村の貧農団から，報道内容が事実と異なるとする抗議文を1月26日付で送付されてい

---

32) 以下，史料原文の表現は（ ）で示す。

る[33]。土門村の貧農団は闘争中の「誤り」を批判的に書かれたからこそ抗議したのであり，もし好意的に書かれたのであれば事実誤認があったとしても問題視しなかったと考えられるが，この事実は，記事を書く側・掲載する側がつねに読者（特に当事者）に注視されていたことを物語る。また1947年12月5日の『晋察冀日報』に掲載された河北省阜平県の記事は，新聞が届くと十字路に立って読み上げる人がいることや，村に4カ所ある新聞掲示所の前で字を知っている人が読み上げている様子，夜には3つの「号筒」（メガホンか）を使い，大声でその日の新聞の土地改革の情報を伝えている様子，さらには新聞が届いて2日目には黒板に記事が書き写されて公示されていることを伝えている[34]。識字者・非識字者を問わず，党の機関紙において自分たちがどのように報じられているか知りうる状況にあったのである。当然，記者も新聞社もそのことを意識していたであろう。地名・村名・組織名・個人名など固有名詞を記して報じる以上，少なくとも事実に根差している必要があったのである。

　以上から本書では，新聞記事に記載されている出来事・事件や人物はひとまず実在したものとして扱う。したがって，新聞が示す事実の経過と資料集に掲載された文書との間に齟齬があった場合には，基本的には新聞が示す情報を信じる。そこから，その齟齬が何を意味しているのか（資料集掲載の文書がなぜ改竄されているのか）を考える。その一方で，上でみたように，新聞記事に記載された数字や成果は誇大に報告されている可能性が高いことから，鵜呑みにはしない。

　また【史料序-1（1）】の③に見られるように，記者・通訊員にとっては党の方針の存在が大きな圧力となっていた。このことは，党の方針を正面から批判・否定するような認識を書くことは難しかったことを物語っている。イデオロギーに抵触するような問題であれば，記者の筆はさらに慎重になったであろう。記者の叙述には制約があった。ここから本書では，個々の記事に記された認識や解釈（特に出来事の原因と結果に関する説明）・評価についてはいったん

33）『晋察冀日報』1948年2月27日「本報要求大家検査報導的真実性」。
34）『晋察冀日報』1947年12月5日「平分土地伝到陳南荘　雇貧農人人高興」。

距離をおき，他の記事や情報と突き合わせて，その解釈の妥当性や解釈自体を制約している枠組みを検証するという方法をとる（なお，戦後内戦期は，解釈を制約する枠組み自体が揺れ動いた点に特徴があった）。このような方法に拠らなければ，幾重にも操作された情報の向こう側に隠されている内戦期共産党の農村革命の実態を明らかにすることはできないからであるが，歴史学の史料批判の手続きとしては取り立てて言うべきほどのことでもなく，オーソドックスなものであろう。本書は，新聞や資料集というアクセスが容易な資料をオーソドックスな方法で読み解くという，造りとしてはきわめて平凡な歴史書である。

6　本書の構成と用語法

1）本書の構成

　本書は 3 部構成になっている。第Ⅰ部は，1930 年代に確立した共産党の中国社会認識および毛沢東の権威・権力と，当該時期の共産党の重要な拠点であった華北地域の社会経済構造との関係について概観する。

　第Ⅱ部と第Ⅲ部は，戦後内戦期に共産党が実施した土地改革を中心的課題とする農村革命について，時系列でその展開過程を追う。第Ⅱ部では減租減息運動から土地改革への展開を，第Ⅲ部では「貧雇農を中核とする路線」への展開とそれが共産党の支配にもたらした影響を考察する。本書の主題に直接関係するのは第Ⅱ部と第Ⅲ部であるが，共産党の農村革命が第Ⅱ部・第Ⅲ部で明らかになるような展開過程をみせた理由は，第Ⅰ部で整理する内容をふまえなければ説明できない。そのため本書の主題に入る前に第Ⅰ部を置いた。

　なお，各章の末尾には小結を設け，それぞれの章で明らかにした内容を要約している。また終章の冒頭でも比較的丁寧に各章を概観し，本書全体の議論の流れを一望できるようにした。各章を読む前に小結や終章を読んでもらえれば，各章の位置づけや論旨がつかみやすくなるかもしれない。

2) 用語法

　当時の用語にどのような訳語をあてるかということは大きな問題であるが，本書では，当時の共産党の用語のうち「群衆」という言葉については訳語を用いず，原文のまま「群衆」と記している。「群衆」はこれまで「大衆」や「民衆」と訳されてきたが，1930 年代以降の毛沢東は，「群衆」を "mass" や "mob" の意味ではなく搾取階級以外の人びとを総称する言葉として使っていた（したがって「群衆」はきわめて階級的な概念である）。党の文書も同様である。このような意味で使用される「群衆」概念は，非階級的な概念である「大衆」や「民衆」と訳されるべきではないと考える[35]。またこうした「群衆」という単語は，新国家の樹立が視野に入った 1948 年ごろから「人民」という単語に置き換わっていく。その理由については現在のところ不明であり[36]，本書も明らかにできないが，ひとたび「群衆」を「人民」と訳して叙述してしまえば，「人民」が使われ出したときに生じる断層が見えなくなってしまうだろう。

　また，小野寺史郎『近代中国の国家主義と軍国民主義』によれば，陳独秀を含む 1920 年代の中国知識人は「群衆」という言葉を，感情的で盲目的で社会変革の担い手たりえない人びとというネガティブなニュアンスで使用していた（小野寺 2023：第 4 章）。そうだとすれば，1930 年代から毛沢東が常用した「群衆」には，1920 年代の知識人界では傍流の傍流に置かれていた毛沢東の怨念，

---

35) 石島紀之は，筆者が「群衆」という言葉をそのまま用いて議論していることを批判し，「抗日戦争時期の共産党の文献では，「群衆」という言葉は党からみて「おくれた」人びとについても使われており，必ずしも「党が期待する行為をする人」ばかりではなかった」として，「民衆」という訳語を用いることを提起している（石島 2014：221）。しかし，本書で述べるように「群衆」の内実はあくまで「搾取階級ではない人びと」であり，非階級的な概念である「民衆」を訳語として用いることは適切ではないと考える。共産党が「群衆」は党による啓蒙を必要としている（階級的自覚が足りない）と捉えていたということと，「群衆」が本質的に革命性をもっていると認識していたこととは矛盾しない。

36) 和田（2020）は，1930 年代から 50 年代までの共産党における「人民」「国民」「公民」の用法の変化について考察しているが，1930 年代からの「群衆」の使用については，「ソビエトモデルの堅持によって「人民」概念の使用率が低下し，「群衆」などの概念に代替された過程が存在した」とふれるのみであり，「群衆」から「人民」への切り替えについては注目していない。

かつての共産党のエリート指導者たちに対する強烈な対抗意識が込められているようにも感じられる。このような概念の来歴との関係を考えるうえでも，この時代の毛沢東が使い，共産党に使わせた「群衆」という用語は，ひとまず「群衆」のままにしておきたい。

　また，「放手発動」「翻身」「工作」なども共産党の文書に頻出する用語であり，時期と文脈によって意味が微妙に異なり直訳しにくいが，本書では以下のように扱う。まず「放手発動」は「大胆に闘争に立ち上がらせる」と訳すが，政策を表す名詞として使用する場合には訳語をあてずにそのまま表記する。「翻身」は辞書的には「（闘争によって）搾取から解放される」という意味の言葉であるが，実態としては「翻身」した者がそれ以前に誰かから必ず搾取を受けていたということを示すものではない。「工作」は文脈によって「活動」「事業」「業務」と訳すが，「工作委員会」「工作隊」「工作団」「工作組」「工作幹部」「工作同志」「工作会議」のように名詞の一部として使用されている場合は訳語をあてずにそのまま表記する。意味としては，「工作委員会」は特定の事業の執行に責任をもつ人びと（工作幹部・工作同志）から構成された集団を，「工作隊」「工作団」「工作組」は特定の事業・活動を実現するために派遣された数人から十数人の党員グループを指す。「工作会議」は，事業・活動を総括したり方針を決定するために開かれる会議を指している。

　「新解放区」「新区」，「老解放区」「老区」は，直訳するとそれぞれ「新たに共産党の支配下に入った地域」と「前の時期から共産党の支配下にあった地域」を意味し，本書が扱う時期には，おおむね抗日戦争期までに支配下に入った地域を「老解放区」「老区」，抗日戦争後に支配下に入った地域を「新解放区」「新区」と呼んでいたが，第11章でもみるように，どの時期を画期とするかは微妙に変化していた。そのため本書ではあえて訳語をあてず，そのまま「新解放区」「新区」，「老解放区」「老区」と表記する。なお，「畝」は面積の単位であり，ことわらない限り1畝＝6.44aである。100畝で1頃と表記されることもある。本書ではメートル法に換算せず，史料のまま表記する。

第 I 部

華北農村と毛沢東
──社会経済構造──

第1章
毛沢東の台頭と中国社会認識

はじめに

　戦後国共内戦期の土地改革とそれによる社会の変化を考察する前提として，第Ⅰ部では，土地改革を実施する根拠となった共産党の中国社会認識と，華北農村の社会経済構造について確認しておきたい。このうち第1章で取り上げるのは，1930〜40年代における共産党の中国社会認識である。これは，以下に述べるような党内における毛沢東の台頭・指導権の確立過程と深く関係している。

　1921年に創立大会を開いた共産党は，当初陳独秀を中心とする知識人グループが指導権を掌握し，都市における労働運動を重視していた（以下，この段落は石川2021：第1章，第2章，および高橋2021：第2章，第3章による）。1927年に国共合作が壊れると，その後の方針をめぐってコミンテルンと衝突した陳独秀が失脚し，コミンテルンと関係の深い瞿秋白や李立三らが指導権を握った。しかし，彼らはコミンテルンの指示のもと民衆暴動を追求して失敗した。この間，毛沢東は部隊を率いて農村での革命活動に従事し，1931年11月には江西省瑞金で中華ソビエト共和国の樹立を宣言した。毛沢東は中華ソビエト共和国では主席の座に就いたが，党内における地位は必ずしも高いものではなかった。この時期，とくにソ連への留学経験のある党員が党内で権威を握っており，序列の上位を占めていた。

第1章 毛沢東の台頭と中国社会認識 **47**

　しかしこのソビエト革命路線もまた転換を余儀なくされる。国民政府による包囲殲滅作戦が実行され成功したからである。共産党は 1934 年 10 月に瑞金を放棄し，「長征」せざるをえなくなった。毛沢東が党内で権力を掌握するのはこのときからであった。毛沢東は指導部に対して中華ソビエト共和国を放棄するにいたった責任を厳しく問い，1935 年の遵義会議で軍事的指導権を握ることに成功した。そして 1936 年にたどりついた陝西省延安では，毛沢東は党の重要なポストに側近をつけるなど権力を固め，1938 年の中共中央第六期六中全会（9〜11 月）で政治面・組織面における指導権を掌握した（田中 2002：57-59）。さらに 1942 年 2 月からは，毛沢東の著作をテキストとした学習運動（整風運動）が展開され，思想面における毛沢東の指導権が確立された。1945 年 4〜6 月に開かれた共産党七全大会は，「毛沢東思想」を党の絶対的指導理念とする党規約の改訂案を採択したのである。

　では，このように共産党の指導理念となった毛沢東思想とは，どのようなものだったのだろうか。毛沢東思想が共産党の指導理念となるということは，具体的にはどういうことだったのだろうか。そしてそのことは，党内にどのような影響を与えたのだろうか。本章はこうした諸問題を明らかにする。

　なお，毛沢東が党内において台頭した政治的過程や，思想史の対象としての毛沢東思想については，近現代史における毛沢東の大きさに比例して多様な側面から論じられているが，ここでは紙幅の関係からそうした毛沢東の全体像に迫るような議論に立ち入ることはできない。本書第Ⅱ部以降の内容に関わる点に限定して考察することをあらかじめ断っておきたい。

1　毛沢東の台頭と「群衆」の解釈権

1）毛沢東の台頭と群衆路線

　理論家として共産党内で毛沢東が台頭する上で大きな役割を果たしたのは，「マルクス主義の中国化」という論理であった（高 2000：178-180）。「マルクス主義の中国化」とは，先にふれた中共第六期六中全会で毛沢東が提起した主張

であり，「マルクス主義は民族の形式を通してこそ実現でき」，「中国の特徴を離れてマルクス主義を語っても，それは抽象的で空洞的なマルクス主義でしかない」とするものであった[1]。この考えを打ち出すことによって，毛沢東は党をコミンテルンから自立させたのである。

しかもこの「マルクス主義の中国化」という論理は，毛沢東にとってもうひとつ重要な意味をもっていた。それは，自分の強みを活かす言論空間を作り出すという役割である。毛沢東が起草し党の決定として1941年8月に発表された【史料1-1】は，次のように述べる。

【史料1-1】 20年来，中国の歴史・社会・国際状況に関するわが党の研究は次第に進歩し，次第に知識を増加してきたが，依然として非常に不足しており，大雑把で，徹底的に理解しようとせず，手前勝手であり，主観主義と形式主義のやり方（作風）が依然として党内に厳重に存在している。……20年来，若干の同志の思想上の主観主義と形式主義によって，また各方面で豊富な知識が欠乏していたことによって，革命事業が被った損失の重大性は依然として全党の指導機関やすべての同志が徹底的に認識したものとはなっていない。若干の責任ある地方の同志は，彼ら自身が従事している事業の内外の環境について，社会・経済・政治の関係，敵について，事業についてなど各方面において系統的で緻密な理解が依然として欠乏している。<u>党内の多くの同志は，調査しなければ発言権がないというこの真理をまだ理解していない</u>。……状況をもし理解できていなければ政策は必ず失敗するということを理解していないのである。……マルクスレーニン主義の原理原則を学習することと，中国の社会状況を理解し中国革命の問題を解決することを分離する劣悪な現象に反対する。

---

1) 毛沢東「中国共産党在民族戦争中的地位」（1938年10月），『毛沢東集』第6巻，261頁。なお高華は，「マルクス主義の中国化」という発想は，「マルクス主義理論を運用して中国哲学の基本概念を解釈していた」陳伯達が最初に思いつき，それを毛沢東が吸収したとする（高2000：196-197）。高華によれば，陳伯達はこのように毛沢東の理論面での助手の地位を獲得したことで，「一人の素朴な教師から，欲に固まった権力崇拝者へと堕落した」という（高2000：198）。

（毛沢東「中共中央関於調査研究的決定」〈1941 年 8 月 1 日〉，『毛沢東集』第 8 巻，17–19 頁）

「マルクス主義の中国化」のためには当然中国の実情を知らなければならない。したがって「マルクス主義の中国化」という主張は，党内に「調査なくして発言権なし」という原則の受容を同時に迫るものであった。そしてこの原則の支配する言論空間こそ，毛沢東にとって自分の強みを発揮できる空間であった。

毛沢東は，1920 年代に国共合作の下で国民政府の農村調査に参加した経験があり（中西 1969：159），さらに 1927 年には，紅軍を率いて立ち寄った湖南省の農村で独自に調査をした経験があった（今堀 1966：97）。これは他の共産党員，とりわけ 1930 年代前半に党をリードしたソ連帰りの指導者たちにはない毛沢東の強みであった。後述するように，1930 年末に江西省興国県で農村調査を行った毛沢東は，その直後の 1931 年 4 月に早くも「調査しなければ発言権はなく，正確な調査をしなければ同様に発言権はない」とする党内指示を出している[2]。毛沢東は，1930 年代のソビエト革命路線の失敗の原因を，当時の指導者たちが中国の実情と乖離していたことにあるとすることによって，自分が優位に立てる言論空間を形成したのである。なお，1920 年代後半は中国知識人が農村問題を発見した時期であった（三品 2004）。毛沢東の農村での調査はこうした中国の学術界における潮流と軌を一にしていた。このような思潮の動向も，その主張に一定の説得力をもたせたと考えられる。

では，どうすれば中国の実情を知ることができるのか。具体的にどのように行動すれば中国革命は勝利することができるのか。毛沢東思想はその方法にも言及している。すなわち「群衆路線」であった。1945 年 4～6 月に開かれた七全大会で党規約改訂の趣旨を説明した劉少奇は，「農民を主要な群衆とする」とした上で[3]，次のように述べている。

2）毛沢東「不做調査没有発言権，不做正確的調査同様没有発言権」（1931 年 4 月 2 日），『毛沢東集』第 2 巻，255–257 頁。

50　第 I 部　華北農村と毛沢東

【史料 1-2】　わが党と毛沢東同志の群衆路線を貫徹するために，党章の総綱と条文において以下の数点の群衆観点を強調して指摘している。……

第一は，すなわちすべては人民群衆のためという観点であり，全身全霊をもって人民群衆のために服務するという観点である。……

第二は，すべて人民群衆に対して責任を負うという観点である。……

第三は，群衆は自分で自分を解放するということを信じる観点である。毛沢東同志はつねに言う。人民群衆はまことに偉大であり，群衆の創造力は尽きることがない，と。われわれは人民群衆に依拠して初めて戦争に勝利することができ，人民群衆だけが歴史の本当の創造者である。本当の歴史とは人民群衆の歴史なのである。……

第四は，人民群衆から学習するという観点である。……マルクスレーニン主義の理論を学び，歴史を学び，外国人民の闘争の経験を学べば，われわれの知識を増加させることができる。敵から学習することによっても知識を増やすことができる。そして最も重要なことは，人民群衆から学習することである。なぜなら，群衆の知識，群衆の経験は最も豊富であり，最も実際的であり，群衆の創造力は最も偉大であるからである。

（劉少奇「論党」〈1945 年 5 月 14 日〉，『劉少奇選集』上巻，348–353 頁。「党規約の改正について」，『中国共産党史資料集』第 12 巻，347–351 頁）

　つまり群衆路線とは，群衆（とりわけ農民）への高い評価を基礎とし，そうした群衆から学び，群衆の利益を最優先に考え，つねに群衆とともに歩むという方法であった[4]。毛沢東は党員に対し，群衆路線を方法として「中国の実情」

---

3)　劉少奇「論党」（1945 年 5 月 14 日），『劉少奇選集』上巻，335 頁。なお，この「論党」は「党規約の改正について」というタイトルで日本語に訳され，『中国共産党史資料集』第 12 巻にも掲載されている（引用部分は，「党規約の改正について」では 336 頁）。「党規約の改正について」の元になったテキストは 1949 年に新華書店が刊行した『関於修改党章的報告』であり，『劉少奇選集』所収の「論党」よりも原文に近いと考えられるが，「党規約の改正について」の訳文は「群衆」を「大衆」と訳すなど，本書の用語とは異なっている。よって本書では「党規約の改正について」と対照して内容や表現に違いがないか確認したうえで「論党」から筆者が訳したものを掲載し，あわせて「党規約の改正について」の頁数も記載する。以下同じ。

を知り，それをふまえた「中国化されたマルクス主義」を実践することによって，共産党は勝利すると説いたのである。1940年代前半の共産党は，こうした内実をもつ毛沢東思想を受容する過程にあった。

2）延安整風運動と群衆路線

　毛沢東思想が打ち出した群衆路線とは，このように「群衆から学び，群衆とともに歩む」という方法であった。これを文字どおりに解釈すれば，党の政策は民意を集約し反映するものとなるはずである。しかし実際にはそうはならなかった。それは，ここで提唱された群衆路線は，「群衆」に関わる決定権・解釈権を毛沢東が独占するものだったからである。この点について，1942年2月から延安で展開された整風運動をみていきたい。

　整風運動については多くの研究があり，この運動を通して毛沢東が党内で思想・理論面における絶対的地位を確立したことは，すでに確認されている[5]。そうしたなかで本章は運動の経緯ではなく，この運動において毛沢東が党員に求めたことは何かという，内容に注目して整風運動のテキストを分析する。

　整風運動は，1941年から深刻化していた国共内戦勃発への危機感を背景とし，王明らソ連留学経験者の影響力を排除するために党内（とりわけ延安）で展開された思想運動であるが，直接的には「学風・党風・文風を整頓せよ」という毛沢東の党員への呼びかけによって始まった（1942年2月1日）。ここでの「風」とは，「作風」すなわち「方法・流儀」のことを指す。毛沢東によれば，党員

4）毛沢東は1927年に湖南省で行った調査の報告で，次のように述べている。「およそ，〔農民の〕反抗がもっとも力強く，混乱が最も大きな地域は，すべて土豪劣紳・不法地主が最も悪辣な地域である。農民の目はまったく間違っていない」。「彼ら〔貧農〕の革命のおよその方向は最初から最後まで間違いがない」（毛沢東「湖南農民運動考察報告」〈1927年3月28日〉，『毛沢東集』第1巻，213，219頁）。すなわち，この調査で毛沢東が発見したことこそ「農民の正しさ」であり，「革命が依拠すべき力量は農民である」ということであった。

5）徳田教之は，延安整風運動を「カリスマ的指導への大突進」とし，毛沢東崇拝を確立させた運動として捉える（徳田1977：第5章）。なお，日本では整風運動を取り上げた歴史研究は近年少ないが，国外では陳（1990）や高（2000）など重要な研究が発表されている。

52　第I部　華北農村と毛沢東

が是正すべき3つの作風とは「主観主義（学風）・セクト主義（党風）・党八股（文風）」であった。ここでは，無内容で形式的な文章のことを指す「党八股」に対する批判を除き，「主観主義」批判と「セクト主義」批判の論理を取り上げる。

「主観主義」として問題とされたのは，現実認識の方法であった。毛沢東は，まず次のように述べて「中国の実際」を認識することの重要性を強調する。

【史料1-3（1）】　われわれは，多くのマルクスレーニン主義の本を読めば，理論家が存在していると言えるだろうか？　やはり不可能である。なぜなら，マルクスレーニン主義はマルクス・エンゲルス・レーニン・スターリンたちが実際を根拠にしてつくりだした理論であり，歴史の実際と革命の実際の中から抽出した総合的な結論だからである。われわれは，もしそれらを読むだけで，それらを根拠にして中国の歴史の実際と革命の実際を研究せず，中国の実際の必要に合致する自分たちの特別な理論を生み出さないのであれば，マルクス主義の理論家と妄りに称することはできないのである。

（毛沢東「整頓学風党風文風」〈1942年2月1日〉，『毛沢東集』第8巻，66-67頁）

しかし毛沢東によれば，一般的には「理論を生み出す」能力をもつと思われている「知識分子」党員には，現実認識力に限界があった。毛沢東は次のように述べる。

【史料1-3（2）】　彼ら〔知識分子〕はひとつの真理，すなわち，多くのいわゆる知識分子は，実は比較的最も無知なのであり，工農〔労働者・農民〕分子の知識はときに知識分子よりも少し多いということを知らなければならない。

（毛沢東「整頓学風党風文風」〈1942年2月1日〉，『毛沢東集』第8巻，68-69頁）

では，「工農分子」に近い党員は現実をよく認識できるのかといえば，毛沢東は彼らにも固有の問題があるとする。

【史料1-3（3）】　実際の活動に従事しているわれわれの同志は，もし彼らの経験を誤用すれば間違いが起きるだろう。もちろん，こうした人は経験が非

常に多く，これは非常に貴重である．しかし，もし経験で満足するのであれば，それもまた非常に危険である．彼らは自分の知識が感性や部分的なものに偏っており，理性的な知識や普遍的な知識に欠けている，すなわち理論が欠乏し，彼らの知識も比較的不完全であることを知らなければならない．そして，革命をうまくやろうと思ったら，比較的完全な知識がなければ不可能なのである．

　　　（毛沢東「整頓学風党風文風」〈1942年2月1日〉，『毛沢東集』第8巻，72頁）

　ここでは，現場にいる人間が自分の経験にもとづいて形成した認識は，部分的で普遍性をもたない可能性があると述べられている．このように毛沢東は，「知識分子」党員も「実際の活動に従事している同志」も，ともに現実認識力に問題がある可能性があるとしていた．言い換えれば，これは，ここに言及されている人びと（実質的には党員の全員）が認識した「現実」を，いつでも「主観的理解である」と批判できる論理である．「主観主義」批判とは，つまり「現実とは何か」の最終的解釈権を毛沢東に委ねることを迫るものであった．

　次に「セクト主義」に対する批判をみる．「セクト主義」とは，党が群衆から離脱することと，個々の党員が自分の所属する部署の独立性を主張することの2つを指しているが，毛沢東は，そのうち前者に関して次のように述べている．

【史料1–3（4）】　外来幹部は本地幹部に比べ，状況を熟知したり群衆と連携したりといった方面においていささか劣っている．

　　　（毛沢東「整頓学風党風文風」〈1942年2月1日〉，『毛沢東集』第8巻，78頁）

　「外来幹部」とは，革命活動の現場に上級から送りこまれる指導者のことであり，「本地幹部」とは現地で革命活動を続けてきた幹部（党員）のことである．ここでは，依拠すべき群衆との距離が外来幹部よりも本地幹部のほうが近く，したがって群衆を理解する上では本地幹部の方が優れていると述べている．これは「群衆との距離」を根拠にすれば，党内の序列をも相対化できるという主張である．しかし，では現地の幹部は現実をよく認識できるのかと言えば，必

54 第Ⅰ部 華北農村と毛沢東

ずしもそうではなかった。それが後者に対する批判として展開されている。

【史料1-3 (5)】 一部の同志は，部分的な利益だけを見て全体的な利益が見えていない。彼らは総じて彼ら自身が管轄する部分的な活動を不適切に特に強調し，全体の利益を彼らの部分的利益に服従させようとする。彼らは党の民主集中制を理解せず，共産党は民主を必要とするだけではなく，特に集中を必要としていることを理解していない。彼らは，少数が多数に服従し，下級が上級に服従し，部分が全体に服従し，党全体が中央に服従するという民主集中制を忘れてしまっている。

（毛沢東「整頓学風党風文風」〈1942年2月1日〉，『毛沢東集』第8巻，76頁）

この論理は，現場に近い幹部の認識は部分的であり普遍性をもたない場合があるという，先に「主観主義」批判で見たのと同じものである。これに従えば，現場の幹部が示した現実認識であっても，毛沢東はいつでも「その見解はセクト主義的である」と批判することが可能となる。「セクト主義」批判とは，つまり，個々の党員が現場で接している「群衆」と「群衆全体」とを切断することにより，実質的に「群衆」に関わる最終的解釈権が現場にはないことを受容させるものだったのである。

このように，整風運動で展開された「主観主義」批判と「セクト主義」批判の論理をみると，「中国の実情を知ること」「群衆と連携すること」が強調される一方で，党のあらゆるレベルから「中国の実際とは何か」「群衆が望んでいることは何か」ということについての解釈権を剥奪する論理が埋め込まれていたことがわかる。整風運動の開始から1945年までに，党内ではこうした毛沢東思想をテキストとした学習会が行われ，相互批判と自己批判のなかで，多くの党員が除名や処刑といった処分を受けたり自殺したりするなどして党から排除されていった[6]。つまり整風運動とは，ときに死に至るような暴力と恐怖をともないながら，全党員に，勝利するための一連の論理，すなわち「マルクス主義を中国の実際に合致させる必要がある」「実際に合致させるとは，群衆から学び群衆とともに歩むことである」「なぜなら群衆は正しいからだ」という論理を受け入れさせるのと同時に，「群衆を正しく認識できるのは毛沢東ただ

第1章　毛沢東の台頭と中国社会認識　55

一人である」という理屈も受け入れさせる過程だったのである[7]。

　一例を挙げる。共産党根拠地の陝甘寧辺区を管轄する中共中央西北局の幹部であった謝覚哉[8]は，延安で開かれた整風運動に関連する高級幹部会や学習会にたびたび参加し，「民主集中制」や「マルクス主義の中国化」に関する問題をめぐって思索・苦悩していたが[9]，約5年後の1947年10月，延安を訪れた「工作団」（詳細は不明）から，中共中央が策定した土地改革政策は「晋綏辺区の実際とは距離があり適用できない」と言われた際，「中央の原則は，広大な地域の実際と，長年にわたる経験に依拠したものである。われわれが見ているのは中央ほど多くはなく，中央の原則さえ理解していないかもしれないのに，あえて中央の文書を適用しないと言ったり，それは実際と適合しないというのは，すべて非常に危険であり，党の最低限度の紀律にも合わない」と反論している[10]。この中央レベルの指導者として模範的な回答は，整風運動で求められた思考回路が内面化されていたことを物語っている。

　このように整風運動は貫徹され，毛沢東の主張が反論を受けて動揺することはなかった。ここに毛沢東は，中国の現実と「群衆」に関する解釈権を独占することを党員から承認されたのである。毛沢東思想を党の絶対的指導理念として位置づけた1945年の七全大会の開催は，こうした内実をもつ整風運動が成功したことを意味した。とはいえ，全党員がこの論理がもつ実質的な意味を直ちに理解したわけではない。本書の第Ⅱ部以降で詳細に検討するように，戦後

---

6) 高華は，このとき毛沢東が延安の知識人たちに迫ったのは単に思想的な転換にとどまらず，自分自身を罵ることによって独立と尊厳を破壊させることだったとする（高2000：316）。また，マルクス主義の本来のあり方を念頭に延安における共産党の姿を批判した王実味らが「反党集団」を形成しているとされると，整風運動は幹部に対する審査へと展開し（陳1990：54），敵のスパイであることを「自白」させられるという精神的苦痛や冤罪への抗議の意思を示すために，多くの人びとが自殺した（陳1990：63–69）。

7) 1945年に党の指導理念とされた「毛沢東思想」について，中西功は「方法論だけであって，その〔マルクスレーニン主義の〕本質的な内容である経済学と科学的社会主義学説がない」と述べ，その本質を突いた鋭い批判を行っている（中西1969：260）。

8) 『中国共産党組織史資料』第3巻上，92頁。

9) 『謝覚哉日記』上巻，368–369，400–402頁。

10) 『謝覚哉日記』下巻，1158頁。

56 第Ⅰ部 華北農村と毛沢東

国共内戦期（1946〜49 年），土地改革を中心的課題とする農村革命を実施する
なかで，党員はこの指導理念が意味するところを理解していったのである。

2 中国農村社会に対する毛沢東の認識

1）毛沢東が認識した中国農村の「現実」

　では，毛沢東は当時の中国社会をどのように認識していたのだろうか。その
際，特に問題となるのが農村社会に対する認識である。毛沢東が，中国農村社
会に対する「客観的」で「正しい」認識として党員に共有することを強制した
のは，どのような認識だったのだろうか。

　それは，1930 年代初頭に毛沢東が江西省で行った農村調査，とりわけ 1930
年 10 月末に毛沢東が華中の江西省興国県で行った農村調査（興国調査）の結
論であった。この農村調査は，1930 年 10 月に紅軍第一方面軍を率いた毛沢東
が江西省興国県を通過した際，現地で徴発した 8 人の農民兵士に聞き取り調査
を行ったというものであり，したがって調査と呼ぶのに必要な厳密性を著しく
欠いてはいるが，農村内の階級構成を以下のように示していた（なお，原典で
は「／」の部分に改行が入っている。以下同じ）。

【史料 1-4】 ①耕地の分配／興国第 10 区，すなわち永豊圩一体の土地状況
に照らしていえば，従来の耕地の分配状況は以下のとおりである。／地主
40 ％／公堂 10 ％（地主・富農が共有している）／富農 30 ％／中農 15 ％／貧
農 5 ％

　②各階級の人口／興国 10 区の各階級の人口はおよそ以下のとおりである。
／地主 1 ％／富農 5 ％／中農 20 ％／貧農 60 ％／雇農 1 ％／手工業者 7 ％／
小商人 3 ％／遊民 2 ％

　このように，本当の搾取階級（地主富農）は，人数は 6 ％を超えないのに
彼らの土地は 80 ％を占めている。そのうち富農が 30 ％を占めており，公堂
の土地もまた多くは富農が掌握している。もし富農の土地を均分しなければ，

多数の人民の土地不足の問題は解決することが難しい。中農の人口は 20 ％で，土地は 15 ％を占めている。土地を中農に分配することは必要である。なぜなら彼らの土地は不足しているからであり，土地の分配は彼らにとっては土地を増加することであっても減らすことではないからである。均分は中農に損害を及ぼすというのは間違いである。……なぜ地主の人口はわずかに 1 ％なのか？　本区で土地を占有している地主は，多くは隣県の白鷺区・田村区および本県の県城に住んでいるためである。もし彼らを計算に入れれば，およそ地主階級は全人口の 2～3 ％を占める。

　　　　（毛沢東「興国調査」〈1931 年 1 月 26 日〉，『毛沢東集』第 2 巻，201-203 頁）

　ここに挙げられている数字をまとめれば，人口では地主・富農 6～8 ％，中農 20 ％，貧雇農 61 ％，そのほか 12 ％，所有地では地主・富農 80 ％，中農 15 ％，貧農 5 ％となる。この比率が事実だとすれば，確かにここでは土地所有の偏りが著しい。と同時に，均すためにはどうすればいいかも明示している。すなわち，人口比で 6～8 ％を占める地主・富農が全体の 6～8 ％の土地を所有するようにし（72～74 ％に相当する土地を没収し），中農に 5 ％分，残りの 67～69 ％分の土地を貧雇農と「そのほか」の人びと（合計 73 ％）に均分すれば，人口の 20 ％を占める中農が土地の 20 ％を所有し，人口の 73 ％を占める貧雇農と「そのほか」の人びとが土地の 72～74 ％を所有することになるだろう。実はこの数字が，この後の共産党の土地政策の基礎となる認識であり，毛沢東が，中国農村社会に対する「客観的」で「正しい」認識として党員に共有することを強制した認識，いわば公定の農村認識であった。

　このことについて，詳細はのちの行論のなかで示すが，ここではいくつかの節目となる文書を挙げておきたい。毛沢東は，国民党との合作のために土地革命を停止し減租減息（小作料と利息の引き下げ）運動を実施していた 1939 年 12 月 15 日，「中国革命と中国共産党」と題する文章を書いている。そこで中国革命の主力と対象について述べるなかで「富農は農村人口の 5 ％前後を占めている（地主と一緒にすれば農村人口の 10 ％前後を占めている）」と表記し，「中農は農村人口の 20 ％前後」，「貧農は，雇農を含めれば農村人口の 70 ％を占めてい

58　第 I 部　華北農村と毛沢東

る」と述べている[11]。

　また，戦後内戦期の土地改革が急進化する契機となったとされる中国土地法
大綱（1947 年 10 月）を公布する際，中共中央が付したリード文は冒頭で次の
ように述べている。

【史料 1-5】　中国の土地制度はきわめて不合理である。一般的な状況から言
えば，農村人口で 10 ％に満たない地主・富農が 70〜80 ％の土地を占有し，
残酷に農民を搾取している。農村人口の 90 ％以上を占める雇農・貧農・中
農やそのほかの人民は，合計で 20〜30 ％の土地しかもっておらず，1 年中
労働しても衣食が満ち足りることはない。
（「中共中央関於公布中国土地法大綱的決議」〈1947 年 10 月 10 日〉，『解放戦争時期
　土地改革文件選編』84 頁）

　さらに，その急進化した土地改革運動を是正するために任弼時が 1948 年 1
月 12 日に西北野戦軍前線委員会拡大会議で行った報告では，「一般の推計によ
れば，旧政権の下の農村のなかの平均では，地主は総戸数の 3 ％，富農はおよ
そ 5 ％を占め，地主・富農の合計でも戸数で 8 ％，人数で 10 ％である」と述
べ，「中農は旧政権下では人口の 20 ％を占めていた」と述べている（後掲【史
料 11-7】）[12]。「旧政権の下」とは，共産党が土地改革を実施する前の社会を指す。
ここでは土地の所有比率についてはふれられていないものの，人口の比率が
【史料 1-4】の興国調査と酷似していることが指摘できよう。

　さらにその後，急進化した土地改革を抑えこむため，中共中央は 1948 年 2
月 15 日に 1930 年の文書を加筆修正した新しい階級区分基準案を党内に提示す
るが（後掲【史料 11-17】），そこでも以下のような数字が述べられている。すな
わち，「地主階級と旧式の富農は，各地で多寡はあるが，一般の状況に照らせ
ば，およそ郷村人口の 10 ％，戸数の 8 ％前後を占めており，彼らが占有して
いる土地は全可耕地の 70〜80 ％に上る」とする一方，貧農については「中国

────────────
11）毛沢東「中国革命与中国共産党」（1939 年 12 月 15 日），『毛沢東集』第 7 巻, 124-125 頁。
12）「土地改革中的幾個問題（任弼時）（1948 年 1 月 12 日在西北野戦軍前線委員会拡大会議
　　上的講話）」，『解放戦争時期土地改革文件選編』104, 110 頁。

の土地制度が改革される前は，大多数の農民は地主の土地を耕作していた」と
している[13]。ここで挙げられている数字も興国調査の数字に近い。

この数字は，人民共和国の成立後にも維持された。1950年6月14日に行っ
た政治協商会議の報告で，劉少奇は次のように述べている。

【史料1-6】　なぜこのような土地改革を行わなければならないのか？　簡単
に言えば，それは中国のこれまでの土地制度がきわめて不合理だったからで
ある。旧中国の一般的な土地情況について言うなら，大体次のとおりである。
すなわち，農村人口の10％にも足りない地主と富農が，約70％から80％
の土地を所有しており，彼らはそれによって農民を残酷なまでに搾取してい
た。そして，農村人口の90％を占める貧農，雇農，中農およびその他の人
民は，ぜんぶ合わせてもわずか20％から30％の土地を所有しているにすぎ
ず，彼らは1年中働いても衣食に不自由していた。
(「劉少奇副主席『土地改革問題に関する報告』」〈1950年6月14日〉，『新中国資料
集成』第3巻，110頁)

このように，興国調査で毛沢東が示した農村社会認識は公定の農村認識とし
て1940年代はもとより1950年代まで維持され，土地改革の必要性を導き出す
「客観的」で「正しい」中国社会認識として党員に共有されたのである。しか
も引用した部分にあるように，中国土地法大綱のリード文も，1948年1月の
任弼時報告も，同年2月の新しい階級区分基準案も，1950年の劉少奇報告も，
上記の数字を示す際に「一般的な状況として」という但し書きがついている。
毛沢東が興国調査で得た農村社会に対する認識は，中国全体に適用されていた
のである。

2）毛沢東の認識と共産党の公定認識

もっとも，毛沢東も地域差が存在しないと考えていたわけではない。たとえ

13）「中共中央関於土地改革中各社会階級的劃分及其待遇的規定（草案）」(1948年2月15日)，
　　『解放戦争時期土地改革文件選編』177，175頁。

60　第 I 部　華北農村と毛沢東

ば 1942 年 2 月 6 日に出された中共中央の指示（毛沢東が執筆したと推定されている）は，その冒頭で「各根拠地の状況は同じではなく，ひとつの根拠地のなかの状況もまた同じではなく，したがって土地問題を解決する具体的な方法については，整った画一的な制度を統一的に施行することはできない」と述べている[14]。しかし毛沢東は興国調査の結果について，「これによって得られた結論は二文字だけ，すなわち「革命」だった。だから革命に対する信念も上昇した。この革命は 80 ％以上の人民の支持と賛同を得られることを信じた」と語っていた[15]。前掲の 1939 年 12 月 15 日の「中国革命と中国共産党」でも，毛沢東はとくに地域差に言及することなく興国調査の数字を挙げて，中国革命の主力と対象について語っている。したがって，もしこの数字と異なる階級構成の地域（たとえば，自作農が中心で地主の存在感・影響力が弱い地域）があれば，そこでは革命の主力と対象も変更しなければならず，それはつまり中国革命の戦略そのものの変更を迫ることになるだろう。毛沢東が中国革命の戦略を考える際の基礎におき，革命の成功を毛沢東に確信させた数字を否定する数字を党員が出すことは，とくに整風運動以降はきわめて危険であった。さらに，このことに加え，共産党による農村社会の分析が，マルクス主義的歴史観（発展段階論）のなかに中国社会を定位し，革命の方向性を定めるためのものだったということも関係しているだろう。いずれにせよ，興国調査で毛沢東が示した農村社会認識は，結果として，「一般的な状況」を示す公定の農村認識として中国の農村地域全体に適用されたのである。

　もちろん，この興国調査が示す農村認識がこれ以降の共産党の公定認識となったのには理由があった。そのひとつとして，毛沢東自身がこの調査を重視し，整風運動で党員が学ぶべき文書のなかでこの調査が言及されていたことが挙げられる。1942 年 4 月 7 日，中共中央は整風運動における学習会で取り上げる 22 本の文書を指定して発表したが，その 11 番目として「毛沢東農村調査序言 2」を挙げている[16]。この文書は，毛沢東が 1937 年に出版した『農村調

---

14)「中共中央関於抗日根拠地土地政策決定的附件」（1942 年 2 月 6 日），『毛沢東集』第 8 巻，55 頁。

15) 毛沢東「関於農村調査」（1941 年 9 月 13 日），『毛沢東農村調査文集』26 頁。

査』と題する著書の第二の序文であり（1941年3月17日執筆[17]），そこでは実地調査の重要性を強調しつつ，同書籍に収録された11本の文書（うち6本が農村調査報告）[18]のうち「主要なものとして，「興国調査」，「長岡郷調査」，「才渓郷調査」がある」と紹介していた[19]。ただし，「長岡郷調査（1933年10月）」と「才渓郷調査（1933年11月）」は代表会議や選挙制度などに調査の主眼が置かれており，階級構成についてはふれていない[20]。毛沢東自身，「貧農と雇農の問題は，興国調査のあとでようやくはっきりした」と述べている[21]。農村の階級構成を示した調査報告書として毛沢東が最重視していたのは興国調査であった。

　第二の理由として，この報告書が農村住民の階級区分の基準を搾取関係に置いていたことが挙げられる。毛沢東は，1927年3月に発表した「湖南農民運動考察報告」では，「富農」を「金銭と穀物に余剰があるものを富農と呼ぶ」と定義しており[22]，富裕度によって階級を区分していた。この区分法は「米ビツ論」と呼ばれる（今堀1966：101）。他方，1928年12月に井岡山で毛沢東が制定したと推定される「土地法」では，「すべての土地を没収し，ソビエト政府の所有とする」とされ，事前に階級区分を行う必要がない土地改革（土地革命）を想定していた[23]。1929年4月に興国県で毛沢東が制定したと推定される「土地法」では，「すべての公有地および地主の土地を没収し」「土地を持たな

---

16) 「中共中央宣伝部関於在延安討論中央決定及毛沢東整頓三風報告的決定」（1942年4月3日），『中共中央文件選集』第13巻，367頁。なお，毛沢東『農村調査』の序文を学習すべきことは，整風運動が始まった直後の1942年2月18日に，延安大学副校長の張如心が中共中央の機関紙『解放日報』上で呼びかけている（張如心「毛沢東の理論と戦術を学習し掌握しよう」〈1942年2月18日〉，『中国共産党史資料集』第11巻，47-48頁）。

17) 『毛沢東年譜　1893-1949』中巻，283頁。

18) 『毛沢東年譜　1893-1949』中巻，29頁。

19) 「《農村調査》的序言和跋」（1937年10月，1941年3月，4月），『毛沢東農村調査文集』，16頁。なお，この文書は『毛沢東選集』第3巻にも収録されている（790頁）。

20) 「長岡郷調査」（1933年10月）については，『毛沢東農村調査文集』286-332頁。「才渓郷調査」（1933年11月）については，同書，333-354頁。

21) 毛沢東「関於農村調査」（1941年9月13日），『毛沢東農村調査文集』23頁。

22) 「湖南農民運動考察報告」（1927年3月28日），『毛沢東集』第1巻，216頁。

23) 「（井岡山）土地法」（1928年12月），『毛沢東集』第2巻，67頁。

62 第 I 部 華北農村と毛沢東

いか，少ししか持たない農民に分配する」としており，井岡山のものに比べる
と土地を没収する対象が「地主」であることが明確にされたが，「地主」がど
ういう人を指すのか明示されていない[24]。

　これに対し興国調査では，階級区分の基準を明確に示した箇所はないものの，
「地主」と「富農」をまとめて「本当の搾取階級」と表記したり[25]，「富農」の
所有地における自作地と貸出地の割合や高利貸による収入の多寡に注目したり
しており[26]，搾取を階級区分の基準としている。今堀誠二によれば，農村の階
級区分において搾取に着目することは，1930年5月に上海で開かれた第1回
ソビエト区域代表大会が採択した「暫行土地法」ですでに見られるとされるが
（今堀 1966：125），これが事実だとしても[27]，毛沢東の調査方法の「進化」とは
別に起こっていたことと考えられる。というのは，これと同じ 1930年5月に
毛沢東は江西省尋烏県で調査を行い報告書をまとめているが，そこでは「通常
ならば自作農とか中農と呼ばれる者」を「比較的富裕な農民」であるという理
由で「富農」に区分したり，「自小作農」を含んで「十分に食べることができ
ない者」を「貧農」に区分していたからである[28]。毛沢東においては，この時
期まだ「米ビツ論」的な区分法が残っていた。毛沢東の興国調査は，搾取に着
目するというマルクス主義的で新しい階級区分法を実践して得られた，「科学
的」で「正しい」農村認識を提示しているという点で，画期となるものだった
のである。

　このような現場経験をふまえ，毛沢東は，1933年に農村の階級区分の基準
に関する2本の文書を発表した。ひとつは「どのように階級を分析するか（怎
様分析階級）」（以下，「階級分析」と略す）であり，「地主」「富農」「中農」「貧
農」「工人・雇農（労働者）」を区分する基準が示されている[29]。もうひとつは

---

24) 「（興国県）土地法」（1929年4月），『毛沢東集』第2巻，73頁。
25) 「興国調査」（1931年1月26日），『毛沢東集』第2巻，202頁。
26) 「興国調査」（1931年1月26日），『毛沢東集』第2巻，214-217頁。
27) 根拠資料のひとつは 1949年の刊行，もうひとつは 1948年の刊行であり（今堀 1966：
　　148），のちに改竄・修正されたものである可能性が否定できない。
28) 毛沢東「尋烏調査」（1930年5月），『毛沢東文集』第1巻，198-199頁。
29) 毛沢東「怎様分析階級」（1933年6月），『毛沢東集』第3巻，265-268頁。

第1章　毛沢東の台頭と中国社会認識　63

「中華ソビエト共和国中央政府主席　毛沢東」の名で発表された「土地闘争におけるいくつかの問題に関する決定（関於土地闘争中一些問題的決定）」（以下，「土地闘争」と略す）であり，階級区分を行う際の「主要労働」と「附帯労働」の基準や，「富裕中農」とは誰を指すかなど細かい区分について示している[30]。いずれの文書も，戦後内戦期の土地改革において何度も言及される重要な文書となった。ここで示された階級区分の基準は，本書の後続の議論との関係で非常に重要であり，行論に関係する部分に絞って，各階級の基準について簡単にふれておきたい。

　まず，「階級分析」では，「地主」・「富農」・「中農」・「貧農」・「労働者〔工人・雇農〕」について，それぞれ以下のように規定している。

【史料 1-7】　地主とは何か？／土地を占有し（その量は問わない），自分では労働しないか，あるいは附帯〔付属的な〕労働だけをし，主に搾取によって生活している。／地主の搾取方法は，主に地租〔小作料〕の方法で農民を搾取している。そのほかに貸金を兼ねている。……

　富農とはなにか？／富農は一般に土地を占有している。しかし，一部の土地だけを占有し，一部の土地を借り入れている者もいる。また自分はまったく土地をもたず，すべての土地を他人から借りている者もいる（後の二者は少数である）。富農は一般に比較的優良な生産道具と流動資本を占有し，自ら労働している。しかし，つねに搾取をその生活資源の一部にしており，それが大部分を占める者もいる。／富農の搾取方法は，主として雇用労働の搾取である（長工〔農業労働者〕の雇用）。……富農の搾取は恒常的であり，多くは主要なものである。

　中農とは何か？／中農の多くは土地を占有するが，一部の土地を占有し一部の土地を借り入れる者もいる。まったく土地をもたず，すべての土地を借り入れている者もいる。自ら相当な道具をもっている。すべて，あるいは大部分は自己の労働に依拠しており，一般には他人を搾取していない。多くは

30）毛沢東「関於土地闘争中一些問題的決定」（1933 年 10 月），『毛沢東集』第 4 巻，43-65 頁。

他人から部分的に小作料や債務の形で搾取を受けている。しかし，一般に中農は労働力を販売しない。一部の中農（富裕中農を含む）で，他人に対して一部搾取していても，それが恒常的でも主要でもなければ中農である。……

貧農とは何か？／貧農は，一部の土地と不完全な道具を占有している。またまったく土地を占有せず，いくらかの不完全な道具だけをもっている者がいる。<u>一般にはすべて土地を借り入れて耕作している。小作料や債務や部分的な雇用労働の形で他人から搾取を受けている（貧農は一般に一部の労働力を販売する）</u>。これらはすべて貧農である。……

労働者〔工人〕とは何か？　一般にまったく土地と道具をもっていない。ごく少ない土地と道具をもっている者もいるが，まったく，あるいは主要には，労働力の販売によって生計を立てている。これは労働者である（雇農を含む）……

（毛沢東「怎様分析階級」〈1933 年 6 月〉，『毛沢東集』第 3 巻，265–268 頁）

ここでは，搾取の有無が各階級を区分する基準になっていることが明らかである。とりわけ下線部にあるように，貧農は単に「貧しい農民」という意味ではなく，借地で農業に従事する小作農であることに注目しておきたい。このような階級基準に加え，補足的な基準を定めるのが「土地闘争」である。以下，本書の行論に関係する部分だけを示す。

【史料 1-8】　労働と附帯労働／普通の状況であれば，一家のなかで一人が毎年 3 分の 1 の時間，主要な労働に従事していることを労働しているとする。一家のなかで一人が毎年主要な労働に従事する時間が 3 分の 1 に満たない場合，あるいは毎年 3 分の 1 の時間，労働には従事するが主要な労働ではない場合には，附帯労働をしているとする。

（注）ここでは以下の点に注意しなければならない。

①富農は自分で労働し，地主は自分では労働しないか附帯労働だけをする。したがって，労働は富農と地主を区別する主要な基準である。……

富裕中農／富裕中農は中農の一部であり，他人に対して軽微な搾取がある。その搾取による収入の量は，一家の 1 年間の総収入の 15 ％を超えない。

第 1 章　毛沢東の台頭と中国社会認識　　65

……
（注）ここでは以下の点に注意しなければならない。
　①富裕中農は中農の一部である。富裕中農とそのほかの中農とが異なる部
　　分は，富裕中農は他人に対して軽微な搾取がある点であり，ほかの中農は
　　一般に搾取しない。
　②富裕中農と富農とが異なる部分は，富裕中農の 1 年間の搾取による収入
　　の量は一家の 1 年間の総収入の 15 ％を超えないが，富農は 15 ％を超える。
　　こうした境界を設けることは，実際に階級を区分する際に必要である。
（毛沢東「関於土地闘争中一些問題的決定」〈1933 年 10 月〉，『毛沢東集』第 4 巻，43-
46 頁）

　この 1933 年に毛沢東が執筆した 2 つの文書は，戦後国共内戦末期まで効力
をもち続けた。第 11 章で詳述するように，1947 年 10 月に中国土地法大綱が
出された際，中農を富農に区分して闘争対象にするといった「行き過ぎ」が起
こることを懸念した中共中央の任弼時が，この 2 つの文書を配布している[31]。
1930 年代前半に毛沢東が実施した興国調査と，その農村調査をふまえて成立
した階級区分基準は，1940 年代を通して共産党の公定の認識および方法とし
て維持されたのである。
　なおこのように，毛沢東の階級区分論は，搾取―被搾取の関係に注目する一
方で，個々の家族がどのような経営を行っていたのかという側面には注意を
払っていない。生産関係という概念は，本来ならば経営の側面も含んで使われ
るべきであるが，これ以降の共産党の公式の階級区分は搾取―被搾取関係のみ
によっている。このことから本書で生産関係というときには，この共産党の階
級区分の基準を念頭に置いて用いる。

31）「中共中央関於重発《怎様分析階級》等両文件的指示」（1947 年 11 月 29 日），『解放戦争
　　時期土地改革文件選編』90 頁。

小　結

　本章は，1930 年代に毛沢東が共産党内で台頭したことがもった意味について考察した。毛沢東は 1934 年からの「長征」の途中，中央指導部の責任を厳しく追及するなかで「マルクス主義の中国化」を主張し，コミンテルンの影響力を相対化することに成功した。毛沢東によれば，革命を成功させるためにはマルクスの理論を中国社会に適合させる必要があり，それは中国の「群衆」，とりわけ農民の要求に寄り添い，「群衆」を革命の主力に据えることだった。このように毛沢東が提唱した「マルクス主義の中国化」と，それを実践するための方法である群衆路線は，延安整風運動を通して党員（とくに中央レベルの幹部）に強制的に共有された。党員は「群衆から学び，群衆とともに歩む」ことを求められながら，同時に「群衆」に関わる最終的解釈権が毛沢東にあることを承認させられていった。党内における毛沢東の指導権の確立とは，「群衆」に関する解釈権の独占が認められていく過程であった。

　毛沢東が，このように「マルクス主義の中国化」の主張を強く押し出すことができたのは，彼が他の党員に先駆けて 1920 年代後半から農村で調査をした経験があったからである。党内には「調査なくして発言権なし」とする言論空間が形成された。その結果，毛沢東が江西農村を調査することによってつかんだ社会認識が，共産党の公定社会認識とされた。それは，人口では 10 ％に満たない地主・富農が土地の 80 ％を所有し，人口の 61 ％を占める貧雇農は 5 ％の土地しか所有していない，というものであった（中農は，人口の 20 ％，土地の 15 ％を占める。そのほかに，手工業者などが人口の 10 ％程度を占めるとされた）。土地所有が極端に偏在している社会像が示されていたのである。

　土地改革は，この社会像を前提として有効性をもつ政策であった。これをイメージしやすいように図にしたものが図 1-1 である。この図にあるように，10 ％程度の人口の地主・富農から所有地の 70 ％分を没収し，人口の 70 ％余を占めながら土地をほとんどもたない貧雇農（貧農と労働者）などに分配すれば，社会構成員の全員が均しい土地を所有することになる。その際，土地の一

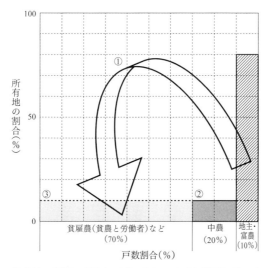

① 「地主・富農」の所有する土地のうち，70％分を貧雇農に移せば，全員が中農レベルになる。
② 中農の土地には手を付ける必要がない。
③ 貧雇農の数が圧倒的に多いため，対地主闘争は全村規模で激烈なものとなる。

図 1-1 土地改革（土地均分政策）の前提となる農村イメージ

部は中農にも分配されることになるかもしれない。いずれにしても中農の所有地を動かす必要はないだろう。これが，1940年代後半の土地改革の基礎となる社会認識であった。

　また，毛沢東がこの社会認識をつかみだした際に確立した階級区分の基準が，共産党の公定基準となった。それは，端的に言えば搾取関係によって階級を区分する方法であった。地主は労働せずに地代だけで生活する者であり，富農は自らも労働しつつ他人の労働を搾取する者であり，中農は自分の労働を搾取されず他人の労働を搾取しない者であり，貧農は地主から土地を借りて労働を搾取される小作農であった。毛沢東は，党員に「群衆から学び，群衆とともに歩む」ことを求めながら，同時に「群衆」に関わる最終的解釈権を独占した。その解釈権のなかには，共産党の革命が依拠すべき群衆とは誰なのかを決定する権限も含まれていたのである。

第 2 章

華北農村の社会経済構造

はじめに

　前章で明らかにしたように，土地改革が前提とした農村社会像（公定社会像。前掲図 1-1）は，毛沢東が華中の農村調査で形成した認識を基礎としたものであり，土地の所有と経営が分離し，かつ所有が極端に偏っているというものであった。この社会では，このような生産手段の偏在ゆえに，貧農（小作農）は地主に対して解放を求めて闘おうとする積極性をもっているとされた。中国農村社会は，階級間の大きな格差と鋭い対立を内包する社会として捉えられていたと言える。

　しかし，抗日戦争期から戦後国共内戦期にかけて共産党の主要な根拠地の多くが設置され，土地改革が実行されたのは，自然環境も農業経営のあり方も華中とはまったく異なる華北であった。長江の中下流域では年間降水量は 1,000 ミリを超え，しかも年間を通して降雨があるのに対し，華北では年間の降水量は 400〜600 ミリであり，その 70 ％が 6〜8 月に集中して降る（天野 1979 : 190, 290）。このような自然環境は農業生産力に影響を及ぼし，農業経営のあり方に直結した。1920 年代後半から中国農村を歩いて自らの目で確認した天野元之助は，華北では「華中南の水田地帯に見られるような地主・小作関係は，一人あたり年労働生産性の低小さから発達せず，……本来の農法で営まれる限り，小作農が小作でもって生活できる状態ではな」かったと指摘している（天野

1979：216）。また吉田浤一も，20世紀前半の華北穀作地域の農業経営を考察するなかで「低生産力のもとでは純小作農となってなお高率の地代を負担することは無理」だったと述べている（吉田1986：43）。華北農村の一般的な特徴として，農業生産力の水準に規定されて，自作農的な経営が中心であったと指摘されているのである。

　このような公定社会像と華北農村社会との間のギャップについては，戦後内戦期の土地改革を考察したデマールやペパーも言及している。デマールは，「大土地所有者は確かに存在したが，毛沢東が農民革命を正当化するために用いた悪者は，まったく普遍的なものではなかった。多くの村には経済的搾取の実例がなかった」とする（DeMare 2019：5）。ペパーは，華北では農村革命を担った貧民全員が小作農であったわけではないと指摘したうえで，富裕者からの借金を抱えた負債者も相当数存在し，これら小作農と負債者を合わせた総体としての貧民が，共産党の呼びかけた農村闘争に立ち上がった主体であったとする（Pepper 1978：233-235，240，243）。このように，デマールもペパーも公定社会像と華北農村社会との間のギャップにふれてはいるが，両者とも土地改革運動の過程を追うのに性急で，当時の華北農村における生産構造・生産関係を詳細に明らかにしたうえで丁寧に議論を展開しているわけではない。

　そこで本章は，第Ⅱ部以降の考察の前提として，1930〜40年代の華北地域の社会経済構造はどのようなものだったのかを明らかにする。とはいえ，この時期の中国農村の経済に関する完全な統計は存在しないため，いくつかの情報を総合して全体像を把握することにしたい。ここではまず，清代（18〜19世紀）に著されたいくつかの「農書」を分析した足立啓二の研究成果（足立2012）によって華北の農業経営の類型を確認し，そのうえで20世紀前半のロッシング・バックによる全国的規模の調査や個別の地域における調査報告を参照し，華北各地域の農業経営と生産関係をみてゆく。

1　華北における農業経営の類型

1）清代農書にみる華北の農業経営

　足立が主な分析対象として取り上げたのは、陝西省西安府三原県の楊秀元が著した『農言著実』（道光年間＝1821～50年）、山東省青州府日照県の丁宜曾が著した『西石梁農圃便覧』（1755年）、そして山西省太原府寿陽県出身の祁寯藻が著した『馬首農言』（1836年）という3冊の農書と、1950年代に行われた19世紀末の山東省章丘県の農業経営（太和堂李家）に関する聞き取り調査の記録である（図2-1。以下、本項の記述は足立2012による）。足立によれば、この4地点の農業経営のうち比較的低い生産力水準にあったのは、『農言著実』に記された陝西省三原県と、『馬首農言』に記された山西省寿陽県の農業経営であった。『農言著実』の経営では小麦と粟の一年一作が、『馬首農言』の経営では粟・黍と黒豆の交代を基調とする一年一作が行われていた。生産関係の詳細については『農言著実』に詳しく書き記されており、そこでは主人の労働管理のもと、通年的に雇用される「火計（長工＝長期雇用労働者）」と4～5月の農

図2-1　華北一帯

注）省境は1932年のもの。

繁期（麦の収穫と粟の播種）に大量に雇用される短期雇用労働者（短工）が，かなり大規模な耕地で使用されていたとされる（具体的な面積は不明）。

こうした華北の北部地域に比べて生産力が相対的に高い農業経営を実現していたのが，山東省の2つの経営であった。『西石梁農圃便覧』から描かれる経営像は，主人も生産過程に関与しつつ，「犂戸」を使って整った二年三毛作（黍粟など→冬麦→大豆→休閑）を行う経営であった。「犂戸」とは，「営農に必要な何程かの土地と牛と農具をまかされ，独立した労働過程をもつ，何がしかの独立した経営主体」であり，主人への従属度が高いものの，待遇が悪いと他人の雇工（労働者）として雇われてしまうような自由な存在でもあったとされる（足立2012：218–220）。また太和堂李家の経営も，13名の長工と20〜40名の短工を使用して二年三毛作を実現していた（足立2012：221）。そしてこれらの経営では，1年目と2年目の耕地をうまく組み合わせることで年間を通じた労働の平均化が実現されていたとされる（足立2012：219）。

以上のように，18世紀から19世紀にかけて華北各地で行われていた農業経営は，大規模経営（ただし富農的経営であり，所有と経営が分離した地主佃戸制ではない）が周辺の零細経営（長工・短工）を使用していたという面では共通するものの，作付方式の面では一様ではなく，「山東河南を中心とする二年三毛作地域から，やや条件の悪い不完全多毛作地域，更にその周辺の年一作地域と，段階的に多様な作付方式が広がっていた」（足立2012：227）。それは，北部地域は「山東河南などに比べて雨量が少なく，かつ年ごとに不安定で，しかも作物生育日数も少ない」ためであった（足立2012：226–227）。したがってこのような「作付方式の地域区分は，同時に生産力水準と商業的農業発展水準上の地域区分とも，概ね一致する」とされた（足立2012：227）。

そのうえで足立は「周辺の零細経営（長工・短工）」についても重要な指摘を行っている。季節的に雇用される短工だけではなく長工も自己の経営地（所有地）があったという点である。足立によれば「長工の賃金水準を考えると，一人の労賃で家族を再生産することは不可能」であり，長工も「一方の経済的基盤を自己の経営地にもつ小生産者」でなければならない。よって清代「華北の社会構造は，一方における少数の大土地所有者＝経営者と，その対極の多数の

零細所有者＝経営者が，畜力牽引による旱地農法を自立して行い得る中間的農民層をはさんで，対抗的に存在する配置」となっていた（足立 2012：230）。

このような足立の見解は，1930 年代までの各種農村調査を博捜して「分種制」を分析した草野靖の主張と重なり合うものである。草野によれば，華北の旱田地帯の農業経営では耕牛 2 頭以上で牽く大型の犂で耕起する必要があったが，この規模の家畜と農具を装備できるのは 100 畝以上を所有する大経営であった。しかしこうした大経営では耕地の広さゆえに労働力が不足する。そこで家畜と農具を装備できない周辺の零細農家との間で畜力と人力の交換が行われた。「華北旱田地帯においては，大農富戸から下層貧農まで，その生産の過程を完成し家計を維持してゆくために，自ら耕作する地段の規模と家内の畜力人力の大小とに応じて，それぞれに相応しい相手を求め，相応しい形式によって人力畜力の交換関係を結んでいた」（草野 1985：314–320）[1]。これが「分種制」と呼ばれる経営関係である。

しかし足立によれば，このような清代における華北農業の展開は，その後，地域全体の環境に新たな要素が付け加わることで変化しつつあった。商業的農業の普及と浸透である。国際経済との接続は都市工業の勃興をもたらし，農村において蔬菜（野菜）・棉花・タバコといった特用農産物生産の本格化を促したが，これら特用農産物は多肥多労働を必要としたため，小規模集約的農法に適した。しかもこの農法による生産は，単位面積あたりの収益性において従来の華北農法体系よりも高かった。このため大規模経営の解体に結びついたのである（足立 2012：232）。ただし足立によれば，「商品生産を前提とする以上，大規模経営の解体は，所有と経営の一致した小規模経営の満面開花へはもはや結びつかな」かった。「小規模集約農法を基礎とする経営からの地代収取によ

---

1) なお，草野は，「大農と小農との間においてこのように人畜換工が行なわれ……ていたことは，独立して農業を営なむために備置すべき土地・役畜・犂耙鑼・車輌等に要する資本の額が大きく，多くの農民がこれを備置し得ず，適整耕作規模と現実の所有耕作関係とが乖離し，土地所有と労働とが分離するばかりでなく，土地所有と役畜・犂耙鑼・車輌等の経営資本，経営資本と労働との分離が進んでいたことを意味する。分種関係がこのような土地所有と経営資本と労働との分離を基盤として成り立っていたことは明らかであろう」とも述べている（草野 1985：321–322）。

る地主制〔すなわち地主佃戸制〕が，漸く直接経営に対して優位を示しつつあった」のである（足立 2012：234）。

　以上のような足立の見解は，清代の華北地域の社会経済構造を農法のレベルから解明したものであり，きわめて高い説得力をもっている。まとめれば以下のようになろう。

　・生産力が比較的高い山東・河南などの地域では，二年三毛作が行われていた。
　・生産力が比較的低い陝西・山西などの地域では，一年一作が行われていた。
　・両者の地域では，ともに所有と経営が分離した地主佃戸制ではなく，大規模経営が自身も生産や労働管理を担いつつ，周辺の零細経営を雇用労働力として使用する富農的経営が展開されていた。
　・大経営に雇用される零細経営も，自己の経営地をもつ零細所有者であった。
　・大経営と零細経営の間には，畜力牽引による旱地農法を自立して行える中間的農民層が存在していた。
　・このような地域の生産構造は，特用農産物生産という商業的農業が普及することにより解体を始めていたが，所有と経営の一致した小規模経営（自作農）の創出に結びついたのではなく，所有と経営が分離した地主佃戸制が姿を現しつつあった。

では，このような清代における華北の社会経済構造が，20世紀に入って行われた各種の農村調査のなかでどのように確認されるのだろうか。1930年代後半から40年代にかけて共産党が根拠地とした地域の社会経済構造はどのようなものだったのだろうか。以下，20世紀前半のいくつかの農村調査を手がかりに見取り図を描いてみたい。

2）20世紀前半の諸調査による概観

　中華民国時期に行われた全国的規模の農村調査として貴重なデータを今日に伝えるのが，金陵大学の教授だったバックが1921年から1925年にかけて行った調査である。バックは，自分の学生と有給助手に調査に関する教育と訓練を施したうえで出身地に派遣し，東北地方を除く中国農耕地域全体のデータを集めた（バック 1935：4）。したがって調査地点や精度にはばらつきがあり，当時

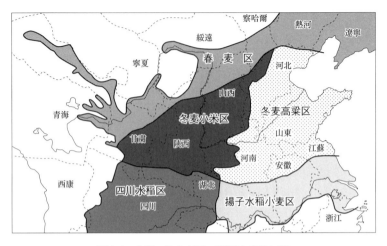

図 2-2　本書で扱う中国の農業区（1932 年）
出所）*Land Utilization in China: Atlas*, 10.

の農業経済状況を精確に示すものではないが，状況の一面を切り取ったものであることは間違いない。まずこのバックの調査と，足立がつかみとった清代華北の社会経済構造を重ね合わせて，バックの調査結果を評価しておきたい。

　バックは調査結果にもとづいて，東北地方を除く中国農耕地域を農業生産の類型によって8つに区分した（図2-2。なお，この図では長江以南の「水稲茶区」「西南水稲区」「水稲両穫区」は省略している）。そのうち東部の長江以北の地域は，主に春麦区，冬麦高粱区，冬麦小米区の3つに区分されている。前項で見た農業経営の所在地で言えば，『農言著実』（小麦と粟の一年一作）の陝西省三原県と『馬首農言』（粟・黍と黒豆の交代を基調とする一年一作）の山西省寿陽県が冬麦小米区に属し，『西石梁農圃便覧』（黍粟など→冬麦→大豆→休閑という整った二年三毛作）の山東省日照県と太和堂李家があった山東省章丘県が冬麦高粱区に属する。では，バックの調査では，作付方式の違いはどのように表れているだろうか。

　バックの統計資料のなかには，作付総のべ面積を作付面積で割って100を乗じた「二毛作指数」が存在する。それによれば，長江以北の諸地域の二毛作指

数は表 2-1 のとおりである。

この表でまず目につくのは冬麦小米
区の 103 と 100 という低い数字である。
これは当該地域では一年一作だったこ
とを物語っている。実際，バックの調
査報告の 238〜240 頁にある「耕種方
式」表には，山西省武郷でも五台でも
「冬作の後に作る夏作の作物」はほと
んど記されていない。武郷での小麦は
冬作で連作されており（5 年に 1 回ほ

表 2-1　長江以北諸地域の二毛作指数

地　　域	バックの地域区分	二毛作指数
安徽省懐遠	揚子水稲小麦区	162
安徽省宿県	冬麦高粱区	170
河北省平郷	冬麦高粱区	125
河北省塩山	冬麦高粱区	155
河南省新鄭	冬麦高粱区	172
河南省開封	冬麦高粱区	170
山西省武郷	冬麦小米区	103
山西省五台	冬麦小米区	100

出所）『支那農家経済研究』上巻，279〜280 頁。
　注）原表では「河北」は「直隷」と表記。

ど地力回復のために夏作で大豆を作る），五台での小麦栽培は春作とされている
（次年は同じく春作の粟・稷などが植えられている）。当該地域が一年一作であっ
たということはここからも裏づけられる。

　冬麦高粱区は，二毛作指数では一年一作（100）と一年二作（200）の中間の
値を示している。このうち河北省平郷では，前掲の「耕種方式」によれば冬作
の小麦を中心に夏作として蔬菜が栽培されており，実質的に二毛作と考えられ
る。一方，河北省塩山では，冬作・春作として小麦と高粱がそれぞれ隔年で植
えられ，夏作は大豆か休耕（それぞれ 2 年に 1 回）となっており，二年三毛作
と推定される。この河北省平郷と塩山は，足立が考察した地域のひとつである
山東省章斤県にほど近く，同じ華北平原に所在している。20 世紀のバックの
調査結果は，清代農書を検討した足立の分析結果とよく符合していると言える
だろう。

　もちろん，こうした作付方式の違いが生産量・生産性の差と対応関係にあっ
たことは，民国時期も清代と同じであった。表 2-2 は，『中国近代農業生産及
貿易統計資料』がまとめた省ごと・作物ごとの生産量と土地生産性の統計から
1931 年のデータを抽出したものである（一部，1933 年と 1946 年のデータが含ま
れている）。ここからは，バックの地域区分で言う春麦区（綏遠省・察哈爾省），
冬麦小米区（陝西省・山西省），冬麦高粱区（河北省・山東省・河南省）の 3 地域
の特徴が読み取れる。

76　第Ⅰ部　華北農村と毛沢東

表 2-2　1931 年における華北各省の農業生産

（千市担）

省	小麦	高粱	粟	燕麦	大豆	棉花	タバコ	備　考
綏遠省	1,210 (68)	2,864 (140)	1,677 (108)	–	295 (88)			
察哈爾省	2,533 (77)	3,455 (106)	2,581 (108)	2,933 (140)	399 (–)	–	–	すべて 1946 年のデータ
陝西省	11,892 (109)	2,416 (140)	4,269 (123)	–	833 (88)	647 (22)	408 (120)	タバコは 1933 年のデータ
山西省	13,185 (77)	9,074 (115)	15,420 (122)	–	1,562 (81)	636 (25)	515 (140)	タバコは 1933 年のデータ
河北省	38,465 (120)	21,058 (159)	32,587 (182)	–	6,658 (134)	3,150 (34)	645 (131)	タバコは 1933 年のデータ
山東省	76,999 (149)	44,590 (209)	37,617 (230)	–	30,904 (174)	1,998 (36)	1,571 (220)	タバコは 1933 年のデータ
河南省	81,775 (137)	18,750 (139)	21,961 (144)	–	10,883 (89)	1,366 (23)	1,427 (190)	

出所）『中国近代農業生産及貿易統計資料』13-22, 70-73, 78-80, 203-208, 214-218 頁。
　注）括弧内は単位面積あたり生産量（市斤／市畝）。

　この表にある 7 省のうち，穀物の土地生産性が最も高く生産量も多いのは山東省であり，次いで小麦に着目すれば河南省・河北省の順，高粱と粟に着目すれば河北省・河南省の順となる。陝西省は小麦と高粱の土地生産性では河北省に近い数字になっているが，全体としての生産量では冬麦高粱区の 3 省には及ばない。山西省は，穀物の生産量としては陝西省を大きく上回っているが，土地生産性では冬麦高粱区の 3 省には及ばず陝西省と並んでいる。以上の諸省に対して土地生産性も生産量も劣位なのが綏遠省と察哈爾省であった。

　商品作物である大豆・棉花・タバコについても，冬麦高粱区である河北省・山東省・河南省と，冬麦小米区・春麦区であるその他の省との間の格差は明らかである。前者ではとくに河北省の棉花と山東省・河南省のタバコの数値が目につく。華北平原の農村で商業化が進んでいたことを如実に物語っていよう。穀物の土地生産性が高く生産量も多い冬麦高粱区（華北平原）では二年三毛作が行われており，商品経済の浸透にともなって農業の商業化も進行していた。これとは対照的に，相対的に穀物の土地生産性が低く生産量も少ない冬麦小米

第 2 章　華北農村の社会経済構造　　77

表 2-3　3 地域における自作・小作の割合

(%)

地　域	耕地に占める 小作地の割合	種類ごとの農業経営の比率		
		自作農	自小作農	小作農
春麦区	8.4	78.5	15.8	5.7
冬麦小米区	17.3	67.6	23.5	8.9
冬麦高粱区	11.8	79.7	15.2	5.1

出所) *Land Utilization in China: Statistics*, 57.

区と春麦区（黄土高原）では一年一作が行われており，商業化も遅れていた。足立が清代農書の分析で見出した華北の農業経営の類型とその地域的分布は，20 世紀前半に行われたバックの調査にも見出せるのである。

では，土地の所有状況はどうだろうか。バックの調査は 3 つの地域における小作地の割合と農業経営の種別について，表 2-3 のような数字を示している。

この表では「自小作」「小作農」の範疇が不明であり，たとえば長工などの農業労働者をどこに分類しているか分からない点に留意する必要はあるが，「小作地」比率の低さと「自作農」比率の高さは大きな特徴として認められよう。そのなかでは，冬麦小米区における「小作地」と「小作農」の割合の相対的な高さと「自作農」割合の相対的な低さが目につく。この点についてはのちに考察するとして，ひとまずここでは，20 世紀前半の華北では所有と経営の一致した自作農的な経営が中心であったことを確認しておきたい。

バックの調査報告にもとづいて 20 世紀前半における華北の社会経済構造の概容を押さえたうえで，以下，個別の地域調査によって各地域をより詳細にみていく。なお，資料が不足しているため本章の以下の考察では春麦区を省略する。この地域に関しては次章以降の行論で必要に応じて解説を加える。

2　冬麦小米区の社会経済構造──陝西省米脂県の調査報告

1）陝西省米脂県楊家溝の生産関係

延安整風運動の開始から約半年後の 1942 年 9 月 26 日以降，党員 4 名からな

78 第I部 華北農村と毛沢東

る延安農村調査団が, 延安にほど近い陝西省米脂県楊家溝を調査した（11 月
19 日まで。前掲図 2-1 参照）[2]。この延安農村調査団は, 中央宣伝部部長で中央研
究院院長であった張聞天が率いたものである（岳・張 2020：1-2）。高華によれ
ば, 張聞天は調査に出発する直前に中央研究院で講演を行い,「荘重な口調で
「毛沢東同志の学習態度と学習方法は, 実地に足を置いたものであり, 理論は
密接に実際と関係しており, これは全党の学習の模範である」と述べ, 全員に
対して「しっかりと」毛沢東に学ぶよう呼びかけ」たあと,「自分を貶めて
「私は学ぶ価値の無いものだ。私は実践が欠けている泥棒に過ぎない」と述べ」,
「徹底的に負けを認めたという情報を毛沢東に伝えようとした」という（高
2000：314）。これは, 1941 年 9〜10 月に開かれた中共中央政治局拡大会議にお
いて, 張聞天が毛沢東によって厳しく批判されたことと関係している。

　このとき毛沢東は, 遵義会議（1935 年）までの 1930 年代前半における中共
中央の指導の誤りを批判した。その時期, 中共中央政治局員・中央書記処書記
だった張聞天は, この拡大会議で誤りを認めさせられるとともに,「中国の実
際を知る」ための「補講」を命じられた。その「補講」こそが延安農村調査で
あった（李・鄧 2008：187-189）。このように純粋に学問的な問題意識から行わ
れた調査ではないことに留意する必要があるが, 資料の少ない陝西省北部の農
村の調査記録であり, しかも共産党の支配のもとで地主の各種の帳簿を使って
地主経営のあり方を記録に残しているという点で, 貴重な情報を今日に伝えて
いる。本項ではこの調査資料を中心として, 河地重蔵による分析や同村・同地
域に対する 1930 年代の報告書も参照しながら, 陝西省北部（冬麦小米区）にお
ける農業経営の実態の一端をみておきたい。

　延安農村調査団の報告書によれば, 楊家溝は 6 つの自然村からなる全戸数
271 戸の村であり,「光裕堂」（地主集団の別名）を名乗る馬氏一族が巨大な農
地を所有して他の村民を搾取していたとされる[3]。搾取の方法は 2 種類あり,
ひとつは農地を貸し出して小作料をとる方法, もうひとつは「安伙子」と呼ば

---

2)『米脂県楊家溝調査』「前記」。
3)『米脂県楊家溝調査』1 頁。

第2章　華北農村の社会経済構造　　79

れる長工[4]や季節労働者である短工を雇用する方法であった。「光裕堂」の所有面積の合計は1万3977.5垧であり（1垧＝3.5畝[5]），このうち小作地や「安伙子」地として村民に使用させている土地は742.5垧（全体の5.3％），村民以外に貸し出している土地は1万3,235垧（全体の94.7％）であった[6]。楊家溝だけではなく周辺地域に広大な土地を所有し，広範な住民を搾取していたことがわかる。このように地域一帯で大規模に土地経営を行っていたことは，1930年代に米脂県を訪問した観山も報告し，また米脂県に隣接する綏徳県を調査した行政院農村復興委員会の報告書でも確認できる[7]。

　こうした楊家溝の大土地経営で特筆すべきは「安伙子」である。この慣行について報告書は，馬氏のなかで最大の土地所有者である馬維新の経営に即して次のように説明している。

　馬維新家は光緒年間から現在まで，大部分の年に「安伙則」（あるいは安伙子と称する）があった。これは地主が種子・肥料・家畜・農具などすべてを提供し，伙子は労働力だけを出す，土地を伙種〔共同耕作〕する経営方式である。当時，伙子が日常的に食べる食糧と燃料はすべて地主が貸し，秋の収穫後に返済する。伙子が住む土窟も大部分は地主のものである。こうした伙子は一般には外村や本村のまったく所有しない農民であり，経済的には完全に地主に依存している。彼らは土地を耕作するほかに，日常的には地主のために除草したり，施肥したり，耕作の手助けをしたり，収穫の手助けをしたり，地主が自分で植えている麦の脱穀の手助けをした（たとえば，馬維新は毎年何垧かの麦を自作していた）。地主に不足があれば出かけていかなければ

4）「安伙子」とは，「地主が種子，肥料，役畜，農具を出し，耕作するものが労働力を出して共同で行う農業経営方式」の総称であり，労働側もある程度の農具や肥料を提供するものを「伙種」，労働力だけを提供するものを「安種」と呼んだという（『陝西省北部の旧中国農村』16頁の訳注）。
5）『米脂県楊家溝調査』2頁。なお，河地によれば，この地域の土地の生産力からみれば1垧は1畝に相当するという（河地1963：147）。
6）『米脂県楊家溝調査』14，19頁。
7）「陝北唯一的「楊家溝馬家」大地主」84-86頁。『陝西省農村調査』84頁。なお，『陝西省農村調査』は，米脂県に隣接する綏徳県の4村を対象としたものである。

ならない。伙子の妻は，日常的に地主の呼び出しに応じる義務があった。伙子がもし1日中，あるいは1日の大半を地主の家で作業すれば，地主の家で1度か2度のご飯が食べられた。もし仕事の日数が多ければ，食事の他に地主は時に労賃を払った。しかし普通の賃金に比べて2分の1以下だった。年末年始には，地主は伙子にご飯をごちそうし，普段小間使いしている伙子の労力に報いた。　　　　　　　　　　　　　　（『米脂県楊家溝調査』109-110頁）

　この説明からは，農地・種子・道具・家畜を備えた大経営と，基本的に労働力しか提供するものがない周辺の零細経営が協力して一年一作の農業生産に従事するという大経営像が浮かび上がる。これは，足立が清代農書の分析で指摘した後進地域の大経営の姿と共通するものであると言えよう。こうした大規模経営の姿は米脂県楊家溝だけのものではなかった。バックの調査でも「幇租制度」と名付けられた「小作」制度が紹介されている。これは「労力と手道具を除いた一切を地主が供給する」制度であり，とくに山西省五台県で「優勢」だとされた（バック1935：203）。旗田巍によれば，このような関係は，農民にとっては「甲が土地をだし，乙が力をだし，協同して物をつくりだす」，言わば「合股」（共同出資）の一種と観念されていたという（旗田1973：291）。草野は，華北旱地農法では役畜と大農具の使用が決定的に重要であるが，それらを装備できる経営規模には下限があり，それ以下の経営は大経営から土地と役畜を借り，自分の労働力を提供して生産を行う必要があったことが，こうした経営間の関係（分種制）を生んだと説明している（草野1985：322）。以上から，これは太行山脈以西，黄土高原の冬麦小米区で一般的にみられた経営であると言ってよいだろう。そして，おそらくこのことが，前掲表2-3で見たような「小作地の割合」や「自小作農」「小作農」比率の相対的な高さに反映されていたと考えられる。富が大きく偏在していることは，この地域では客観的事実であった。

2）楊家溝調査と公定認識

　しかも延安農村調査団の報告書は，具体的な数字を挙げて毛沢東が江西農村

第 2 章　華北農村の社会経済構造　　81

表 2-4　馬氏一族を除く楊家溝村民の状況

(戸)

小地主	掌櫃	中農	貧農	雇農	労働者	小商人	貧民	遊民	その他
4	6	1	104	32	51	7	8	3	4

出所)『米脂県楊家溝調査』15 頁。

でつかみだした認識の正しさを裏づけているようにみえる。報告書は，村外に
も所有地（貸出地）をもつ馬氏一族 51 戸を除く 220 戸について，表 2-4 のよ
うにその内訳を表にして記載している。

　このうち「掌櫃」とは「地主の土地経営を補佐する」「給料生活者」とされ
る。他の長工や短工の労働を管理していたのであろう。6 戸のうち 2 戸は自分
でも土地を所有し他人に貸し出している「事実上の小地主」であった。とすれ
ば，分母を 220 として計算すると「小地主」と「掌櫃（2 戸）」の合計が 6 戸で
2.7 ％，「中農」「貧農」「雇農」の合計が 62 ％となる。

　所有地の方は，馬氏一族が楊家溝村民に「小作地」や「安伙子地」として使
用させている所有地が 742.5 垧，馬氏一族以外の「小地主」と「掌櫃」が所有
している 316 垧はすべて「小作地」や「安伙子地」として村民に使用させてい
るとされているので，村民が「小作地」や「安伙子地」として使用している土
地は合計 1,058.5 垧となる。他方，馬氏一族と「小地主」「掌櫃」を除く 210 戸
の村民のうち土地を所有しているのは 41 戸だけとされ，所有地の合計は 141.5
垧とされていた[8]。したがって楊家溝の総耕地面積は 1,058.5 垧 +141.5 垧で
1,200 垧となり，地主側が 88 ％，それ以外の村民が 12 ％を所有していること
になる。先に計算した人口比率と合わせれば，人口の 2.7 ％を占める地主が土
地の 88 ％を所有し，人口の 62 ％を占める中農・貧農・雇農は 12 ％の土地し
か所有していないということになろう（馬氏一族のうち楊家溝村民に土地を貸し
ている者を含めれば，地主の人口比率は上がる）。

　このような米脂県楊家溝の調査報告書に記載された表面上の数字は，江西で
形成された農村社会認識（人口の 6〜8 ％を占める地主・富農が 80 ％の土地を所有

8)『米脂県楊家溝調査』19 頁。

し，人口の 61 ％を占める貧雇農は 5 ％の土地しか所有していない。人口の 20 ％を占める中農は 15 ％の土地を所有している）に比べると，富農がいないことや地主の戸数が少ないこと，中農の戸数と所有面積が少ないといった点で相違はあるが，人口と土地所有の間に極端な乖離が存在しているという「本質」を共有している。この報告書は，江西で形成された農村認識の「正しさ」をいっそう補強するものであった。これは，上述したような，張聞天率いる延安農村調査団が農村調査に赴いた背景と目的を考えれば当然の結論だったと言える。革命戦略として土地の没収と分配が有効であるとする現実認識は，共産党の中央指導部が長江中流域から延安に移動しても根本的な変更を迫られることはなかったのである[9]。

3）楊家溝調査と陝北農村社会

しかし，この延安農村調査団の報告書にはいくつか不可解な点がある。そのひとつは「地主集団」として一括されている馬氏一族 51 戸の扱いである。報告書は，たとえば前掲表 2-4（馬氏一族を除く楊家溝村民の状況）を作成する際に馬氏一族を除外している。確かに馬氏一族は，調査時より 5〜6 代前の馬嘉楽を家祖として分岐した血縁集団であり，馬嘉楽が高利貸などによって一代で成した巨額の財で購入・開発した土地を分与された人びとの末裔であった。しかし，男子均分相続の圧力とアヘンの嗜好などによって没落する家族も多く，調査時点では馬氏一族のなかでも貧富の格差が広がっており，1,175.5 垧を所有する馬維新と，土地をもたないか所有地をすべて質入れしている 4 戸の家を両極として，各家族がグラデーション状に分布していた（河地 1963：510–511）。しかも馬氏一族の間では宗族的なまとまりもなく，族田や祠堂なども存在しなかった（河地 1963：152）。以上から，馬氏一族を「地主集団」として括り出して別置することは不自然であり，何か特別な意図があったことを窺わせる。

9）李金錚は，張聞天の延安農村調査団の調査は「政策に服従する濃厚な色彩」をもっていたとする（李・鄧 2008：192）。そうだとすれば，土地革命（土地改革）が必要であるとする共産党の政策を根本から覆すような調査結果を出すことはできなかっただろう。

第 2 章　華北農村の社会経済構造　　**83**

　もうひとつの不可解な点は，貧農・雇農の再生産構造が不明であるという点である。楊家溝最大の土地所有者であり報告書が特に詳細に取り上げている馬維新の経営の記録によれば，1894 年から 1915 年までの 22 年間，馬維新家は毎年 2～3 人，合計 26 人の伙子と契約を結んだが（のべ 56 人），そのうち最長だったのが 7 年間で 2 人であり，以下，4 年間が 2 人，3 年間が 3 人，2 年間が 6 人で，半数にあたる 13 人が 1 年間だけ契約していた[10]。小作地に関しても同じ傾向がみられる。馬維新は，1932 年から 41 年までの 10 年間に合計 21 人の農民と小作契約を結んでいたが，10 年間変更がなかった小作農は 12 人であった。残りの 9 人のうち 1 人は借り受けた土地に変動があり，8 人は期間の途中で土地を返却したり途中から新たに小作関係に入っていた[11]。なお，馬維新が伙子を使っていたのは 1915 年が最後であるが，草野はこれを，華北地域では地主自身も耕地に出て雇農を使う経営が，治安の悪化により衰退傾向にあったことを示す事例のひとつとしている（草野 1985：338–341）。

　こうした状況について報告書は，いずれも馬維新側の都合によって交代させられたものであり，地主の酷薄さの証拠とする[12]。しかしもし彼らが馬維新家の伙種や小作だけによって生計を立てていたのであれば，契約関係を喪失することは直ちに再生産の破綻につながるだろう。したがって，一人の地主が伙種や小作の契約の締結あるいは解除を頻繁に行えるということは，貧農や雇農が他の地主とも同様の契約を結んでいたり，農外就業先をもっていたり，他に自作地をもっていたりするなど，他に再生産の基盤がなければ考えにくいのである。しかし延安農村調査団の報告書は，地主がいかに残酷に貧農・雇農を搾取していたかに関心を集中させており，こうした零細経営の再生産の側面についてほとんどふれていない。

　この問題を考えるための手がかりはいくつかある。第一に，小作地が意外と狭かったということが挙げられる。馬維新の小作農は 21 戸で合計 150.2 垧を借りていたとされる[13]。これが事実なら 1 戸あたりの平均は 7.2 垧となるが，

---

10)『米脂県楊家溝調査』115–116 頁。

11)『米脂県楊家溝調査』91–92 頁。

12)『米脂県楊家溝調査』115–116 頁。

84　第Ⅰ部　華北農村と毛沢東

村で唯一の中農（自作農）が所有していた土地は 12 垧であった[14]。このことを考えれば，小作料を納めなければならない小作農が中農の 6 割の耕地だけで再生産を維持するのはかなり困難だったことが予想されよう。このことは，彼らが他からも土地を借りていたか，他に自作地をもっていた可能性を示唆する。

　長工に関しては，楊家溝の事例ではないが，天野は同じ黄土高原に位置する陝西省三原県で「帯地備農」という慣行があったことを記録している（天野 1978：590）。三原県は足立が分析した『馬首農言』の経営があった地域であり，そこでは主人の労働管理のもと，通年的に雇用される長工と農繁期に大量に雇用される短工がかなり大規模な耕地の上で使用されていたが，天野によれば，この地では長工は雇用主から借りた家畜を一定の面積まで自分の所有地で使用することを認められていたという。草野は，同様の内容をもつ「帯田雇工」の事例が華北各地で記録されていることを指摘している（草野 1985：242）。大規模経営に雇用される長工もかなりの規模の自作地をもっていた地域は，華北に確かに存在した。

　第二に，前掲表 2-4 にあるように，楊家溝では労働者が多かったという点が挙げられる。前掲表 2-4 の労働者 51 人のうち，出稼ぎに出ていた 12 人を除く 39 人は村内で石工や木工匠など手工業者に従事していた[15]。これらの手工業でどれだけの労働人口を吸収できるか疑問はあるが，出稼ぎも含めて多様な農業就業の手段があったことを示唆しているようにみえる。

　このような零細経営の再生産構造の問題について，延安農村調査団の報告書はこれ以上の情報を伝えていない。調査が地主側の文書にもとづいて行われたため，地主と関係していない部分の農民の経営について捕捉できていないという可能性を改めて考える必要があろう。現時点では考察をこれ以上進めることができないが，少なくとも延安農村調査団の報告書は，華北農村社会の構造に関する足立の指摘，すなわち「雇傭労働力，とりわけ短工が確保される前提には，一方の経済的基盤を自己の経営地にもつ小生産者が大規模経営の周囲に多

13）小作戸数は『米脂県楊家溝調査』91 頁。面積は河地（1963：160）。
14）『米脂県楊家溝調査』16 頁。
15）『米脂県楊家溝調査』17-18 頁。

数存在することが必要」であり，「長工で
さえも自家の経営地をもつことが前提とな
る」という指摘を否定していないというこ
とだけは強調しておきたい。

なお，この楊家溝調査でさらに注目して
おくべき点がある。男子均分相続の影響の
大きさである。河地の計算によれば，初代
馬嘉楽が成した土地財産は 5,000 垧余であ
り，それを 5 人の息子が 1,000 垧ずつ相続

表2-5 相続事例中，土地を分割相続する事例の割合（河北省平谷県）
(%)

所有面積	分割相続割合
10 畝以下	20
10～20 畝	20
20～30 畝	83
30～50 畝	28
50～100 畝	42
100 畝以上	87

出所)「農業経営に関する一考察」662 頁。

した。そのなかの馬鳴珂がまた 5,000 垧余まで財産を増やしたが，3 人の息子
が 1,600 垧余ずつ相続した。その後も分割が進み，馬鳴珂の曽孫の代には 100
垧から数十垧の水準まで下降していた（河地 1963：142-148）。河地は，「地主経
済にとって，どの門どの世代も避けられない均分相続は問題であ」り，「一代
かかって所有地を少しばかり増やしても，三等分，四等分されていく土地を元
の規模に回復するのは容易ではな」く，「したがって地主的土地所有の分散化
は，中国地主制の一般的趨勢であ」ったと述べている（河地 1963：152）。

もちろん男子均分相続は富裕層だけの慣行ではない。寺田浩明の説明によれ
ば，息子たちは等しく父の「気」を継承すると考えられており，兄弟は同等の
祖先祭祀義務を負っていた。そのため祖先祭祀の基本財産である家産は兄弟間
で均分されたという（寺田 2018：30-31）。父親の財産の分割は一般の農家に
とっても大きな問題であった。表 2-5 は，河北省平谷県で行われた均分相続に
関する調査結果であるが，限界まで土地の分割相続が行われていたことを示し
ている。1947 年にクルック夫妻が調査した河北省武安県の什里店では，村長
が「この村で自分の家が三代にわたって貧しかったと言える人がいるのだろう
か。貧しければその息子は結婚できないし，結婚できなければ三代目は生まれ
ない」と述べている（Crook 1959：133-134）。全家庭はつねに零細化圧力にさら
され，生活基盤の脆弱な貧困者（とりわけ独身男性）を絶えず析出していた。
本書の議論を先取りして言うならば，この社会は共産党の呼びかける「革命」
に呼応する人びととをつねに滞留させる構造になっていたのである。

86　第I部　華北農村と毛沢東

3　冬麦高粱区の社会経済構造——河北省定県の調査報告

1）定県の概況

　では，太行山脈の東側，華北平原の社会経済構造はどのようになっていたのだろうか。バックの分類では冬麦高粱区に属するこの地域に関して，本節では華北平原の中央に位置する河北省定県を取り上げる。現在は定州市と呼ばれる定県は，京漢鉄道（現・京広鉄道）の沿線にあり，北京から約200キロ南下した地点に位置している（前掲図2-1参照）。県内には北から順に，清風店・定州・寨西店の3駅が置かれた。また1912年，県内は県城（城関）と6つの区に区分された[16]（図2-3[17]）。県内は太行山脈を望む西北が高く，東南に行くほど低い[18]。山脈から流れ出てくる河川によって形成された扇状地である。またこの県は，1910年代に県内の有力者によって村政の改革運動（村治運動）が行われ[19]，1920年代後半からは「教育救国」を主張する晏陽初が組織した民間団体（平民教育促進会。以下，平教会）がここを実験区に定め，積極的に改良事業を行ったことでつとに著名であった。平教会は，実際に農村部での事業を進めていく過程で，事業の対象となる農村の状況を理解する必要から，県の全域を対象として社会・経済に関する多くの調査を行った。本章で取り上げる李景漢の『定県社会概況調査』，「定県土地調査」，『定県経済調査一部分報告書』，張世文の『定県農村工業調査』はその一部である。さらに，このように注目されていた県であることから，実業部地質調査所と国立北平研究院地質学研究所が1932年10月から計74日にわたって地質調査を行い，詳細なデータと地図を残している[20]。

　また定県では，20世紀初頭に鉄道が敷設されたことで商業化が進んでいた。

16）『定県社会概況調査』34頁。

17）本書の定県関係地図は，県域の形状がそれぞれ若干異なっているが，これは原図における差異をそのまま反映したものである。

18）「河北省定県土壌調査報告」4頁。

19）村治運動に関しては浜口（1981）および浜口（1982）を参照。

20）「河北省定県土壌調査報告」1頁。

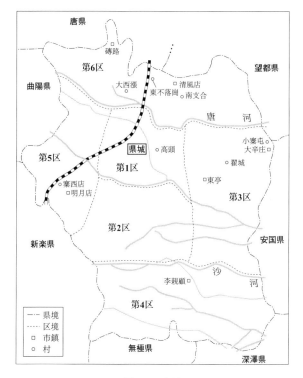

図 2-3 定県
出所)『定県社会概況調査』。

しかしその一方で，同じ定県内でも鉄道から離れた地域では商業化が相対的に遅れた農家経営もみられた（このような定県内の地域差に関する詳細な分析や，定県経済の重要な要素であった綿手工業に関しては紙幅の関係から省略する。以下で提示する定県に関する諸表の詳細な分析過程を含め，詳細は三品 2000，および三品 2001 を参照されたい）。定県はひとつの県内に商業化が進んだ地域とそうでない地域を内包していた。華北平原の大部分の地域が日常的に鉄道を利用できる距離になかったことから考えれば，後者の地域の状況は，華北平原の一般的な姿を示していたと言えるだろう。本節ではこのような 20 世紀前半の定県を取り上げ，冬麦高粱区に位置する農村の社会経済構造とその近代的な変化についてみておきたい。

88　第Ⅰ部　華北農村と毛沢東

2）定県の「土壌」形成過程と地域分布

　　土壌調査報告は，給排水のバランスに着目して県内をいくつかの「土壌」に
区分している[21]（図2-4）。これは，歴史的に繰り返されてきた唐河・沙河の氾
濫による罹災状況や[22]，20世紀に入って展開された鑿井運動[23]の結果を反映し
たものであるが，それぞれの「土壌」の特質に規定されて農業生産にも区ごと
の特徴があった。

　　1931年における定県各区の農業生産額を示す表2-6によれば，第1区は，
他の区よりも相対的に野菜類の生産額が高いことと，穀物の生産額が相対的に
低いことが特徴である。ここから第1区では都市向け商品作物の栽培を行って
いたと言える。また，棉作にもある程度重点が置かれていた。第2区は，穀物
に大きく依存しているのが特徴である。第3区は，穀物の割合の相対的な低さ
と棉花の相対的な高さが特徴的である。第4区は全体として穀作に重点が置か
れている。第2区と異なる点は，第4区では第2区よりも小麦に重点が置かれ
ていたことである。第2区では粟・豆・高粱といった雑穀に重点が置かれてい
た。以上から，第2区は雑穀中心の，第4区は小麦中心の穀作として特徴づけ
られる。寨西店駅がある第5区は，根菜・果物などの商品作物を中心としてい
た。第6区は，第3区よりもさらに棉作が盛んな地区である。棉花生産額は他
の区を大きく引き離していた。以上見てきた各区の特徴を簡単にまとめると，
穀作地区（第2区・第4区），棉作地区（第3区・第6区），棉花以外の商品作物
地区（第1区・第5区）となる。

　　このような区ごとの農業生産の特徴と，「河北省定県土壌調査報告」54頁に
記された1930年代前半における定県内の輪作方式を重ね合わせて類型化した
のが表2-7である。ここからは，二年三毛作の地域が大きく広がっていたこと
がわかる。第3区の「唐河系土壌」地と第4区のほぼ全域，小麦を中心とした

21）「河北省定県土壌調査報告」8-10頁。なお本節で用いる「土壌」とは，「河北省定県土壌
　　調査報告」の分類をそのまま流用したものであり，「土壌」を史料用語として使用する。
22）『定県社会概況調査』17頁。
23）第3区の翟城村では20世紀初頭「村治運動」の一環として鑿井を行ったという記録が
　　残っており，これが「土壌」名の元となっている（『翟城村』149頁）。

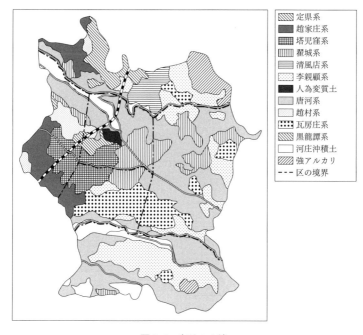

図 2-4 定県の土壌

出所）「河北省定県土壌調査報告」16 頁。

多毛作ということでは第6区の東半分もここに含まれる。また，雑穀を中心とする一年一作地域も第2区南部に広がっていた。他方，棉花の栽培に適した第6区西側「定県系土壌」地と第3区「翟城系土壌」地では，棉花の一年一作が行われていた。1930年代の定県には多様な作付方式が分布していたのである。そしてこのような作付状況は，清代農書にもとづく足立の指摘，すなわち「山東河南を中心とする二年三毛作地域から，やや条件の悪い不完全多毛作地域，更にその周辺の年一作地域と，段階的に多様な作付方式が広がっていた」が，そうした在来の農法は商業的農業の普及によって解体しつつあった，とする指摘に接続するものであると言えるだろう。1930年代の定県は，華北地域に展開していた多様な経営を一地域のなかに凝縮していたのである。

90　第Ⅰ部　華北農村と毛沢東

表 2-6　定県の区別農産物生産額割合（1931 年）

(%)

作物種類		第 1 区	第 2 区	第 3 区	第 4 区	第 5 区	第 6 区	城　関	全　県
穀　物		57.3	73.3	55.1	71.4	60.9	51.3	48.9	60.9
内訳	粟	21.1	25.7	19.5	18.6	18.9	20.5	13.8	20.3
	小麦	15.5	18.1	13.2	27.0	15.4	10.2	15.6	16.8
	大麦	2.5	1.1	1.1	1.9	1.7	0.9	6.7	1.6
	豆類	9.2	15.7	11.6	11.3	9.2	10.1	4.2	11.1
	高粱	0.6	5.9	3.2	4.8	2.6	4.8		3.7
	玉蜀黍	3.5	2.8	1.8	2.4	6.0	0.6	1.0	2.5
	蕎麦	2.1	1.9	1.1	1.4	5.0	0.9	0.9	1.8
	米						0.8		0.2
	その他	2.9	2.0	3.6	3.9	2.2	2.4	6.6	3.0
根　菜		19.3	16.2	20.3	14.7	22.3	20.7	5.0	18.6
棉　花		9.2	2.5	16.2	3.8	3.8	22.8	34.0	11.0
野　菜		11.7	7.3	8.1	9.3	3.7	3.3	3.7	7.3
果　物		1.9	0.4	0.4	0.7	9.4	1.9	3.7	2.0
薬　草		0.2	0.1	0.1	0.0				0.1
その他		0.3	0.2		0.1		0.0	4.7	0.2
合　計		100.0	100.0	100.0	100.0	100.0	100.0	100.0	100.0

出所）「定県土地調査」下巻，837–838 頁。

表 2-7　定県各区の農業生産類型

区	農業生産類型	特徴的な「土壌」	主な輪作方式
1	野菜・棉作	翟城系	野菜・一年一作（棉花）
2	穀　作	瓦房庄系	一年一作（高粱）
3	棉　作	翟城系 唐河系	二年三毛作・一年一作（棉花） 二年三毛作・一年一作（棉花）
4	穀　作	唐河系 李親顧系	二年三毛作・一年一作（棉花） 多毛作（小麦中心）
5	都市向け商品作物	趙村系	野菜・果樹
6	棉　作	定県系 清風店系 李親顧系	一年一作（棉花） 多毛作（小麦中心） 多毛作（小麦中心）

出所）三品（2001）。
　注）農業生産類型は，区の全体的な性格を示している。

3) 定県各区の生産関係

　では，こうした農業生産はどのような生産関係の下で営まれていたのだろうか。清代のように自身も生産や労働管理を担う大規模経営（富農的経営）と，大経営に雇用される零細経営を両極としつつ，その中間に畜力牽引による旱地農法を自立して行える中間的農民層が存在するという社会構成が維持されていたのだろうか。また特用農産物生産という商業的農業の普及によって，所有と経営が分離した地主佃戸制が姿を現しつつあったのだろうか。

　ここではまず定県全体の数値を概観したうえで，同時代の全国的な調査と突き合わせて定県の位置を確認しておきたい。表 2-8 は 1930 年代定県における土地所有の状況を，表 2-9 は経営の状況を示すものである。これらの表からは，所有と経営のいずれにおいても面積 50 畝未満に農家が集中していたことが分かる。なかでもとくに 25 畝未満層が多かった。このように所有状況と経営状況が同じ傾向を示していたのは，表 2-10 からわかるように第 1 区を除いて耕地のほとんどが「自作地」であったためである。一方，表 2-11 からは自作農が第 1 区と城関を除く各区で全農家の半数以上を占めていたことがわかる。定県全体で言えば，総戸数の 9 割が「自作地」を経営し，「自作地」の総面積もまた県全体の耕地の 9 割近くを占めていた。また，表 2-11 に見えるように「農業労働者」数はきわめて少ない。ここで言う「農業労働者」とはいわゆる長工を指すだろうから，雇用労働力にもとづく大経営も少なかったと推測できる[24]。以上を総合すると，1930 年代定県では，県城近郊を除き，主に家族労働力を用いる自作農家が中心だったということになる。

　では，以上のような定県の状況は，同時期の中国においていかなる一般性と特殊性をもっていたのであろうか。まず土地所有の面について確認する。図2-5 は，バックの統計と定県のデータを組み合わせて自作・自小作・小作農の割合をグラフにしたものである。ここからは，定県は冬麦高粱区と冬麦小米区の中間の値を示していたことがわかる。

---

24) 耕具では，1 人が家畜 1 頭立てで使用する犂が，最も多く使用されていたとされる（『定県農村工業調査』172 頁）。

92　第 I 部　華北農村と毛沢東

表 2-8　定県の区別・所有面積別戸数（1931 年）

（戸，%）

所有面積	第1区	第2区	第3区	第4区	第5区	第6区	城関	全県
0 畝	1,026	699	737	819	677	903	623	5,484
	15.7	8.7	4.6	5.1	8.6	6.7	28.7	7.8
～24.9	3,892	4,829	11,081	10,916	5,391	9,060	1,278	46,447
	59.4	59.9	69.5	68.2	68.6	67.4	58.9	66.3
25～49.9	1,060	1,624	2,805	2,992	1,156	2,480	171	12,288
	16.2	20.1	17.6	18.7	14.7	18.5	7.9	17.5
50～99.9	437	715	1,039	919	504	773	73	4,460
	6.7	8.9	6.5	5.7	6.4	5.8	3.4	6.4
100～299.9	131	171	261	320	129	200	11	1,223
	2.0	2.1	1.6	2.0	1.6	1.5	0.5	1.7
300～	9	24	16	44	7	19	13	132
	0.1	0.3	0.1	0.3	0.1	0.1	0.6	0.2
合　計	6,555	8,062	15,939	16,010	7,864	13,435	2,169	70,034
	100.0	100.0	100.0	100.0	100.0	100.0	100.0	100.0

出所）「定県土地調査」上巻，453 頁。

表 2-9　定県の区別・経営面積別戸数（1931 年）

（戸，%）

経営面積	第1区	第2区	第3区	第4区	第5区	第6区	城　関	全　県
0 畝	376	323	475	362	277	460	472	2,745
	5.7	4.0	3.0	2.3	3.5	3.4	21.8	3.9
～24.9	4,236	4,727	10,948	10,787	5,601	9,346	1,460	47,105
	64.6	58.6	68.7	67.4	71.2	69.6	67.3	67.3
25～49.9	1,465	2,203	3,323	3,721	1,388	2,715	195	15,010
	22.3	27.3	20.8	23.2	17.7	20.2	9.0	21.4
50～99.9	427	714	1,009	882	495	750	42	4,319
	6.5	8.9	6.3	5.5	6.3	5.6	1.9	6.2
100～299.9	49	94	182	254	102	159	0	840
	0.7	1.2	1.1	1.6	1.3	1.2	0.0	1.2
300～	2	1	2	4	1	5	0	15
	0.0	0.0	0.0	0.0	0.0	0.0	0.0	0.0
合　計	6,555	8,062	15,939	16,010	7,864	13,435	2,169	70,034
	100.0	100.0	100.0	100.0	100.0	100.0	100.0	100.0

出所）「定県土地調査」上巻，463 頁。

第 2 章　華北農村の社会経済構造　　93

表 2-10　定県の区別自作・小作地面積（1931 年）

（畝, %）

区	耕地面積			耕地面積比	
	自作地	小作地	合計	自作地	小作地
1	128,755	40,338	169,093	76.1	23.9
2	153,875	30,400	184,275	83.5	16.5
3	319,200	23,573	342,773	93.1	6.9
4	276,173	37,060	313,233	88.2	11.8
5	134,972	15,184	150,156	89.9	10.1
6	238,062	27,339	265,401	89.7	10.3
合計	1,251,037	173,894	1,424,931	87.8	12.2

出所）「定県土地調査」上巻，443 頁。
注）第 1 区には城関を含む。

表 2-11　定県の区別・農家種類別戸数割合（1931 年）

（戸, %）

農家種類	第 1 区	第 2 区	第 3 区	第 4 区	第 5 区	第 6 区	城　関	全　県
自作農	2,682	4,152	10,970	10,838	4,750	9,646	754	43,792
	40.9	51.5	68.8	67.7	60.4	71.8	34.8	62.5
自作兼小作	2,308	2,633	3,493	3,597	2,012	2,350	539	16,932
	35.2	32.7	21.9	22.5	25.6	17.5	24.9	24.2
自作兼地主	444	531	628	738	412	475	84	3,312
	6.8	6.6	3.9	4.6	5.2	3.5	3.9	4.7
小作農	745	423	373	475	413	504	320	3,253
	11.4	5.2	2.3	3.0	5.3	3.8	14.8	4.6
農業労働者	107	138	201	155	58	139	72	870
	1.6	1.7	1.3	1.0	0.7	1.0	3.3	1.2
地　主	95	47	111	18	13	61	169	514
	1.4	0.6	0.7	0.1	0.2	0.5	7.8	0.7
非農家	174	138	163	189	206	260	231	1,361
	2.7	1.7	1.0	1.2	2.6	1.9	10.7	1.9
合　計	6,555	8,062	15,939	16,010	7,864	13,435	2,169	70,034
	100.0	100.0	100.0	100.0	100.0	100.0	100.0	100.0

出所）「定県土地調査」上巻，441 頁。

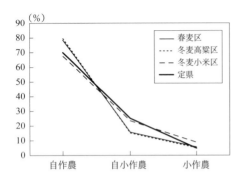

図 2-5　華北の農業類型と定県における自作・自小作・小作農の割合

出所) *Land Utilization in China: Statistics*, 57-59,「定県土地調査」上巻, 441 頁.

注) 定県のデータに関しては, 表 2-11 の原データをもとに「自作」および「自作兼地主」を「自作農」,「自作兼小作」を「自小作農」,「小作農」を「小作農」とし, それ以外の戸数を除いて計算した. なおこのグラフは本来は棒グラフとすべきであるが, 比較を簡明にするため折れ線グラフにしてある. 図 2-6 も同じ.

　次に, 1930年代初頭, 国民政府が多数の調査員に委嘱して行った調査報告をまとめた『支那農業基礎統計資料』にもとづいて耕作規模についてみる[25]。図 2-6 は華北各省の経営面積別の戸数割合に定県のデータを組み合わせたものである[26]。このグラフからは, 定県の分布が山東省の分布にきわめて近似していることが明らかである。定県は河北省の水準よりもさらに零細化が進んでいた。これは, 平漢鉄路沿線にあり綿手工業が盛んであったという定県の特殊性を反映したものであろう。しかしこのことは同時に, 定県が華北農村経済の当面の発展方向を示す位置にあったことも表している。定県は, 県全体としては冬麦高粱区のなかの比較的商業化が進んだ地域として位置づけられるのである。

　では, 以上のように華北全体のなかに位置づけられる定県の内部では, どのような生産関係が成立していたのだろうか。とはいえ, 定県に関しては所有面積・経営面積別階層と自作・小作・地主といった経営形態との関係を示すデータはないため, いくつかのデータを相互に参照しながら分析する。表 2-12 は, 前掲表 2-9～2-11 を組み合わせて作成した表である。この表において小作農が土地を借りてどの経営階層に移動していったのかに着目すれば, 県内の各区は

---

25) 原史料は 1933 年および 34 年の『農情報告』とされるが, 『支那農業基礎統計資料』がいずれの年の数値を採ったかは不明である.

26) 『支那農業基礎統計資料』2, 139 頁に掲載されている数値は 10 畝刻みの農家戸数割合であるため, 定県のデータと比較できるように「20～30 畝」層に示されていた値を 2 で割り, 「～25 畝」層と「25～50 畝」層にそれぞれ加算した.

大きく2つのタイプに分けられる。ⓐ「〜24.9畝層」と「25〜49.9畝層」に吸収されている区（1区，5区，6区，城関）と，ⓑ「〜24.9畝層」を飛び越えて「25〜49.9畝層」に移動している区（2区，3区，4区）である。このことは，ⓑグループでは「〜24.9畝層」も土地を借りて上位の経営階層に移動していたことを示している。

一方ⓐグループの第1区と第6区では，経営面積上位3層の減少数が「地主」戸数に近い。このことから，上位3層が「地主」として所有地をすべて貸し出し，所有地0畝層がその土地

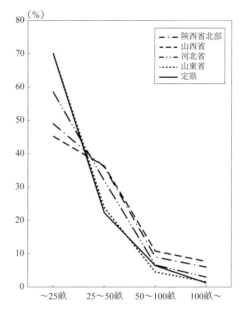

図 2-6　華北各省と定県の経営面積別戸数割合
出所）『支那農業基礎統計資料』2, 139頁。
注）見やすくするため一部の省は省略した。

を借りて経営しているという社会像が描ける。城関では小作農320戸が「〜24.9畝層」と「25〜49.9畝層」の増加分で吸収できないことから，全階層の土地所有者に農業経営から離脱している者があり，小作農は彼らの土地を借りて下位3層に吸収されていたものと考えられる。農外就業の手段がより多く存在していたことを反映しているだろう。

他方，ⓑグループのうち第2区と第4区では，経営面積上位3層の減少数が「地主」戸数を大幅に上回っており，土地を貸し出す経営の多くは，自作部分を残していたと考えられる（前掲表2-11では「自作兼地主」として処理されているはずである）。この傾向はとりわけ第4区で顕著である。第3区は，小作農の移動の特徴をみればⓑグループに分類できるが，経営面積上位3層の減少数と「地主」戸数の関係ではⓐグループに近似した数字を示している。小作農の移動の特徴からはⓐグループに分類される第5区も，経営面積上位3層の減少数

96　第Ⅰ部　華北農村と毛沢東

表 2-12　定県における所有面積・経営面積別の階層移動状況

面積（畝）		0 (全戸)	0 (小作農)	~24.9	25~49.9	上位3層			合計	上位3層の減少数	地主戸数	類型
						50~99.9	100~299.9	300~				
第1区	所有戸数	1,026	745	3,892	1,060	437	131	9	6,555	99	95	a
	経営戸数	376		4,236	1,465	427	49	2	6,555			
	増減			344	405	-10	-82	-7	650			
第2区	所有戸数	699	423	4,829	1,624	715	171	24	8,062	101	47	b
	経営戸数	323		4,727	2,203	714	94	1	8,062			
	増減			-102	579	-1	-77	-23	376			
第3区	所有戸数	737	373	11,081	2,805	1,039	261	16	15,939	123	111	b
	経営戸数	475		10,948	3,323	1,009	182	2	15,939			
	増減			-133	518	-30	-79	-14	262			
第4区	所有戸数	819	475	10,916	2,992	919	320	44	16,010	143	18	b
	経営戸数	362		10,787	3,721	882	254	4	16,010			
	増減			-129	729	-37	-66	-40	457			
第5区	所有戸数	677	413	5,391	1,156	504	129	7	7,864	42	13	a
	経営戸数	277		5,601	1,388	495	102	1	7,864			
	増減			210	232	-9	-27	-6	400			
第6区	所有戸数	903	504	9,060	2,480	773	200	19	13,435	78	61	a
	経営戸数	460		9,346	2,715	750	159	5	13,435			
	増減			286	235	-23	-41	-14	443			
城　関	所有戸数	623	320	1,278	171	73	11	13	2,169	55	169	a
	経営戸数	472		1,460	195	42	0	0	2,169			
	増減			182	24	-31	-11	-13	151			
全　県	所有戸数	5,484	3,253	46,447	12,288	4,460	1,223	132	70,034	641	514	
	経営戸数	2,745		47,105	15,010	4,319	840	15	70,034			
	増減			658	2,722	-141	-383	-117	2,739			

出所）所有戸数は「定県土地調査」上巻，453 頁。経営戸数は「定県土地調査」上巻，463 頁。所有面積 0 畝の小作農の戸数は「定県土地調査」上巻，441 頁。

と「地主」戸数の関係ではⓑグループに近似している。第 3 区と第 5 区はⓐとⓑの両方の側面をもっていたと言えよう。

　このように，大土地所有者の経営には 2 つのタイプがあった。ⓑグループ各区（とくに第 4 区）で土地を貸し出す経営の多くが自作部分も保有していたということから考えれば，土地を貸し出す大土地所有者が農業経営から離脱する傾向があるⓐグループ各区では，所有と経営が分離した地主佃戸制が展開していた可能性が高い。前掲図 2-3 から分かるように，ⓐグループはいずれも鉄道沿線にあり，農業生産の商品化の度合いが高い地区であったことをふまえれば，

第2章　華北農村の社会経済構造　　97

商業的農業の展開によって地主佃戸制が姿を現しつつあったとする足立の指摘は，1930年代の定県において確かに確認できる。ただし本節の冒頭で確認したように，このような小作経営が占める割合は相当小さかったことに改めて留意する必要がある。前掲表2-11からは，ⓐグループに属する第1区・第5区・第6区でも「自作」と「自作兼小作」を合わせた割合は75〜90％を占めていたことがわかる。純粋に小作地だけで生活している小作農はきわめて少数であった。

　一方ⓑグループの各区は鉄道から距離があり，第3区の「翟城系土壌」地を除いて穀物生産が中心の地域であった。ここでは土地を貸し出して農業経営から離脱する大経営は少数であり，必要な労働力を雇用しながら農業経営を続けていたと考えられる。清代以来の生産関係が維持されていたと見てよいだろう。とはいえ，大土地所有者と周辺の農家との関係は次第に変化しつつあった。定県の「分種制」下の小作農は自立性が高かったという形跡が確認できるからである。たとえば「定県土地調査」の記述によれば，小作料の納入方法は4種類あり，あらかじめ定められた量の食糧を収穫後に地主に納める「糧租」が最も多く，次いで作付前に現金で納める「銭租」，棉花の収穫後に棉花を納める「棉花租」であり，清代の大経営で行われていたのと同じ納租方法，すなわち地主との間で分配率を決め収穫後に作物で納める「分租」は，県内で最も少なかったとされる[27]。しかも清代の大規模経営が「二八分租」と言われたのに対し，定県の「分租」は5：5もしくは4：6であった[28]。清代の大経営が「二八分租」だったのは地主側が土地だけではなく種子や農具，肥料まで提供するからであったが，1930年代の調査（表2-13）によれば，地主と小作農が5：5で収穫を分ける場合には小作農が家畜・農具・肥料を提供しており，地主は経営に参加しないとされている。

　定県でも，1928年に行われた社会調査の報告のなかに，「本県の状況を知悉している者の意見」として「県全体で言えば……〔小作料を〕現金で納めるか

27）「定県土地調査」下巻，821-822頁，「七　地租」。
28）「定県土地調査」下巻，821-822頁，「七　地租」。

98 第Ⅰ部 華北農村と毛沢東

表 2-13 華北における「分益小作」（1930 年代）

省	県	地主取分	小作人取分	地主提供物	小作人提供物	備　考
河北	東光・南皮・深澤	50 %	50 %	一半の種子・肥料	耕畜・農具・肥料	地主は経営に参加せず
山東	徳県	50 %	50 %	一半の種子・肥料	牲畜・農具・一半の種子・肥料	
河南		50 %	50 %	種子・一半の肥料	牲畜・農具・一半の肥料	肥料代に利息など
山西		50〜60 %	50〜40 %	種子・肥料・牲畜	農具	「伴種」と称す

出所）天野（1978：374）。

作物で納めるかにかかわらず，地主は農具を提供しないが，井戸と水汲み用の
水車を提供する場合がある」という記録がある[29]。また定県で使用されていた
農具についても，「この地〔定県〕の小農が耕作する際には，粘子を使うもの
が非常に多い」としているが，それは「粘子」が家畜2頭で牽かせる犂よりも
軽く廉価で，家畜1頭で牽くことができたからであった[30]。ここで言う「小農」
がどのような経営を指すのかは詳らかでないが，本章第1節でふれたように，
「分種制」が，華北の旱田地帯の農業経営で必要な家畜の維持費用や大型農具
の高額と，それらを備えることを可能にする土地所有面積の広大さがもたらす
す労働力の不足によって成立していたのであれば，軽量で廉価な農具の普及と
牽引に必要となる家畜の頭数の減少は，従来それらの経営資本を大規模経営か
ら借りていた零細経営の減少と自立化に結びつくであろう。こうした変化が何
にもとづくものなのかはここでは明らかにできないが，定県ではさまざまな種
類の肥料が売買されていたことから[31]，商業化が鍵を握っていた可能性はある。
いずれにしても，定県の穀作地域（とくに第4区）では，清代以来の大経営が
維持されつつも，周辺の零細経営の自立化が進行していた可能性は高い。1930

29）『定県社会概況調査』630 頁。

30）『定県社会概況調査』669 頁。

31）『定県経済調査一部分報告書』346–350 頁には，1930 年から 33 年の調査結果として，定
　県の市場では「大糞」（人糞）と並んで鳥類（ハト・カラス）の糞，堆肥，厩肥などが
　販売されていたことが記されている。

年代における華北平原の穀作地域のひとつの到達点を示すものであったと考えられるのである。

小　結

　以上，本章は，清代農書の分析を通して足立がつかみとった華北農村の農業経営構造を念頭に，バックの地域区分である冬麦小米区および冬麦高粱区で行われた農村調査から，それぞれの地域における1930年代前半の農村の社会経済構造について考察した。その結果，以下のことが明らかとなった。

　まず，自然条件がより厳しく農業生産力が相対的に低い冬麦小米区では，大経営が土地・家畜・農具・種子・肥料を提供し，周辺零細経営が労働力を提供する形での「分種制」（調査地の米脂県楊家溝では「安伙子」）が行われていた。このような巨大経営—周辺零細経営という社会構造は，確かに土地などの生産手段の極端な偏在を示すものであったが，同時にこれは，厳しい自然環境のなかで大経営と零細経営がともに持っているものを出し合い，協働して再生産を確保する仕組みでもあった。

　他方，太行山脈の東側に広がる華北平原（冬麦高粱区）では，「土壌」が栽培に適した地域で棉花の一年一作が広がるなど，鉄道沿線を中心に商業化が進展していた。そこでは所有と経営が分離した地主佃戸制が成立しつつあったが，社会全体としてみたときにはその割合はまだきわめて小さく，所有と経営を一致させた自作経営が大部分を占めていた。一方，鉄道から距離があり穀作中心の二年三毛作が維持されていた地域では，清代以来の大経営が継続されていたが，自家の労働力を大経営が所有する畜力と交換してきた周辺零細経営の自立度は上昇していたと考えられる。

　以上のように本章の内容を確認したうえで，本書の主題である土地改革との関係について言及しておきたい。前章で明らかにしたように，土地改革は所有と経営が分離しかつ土地の所有が極端に偏在している社会を対象とした政策であった。こうした共産党の公定社会像に近いのは冬麦小米区であり，米脂県楊

家溝はその典型であった。そして,「長征」を終えた中共中央が新たな根拠地として居を定めたのがまさに陝北のこの地域(陝甘寧辺区)だったことは,毛沢東をはじめとする中央レベルの指導者たちにとって大きな意味をもった。江西ソビエトで形成した農村像(公定社会像)に普遍性があると解釈できたからである。しかも陝北の状況を調査した延安農村調査団の報告書は,大経営に労働力を提供していた経営の自営的な側面については調査報告から落とすなど,むしろ公定社会像に適合するようにデータの見せ方を操作した可能性さえあった。また華中で見られる地主佃戸制とは異なる大経営と零細経営の協働関係についても描かれなかった。地主佃戸制が広範に存在しているという公定社会像は,変更を迫られなかったのである。

　しかし,共産党の公定の農村社会認識において想定されていた地主像と冬麦小米区の大経営の間には違いが存在した。その最も重要な点は,冬麦小米区の大経営が種子・肥料・家畜を貸し与えるなど周辺零細経営の再生産構造に深く関与していたという点である。同時に,家畜を維持しうる経営規模が相当大きかったために,大経営では労働力の不足が生じており,その労働需要は周辺の零細経営が埋めていた。こうした社会構造が存在するなかで単純に土地を分配することは,地域の再生産構造を破壊することに帰結するだろう。土地所有の偏りにのみ問題の焦点をあて,土地を分配しさえすれば農村問題は解決するとしていた土地改革政策は,大規模経営が存在する冬麦小米区においても適合的な政策であったとは言えない。共産党の公定社会像が想定していた小作農は,種子・肥料・家畜・生産用具などを備えて自力で再生産できる,地主からの自立性の高い経営であった。こうした小作農像は,おそらく毛沢東が江西農村で実見した小作農の姿だったのだろう。

　他方,冬麦高粱区の実相は共産党の公定社会認識とは大きく異なっていた。零細経営だけではなくかなり広い面積を経営する農家まで自作農としての側面をもっていたからである。このことを再び定県のデータで確認すれば,以下のようになる。

　前掲表2-12の「全県」部分を見ると,「小作農」の戸数は経営面積の下位2層(「～24.9畝層」「25～49.9畝層」)の増加戸数の和に近い。このことは,「小作

第 2 章　華北農村の社会経済構造　　101

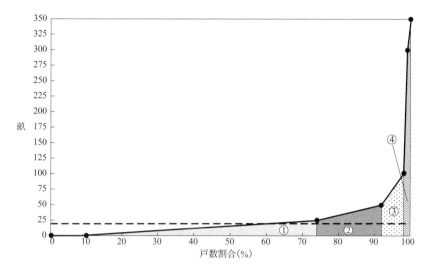

図 2-7　河北省定県の所有面積別戸数分布のイメージ（1931 年）

注）所有面積 0 畝（8 %）および〜24.5 畝（66 %，①），25〜49.9 畝（18 %，②），50〜99.9 畝（6 %，③），100〜299.9 畝（2 %，④），300 畝〜（1 %，④）の順に，それぞれの層の戸数割合を積み上げている。平均所有面積は 20.35 畝（全耕地面積 1,424,931 畝÷全戸数 70,034）であり，破線で表示した。

農」すなわち耕作しているすべての土地が借地である経営が，この下位 2 層のなかに含まれていたことを示しているが，仮にそれぞれの経営層の増加分がすべて「小作農」だったとしても，その割合は「〜24.9 畝層」では 1.4 %，「25〜49.9 畝層」でも 18.1 %にすぎない。多くの農家が自作地を経営の中心に据えていたと考えられるのである。経営面積の上位 3 層では，100 畝以上の 2 層に所有地をすべて貸し出して農業から離脱する「地主」が一定数存在したが（この「地主」のなかには周辺零細経営と協働するタイプの大経営は含まれていない），「50〜99.9 畝層」は所有戸数と経営戸数の間にほとんど差がない。この層でも自作地が経営の中心であった。

　図 2-7 は，前掲表 2-8 の「全県」の所有面積階層ごとの戸数割合を前掲図 1-1 と対照しやすい形でグラフにしたものである。図 2-7 には県内の平均所有面積の 20.35 畝も破線で記入してある。この図 2-7 に上述の考察結果を重ねれば，以下のようになる。すなわち，①と②には「小作農」と「自作農」が含ま

れており，③にも「自作農」が含まれていた。④には「地主」が含まれていたが，同時に「自作兼地主」も含まれていた。共産党の概念で言えば①と②には貧農（小作農）と中農（自作農）が，③にも中農が，そして④には地主と富農が，それぞれ含まれていたのである。

　このように考えると，図 2-7 に示した平均所有面積のラインがもつ意味の大きさが改めて注目される。県内のすべての家に同じ面積の土地を所有させようとすれば，このラインとグラフの交点よりも右上にある所有地をすべて削り，交点の左下に広がる空白部分に埋めなければならないが，①②③の階層にはすべて中農（自作農）が含まれていたからである。華北平原で土地の平均分配を実行しようとすれば，必然的に中農の土地に手をつけることになる。共産党の公定の社会認識である前掲図 1-1 と，華北平原の農村の状況を凝縮した定県の社会経済構造を示す図 2-7 との間には大きなギャップが存在していたのである。

　なおこのようなギャップについては，本章「はじめに」でふれたように，デマールもペパーも指摘しているが，本章の考察結果をふまえれば，これらの指摘は確かに華北平原の農村の一面を捉えているものの，デマールの理解は自作農の自立性を単純化しすぎている点に問題があり（とくに黄土高原の農村には当てはまらない），ペパーの理解は，農村内の階級対立（階層間の対立）の火種を探そうとするあまり，自作農の自立性を軽視しすぎている点に問題がある。大土地経営と周辺の零細経営との関係，多様な規模の自作農同士が取り結ぶ関係は，心理的な側面も含めて華北においてはより複雑なものであった。では，このように公定社会像と大きなギャップがある華北農村で，公定社会像を前提として打ち出された土地改革政策が行われたことは，その具体的な展開過程や共産党の支配構造にどのような影響を与えたのだろうか。またその過程に，本章で詳述したような華北農村内の生産関係はどのような影響を与えたのだろうか[32]。本書が第Ⅱ部以降で取り組む課題はまさにこの点にある。

---

32) 黄宗智も「表現された構造（表達性結構）」と「客観的な構造（客観性結構）」という概念を使って公定社会像と華北農村の実態とのギャップを正面から捉えているが（黄 2003：71-80），そのギャップが土地改革政策の具体的な展開過程や共産党の支配構造にどのような影響を与えたのかは論じていない。

第3章
近代華北村落の社会関係
──『中国農村慣行調査』分析──

はじめに

　前章までで見たように，共産党が土地改革の前提とした公定社会像（前掲図1-1）と華北平原の農村の社会経済構造（前掲図2-7）との間には大きな乖離があった。黄土高原の農村においても，大規模経営と周辺零細経営との間の関係は公定社会像が想定するような単純なものではなかった。では，公定社会像がイメージしていた農村社会秩序（寄生地主制下にある対立的な地主─小作関係像）と華北の農村社会の秩序との間には，どのくらいの距離があったのだろうか。中国共産党が戦後内戦期に基盤とした華北農村社会は，どのような社会だったのだろうか。本章は，戦後内戦期の土地改革政策の展開を理解する前提として，近代中国における農村住民の具体的な暮らしから，華北農村社会の構造，とりわけ秩序のあり方を確認することを目的とする。本書の主題に入る前に大きく迂回するような印象をもたれるかもしれないが，農村革命を実現するという任務を負った共産党の工作隊が入った華北の村落社会はどのようなものであったのか，工作隊は農村住民の側からどのような存在として受け止められたのか，本論に入る前提として考察しておきたい。

　この目的のために本章が主に利用する資料は，1940年代に南満洲鉄道株式会社調査部と東亜研究所が行った華北農村慣行調査である（戦後『中国農村慣行調査』として刊行。以下，『農村慣行調査』。図3-1も参照。なお『農村慣行調査』

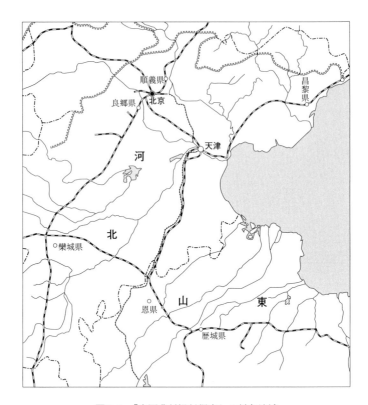

図 3-1 『中国農村慣行調査』の対象地域
出所)『中国農村慣行調査』第 1 巻, 巻頭。

からの引用の出所は, 巻数をローマ数字で, 頁数をアラビア数字で表記し, その後に応答者名もしくは記事タイトルを記す。文脈から応答者を特定できる場合は応答者名を省略する)。この調査は日本軍による占領という特殊な状況下で行われたものであり, 現地では調査員も占領者の一員とみなされていた[1]。そのため利用に際しては両者間の権力関係に注意を払う必要があるが, 村民との質疑応答

---

1) 満鉄調査班は, 各村に調査に入る前, 「県知事, 日本の守備隊の隊長, 県顧問, それから県庁の科長連中, 村の村長」を呼んで宴会を開いていた (VI:468)。

がそのまま記録された本調査は，村落社会のあり様を再現する上で欠かせない第一級の資料である[2]。以下，本調査を用いた諸研究についてふれておきたい。

　まず，調査と並行で分析を行い画期的な華北村落像を提示したのが戒能通孝であった（戒能 1943）。戒能は華北村落を「高持本百姓意識」をもたない住民の集まりであると捉えた（戒能 1943：154）。村は団体としての性格を欠き，村落共同体とは言えないとしたのである。戦後こうした戒能の主張を引き継ぎつつ，戒能を「中国社会の発展方向はなんとも考えようがないことになる」と批判して，華北村落を発展段階論に位置づけようとしたのが旗田巍であった（旗田 1973：47–48）。旗田は華北村落を奴隷制に引きつけて「家族主義的共同体」と捉え，1940 年代を，「家族主義的共同体」が解体する一方で団体としての村落が形成されつつあった時期とした（旗田 1973：第 1 章・第 5 章）。

　一方，旗田と同様に「村落共同体の欠如」という戒能の主張を出発点とし，しかし共同体から個々に自立した諸個人による社会も存在していないとして，村落内部の人的結合に着目したのが石田浩であった（石田 1986：第 1 章）。石田は，同姓村においては血縁関係が，多姓村においては廟を中心とした地縁関係が，人びとの再生産を保障しつつ同時に人びとの自由な経済活動を規制していたとし，こうした結合を「生活共同体」と呼んだ。

---

2) 祁・弁納・田中（2022）の「まえがき」において，内山雅生は，かつて中国農村社会経済研究の泰斗である天野元之助を訪問した際，天野が満鉄調査部の調査を「素人のものである」と批判したというエピソードを紹介している（ii 頁）。確かに天野の目から見れば満鉄の調査員は中国農村について素人であり，調査方法も洗練されていなかったかもしれない。しかし繰り返し調査に入ることで調査員の問題意識は研ぎ澄まされていった。調査員だった旗田巍は，関係者による戦後の座談会において「調査の困難，行き詰まりを痛感し，その打開に苦慮していました。私自身は，かつての村落共同体理論が現実に合わぬことが分かり，どういう理論を組み立てたらよいか悩んでいました。昌黎では，調査項目の体系を離れて，専ら事件を探りました」と述べている（VI：528）。こうした旗田の姿勢の変化については，同じく調査員だった小沼正が「旗田さんが今度は一般の項目をやらないで事件ばかりをやるといったのを覚えている」と発言している（VI：527）。「事件」は社会の水面に立つ波であり，その波を観測することで平時には見えない社会関係や秩序の構造部分を見ることができるのであろう。こうした旗田の努力によって『農村慣行調査』にはいくつかの事件が収録されているが，旗田自身による研究を含め，これまで研究に十分利用されてきたとは言えない。本章は，こうした旗田の問題意識の延長線上にある。

106 第I部 華北農村と毛沢東

　このように整理すると，旗田と石田は，華北村落は共同体ではないとする戒
能の主張を共有し，さらに，市民社会でもなかった以上は何らかの共同体が存
在したはずだという枠組みも共有していたことがわかる。しかしそれゆえに両
者の華北村落社会に対する理解は一定の偏りを内包することになった（三品
2003：35-39，44）。両氏はともに村民生活の実態から社会関係のあり方を探ろ
うとしたが，その社会関係を「○○共同体」と呼ぼうとしたがために，「共同
体」と呼びうる内実を探そうとするバイアスがかかったようにみえる。

　他方，戒能の主張した合理的・打算的で個人主義的な村落社会像を「表層」
とし，伝統的な自治組織としての村落結合が社会の「深層」として存在してい
たと主張するのが，内山雅生である。しかし内山の議論にも資料からの飛躍が
存在する。たとえば内山は，調査村でみられた搭套（人力・畜力の交換）が一
種の貧民救済的機能をもっていたことを根拠として，それが「生活空間として
の共同体的集団そのものの維持のために」行われていたとする（内山 2003：
120）。しかし，貧しい知人を助けようとすることと「共同体的集団そのものの
維持のために，構成員の生活をも支え」ることは無条件に一致するものではな
い[3]。

　ここで戒能の議論に立ち戻れば，実際には戒能は，旗田が批判したように
「中国村落の共同体的性格を否定しただけで，より以上の追求をやめてしまっ
た」（旗田 1973：47）わけではない。戒能は，華北村落社会に「封建的な型及
び近代的な型以外の第三種の法的規範意識類型」が存在すると主張していた
（戒能 1943：16）。つまり，単線的な段階論に華北村落社会を位置づけるのでは
なく，「別種の社会」として捉えようとしていたのである。本章はこの戒能の
方法に倣って 1940 年代の華北村落社会を描いてゆく。

　最後に本章で取り上げる調査村について簡単に紹介する。満鉄調査班が調査
に入った村のうち，最も多く情報が残されているのが河北省順義県沙井村であ
る。北京市から北東に 30 キロ，順義県城から 2 キロの地点に位置する（前掲

---

3) 張思は『農村慣行調査』を分析し，ここでは経営規模が大きく異なる農家間で貧民救
　済的な協力関係が成立することはほとんどなかったと指摘している（張 2005：165）。

図 3–1 参照）。戸数 70, 人口 400 の雑姓村であった（I：75,「河北省順義県沙井村の概況」）。次に情報の多いのが河北省欒城県寺北柴村である。石家荘から南東に 25 キロ, 欒城県城から 2 キロの地点に位置する戸数 140, 人口 710 の雑姓村であった（III：5,「河北省欒城県寺北柴村の概況」）。その貧しさは調査員に深い印象を残しており, 調査員安藤鎮正がのちに河北省良郷県呉店村に入った際,「ここは寺北柴村に匹適する貧乏村のようである」と表現している（V：573,「調査日記」）。その呉店村は, 北京の南西 30 キロに位置し戸数 70 余の雑姓村であった（V：6,「河北省良郷県呉店村の概況」）。河北省の調査対象村としては, ほかに昌黎県侯家営がある。この村は天津の北東およそ 150 キロに位置し, 戸数 117, 人口 704 とされる。地理的に近い満洲に出稼ぎ（商売・商店勤務）に出る者も多かった。侯姓が全体の 7 割を占め,「いずれの調査村落より同族村落の色彩が濃い」村であった（V：5,「河北省昌黎県侯家営の概況」）。

　山東省では歴城県冷水溝荘と路家荘, 恩県後夏寨が調査対象となった。冷水溝荘は水に恵まれており水稲が栽培されていた。旗田は「華北の一般の村よりも豊かな感じを与える」と印象を述べている。戸数 370 で同族集居の傾向が強い村であった（IV：9,「山東省歴城県冷水溝荘の概況」）。後夏寨と路家荘の調査はごく少なく, 本章では考察対象としない。

1　権利・紛争・調停と面子

1）あいまいな証書と不用心な生活

　伝統中国社会は訴訟社会であった, と言われる。社会の基層は, 住民の利害を一定の強制力をもって調整しうる団体や, 判決内容を実現する強制力をもつ団体を欠いており, 紛争の当事者たちは繰り返し裁きを求めて訴訟を起こしたとされる（寺田 2018：1–2, 185–188）。また「土地所有権」などの権利は, 前の所有者がその権利について今後一切干渉しないことを宣言した書類（「絶売の来歴」）を新しい所有者がもつことによって,「権利を所有している」という状態が社会的に認められてはいた。が,「絶売の来歴」はあくまで私的な文書で

あり，たとえば土地所有権であれば，その地契（証書）には売買対象の土地を特定するのに簡単な「四至」（隣が誰の土地であるかという情報）が記載されているだけであるなど確定的な情報が書かれていなかったため，他人が偽文書を掲げてチャレンジしてくる可能性はつねにあった（寺田 2018：53-57）。以上から描かれる社会像は，不確実性をもつ権利を維持・拡張するために住民同士が相争うといったものであろう。これと同じ状況は『農村慣行調査』の応答からも窺うことができる。

　たとえば地契には四隣が記載されていたが，それは境界線がどこにあるのか示すものではなかった（Ⅵ：29-35，「資料-地契等」）。また土地を出典した場合でも（出典とは土地を担保にして借金すること。出典者は証書〈典契〉を書いて貸金者〈承典者〉に渡す），出典中であることは地契に注記されなかった（Ⅲ：263，郝洛思）。さらに面積も，実態を正確に反映したものではない。たとえば，元来 1 枚の地契に記載されていた土地の一部を他人に売却したとしても，元の地契は更新されなかったし（Ⅲ：383，靳福林），侯家営では，日常生活で使用される面積の単位と地契に記載する面積の単位とが異なっていた。侯家営村民の応答によれば，同村では日常的には「壜」という面積単位を用い，4 壜を 1 畝として地契に記していたという（Ⅴ：286，孔子明。Ⅴ：25，侯恩栄）。しかし壜は具体的には耕地の畝を指すと考えられ（同上），「○条壜」という勘定方法で売買される土地の面積（名目上の面積）と正確な面積との間には当然ながらずれがあった。地契に記載されている情報は，その権利の現状・実質を精確に伝えるものではなかったのである。

　そしてこのようなあいまいさは，確かに，土地を売買したり使用したりする人びとの間にトラブルを引き起こしていた。上述のような売買方法をとっていた侯家営では，「60 条壜」の土地を買った侯治東が，購入後に実測して「15畝」に足らないことを発見し，裁判を起こしている（Ⅴ：286-287，孔子明）。また沙井村の隣の望泉寺村では，承典者がその土地を耕した際，隣接する岡まで耕そうとして隣人に訴えられたという（Ⅱ：184，楊潤・趙廷奎）。冷水溝荘の周辺でも土地の境界をめぐってトラブルが生じており，冷水溝郷郷長の李佩衡は，「十余年前，楊汝棟の土地四分減少したことがあり，地隣の李文斗にこれを要

求した。李は自分の所有地より四分を割譲し，これで解決した」という例を挙げている（IV：11）。いずれも，地契や典契に記載された情報のあいまいさが引き起こした紛争であった。

　しかしながら，こうして権利のあいまいさとそれに関するトラブルの事例を拾っていると，不思議な感覚にとらわれる。というのは，地契はこのように確定的な情報を記載していない文書であり，そのために（結果的に）紛争が生じることがあったにもかかわらず，この社会では地契にもとづいた土地売買が日常的に行われていた，という点である。ここではあいまいさを克服する方向，すなわち詳細な証書や地籍図などを作成して境界線を明示する方向には向かわなかったし，そうした制度の精緻化を支えるべき村落住民の識字率も低いままだった[4]。たとえば王舎人荘（歴城県の村）の孟慶林は，不識字者が証書を作る際は代筆を依頼して本人は拇印を押すのみであるとし，調査員に「偽造かどうか判らぬではないか」と問われても，「偽ものなど誰も作らぬ」と答えるだけである（IV：252）。このことは，たとえば近世日本では，17世紀末以降の商品経済の浸透とともに上層以外の村落住民にも契約書を読む能力が要求され，18世紀に寺子屋が急増していったということと比較するとき（大藤 2003：59-62），奇異なことのように感じられる。所有している権利の実質が不安定である割に，住民たちは不用心であったような印象を受けるのである。

　とはいえ，もちろん「不用心」だと感じるのは観察者であって，この世界に暮らしていた人びとではない。とすれば，こうした「あいまいな証書」でも「不用心」でも通用する社会がそこに存在していたのではないかと推測することは十分可能であろう。では，この「「あいまいな証書」でも「不用心」でも通用する社会」とはいかなる社会であり，あいまいな権利の実質をめぐって住民同士が相争っていたとされる社会像とどのような関係にあるのだろうか。

4）詳細な統計は残されていないが，福武直は1930年代の華北農村について「既教育識字者は全人口の1割以下」と推測し，「識字者が3割にも達する地方は特別の異例である」と述べている（福武 1976：452）。

2) 中人による保証と面子

　上述のように，地契に記された情報は境界も現況も面積も確定的なものではなかった。では，売買はどのような情報に依拠して行われたのだろうか。本項は，土地の売買についてみるところから，「「不用心」でも通用する社会」について考察する手がかりを得たい。

　土地売買の際の手続きは，調査対象となった村の間でほとんど差異がない。簡単に言えば，まず土地を売りたい人が知人に中人（仲介人）になってくれることを依頼し，中人が買手を探す（したがって買手も中人の知人である）。中人は売主の意向を聞きながら買手と値段交渉を行い，折り合えば地契の作成に入る。この際，手付金が払われる場合もある。その後，当事者・中人と四隣立会いの下で土地の測量を行い，面積等に間違いがなければ地契に署名して売買が成立する。そして買手が当該地域の田賦徴収を管轄する社書（徴税請負人）に納税者の過割（名義変更手続き）を行えば取引は完了である（沙井村：Ⅱ：169，楊沢。寺北柴村：Ⅲ：243-244，張楽卿。冷水溝荘：Ⅳ：200-201，任福申）。本来はこの後，地契を持って県政府に届出を行い，契税（不動産取得税）を納入することになっていた（Ⅳ：318，張俊傑）。なお老契（売主が前の持ち主との間で作った地契）は，売主と買手のどちらが持つかは決まっていなかった（冷水溝荘：Ⅳ：193-194，任自天。侯家営：Ⅴ：231，劉樹凱。沙井村では老契は買手に渡された。Ⅱ：184，楊潤・趙廷奎）。

　このように土地の売買においては中人が大きな役割を担った。しかし中人は単に買手を探してきて売買に立ち会うだけではない。出典されていないかなど，権利の実質について情報を提供するのも中人であった（Ⅱ：184，楊潤・趙廷奎。Ⅲ：263，郝洛思）。

　では，このように重要な役割を担う中人には誰がなったのか。この点についても諸村民の証言はおおむね一致している。すなわち誰でもよいということである。たとえば順義県では「誰でも介紹人〔中人〕になれるか」という問いに対し「なれる。沙井村にしても誰がなるとはきまっていない」と言う（Ⅱ：300，賞徳一）。寺北柴村では「今は割合貧乏の人で物の分る人がなる。仲介すれば手数料が貰える」と述べている（Ⅲ：244，張楽卿）。いずれにせよ，中人は連

帯保証人のような責任を期待されているわけではなかった。

　しかしこれでは，権利の実質を確認する手続きとしては心許ないのではないだろうか。権利の実質・現況について情報を提供する中人には賠償義務はなく，しかも中人は，売主が土地の売却を相談するほどの知人である。売主と中人が結託して買手を騙すことは容易であろう。しかしこうした危険性に対しては，村落の住民たちは拍子抜けするほど無警戒であるようにみえる。たとえば侯家営の侯定義と侯瑞和は，次のように応答している。

【史料3-1 (1)】　地契の上に書いたことと実際と異なっていたということがあるか＝そういうことはない。勘丈〔測量〕するし，中人がいる。……
場所の違うこともないか＝ない
黄土地だといって沙土地だったということはないか＝そういうことはあり得ない
外村の人が買うとよく知らないで間違い易いようだが，そんなことはないか＝本村の中人がいるから中人の信用からいってそんなことはあり得ない

(Ⅴ：215)

　またたとえば寺北柴村の劉老茂も「土地の売主の権原はどうして分かるか＝中人が証明するから，又村長が証明するから大丈夫」と答えるのみである(Ⅲ：251)。もちろん買手は土地の測量を行って現況を確認する必要があり，その際に立ち会う四隣からも購入予定地に関する情報を得ることができたが(Ⅱ：184，楊潤・趙廷奎)，取引は，ひとまず中人の言葉は信じるに足るものだという前提で始まり，進行していたのであった。

　では，なにゆえ中人の言葉は信用するに足ると受け止められていたのか。それは，中人はすべての土地売買を仲介したわけではなかったからである。たとえば，売買される権利に疑念がある場合，中人は立たなかった。沙井村での応答に「売った土地が売主の物でなかったときどうするか＝そういうことはない。そういう土地なら中保人〔中人〕はやってくれない」とある(Ⅱ：184，楊潤・趙廷奎)。また，信用できない売主には中人の引き受け手がなかった。侯家営での応答に，売買契約がいったん成立した売主が破約することはできるかとい

う問いに対し，「もしもこういうことが出来たら中人のなり手がないから売手はいつまでも売れなくなる」とある（V：216，侯定義・侯瑞和）。つまり中人は，確実に保証できる相手・取引の場合のみ中人という役割を引き受けるのである。逆に言えば，中人が立っているということは，その取引が信用するに足ることを示していた。

　では，なぜ中人は売主の「悪事」に加担しないのだろうか。それは，先の【史料3-1 (1)】に「中人の信用からいってそんなことはありえない」とあったように，自分の信用にかかわるからであった。自分の信用を大切にしたいという中人の欲求が，売買情報の正しさを保証し，売主の行動を制約していたのである。

　しかしここでもう一歩ふみこんで考えるならば，中人はなぜそれほど自分の信用を守ろうとしたのか，ということが問題となる。たとえば売主については，先にふれたように，一度中人を裏切れば，以後中人のなり手がいなくなるという恐れがあった。つまり売主としての後の活動に差し障りがあったわけである。しかし中人にはこうした配慮をする必要はない。中人は寺北柴村を除いて無報酬であり，売主の知人であるために中人となっているだけであるから，これ以後中人の依頼が来なくても問題はなかったはずである。にもかかわらず中人は，自分が保証できる取引しか仲介しなかった。なぜなのだろうか。

　この問題については，次の応答が手がかりとなろう。前掲【史料3-1 (1)】の続きであるが，侯家営の侯定義と侯瑞和は，買手の違約に関連して次のように述べている。

【史料3-1 (2)】　土地を買おうと思っていて一カ所きめたとき，もう一カ所がもっと条件がいいので始めのを取消すということはないか＝中人が責任を負うから中人の面子を失い，こうすると将来土地を買うことは出来なくなる。中人になってくれる人がなくなるから　　　　　　　　　　　　　（V：216）

　言っていることは複雑である。買手が成約後にキャンセルすることは，「中人の面子を失う」と言っている。「買手が中人に対して面子を失う」のではなく，「中人の面子を失う」のである。これは「中人になってくれる人がなくな

る」と言っていることからして誤訳ではない[5]。自分の知人同士を紹介して成立した契約が破約されることは，中人にとって自分の「面子」が損なわれることであった（以下，「」は省略）。中人は自分の面子を賭けて仲介していたのである[6]。そして，面子を保つ上で必要とされたのが信用であった。呉店村の禹莅と趙顕章は「信用と面子はどういう関係があるか」という質問に対して「信用は内容で，面子は外表である」と答えている（Ⅴ：582）。「騙さない」「怪しい取引には顔を出さない」ということは，中人にとって自分の面子を保つために必要な行為であった。

　したがって，信用できない人は中人として依頼されなかった。前出の禹莅・趙顕章は「信用のない人間は中人になれぬだろう」という問いに対して「然り」と答えている（Ⅴ：582）。本項前半で紹介した応答には「誰でも中人になれる」とあったが，これは文字通りの意味で「誰でもよい」ということではない。信用を重んじるかどうか，すなわち面子を重視する人物であるかどうかが，中人として依頼する上で重要な条件だったのである。

　またこのことを売主・買手の側から見れば，中人の面子を傷つけるような行為はしない，ということが要求されていたと言える。この点に信用があって初めて知人は中人となって買手を探してくれるし，売りに出た物件の情報をもってきてくれる。そして「信用が内容で，面子は外表である」ならば，これは売主・買手にとって自分の面子を保つ行為でもある。つまり「相手の面子を傷つけず，自分の面子を損なうようなことをしない」ということが，ここでの行動の基本であった。土地取引は，地契に記載された情報よりもむしろ，当事者と中人それぞれがもつ面子意識によって確実性と信頼性が保たれていたのである。

　なおここで，このように面子という史料用語をそのまま用いて考察を進める理由について述べておきたい。面子とは，注6でも述べたとおり辞書上は「体

---

5) 借金の場でも中人の面子について同様の証言がある。呉店村の禹莅・趙顕章は，借金を借主が返せなかった場合について，「初に貸主は善意で貸した，それは中人の面子によって貸したのだから，返せなければ，中人は没面子である」と述べている（Ⅴ：582）。

6) 「面子」とは，辞書上は「体面」という程の意味であるが，本節でのちに見るように，社会的にもつ意味は日本語の「体面」よりも重い。なお，本節が史料用語の「面子」をそのまま用いて叙述する理由については後述する。

面」という意味である。が，魯迅がかつて指摘したように，どのような場面で・誰に対して・どの程度それを意識するかは個々人の性格や立場によって異なっており，一般的に定義できるものではない（魯 1934）。この意味で面子は概念ではない。しかし他方で，当該社会の住民たちが，面子という言葉を当たり前のように用いて身の回りの社会関係を説明していたことも事実である。本章が考察しようとするのは，このように面子という観念を共有する人びとが取り結び，面子という観念によって認識されていた社会関係がどのようなものであったのか，ということである。このためには，まずは当該社会の住民たちの語り口に即して，彼らが認識していた世界を再現する必要があるだろう。本章は以上の理由から，「体面」という以上には定義することの難しい面子という観念を，そのまま用いて考察していく[7]。

3）紛争・調停者と面子

次に，紛争が村落社会の中でどのような経過をたどっていたのか検討する（以下，「紛争」とは揉め事一般を指して用い，裁判になった場合には「訴訟」「打官司」と呼ぶ）。先にふれたように，伝統中国農村は訴訟社会の様相を呈していたことが指摘されており，『農村慣行調査』の中でも，第1項でみたように証書に記載された情報のあいまいさが原因となった訴訟の事例は多く確認できる。これら以外にも，『農村慣行調査』の中には，下に挙げるように訴訟に至った紛争について大小さまざまな事件が記録されている。

たとえば冷水溝荘と同じ冷水溝郷に属していた東沙河荘では，李日海らが近くを流れる川の中に堰堤を築いたことから対岸の村と紛争になり，済南の法院まで争うという事件があった（IV：43-47，「村落間の紛争及び調停に関する参考資料」）。小さな事件としては，寺北柴村では養子先から戻ってきて兄の徐徳和

7）中国の社会学者である翟学偉は，「人情」「関係」「権力」に並んで「面子」という言葉をそのまま用いて中国社会を説明している（翟 2010）。編訳者によれば，これは，儒学や欧米の社会学理論では現代中国社会を理解できないと感じた翟が，「中国社会の日常に見られる様々な事象を仔細に分析し，そこから愚直に分析概念を抽出し，入念に論理を作り上げ」ようとした結果であるという（翟 2010：307-308）。

から部屋を分与された徐小毛（弟）が，徐徳和の栽培していた薬草の分与も主張して訴訟を起こしていた（III：153-154，郝小紅・郝狗妮）。また同じ寺北柴村の郝白子は，父の財産相続に際し，死去していた弟の妻から娘（郝白子にとっては姪）への財産分与を求めて訴えられた（III：338，郝白子）。以上からは確かに訴訟が日常的に発生していたような印象が得られるだろう。しかし，日常生活で生じる紛争が頻繁に訴訟になっていたとすれば，やはりそれは「あいまいな証書」や「不用心」では済まない社会なのではないだろうか。実は『農村慣行調査』は，この社会が，村落内部の紛争を訴訟になる前に解決させるシステムをもつ社会であったことを示している。

　たとえば侯家営の侯恩栄は，「喧嘩がひどくて近所の者で仲裁出来ないとき，保長〔村長〕か甲長が出る」と言い，「保長・甲長が出ても仲裁出来ない場合があるか」という問いに対しては「殆んどない」と答えている（V：25）。沙井村では李広志が「一般村民は村長の言をきくか」という問いに対して「大抵の者がきく。きかぬ者は少ない」と答えている（I：140）。実際，李匯源とその弟の李十とが揉めたとき，「誰かは知らぬが仲裁して成立せず，訴えねばならなくなったので李十が楊永才・崇文起に頼みこみ，二人が村長に仲裁を頼んだ」ところ，両者は村長の調停を受け入れ「交換して証文を書いた」という（I：154，崇文起）。冷水溝荘では，小作料の未払いが生じたときには地主は村長に話し，村長から催促してもらうが，村民王其貴は「荘長〔村長〕がいって〔小作料を〕納めぬことはない」と応答している（IV：180）。こうした結果として冷水溝荘の荘長杜鳳山は「訴訟は大変少く，たいてい村の中で片付く」と言う（IV：54）。冷水溝郷の郷長李佩衡も，冷水溝荘を構成するひとつの保の長である任福裕も，「荘長が調停に失敗し訴訟になった事例はない」旨の応答を残している（IV：11，李佩衡。IV：28，任福裕）。このようにこの社会では，村長らの調停が紛争を訴訟に至る前に解決させる上で大きな役割を果たしていた。

　では村長らの調停はなぜ村民に受け入れられていたのか。この点について，たとえば沙井村の崇文起は，「〔村長や会首などの〕有力な仲裁人の言を聞かぬ時はどうするか」という問いに対し「その時には本人が訴えることについて村長に報告する」と言いつつ，続けて「村長の了解なしに訴えると村長に叱られ

るか」と問われると「村長は放っておく」と回答している（I：154）。また李広志も同様の応答をしている（I：140）。このように村長は，調停を村民に強制する物理的な力をもっていたわけではなかった。にもかかわらず村民は，村長をはじめとする指導層の調停は受け入れるのが通常であって，訴訟は非常なことであると考えていた。たとえば侯家営の侯恩栄は次のように応答している。

【史料3-2】　会頭〔村長〕の仲裁には皆服したか＝普通はその会頭のいうことをきくが，きかぬときには会頭がその仲裁をきかぬものに「勝手にしろ，もし訴訟になったらお前に反対する」という
　会頭の仲裁をきかなくて訴訟になった場合があったか＝なかった
　この村では訴訟したものはなかったか＝ない。悪い人はない　　　　（V：10）

　沙井村でも同様に，調停を受け入れない人を「悪い人」と呼んでいる応答が存在している（I：140，李広志）。冷水溝荘では「荘長〔村長〕の仲裁に服さぬ者は村で除け者にされるか」という問いに対して杜鳳山が「しかり」と答え，「かかるものは悪くいわれるだろう」という確認の問いに対して「しかり，村民が交際しなくなる」と答えている（IV：54。ただし，「交際しなくなる」のは村の制裁として決定・執行されるものではない）。つまり，村長らの調停を受け入れず訴訟する人は「悪い人」であった。『農村慣行調査』にはさまざまな訴訟が記録されているが，訴訟は村民の意識の上では日常茶飯事ではなかったのである。
　ではなぜ村民は，村長をはじめとする人びとの調停を受け入れたのだろうか。それは，村民が調停者の面子を尊重したからであった。たとえば冷水溝荘では任福申の次の応答がある。

【史料3-3】　定銭〔手付金〕を貰った売主が売らないというときはどうするか＝中人が許さぬ。無理にでも売らす
　然し恰度そのとき思いがけなくも子供から送金があって土地を売らなくてもよい事情になればどうか＝売主が村長とか中人に願ってその理由を買主に伝えて貰う。村長は買主に貴方は金があるから何処の土地でも買えるわけだか

ら，此度の売買は止めて呉れと調停する。買主は村長の面子を立てて諦める

(IV：202)

また寺北柴村では，徐福玉の家で徐福玉の母と妻が諍いを起こして県に訴訟し，判決が出る前に，調停に乗り出した村長と族人によって和解が成立するという事件があった。この事件について質問を受けた寺北柴村民の郝小紅と郝狗妮は，次のように応答している。

【史料3-4】　この事件は村長と族人とによって和解しているが，その後は如何＝今は別過〔別居〕している
別過しているのは，その後よくないということか＝よくない
すると本当の和解をしたわけではないのか＝訴えも本当でないし，これからは県公署に訴えないという意味で和解したのだろう
それで村長や族人の面子は立つか＝二人の面子のために和解したのだろう

(III：153)

以上の応答からは，当事者が和解に応じたのは，調停に立った村長らの面子に配慮したからであったことがわかる。村長は通常，揉めている当事者からの依頼があって初めて調停の場に姿を現すものだったが，いったん調停者として村長を呼び出した以上，その調停を蹴ることは村長の面子を傷つけることになったのである。したがって非常に興味深いことに，本当に訴訟を起こしたい場合には調停を頼まず，いきなり県に訴訟するという手段がとられたという。沙井村民の周樹棠は，次のように応答している。

【史料3-5】　訴え出る時には村長に話して諒解を求めないか＝そうとは決まらない
一般には話すのが普通ではないか＝村長に話すと訴えることが出来なくなるから話さない

(I：163)

また同様に沙井村民の李広志は，「喧嘩の時には大声を出すから村民が仲裁に出て，なるべく県に訴えないようにする。「好官司，不如悪宴席」〔つまらな

118　第Ⅰ部　華北農村と毛沢東

い宴会の方が，立派な訴訟よりもマシ〕の諺あり。この諺は村民誰しも知っている」と述べ，仲裁に入った村民は通常訴訟させないように説得するとし，下のように応答している。

【史料3-6】　村内の仲裁を頼まずに，すぐ県に訴えることありや＝ある。誰にも知らせず秘密裏に訴えることあり
　そんなことはあるか＝あるにはある。喧嘩して怒り，誰にも仲裁を頼まずに訴えることがある
　かかる場合村民から悪くいわれないか＝いわれない　　　　　　　　（Ⅰ：140）

　この李広志の応答は調停者として村長に限定するものではないが，「秘密裏に訴える」という行動は周樹棠の応答と共通している。とすれば，なぜ「秘密裏」に訴えるのかは明白であろう。いったん調停を依頼すれば，訴訟しないように調停してくる者の面子を尊重する必要が生じるからである。さらにこの応答で注目すべきは，この場合には村民から悪く言われることはないという点である。これは村長の調停を受け入れず訴訟する人が「悪い人」と言われていることと対照的である。すなわちここでの善悪の基準は「訴訟するかしないか」にあるのではなく，「調停者の面子を傷つけるか否か」にあった。調停者の面子を損なう恐れがある場合には，最初から調停を頼まなければよいということなのである。

　もちろん調停が受け入れられる大前提として，調停者は当事者双方から距離のある公平な第三者である必要があった。たとえば前出の杜鳳山は「荘長〔村長〕は公平な立場でいうから」村民は自分の調停を聞くのだと応答し（Ⅳ：54），「公平さ」が調停の成否を分ける鍵であると認識していた。沙井村でも趙紹廷は「村長は公平」だと言い（Ⅰ：129），同じく李注源も村長は「人格正しい人」であると述べている（Ⅰ：124）。

　また，調停は当事者双方から距離のある第三者が行うという点については，趙紹廷の次の応答から，この世界の住民がいかに神経を使っていたか知ることができる。

第 3 章　近代華北村落の社会関係　**119**

【史料 3-7】　畑を耕す時に境界を間違えて B と C とが争った時に，その土地と地続きの土地の持主の A が仲裁してよいか＝仲裁できない。……土地の境界の爭〔ママ〕の時には近くに土地のある人は出て行かない

右のような連房〔家が隣同士〕・連地〔土地が隣同士〕の関係を考えないで仲裁するとどうなるか＝仲裁する人は村民に笑われる　　　　　　　　（I：189）

　このように，調停に立つ人は第三者性を持っていることが必要であった。村長はこうした第三者のなかでも最も「公平」な人物として，村民間の調停に顔を出していたのである。

　以上，本項で述べてきたところを総合すれば以下のようになろう。すなわち，華北農村社会には，村長をはじめとする「公平」な人びとが自分の面子を賭けて行う調停が存在した。村民はこうした人びとによる調停を通常は受け入れており，調停を依頼した上でその調停を蹴ることは一般に「悪いこと」と認識されていた。「他人の面子を尊重する」という意識が，村民間の紛争が訴訟に至ることを未然に防ぐ上で重要な役割を担っていたのである[8]。

　このように権利の交易と紛争の調停がどのように行われていたのか分析すると，それらを支えていた面子という観念の重要性が浮かび上がってくる。周知のとおり華北村落には宗族や信仰などさまざまな社会関係が存在し，それぞれが村民の生活に固有の重要性をもっていたが，権利の交易と紛争の調停が機能する構造を村民が説明する際には，調査諸村に共通して面子という観念が使われていた。本章が特に面子意識に注目するのは，こうしたいわば帰納的な理由からである。面子意識による社会関係が宗族や信仰など他の社会関係とどのような関係にあったのかということは，本章の考察をふまえた次の課題となろう。

　さて，上述のように『農村慣行調査』からは確かに住民同士が相争う闘争的な社会を描くことが可能である。しかし村落の日常生活は，住民各々が自分と他人の面子に対して配慮することによって実現された安定と調和のなかで営ま

8）祁建民は，自律性に乏しい華北村落は村内の紛争を解決するために「国家権力」の調停を必要としたと述べている（祁 2006：114-115）。しかし，紛争は通常訴訟になる前に村落社会内で調停されていたとする，多くの村民の証言を軽視すべきではない。

れていた。だからこそ彼らは「不用心」でいられたのである。では，このように大きく異なる2つの社会像はどのように接合されるのだろうか。このうち後者の社会のあり様は，『農村慣行調査』であればこそ具体像がわかるものである。そこで後の行論との関係もあり，本節では面子意識にもとづく社会関係のあり方についてさらにみておきたい。2つの社会像の関係については次節で検討する。

4）村民生活と面子

　ここでは『農村慣行調査』の応答から面子に言及されている事例をいくつか紹介し，面子への意識がこの社会の人間関係においてどれほど重要なものであったかみておきたい。

　まず，分家した者が土地を売るとき，最初に兄弟に相談することが慣習とされていたが，沙井村民の楊沢によれば「相談するのは面子の関係」であった（I：272）。また同村の張守俊は，小作料を納入する際，小作人が地主に小作料を直接持参すると「介紹人〔紹介者〕」の面子を損なうと言う（II：27）。実際，趙文有は小作料を「介紹人」の張老太々に渡しており，地主の言緒宅には一度も行ったことがないと述べている（II：29）[9]。

　また借金の場面でも面子への配慮がみられる。欒城県の大地主王賛周は，承典した土地が期限どおりに回贖（借入金を返済し典契を取り戻すこと）されない場合でも通常は「打官司」しないとし，それは「人情上いけないし，中人などが立会い面子の関係もある」からだと言う（III：226）。冷水溝郷でも，金銭貸借に関わる紛争が少ない理由について李佩衡が「〔借金をした者は〕兎に角面子にかかわるためよく返す」と答えている（IV：11）。もちろん借金を返せない人がいなかったわけではない。その場合には借手を貸主に紹介した中人の面子が傷つくことになるが，呉店村の禹荏・趙顕章は「中人が自分で代って返してやるのが一番面子がよい。金を返さぬ限り面子はない」と述べている（V：

　9）ただし，すべての小作人が小作料を持参しなかったわけではない。たとえば趙文有と同じく言緒の小作をしていた杜春は小作料を持参しているし（II：43，杜春），杜祥は「介紹人」任守春と一緒に言緒宅に小作料を納めに行っている（II：41-42，杜祥）。

582)。

　このような村落生活における面子の重要性については，呉店村の禹荘・趙顕章がまとめて応答している。少々長くなるが，貴重な証言なので一部を抜粋して挙げておきたい。

【史料3-8】　面子という言葉はどういう意味に使うか＝例えば，借金する時，中人も保人〔保証人〕もなくて貸してくれる場合，靠面子〔面子による〕という。これは互によく知っている場合で，有信用の時，面子が保人の代りである
では互に知らぬ間では面子ということは問題にならぬか＝然り。互に知らなければ面子ということはない……
（禹荘いう――中国では何をするにつけても面子の判らぬ人間は対手にされない。例えば煙草にしても，対手にすすめた場合それをすわぬのは傷面子〔面子を傷つける〕。こういうことも面子事である。例えば街で会って一本煙草をいただきたいといった時，対手がくれぬときは臉必紅―顔を赤くする。外の人がいる場合はなお工合が悪い。即ち没面子，対手は傷面子になる。中国では面子と信用は最も緊要的事である）　　　　　　　　　　　　　　　　　　　　　　　（Ｖ：581-582）

　このように，面子は当該社会の人間関係を律する重要な観念であった。住民は，自分と相手の面子に相当神経を使って生活していたのである。なお，華北農村社会における面子意識の重要性については，小口彦太がすでに注目している（小口1980）。小口は中国農村の社会的諸関係（小作制・家族・村落）を媒介していた規範意識について検討し，とくに小作契約についてその履行を担保したのは契約に立ち会った中人の面子であったことを指摘した。本書はもちろんこの見解に同意するものであるが，面子意識を媒介にした社会関係はそれだけではない。以上でみたように，面子意識は村民の村落生活全般に関わるものであった。

　では，なぜ面子がこれほど重視されていたのだろうか。この問題については社会人類学の知見が参考になる。台湾の漢人社会を分析した王崧興は，「中国」の社会結合の特質は「関係あり，組織なし」という点にあるとした（王1987）。

ここでは人びとは厳密で固定的な集団を形成するのではなく，個人を中心とする「関係網」を形成し，状況に応じてその「関係網」の中から適切な「関係」を選択して一時的な集団を作り，自己の生存と成功を図るとされる。つまり，他人との間で取り結ぶ「関係」の多寡が生活と人生の安定性を左右するのである。こうした社会に置いてみれば，「相手の面子を尊重する」という行為のもつ重要性は明らかであろう。「面子の判らぬ人間は対手にされない」からである。社会が，団体や組織によってではなく人びとの織りなす「関係」によって形成されていたからこそ，面子意識は個々人の生存戦略に直結する問題として重視されていたと言えよう。

　なお，このような面子意識のつながりとジェンダーとの関係も重要な問題であるが，筆者の力不足により本書では扱えない。翟学偉によれば，面子は個人の問題ではなく「家」（家族）の問題であり，「光宗燿祖」（祖先の名を上げる），「光大門楣」（家門を盛んにする）などの言葉で表現される心理や行為と結びついているとされる（翟 2010：204）。また，当該時期・社会の「覇権的男性性（優位にある男らしさ）」と深く関係しているとも考えられる。そうだとすれば，家産の相続権をもたず，明清時代には「家の中に隔離していることが家族の社会的地位を表した」とされる女性は（小浜ほか 2018：10-12，17），「表」の社会のアクターたる男性の間に張りめぐらされた面子の網の目とは別の世界に生きていた可能性がある。本書でたびたび登場するように，基層社会の既存の権力構造を破壊する農村革命では，その先鋒として多くの女性が活躍した。女性がみせたこうした戦闘性は，従来は彼女たちの精神と身体を束縛していた抑圧への反抗という側面から説明されることが多かったが，彼女たちが面子のつながりによる秩序の「外」にいたとすれば，別の角度からの説明が可能になるだろう。

　ところで，【史料3-8】で，面子はあくまで知人間で意識されるものであるとされていることにも注目しておきたい。この点については，「面子を意識しない場合」に直接言及した応答はないが，次の2つの例はその傍証となろう。ひとつは沙井村の司帳（会計）であった杜祥が，沙井村と石門村の間に生じていた紛争に関して述べた応答である。沙井村と石門村の間には両村民が土を採

取した後にできた窪地があり，当時この土地に対する村費徴収の権利がどちらにあるかをめぐって両村の間で紛争が生じていた。そこで沙井村はこの土地に葦を植え所有権を主張しようとしたのであるが，このことについて杜祥は次のように語っている。「沙井村は石門村を訴えようと思ったが，訴訟費が高くて得にならないから訴えなかった。そこで向うをだまして葦を皆植えてしまった。すると石門村は憤って沙井村を訴えた」（II：489）。ここでは杜祥が「石門村をだました」と認識していること，そして調査員に対して「石門村をだました」と表現することをためらっていない点が注目される。

　もうひとつの例は，違う村の住民間に紛争が起こった場合，説得を行うのはそれぞれの村の村民（とりわけ村長）であるとされていたことである。李広志は，沙井村民の周樹棠と望泉寺村民の張（名不詳）が土地をめぐって争いになった際，周は望泉寺の村長に張との間の調停を依頼したとし，「もし逆の場合なら張から望泉寺の人に頼み，その人が沙井村長に話しに来る」と言う（I：140）。上述のように，紛争の当事者は調停者の面子に配慮して矛を収めるのが通例であった。つまりこの応答は，村民は他村の村長の面子を尊重するとは限らなかったことを示している。このように，「互いに知らぬ間」が具体的にどの程度の関係を指すかは不明瞭なものの，個々の村民が面子を意識する範囲には確かに限界があり，そこでは村という枠組みが一定の意味をもっていたと考えられるのである[10]（ただし「同村民」という集合と完全に重なるものでもなかった。この点は次節で詳述する）。

5）「公務」と面子

　面子への意識はこのように村民が取り結ぶ社会関係全般を律していたが，非常に興味深いことに，われわれの目には「公務」のようにみえる業務も，この世界の住人には面子にかかわる問題として認識されていた。この点についてさ

---

10) 中生勝美は，住民同士が世代の呼称で呼び合う「街坊之輩」について検討し，村民同士は互いの世代のランクを明確に認識しており，村落内の既存の世代ランクに位置づけられることが「本村人」の条件であったと指摘している（中生 2000）。華北平原では，村という枠組みは，互いに知悉している人びとの集合として意味をもっていたと言える。

124　第Ⅰ部　華北農村と毛沢東

らに言及しておきたい。

　沙井村の李注源は，1936年から38年まで沙井村の屠宰税（家畜を殺す際に納める税）の徴収請負人をしていた。これは，大包税と呼ばれる「元締め」に請負金を支払って徴税権を買い，実際に徴収した金額との差が利益となる仕事であった（Ⅱ：416，李注源）。この仕事を3年で辞めた李注源は，その理由を次のように述べている。「後で段々金を取るのに困難になって来た。親戚は取らず，友達も面子のため取らぬ方がよい，村の人が皆知合いだから」（Ⅱ：418）。つまり李注源にとってこの仕事は，村民（ただし「友達」「知合い」に限るのだろう）が払うべき屠宰税を，自腹を切って納めるに等しかったのである。

　これは李注源だけの話ではない。冷水溝荘を管轄する歴城県の財務科職員の張俊傑も同様に「豚を殺す時必要があって殺すから面子の上から屠戸〔屠殺を行い屠宰税を徴収する人〕は〔屠宰税を〕取らない」（Ⅳ：320）と述べ，実際に冷水溝荘の屠戸である杜鳳義と杜振東も「村の人だから〔金を〕貰わない。……税に当るものは農民からは取らない」と述べている（Ⅳ：343）[11]。知り合いから屠宰税を徴収することは，職務として行う行為であっても面子が損なわれると認識されており，できれば回避したかったのである。

　だとすれば，攤款（村費・臨時徴収金）の徴収についても同じことが言えるのではないだろうか。直接面子には言及していないが，調査時に寺北柴村の村長であった郝国樑は，同村の村長が近年短期間で交代している理由に関して，次のように応答している。

【史料3-9】　村から逃げ出す程村長はやりにくいか＝県から沢山金を取りに来る。村民に金がない時には借金して出さねばならぬ。それは村長の借金になる。もっとも後で村民から取るが
　村長の財産が減ることありや＝あり，村民の中には出せない者がある
　あなたにその経験ありや＝私にはない……

────────────

11) 侯家営と呉店村には屠戸がおらず他村の屠戸の受け持ち区域に属していたが，これらの村の応答には「税をとらなかった」旨の発言はなく，規定どおり徴収されていた（Ⅴ：331，劉子馨。Ⅴ：605，趙顕章）。徴税行為と面子との関係を裏づけている。

村長がやりにくいのは県との関係のためか，村の中の事情によるか＝両方ある
県との関係でやりにくいのは金を多く取られる為か＝仕事が多すぎて自分の
仕事は何も出来ない。県とか新民会とか部隊とか方々へ行かねばならぬ
村の中の事情とはどんなものか＝県から攤款〔臨時徴税〕が来て村長が各家
へ取りに行くと，村民は出し渋る。<u>まるで村長自身の金の催促に行ったよう
な顔をする</u>。説明しても村民には分からぬ。今後は甲長に取りに行かせるつ
もりだ

（Ⅲ：59）

　下線部からは，郝国樑は攤款の徴収時に村民がみせる表情にストレスを感じ
ており，それが村長になりたくない大きな理由であったことがわかる。これは
李注源が感じた「困難」とつながるものだろう。冷水溝荘の荘長である杜鳳山
も「荘長になって一番困るのは攤款割当の仕事〔徴収を含む〕か」という問い
に対して「然り，この点が一番苦しい。他の仕事は別に困難だとは思わない」
と答えている（Ⅳ：25）。攤款徴収業務が自分の対人関係に悪影響を及ぼすこ
とへの憂慮が，村民が村長職に就くことを嫌がる大きな理由であった。
　とはいえ攤款の徴収は，村への割当額より多めに集めることで差額を懐に入
れることができる「旨味」のある仕事でもあった。よって村長職に就きたがる
人も出現することになる。たとえば杜鳳山は「荘長を希望する者は如何なる種
類の人か」という問いに対して「概して定職なくして嗜好を持っている者〔阿
片吸引者や博徒〕である」とし，そうした人は「普通土豪ともいい，又無頼と
もいう」と答えている（Ⅳ：25）。こうした傾向は上級の監督者の眼にも見え
ていた。順義県民政股科員の許森は「<u>自ら〔村長を〕辞職する者もあるが，か
かる人は良い人間が多いので辞職を思い止まらせるようにする</u>」と述べている
（Ⅰ：147）。日本による村への徴発が増大していたこの時期，「良い人間」にとっ
て村長は務めがたい職になっていたが，「土豪・無頼」にとっては大いに魅力
のある職となっていたのである。
　このようにみてくると，ここで「土豪・無頼」と呼ばれている者がなぜそう
呼ばれているのか，その理由が明らかになる。すなわち「良い人間」ならば対
人関係への悪影響を恐れてしたくないようなことを，自分の利益のためにやっ

てのける人物，それが「土豪・無頼」なのである。そしてこの「土豪・無頼」の行為が，本項冒頭でみた李注源の「面子の関係から屠宰税を取れない」という振る舞いと正反対であることを考えれば，前文の「自分の利益のためにやってのける」の前に「自分の面子に構わず」という表現を挿入することは可能だろう。つまり，ここでは「公務」の性格をもつ行為まで個人の面子にかかわることとして，言い換えれば私的な関係と同一の平面上で認識されていたのであり，それゆえに「良い人間」（村民間の面子を意識する人）はそうした職に就きたがらず，「土豪・無頼」（村民間の面子に頓着せず私利を追求できる人）が就こうとしていたのである。本書第Ⅱ部以降の議論を先取りしていえば，日中戦争終結後に華北に支配地域を拡大した共産党は，農民を闘争に立ち上がらせるための「起爆剤」として「対日協力者」への懲罰（報復）を内容とする反奸清算闘争を呼びかけ，多くの農民が闘争に参加してその時点での村の幹部たちを打倒していったが，それは日本の占領体制が生み出したこのような社会状況を背景として初めて可能になったといえる。

　さて，このように面子への意識が村落における人間関係全般を律しており，そのことが村落社会に一定の安定と調和をもたらしていた。が，一方では訴訟社会としての側面もまた確実に存在していた。2つの社会像はどのように接合されるのであろうか。次節では議論をさらに進め，華北村落の社会秩序と構造的特質について把握したい。

2　紛争・訴訟と村落社会

1）紛争の頻度と村落

　ここまでの華北村落社会をめぐる考察は，調査村落を特に区別せず，各村の村民の応答を組み合わせて行ってきた。しかしより詳細にみると，各村の社会には差異がある。それが端的に分かるのは紛争についての言及件数の差である。この差は上記2つの社会像の間の関係を考える手がかりとなる。本項ではひとまず村ごとの特徴を確認しておきたい。

まず，紛争の報告が比較的少ない村である。こうした村としては沙井村と冷水溝荘が挙げられる。沙井村は調査回数・報告量自体は全調査村落で最多であったが，紛争の報告はきわめて少ない。紛争の実相が分かるものは，すでに言及した李匯源・李十の間の紛争と，次項で詳述する李注源・趙文有・李広恩の間の紛争の2件しかない。冷水溝荘は調査期間が短く報告量も少ないため単純に「紛争の報告が少ない」とは言えないが，前節の第3項でも述べたように，冷水溝の郷長も荘長（村長）も保長も訴訟にいたるような紛争は少ないと証言しており，また冷水溝荘村民の李登翰は，隣人が密かに耕地の境界線を動かしていたことが分かった場合にどうするかという問いに対し，「大抵は村の人が説合〔調停〕して彼に請客〔ご馳走〕させて御詫させて解決することが多い」と答えている（IV：209）。この村では，多くの紛争が大きな騒ぎとならず解決されていたことはおそらく間違いないだろう[12]。

逆に紛争の報告が多いのが寺北柴村である。前節の第3項で紹介した事例（薬草の分与をめぐる徐徳和と徐小毛の紛争，財産相続に関する郝白子と弟の妻の紛争，土地売買をめぐる徐福玉家内の紛争）は寺北柴村の事例であり，かつすべて訴訟になっている。これらのほかにも訴訟は記録されている。劉生蘭は土地を買ったが納税手続きをしなかったところ，祖父の甥である李老邁に密告され県から呼び出しを受けた。その上で李老邁は劉生蘭に対し，県の役人に渡す「解決金」として600円を要求し，そのうち400円を着服したために裁判になったという（III：215–216，劉生蘭。なお『農村慣行調査』では「円」と「元」が表記として混在している。本章は原史料の表記に従う）。また元村長の張楽卿は，伯父が子供を残さずに死んだ後，その伯父の再婚相手の女性が遺産相続を要求してきたために裁判となっていた（III：260，張仲寅）。このように寺北柴村は，言及された紛争数が多く，しかもその多くが裁判になっていたこと，さらに以上で挙げた事例がすべてそうであるように，紛争の当事者が親族という「骨肉の争い」が多かったことが特徴であった。

---

12) 沙井村の「好官司，不如悪宴席」と同様，冷水溝にも「窮死不作賊，屈死不告状」（貧乏で死ぬことがあっても盗賊にはならず，無実の罪で死ぬことがあっても告訴しない）という諺があった（IV：12，李佩衡）。冷水溝荘周辺でも訴訟は特異なことであった。

もちろん記録されている紛争は「骨肉の争い」だけではない。郭明玉は郝老凱の土地を買うことを決め，仮契約書を作って手付金200元を渡したが，後日，郭が契約を取り消そうとしたため裁判になっていた（III：253，劉老茂）。ここで興味深いのは，訴えたのは契約を反故にされた郝ではなく郭の方であり，訴えの内容が「手付金を返せ」というものだった点である。この郭の訴えは「無理」であろう（この訴訟は天津の法院まで持ち込まれ，そこで郭の訴えが最終的に退けられた。III：253，劉老茂）。改めて振り返れば，兄の作物の分与を求めて訴訟を起こした徐小毛の主張もかなり苦しい。寺北柴村の紛争は，当事者の一方が「無理」を主張して始まっているという点に，もうひとつの特徴があるのである。

　他方，呉店村と侯家営における紛争について，具体的に言及されているものとしては以下のとおりである。まず呉店村では，禹国恩とその叔父禹寛とが墓穴の位置をめぐって争いになり，禹国恩が公安局に訴え出たという事件が記録されている（V：424，李永玉）。侯家営については4件ある。息子が出稼ぎに出たまま10年以上戻ってこない侯定義が，息子の嫁から離婚を求められて拒否し裁判になったという事案（V：39-40，侯定義），同じく侯定義が隣家との境に植えた木の所有をめぐって争いになったという事案（V：154，侯定義），侯老蔭と侯治東との間で起こった土地面積に関する裁判（V：286-287，孔子明），そして姑とトラブルになった嫁が井戸に身投げし，嫁の実家と嫁ぎ先（侯振祥家）の間で紛争になった事案（侯振祥事件と呼んでおく。V：49-50，劉子馨）の4件である。いずれの村も調査期間が短い上に冷水溝荘のように概況を窺える応答もなされていないので，紛争の多寡を量的に評価することや，村の紛争の特徴を抽出することは難しい。ここでは考察を留保しておくしかないが，侯振祥事件については次々項で検討したい。

　なお，以上では応答内で言及された紛争の件数から村ごとの特徴をみたが，もちろん言及件数は発生件数とイコールではない。たとえば小作地をめぐる紛争について聞かれた楊沢（沙井村民）は，「それ〔紛争〕は当人が知っているだけで他人には分らぬ」と述べている（I：141）。しかしこの証言は，言及されていない紛争が存在することを窺わせる以上に，沙井村ではそうした紛争を口外

しない傾向があることを示している点で重要である。このことは数多くの紛争が調査員に語られた寺北柴村との大きな違いである。紛争が口外されない理由は，下手に調停されたくないということだったかもしれない。しかしそうだとしても，紛争が語られない村では紛争は「日常の光景」でなくなる。紛争が語られる村では紛争は逆に「日常の光景」となるだろう。であればこそまた容易に語られるのである。つまり，語られている紛争の多寡は村落社会ごとの紛争に対する姿勢を物語っているのであり，おそらくそれは紛争の発生件数自体と密接に関係していたと考えられるのである。

　またもちろん，こうした村ごとの違いは調停に携わる村の指導層のあり方とも関係していたはずである。沙井村では調査開始時の村長は楊源だったが，彼は10年以上その職にあった（I：97，楊源・杜祥・楊哲・趙廷魁）。冷水溝荘でも調査時の村長杜鳳山は1928年に選ばれて以来その職にある（IV：24，杜鳳山）。一方寺北柴村では3年間に張楽卿→郝国樑→郝老振→趙二丑→徐孟朱→郝国樑と目まぐるしく村長が交代した（III：59，郝国樑）。村長の在職期間が比較的長い村では訴訟は少なく紛争も語られず，逆に村長が目まぐるしく交代する村では紛争は容易に訴訟になり，また容易に語られるということは偶然の一致ではないだろう。前節で確認したように紛争を抱えた村民が和解するのは調停者の面子を重んじるためであり，その中で村長が大きな役割を果たしえたのは，その人格が「公平」であると村民に認められていたためであった。つまり沙井村のように紛争が少なくまた語られないということは，少なくとも調停者として村長は村民の内面的支持を獲得していたことを示唆している。それゆえに彼は村長として安定していたと考えられるのである。

　なお，この違いは1990年代に行われた追跡調査からも窺える[13]。沙井村では1951年に土地改革が行われたが，村民によって地主に区分されたのは順義県臨河村で事務職員をしていた趙利民と前年に帰村した邢永利であり，彼らよりも所有地の多い楊源は「搾取率が低い」という理由で一等下の富農に区分され

---

13) 以下，この段落は三谷（1999）による。沙井村については楊慶余応答（三谷1999：573），張麟炳応答（三谷1999：585），張守俊応答（三谷1999：643），寺北柴村については徐小和応答（三谷1999：147）。

た。一方寺北柴村では郝国槑が調査後もしばらく村長をしていたが，「徐姓の人と趙姓の人が憤懣を抑えられなくなって彼を告訴した」という。紛争・訴訟は村落社会やそのリーダーそれぞれのあり方と密接にかかわっていた。

2）紛争を起こす村民と村落社会

このように紛争の頻度やその語られ方は沙井村と寺北柴村を両極として調査村落の間に偏りがあった。本項ではこうした村落ごとの違いを生み出す構造について考察したい。ここではまず具体的な紛争の事例を分析することから，紛争の当事者となっている個人がいかなる人物であるのか考察する。そしてこうした個人のあり方を手がかりとして村落ごとの違いを生み出した構造を考察したい。ただしこのような質の分析を行うことができる紛争の報告はきわめて少ないため，ここでは暫定的結論とせざるをえないことを断っておく。

さて，上述の通り紛争の報告がきわめて少なかった沙井村であるが，しかし村落社会内部では調停できず揉め続けていた事案もあった。李注源・趙文有・李広恩の間に起こった土地に関する争いがそれである。李珍を共通の祖とする李注源・李如源（濡源）・李清源（以上李珍の孫。従兄同士）と李広恩（李珍のひ孫。上記3名の従兄の子）の4名は，「田」字型に隣り合った土地をそれぞれの親から相続して所有していた。「田」の右上の区画を李広恩，右下を李注源，左上を李如源，左下を李清源がそれぞれ所有しており，道路には「田」の左辺と下辺で接していた。つまり李広恩の土地は道路と接しておらず，彼は李注源の土地を通って外に出ていたのである。こうした状況は血縁関係にある上記4名が所有していた時には問題とならなかった。が，調査の入る前年に，李注源が劉福を中人として土地（「田」の右下の区画）を趙文有に売却し，趙文有が李広恩の通過を拒否したためにトラブルになった。自分の土地を李広恩が通ることを許さない趙文有に対し，李広恩が趙文有の所有地に自分の「道」があることを主張したのである（I：162-163，周樹棠）。

では，誰に問題があるのか。実は，趙文有と李広恩の主張にはともに根拠があった。李注源が趙文有に土地を売却する際に作った地契には，李広恩の通過についてはまったくふれられておらず（つまり趙文有は，購入する土地に李広恩

の「道」があることを知らなかった），一方の李広恩がもつ分家単（分割相続の際
に作られた権利証書）には，李注源の土地を通って道路に出る「道」が付属し
ていることが明記されていたのである。問題は，李注源の売り方にあった。李
注源は，自分の土地の一部を李広恩が日常的に「道」として使用していること
を知りながら，自分がもつ分家単にそのことが書かれていないことをいいこと
に，実情を隠して趙文有に買わせたのである（Ⅰ：163，周樹棠。Ⅰ：289，杜祥）。

　趙文有と李広恩を調停すべく動いたのは，周樹棠・趙紹廷・楊永才の 3 名で
あった。3 名は李注源に趙文有から「道」を買い取らせようとし，李注源も同
意したが，「趙文有はＢ〔李注源〕の土地全部を 100 円で買ったのに，道だけ
を 100 円なら売り戻してよいといった」ため不調に終わった（Ⅰ：163，周樹棠）。
このほかにも李注源の依頼により中人劉福が趙文有と交渉したが，「中保人〔劉
福〕の面子を立てて 50 円迄は出す気になった」李注源と，劉福が往復するた
びに「80 円要る」「300 円出さねば売らぬ」と値段を吊り上げる趙文有との間
で話はまとまらなかった（Ⅰ：165，劉福）。なお趙文有は，満鉄調査員に対して
「道を取られるのを拒むためにわざと高くいっているのだ」とその理由を述べ
ている（Ⅰ：167）。1 年後，業を煮やした李広恩が趙文有地に「道を作る」とい
う実力行使に出，趙文有が県に訴えようとしたところで旗田巍に調停が依頼さ
れたのであった。旗田の調停に対して趙文有は「貴方がたの面子にたいして少
し負けるとしても 50 円迄」と折れたが（Ⅰ：169），「40 円迄」と値切りはじめ
た李注源との間にはなお開きがあり[14]，結局，旗田が差額の 10 円を埋めること
で紛争は解決したのである（Ⅰ：169，「道路の返還」）。

　さて，この一連の経過から何がわかるだろうか。まず指摘できるのは李注源
の危うさである。李注源は，趙文有と李広恩との間に後日トラブルが発生する
可能性を認識しながら，何も告げずに土地を売却した（Ⅰ：290，杜祥）。これは
趙文有に対する背信行為であると同時に，中人劉福の面子を損なう行為でもあ
ろう。先にみたように，屠宰税の請負人としての李注源は村民と自分の面子を

14）このことから，李注源の「50 円迄は出す」という先の申し出が本気ではなかったと解釈
　することも可能であるが，平素から付き合いのある満鉄調査員が調停に乗り出したこ
　とが，李注源を強気にさせたと解釈することもできるように思われる。

非常に意識して行動していたが，ここでは劉福の面子を損なう行為（つまり劉福に対して自分の面子を損なう行為）をあっさりしてのけている。もっとも，李注源は「趙文有と土地の値段も話が済み，面積の丈量も済んでから名前だけ出してくれたらよい」という形で劉福に中人を頼んでおり（Ⅰ：165，劉福），劉福を騙したという感覚は薄かった可能性もある。また劉福の調停に対して「50円迄は出す」と言っていることからは，紛争発生後は，劉福の面子にそれなりに配慮する姿勢をみせていたとも言えよう。李注源は，村民の面子を尊重するという姿勢と，土地の売価をできるだけ高くしたいという欲求との境界線上を，危ういバランスで歩いていたのである。

　とはいえ，もし土地の購入者が趙文有でなかったら，李注源は今回のような土地の売り方をしなかったかもしれない。なぜなら趙文有という人物は，李注源（および沙井村民）にとって特殊な位置にいる村民だったからである。

　趙文有は「4，5年前牛欄山〔順義県内の地名〕より本村に移住した」村民であり，「親しきは誰か」との問いに「なし」と答える人であった（Ⅱ：8，趙文有）。今回の土地購入でも，「李注源の同族や隣家の者と相談もせず，黙って李注源から買取り……また普通は隣人や族人が出て土地の測量をし，印を押すことになっているのに，趙文有はそれをもしなかった」という（Ⅰ：162-163，周樹棠）。つまり趙文有は，中人や村民から物件の実情についての情報収集を行おうとしない，というよりも，そうした手段・ネットワークをもたない人物であった。だからこそ李注源は直接取引することで騙したと考えられるのである。

　しかも劉福や周樹棠らによる調停が始まって以降の趙文有のかたくなさには，また格別のものがある。趙文有は，調停者たちの面子に配慮する姿勢をみせた李注源とは対照的に，「道」分の土地の売価を吊り上げていった。その目的が調停を失敗させることにあったことは，先にふれたとおりである。彼が妥協したのは，当該社会において県政府や日本軍に連なる「権力者」と目されていた満鉄調査員の面子に配慮したからであり，調停者として働く村民の面子をないがしろにすることにいささかも躊躇がみられない。ちなみにこの趙文有は，李注源の後の屠宰税徴収人であった（Ⅱ：416，李注源。調査時の1941年で3年目）。彼は，自分と村民の面子への配慮が相対的に少ない生き方をする人物だったの

である。

　こうした趙文有に対する村民の目は冷たい。今回の紛争で誰が悪いかと問わ
れた杜祥は「趙文友が悪いと思う」と答え，李注源の売り方に話が及んで初め
て「だから李注源も悪い」と答えている（I：289–290）。周樹棠も「理によって
いえば互に誤解のあることであるが」と前置きした上で「自分は趙文有が悪い
と思う」と答え，「李注源の売り方も悪くはないか」と問われて「李注源も悪
い」と述べている（I：163）。理屈で言えば双方に責任があることを認めつつ，
しかし第一の責任は趙文有にあるとする両者の認識には，李と趙それぞれに対
して抱く親疎の感情の差が投影されていると言えよう。すでに指摘したとおり，
互いの面子を尊重しあうという村民同士が取り結んでいた関係が村民の生活を
安定させており，しかもその範囲は村という枠組みと深い関係にあったが，調
停者の面子をもないがしろにする趙文有は，沙井村民でありながらこの関係の
網の目に包摂されていなかった。面子意識の網の目は，沙井村民全員を覆って
いたわけではなかったのである。

　では，なぜ李注源は自分の面子を損ないかねない取引をし，趙文有は自分の
面子にこだわらない態度をとったのか。その直接的な動機は，単純だが，貧困
であろう。李注源は「金がないので売ることにした」と述べており，今回の売
却が金策のためだったことを認めている（I：165）。趙文有も裕福ではない。沙
井村に来たのは「分家して家がなく適処を物色した」結果であり（II：8，趙文
有），流れ着いたという感が強い。また両人とも人がやりたがらない屠宰税徴
収人であったということも，無一文ではなかったにせよ金銭的な余裕がなかっ
たことを物語っている。貧困が，できるだけ高い値段で土地を売り抜けようと
させ，また手に入れた土地の有用性を傷つける調停を拒否させていた[15]。

　こうした傾向があることは，訴訟の形で紛争が持ち込まれる県の役人も指摘

---

15) 貧困と紛争の関係については，次の事例も傍証となろう。石門村（沙井村の隣村）の李
　　旺は，趙廷奎（沙井村民）が例年石門村の地主から借りていた小作地を欲し，地主に
　　「趙廷奎が来年の小作を辞めたがっている」という嘘を信じこませて自分が小作契約を
　　結んだ（II：128，趙廷奎）。この李旺の行為は地主を騙すものであり，紛争の原因とな
　　るものであった。なおこの李旺は石門村の屠宰税請負人でもあった（II：416，李注源）。

している。順義県民政股科員の許森は,「金持と貧乏人と何れが訴えるのが多いか」という問いに対して「貧乏人の訴が多い。彼等は好打官司だから」と答えている(I：147)。この「好」は動詞としての「hào(好む)」であろう。貧乏人ほど訴訟したがる。面子に構っていては食べていけないという彼らの切羽詰まった状況が目に浮かぶようである。まさに「貧すれば鈍する」という光景が,ここでは展開されていたのであった(とはいえ,趙文有もすべての関係において面子を無視していたわけではない。前節第4項の冒頭でふれたように,彼は自分の小作関係においては中人の面子を尊重し,小作料を地主宅に持参することはなかった。生きていくために必要最小限の関係においては,彼とて面子に配慮していたのである)。

　ところでそうだとすれば,貧乏人が多い村落ほど,すなわち貧しい村落ほど紛争と訴訟が多くなるのではないだろうか。こうした目で見ると,沙井村と寺北柴村の間にも,所得などの数字で比較することは難しいが確かに貧富の差が存在することに気づく。もちろん沙井村も決して裕福ではなく,調査に入った旗田が「農民の生活は全体として貧しい」という感想を残している(I：75)。しかしのちに調査村すべてのなかで貧しさの代名詞となったのは,上述のとおり寺北柴村であった。寺北柴村の貧しさは際立っていたのである。

　沙井村は,北京の近郊にあったこともあり,出稼ぎも含めて生計手段が多様であった。村長の楊源は順義県城内で首飾店を営んでおり,張守仁・邢尚徳らも県城などへの出稼ぎで財をなしたとされる。また「3,40人位の」村民が,蜜供(年越しの縁起物のカリントウ)作りをはじめとする北京への出稼ぎに勤しんでいた(I：91-92,楊源・李如源・趙廷奎・楊潤。I：129,李清源)。この村では少なくとも「食べていく」ということについてはいくつかの方法が存在し,その分だけ心理的に余裕があったと考えられるのである[16]。

　前項で沙井村と並んで紛争・訴訟が少ない村とした冷水溝荘は,豊富な湧水

---

16) 沙井村以外の村では土地を出典する場合,土地は出典者がそのまま耕作し「利息」として小作料を承典者に支払うことになっていた(たとえば,III：213,張楽卿)。一方,沙井村では承典者が耕作し,その収穫物を「利息」として承典者が取得していた(II：86,楊沢・杜祥)。これは耕地以外に生計手段があって初めて成立するものであろう。

で稲作が可能だったことから裕福な村として地域でも有名であった。冷水溝荘の隣村である楊家屯の元村長楊鳳徳は，八路軍の徴発が楊家屯には来ず冷水溝荘に行った理由を問われ，「〔八路軍は〕大きくて金持の村へ行く」と答えている（IV：189）。このように『農村慣行調査』からは，経済的・心理的な余裕がある村ほど紛争・訴訟が起こりにくい，すなわちそうした村ほど面子意識を軸にして村内秩序が安定する傾向があったことが窺える。かつて旗田は，経済的に厳しい村落ほど看青（作物の見張り）が義坡（村民自身による当番制）によって行われていると整理し，「協同関係の成長過程は，村落生活の零落過程である」とした（旗田 1973：225）。しかし本章の主張するところは逆である。生活の零落は面子に配慮しあう余裕を奪い，村民同士が相争う社会をもたらす。骨肉の間柄で，また「無理」を主張して争っていた寺北柴村は，まさにその典型だと考えられるのである。

3) 村落外の「有力者」と村落

　以上，村落内部の紛争を手がかりとして，面子意識の連なりによる社会関係が貧困によって破れたところに闘争的な社会が立ち現れる，とする歴史像を提示した。しかし『農村慣行調査』には貧困とは無縁な主体，すなわち村落外「有力者」が関与した紛争も記録されている。最後にこうした型の紛争を分析し，面子意識の連なりを軸とする村落社会がもっていた構造的な特質について見ておきたい。ここで取り上げる事例（事件）は2つである。

　ひとつ目の事件（城隍廟事件と呼ぶ）の顛末は以下の通り。沙井村の隣の石門村には三教寺と呼ばれる廟があり，香火地（小作地）を所有していた。石門村長によれば，1885年まで意識という名の和尚が常住していたが，その死後は県城にある城隍廟の宣涵という和尚に管理を頼んだ。宣涵は引き続き香火地からの小作料を取得していたが，1909年に廟の修理費を村が負担して以降，村が小作料を取り宣涵には村から金を支給するようになったのだという。村長によれば，かなりの長期にわたり香火地の小作人の選定も小作料もすべて村公会が管理していた。今回，城隍廟の和尚である照輝が石門村民の樊宝山と結託し，こうした経緯のある香火地の管理を全面的に城隍廟に委ねるよう石門村に

求めてきたのである（I：195-197，劉萬祥）。樊宝山は照輝から香火地の小作人に指名されることを企図していた。

　香火地は村にとって重要な収入源となっていたため，城隍廟に取られることは大きな損失になった（I：195，劉萬祥）。しかし樊宝山は暴力沙汰・裁判沙汰を厭わない乱暴者であり，照輝もまた「喧嘩もするし悪いことならなんでもする」人物であった（I：197-198，劉萬祥）。そこで石門村長が満鉄調査員に調停を求めてきたのである。

　こうした訴えに対し調停にあたったのは旗田であった。旗田は石門村長，沙井村長，樊宝山，照輝から事情を聴取し，石門村がかつて城隍廟に対して三教寺の和尚を兼任してくれるよう依頼した文書（「請帳」）には，廟の土地そのほかの管理についての記述がないことを突き止めた。旗田はこの文書を根拠として，城隍廟に対し三教寺香火地の管理を諦めるよう迫った。その結果，照輝が今後石門村の香火地には手を出さないと一筆をしたため，紛争は決着したのであった（調停の経緯については，I：201-203）。

　もうひとつの事件は侯振祥事件である。侯振祥の息子の妻は他家で農作業を手伝い，給料3円20銭を受け取る前に実家に帰った。彼女の給料は侯振祥が受け取って彼女に届けたが，その際，4円を渡し80銭を小遣いとして与えた。しかしそのことを知った侯振祥の妻は侯振祥を難詰し，80銭を取り戻しに行かせた。侯振祥は息子の妻に対し80銭のことで自分の妻が怒っている旨を告げ，一緒に侯振祥家に戻ったが，翌朝になって息子の妻が井戸に身投げしているのが発見されたのである。これに対し息子の妻の実家は激怒して訴訟を起こそうとした。ここで調停に乗り出したのが齊暢庭・侯元広・蕭恵生ら7名であった。齊暢庭は侯家営を管轄する郷の郷長（泥井鎮の鎮長を兼任），侯元広は侯家営の保長（村長），蕭恵生は副保長である。こうした錚々たる顔ぶれによる調停によって息子の妻の実家は示談に応じた。示談金は葬儀代も含めて3,000円。侯振祥は，借金と土地などの売却によってこの金を工面することになった（V：49-50，劉子馨）。が，彼はこの金策の過程で上記「有力者」たちに食い物にされていったのである。

　侯家営の元保長である劉子馨によれば，侯振祥は事件発生直後に侯元広から

200 円を借り（月利 7.5 ％），さらに侯元広と蕭恵生を中人として齊暢庭から月利 6 ％で 1,000 円を借りたという（Ｖ：49-50）。このうち齊暢庭に借りた 1,000 円については土地などを売却した金ですぐに返したが，仲介した蕭恵生が 500 円を使い込んだために未返済扱いとなっており，借り入れに際して侯振祥が齊暢庭に担保として差し出した地契は返されていないという（Ｖ：53，侯振祥）。侯元広分の 200 円については，月利 7.5 ％という利息が「普通は 2 分〔％〕か 3 分〔％〕」と言うようにきわめて高かったため，のちに劉子馨が月利 4 ％で借り換えに応じている（Ｖ：53，侯振祥）。このほかにも侯元広は葬式で会計をし，「葬式で使う小豆を 1 斗 34 円で売りつけ」たり「サイダーだけで 30 円位は飲んだ」りするなどして，劉子馨に「ひどいことをしたものだ」と言われていた（Ｖ：50）。

　このように，侯振祥事件では保長侯元広の「悪辣さ」が目立っている。したがって，村落外「有力者」が関与した紛争から考察しようとする本項の例として挙げるのは，不適切と思われるかもしれない。しかしこうした性格をもった侯元広が村長職に就いていたのは，劉子馨が「保長〔村長〕はおとなしく，郷長のいうままになるので保長となった」と言うように，齊暢庭の後押しがあったからであった（Ｖ：50）。言い換えれば，侯元広は齊暢庭の手先として機能していたのであり，一人の女性の自殺に端を発する今回の紛争が，侯元広の働きによって齊暢庭の懐を潤す形で決着しつつあったことは，大局的にみれば齊暢庭の関与によるものと言えるのである。なおこの齊暢庭は尋常の郷長ではない。劉子馨によれば「元は売買人。40 幾歳で泥井に帰り，バクチをしていた」が，1940 年に「何人かの泥井の甲長を村の保長に仕立てて投票させ，9 票を集めて〔郷長に〕当選した」という人物で，「たとえ村を焼いても文句はいえない。県や警察に連絡があるから文句をいうとやられる」と恐れられていた（Ｖ：50）。「土豪・無頼」を地で行く人だったのである。

　このように見ると，城隍廟事件と侯振祥事件とは，村落を超えたレベルを活動空間とする「有力者」が，村落内に居住する「協力者・手先」を使って自分の利益を実現しようとしたという点でよく似ている。彼らはその際，村落の住民と紛争になることを厭わなかったという点でも共通している（侯振祥は「話

のあまり明瞭でない好々爺」で，「金を使ったことを今更後悔しても仕方がないとあきらめている」〈V：54，調査員による印象〉というその個性のために，半ば泣き寝入りしていたが）。

　一方，「手先」であった樊宝山・侯元広・蕭恵生の性格は三様である。樊宝山は貧乏人の無頼であったが，侯元広は土地を1頃（100畝）所有しており（V：48，劉子馨），蕭恵生は県城の電話局長をしていた人物であった（V：39，侯定義・孔子明）。したがって「有力者」と結託するのは必ずしも貧乏人とは限らず，資産家でも知識人でも「手先」となって紛争の当事者になる可能性があったということになる。結局のところ，身近にそうした「有力者」がいるときどのように振る舞うかは個性の問題であったとも言え，前節で述べた「貧乏人ほど紛争・訴訟を起こしやすい」という理解の反証にもなりうるだろう。実際，侯元広は「知識がなく」「字は全然分からぬ」人物，すなわち財産をもっているだけの教養を欠いた人物であると評されており（V：48，劉子馨），そうした個性の持ち主だったと言うほかない。ただし蕭恵生については，その活動空間について注意しておく必要がある。

　蕭恵生は電話局長をしたあと1938年に侯家営に帰ってきた。こうした経歴をもつため県城に知り合いが多く「法律も知って」おり，侯家営村民であるか他村民であるかを問わず紛争や訴訟によく口を出すと言われていた（V：39，侯定義・孔子明）。劉子馨によれば，「蕭は打官司がうまいので」「鎮長〔齊暢庭〕が蕭を恐れている」というほどの人物であった（V：50）。つまり彼は，昌黎県というレベルを活動空間としていたのである。いわば蕭恵生は，城隍廟の照輝や郷長の齊暢庭と同じレベルの空間の住人であった。

　このようにみると，村落に住む人びとの生活を荒らす者として，趙文有や樊宝山のような貧乏人・無頼のほかに，村落レベルを超えた空間を活動の場とする人びとという類型が現れてくる。これより先は想像を逞しくするほかはないが，貧乏人・無頼が貧困ゆえにあえて自分と村民の面子にこだわらない生き方をしていたとすれば，彼ら「有力者」は，村落社会における面子を気にする必要がない人びとであったと言えるのではないだろうか。すでに引用した応答にもみられるように，彼らが「有力」である理由のひとつは，県や警察とつなが

りを有していることにあった。つまり彼らは，関係を維持すべき相手に対しては
はしっかり面子に配慮していたのであろう。配慮するべき面子のつながりが村
落というレベルの空間になかった人びとが，村落に暮らす住民の安寧を脅かし
ていたと考えられるのである。

　一方，こうした「有力者」の活動に対し村は無力であった。石門村が城隍廟
の圧力を跳ね返すことができたのは満鉄調査員を調停者に立てることができた
からであり，村は村民樊宝山の行動ですらコントロールできなかった。また齊
暢庭に食い物にされた侯振祥に対しては，元保長の劉子馨が低利での借り換え
に応じるという形で個人的に援助を与えたにすぎない。本章は前半で，村民の
もつ面子意識の連なりの範囲が村という枠組みと深い関係にあったことを指摘
したが，しかし村は，外部からの圧力に構成員が結束して対処する団体でも，
構成員の行動を統制できる団体でもなかった。面子意識の連なりは，団体や組
織と呼べるような質の結合を村に与えるものではなかったのである。村民は，
村落レベルを超える「有力者」や常識を超えて乱暴な者に対して個別に対応し
ていた。村民生活の安寧は，村落社会の内と外に存在する「力」を前にして，
きわめて脆弱だったのである。

　華北村落社会がもつこうした構造的特質は，工作隊を送り込んで住民に革命
を起こさせようとした共産党の活動に大きな影響を与えたと考えられる。共産
党は軍事的に制圧して支配下に組み入れた地域に対し，十数人程度の規模の武
装した工作隊を送り込んで革命を扇動するとともに，新しい秩序を形成しよう
とした。この中国共産党の工作隊は，まさにここで言う「村落レベルを超える
「有力者」や常識を超えて乱暴な者」として農民の前に立ち現れただろう。こ
のことが，戦後内戦期に共産党が急速に華北農村に浸透し，村民同士を互いに
闘争させることができた理由だと考えられるのである[17]。

---

17) 『農村慣行調査』に関しては戦後多くの批判が出されたが，そのなかのひとつが，当時
　すでに胎動していたはずの中国革命の勝利が同調査からは見えてこない，というもの
　であった。しかし，中国革命への農民の参加を共産党による動員として理解すべきだ
　と考える筆者の目には，『農村慣行調査』は革命前夜の華北農村社会の姿を的確に捉え
　ていたように映る。

小　結

　以上本章は，1940年代の華北農村における社会関係のあり方について考察した。そこでは確かに地契の記載事項はあいまいであり，権利の実質をめぐって骨肉の関係で「無理」を主張して争う村民の姿もあった。しかしそれは華北農村の一面にすぎない。村落社会では，通常，住民がそれぞれ「自分の面子を損なわず，他人の面子を傷つけない」ということを行動の基礎に置くことによって，安定と調和が実現されていた。

　しかし，面子はあくまで「知人」間で意識されるものであった。したがって個々の村民からみたとき，面子を意識する相手は同村民という集合と完全に重なっていたわけではない。また誰の面子をどの程度意識するかは個々人の生活戦略と密接に関係しており，貧しい者は，差し迫った状況下で自分と相手の面子を損なう行為を行う可能性が相対的に高かった。「有力者」もまた，村落を超えるレベルを活動空間としていたことが，悪事を働いて村落社会を乱し村民を食い物にすることを容易にしたと考えられるのである。

　こうした個人の面子意識のあり方は，村落の性格に反映されたと思われる。余裕のある村では村長を中心とする村の秩序は安定し，指導層による調停能力も高かったが，貧しい村では村民相互が自分の利益をめぐって紛争と訴訟を繰り広げる傾向がみられた。近代の華北農村では，村の団体としての性格の弱さゆえに，どのような個性をもつ人びとが地域社会を構成していたかという偶然的な要素に大きな影響を受けながら，総体として，貧困によって前者の社会関係が維持できなくなった地域で，また日本軍占領下の徴発強化によって「良い人」が指導層から退出した地域で，闘争的な社会が立ち現れていたのである。

第 II 部

農村革命工作へ
──土地改革の展開──

第 4 章

国共対峙と農村工作
──五四指示の再検討──

はじめに

　1945 年 8 月 15 日，日本が降伏するとアメリカ軍の協力を得て全国を接収しようとした国民党・国民政府に対し，共産党は一方で和平を模索しつつ，「北に向かって進出し，南に対しては防御する」という戦略を打ち出して日本軍・傀儡政権の支配地域に殺到し，華北・東北で支配地域を劇的に拡大した。ここではとくに東北（旧満洲国）が重視され，華北の抗日根拠地から多くの幹部と将兵が抽出されて東北に送られた[1]。その後東北では中共中央東北局が設立されるとともに東北人民自衛軍（のちに東北民主聯軍，東北人民解放軍）が結成された[2]。他方，華北の有力な抗日根拠地だった晋察冀辺区では，東北に幹部と部隊を派遣する一方，8 月 23 日に張家口市を占領して「解放」を宣言した。その後も支配地域を拡大し続け，11 月中旬までに察哈爾省・熱河省の全域と山西省・綏遠省の一部，そして河北省の大部分を占領した[3]。人口稠密な華北平原の大穀倉地帯を手にしたのである。しかし，10 月に国民党との間に「双十協定」が成立したものの国共関係の行方は不透明であり，共産党は和戦両面

---

[1]『中国人民解放軍戦史』第 3 巻，3–4 頁，8–9 頁。
[2]『中国人民解放軍戦史』第 3 巻，9 頁。
[3] 聶栄臻「晋察冀抗日根拠地的創建和発展」，『晋察冀抗日根拠地』第 2 冊，20–21 頁。また，陳編（1987：105）。

に備えて急いで支配を固める必要があった。

　共産党中央指導部は，日本の降伏が間近に迫っていた 8 月 11 日に，「〔支配地域の〕一億の人民の中で放手発動〔大胆に闘争に立ち上がらせること〕して小作料の引き下げを実現しなければならない」と命じていたが[4]，改めて 10 月 20 日に「今後 6 カ月間の任務」として，「新区において減租減息〔小作料と利息の引き下げ〕を実現し，漢奸〔対日協力者〕を粛清し，民主政府を樹立……することは，勝利を獲得するために特に重大である」とする指示を出した[5]。反奸清算（対日協力者への懲罰）と減租減息を課題とする農村闘争が目指されたのである[6]。この方針は 1946 年 4 月まで継続されたあと転機を迎えた。中共中央が 1946 年 5 月 4 日付で土地政策に関する新たな指示「土地問題に関する指示（関於土地問題的指示，いわゆる五四指示）」を出したからである。

　五四指示は党内にのみ提示された秘密指示であり，公定史観では反奸清算と減租減息から始まった抗日戦争後の農村革命が，土地均分を内容とする土地改革へと転回する最初の大きな転換点とされる。五四指示は，その冒頭で次のように述べている。

【五四指示（1）】　最近延安に届いた各地域の同志の報告によれば，山西・河北・山東・華中の各解放区においてきわめて広大な群衆運動が起きている。〔群衆は〕反奸・清算・減租・減息闘争において，直接に地主の手中から土地を取得し，「耕者有其田」〔耕作者がその耕地を所有する〕を実現しており，群衆の熱情はきわめて高くなっている。……こうした状況のもと，わが党は確固とした方針がなければならず，広大な群衆の，直接に土地改革を行おうとするこうした行動を確固として支持しないわけにはいかない。

　　　　（「関於土地問題的指示」〈1946 年 5 月 4 日〉，『劉少奇選集』上巻，377 頁）

---

4) 「中共中央関於日本投降後我党任務的決定（節録）」（1945 年 8 月 11 日），『中国土地改革史料選編』229 頁。
5) 「中央関於過渡時期的形勢和任務的指示」（1945 年 10 月 20 日），『中共中央文件選集』第 15 巻，370–371 頁。
6) 「努力発動解放区群衆　《解放日報》社論」（1946 年 1 月 9 日），『中国土地改革史料選編』233–236 頁。

144　第Ⅱ部　農村革命工作へ

　かつては，この引用部分から五四指示を共産党の農村革命の大きな転換点として捉える見解が有力であった。たとえば加藤祐三と野村浩一による以下の議論はその典型である。すなわち，統一戦線・減租減息を内容とする共産党の抗日戦争期から続く「妥協的」政策は，農民の自発的な土地要求闘争と，その結果進行していた土地分配によって乗り越えられつつあった。そうした現実のなかで共産党は五四指示を出し，土地改革へと方針を転換した，というものである（加藤・野村 1972）。この枠組みはその後の議論にも共有されている（小竹1983，天児 1984，内田 2002）[7]。また人民共和国における多くの研究では，一貫してこの枠組みが維持されている[8]。革命に対する農民の積極性に導かれて減租減息・反奸清算の段階から土地改革の段階へと上がったとする理解であり，共産党の公定史観である[9]。

　これに対し陳耀煌は，五四指示はむしろ清算闘争が激化するなかで無差別的になりつつあった農民の闘争対象を限定し，統一戦線の枠組みのなかに納めようとする政策であったとする（陳 2012：420–421）。陳は，五四指示以前から華北農民は清算闘争を通じて土地の没収と分配を行っており，それが次第に過激化して階級闘争としての性格を失いつつあったとし，五四指示が富農や中小地主を闘争対象にしないよう命じていることを重視する。陳によれば，「過剰に富農や中小地主に打撃を与えてはならず，90％以上の農村人口が支持する反封建統一戦線を樹立することを勝ち取らなければならない」と訴える五四指示

　7）小竹（1983）は，五四指示を農村で急進化する土地改革運動を抑制するために出されたとする点で，天児（1984）は，農村での運動の急進化を積極分子や基層幹部が主導したものと捉えた点で，それぞれ公定史観と異なるが，いずれも農民に闘争性が内在することが前提となっている。

　8）たとえば董志凱は，五四指示への流れを以下のように捉える。すなわち抗日戦争後の減租減息政策は，土地取得という農民の要求に応えられず，またそうした要求をより強固なものとした。1946 年春には農民の手によって土地分配が行われるようになり，やがて共産党中央が五四指示を出してそうした農民の行動を公認することになった，と（董 1987：50–54）。成漢昌もまた同様の枠組みを提示している（成 1994：568–570）。

　9）金冲及は，「この指示が出されたあと，解放区の土地政策は減租減息から耕者有其田に転換し……土地改革運動のうねりが巻き起こった」としている（金 2002：380）。また羅平漢も，「歴史的に有名な土地改革運動は，この指示の採択をもって出発点とされている」と述べている（羅 2018：79）。

は、「孤立を避けたいとする当時の共産党の戦略意図を反映するものであり、それゆえにそれは前の段階の極「左」闘争を緩和しようとするものであった」（陳 2012：421）[10]。

デマールも陳耀煌と同様の議論を展開している。デマールによれば、五四指示は「貧しい農民が漢奸、悪覇〔地域ボス〕、匪賊の財産を没収するように呼びかけ」るものであり、「村幹部は、地主階級を弱体化させるために、減租やその他の平和的な方法を用いるよう指示され」た。つまり五四指示は、「暴力の制限を約束し、処刑や殴打は「きわめて邪悪な漢奸や公共の敵」に限定された」点に意味があったとする（DeMare 2019：11）。

このような陳耀煌とデマールの理解は、五四指示自体が「減租政策を全面的に廃止するのではない」[11]と述べていることを重視するものである。確かにここからは、五四指示を穏健な統一戦線政策の延長線上に捉えることは可能であろう。楊奎松も五四指示が「相対的に穏健な性格をもっていた」としている（楊 2009：7）。しかし、もし五四指示の主眼が統一戦線の維持と闘争の穏健化を訴えることに置かれていたのであれば、なぜ共産党中央指導部は五四指示を党内秘密指示にしたのであろうか。全面的内戦の勃発への危機感が高まるなかで味方を増やそうとしたのであれば、なおさら中央指導部の姿勢を対外的にアピールするはずである。陳耀煌とデマールの主張は、この問題を十分に説明できない。

これに対し、五四指示を、農村革命政策の転換点ではなく、共産党が抗日戦争期から意図的に行ってきた減租減息・反奸清算による土地の没収と分配を追認・拡大するものとして位置づけるのが、ペパーと田中である。

ペパーは、五四指示を「小作料の引き下げから土地改革への公式の移行を示す」文書であるとしつつ、しかし現実的には抗日戦争期から続けられてきた「複数の顔をもつ闘争（the multi-featured struggle movement）」の集大成であったと

---

10) なお、この点では陳耀煌は陳永発の議論を修正している。陳永発は、五四指示が「耕者有其田」を主張していたことを重視し、同指示が土地改革運動を過激化させる契機になったとしていた（陳 2001：434-438）。

11) 「関於土地問題的指示」（1946 年 5 月 4 日）、『劉少奇選集』上巻、383 頁。

位置づけている（Pepper 1978：329）。共産党の農村革命の実態には変化がなく，五四指示はその現実を公認したにすぎないとする理解である。ペパーは，五四指示がそのことをあまりに率直に書いたために，党内秘密文書になったのだとする（Pepper 1978：277）。

田中も同様に，五四指示は「断絶よりもむしろ連続性を示す文献である」としている。共産党は「〔19〕37〜46年の期間にも，非公式であったにせよ，土地その他の富の再分配を，意識的におこなってきた」からである（田中 1996：166）。その際に共産党が用いてきたのは，小作料や利息の取りすぎ，日本軍からの徴発を分担した際の不公平など，「古いツケの清算」を内実とする清算闘争であり，五四指示の掲げる土地没収および分配という手段も同じであった（田中 1996：172）。それによって共産党は農民を動員して農村の旧支配層を打倒し，事実上の土地改革を実現していたのである（田中 1996：166）。

このようなペパーと田中の議論は，公定史観が自明の前提としていた「自発的に闘争する農民」を再検討し，農民を立ち上がらされる存在として捉えた点，そして共産党が抗日戦争期から意識的に事実上の土地改革を行っていたとすることによって，五四指示を挟んだ農村革命の連続性を強調した点に共通する特徴がある。

しかしこのペパーと田中の議論も問題を含んでいる。第一に，このような理解は五四指示の表現との間にずれがある。共産党は五四指示以前から「意識的に」事実上の土地改革を行いながら，【五四指示（1）】のとりわけ下線部にあるように，五四指示ではそうした農民の運動を「支持しないわけにはいかない」と表現したことになるからである。いわば自作自演ということになるであろう。五四指示が 1946 年 5 月という本格的な内戦が始まる直前の時期に出されたものであることから，国民党との関係に配慮してこのような表現をとったとも解釈しうるが，五四指示が党内への内部秘密文書として出されたことを考えれば，そうした可能性は低いと考えるほうが妥当である。

第二に，客観的な現実と共産党中央指導部の認識とを区別していないという問題がある。五四指示は，劉少奇の主導のもと薄一波らが起草し，毛沢東が批准して提示された文書であるとされる（金 2002：377-378）。したがってこの

【五四指示(1)】の下線部の表現は，共産党の中央指導層の認識においては，五四指示に記された内容が前段階からの単純な連続ではなかったことを示唆している。楊奎松も同じ部分から「中共の指導者が〔1946年〕4月下旬まで土地問題がすでに解決しなければならない問題になっていると考えていなかったことを十分に示している」と分析している（楊2011：50）。実態としては連続していても，その連続が意識的に追求されたものであるとは限らないと言えよう。単純化して言うならば，文書上に表れた共産党の認識を，客観的な事実を物語るものと捉えて歴史像を組み立てた通説・公定史観に対し，ペパーと田中は，共産党の認識から徹底して距離をとって実態の推移を再構成した。しかしこの後者の議論も，客観的な事実と共産党中央指導部の認識とが厳密に区別されていない点で，なお不十分なのである。

　この問題は，抗日戦争から1946年上半期までの農村革命における重要な概念である清算闘争の理解にも及んでいる。田中は抗日戦争中の清算闘争について分析するなかで，「清算闘争は……事実上の階級闘争であり，清算という弾力的な方法の運用しだいで，階級関係をいっきょにくつがえす革命闘争となりえた」と述べている（田中1996：96）。また，1945年末に共産党が清算闘争を重視するようになった原因として，「清算についで減租減息闘争がおこなわれることになっていたものの，急進的な清算闘争の後では，減租は事実上政治的な意味しかもたなくなる」からであると述べている（田中1996：135）。しかし，仮に客観的な事実としては田中が指摘するとおり清算闘争が「革命闘争となりえた」，あるいは減租が「政治的な意味しかもたなくなる」としても，それは田中の理解である。共産党指導層の認識が，その当時同様のものであったと実証されているわけではない。

　ペパーと田中が明らかにしたように，華北の農村革命は共産党の主体的な働きかけによって実現した。であるならば，客観的な現実とその時々の現実に対する共産党の認識とを区別して論じなければ，当該時期の農村革命の展開過程を理解することは不可能であろう。行動の決定は，客観的な現実そのものではなく「認識された現実」にもとづいて行われるからである。その上で，客観的な現実と共産党指導者たちによって「認識された現実」とがどのような関係に

148 第Ⅱ部 農村革命工作へ

あったのか，また，「認識した現実」にもとづいて共産党指導者たちが選択し，基層幹部が実施した革命方針が，客観的な現実の推移にどのような影響を与え，どのような結果を生んだのか，そして，その結果生じた事態を共産党指導者たちがどのような「現実」として認識し，次の方針を立てたのか，といった方法で問題を追究しなければならない。本章はこのような方法によって，五四指示が出されるに至った経緯と五四指示がもった意味について明らかにすることを目的とする。

1 抗日戦争後の反奸闘争・減租減息運動 （1945年8〜10月）

1) 反奸清算闘争の諸相

本章「はじめに」でふれた通り，中共中央は1945年10月20日に「今後6カ月間の任務」として，「新区において減租減息を実現し，漢奸を粛清し，民主政府を樹立……することは，勝利を獲得するために特に重大である」とする指示を出した[12]。反奸清算を起爆剤とし，減租減息運動を行うことによって一応の「解放」を実現し，農民の生産意欲を高めて内戦に備えようとするものであった[13]。以下，この2つの運動の諸相をみる。

まず清算闘争に関しては，典型的なものとして以下の記事がある。

【史料4-1】 八路軍は長城外に進出し，5〜6月にこの村〔陽高県西靳家村〕を解放した。……7月に工農会が成立し群衆は立ち上がった。……日本降伏後，彼らはさらに清算闘争を展開した。全村の男女は「好人大翻身 灰鬼吃不□〔開か〕」〔善人は大いに解放され，悪人は立場を失う〕をスローガンに，「公正□明」の大障害である王尚清〔甲長〕を粉砕することができた。

---

12) 「中央関於過渡時期的形勢和任務的指示」（1945年10月20日），『中共中央文件選集』第15巻，371頁。

13) 前掲注5の「中央関於過渡時期的形勢和任務的指示」（1945年10月20日）も前掲注6の「努力発動解放区群衆 《解放日報》社論」（1946年1月9日）も，ともに減租運動を迅速に展開し1946年の食糧増産に結びつけるように命じている。

（『晋察冀日報』1945 年 10 月 17 日「陽高県西靳家村初歩調査（李成瑞）」）

【史料 4-2】 9 月 25 日，案平城五鎮四関の一千余の群衆が，西関に集合し，偽保長弓振国，偽□丁劉二充に対し闘争を行った。劉二充は敵〔日本軍〕がここにいたとき，人民を迫害し，田産を売って敵に渡した。人夫を出すときには，任意に群衆を殴打し，土匪の名を借りて〔「土匪への対処」の意味か〕一家族の衣服・布を略奪した。

（『晋察冀日報』1945 年 12 月 5 日「冀中各地群衆　展開反悪覇闘争」）

　陽高県は山西省大同市の北東に位置し（春麦区），案平県は石家荘市から 40 キロ東に位置する（冬麦高粱区）。いずれの地域でも反奸清算闘争は甲長・保長など村の指導者を闘争対象としていたことがわかる[14]。清算の理由は，政治的立場を利用して行ったとされる搾取・横領であった。こうした清算闘争の事例は多く，一般に激烈であった。起爆剤としての作用を十分に果たしたと言える。ここでは地主などの階級に言及されていないことに注目しておきたい。

2）減租運動

　一方，反奸清算とともに行うとされた減租運動は低調であった。当該時期の『晋察冀日報』には，具体的な状況・過程がわかる減租の成功例はわずかに以下の 4 例しかない。

【史料 4-3】 該村〔昌宛県安河村〕の最大の地主は大覚寺の和尚であり，農民に対する搾取の度合いはひどいものであった。……本月 13 日，40 余人の佃農〔小作農〕が和尚と交渉し，42 石を退租〔返還〕し，畝あたり 12 斤の玉蜀黍の負担を減らす契約を結んだ。

（『晋察冀日報』1945 年 10 月 22 日「昌宛安河村減租経験」）

【史料 4-4】 今月 12 日，小作農は地主を招いた。農会主任によって開会が宣言された。……ある壮年小作農が憤慨して話した。「私が小作している土

14）甲長・保長のほかに，区務主任（『晋察冀日報』1945 年 10 月 20 日「記五区的清算大会〈胡友孟〉」）や鎮長（『晋察冀日報』1945 年 12 月 5 日「冀中各地群衆　展開反悪覇闘争」）なども清算闘争の対象であった。

地は，本来何も育たない土地だ。育っても収穫は多くない。……今年はさらに雹が降った。租穀を納めることができない」と。地主は彼が話し終わるのを待たずに立ち上がって反論した。「それはお前がちゃんと面倒を見ないからだ」。……ついでみんなが続いて提起した。「今年の災害は重大だ。収穫できる糧食は 200 元程度しかない」。……地主は〔要求に〕応えざるをえなくなった。　　　　　　　　　　　（『晋察冀日報』1945 年 10 月 23 日「東窖村的減租闘争」）

【史料 4-5】〔遷青平聯合県〕大河山村は，村幹部の多くが地主であり，このため活動は非常に難しかった。小作農が減租を要求しても，地主たちは道理に構わず，結託して一人の最も頑固な女地主を推挙して挡箭牌〔矢を防ぐ楯〕とし，小作農に対抗した。……小作農たちは，われわれ区幹部が一歩進んで減租政策を説明した後，自ら小作農会を開いた。参加者は 50 戸余。いっせいに地主を訪ねて清算しようとした。

（『晋察冀日報』1945 年 11 月 17 日「冀東大河山減租勝利　群衆継起改造村政権」）

【史料 4-6】　今月 17 日，……城区付近の各村の農民・婦女・児童 4,000 余が，城内に集まって禹仁囲子での減租闘争の勝利を熱烈に祝った。減租の勝利を祝う大会は，12 時に挙行された。……県抗聯の毛主任，姚県長，郎政委などが話をした。……姚県長は言った。「減租減息は政府の法令であり，絶対に執行しなければならない。禹仁囲子は政府の法令を根拠として実行したのであり，これは大変よいことだ。今後，全県の各地で普遍的にこのように行われる」。

（『晋察冀日報』1945 年 10 月 22 日「宝昌禹仁囲子　減租勝利農民狂歓，群衆組織迅速拡大」）

　これらの成功例のうち 3 例は，詳細にみると何らかの問題を含むものである。【史料 4-4】では減租の根拠とされたのは過重な地代ではなく作柄であった。こうした作柄の評価をめぐる地主―小作農間の交渉は従来から通常の村落生活の中で一般的にみられたものである。また【史料 4-5】と【史料 4-6】は，下線部に示唆されるように，おそらくは「典型」として重点的にテコ入れされたものであろう。しかも，そこで行われた減租の内容は詳らかではない。この 4

例は，晋察冀中央局の機関紙である『晋察冀日報』が，減租の成功を宣伝しているという性格の記事であろう。そのうち2例が「典型村」での事例，1例が作柄をめぐる減租交渉の事例であることは，この時期の減租運動の低調さを窺うに足るものである。

　なお，こうした減租運動の状況に対しては，以下のように上級の幹部も問題視していた。

【史料4-7】　10月末，本市〔張家口市〕農民会は各区農会幹部会議を招集し，……この2カ月間の活動は重要な収穫を上げたとの認識で全員が一致した。……〔しかし，欠点も存在した〕……たとえば，ただ減租だけに注意し，農民に対する階級教育を疎かにした。「脳を改める」活動〔思想改造〕に関しては，重視したけれども十分ではなかった。……地主が脅すとすぐに臆病になる。また，あえて大胆に減租しようとせず，地主に退租を要求しないもうひとつの原因は，指導において，群衆を立ち上がらせることに対して大胆にせず，はなはだしきは個別の政権幹部が，やはり上層を怖れるあまりに群衆の要求を満足させていないからである。

（『晋察冀日報』1945年11月3日「張市農民初歩発動　目前首要工作是階級教育及清算復仇・解決土地問題」）

　この記事からは減租退租運動の現状に対する上級幹部の不満が看取できる。さらにその原因として，基層幹部の指導に問題があると分析されていたこともわかる。ここでは，この状況を打破するため大胆に立ち上がらせることが主張されていた点に注目しておきたい。

3）減租運動困難の背景

　では，なぜ減租運動が困難だったのであろうか。この点については大きく2つの要因が指摘できる。まず減租に対する農民の抵抗感である。

【史料4-8】　群衆に自分の力量を信じさせ，農民が「依頼」の観点に立つことを防ぐため，われわれは佃農会において不断に教育を行った。……ある農

民は，減租を要求することは〔地主に対して〕面目ないことと考え，また〔ある農民は〕地主の報復を怖れる。

（『晋察冀日報』1945 年 10 月 22 日「昌宛安河村減租経験」）

【史料 4-9】　一般的に群衆には「三怕」〔3 つの怖れ〕がある。ひとつは良心に違うことを怖れる。かつては人と租額がいくらか，労賃はいくらかと話していたのに，今日，減租増資〔「増資」は賃上げの意〕を言うのは，心理的に面目が立たず，地主・雇い主に対して申し訳ないと感じ，口を閉ざす。2 つ目は，国民党中央軍が来ることを怖れ，八路軍共産党が長期間滞在しないことを怖れる。3 つ目は，地主が小作地を取り上げ，雇い主が解雇し，耕す土地や仕事がなくなってしまうことを怖れる。

（『晋察冀日報』1946 年 1 月 24 日「雁北新解放区組織与発動群衆的幾点新経験〈段血夫〉」）

なお，増資は「減租増資」と並記されることが多く，共産党は減租と同様の階級闘争として位置づけていた。以下，本章も減租と増資をとくに区別せずに論じる。以上の記事から，小作農や労働者の心理として，地主や雇主に対して減租や増資を要求することを「申し訳ない」とする感情が，減租や増資の進展を阻害していたことがわかる[15]。こうした心理の背景としては，「分種制」を典型とする華北の地主経営や大経営のあり方を考えなければならないだろう。第 2 章で詳述したように，農業生産力が相対的に低い華北地域では，地主や大経営と周辺零細経営とは互いに再生産に不可欠な間柄にあり，それだけ関係も深かった。こうした再生産構造が，地主・大経営と経済的関係がある農民（すなわち減租増資運動の主体となるべき小作農・雇農）に減租運動を躊躇させていたと考えられるのである[16]。

　減租運動が進展しなかった第二の原因としては，減租自体が当該地域の経済的現実と乖離していたことが挙げられる。次の晋綏辺区に関する史料は，以下のように伝えている。

───────────

15）同様の記事に，『晋察冀日報』1945 年 11 月 29 日「去冬以来太行減租基本経験」。

【史料 4-10】　晋綏七分区の汾陽・平介・文水・孝義などの県では，春耕の期間も継続して減租贖地〔「贖」地は質入した土地を請け出すこと〕運動を展開することになった。該区はかつて一部の村で反詐取と減租闘争を行ったが，まだ時間がたっていないのに停滞に陥ってしまった。……その主な原因は，幾人かの幹部が，汾陽・平介・平川では商売を営むものが多く，土地が集中しておらず，減租は重要でないと考えたからである。

（『晋察冀日報』1946 年 3 月 5 日「晋綏七分区　減租運動陥於停滞」）

　これも第 2 章で詳述したとおり，華北では大経営と「分種」関係にあった周辺零細経営でも自作部分をもっているなど，一般的には自作農が中心であった。記事にある汾陽・平介・文水・孝義は，冬麦小米区である山西省の中部，太原市の南西 70 キロ付近に位置したが，これらの県に近い清源県では，自作農・自小作農・小作農の割合はそれぞれ 62.5 ％・32.5 ％・5.0 ％であった（Land Utilization in China: Statistics, 57）。したがってこの記事にあるように，当該地域の基層幹部が「土地が集中しておらず，減租は重要でないと考えた」ことには現実的な根拠があった。「減租運動を行え」との命令が，華北の多くの地域における経済的現実と乖離していたのである。以上の 2 点が華北において減租運動を困難にしていた要因であった。

　ところで上掲の記事にもみられるように，上級幹部は減租運動の停滞の原因を基層幹部の能力に由来する問題として考える傾向があった。実際に基層幹部には上級にそうした疑念を抱かせる素地が存在した。以下に挙げる例は晋察冀辺区のものではないが，基層幹部（村・区級）の能力・知識水準について上級幹部（県級）が疑念を抱き検査したという事例である。山東半島にある乳山県の県委員会は，1945 年 12 月に県内の各村で「査減」を行った。査減とは，す

16）一方で，寄生地主制における減租運動は激烈に展開された。たとえば江蘇省淮安県（蘇北）では，小作農が代表を県城に派遣し，県城に住む大地主に対して減租闘争を行い，減租を実現するとともに地主を農村に連行している（『晋察冀日報』1946 年 5 月 17 日「石塘区佃戸怒掀石碑記」）。こうした他地域での成功事例が党機関紙を通して喧伝されることにより，減租が進展しない地域の指導者にとって圧力となったことは想像に難くない。

154　第Ⅱ部　農村革命工作へ

でに減租が実施された地域において減租が正しく行われたか否か，地主側の巻き返しによって「明減暗不減（減租を行ったことになっているが，実際には減租されていないこと）」が生じていないかなどを検査することである。やや長くなるが引用する。

【史料4-11】　12月に県の各救会[17]の同志たちが1区に検査の援助に行き，趙家村を詳細に検査した。……査減に話が及んだとき，村幹部の同志は答えて言った。「××同志（県幹部を指す）。あなた方は今回，他の活動をしてわれわれを助けてくれるように希望している。査減にはあまり気を使わないでほしい。なぜなら，われわれの村ではすでに査減問題はなくなっているからだ」，と。区の同志もまたこれと同じ考え方をしており，このときは訪れた同志もまたそれが事実であると思っていた。2，3日後，個々の小作農の事情が明らかとなり，問題が発見されはじめた。〔契約を〕破ったものもいれば，撤佃〔小作契約の破棄〕したものもおり，まったく減租していないものもいた。……彼ら〔村幹部〕に問うた。「これらの問題があるのに，なぜお前たちは問題がないといったのか？」。村幹部は大いに驚いて言った。「これが査減問題なのですか？　われわれはこれまで，査減とはこうした問題ではないと思っていた。もしこれらが査減問題だとすれば，わが村には少なからず存在する」。のちに，彼らがきちんと理解していないことが明らかとなった。……12区・13区の全区幹部会は，二五減租[18]はどのように計算するか？……何を「明減暗不減」と呼ぶか？　……など，租息に関する一連の問題を理解していない幹部が，2つの区で，全体の3分の2以上もいるという認識

17）「各救会」とは，共産党によって抗日根拠地に組織された農民・工人（労働者）・婦女などの各抗日救国会のことである。各会の組織章程に関しては，『晋察冀抗日根拠地史料選編』上冊，345-357頁を参照。

18）「二五減租」とは国民党の農村政策のひとつであり，国民党が1926年10月に広州で開いた聯席会議において可決した「中国国民党政綱」第21条に「小作料を25％軽減する」とあったことにもとづく。その後も国民政府が1930年6月に「土地法」を公布し，改めて25％の小作料削減（二五減租）を規定したが，地主などの抵抗により十分には実施されなかった（『中華民国史大辞典』8頁）。

にいたった。

（孫加諾「検査十二月分査減工作与深入区村帮助工作的幾点体会」，膠東区党委編
『工作通訊』第 6 期，1946 年 2 月，11–12 頁）

このように乳山県委員会は，検査の過程において基層幹部の能力・知識水準
（計数・抽象概念の操作など）の低さを認識した。こうした状況は乳山県に限っ
たことではなかったであろう[19]。少なからぬ基層幹部にこうした問題があった
とすれば，減租運動の停滞という事態に直面したときに，ひとまず基層幹部の
認識・実行力を疑ってみるということは上級幹部として自然であった。すなわ
ち，上級幹部は，群衆運動が思うように進まない原因を基層幹部の能力に帰す
る傾向があったのである。

2 放手発動と減租運動

1) 内戦の危機と放手発動

1945 年 10 月 10 日，国民党と共産党との間に双十協定が結ばれ，連合政府
への筋道が示された。しかし，現実にはこの直後から共産党支配地域に対する
国民党軍の進駐・攻撃が始まり，内戦の危機が高まった。共産党軍は 10 月後
半に山西省で閻錫山部隊と戦闘を行い，10 月 31 日には邯鄲周辺で国民党軍と
衝突した[20]。また東北方面でも，10 月末から葫蘆島・秦皇島への上陸を試みる
国民党軍との間で戦闘が発生し，11 月半ばには山海関が国民党軍の手によっ
て陥落している（石井 1990：34–40）。こうした危機に対し共産党は支配地域の
強化の必要に迫られ，「放手発動」へと向かうことになった。田中は 1945 年末
から 46 年初頭に放手発動に踏み切ったとしているが（田中 1996：134, 143），

---

19) 本書の対象時期と若干ずれるものの，内戦末期に華北から華中・華南に派遣されたいわ
ゆる「南下人員」について検討した田原史起は，「区級幹部について見れば，教育程度
は概して小学校卒業程度であった。……県級の幹部でも自分で文章が書けないので，
秘書を使っているケースもあったという」と述べている（田原 2004：111）。

20) 『第三次国内革命戦争大事月表』11–12 頁。

156 第Ⅱ部 農村革命工作へ

『晋察冀日報』上では 1945 年 10 月後半から放手発動に関する記事がみられる。
ここではまず，この時期に対する田中の見解を確認しておきたい。田中は放手
発動後の農村運動を詳細に分析し，「富の再分配が闘争の主目的になり，その
実現のためには，手段を選ばぬ方向へ向かいつつあったことがみてとれる」と
指摘した。そして，清算闘争が重視される一方で「減租の重要性は大幅に低下
した」と結論づけている（田中 1996：145-147）。

　放手発動後のこの時期は五四指示に直接つながる時期であり，したがって，
「富の再分配が闘争の主目的」になったとする田中の理解は，まさに五四指示
の位置づけ（事実上の土地改革としての連続性）の根拠となるものである。しか
し，放手発動・清算闘争・減租運動という三者の関係はこのように理解してよ
いだろうか。以下本節では，共産党はなぜ放手発動する必要があったのか，放
手発動を行うことによって何を目指したのか，そして放手発動による運動はい
かなるものであったか，検討していく。

2）放手発動と減租運動

　まず，放手発動の必要性について検討する。

【史料 4-12（1）】　まさに群衆を放手発動する方針に対する認識が不足してい
ることによって，一部の同志は国民党軍が大規模に解放区を侵している状況
下，意識的・無意識的に群衆を立ち上がらせる活動を疎かにし，群衆を放手
発動することが解放区を防衛するための重要なステップであることを理解し
ていない。……またこの方針に対する認識が不足しているために，一部の新
解放区では控訴清算運動〔「控訴」は被害を訴える意〕を直ちに減租減息に転
換して群衆を徹底的に翻身させる〔搾取から解放する〕ことができないでいる。
　　　（『晋察冀日報』1946 年 1 月 12 日「努力発動解放区群衆　解放日報社論摘要」）

　ここに要約され転載されている『解放日報』は，陝甘寧辺区の延安において
発行されていた中共中央の機関紙である（藤田 1976：40-45）。また【史料 4-7】
の張家口市幹部の主張も，減租の停滞を克服するために基層幹部に対し放手発
動を要求するものであった。すなわち市県レベル以上の幹部は，放手発動は減

租を迅速に実現するためのものであるという位置づけで語っていた。では，なぜ減租が必要だったのだろうか。この点について，上記の『解放日報』社説要旨は引用部分に続けて次のように述べている。

【史料 4-12 (2)】　<u>大規模で指導された減租運動が，群衆を立ち上がらせる最重要の鍵であり</u>，また農民群衆自身が通らなければならない道であり，生産運動を展開するための前提であるということを，深く認識しなければならない。(『晋察冀日報』1946 年 1 月 12 日「努力発動解放区群衆　解放日報社論摘要」)

こうした減租の位置づけに関しては，別の中央レベルの文献でも確認できる。

【史料 4-13】　わが党の当面の任務は，一切の力量を動員し，自衛の立場に立ち，国民党の侵攻を粉砕し，解放区を守り，和平局面の実現を勝ち取ることである。この目的を達成するために，解放区の農民に，普遍的に減租の利益を得させ，労働者およびその他の労働人民に増資および待遇改善の利益を得させる。……<u>減租と生産の 2 つの重要なことがうまくできて初めて，困難を克服することができ，戦争で勝利を得ることができるのである。</u>
(「中共中央関於発動大規模減租生産運動争取自衛戦争勝利的指示」〈1945 年 11 月 7 日〉，『華北解放区財政経済史資料選編』第 1 輯，4-5 頁)

　以上から，中央レベルの幹部においては，減租の実現が群衆を解放し支配地域を守るための重要な鍵であると位置づけられていたことがわかる。すなわち，放手発動によって減租の重要性が低下したのではない。理論上・認識上は，減租が重要だからこその放手発動であり，減租をすみやかに実現するための放手発動だったのである。
　このような減租の位置づけは，マルクス主義的革命政党である共産党の中央指導部の認識として理解できるものであろう。減租は直接的には農民の生産意欲を高めるとされたが[21]，こうした一般的な効果に加えて，封建的搾取を軽減して生産関係を一定程度調整するものであり，国民政府との和平を維持するた

---

21) 毛沢東「両三年内完全学会経済工作」(1945 年 1 月 10 日)，『毛沢東集』第 9 巻，162 頁。

158　第Ⅱ部　農村革命工作へ

めに土地改革を凍結しているという大枠の中で農民を解放していく次善の革命
的手段であった[22]。このような意味での解放は，非階級的な闘争である反奸清
算闘争では実現できない。減租は階級闘争としての性格をもつからこそ重視さ
れたのである[23]。ここに，支配地域の強化を迫られた共産党中央指導部が放手
発動によって減租の実現を急ぐ理由があった。

　さらにこうした発想の基礎として，共産党の上層部に，幹部が抑制しなけれ
ば農民の闘争性が十分に発揮され，減租が実現するはずだとする認識があった
ことを指摘しておかなければならない。以下の記事は，そうした認識を物語る
ものである。

【史料4-14】　各区の訴苦反奸運動〔「訴苦」は苦しみを訴える意〕は，その規
模の広大さと熱意の程度から言えば，一般に顕著な成果を収めている。しか
し，なぜいくつかの地方では迅速に減租運動に移行せず，明らかに停滞した
状態にあるのか？　やはり主要には，指導思想に不明確な部分があり，訴苦
段階である種の偏向が発生し，さらには運動がいっそう前進することを阻害
したからである。

　　　（『晋察冀日報』1946年1月8日「論加緊発動新解放区群衆　太行新華日報」）

【史料4-15】　渾源県で群衆を立ち上がらせるなかで是正する必要のある偏
向が発生した。①指導上，統治思想の偏向が存在する。群衆の力量を信じず，

---

22) 1946年3月28日の『晋察冀日報』は「減租減息為一切工作的基礎」と題する『解放日
　報』社説を転載しているが，そこには「農民が民主・民生の問題を解決することをど
　のように援助し，いかに中国民主運動に広大な農民の援助と参加を得られるようにす
　るか。今日の最も根本的な方法のひとつは，減租減息政策を実行することである。も
　し減租減息を実行しなければ，経済的に封建勢力の深く根付いた基礎を弱らせること
　はできない」とある。
23) 共産党内における減租のこうした位置づけに関しては，田中自身，抗日戦争中の事例と
　して次のように述べる。「1942年の〔農村〕工作の欠点としてあげられているのは，闘
　争の種類において減租が意外に少な」かったことであり，その原因を指導者たちは「階
　級闘争としての減租の重要性を理解しない幹部たちの右傾思想」に求めた，と（田中
　1996：101）。また1944年の農村革命に関しても，「減租には熱意をもたず，清算闘争
　へ走る傾向が批判され，農村革命の主体として減租の重要性が強調された」と言う（田
　中1996：108）。

一手代行〔原語は「包辦代替」。幹部が請負で闘争を行うという意〕し，……群衆の闘争性と創造性を抑制した。……霊邱では，群衆を立ち上がらせるなかで大胆でなく右傾したことによって大失敗を招いた。

　　　　　（『晋察冀日報』1946 年 1 月 5 日「在群衆発動中　渾源霊邱発生偏向」）

　ここで「ある種の偏向」「大胆でなく右傾した」と表現されているのは，文脈からみて，一手代行など，大胆に立ち上がらせようとしない運動指導のあり方であろう。また，【史料4-7】の張家口市幹部の主張も同様である。こうした主張は，農民に闘争性が内在することを前提としている。もちろん，運動に際して農民に「三怕」（【史料4-9】）などの心理的抑制がかかることは認識されていたが，闘争性は農民の階級的本質として理解されていた。放手発動はこの認識構造のなかで理解できるものである。すなわち，農民の闘争性が十分に発揮されず減租が実現しないのは幹部がブレーキをかけているからであり，そのブレーキを外せば農民の闘争性は遺憾なく発揮されるであろう。そして減租という反封建闘争（階級闘争）を通して農民は自身と生産力を解放するであろう。これが放手発動の発想であった。

3）放手発動後の減租運動（1946 年 1 月まで）

　では，放手発動後の減租運動はどのようなものだったのだろうか。1946 年に入ると減租成功の記事が散見されるようになる[24]。しかしこれらの記事は減租が成功したとする結果報告にとどまるものが多く，実際にどのような闘争が行われたのか不明である。また，県城周辺や典型村の例が多いのも特徴である。そして，次のような記事も見られる。

　【史料4-16】　大□嶺・姚家営〔宣化県〕一帯の小作農は言う。「以前は，年

---

24)『晋察冀日報』1946 年 1 月 9 日「解放二月余　龍関群衆翻了身」，『晋察冀日報』1946 年 1 月 15 日「涿鹿佃戸負担重　全県普遍減租」，『晋察冀日報』1946 年 1 月 25 日「天鎮城関　佃戸群起要求減租」，『晋察冀日報』1946 年 1 月 28 日「反攻後五個月来　辺区群衆運動有新発展」，『晋察冀日報』1946 年 1 月 30 日「涿鹿六区群衆発動起来　準備熱烈開展大生産」など。

間1畝あたり5小斗の粟であった。地主が情け心を発揮して，3小斗になった。今年の租穀は，本当に軽くなった！」，と。

（『晋察冀日報』1946年3月14日「宣化県七区展開査租訂約運動」）

【史料4-17】 ある幹部は新解放区の群衆は落後しているため，一手代行しなければならないと認識した。ある幹部は，自分で労働者に労賃を規定し，食糧を分け与えた。結果，一部の落後労働者は，増加した賃金を密かに雇主に送って言った。「これは私が願って増えたものではありません」。

（『晋察冀日報』1946年4月7日「即東総結群衆工作」）

　以上の記事から，地主―小作農，雇主―被雇用者の間の親近感が依然として存在していたことが分かる。成功例のあり方（典型模範村が多い，あるいは結果だけの報道）も含めて，こうした状況は放手発動前に類似していることが指摘できるだろう。すなわち，放手発動後も減租運動は困難をともない，大きく進展することはなかったのである。

4）放手発動後の減租運動と基層幹部

　しかし，このように放手発動後も減租運動が停滞している状況は，県よりも上級の幹部にとって放置できない事態であった。先にみたように農民に闘争性が内在することは共産党員として疑ってはならない前提であり，その闘争性を解放し減租を実現させるものこそ放手発動だったからである。したがって放手発動してなお減租運動が進展しないとすれば，その原因は，放手発動が正しく（あるいはまったく）なされていないということに求めざるをえない。このことは，さらに基層幹部の内在的な問題に帰着するであろう。この点に関して，以下の記事をみておきたい。

【史料4-18】 宛平〔県〕西□堂の反特務〔敵のスパイ〕闘争が勝利し，漢奸王廷を処刑した後，西虎林・桑略・軍下などの減租運動はすべて熱烈に展開された。……しかし，この闘争の過程において，村農会主任と村長は，人民の立場に立たず，逆に地主を擁護した。地主に対して退租すべき糧食を出させず，人民が〔地主の〕西羅印を拘束するよう要求したときも，村長と村農

会主任は彼を保護して逃がした。しかし，人民の熱情はこのことでも静まることなく，すぐさま自分たちの利益を売り払った村幹部を闘争にかけ，清理委員会を組織し，闘争を継続した。

平西解放区[25]では，多くの幹部が地主をかばい，減租を妨げていることがわかった。……□香峯崖の村幹部はかつて地主に利用され，人民を圧迫し，政策を執行しなかった。北辺□の村幹部は，一貫して表向き命令を承諾し，裏で違え，地主をかばい，何度かの減租を失敗させた。これらの事実は，今回の活動で明らかになったことである。

（『晋察冀日報』1946年2月14日「減租与反漢奸反包庇闘争結合　平西減租運動頓呈活躍」）

【史料4-19】　房山北白岱は，群衆を立ち上がらせることにおいて曲折ある経過をたどった。……問題を提起する群衆を集めて会を開いたとき，会では，増資委員会と減租委員会が立ち上げられたが，該村の悪覇の韓再周が機会を捉えて紛れこみ，増資委員会の主任になった。……区幹部が増資減租の一般的原則を2つの委員会の委員に話したが，具体的な問題に関しては，彼らに自由に処理させた。これらの悪覇は，この機会に乗じて，増資減租を要求する群衆に対して重大な打撃を与えた。

（『晋察冀日報』1946年3月31日「幹部深入下層　群衆才能台頭」）

これらの記事は，基層幹部が「悪覇」であったり「地主を擁護」したから減租が失敗したと説明している。すなわち，減租停滞の原因が基層幹部の政治的なあり方に帰せられているのである。しかし実際にはこの原因の真偽は不明である。基層幹部は，記事にあるように本当に「悪覇」であったかもしれないし，なかったのかもしれない。ここで重要なことは問題の発見のされ方である。記事自身が「これらの事実は，今回の活動で明らかになったことである」と述べているように，基層幹部が「悪覇」であったり，「地主を擁護」したというこ

---

25)「平西解放区」とは，北京（当時は北平）の西部，昌平・宛平・房山・涞水・涿県・蔚県付近に広がっていた共産党支配地域である（『晋察冀抗日根拠地史料選編』下冊，568頁）。

とは，まさに減租運動の停滞という結果が生じたことを契機として明らかに
なったものであった。このことは，実際には「悪覇」でなかったり，「地主を
擁護」していない基層幹部も，減租が失敗すればそうした問題があるとされる
可能性があったことを示している。すなわち，「正しく農民を立ち上がらせれ
ば減租運動は成功する」という関係が硬直化し，「減租運動の停滞は，農民が
正しく立ち上がっていないことを示す」という，原因と結果とを倒立させた推
定が成立しているのである。ここには，「農民は正しく立ち上がったが，減租
は成功しなかった」，あるいは「農民の立ち上がりは不完全だったが，減租は
正しく成功した」という図式が成立する余地はない。

　次の史料は，晋冀魯豫辺区政府太岳行署が所轄の県に出した命令である。減
租と生産との関係について述べたものであるが，こうした認識の仕方をよく示
している。

【史料4-20】　新解放区では継続して群衆を立ち上がらせる活動を徹底し，
深く減租減息を行わなければならない。ただし，群衆の立ち上がりを妨げな
いという条件のもとで，適切に生産に注意しなければならない。同時に群衆
が立ち上がったら直ちに生産指導に移るように注意しなければならない。こ
こにおける鍵は以下のとおりである。すなわち，減租減息が実行されなかっ
たり，あるいは非常に遅れている地域では，生産運動は必ずうまく行かない
であろうということを明確に認識しなければならない。
（「晋冀魯豫辺区政府太岳行署要件」〈1946年4月6日〉，太岳行署編『太岳政報』
第8冊，1946年4月，21頁）

　この，「減租が不十分であれば，生産運動は必ず失敗する」という構図は，
「減租は不十分だったが，生産運動は成功した」という可能性を排除している。
論理的には「減租は成功したが，生産運動は失敗した」という可能性は残され
てはいるが，生産運動が成功する必須の要件として減租運動の成功が位置づけ
られている以上，仮に生産運動が失敗することがあれば，その原因は直ちに減
租の不徹底に求められるであろう。

　このような論理では，過程がどうであれ期待される結果を達成できないこと

が基層幹部にとって致命的となる。とくに農民が立ち上がったか否かはそれ自体に客観的な基準を設けて評価することが不可能であるため，現実には「もたらされた結果」によって判断するしかない。したがって，「減租が実現しなかったのは，農民を立ち上がらせる活動に問題があったからだ」と指摘されれば，有効に反論することは困難であろう。すなわち，現実の活動がどのようなものであれ，生じた結果が期待されたものと異なれば活動に問題があったものとされ，さらにはその活動を担った基層幹部の問題とされるのである。

【史料4-19】に登場している韓再周は，区幹部が立ち上がらせた群衆によって清算対象とされ，最終的には県政府での裁判によって銃殺された[26]。こうした事例は，他の基層幹部にとって減租実現への強い圧力となったであろう。しかし，みてきたように，華北農村社会において減租運動を展開することはもともと困難であった。ここから新たな認識が創出されることになる。それが漢奸・悪覇の「封建勢力」化であった。

3　漢奸・悪覇の「封建勢力」化と華北農村革命

1）減租と清算の曖昧化

1946年2月から，新聞記事の表現上に2つの顕著な変化がみられる。ひとつは清算と減租の曖昧化であり，もうひとつは漢奸・悪覇の「封建勢力」化である。本節では，こうした変化が何を意味するのか検討する。

清算と減租の曖昧化は，闘争形態と結果との不一致という点で確認できる。以下の記事はその例である[27]。

【史料4-21】　1カ月の内に，蔚県・広□・天鎮・陽原・懐安・万全などの県で，相次いで数十回の群衆闘争が起こり，当地の漢奸・悪覇の残余勢力はほ

26）『晋察冀日報』1946年3月31日「幹部深入下層　群衆才能台頭」。
27）同様の例として，『晋察冀日報』1946年3月6日「太行減租闘争中　翻身群衆打退非法地主反攻」もある。

とんどすべて破壊された。同時に，1582.8 石を減租し，213.8 石を退租し，現金 9,100 元を得た。

（『晋察冀日報』1946 年 2 月 1 日「察南群衆闘争歩歩拡大　漢奸悪勢力多被粛清」）

【史料 4-22】　今年 1 月，全県〔崇礼県〕の清算復仇減租増資運動は以前に比べて大いに発展し，運動に参加した村は 90 カ村，西湾子の群衆 5,000 人が大漢奸偽警務科長劉振東と偽鎮長張殿齢に対する闘争を行い，すでにすべて勝利を獲得した。

（『晋察冀日報』1946 年 2 月 25 日「崇礼群衆運動中　領導偏向需継続糾正」）

【史料 4-21】は，漢奸・悪覇を打倒して減租退租を行ったという。【史料 4-22】は，「清算復仇減租増資運動」と種々の闘争を並列し，さらに，そこには減租が含まれながら，実際に行われた闘争は清算闘争のみであった。このように清算闘争と減租の境界があいまいになっているのである。もちろんこれは新聞記事上の変化であり，記者の混乱と理解することも可能である。ここではそうした記事上の変化を指摘するだけにとどめ，次に闘争対象である漢奸・悪覇概念の変化について検討したい。

2）漢奸・悪覇概念の変化

ここで言う漢奸・悪覇概念の変化とは，以下の史料にあるように，悪覇・漢奸が封建勢力である，また地主が漢奸であるとする認識の顕在化を指している。

【史料 4-23】　群衆が非常に恨みに思っている漢奸悪覇は，すべて封建勢力の首脳であり，あるいは首脳を背後に控えている。8 年間，彼らは政権を掌握し，負担を農民に転嫁し，搾取を行い，悪いことは何でもした。

（『晋察冀日報』1946 年 2 月 13 日「大同群衆対漢奸土棍的闘争」）

【史料 4-24】　平西解放区では，多くの地主はみなかつての漢奸である。解放前は，彼らは敵の勢力を恃んで農民を騙し，敵が降伏した後は，立場が定まっていない一部の幹部と結託して……減租を破壊しようとした。

（『晋察冀日報』1946 年 2 月 14 日「減租与反漢奸反包庇闘争結合　平西減租運動頓呈活躍」）

第4章　国共対峙と農村工作　　**165**

　これまでは，悪覇・漢奸と地主（「封建勢力」）とは厳密に区別されていた。だからこそ，前者に対する清算闘争と後者に対する減租運動とが段階として分けられていたのである[28]。しかし【史料4-23】【史料4-24】では，両者が重なっていると指摘されている。このように，この時期の『晋察冀日報』においては漢奸・悪覇概念の中に「封建勢力」といった階級的な内容が入り込みつつあった。こうした，漢奸・悪覇が「封建勢力」であるという認識の出現は，先に確認した記事における各種闘争間の区別の曖昧化に対応している。漢奸・悪覇が「封建勢力」であれば，彼らに対する闘争は清算闘争でありかつ反封建闘争でもある。すなわちこの時期に『晋察冀日報』の記事にみられた闘争の曖昧化は，記者の混乱などではなく，共産党の農村革命事業自体の変化を反映したものなのである。

　では，なぜ漢奸・悪覇が「封建勢力」であるという認識が登場したのだろうか。そうした認識の出現は何を意味するのだろうか。そしてこのことは共産党の農村革命運動にどのような影響を与えたのだろうか。これらの問題をある県の県幹部の活動報告に拠りながら検討する。

3)「漢奸・悪覇＝封建勢力」認識の成立とその意味

　ここで取り上げる活動報告（「宣化県委関於放手発動群衆中的領導思想検査和経験」）は，察哈爾省委員会が1946年2月に発行した刊行物『工作通訊』に掲載された，宣化県委員会の報告である。この報告は，宣化県委員会が察哈爾省委員会に提出したものであり，この時期の農村革命に関する内部報告として貴重な情報を伝えている。

　ここで宣化県についてふれておく。宣化県は，北京から張家口に向かう鉄道の沿線に位置する。このため1930年代の調査によれば，周辺地域のなかでも

---

28) たとえば，察哈爾省委員会が1945年11月に発行した『工作通訊』に掲載された「十三分区地委関於発動群衆貫徹政策総結之一部」は，「民族の敵はすでに打倒された。今後の主要な問題は民主闘争である。群衆を大地主・大資産階級の統治下から解放することである」と述べている（察哈爾省省委員会研究室編『工作通訊』第2期，1945年11月，7-8頁）。

166　第 II 部　農村革命工作へ

相対的に商品経済化が進んでいた。宣化県城とその周辺では，北京などに出荷する果物（ブドウ）の栽培が盛んであり[29]，また家禽・卵の生産も盛んであった[30]。耕地に関しては，県内農家の平均耕作面積は 36.13 畝であり，華北平原部に比較して広い[31]。これは同県が海抜 1,000 メートルを超える高地にあることや一年一作であることにより，相対的に土地生産性が低かったためであろう。作物では高粱が圧倒的に多かった[32]。抗日戦争時には張家口市に「蒙古連合自治政府」が置かれたため，宣化県はこれと対決する共産党軍との間での激戦地となった[33]。

　さて報告によれば，宣化県内の各地では，1945 年 11 月の共産党軍による占領以来[34] 清算闘争が行われていたが，県幹部の見るところ成果は不十分であった。11 月中旬，放手発動の命令に接した県幹部は，県下の運動に対し梃入れを行った（以下，本節の宣化県沙嶺村に関する引用は，すべて同資料による）。

【史料 4–25 (1)】　11 月 15 日に県委が会を開いて検討した後，新たに力量を組織し，党・政・民の十人余の幹部が 4 つの組に分かれて城外の各区に行き十数人の幹部が城関で活動を行った。……沙嶺において初歩的に状況を理解した。
（「宣化県委関於放手発動群衆中的領導思想検査和経験」，察哈爾省省委研究室編『工作通訊』第 3 期，1946 年 2 月，2–3 頁）

　沙嶺は，宣化県城から北西約 12 キロの地点にある村である。ここをはじめとする数カ村で調査を行った県幹部は，当地の状況を把握した。以下，沙嶺を中心に報告を追う。

---

29)「察哈爾農村経済研究」28534，28538–28539 頁。
30)「察哈爾農村経済研究」28546–28547 頁。
31)「察哈爾農村経済研究」28553 頁。たとえば河北省定県では，1931 年の調査で，農家 1 戸あたりの耕地面積は 21.96 畝であった（「定県土地調査」上，449 頁）。
32)「察哈爾農村経済研究」28496 頁。
33)『晋察冀抗日根拠地史料選編』下冊，552 頁。
34)「晋察冀抗日根拠地的創建和発展」，『晋察冀抗日根拠地』第 2 冊，21 頁。

【史料 4-25 (2)】 沙嶺は，官地を除く私有地は 2,251.8 畝，その所有権は地主が 53.5 ％を占め，経営地主が 13.8 ％，富農が 6.2 ％を占め，地主・経営地主・富農は合計で 73.5 ％を占めていた。全村の小作地は 4,471.43 畝，その使用権は，地主が 35.5 ％，経営地主が 31.53 ％，富農が 18.02 ％を占め，地主・経営地主・富農は合計で 53.1 ％[35] を占めていた。……以上の数字からは，土地の所有権が高度に集中しているだけでなく，使用権もまた高度に集中していることが分かる。

(前掲「宣化県委関於放手発動群衆中的領導思想検査和経験」3 頁)

　この記事にある「官地」「私有地」「小作地」「使用権」については，本書の解釈を示しておく必要があろう。清代において，この地域にはモンゴル王侯貴族（蒙旗）などの領地である「旗地」が設置されていた。これらの「旗地」は，封禁政策にもかかわらず，清代から非合法に民間（地商）に貸し出され，「地商」の手によって商業的農業が営まれていた（鉄山 1999：第 5 章）。なお，宣化県に隣接する涿鹿県や懐来県では 1930 年前後にそうした土地を民間に売却したとされる[36]。こうした流れを考慮すれば，断定はできないものの，「官地」とは「旗地」を，「私有地」とは民間に払い下げられた「旗地」のことを指すと考えてよいだろう。

　「小作地」「使用権」に関しては，通常であれば，私有地のなかから小作地が貸し出されていると理解するが，ここでは「小作地」面積が「私有地」の倍もあり，そのように解釈することは難しい。おそらく，「蒙旗」などから借りた土地，およびそうした土地を用役する権利のことを指しているのであろう。また「小作地」の「使用権」の大半を「地主」「経営地主」「富農」がもっているという記述からも，「地主」がそうした「小作地」を貸し付けているのではなく，名目上の土地所有者（蒙旗）からそれぞれが「小作地」を借り入れている状況，すなわちそうした経営の多くが，経営としては同質の自小作農であった

---

35) 計算上は，85.05 ％となる。「53.1 ％」は，引用部分の直後にある小東荘村の数値と同じであるため，誤植と考えられる。

36)「察哈爾農村経済研究」28570 頁。

168　第Ⅱ部　農村革命工作へ

ことを窺わせる。ここで「地主」と表現されている経営体は，主に小作料収入のみに拠って生計を立てているような地主ではなく，小作もまた，その耕地の大部分が借地で，毎年収穫物の多くを小作料として納めるような小作経営ではないと考えられる。農家を富裕度などによって区分し，それぞれ「地主」「経営地主」「富農」などの呼称で呼んだものであろう。

　ところで他方，調査はこうした経営の外側に存在する貧困層について言及している。

　【史料4–25 (3)】　短工・行商をしてようやく人間以下の生活を維持している赤貧戸が，沙嶺で189戸（全村戸数の31.7％）を占めている。……秋の後の11月中旬，沙嶺村では食糧がないものは90戸あまりの290人，冬を越せないものが89戸350人，春を越せないものが75戸258人である。ここから，人民の飢餓がすでに極点に達していることが分かる。

（前掲「宣化県委関於放手発動群衆中的領導思想検査和経験」3–4頁）

　しかしながら，上述のように自小作農が農地使用の中心となっている状況下では，仮に減租を行ったとしても，こうした貧困層が得られる利益は限定的なものとならざるをえない。調査を行った県委員会もこのことを認め，次のように述べている。

　【史料4–25 (4)】　これらの〔土地の所有権と使用権が高度に集中している〕村では，減租の利益は，大部分は経営地主と富農の手に落ち[37]，絶対多数の基本群衆は利益を得られない。したがって闘争に立ち上がらせることができないのである。増資は少数の雇工しか利益を得られない。基本群衆の切実な要

---

37) この記述に拠れば，「経営地主」「富農」の小作地は「地主」から借りたものであると理解することができるが，前掲の記述では，全小作地の「使用権」に占める「地主」の割合は35.5％，「経営地主」の占める割合は31.53％であったという。とすれば，「経営地主」が受けるとされる減租の利益は，ほぼ同等に「地主」自身も受けるということになる。ここでは，減租による利益を「地主」が享受するという矛盾した表記になることを避けるために，減租受益者についての記述から「地主」が落とされたと解釈したい。

求は飯を食うことと耕作地の問題であった。

（前掲「宣化県委関於放手発動群衆中的領導思想検査和経験」4頁）

　ここからは，先の記事にあった「赤貧戸」の多くが農業労働者でも小作農でもなかったことがわかる。上述のように宣化県は戦前に商品経済化が進んでいたことから，これらの「赤貧戸」は，もともと商品生産や商業などに携わって生計を立てていたが，戦争による経済混乱のため生計の道を奪われたものと考えられる[38]。では，こうした状況で「基本群衆の切実な要求」を満たすにはどうすればよいか。問題解決の鍵として県幹部が「発見」したのが，「漢奸・偽人員＝封建勢力」認識にもとづく清算闘争であった。

【史料4-25 (5)】　別の一面では，漢奸・偽人員が汚職して人民の財を横取りしている。偽警察中隊長の張子□は洋館を建て，450畝の土地を買った。……沙嶺村鎮公所の経済系主任は200疋の洋布を〔盗み〕，姚家房の甲長は50疋の洋布を〔盗んだ〕。……8年間に記載されていない配給・積穀・徴銅・応工などで，敵偽が略奪する中で汚職略奪されたり浪費されたりしたものがどれぐらいあるか分からない。人民の復仇の怒りは，一触即発であった。<u>……したがってわれわれは反漢奸清算・封建の削減・民生の改善という三者がぴったり重なっているとの認識に達した。反漢奸清算において封建勢力の先端を暴き出し，さらに基本群衆の生活を改善する。大胆に群衆の適切な要求を満足させようとして初めて，広大な群衆は迅速に立ち上がるのである。</u>

（前掲「宣化県委関於放手発動群衆中的領導思想検査和経験」4頁）

　ここでは「漢奸・偽人員」が「封建勢力」であるとは明示されていないが，両者が一体のものとして捉えられていることは，後段の「反漢奸清算・封建の削減・民生の改善という三者がぴったり重なっている」という表現から明らかである。むしろ，両者の関係を説明せずに「ぴったり重なっている」と断定す

---

38) 上述のように，この地域では一般に農業経営規模が大きく，特に農繁期には雇用労働力を使用する必要があった。しかし，鉄山博によれば，この地域で雇用される農業労働者は季節・作柄などによって各地を移動していたとされる（鉄山 1999：136-137）。この地に定住する者で，農業労働者を主な生業とする者が少なかったということであろう。

るところに，この報告の眼目があると言ったほうがよい。「漢奸・偽人員＝封建勢力」を前提とすれば，漢奸に対する清算闘争は「封建の削減」であるとみなせる。すなわち，自小作農が中心の経済構造のなかで封建勢力に対する闘争を行い，基本群衆の切実な要求を満たすという困難な課題に直面した県委は，漢奸・偽人員が「封建勢力」と一体であり，漢奸に対する清算闘争が実は反封建闘争であることを「発見」したのであった。県委はこの「発見」によって，本来，反封建闘争を行うことが難しい農村内において，反封建闘争を実現し，勝利したと宣言できたのである。

　もちろん，言うまでもなくここで闘争対象とされている漢奸・偽人員の「封建勢力」としての内実はきわめて空虚である。このことは，闘争対象が「所有権と使用権が高度に集中」しているだけの，つまり少なくとも地主ではない単なる富裕者であったこと，またこれら「封建勢力」の罪状が，その政治的な立場を利用して行ったとされる横領・搾取のみであることからわかる。同様のことは，【史料4-23】に関しても指摘できる。ここでも「封建勢力」の罪状は，8年間村の政権を掌握し，負担を農民に転嫁し，搾取をしたというものであった。一般的な意味での負担の転嫁とは，地主に課せられた負担を地主小作関係の中で小作農に転嫁したことを含むが[39]，「政権を掌握して行った負担の転嫁」という場合には，村に課された徴発を村人に割り当てたことを指すであろう。ここでも「封建勢力」の罪状は政治的な行為にもとづくものであった。こうした構造は，【史料4-1】【史料4-2】でみた反奸清算闘争にきわめて近い。つまり，従来は漢奸・悪覇とのみ呼んでいた対象を，表現の上で「封建勢力」と呼び直したにすぎないのである。しかしながら，基層幹部と，基層幹部を直接指導する立場の幹部にとっては，「封建勢力」としての内実がいかに空虚であっても，現に闘争している対象を「封建勢力」と呼ぶことに大きな意味があった。

　なお，この宣化県委員会の報告には，刊行物の編者である察哈爾省委員会研究室によって，以下のコメントが付けられている。

39）例として，『晋察冀日報』1946年2月14日「涿鹿三村普遍減租　群衆生活大大改善」，『晋察冀日報』1946年3月23日「涿鹿辛荘村農民　従高租子底下翻過身」など。

【史料 4-25（6）】 大規模な清算闘争が新解放区に特有の闘争内容である。……これが新解放区において群衆を立ち上がらせる第一の主要なステップである。清算の対象は，敵に投降した，あるいは敵と結託した一部の封建勢力である。彼等に対する清算は，必然的に封建勢力を削減し，部分的に人民の生活を改善する。この３つがぴったり重なっている。

（前掲「宣化県委関於放手発動群衆中的領導思想検査和経験」1 頁）

　このコメントは，宣化県委員会の報告にほぼ沿った表記となっている。つまり，宣化県委員会が「発見」した方法は察哈爾省委員会によって承認され，省委員会は省内の党幹部に対し参考として提示したのである。「漢奸・悪覇＝封建勢力」認識は，農村革命の，より現場に近いレベルで創出され，上級の承認を得ていったのであった。

4）「漢奸・悪覇＝封建勢力」認識と農村革命運動

　では，「漢奸・悪覇＝封建勢力」認識の成立から農村革命運動のいかなる変化を読み取れるのか。またこの認識は，農村革命運動にいかなる影響を与えることになったのだろうか。

　闘争対象が「封建勢力」であればいかなる形態の闘争であっても「封建の削減」であるとすることは，論理の上では闘争の方法・形態よりも闘争対象の性格に着目して農村革命運動を規定しようとするものである。これまで共産党指導部は反奸清算から減租減息へという２つの段階を想定していたが，両者を区別する以上，闘争対象の性格はもちろん，闘争方法・形態における相違も念頭においていたはずである。この時期に辺区レベルで新たに成立しはじめていた闘争の捉え方は，こうした従来の捉え方とは大きく異なるものであった。

　しかしながら，こうした変化を闘争対象の性格を重視する姿勢への変化とだけ説明することは不十分である。なぜなら前項でみたように，闘争対象に貼られた「封建勢力」というレッテルは内実をともなわないものだったからである。すなわちこの変化は，闘争の方法・形態・闘争対象の性格のいずれも無視して闘争を行うことを可能にするものであった。

172　第 II 部　農村革命工作へ

　またこうした認識の成立は，地主や大経営が存在する地域においても「封建の削減」を実現させるのに威力を発揮したと考えられる。地主や大経営を直接的な関係のなかで闘争にかけることは，地主や大経営と周辺零細経営との間の関係が密接であった華北農村では困難をともなうものであった。しかし政権を牛耳り村民への「負担の転嫁」を行ったという罪状で地主や大経営を闘争対象にするならば，この場合の被害者，すなわち闘争対象に対して闘争する権利をもつ者は，闘争対象たる地主・大経営と直接的に関係にある農民に限定されない。つまり，地主・大経営を闘争対象としながら，闘争主体を直接の関係にある農民以外に拡大することが可能になるのである。ここでは，数多の闘争主体の一部でしかない人びとが地主・大経営に対してもつ親近感は，もはや大きな障害にはならないだろう。すなわち「漢奸・悪覇＝封建勢力」認識にもとづくことによって，地主・大経営に対する闘争も迂回して行うことが可能となり，かつその結果を「封建の削減」であると宣言できるのである。

　そして，こうした動きが現実化しやすい背景が存在した。日中戦争下の華北農村では住民に対する臨時徴発は村を通して行われ，村に課せられた徴発は村長などの村の幹部がいったん立て替え，年に 2 度の村費徴収時に村民から回収していた。したがって村の政権には，立て替えに応じることのできる富裕者が参加している場合が多かった（旗田 1973：254–257）。そうした構造があったにもかかわらず，第 3 章でみたように，村長が立て替えた徴発分を請求しに行った際，村民は「村長自身の金の催促に行ったような顔を」して拒否感を露わにしていた（【史料 3-9】）。そのために「良い人」が村長の職に就きたがらず，「土豪・無頼」が就く傾向にあったことも第 3 章でみたとおりである。また村政権に参加していない富裕者は，富裕であるからこそ，村長などに対して贈賄するなどして自らの負担が適当なものになるよう（あるいは負担が免じられるよう）働きかける必要があった[40]。こうした構造は，徴発が厳しくなればなるほどその矛盾を増大させ，村内に亀裂を生じさせたであろう。基層社会の富裕者が漢

40）こうした事例として，『晋察冀日報』1946 年 3 月 6 日「太行減租闘争中　翻身群衆打退非法地主反攻」。

奸として憎悪の対象となる状況は，現実に存在していたのである。

<h2 style="text-align:center">小　結</h2>

　最後に，以上みてきたことをふまえ，五四指示の歴史的位置について言及しておきたい。

　五四指示が出された 1946 年 5 月は，共産党にとって微妙な時期であった。すなわち，国民党との軍事衝突は，撤退したソ連軍の占領地の争奪が争点となった東北ですでに始まっていたが（ソ連軍の撤退は 1946 年 3 月初）[41]，共産党と国民党との実力差は歴然としていたため，共産党はこの時点では全面的な内戦に踏み切ることに躊躇していた（この時期の共産党の躊躇については次章で詳細に検討する）。政治協商会議決議に違反する土地改革を行うことはできなかったのである。こうしたなかで出された共産党中央の五四指示は，以下のようにさまざまな手段による地主所有地の分配を認めるというものであった。

【五四指示 (2)】
　①広大な群衆の要求の下，わが党は<u>群衆が反奸・清算・減租・減息・退租・退息の闘争において地主の手中から土地を獲得し</u>「耕者有其田」を実現することを断固として支持しなければならない。……
　⑪土地問題を解決する方法は，群衆がすでに多種多様な方法を創造している。例えば以下のとおりである。
　（甲）大漢奸の土地を没収分配する。〔（乙）（丙）略〕
　（丁）<u>租息の清算・覇占〔権勢を利用した財産の横取り〕の清算・負担およびその他の道理のない搾取の清算のなかで，地主は土地を売り出し，農民に与えて負債を賠償する。</u>
　（「関於土地問題的指示」〈1946 年 5 月 4 日〉，『劉少奇選集』上巻，378 頁，380–381 頁）

---

41) 『中国人民解放軍戦史』第 3 巻，27–29 頁。

174　第Ⅱ部　農村革命工作へ

「反奸・清算・減租・減息・退租・退息」であれば，確かに政協決議には違反しない。結果として土地の没収と分配が実現したとしても，「対日協力に対する懲罰」や「過払い小作料の返還」という枠組みで説明できるならば，必ずしもそれは政協決議に抵触したとは言えないだろう。ただし，共産党指導部が階級闘争という明確な意図をもって追求したことが露見しなければ。だからこそ，五四指示はあくまで党内に向けた秘密の指示として出されたのである。ここに五四指示の眼目があった。

　こうした内容をもつ五四指示は，農村革命の現場で生じていた新しい運動の捉え方を追認したものであった。【五四指示 (2)】の下線部からは，地主が闘争対象となって打倒され，その土地が分配されるのであれば，その理由と手段は問わないとする姿勢が窺える。このような姿勢は，本章でみた『晋察冀日報』の記事や察哈爾省委員会レベルでの変化と基本的に符合する。五四指示作成までの具体的な経過を明らかにすることは現時点では史料上の限界から難しいが[42]，以上から，【五四指示 (1)】でみた五四指示の追認表現を，当時の中共中央の認識を示すものとして文字通り読むことは十分に可能であろう。五四指示によって，現場レベルで生じていた変化が中央によって公認されたのであった。

　しかし，このことがもつ意味を中央の指導者が正確に理解していたかどうかは疑わしい。反奸清算闘争の対象を「封建勢力」と呼ぶことによって反封建闘争を実現したとみなす察哈爾省委員会の工夫は，本章で詳細に検討してきたように公定社会像と華北農村社会の現実との間のギャップが導いたものであった。五四指示によってこの工夫が農村革命の一手段として肯定された以上，華北農村での階級闘争は，主に，社会の現実に適合的なこの方法を使って行われることになるだろう。しかし，中央指導部がその状態を「望ましい」と捉えるか否

42）楊奎松によれば，中共中央は 1946 年 4 月に華中分局の鄧子恢，晋冀魯豫中央局の薄一波，山東分局の黎玉らを個別に呼んで状況報告をさせたという（楊 2011：49）。ここには晋察冀中央局は入っていないが，楊は晋察冀中央局が「すでに同様の問題を提起していた」と述べており，晋察冀からの報告が先行していた可能性がある（楊 2011：50）。ただし楊（2011）には根拠に関する注釈がないため，情報の精確さを本書独自には検証できない。

かは別の問題である。

　五四指示は従来の闘争方針との関係について，「土地政策について重大な改変を行うが全面変更ではない。減租政策を全面的に廃止するのではないからである」と述べている[43]。つまり五四指示で示された「重大な改変」は，地主的土地所有に対する階級闘争（この時点では減租闘争）を全面的に代替するものとして位置づけられてはいない。この姿勢は，反奸清算闘争と減租闘争とを異なる性格の闘争であると捉えてきた中央指導部の従来の姿勢とも一致している。共産党中央指導部にとって「反奸清算による地主の土地の没収」は，あくまで付加的な手段として位置づけられていたのである。しかし中央指導部は，「反奸清算による地主の土地の没収」を革命闘争として認める五四指示を出すことによって，華北の地域党組織が「安易に」階級闘争を実現できる方法に道を拓いてしまった。では，この後に生じた事態を中央指導部はどのように認識しどのように対応していったのだろうか。また各地方党組織は五四指示の「重大な改変」をどう受け止めたのだろうか。章を改めて検討したい。

---

43)「関於土地問題的指示」(1946 年 5 月 4 日)，『劉少奇選集』上巻，383 頁。

第5章

国共内戦の全面化と階級政党への回帰

はじめに

　国共間の停戦協定の締結と政治協商会議の成功によって「平和と民主主義の新段階」[1]として始まった1946年は，しかし中国史を画する年となった。国民党と共産党との間で全面的な内戦が始まったからである。国共の衝突は，同年4月ソ連軍の撤退で緊張する東北から始まった[2]。その後，停戦期限が切れる6月末をにらんで再度の交渉が行われたが，6月26日に国民党軍が共産党中原軍区（湖北省南部）を攻撃し[3]，7月13日には江蘇省如皋や山西省聞喜・夏県で国共両軍が衝突した[4]。こうして全面的な内戦の幕が上がったのである。

　このように概観すれば，共産党にとっての1946年は4月と7月を画期として区分することができる。すなわち，4月までの「平和と民主主義の新段階」，東北を舞台に紛争が行われる一方で停戦継続への模索も続けられた4月から7月まで，そして7月以降の全面内戦の時期である。またこの4月から7月までの時期の中間にあたる5月4日には，党内秘密指示として五四指示が出されて

---

1) 「中央関於目前形勢与任務的指示」（1946年2月1日），『中共中央文件選集』第16巻，66頁。
2) 『中国共産党編年史　1944-1949』4，1471頁。
3) 『中国共産党編年史　1944-1949』4，1479頁。
4) 『中国共産党編年史　1944-1949』4，1482-1483頁。

いる。では，1946年4月以降共産党はどのように変化したのだろうか。これが本章が検討する問題である。もっとも，このように問題を設定することは奇異に感じられるかもしれない。当該時期の共産党に関してはすでに多くの研究が発表されているからである。しかし従来の研究は必ずしもこの年の共産党の変化を十分に捉えてきたわけではない。このことは1946年をどのように区分するかという問題に端的に表れている。

　大掴みに言えば，すでにみたとおり，公定史観を含むかつての研究は五四指示を重要な画期とみなしてきた。共産党は抗日戦争終結後も統一戦線を維持するために減租減息を政策としていたが，1946年にかけて農民の土地要求運動がそれを逸脱するようになったため，共産党は五四指示を出して農民の実践（土地の没収と分配）を肯定したとするものである。

　こうした説明は農民の闘争性とその実践を議論の前提とするため，論理的には，共産党にはそうした農民の実践の波に乗るかそれを抑制するかという選択肢しか与えることができない。したがって，共産党が五四指示によって農民の土地要求闘争の実践を追認した後は，情勢が東北における局地的な紛争から全面的内戦へと変化しても，そうした時局の展開の中で共産党がどのように変化したのか論じることは難しい。

　これに対し，農民を共産党によって「革命させられる」存在と捉えた上で，五四指示は抗日戦争期からの農村革命の延長線上にあるとするのがペパーと田中である。こうした見解では，画期としての五四指示の重要性は下がることになる。たとえばペパーは，「五四指示は，その実用主義ゆえに，中国の土地問題に対する理論的に一貫した解決策の策定にはほとんど貢献しなかった」としている（Pepper 1978：277）。また田中は，「5月末までには各地の中央局は五四指示実施計画の策定を終えた」としている（田中 1996：181）。この場合，内戦の全面化のほうが画期として浮上することになろう。ペパーは，全面的な内戦の勃発によって共産党は「侵略してくる国民党軍に対し，土地改革を強調しないこと，また階級敵との統一戦線に復帰することはもはや不可能」になったと述べている（Pepper 1978：307-308）。田中も，「1946年7月，全面的な内戦がはじまったので，中共は統一戦線協定に配慮する必要はなくなった」とする（田

178　第Ⅱ部　農村革命工作へ

中 1996：183）。このように，農民の革命性を前提としないペパーと田中は，
1946 年 7 月の内戦の全面化をより重要な画期とみなしているのである。公定
史観との分岐は五四指示の捉え方にある。

　これに対し，本書の五四指示理解はいずれとも異なる。第 4 章で明らかにし
たように，五四指示は反奸清算闘争を反封建の階級闘争の枠内に入れたことに
その眼目がある。従来，反奸清算闘争（民族運動）と減租運動（階級闘争）と
は段階として区別されていたが，減租運動は華北農村の現状と合致せず振るわ
なかった。しかし中央指導部が公定社会像にもとづいて下級に対し減租運動の
実現を強く迫ったため，農村革命の現場（本書が実証した地域は察哈爾省）では
「漢奸・悪覇」を封建勢力と捉え，反奸清算闘争を反封建闘争（階級闘争）と
みなす動きが起こった。これを中共中央が追認し，「漢奸・悪覇とされた地主」
の土地を反奸清算闘争によって没収し分配することを反封建闘争として認めた
のが五四指示であった。五四指示は，このように統一戦線の枠内で説明できる
限界の論理で土地分配をともなう階級闘争の実現を目指したものであったが，
国民政府に内戦全面化の口実にされないよう慎重を期して，党内に対する秘密
の命令として出された。

　したがって五四指示は，農村革命戦略における飛躍と，内戦の全面化を避け
るための慎重さとを併せもっていたことになる。そして飛躍があったのであれ
ば，中央指導部が行ったその飛躍が共産党全体にどのような影響を与えたのか，
とくに党の下部組織がその方針転換にどのような態度をみせたのか，改めて問
われなければならない。また五四指示が慎重さをもっていたのであれば，その
ような配慮が不要となる全面的内戦の勃発は，やはりひとつの重要な画期とし
て位置づける必要があるだろう。つまり，1946 年 5 月 4 日の五四指示の発出
が党内に与えた衝撃を重視しないペパーや田中の議論も，7 月の全面的内戦の
勃発を重要な画期とみていない公定史観も，ともに 1946 年の変化を十分捉え
ているとは言いがたいのである。

　実際には，反奸清算闘争を反封建闘争の枠内に入れ，「漢奸・悪覇とされた
地主」の土地を反奸清算闘争によって没収し分配するよう命じる五四指示は，
五四指示自身が言うように「土地政策について重大な改変を行」ったもので

あった[5]。そのため五四指示の発出は，党内に少なからず波紋を呼び起こすことになった。ではその波紋とはどのようなものだったのか。本章の議論はここから始まる。

1　内戦全面化前夜の中国共産党

1）五四指示に対する地方党組織の対応

　1946年5月4日に決定された五四指示は，その後，地方党組織に伝達され，各党組織はその実施策の検討に入った。しかし各党組織は，この指示をどのように受け入れるのかということについて一致していたわけではなかった。

　五四指示にもとづき党の地方組織が作成した実施策で，筆者がその内容を確認できたのは，華中分局（書記：鄧子恢），冀東区党委員会（書記：李楚離），晋察冀中央局（書記：聶栄臻），冀中区党委員会（書記：林鉄）が出したものである[6]。このうち華中分局の「党中央の土地政策に関する五・四新決定指示を貫徹せよ」（以下，華中分局文書）が最も早く，これを収録している『新中国資料集成』によれば5月18日付になっている[7]。が，この日付は怪しい。文中で「5月21日」の新聞記事について言及しているからである[8]。とはいえ，「国民党の新しい大規模な内戦は一触即発の形勢にある」とも述べているから[9]，6月末以前に出されたことは間違いない。「5月21日」への言及のように「5月」を明記しているところから見て，6月に出された可能性が高い。一方，冀東区党委員会は，5月30日の拡大会議において「群衆運動の問題に関する初歩的な検討と，中央の五四指示を実行することに関する初歩的な意見（中共冀東区党委関於群衆運動問題初歩検討及執行中共五四指示的初歩意見）」を決議したとさ

5）「関於土地問題的指示」（1946年5月4日），『劉少奇選集』上巻，383頁。
6）各党組織の書記については，『中国共産党組織史資料』第4巻上，319，762，584頁。
7）『新中国資料集成』第1巻，246頁。
8）『新中国資料集成』第1巻，247頁。
9）『新中国資料集成』第1巻，251頁。

180 第 II 部 農村革命工作へ

れる（以下，冀東区文書）[10]。各地域に五四指示が到着した日時は明らかでないが，
冀東区党委員会のスケジュールは順当なものであろう。しかし，晋察冀中央局
と冀中区党委員会において実施策が策定されたのはそれよりも 1 カ月以上もあ
と，五四指示の提示から 2 カ月余という時間が経過していた。

　この 2 つの地方組織の文書を収録している資料集によれば，それぞれ，晋察
冀中央局の五四指示実施文書「中央の《五四指示》を伝達し執行することに関
する共産党晋察冀中央局の決定（中共晋察冀中央局関於伝達与執行中央《五四指
示》的決定）」は 8 月 24 日付，冀中区党委員会の五四指示実施文書「共産党冀
中区党委員会の，中央五四指示と中央局の指示を具体的に執行することに関す
る決定（中共冀中区党委関於具体執行中央五四指示及中央局指示的決定）」は 7 月
28 日付となっている（以下，それぞれ晋察冀文書，冀中区文書）[11]。しかし晋察冀
文書の日付は誤りである可能性が高い。以下この点について考証しておきたい。

　晋察冀文書と冀中区文書は，実は多くの部分で酷似している。前者の文中で
「わが晋察冀辺区では」と記述されている箇所が，後者では「わが冀中区では」
という表現に置き換えられていることを除けば，瓜二つの記述が大部分を占め
ている。もちろんこれは偶然ではない。冀中区文書のタイトルにある「中央
局」とは，冀中区のひとつ上の単位である晋察冀中央局のことを指している。
つまり，冀中区文書は先に出ていた晋察冀文書を見ながら作成されたというこ
とになる。冀中区文書が 7 月 28 日に発出されたのであれば，晋察冀文書はそ
れ以前に出されていなければならないのである（なお，冀中区文書が 7 月 28 日
に決定されたということは確度が高いと思われる。この点については後述する）。

　では晋察冀文書はいつ発出されたのか。手がかりは，国民政府下の河北省政
府が出した条例にある。晋察冀文書は次のように述べる。「国民党河北省政府
は，すでに「河北省処理特殊区域土地問題原則」を公布し，あからさまに解放
区の農民に対して宣戦している」，と [12]。この「原則」は台湾の国史館に公文書

10）『河北土地改革档案史料選編』23–29 頁。
11）晋察冀文書は『華北解放区財政経済史資料選編』第 1 輯, 769–775 頁。冀中区文書は『河
　　北土地改革档案史料選編』62–78 頁。
12）『華北解放区財政経済史資料選編』第 1 輯, 775 頁。

が現存する[13]。それによれば，河北省政府は中央政府の地政署に宛て，6月22日付で，同「原則」が河北省政府委員会146次会議で可決されたこと，緊急性に鑑みてすでに公布したことを述べた上で事後承諾を求めている。この「6月22日」という日付は，河北省政府委員会会議の可決・公布の日からそれほど日が経っていないであろう。したがって晋察冀文書は6月下旬以降に出されたものと考えられる。

冀中区文書は，この晋察冀文書よりもさらに遅く発出された。しかしこれは冀中区が上級である晋察冀中央局の決定を待っていたためではない。冀中区党委員会は冀中区文書において，五四指示実施文書の作成が遅れたことを自己批判しているが，そこでは「5月会議」なる会議を開いて五四指示を検討したことに触れているからである[14]。つまり，五四指示は冀中区にも5月の時点で到着し，晋察冀中央局と並行でその実施方法について検討していたことになる。その結果，冀中区は結論を出すまでに2カ月以上を要したのである。

この遅れのため冀中区党委員会はこの後自己批判を繰り返すことになった。この7月28日付の冀中区文書もそうであるが，9月16日付の文書でも再び自らの「過ち」について言及し[15]，さらに翌年の1947年4月にも長文の自己批判文を発表している[16]。しかし，冀中区と同様に文書作成までに時間がかかった晋察冀中央局は，このように繰り返して自己批判を行っていない。この違いは，晋察冀中央局の決定と冀中区党委員会の決定との間の時間差がかなり大きかったことを示唆している。しかも時期的に考えて，この間に全面的な内戦が勃発した可能性が高い。逆に言えば冀中区は，内戦の全面化を確認してから五四指示の実施策を決定したと考えられるのである。先に冀中区文書が7月28日付で出された確度は高いとした理由である（以上の考察をふまえると，晋察冀文書が出されたのは，国民党軍が共産党中原軍区を攻撃した6月26日の直前か，遅くと

13）「河北省処理特殊区域土地問題原則」1946年6月22日，国史館蔵。
14）前掲，『河北土地改革档案史料選編』67頁。
15）「中共冀中区党委対土地改革中幾個問題的指示」（1946年9月16日），『河北土地改革档案史料選編』80-82頁。
16）「中共冀中区党委執行中央"五四指示"的基本総結（節録）」（1947年4月1日），『華北解放区財政経済資料選編』第1輯，806-823頁。

182　第 II 部　農村革命工作へ

も江蘇省如皋や山西省聞喜・夏県で国共両軍が衝突した 7 月 13 日以前だったと考え
られる）。このように，地方のすべての党組織が五四指示の実施策を決定する
までには，2 カ月以上を要したのであった[17]。

　なお，以上の考察からは，中央局と区党委員会とは単純な垂直的関係にあっ
たわけではなかったことがわかる。本項で名前が出た地方党組織のうち，冀東
区党委員会，冀中区党委員会は，当時，晋察冀中央局の管轄下にあった（冀東
区が晋察冀中央局の管轄下から外され，1 級上の冀察熱遼分局とともに東北局の管轄
下に置かれたのは 1947 年 5 月である[18]）。しかし，本項冒頭で取り上げた冀東区
の五四指示実施文書は，その上級である晋察冀中央局の決定を待たず 5 月 30
日に出されており，しかも文中では晋察冀中央局レベルの動きについてまった
く言及していない。冀中区も，先に述べたとおり五四指示を受けて独自に「5
月会議」を招集して対応を検討している。

　同様の構造は，当時同じく晋察冀中央局の管轄下にあった冀熱遼分局につい
ても窺える。6 月 20 日，中共中央は宛先として晋察冀中央局と冀熱遼分局を
併記した上で，「黒地〔隠し田〕」問題に対する回答を打電しているが，この電
報は「冀熱遼分局の 6 月 5 日付電報を受け取った」という書き出しで始まって
おり，分局から中共中央に対して直接相談がもちかけられていたことを示して
いる[19]。以上から，この時期には，各レベルの党組織はひとまず中共中央—辺
区中央局—分区委員会という形で垂直的に編成されながらも，それぞれが独自
に中共中央とつながりをもっていたことがわかるのである。

17）なお小竹一彰によれば，晋冀魯豫中央局と東北局では，五四指示の実施措置を中央局か
　ら下級に伝達する活動は 6 月下旬以降に着手された（小竹 1983：118-121）。また荒武
　達朗によれば，中共中央華東局の管轄下にあった山東省の濱海区党委では，6 月 14 日
　から 23 日まで五四指示を検討する会議が開かれたが，五四指示の実施指示が出された
　のは 8 月 25 日であった（荒武 2017a：3）。これらの地域においても，議論に時間がか
　かった可能性があることを示唆している。

18）『中国共産党組織史資料』第 4 巻上，221，761 頁。

19）「中共中央関於在土地改革中応注意的幾個問題給晋察冀中央局冀熱遼分局的指示」（1946
　年 6 月 20 日），『華北解放区財政経済資料選編』第 1 輯，768 頁。

2）五四指示と地方党組織の躊躇

　このように冀中区は，五四指示の実施策をまとめるまでに 2 カ月半以上の時間を要した。これはなぜなのだろうか。結論を先に言うならば，それは，五四指示とそれまでの政策との間の懸隔のためであった。

　冀中区文書は，上述のとおり大部分が晋察冀文書と瓜二つであるが，独自に執筆された部分も存在する。それは五四指示の実施が遅れたことを自己批判した部分である。そこでは，冀中区は 1946 年 2 月に会議を開き，抗日戦争以後の農村革命について検討したことを述べた上で，次のようにこの「2 月会議」を総括している。

【史料 5-1】　最後に，区党委員会の 2 月会議には欠点があったが，成果も小さくはなかったことを指摘しなければならない。中央の五四指示の精神と18 条の指導原則にもとづいて検討すれば，われわれは 1942 年の土地政策に拘束されており，誤りは非常に大きく，問題に対してもあえて大胆に明確に肯定せず，揺れ動くなかで問題を解決しようとした。幹部に対して粘り強く説得教育することが不十分であり，地主が機会を捉えて反攻するのに対し，幹部は右に走り，ひどい場合には消極的な抵抗も予想していなかった。同時に不正確な観点（たとえば，<u>冀中で土地政策を執行することは非常にまずいことだと考えるものもいた</u>）に対しても，あるべき批判と教育を行わなかった。
（「中共冀中区党委関於具体執行中央五四指示及中央局指示的決定〈節録〉」〈1946年 7 月 28 日〉，『河北土地改革档案史料選編』67 頁）

　ここにある「1942 年の土地政策」とは減租減息政策のことであり，下線部の「土地政策」とは清算などによる土地の没収と分配を指す。つまり 2 月会議の時点では，減租減息政策に則って運動を指導することが確認され，「冀中で土地政策を執行することは非常にまずいことだ」という「不正確な観点」に対して批判を行わなかった，と回顧しているのである。五四指示が出される 3 カ月ほど前に，五四指示の方向性とは逆の結論を出していたことになる（したがって「不正確な観点」という表現は，五四指示の実施に踏み切った「いま」の時点から下された評価であることは言うまでもない。2 月会議の時点では，それは

184　第 II 部　農村革命工作へ

「1942 年の土地政策」に照らして「正確な観点」とされたはずである）。

　その結果，五四指示の扱いも不十分なものとなった。冀中区では 5 月にも会議を開いたが，その「5 月会議において中央の五四指示を討論したことは，政策を貫徹する中で過ちを是正するものであり，その精神は正確であると指摘しなければならない。が，老解放区では過ちの是正を重視しすぎ，土地の使用権を所有権に改めることに対しては指摘が不明確であり，具体的ではなかった」のである[20]。五四指示に対する冀中区の戸惑いは，五四指示における農村革命の転換（飛躍）ゆえに生じたのであった。

　しかし実は五四指示に対してある種の躊躇をみせたのは冀中区だけではない。早々と 5 月 30 日付で五四指示実施のための文書（冀東区文書）を提示した冀東区も，五四指示に示された農村革命の転換の受け入れを表明しつつ，1 点だけ五四指示から逸脱する決定を行っていた。それは，五四指示で示された政策転換を党外に対してどのように説明するかという問題である。五四指示は以下のように指示している。

　【五四指示 (3)】　党外人士に対しては必要で適当な説明を行い，土地問題を解決することは 90 ％以上の群衆の正当な要求であり，孫文の主張と政協決議に合致しており，さらにさまざまな人や地主富農に対して適当な配慮を行っているので，農民の要求に賛成すべきであると指摘する。

　　　　　　　（「関於土地問題的指示」〈1946 年 5 月 4 日〉，『劉少奇選集』上巻，382 頁）

　また，この五四指示を追いかける形で 5 月 8 日付で出された「毛沢東と劉少奇の土地政策に関する発言要旨」も，政策変更の説明について次のように述べている。

　【史料 5-2】　自由資産階級と，中間分子がしばらく動揺することを怖れる必要はない。……しかし，自由資産階級および中間派に対しては，正しく有力な解釈をする必要があり，減租と耕者有其田はすべて政協決議を実行するも

20）「中共冀中区党委関於具体執行中央五四指示及中央局指示的決定（節録）」（1946 年 7 月 28 日），『河北土地改革档案史料選編』67 頁。

のであり，そのやり方は，内戦時期〔江西ソビエト時期〕とは大いに異なる
ものであることを指摘しなければならない。

（「中共中央転発毛沢東和劉少奇同志関於土地政策発言要点」〈1946 年 5 月 8 日〉，
『華北解放区財政経済資料選編』第 1 輯，767 頁）

　このように中共中央は，五四指示における政策転換を孫文が主張した「耕者
有其田」を実現するものとして党外に対して説明せよと命じていた。これに対
して冀東区文書は次のように述べる。

【史料 5-3】　実施の初めは，慎重な態度で，ステップを踏むことでうまくや
ることができる。第一に，公開で耕者有其田を宣言してはならないが，適当
な方法を通して，群衆に土地を獲得することに対する信念を与え，その革命
性を鼓舞する。

（「中共冀東区党委関於群衆運動問題初歩検討及執行中共五四指示的初歩意見〈節
録〉」〈1946 年 5 月 30 日〉，『河北土地改革档案史料選編』26 頁）

　ここでは五四指示の命令に反し，あえて「耕者有其田」を公言しないよう注
意を与えているのである。なお，こうした「耕者有其田」の扱いについての規
定は，晋察冀文書，冀中区文書ともに存在しない。冀東区文書独自の規定であ
る。
　このように五四指示を受け取った党地方組織の間では，2 つの意味で戸惑い
が生じていた。冀中区では，清算による土地分配を「行き過ぎ」と捉えていた
従来の政策との関連で五四指示実施策をまとめるのに時間がかかり，冀東区は
五四指示実施策そのものは比較的早い時期にまとめたものの，その政策転換を
「耕者有其田」という言葉を使って対外的に説明することは回避しようとした
のである。晋察冀中央局については五四指示実施文書の作成が遅れた理由は不
明であるものの，単に事務的な問題に由来するものであるとは考えにくい。冀
中区や冀東区と同様に五四指示の履行をためらわせる何かが存在し，そのため
に議論がまとまらなかったと考えるほうが自然であろう。この点については次
節で再度言及する。

186　第II部　農村革命工作へ

　これら地方党組織の躊躇は，国民党との内戦に対する懸念から出たものと考えられる。冀中区が最終的にためらいを捨てて五四指示実施策を作成したのは，内戦が全面化する前後（おそらく後）であったし，「耕者有其田」は，当時の共産党党内では，国民党との合作のために停止し，その代わりに減租減息政策を行ったという文脈で語られる言葉であった[21]。「耕者有其田」自体は孫文の言葉であったとはいえ，それを使用して政策を説明することは国民党との間の緊張を高める可能性を排除しきれない言葉だったのである。内戦の全面化が避けられない（あるいはすでに現実化した）段階で出された晋察冀文書と冀中区文書にこの言葉の使用を制限する項目がなかったということも，このことを逆説的に証明している。

　田中は，共産党指導部が「〔五四指示提示という〕政策変更に踏み切ったのは，国共関係の悪化と解放区の大衆運動の展開が，妥協の可能性を小さくし，土地政策変更の必要性を大きくしていったからである」と述べ，五四指示が出された時点では土地政策を変更すべきか否かに関する党内の論争はすでに決着していたとする（田中 1996：166）。またそれゆえに「5月末までには各地の中央局は五四指示実施計画の策定を終えた」としている（田中 1996：181）。しかし実際にはそうではない。党内の躊躇は五四指示が出された後にも残っていた。というよりもむしろ，五四指示の扱いをめぐって表面化したのである。そして内戦の全面化という現実が，党内の議論を五四指示の完全な実施へと収斂させたのであった。

3）毛沢東の国共内戦観と「耕者有其田」

　ではこの時期，中共中央は内戦への展望をどのように考えていたのだろうか。本節の最後に，毛沢東の内戦観と戦略を見ておきたい。

　1946年5月から7月までに毛沢東が党内に向けて出した文書に筆者が目を通した限り，毛沢東は国民党との内戦に消極的あるいは弱気な姿勢をみせてい

　21）毛沢東自身，中国共産党七全大会（1945年4月）での報告「連合政府論」において，こうした文脈で「耕者有其田」を語っている（『新中国資料集成』第1巻，44頁）。

第 5 章　国共内戦の全面化と階級政党への回帰　**187**

る。たとえば，毛沢東が 5 月 15 日付で周恩来や葉剣英らに宛てて出した文書
では，時局の分析として「国民党は東北に大攻勢をかける他に，積極的に全国
的内戦を準備している」とした上で，「わが党の方針は，東北の停戦を極力勝
ち取り，全国的な内戦を制止し，少なくとも，全国的な内戦の開始を遅らせる
ことである」と述べている[22]。こうした姿勢は 7 月に入っても基本的に変わっ
ていない。7 月 6 日付で周恩来・葉剣英らに宛てた文書では，毛沢東は以下の
ように述べている。

【史料 5-4】　国民党軍に対しては，相手の態度を見て，向こうが攻撃するな
らわれわれも攻撃し，向こうが停戦するならば，われわれも停戦する。談判
については，わが党はすでに最大限の譲歩をしたが国民党の貪欲さはとどま
るところを知らず，多くの無理な要求を提示するので拒絶せざるをえない。
アメリカ反動派と中国反動派はいま同じように多くの困難に直面しており，
われわれは彼らの困難な条件に対して十分に予想し，彼らの困難を利用して，
断固として，しかし適切な闘争を行って時局の好転を勝ち取らなければなら
ない。
（「“七七”宣言発表後応採取的策略方針」〈1946 年 7 月 6 日〉，『毛沢東文集』第 4 巻，
144 頁）

また，7 月 11 日に東北局の林彪に宛てて送った以下の文書も同様である。

【史料 5-5（1）】　蔣介石は今回の南京での談判において，興安省・新黒龍江
省・嫩江省の一部と延吉地区をわれわれに与えることを許したほかはすべて
接収するとした。……戦わずしてこれらの広大な地域を失えば将来回復する
ことはできず，戦って失えば将来また回復できる。まして，戦った結果，若
干の都市を失う可能性はあるが，蔣介石軍の進攻を粉砕し，多くの失地を回
復する可能性もまたきわめて大きいのである。したがって，全党は最大の決
心をし，一切の条件を準備するよう努力し，蔣介石軍の進攻を粉砕し，戦争

22）「力争東北停戦及制止全国内戦的対策」（1946 年 5 月 15 日），『毛沢東文集』第 4 巻，116
頁。

188 第 II 部　農村革命工作へ

の勝利によって和平を獲得しなければならない。

（「対東北局関於東北形勢及任務決議的修改意見」〈1946 年 7 月 11 日〉，『毛沢東文集』第 4 巻，151 頁）

　こうした内戦に関する毛沢東の表現は，たとえば 1946 年 11 月 21 日の中共中央会議での発言における，以下の表現と比較するとき，その特徴がより明確になろう。

【史料 5-6】　蔣介石の進攻は打破できるものであり，半年から 1 年経過して，彼の 70〜80 個の旅団を消滅させ，蔣介石の進攻を止め，われわれが反攻を開始する。彼がアメリカの援助の下に蓄積した力を，1 年以内に打破し，国共両党の力量を均衡させる。平衡になれば，相手を超えることはたやすい。そのときわれわれは打って出ることができる。

（「要勝利就要搞好統一戦線」〈1946 年 11 月 21 日〉，『毛沢東文集』第 4 巻，198 頁）

　このような，国民党を打倒するという目標の語られ方と比較してみたとき，先にみた 7 月までの表現が，闘争後も国民党が存在することが念頭に置かれている点できわめて弱気であったことは明らかである。【史料 5-5 (1)】は，「戦った結果……多くの失地を回復する可能性もまたきわめて大きい」と言ってはいるが，大きな兵力差のある敵との戦いに向かう将兵に対し，こうした明るい予測を「可能性もまたきわめて大きい」という表現で語らねばならなかったところに毛沢東の苦衷が察せられる。7 月まで毛沢東は，東北で国民党に打撃を与えることによって和平を勝ち取るという以上の戦略を示せなかったのである。

　ではどうするのか。毛沢東にとって，こうした軍事的な面での劣勢を克服するものこそ，農村において群衆を闘争に立ち上がらせ土地を分配することであった。7 月 11 日の東北局に対する指示は，先の引用部分に続いて次のように述べている。

【史料 5-5 (2)】　この，心をひとつにして長期で困難な闘争に備えて和平を勝ち取るという全体方針の下では，われわれの方法は，戦争によって，群衆への働きかけによって，土地問題を解決し人民の生活を改善することによっ

て，そしてその他のすべての努力によって，革命の力量を増大し反動的力量を減少させ，双方の力量にわれわれが有利な変化を発生させることである。（「対東北局関於東北形勢及任務決議的修改意見」〈1946 年 7 月 11 日〉，『毛沢東文集』第 4 巻，151 頁）

　そしてこれは，まさに五四指示に込められていた構想であった。五四指示は言う。「われわれが 1 億数千万人の人口を有する解放区で土地問題を解決できれば，解放区を大いに強固にすることができ」る，と[23]。すなわち毛沢東は，国民党と共産党との圧倒的な戦力差を十分認識し，内戦が全面化した場合には共産党が危機的な状況に陥ることを知っていた。だからこそ五四指示を出し，国民政府に開戦の口実を与えない範囲の限界まで，あらゆる手段を用いてすみやかに農民を階級闘争に立ち上がらせ，土地を没収・分配して支配地域に対する共産党の支配を強化するように命じたのである。

　しかし，このようにまとめるならば直ちに次の疑問が生じるであろう。すなわち中共中央は，土地の没収への政策変更を「耕者有其田」という（国民党を刺激する）言葉を使って説明するように命じていたのではなかったか。冀東区はそれゆえに「耕者有其田」という単語を使うことを禁じたのではなかったか。毛沢東は本当に内戦の全面化を恐れていたのか，と。これは確かに矛盾である。しかしわれわれは，先に国民党を刺激するとしたような「耕者有其田」のもつ意味を，毛沢東まで最優先で配慮していたと考える必要はない。

　毛沢東は，先に引用したとおり，五四指示と 5 月 8 日に出された土地政策に関する発言要旨の中で，党外に説明する際には「耕者有其田」を用いることを指示していた。しかし，別の場所では言葉の使い方について注意をするように命じている。先に取り上げた 7 月 11 日付の東北局に対する指示は，その最後の部分で次のように述べる。

【史料 5-5 (3)】　闘争と戦争の目的は，まず解放区を守るための闘争であることを述べるべきである。……自衛しなければ滅亡するのであり，だから自

23）「関於土地問題的指示」（1946 年 5 月 4 日），『劉少奇選集』上巻，382 頁。

衛戦争は完全に正当であり，必要なのである。その後で，経済的・政治的・軍事的な民主のために戦うのであるとか，その具体的な内容について述べる。階級闘争のスローガンは提示してはならない。

（「対東北局関於東北形勢及任務決議的修改意見」〈1946 年 7 月 11 日〉，『毛沢東文集』第 4 巻，152 頁）

　これは，内戦がすでに全面化の様相を呈していた 7 月 11 日に出された文書である。にもかかわらず提示してはならないという「階級闘争のスローガン」とは一体何であろうか。「土地改革」である。毛沢東はすでに五四指示の段階で「土地問題の解決」という言葉と併用で「土地改革」を使い始めており，6 月 20 日に晋察冀中央局・冀熱遼分局に対して出した電文では，ほぼすべて「土地改革」という言葉を用いて政策を説明している。つまり党外に対しては「耕者有其田」という言葉で説明せよとした政策を，党内に対しては「土地改革」という言葉を使って説明することに何の躊躇もみせていないのである。毛沢東にとって対外的に扱いを慎重にしなければならない言葉は，「耕者有其田」ではなく「土地改革」であった。逆に言えば，毛沢東はこの時期，土地の没収と分配を「耕者有其田」で説明する限りは国民政府に全面内戦の引き金を引かせることはないと判断していたことになる。この点が，5 月末の時点では冀東区党委員会に共有されていなかったのである。

　とはいえ，毛沢東のなかに「耕者有其田」を使うことに対する懸念がまったくなかったわけではないだろう。むしろ，そうした懸念と天秤にかけた上で，農民を土地の没収と分配を含む闘争に立ち上がらせ，支配地域の強化を選択したと見るべきである。ここからは，国民党との全面内戦を想定した場合の自らの抵抗能力に対する毛沢東の危機感の大きさを窺い知ることができよう[24]。だからこそ毛沢東は，減租減息政策に忠実であろうとした冀中区の実践も存在するなかで，清算闘争を反封建闘争と読み替え，それによる土地の没収と分配と

24）楊奎松は，中共中央（毛沢東）は全面的な内戦勃発の可能性が高まった 1946 年 6 月初め，「激烈な土地改革方式を利用して農民を動員するべきか否かについて，逆に躊躇するようになった」と指摘している（楊 2011：56）。

第5章　国共内戦の全面化と階級政党への回帰　191

を革命として肯定していた地域の実践を取り上げて公認し，支配下の全地域に対してその実現を求めた。地方党組織の間にさまざまなレベルで五四指示への戸惑いが生じたのは当然だったのである。

2　内戦全面化以後の中国共産党

1）農村運動の報道における変化と中国共産党

　五四指示が出された当初には存在した党内の不一致が，冀中区に象徴されるように，内戦の全面化とともに五四指示の完全な履行，すなわち「耕者有其田」の実現へと収斂した。このことは共産党をどのように変えたのか。これが本節の課題である。この問題を，主として晋察冀中央局の機関紙『晋察冀日報』上の変化を手がかりとして考察する。まず本項では，農村運動をどのように報道したかということの変化をみる。

　第4章では，1946年2月ごろから『晋察冀日報』上では反奸清算・減租減息といった闘争の区別があいまいになり，闘争形態と結果との間に不一致がみられること（たとえば，漢奸某を清算して〇石の小作料を返還させた，など），また漢奸・悪覇が封建勢力であるという記述が出現しはじめたことを指摘した。同章ではこの動きを，漢奸・悪覇を封建勢力とみなし，彼らへの清算闘争もまた反封建闘争であるとした五四指示につながっていく流れであると捉えた。しかしこうした動きがある一方で，闘争対象を「地主」と表記する記事を掲載する際には，闘争形態や闘争の成果の記述について『晋察冀日報』は実は非常に慎重であった（経済的な意味での地主であるかどうかは不明であるため「地主」と表記すべきところであるが，以下では「」を省略する）。この傾向は1946年夏まで続いたあと7月から変化しはじめ，8月末以降大きく様変わりする。この変化について，『晋察冀日報』記事を1946年初頭から数カ月単位で区切って検討する。

①3月まで

　1946年初頭から3月までの間，闘争対象を地主と表記する闘争記事は数多く存在している。下に挙げるものはその典型である。

192　第Ⅱ部　農村革命工作へ

【史料 5-7】　涿鹿の各地では，清算復仇闘争が勝利したあと減租増資政策もまた貫徹されている。九区上河の群衆が悪覇張文治と闘争したときは，完全に勝利を獲得し，合計で粟 2,795 石，ラバ 3 頭，ロバ 4 頭，羊 18 頭，占拠していた 352 畝の土地，3 つの家を元の持ち主に返還した。引き続き村では査租〔減租の成果を確認すること〕を展開し，明減暗不減〔減租したように見せかけているもの〕10 件，375〔小作料率の法定上限の 37.5 ％のこと〕を超過しているもの 16 件，違法に奪佃〔小作契約を破棄〕したもの 5 件，もともと減租していないもの 6 件，契約を結んでいないものなどの土地問題を発見し，すべて完全に合理的解決を得た。全村で合計 64 戸の佃戸が 27 戸の地主の土地 2,477 畝を耕作し，総生産量は 404 石である。もともとの小作料は 264 石である。闘争後，119 石が退租〔小作料の返還〕され，半分以上減租された。新たに 64 の契約が結ばれ，新しい小作料の総額は 129 石である。

　　　（『晋察冀日報』1946 年 2 月 26 日「涿鹿減租数起獲勝　覇占的東西退還原主」）

　この記事で注目したいのは，前半の「悪覇張文治」に対する清算復仇闘争と，後半で言及される査租との扱いの差である。前者では「勝利の果実」として土地を没収したことにふれる一方で，後者では過去に地主が取りすぎた小作料が食糧で返還され，新たに小作契約が結ばれたことが記されている。このように，この時期地主が闘争対象とされる場合には，その闘争は減租か退租（あるいは査租）であり，返還されるものとしては主として食糧が記載された。これは，記事数は多くないが地主が漢奸として清算されるという内容の記事でも同様である。下に一例を挙げる。

【史料 5-8】　豊灤二区大苗家荘の地主苗旺は，かつて灤県の「社書」であり，もっぱら田賦徴収を管理し，税捐を売買していた極悪の漢奸である。その子もまた灤県政府で仕事をしていた。……該村が解放された後，民主政権と群衆団体が設立され，群衆の情緒は非常に高まった。……苗旺と敵の執務に対する清算闘争が爆発した。……苗旺は，一群の敵の組織人員（ほとんどは「上戸」）と連絡し，断固として抵抗することを決めた。そして，一人の偽保長だけを前面に出して応対させるという詭計を使って巧みに逃れようとした。

群衆は見破り，一致して苗旺に対して清算を行い，苗旺らが密かに汚職した
小麦 1,327 斤，現金 26 万 7,358 元，公地の生産物で密かに売り払われた大麦
7 斗，小麦 2 升，高粱 3 石 5 斗，玉蜀黍 2 斗半，村内で備蓄していた小麦 1
石 1 斗を算出した。……結果，群衆は，苗旺らが粟 100 石を賠償し，2 日間
「落子」〔北方で乞食が歌う俗謡〕を歌って許しを乞うことで，許すことにした。

(『晋察冀日報』1946 年 3 月 3 日「豊灤大苗家荘清算獲勝　苗旺賠糧百五十石」)

　このように【史料 5-7】と【史料 5-8】からは，闘争対象が地主である場合
には，彼をめぐって展開される闘争は（実際はどうであれ）減租・退租と記述し，
仮に漢奸として清算された場合でも土地を没収したとは書かないというのが，
1946 年の第 1 四半期における『晋察冀日報』の特徴であったことが分かる。

② 4〜6 月

　4 月に入ると農村運動の記事そのものが少なくなり，地主を闘争対象とした
農村運動関連記事は確認できなくなる。その理由は不明であるが，東北で本格
化した国民党軍との衝突を背景として国民党側を刺激することを避けたとも考
えられる。その後，5 月後半から 6 月にかけて再び地主を闘争対象とする農村
運動の記事が現れるが，ここで初めて地主に対する闘争の結果，土地を獲得し
たとする記事が確認される。しかし，地主が闘争の結果土地を没収されるのは，
彼が地主だからではなく，漢奸・悪覇だからであった。

【史料 5-9】　1935 年に殷汝耕が「防共自治政府」を成立させてから，冀東人
民は敵と漢奸の凶悪・残酷な圧迫を受け，一部の民族敗北主義者は敵に降伏
した。順義県の北務村の地主は敵のご機嫌をとって拠点となり，豊潤県の北
下荘の地主何正平は保安団の副団長に任じた。薊県の地主李午楷は大漢奸と
なった。彼らは敵の勢力を恃み貧乏人の血をすすった。……このため，わが
政府が，恨みのあるものは報復せよとか，減租，退租，減息，負担の返還な
どの呼びかけをした時，清算復仇運動は各地で展開されたのである。……遵
化の東留村，順義県の香河，興隆県などの地区から路南の各地では，少なか
らぬ人民がこの運動の中から自分の土地を奪還し，勝利の果実を得た。

(『晋察冀日報』1946 年 6 月 8 日「冀東解放区〈魏伯〉」)

194　第Ⅱ部　農村革命工作へ

　類似する記事は他にもあるが，この記事とは逆に「偽人員（傀儡政権の人員）」
となったことで私腹を肥やし地主になったものを清算するなど[25]，土地の没収
は地主的土地所有に対するものではなく漢奸・悪覇としての行為の賠償という
文脈で描かれている[26]。では地主的土地所有に対する闘争，すなわち減租退租
によって土地が分配されたとする記事は存在しないのかといえば，そうではな
い。しかしここでは地主や闘争の描き方が異なっている。【史料5-10】は，5
月・6月の『晋察冀日報』上で唯一確認できた減租による土地分配の記事であ
る。

　【史料5-10】　□□会など10カ村の統計によれば，すでに61戸の<u>地主が法
に従って退租し</u>，56戸の佃戸が退租の利益を獲得し，小作地370畝を保全し，
16戸の貧苦の農家は<u>土地50畝を買い戻した</u>。反汚職闘争によって清算した
汚職糧食は34石，汚職金銭は36万元である。
（『晋察冀日報』1946年5月17日「晋綏偏関河曲等県　群衆生産情緒高漲　減租後
貧農争相購地富農増雇長工　三分区組工作隊下郷協助開展減租」）

　この記事は，まず記事タイトルの冒頭にあるように晋綏辺区の情報を転載し
たものであることが注目される。このことは，晋察冀辺区では減租による土地
分配の事例がそもそも少なかったことを窺わせる。その上で，ここでは地主が
過去にとりすぎた小作料を「法に従って」返還し，農民はその利益を用いて土
地を「買い戻した」とされている。減租退租と土地没収とが一体のものとして
叙述されていないことに注目すべきである。またこの記事から浮かび上がる闘
争像は，比較的理性的で穏やかなものであろう。この記事には，闘争によって

---

25)　『晋察冀日報』1946年6月1日「囲場三区十七村群衆　清算獲地三千余畝」。
26)　たとえば『晋察冀日報』1946年6月14日「冀東群衆運動大展開　四百万人翻身抬頭」も，
　　「減租闘争では，合計で，減租・退租・負担返還によって玉蜀黍3万2,000斤を，反奸
　　復仇闘争では玉蜀黍3万斤を得た。群衆が没収した敵産は1,000畝，反覇占公産によっ
　　て玉蜀黍1万4,000斤を得た。反不正では米12万9,895斤を獲得した。この他にも，
　　黒地摘発により2万4,735畝を獲得し，年来の累積した捐334万7,823斤半を賠償させ
　　た。」と記述し，「敵産」「黒地」としての土地没収と減租退租による食糧没収とを区別
　　している。

減租に応じた地主が資金を工商業に移し，生産を発展させているという情報も掲載されている。つまりこの時期の『晋察冀日報』は，地主に減租退租を求める闘争については，それが穏やかで理性的なものであり，地域経済にも好影響を与えているという描き方をしているのである。1946 年の第 2 四半期における地主や対地主闘争の扱いは，反奸清算闘争の結果として地主の土地を没収したことを記したという点でそれまでよりも一歩踏み込んだが，地主的土地所有に対する闘争（減租退租）を記述する際には，引き続き慎重な配慮をみせていた。

③ 7 月以降

しかし『晋察冀日報』のこうした地主に対する慎重な姿勢は，7 月に入ると変化しはじめる。7 月 10 日の記事（「太行土地問題与農業生産」）は，減租政策の結果「土地関係に若干の変化が生じ」，「地主と経営地主」の戸数と所有面積が大幅に減少したと述べ，減租闘争と土地の没収とが直接的な関係にあることを窺わせている。8 月末になると，地主に対する闘争によって土地没収・分配が行われているという記事は，さらに具体的になっていく。

【史料 5-11】　万全陳家堡は全村 110 戸，純粋な佃戸は 82 戸であり，80 ％以上の土地は地主悪覇の手中に集中していた。小作料の形式は主として高額地租であり，全村はほぼすべてが水田であり，1 年あたり毎畝 2 石 4〜5 斗収穫できたが，租穀は 1 石 2〜3 斗であった。しかも額外の搾取も非常に重かった。たとえば，地主には年越しや節の時には贈り物をし，地主に官糧と官差と官款を納入しなければならなかった。さらに納租のときには地主は大きい秤を用い，1 斗あたり 1 升多くなった。農民たちは生活する方法がなかった。農民たちは宣化城に住む非法〔不法〕地主の席孝則に対して清算を行い，闘争に勝利した後，89 戸が土地を奪還した。

（『晋察冀日報』1946 年 8 月 31 日「察省各地農民　清算闘争相継勝利」）

ここでは，「高額地租」と「額外の搾取」を課していた闘争対象を非法地主と呼んでいるが，小作料徴収それ自体を理由のひとつとして土地の没収と分配を行っていることを，もはやいかなる意味においても隠していない。6 月まで

196　第II部　農村革命工作へ

の記事にみられた対地主闘争を叙述する際の配慮は，ここには存在していないのである。『晋察冀日報』は，共産党に指導された農村運動が，漢奸でない地主に対し，彼が地主であるということを理由として闘争を行い，土地を没収していることを正面から報道しはじめたのであった[27]。

　こうした変化は，内戦の動向に対応したものである。前節で確認したところによれば，晋察冀中央局が五四指示実施のための文書を党内に向けて出したのは6月末か7月初めと推測される。紙面の変化はやや遅れてはいるものの，こうした動きと軌を一にしている。そして9月以降の『晋察冀日報』は，農村における対地主闘争を，その内実が反奸清算であるか減租退租であるかを問わず「土地改革」の名を用いて記述していくのである[28]。ここに『晋察冀日報』は，抗日戦争以来維持してきた減租減息政策を放棄し「土地改革」を実施すること，すなわち封建制（地主小作関係）の消滅を目指すという自らの原理的立場に則って紙面を作りはじめたのであった。小竹一彰は，「土地改革」の語が晋冀魯豫中央局の『人民日報』と東北局の『東北日報』で使われだしたのは，1946年7月以降であることを指摘している（小竹1983：122-123）。地域によって若干の時間差はあるが，共産党は内戦が全面化した1946年夏，階級闘争を指導する革命政党としての本来の姿に回帰したのである。

　ところで『晋察冀日報』紙面に関する以上の考察からは，前節で明らかにできなかった晋察冀中央局の五四指示対応の遅れについて，ある程度の推測をすることが可能になる。みてきたように，『晋察冀日報』は5〜6月には地主を漢奸・悪覇として清算し土地を没収していることを報道していた。こうした形での闘争は五四指示の命令に従うものである。したがって，晋察冀中央局が五四

27）たとえば『晋察冀日報』1946年9月16日「宣化八区農民都有地」は「宣化八区は，……減租清算闘争を展開し，全区25村の2万人の民衆はすべて土地を獲得した」と記述する。

28）たとえば9月13日の紙面には，「土地改革」をタイトルに掲げた記事「蘇皖実行土地改革中　多方注意吸収中農」が掲載されている。9月27日の「涿鹿臥佛寺村　中農貧農是一家」と題する記事は，悪覇に対する清算闘争を含めて「土地改革」と表現している。11月5日の記事「雁北土地改革普遍展開」は，「土地改革運動」として「15人の大地主と6人の漢奸悪覇を清算した」と述べている。

指示の実施計画の策定に時間がかかったのは，地主を反奸清算闘争にかけ土地を没収せよとする五四指示の規定に違和感を覚えたからではない。『晋察冀日報』が最後まで記述に慎重だったのは，地主的土地所有そのものに対する闘争によって土地を没収・分配することであった。もちろん五四指示は，こうした減租退租闘争による地主所有地の没収も「耕者有其田」を実現するものとして認めている。つまり晋察冀中央局は，五四指示にある命令のうち，地主的土地所有そのものを闘争理由とし，それを廃絶する方向に向かうことをためらったと考えられるのである。その理由は，それが減租減息政策を完全に逸脱するものであり，国民党を刺激して内戦を全面化させる危険性が高いということに尽きよう。そして内戦全面化という現実が，晋察冀中央局の躊躇を不要にしたのである[29]。

---

29) 羅平漢は，陝甘寧辺区（西北局）では1946年末まで，公債を発行して地主の土地を購入し農民に土地を分配する「徴購」と呼ばれる平和的な土地改革政策が維持されたあと，1947年初めから地主との対決姿勢を鮮明にするようになったとしている（羅2022：225-226）。晋察冀辺区との間のこの時間差は，陝甘寧辺区が抗日戦争期から減租減息運動を通して事実上の土地分配が進んでいたこと，また国民党軍との緊張度の差が関係していると考えられる。一方，楊奎松は，中共中央は1947年2月まで国民政府との関係に配慮して過激な土地改革を控え徴購を推進しようとしていたと述べている（楊2011：61-62）。楊奎松はこの主張の根拠として，中共中央が各地の中央局に対して発した2つの通知（「劉少奇詢問土地改革的幾個問題的通知」〈1947年1月10日〉，『解放戦争時期土地改革文件選編』43-44頁，および「中共中央関於陝甘寧辺区若干地方試辦土地公債経験的通報」〈1947年2月8日〉，『解放戦争時期土地改革文件選編』45-46頁）を挙げているが，劉少奇が発した1月10日の文書（前者）では，徴購は「土地改革がすでに深く行われた地域」において発生していた土地分配の偏りを均すための最終的な手段として位置づけられており，闘争をともなう本来の土地改革を回避するためのものではない。このことは，劉少奇が同じ通知のなかで各地に対し，徴購を法令として出すことで「土地改革がいまだ深く行われていない地区に影響するか否か？また将来新たに発展する地区にはどうか？」と問い合わせており，その理由として「これらの地区では，依然として反奸清算などの方法で地主から土地を出させなければならないからである」と述べ，あくまで闘争による土地の没収を前提としていたことから明らかである。また2月8日の文書（後者）でも，徴購は「群衆の訴苦清算運動と結合させれば……群衆運動を大いに強化する」とされており，闘争を補完するものとして位置づけられている。

198　第 II 部　農村革命工作へ

2）党員と「党性」

『晋察冀日報』上では，内戦全面化の前後においてもうひとつ変化がみられる。それは「献地」に関する記事の登場である。献地は「献田」とも表記され，土地所有者が自発的にその所有地を差し出す行為を指す。1946 年 7 月末，地主出身の党員による献地の記事が紙面を賑わせはじめたのであった。しかし記事が多く存在するということと，実際の献地がその時点で行われていたということは別の問題である。まずこの点について確認する。

『晋察冀日報』の記事によれば，党員による献地は 7 月末から 8 月初めにかけて集中していたようである。たとえば次の 8 月 1 日の記事は言う。

【史料 5-12】　天鎮三区の民政助理員の郝耀同志と七区教導員の薛振国同志は，共産党天鎮県委の呼びかけに応じ，先月 25 日，本県の拡大幹部会議において自ら計 55 畝を献地した。郝耀同志は会議において言った。「私は革命幹部であり，模範とならなければならない。私自身は 40 畝の土地を所有しており，妻子の生活に必要なほかは，25 畝の土地を献上し，貧民に分け与えたいと思う」。教導員の薛振国同志は言った。「私は阮慕韓同志に見習わなければならない」，と。　（『晋察冀日報』1946 年 8 月 1 日「天鎮献地運動展開」）

また 8 月 3 日の記事（「献地運動継続拡展」）は宣化市における献地の事例を多く紹介しているが，そこでは 7 月 30 日に開かれた教師訓練班において献地の呼びかけがなされ，「保安完全小学校長の蕭運昌同志」と「沙城完全小学の女教師徐鐘秀同志」がそれぞれ献地を行ったとされている。ここからは，少なくとも 7 月下旬の晋察冀辺区では党員による献地が盛んに行われていたことが窺えるのである。ではこうした献地はいつから盛んになったのか。この問題については，先の記事【史料 5-12】にある「阮慕韓」が鍵を握っている。

阮慕韓は，経歴など詳細は不明であるが，周辺記事の情報を総合すると，この時期，張家口市地方法院院長だった人物である。そして彼の名前は，7 月末から 8 月の献地記事の中で献地の枕詞のように繰り返し言及されている[30]。すなわち模範例なのである。では彼はいつ献地し，いつ模範になったのか。

【史料 5-12】からは，7 月 25 日の時点ですでに阮慕韓の献地が天鎮県で模範

として成立していたことがわかる。しかし彼の行為が模範として顕彰されはじめたのは，以下の状況からみて7月下旬を大きくさかのぼることはないと考えられる。すなわち，阮慕韓の献地に関する記事としては，『晋察冀日報』上で確認できたのは7月28日の記事（「宣化県長李鋒献地百余畝」）と8月5日の記事（「我為什麼要献田〈阮慕韓〉」）の2つである。7月28日の記事は，「阮慕韓院長同志」に対し，彼の同僚である「辺区および張家口市司法界」が贈った感謝状を掲載しており，この感謝状の日付は7月27日となっている。また8月5日の記事は，辺区社会からの絶賛に答える形で阮慕韓自身が『晋察冀日報』に寄せた，「私はなぜ献田しなければならないのか？」と題する手記である。以上から，阮慕韓の献地が模範として顕彰されはじめたのは，7月末からそれほど遠くない時点であったと考えられるのである。もちろんこのことは，阮慕韓の献地自体が7月下旬にあったことを示すものではないが，それがいつのことであったかということは，それほど重要ではない。彼が行った献地という行為が7月下旬に模範として顕彰され，それに呼応して党員全体の運動になっていたという事実が重要なのである。

　では，なぜこの時期に党員の献地が盛んになったのか。これもまた，前段まででみた内戦を契機とした党の階級革命政党への回帰と連動したものと考えられる。共産党晋察冀中央局は，前節で取り上げた五四指示実施文書（晋察冀文書）のなかで，次のように述べている。

【史料5-13】　おそらく，中央の"五四指示"を執行するときには，党内のある同志たちは，個人と家庭の利益のために，確実に執行することを願わず，ひどい場合には抵抗するということが発生するだろう。したがって各級党委員会は，必ず党内で深い階級教育を進め，地主・富農家庭の出身である同志を含めた全党の同志に対し，断固として農民の側に立ち，農民群衆の利益のために奮闘することを要求しなければならない。中央の"五四指示"を断固として執行できるか否かは，一人一人の党員が，この歴史的に重大な局面に

---

30) 『晋察冀日報』1946年7月30日「察南察北等地区　献地模範継続湧現」，『晋察冀日報』1946年8月9日「献地運動」など。

おいて党性が強いか弱いかということに対する試験である。すべての地主出身の党幹部は，まず自分の土地を農民に分け与えなければならない。同時に家庭を説得し，開明的態度で，自ら土地を農民に分け与えなければならない。（「中共晋察冀中央局関於伝達与執行中央《五四指示》的決定」〈1946 年 8 月 24 日〉，『華北解放区財政経済資料選編』第 1 輯，774 頁）

　引用中の「党性」とは「党員としての階級的自覚」を意味する。つまり，党が階級政党に回帰し地主との階級闘争を闘っていこうとするいま，党員自身の階級的性格が重要であるとしているのである。しかし，出身自体はどうすることもできない。そこで地主出身の党員に対しては地主階級から自らを切断する行為を求めることになる。献地はまさにそうした「党性を試す試験」として位置づけられていたのである。内戦の全面化とそれによる党の階級政党への回帰は，党員に「党性」をもっていることの証を求めたのであった。

　なお，同時期の『晋察冀日報』には党員の献地と並んで，一般の地主からの献地も多く報道されている。たとえば 8 月 3 日の記事（「献地運動継続拡展」）は，「宣化市の献地運動は継続して展開し，各区の地主は続々と自ら土地を献地している。2〜3 日中に三区の地主は自ら 1,000 畝余りの土地を献地した」という書き出しで始まり，同様の多くの事例を掲載している。ここからは，農村における共産党の運動指導が地主的土地所有そのものをターゲットにしはじめ，それまでの反奸清算闘争による土地没収を潜り抜けてきた大土地所有者でさえ，危機を感じていたことが窺える。地主的土地所有そのものを理由とする闘争が，華北農村社会においてすみやかに実現できたかどうかは別の問題であるが，全面的内戦の勃発を受けた共産党の階級革命政党への回帰は，当該社会全体に大きな衝撃をもって受け止められたのである。

小　　結

　以上，本章では 1946 年夏の内戦全面化の前後における共産党の変化をみて

きた。五四指示は，その画期性ゆえに地方党組織に動揺を引き起こした。地方党組織が五四指示の履行を躊躇した理由はそれぞれであったが，内戦が全面化することに対する懸念が根底にあったという点では共通していた。毛沢東は国民党との戦力差に危機感を抱いていたからこそ，五四指示を出して支配地域を固めようとしたが，五四指示を履行すること，あるいはそれを「耕者有其田」という言葉を使って対外的に説明することが内戦の引き金を引くと考える地方党組織との間には懸隔があったのである。この懸隔は内戦の全面化という現実によって解消された。

　五四指示の履行を受け入れた各級党組織は，階級闘争を指導する階級政党に立ち戻っていく。機関紙上でも，支配地域で地主的土地所有そのものに対する闘争が行われ，その結果土地が没収・分配されていることを隠そうとはしなくなり，やがてそれを「土地改革」という単語を使って叙述するようになった。同時に辺区中央局は，党員に対して階級的自覚をもつこと，そして階級的自覚をもっていることを献地という行為によって示すことを求め，それを機関紙上でも喧伝した。内戦の全面化が，党を階級政党に回帰させたのである。

　では，階級政党に回帰した共産党の農村革命は，国民党軍との内戦の中でその支配下にある社会にどのような支配構造を作り上げていったのだろうか。次章以降で検討したい。

第6章

土地改革の解禁と基層幹部
——共産党統治下の地域社会——

はじめに

　本章は，全面的な国共内戦が始まった 1946 年 7 月から，延安が国民党軍の攻勢の前に陥落した 47 年 3 月までの時期を対象として，共産党が華北において行った土地改革がどのような経過をたどったのか，そしてそれは支配下の地域の権力構造や秩序にどのような影響を与えたのかといった問題を明らかにしてゆく。

　1946 年 5 月の五四指示で，漢奸・悪覇に対する闘争（反奸清算闘争）も反封建闘争であるとして階級闘争に含めた共産党は，本格的な内戦が始まると土地改革を正面に掲げ，党組織を挙げてそれを実現すべく注力した。しかし本章で詳細にみるように，中央指導部は戦況が悪化するなかで土地改革の内実・進捗状況を疑い，1947 年 2 月には各地方組織に対して「覆査」を命じることになる [1]。覆査とは，上級から基層に調査団を派遣して土地改革の実施状況を調査し，不備や問題を発見した場合には，基層幹部にやり直しを命じたり基層幹部を交代させたりすることである。劉少奇も，1947 年 1 月 10 日に各地の中央局や各区の党委に向け，土地改革に携わる共産党組織・地方政府の責任者を 5 月 4 日

---

1) 「迎接中国革命的新高潮」（1947 年 2 月 1 日），『毛沢東選集』第 4 巻，1215–1216 頁。

に延安に集め全国土地会議を開催する旨の通知を出した[2]（次章で詳述するように，全国土地会議は5月の開催が延期され7月から開催された）。こうしたことは，中央指導層がこの時期の土地改革の進捗状況および内実にきわめて大きな懸念を抱いていたことを物語っている[3]。では，1946年後半から1947年初頭にかけてのこの時期，共産党支配地域で何が起こり，それを中央指導部はどう認識していたのだろうか。

　金冲及は，農民は長期にわたって地主による「封建的抑圧」を受けており，地主を打倒し土地を手に入れたいという彼らの欲求が共産党の土地政策を突き動かし，1947年後半の急進化に結びついたとする（金2002：第11章）。この説明は五四指示と中国土地法大綱（1947年9月決議）の表現をストレートに受け取ったものであり，「革命に突き進もうとする農民群衆」と「過激な土地改革運動を抑え込もうとする基層幹部」という対立を背景とし，「農民群衆の要求を正しく理解し，革命を正しい方向に導く中央指導部」を主役として構築された歴史像である。しかしこの説明については，第2章でみたように華北では自作農が中心であったこと，また地主・大経営の場合には周辺零細経営との関係が深く，双方が土地と労働力を提供しあう「合股（共同出資）」と認識されていたことを考えれば（旗田1973：291），地主の土地を奪って分配するという闘争を社会構成員の多くが望んでいたということは考えにくい。

　またたとえば田中は，土地改革の進展にともなってこの時期に「分配すべき土地の不足」が明らかとなったが，そのことが党指導部に基層幹部（とりわけ村幹部）が土地を多く取得したり隠したりしているのではないかという疑念を生じさせ，最終的には貧雇農による基層政権の再編と土地の絶対均分に行かざるをえなくさせたと説明している（田中1996：206）。この説明は農民の闘争性を前提としていない点，また共産党の内部を中央レベルの指導者と基層幹部に

2）『劉少奇伝』上巻，514頁。
3）第5章注29で詳述したとおり，楊奎松は，中共中央は1947年2月まで平和的な手段である土地の徴購によって土地所有権の移転を実現しようとしていたとするが（楊2011：62），この主張の根拠になっている史料の解釈に異議があり支持できない。実際には本章で述べるように，中共中央は遅くとも1946年の10月下旬までには，激烈な闘争をともなう土地改革の実現を各地の中央局に対して求めていた。

分けて捉えた点で画期的であったが，序章で指摘したように，田中はこれと同じ章で，毛沢東と劉少奇が五四指示の直後（1946年5月8日）に出した補足の説明を根拠として「中共指導者たちは農村人口に対して耕地が足りないことを知らなかったわけではない」とするなど（田中1996：185），一貫した論理で説明していない点に大きな問題がある（この5月8日の文書の解釈については本章で後に検討する）。中央レベルの指導者たちは，華北農村において土地改革が無理筋の政策であると知ったうえであえて強行し，さらに急進化へとアクセルをふみこんだのだろうか。

　台湾では陳耀煌が，戦後内戦期の共産党の土地政策は「上から下へ」の統制である「組織領導〔指導〕」と，群衆に党を超える権力を与える「放手発動」の間を揺れ動いたとし，1946年から1947年にかけての展開については，1947年前半に土地改革が不徹底であることに強い危機感を抱いた劉少奇たちが，進捗しない原因は党員・基層幹部の不純さにあると捉え，土地改革の急進化を決断したとする（陳2012：425-426）。この陳耀煌の説明は，劉少奇らの認識と華北農村の客観的現実との関係を論理に組み込んでいない点で不十分である。土地改革不振の原因を党員・基層幹部の不純さに求めるということは，逆に言えば彼らは土地改革自体は華北農村社会に適合的であると考えていたことになる。こうした認識と華北農村社会の客観的な現実との関係から展開を説明する必要がある。

　このように，この時期の土地改革に関する国内外の主要な研究は，いずれも華北農村の社会経済構造をふまえた説明になっていない点に問題がある。田中や陳耀煌の議論は共産党内を層化して捉えている点で研究を新たな次元に押し上げたが，華北農村社会の客観的な現実や社会関係のあり方と関連づけて，党内各層の認識と行動選択を説明する必要がある。

　なお，土地改革が始まったこの時期からは，地主以外の農民のなかの階級区分が重要な意味をもつことになった。第1章でふれたが，改めてこの時期の共産党の公式の階級区分と用語を説明しておくと，「富農」とは労働力を雇用して農業を行う経営のことであり，「中農」とは自作農のことであり，「貧農」は小作農を，「雇農」は農業労働者を指した（今堀1966：138-139）。ただし本章で

みるように，少なくともこの時期の晋察冀辺区においては，「中農」と「貧農」の語は財力にもとづく相対的なものとして使用されていた可能性が高い。以下，煩雑となるため各階級区分の「　」は省略する。

1　国共内戦全面化以降の土地改革と華北農村（1946年7〜11月）

1）1946年7月以降の華北農村における反奸清算闘争と対地主闘争
①五四指示後の闘争

　1946年5月4日に党内に対する秘密指示として出された五四指示は，上述のとおり反奸清算闘争を反封建闘争に追加し，それによる土地の没収・分配を是認するものであった。実際，以下に挙げるように同年7月以降の『晋察冀日報』には，反奸清算闘争によって地主の土地を没収・分配したとする記事が見られる。

　　【史料6-1】　赤峯一区の文登子・大三家・西南地一帯の群衆は，<u>聯合して当地の地主・李恩栄，王峨らに対して減租減息・退租・退息・清算増資の聯合大闘争を行った</u>。数日間で二十数人の地主に説理し〔道理を説き〕，勝利を獲得した。
　　　　　　（『晋察冀日報』1946年7月24日「熱中群衆清算復仇　蒙漢団結把身翻」）

　この【史料6-1】は，報道されている内容自体は農民が地主に対して「聯合闘争（複数の村が連合して一人の地主と闘争する形態の闘争）」や「説理闘争（地主に「労働しない者が搾取によって良い暮らしをすることは不当である」などの道理を説いて搾取したものを差し出させること）」を展開して勝利したことを伝えるものであるが，記事のタイトルには「清算復仇」とあり，聯合闘争や説理したときの内容は小作料の搾取を問題とするものばかりではなかったことを物語る。次の記事は，そのことをより直接的に表現している。

　　【史料6-2】　五台では全地域が解放された後，広大な群衆は漢奸悪覇汚職分

206 第Ⅱ部 農村革命工作へ

子に対して清算闘争を行うことを要求し，反動地主によって奪われた血と汗と土地を奪還した。

（『晋察冀日報』1946 年 9 月 27 日「五台新解放区　清算闘争遍四十村　闇偽悪覇償還血償」）

　ここでも「反動地主」が土地を没収された理由は，彼が「漢奸悪覇汚職分子」だったからだとされている。さらに「黒地」に関する闘争（「査黒地清算」）も，戦時負担を回避したことに対する反奸清算のひとつとして位置づけられた。遵化県に関する記事は，次のように報じる。

【史料 6-3】　7 月の 1 カ月間に 10 の区の群衆が闘争に参加し，82 の村が 140回余の闘争を行った。査黒地清算を中心とし 8,135 人が参加した。……今回の闘争の目標は比較的明確であり，貧農と中農が一家族であり，一致団結することを理解し，反動地主の破壊・流言・威嚇を打ち破り……。

（『晋察冀日報』1946 年 8 月 26 日「遵化二次発動群衆　貧農中農団結獲勝」）

　このように反奸清算を理由として地主と闘争するのであれば，闘争する権利をもつ者（被害者）は地主―小作関係にある者（小作農）に限定されない。次の【史料 6-4】は，そのことをよく表している。

【史料 6-4】　9 月 1 日から易県全県の 442 の村の農民は凄まじい勢いの反漢奸・退租・負担の返還闘争を開始し，10 日間で数千年来の封建搾取を徹底的に消滅させた。……しかし農民は寛大であり各階層の人士に対してそれぞれ配慮した。一般の中小地主に対しては富農や富裕中農の生活〔水準〕を保全した。闘争においては中農も参加し，勝利の果実を獲得した。四区の 30の村の統計によれば，闘争に参加した 1,200 余の家のうち中農が 547 戸で，全体の 45 ％を占めた。

（『晋察冀日報』1946 年 10 月 10 日「土地改革獲得勝利　易県人民勇躍参戦」）

　この史料の下線部は，反奸清算・小作料返還・負担返還など複数の闘争を列挙し，その結果として「封建搾取を消滅させた」としているが，破線部にある

とおり参加者の 45 ％ を占めたという中農が共産党の規定通り自作農を意味するのであれば，闘争対象との間に小作関係は存在しないだろうし，仮に富裕度の表現としての中農であったにせよ，小作関係が彼らの家計に大きな位置を占めていたとは考えにくい。この闘争の結果消滅したとされる「封建搾取」の多くは，地主―小作関係にもとづく搾取ではなかったと考えられる。

またこうした記事とは逆に，小作料搾取に対して闘争を展開したとしながら，闘争対象を地主と表記していない記事も存在する。

【史料 6-5】　興和農民の減租清算闘争は，すでに全面的に展開している。三，四，七の 3 つの区，25 カ村の漢奸悪覇は，すでに相次いで人民に頭を下げ，搾取略奪した血の債務を賠償した。広大な農民はみな土地を得，生活は顕著に上昇した。たとえば三区古営盤村は，全村 87 戸のうち，佃戸〔小作農〕は 74 戸を占めていた。群衆の生活はきわめて貧困であった。闘争に勝利し，全村の農民はみな土地を得た。44 戸の赤貧戸は上昇して中農になった。七区の 9 つの村，520 戸の貧苦の農民は，闘争のなかで土地を獲得し，現在すでにみな上昇して富農になっている。

（『晋察冀日報』1946 年 9 月 5 日「興和広大農民翻身後　突撃圧青二万余畝」）

この史料は，下線部からは地主―小作関係に由来する搾取を取り戻す闘争によって小作農が土地を獲得したようにみえるが，闘争対象を示す破線部は「漢奸悪覇」となっている。記事の冒頭に掲げられた減租清算闘争のうち，実際には減租よりも清算を中心として闘争が行われたことを示唆していよう。

このように，五四指示が新たに階級闘争として追加した手段，すなわち反奸清算闘争によって闘争対象を打倒しその土地を分配することは，確かに 1946 年夏以降の農村闘争を活性化させていた。しかしその内実としては，闘争対象とされた地主は地主―小作関係を根拠として闘争されたのではなかった。言い換えれば単なる大土地所有者として，没収分配しうる資産をもつ者として闘争対象にされていたのである。

②闘争対象の実態

これを裏づけるものとして，この時期に出された地方党組織の文書には，中

農が「少しでも土地を多くもっている」ことを理由に闘争対象とされた事例が掲載されている。

【史料6-6】 なぜ，中農の利益を損ない，中農との団結に注意しないのか？その主な原因は，以下のとおりである。第一に，われわれの指導者に，中農と団結することに対する認識が不足している。……第二に，一部の地域には際限なく闘争するという思想があり，無原則な闘争を行い，われわれが全体の農民と団結して封建地主悪覇と闘争しなければならないということを理解せず，少しでも土地の多い者が闘争対象であるとしているが，これはまったく間違いである。

（「団結全体農民是保障闘争勝利的重要関鍵」，晋察冀辺区工農婦青回各団体編『群衆』第3巻第3期，1946年8月15日，3頁）

【史料6-7】 2つの小さく貧しい村では，区〔幹部〕は一貫して彼ら〔村の幹部〕には闘争がないと認識しており，会を開かせなかった。〔しかし〕結果として立ち上がり，中農に打撃を与えてしまった（この村に地主や悪覇の類がいなかったからである）。

（「冀東十五分区群衆発動的経験」，中共冀晋区党委研究室編『工作研究』第6期，1946年10月5日，40頁）

また，中農自身にも，土地の没収と分配が行われれば自分の土地が狙われることは認識されていた。

【史料6-8】 耕者有其田はわが党の新しい土地政策であり……認識の上でまだ誤りがあるかもしれない。それに加えてわれわれは，政策を貫徹することが不十分で，一部の中農と闘争した。……とくに中農階層の心配は大きく，均分しなければならないと認識し，献田を提案する中農が出るに至った。

（冀中区党委『土地改革第一階段　幾個問題的経験介紹』1946年12月1日，4頁）

このように反奸清算闘争による相対的な大土地所有者への攻撃は活性化していた。その一方で，たとえば次の記事のように，小作料搾取を理由とする闘争は激しい闘争にはならなかった。

第 6 章　土地改革の解禁と基層幹部　209

【史料 6-9】　繁峙小砂村はきわめて貧困な村であり，全村 78 戸，地主の 3
戸が全村の土地の 3 分の 1 を占有している。……今年の土地改革でこの村は
試験村になり，3 日間の宣伝教育活動を経て，農民は自分の苦しみが封建地
主によって搾取を受けているからであるということを理解し，すぐに組織し
て地主と闘争した。この村の地主である陳述孔と陳銀はこれを知ってすぐに
群衆に対して謝り，自分の土地 205 畝を差し出した。陳銀もまた，149 畝，
布 6 丈，白洋 62 元を差し出した。

（『晋察冀日報』1946 年 11 月 5 日「有地種什麼都不怕」）

③献地に対する評価

　また，前章でみたように 1946 年 7 月末ごろより「献地（献田）」運動が展開
された。献地運動とは自発的に所有地を献上して貧民への分配に供することで
ある。献地は，初期には主として党員や幹部によって盛んに行われ[4]，そのあ
とに地主や富農による献地が続いたが，この時期の『晋察冀日報』は，こうし
た地主・富農の動きを肯定的な文脈で報じている。

【史料 6-10】　忻県参議員で二区田家堰の地主・宿殿□先生は，自ら佃戸に
願い出て，過去の行き過ぎた搾取を清算した。……宿殿□先生のこうした開
明的な態度は，群衆の熱烈な賛同を広く獲得した。このため清算大会は，和
気あいあいとした雰囲気の中で進んだ。

（『晋察冀日報』1946 年 7 月 28 日「忻県参議員宿殿翻　自動清算額外剥削」）

【史料 6-11】　宣化市の献地運動は継続して展開している。各区の地主は続々
と自ら土地を献地している。2〜3 日中に，三区の地主は自ら 1,000 畝余の土
地を献地した。……梁崔氏もまた，紅契〔土地所有証〕をもって区公所に行
き，献地した。彼女は言った。「わが家は 8 人であり，全部で 443 畝の土地

---

4)『晋察冀日報』1946 年 7 月 28 日「宣化県長李鋒献地百余畝」は，中共晋察冀中央局・
　辺区委員会・察哈爾省委が献地の呼びかけを行った結果，宣化県長が献地して模範を
　示したことを報じている。また『晋察冀日報』1946 年 7 月 30 日「察南察北等地区　献
　地模範継続湧現」は察哈爾省の党員の間で献地が活発化したことを報じ，『晋察冀日報』
　1946 年 8 月 2 日「遵化実業科長于更新　自動献田八十畝」も遵化県で実家が地主であ
　る党員が献地したことを伝えている。

をもっている。家では誰も耕しきれない。私はこれほど多い土地を，どうすればよいのか？　私は子供たちに1人10畝を残そうと思うが，その他の土地は，すべて貧乏人に与えて耕作してもらおうと思う」，と。

（『晋察冀日報』1946年8月3日「献地運動継続拡展」）

【史料6-12】　濱海解放区の莒県，竺庭，日照，臨淄の4県では数十万人の農民が「耕者有其田」を達成するために闘争している。……佃農の地主に対する譲歩は非常に大きく，たとえば日照県の山子河村で地主鄭徳路を清算した結果は……わずかに20万元を清算しただけであった。また彼には土地22畝と家屋のすべてを残しその生活に配慮した。

（『晋察冀日報』1946年9月25日「山東濱海区四県　展開耕者有其田闘争」）

【史料6-13】　山東解放区ではすでに1000万余の農民が「耕者有其田」に達した。……運動においては，一般の中小地主の多くは政府の仲裁によって合理的に解決し，そのまま残された田は中農の4/3～2倍であり，裕福に暮らしている。

（『晋察冀日報』1946年11月26日「山東達到「耕者有其田」　千余万農民獲得土地」）

　以上から，この時期の地主に対する闘争は比較的穏健な形で行われたこと，闘争の過程で小作農が譲歩したこと，闘争の結果，地主に相対的に広い土地を残したことが肯定的に報道されていたことがわかる。しかも上に挙げた史料のうち【史料6-12】と【史料6-13】は晋察冀辺区のものではなく，山東辺区の情報を転載したものであった。1946年夏から秋にかけてのこの時期には，晋察冀辺区だけではなく華北の共産党占領地域全体で，地主との協調や地主への配慮・譲歩が行われ，そのことが肯定的に語られていたのである。

　もちろん，献地に象徴されるような地主の協力姿勢を引き出した背景としては，反奸清算を理由にした群衆闘争の広がりや激化があった。『晋察冀日報』1946年8月28日の記事（「懐来群運開展神速　由於領導上大胆放手」）は，懐来県では悪覇に対する群衆闘争を見て恐怖した富農が献地したと率直に描き，先に挙げた【史料6-2】も，引用部分に続いて，群衆運動の展開を見て地主が献

地したと報じている。前者は「富農のなかに政策に対する誤解が生じている」ことを伝える文脈で書かれたものであり，後者は群衆運動の威力を称揚する目的で書かれたものであるが，いずれも群衆闘争が強い圧力となっていたことを伝えている。しかし，小作料搾取を理由とした対地主闘争が反奸清算闘争と同様の激しさで行われることはなかったのである。

④地域的な差異

なお，このように1946年夏以降も晋察冀辺区では階級闘争としての対地主闘争が低調だったという点については，平地と山地，北部と南部の別がなかったことを図6-1で確認しておきたい。以下，本章では図6-1上の標高200メートル線以東・以南を便宜的に「平野部」と表現する。標高200メートル線以西は1,000〜2,000メートル級の山が連なる太行山脈に向かって急激に斜度が上がる。この地域を「山地」と表現する。また「山地」にも盆地や平野が存在するが，本章ではこれらを便宜的に「平地」と表現する（なお，「平野部」は第2章で確認した「冬麦高粱区」に，「山地」と「平地」は「冬麦小米区」に重なる。前掲図2-2も参照）。

反奸清算闘争によって地主の土地を没収・分配したとする【史料6-1】の赤峯は長城以北（春麦区）に，【史料6-2】の五台は山西省の山地（冬麦小米区）に位置した。また「査黒地清算」によって「反動地主」の土地を没収したとする【史料6-3】の遵化は冀東区の平地（冬麦高粱区）に，中農が多数参加する運動によって「封建搾取を徹底的に消滅させた」とする【史料6-4】の易県は，察哈爾省南部の平野部（冬麦高粱区）に位置した。春麦区から冬麦高粱区に至るまで，対地主闘争は反奸清算闘争として行われていたことがわかる。

また地主との協調がみられた【史料6-9】の繁峙と【史料6-10】の忻県（忻州）は冀晋区の山西省の山地（冬麦小米区）に，【史料6-11】の宣化は察哈爾省の北部（春麦区）に位置した。いずれも生産力の低い地域であり，大規模経営と周辺零細経営との格差が明確であったことが注目されるが，そうした生産構造の地域であっても融和的な形で闘争が進められたことは興味深い。いずれにせよ，華北では反奸清算闘争の闘争対象を地主あるいは封建勢力と呼ぶことで対地主闘争を実現したように報じられていたが，実際には搾取関係にもとづ

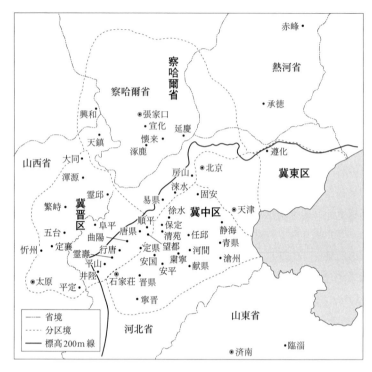

図 6-1　晋察冀辺区（1946 年後半）

出所）『中国共産党組織史資料』第 4 巻上，511，525，583，761 頁の記述にもとづいて，光岡訳（1972）および河北省社会科学院歴史研究所ほか編（1983）の附図を参考に作成。標高 200 m 線については『河北省地図冊』を参照した。

注）分区の領域はおよその管轄範囲を示したものであり，実効支配していた領域を示すものではない。

く対地主闘争は低調であった。従来から大規模経営と周辺零細経営が協力して再生産構造を維持してきた地域では，地主（大規模経営）との関係も融和的だったのである。

2) 1946 年 7 月以降の華北農村における村幹部と群衆

このように地主との関係が融和的であることが許されるのであれば，上級党組織が村幹部に対して地主との階級闘争の実現を過度に求める必要性は低くなるだろう。実際，この時期の上級党組織は村幹部に厳しい目を向けておらず，

むしろ農村の革命事業の成功の鍵は村幹部が握っているとする認識さえ示していた。たとえば以下のような記事がある。

【史料6-14】 懐来の群衆を闘争に立ち上がらせる活動は，指導の面で大胆にしたことによって，群衆の減租清算闘争はすでに普遍的に迅速に展開している。現在，全県236の行政村のうち，すでに199の村の農民が減租清算闘争に参加し，相次いで勝利を獲得した。……懐来の群衆運動がかくも迅速に展開したのは，主として指導の面で大胆に立ち上がらせたからである。一面では，群衆と村幹部を信じて依拠し，また一面では思想面・政策面で指導を強化した。

　　　（『晋察冀日報』1946年8月28日「懐来群運開展神速　由於領導上大胆放手」）

同様に，晋察冀辺区の冀晋区は，従来の運動がうまく行かなかった理由について分析するなかで次のように述べている。

【史料6-15】 ×県は「左」を防ぐためにとくに下級が上級に服従することを強調した。こうした「左」を怖れる思想は良くないことである。それによって，幹部，とくに村幹部を信じず，群衆を信じず，村幹部や群衆が手足を縮め……という状況を作り出してしまった。

　　　（『晋察冀日報』1946年11月22日「冀晋各地土地改革　完成示範全面展開」）

ここでも村幹部は群衆と同列のアクターとして闘争の成否の鍵を握る存在とされている。農村闘争において上級党組織が依拠すべき人びととしては，群衆と並んで村幹部も挙げられていた。前項でみたように，1946年11月ごろまでは鋭い階級対立や激しい対地主闘争を経なくても土地を取得・分配できさえすれば肯定する姿勢が上級党組織にみられ，地主に対する融和的な姿勢も許容されていた。この時期，上級党組織からみたときの社会内諸アクターは，「県・区幹部／村幹部・群衆」という枠組みで括られていたのである。

3）公定の農村社会認識と華北の地方党組織
①華北農村社会の客観的構造と公定社会像

このように華北地域では地主的土地所有を理由とした闘争は低調であり，大土地所有者に対する闘争は主として反奸清算闘争の形で行われていた。この状況は，第4章でみた五四指示の発出に至る1946年前半までの状況と同じであった。とすれば，その原因も同じであろう。1946年12月に国民政府が作成した文書には，共産党の支配下にあった地域の状況として「一般の農民は，不法に地主の土地を分配することについて内心では不安を感じており……共産党は農民には封建的な感情があり正統観念に富んでいると指摘している」が，「農民は，漢奸の土地を分配することについては，殊に道理が十分であるので意気が盛んであり，痛快であると考えている」と記されている[5]。華北の平野部においては農村の社会構成が自作農中心だったこと，また自然条件が厳しい西北部や山地では土地生産性の低さのために大土地所有者と周辺零細経営との距離が近い「分種制」と呼ばれる形態が一般的だったことが，地主的土地所有を理由とする闘争を低調にしていたのである。共産党の公定社会像（前掲図1-1）と華北農村の現実（前掲図2-7）との間の大きなギャップが，こうした闘争の状況を生み出していた。

このことは，晋察冀中央局の検閲を受けたはずの『晋察冀日報』記事にも痕跡をとどめている。そうした例のひとつとして挙げられるのは，「貧農」と「佃農」（小作農）が別のカテゴリーになっている記事である。たとえば『晋察冀日報』1946年11月9日の記事（「完県曲陽城関農民 従闘争中獲得土地」）は，完県と曲陽では「今回，「耕者有其田」が実行されることを聞き……佃戸・労働者・貧農は自発的に地主を探して清算した」と記している。1946年12月6日の記事（「晋県六示範村 完成土地改革」）も同様である。この記事では，晋県の「翻身〔搾取からの解放〕運動に参加したのは農民（雇農・佃農・貧農・中農）のうち92.8％を占める」と記述されている。完県・曲陽・晋県はすべて平野

5）「綏靖区処理地権扶植自耕農実施計画綱要草案」（1946年12月25日），中国第二歴史档案館蔵。

部に位置する県である。さらに 1947 年 1 月 9 日の記事（「熱河土地問題大部解決　転到深入複査階段」）も，「土地分配において佃農や貸借関係にあった農民の得た利益は多く，雇用労働者や貧農の得た利益は少なかった」と表記している。これらの記事では，共産党本来の用語で言えば，貧農に含まれる佃農を別のものとして扱っていた[6]。これは「佃農ではない貧農」がかなりの数存在していたことを示唆する。

　またこうした推測を裏づけるものとして，貧農を単に「貧しい農民」という意味で使っている記事が存在していることが挙げられる。たとえば『晋察冀日報』1946 年 10 月 26 日の記事（「山東人民用血汗　建立起幸福的生活」）は，土地改革の結果「赤貧が上昇して中農・貧農になった」とするが，同時に「農民全員が耕作する土地をもっている」としており，貧農も耕地を所有しているとしている。ここでの中農と貧農の区分は貧富の差として捉えられている。1946 年 12 月 10 日の記事（「房山等地経土地改革　参軍献金頓形活躍」）も同様である。この記事は房山（現・北京市内）における反奸清算闘争の結果，「赤貧で上昇して貧農になったものは 11 戸」と表記している。「赤貧から上昇して貧農になった」ということは「赤貧が地主から土地を借りる小作農になった」という意味ではないだろう。この貧農もまた，地主的土地所有とは無関係な，文字通りの「貧しい農民」の意味として使われている。

　このように平野部を扱った『晋察冀日報』の記事には，貧農を「貧しい農民」の意味で使っているものが確実に存在していた。平野部では自作農が中心であったことに鑑みれば，こうした貧農の用法は彼ら（記事の執筆者，紙面の構成者）がもっていた実感に沿うものであったと解釈できる。つまり 1946 年に華北農村で主に展開されていたのは，「貧しい農民（自作農）」が「恨まれている農民（自作農）」を反奸清算闘争の論理で攻撃する，という形の闘争であっ

---

6) なお，同様の例は陝甘寧辺区の情報として『晋察冀日報』に転載された記事にも存在する。『晋察冀日報』1947 年 2 月 9 日「陝甘寧辺府副主席劉景範　総結試行徴購土地経験」は，陝甘寧辺区政府副主席劉景範が土地徴購に関する総括報告をした際，「現在耕している耕地を基礎として徴購を行う」という規定では「佃戸ではない貧雇農」は土地を獲得することができず，実際に新堡では無地少地の農民で土地を獲得できない者がいたと述べたと伝える。

216　第 II 部　農村革命工作へ

た。闘争者と被闘争者との間の差は相対的な貧富の差でしかなかったのである。

②認識と現実とのギャップと中央指導部

　しかし，このように共産党の公定の農村社会認識と華北農村の現実との間に大きなギャップが存在していたことに，中央レベルの指導者は気づいていなかった。五四指示を出した直後の 1946 年 5 月 8 日，五四指示の内容を補足するために毛沢東と劉少奇の発言要綱が各地の党組織に配布されたが，そこでは次のように述べられている。

　【史料 6-16】　広大な群衆の行動によって土地を平らに（すなわち，平均分配）した地域は，農民の平均主義を批判する必要はない。逆に，農民のこの種の徹底的に封建勢力を消滅しようとする行動を許可しなければならない。ただし，<u>果てしない均分，中農と連合しない均分，配慮すべき各種の人に配慮しない均分は，許可してはならない。</u>群衆が均分を提起していない地域では，群衆が提起する方法によって処理し，均分を行わなくてもよい。

　（「中共中央転発毛沢東和劉少奇同志関於土地政策発言要点」〈1946 年 5 月 8 日〉，『華北解放区財政経済史資料選編』第 1 輯，767 頁）

　本章冒頭でふれたように，田中は下線部にもとづいて，毛沢東は土地の均分政策が中農財産の保護と抵触することを認識していたとしているが（田中 1996：179, 185），この解釈は再検討を要する。ここでは「中農と連合しない均分は，許可してはならない」とされているのであって，「中農と連合しない均分」は例外的なものとして位置づけられていたと捉えるべきである。逆に言えば，均分は一般的には中農の財産を侵犯しないと考えられていた。このような認識は，1 年後の 1947 年 9 月に毛沢東の率いる中共中央が，当時別動していた中共中央工作委員会（劉少奇）に与えた文書でも示されている。

　【史料 6-17】　<u>土地均分は利益がきわめて多く</u>，方法は簡単で，群衆が支持し，外界はまたこうした公平な方法に反対する理由を見つけにくい。<u>中農の大多数は利益を獲得し，少数の者は一部の土地を提出することになる</u>が，同時に他の利益も獲得すれば（政治的および一般経済的利益），補償することができ

る。したがって土地会議は徹底的な土地均分の方針を採用すべきであり，農村のなかのすべての土地・山林・水利を……少数の重要な反動分子自身を除いて，老若男女を問わず，数量上も（多きを抽出して少なきに補填する），質的にも（肥えた土地を抽出して痩せた土地に補填する）平均に分配するべきである。

（「中共中央対中共中央工委関於徹底平分土地問題的報告的批示」〈1947 年 9 月 6 日〉，『解放戦争時期土地改革文件選編』80 頁）

ここでは，土地均分によって中農（の大多数）も利益を得る，とされている。このように中央レベルの指導者（とくに毛沢東）は，五四指示を出した 1946 年 5 月から中国土地法大綱を決議する直前の 1947 年 9 月まで一貫して，土地均分が中農の財産を侵犯することになるとは認識していなかった。これは公定の農村社会像（前掲図 1-1）から導かれる当然の結論であった。

③認識と現実とのギャップと地方党組織

しかし，晋察冀中央局をはじめとする華北各地域の地方党組織は，公定の農村社会像と華北農村の現実とのギャップに気づいていた。というのは，1946 年 5 月に五四指示が出されてからのおよそ 1 年間，土地の均分を目指す土地改革政策が中農（自作農）の財産を必然的に侵害することを，華北の地方党組織は懸念していたからである。たとえば天津周辺の平野部を管轄していた冀東区党委は，五四指示発出直後にその執行について検討した党委拡大会議において次の文を含む意見を決議している。

【史料 6-18】 現在，均分を提起しようとすれば，必ず一手代行（包辦代替）になり，簡単な方法を採用することになり，結果はきっと失敗するだろう。均分はわれわれは反対しないが，群衆闘争のなかで行わなければならず，現在の群衆はまだ十分に条件がなく，もし均分を行おうとすればきっと中農を傷つけるだろうし，中農の心情に違反しない均分は非常に少ないだろう。

（「中共冀東区党委関於群衆運動問題初歩検討及執行中央五四指示的初歩意見〈節録〉」〈1946 年 5 月 30 日〉，『河北土地改革档案史料選編』26 頁）

218　第Ⅱ部　農村革命工作へ

　晋察冀辺区のなかで華北平原を管轄していた冀中区党委も，土地の均分が中農の利益を侵犯することを明確に述べている。

【史料6-19】　中央の五四指示の精神は，反奸・清算・減租・退租・減息などの闘争のなかから耕者有其田を行うものであり，土地均分ではない（土地均分は中農の利益を侵犯し，富農の打撃が重すぎるだろう）。したがって，果てしない闘争は採用すべきではない。「広大な群衆の行動によって土地を平らに（すなわち，平均分配）した地域は，農民の平均主義を批判する必要はない。逆に，農民のこの種の徹底的に封建勢力を消滅しようとする行動を許可しなければならない。ただし，果てしない均分，中農と連合しない均分，配慮すべき各種の人に配慮しない均分は，許可してはならない。群衆が均分を提起していない地域では，群衆が提起する方法によって処理し，均分を行わなくてもよい」（毛主席と劉少奇同志の，土地政策に関する発言要点〈毛主席和劉少奇同志関於土地政策発言要点〉）。

（「中共冀中区党委関於具体執行中央五四指示及中央局指示的決定〈節録〉」〈1946年7月28日〉，『河北土地改革档案史料選編』73頁）

　この【史料6-19】で興味深いのは，後半で5月8日の「毛主席と劉少奇同志の……発言要点」（【史料6-16】）を引用して，自身の「現在の政策は土地の均分ではない」という主張を正当化しているという点である。この「毛主席と劉少奇同志」からの同じ部分の引用は，1946年8月29日付で晋察冀中央局総学委が発行した『土地政策学習参考文件』内にも存在し，そこでもやはり「現在の政策は土地の均分ではない」ということを主張する文脈で用いられている[7]。とくに華北の平野部を管轄する地方党組織では，1946年夏の時点で土地の均分が中農の財産を侵害するという認識が広がっていたのである。

　晋冀豫辺区の一部として河北省南部に位置した太行区も，1947年6月に土地均分は中農の利益に抵触する可能性があるとする報告をまとめている。報告書はこの地域の新区では「地主階級が全人口の8.95％を占め，全耕地の

7）中共晋察冀中央局総学委編『土地政策学習参考文件』（1946年8月29日）25頁。

22.55 ％を占め，富農は全人口の 8.82 ％を占め，全耕地の 14.16 ％を占めていた。地主と富農の合計では，全人口の 17.78 ％を占め，全耕地の 36.71 ％を占めていた」と述べ，もともと地主・富農への土地の集中度が低かったことを指摘した上で，次のように述べている。

【史料 6-20】　均分問題……均分はごく少数の村だけであり，それは本区は一般に土地が分散しており，中農の比重が大きく，中農の平均面積は一般に総平均面積よりもやや大きいからである（たとえば 14 県の 24 村の比較的精確なデータを総合すると一人あたりの平均は 3.34 畝であり中農の一人あたり平均は 3.42 畝である。地主集中区では，一人あたり 3.52 畝であり，中農は 3.2 畝である。こうした地区だけ中農は平均数よりも少ない。富農集中区では，一人あたり 2.84 畝であり，中農は 3.1 畝である。土地分散区では一人あたり 3.55 畝であり，中農は 3.76 畝である）。……したがって均分やすべての打乱平分〔完全に平均化すること〕は一般に容易ではなく，中農との団結に影響を及ぼす。
（「中共太行区党委土地改革報告〈節録〉」〈1947 年 6 月 15 日〉，『河北土地改革档案史料選編』200-201 頁）

　このように華北の各地方党組織の認識は，土地の均分政策は中農の財産を侵犯するというものであった。
　とはいえ，土地均分政策は中農利益を侵犯しない，あるいは土地均分は中農にも利益があるとする地方党組織の文書が存在していないかといえばそうではない。たとえば陝甘寧辺区（中共中央西北局）では，以下のように 1947 年の初頭に「土地の均分は中農財産を侵犯しない」とする指示が出されている。

【史料 6-21】　土地分配の方法に関しては，西北局は 1 月 24 日の補充指示において非常に明確に書いている。すなわち，「2 種類の異なった分配方法がある。1 種類は，貧雇農が要求する平均的に分配する方法であり，もう 1 種類は富農路線の分配方法である。後者は広大な群衆を闘争に立ち上がらせる上で非常に大きな障害がある。……最も良いのは，清算闘争のときに獲得した土地と献地や徴購した土地を統一して平均で分配し，みなが利益を得るこ

とである。こうした平均分配は，決して中農の土地を動かすものではない。……このようにして初めて，90％の農民の賛成と土地改革運動への参加を勝ち取ることができるのである」，と。

（「徴購的土地如何分配」，土地工作通訊編輯委員会編『土地改革工作通訊』第3期，陝甘寧辺区政府，1947年2月10日，1-2頁）

　下線部だけであれば，土地の均分は中農の利益と抵触しないと述べているようにみえる。しかし，土地均分の前に「こうした」という単語がつけられていることから分かるように，この指示に言う土地均分は，すべての土地を均分することを指しているのではない。清算闘争・献地・徴購によって獲得した土地を平均的に分配することを均分と呼び，その方式で利益を与えれば90％の農民は喜ぶと述べているのである。村内の耕地面積を村民の人口で割った平均面積に近づけるという，本来の意味での土地均分について語ったものではない。
　また次の冀中区の文書も，土地の分配政策（耕者有其田）が中農にとっても利益になると述べているように読めるものである。

【史料6-22】　今回の闘争は，各村の中農は恐慌を起こさなかっただけでなく，共産党が中農の利益も代表しているということを理解した。耕者有其田は中農にとっても利点があり，それゆえに各村の中農は積極的に闘争に参加する。前窪などの村の富農は，地主の負担を清算したことにより，自分自身の利益が影響を受けることを悟り，闘争に参加した。

（丁廷馨「青県発動群衆的幾点経験」，冀中区党委編『工作往来』第2期，1946年10月10日，12-13頁）

　しかし，この【史料6-22】の前には次の文章が置かれている。「地主が負担を逃れて土地を隠し，村に損失を与えた場合，清算の方法で数字を算出し，農民に教育することは最も有効である」。つまりここで「耕者有其田」を実現する手段として想定されているのは，地主が負担を逃れていたということに対する清算闘争であり，全員の所有面積を平均化する均分についてはふれていない。土地の均分政策は中農利益の保護と両立すると明確に述べる地方党組織の文書

は，巧みに論理のすり替えが行われていたのである。

　以上の考察から，1946 年 5 月から 1947 年 5 月頃までの 1 年間，華北の地方党組織の指導者たちは「土地均分は中農を傷つける」という認識をもっていたことがわかる。ただし，この認識にもとづく主張が，【史料 6-19】や，【史料 6-19】と同じ文章を用いた『土地政策学習参考文件』に見られるように，毛沢東・劉少奇の発言要綱【史料 6-16】を引用する形で正当化されていたことに注目すべきである。地方党組織の指導者たちが文書においてこのように慎重な表現を選択していたことは，当時，中央レベルの指導者との間に農村闘争の方法をめぐって微妙な相違・緊張が存在していたことを示唆している。地方党組織の指導者たちは，前掲図 1-1 と前掲図 2-7 のギャップに気づきつつも，そのことを正面から中央指導部にぶつけることを躊躇していた。毛沢東の現実認識に異を唱えることをはばかっていたのである。延安整風運動から，まだ 5 年も経っていなかった。

2　1946 年 11 月後半以降の土地改革と中央・地方・基層

1) 1946 年秋の中央指導部からの圧力と晋察冀中央局

①土地改革の「成功」事例の称揚

　前節で明らかにしたような，大土地所有者に対する闘争がキとして反奸清算闘争の形で行われる一方で，地主的土地所有を理由とした闘争は低調であり，大土地所有者に対して融和的ですらあった晋察冀辺区の状況については，中央指導部も認識し問題視していた。このことは，『晋察冀日報』と，中共中央の機関紙として延安で発行されていた『解放日報』が，土地改革の成功事例をどのように扱っていたのかというところから分かる。

　『解放日報』は 1946 年 12 月 14 日，この年の土地改革を総括し，各地方党組織に対して翌年の春耕までに土地改革を完了するよう求める社説「春耕前の土地改革の完成を勝ち取ろう（争取春種前完成土地改革）」を掲載した。この社説は冒頭で「半年来，解放区では耕者有其田を実現させる土地改革運動が，普遍

222 第Ⅱ部 農村革命工作へ

的に凄まじい勢いで進行した。これは空前の偉大な歴史的意義をもつ出来事である」と述べ，激烈な土地改革が展開されている地域があるとしたうえで，次のように述べる。すなわち，「土地改革がうまくいっている場所では，愛国自衛戦争への群衆の参加はますます決然としたものになり，勝ち戦も次第に多くなっている」，と。そしてそのことを証明する成功例として，蘇皖・晋冀魯豫・山東の各解放区の事例を取り上げている。そのうち華中の蘇皖辺区については，以下のように述べている。

【史料6-23（1）】　蘇皖の農民が翻身した後，参戦の情緒は十分高まった。泰興新街区の5,000余の雇農や貧農が，1戸あたり平均で3畝余を獲得した後，直ちに940人が自発的に従軍した。そのほかに800人が民兵に加入している。……たとえば蘇中の南通の某郷の農民は，手に武器を持って，農村で強奪する「還郷団」〔地主の帰還を支援する武装集団〕を断固として打倒し，同時に三日三晩の清算運動を巻き起こし，すべての農民が土地を獲得した。

（『解放日報』1946年12月14日「社論　争取春種前完成土地改革」）

　しかし，その一方で晋察冀辺区以北の地域については冀東区の一例にふれるのみであり，本章で紹介してきたような晋察冀辺区内の諸闘争には言及していない。しかも『解放日報』の同日の同じ紙面には，蘇皖辺区ではすでに1500万人の農民に土地が分配され，周辺地域での戦闘にのべ20万人近くの農民が従軍したと伝える記事（「自衛戦争力量的源泉　蘇皖千五百万農民獲地」）が掲載されている。1946年秋以降，共産党の中央指導部が土地改革の成功例としてとくに注目し，報道において特別な扱いを受けていたのは，社説で言及された3つの解放区のうち長江北岸（江蘇省北部，現・淮安市の周辺）に存在した蘇皖辺区[8]であった。以下，この蘇皖辺区の成功例の報道のされ方を手がかりとして，共産党中央指導部が晋察冀辺区の状況をどのように評価していたのかについて考察したい。

8）『中国共産党組織史資料』第4巻上，322-323頁。

②蘇皖辺区の扱いと圧力

　実は，蘇皖辺区の土地改革の情報は 12 月 14 日の『解放日報』によって初め
て晋察冀辺区にもたらされたわけではない。『晋察冀日報』上でも 9 月，10 月，
11 月に蘇皖辺区の成功に関する記事が掲載されているからである。このうち
10 月と 11 月の記事内容は，以下のようにそれぞれ 12 月 14 日『解放日報』社
説（【史料 6-23】）の内容と一致している。

　【史料 6-24】　蘇皖一分区の……泰興××区は，全県で土地改革を非常に徹
　底的に完成させ，従軍も最も活発である。正規軍に参加したものは 943 人を
　突破し，さらに民兵が 800 人いる。
　　　　　　　（『晋察冀日報』1946 年 10 月 27 日「土地改革与自衛戦争結合的経験」）
　【史料 6-25】泰興新街区は土地改革を完成したあと，5,000 余の雇農・貧農
　は 1 戸あたり平均で 3 畝余を獲得し，自衛戦争のなかで奮起して従軍し土地
　を守っている。
　　　　　　　（『晋察冀日報』1946 年 11 月 10 日「各解放区翻身農民　武装保衛闘争果実」）

　このように，10 月の【史料 6-24】と 11 月の【史料 6-25】の下線部の数字は，
12 月の【史料 6-23】とほぼ一致していた。12 月 14 日の『解放日報』で大き
く称揚されることになる蘇皖辺区の成功例が，このように同年秋に晋察冀辺区
で報じられていたことは偶然ではないだろう。このことは，【史料 6-24】と
まったく同じ文章の記事（「土地改革与自衛戦争」）が，同月同日（10 月 27 日）
の『解放日報』上にも掲載されていることからもわかる。このような一致は，
10 月 27 日の『晋察冀日報』が蘇皖辺区の成功例の記事を掲載することについ
てあらかじめ中央から指示されていたことを強く示唆する。また『晋察冀日
報』の 9 月 13 日の記事は，「当社特派記者の司馬龍」の報告として「蘇皖辺区
第五分区の塩阜区土地改革運動は，すでに初歩的成功を収めた」と報じている
が（「蘇皖実行土地改革中　多方注意吸収中農」），晋察冀日報社が 9 月の時点で蘇
皖辺区に「特派記者」を送りこんでいたのも偶然ではないだろう。この時点で
すでに蘇皖辺区は土地改革の成功例として党内の注目を集めていたのである。
なお，蘇皖辺区は揚子水稲小麦区に属し，バックの統計によれば蘇皖辺区の中

心が置かれた淮陰県の農家比率は，自作農 48.0 %，自小作農 40.2 %，小作農 11.8 %であった（*Land Utilization in China: Statistics*, 58）。前掲表 2-3 で示した華北地域の数字と比べると自作農の比率が半分程度であり，自小作農・小作農の比率が 2 倍ほど高い。

　こうした蘇皖辺区の扱いは，1946 年夏以降，晋察冀辺区でも各種の闘争が行われたにもかかわらず変化しなかった。それを示すのが『晋察冀日報』1946 年 12 月 6 日の記事（「進一歩集中力量　迅速貫徹土地改革」）である。この記事は，冀晋区の党委員会が 11 月の自区の土地改革運動を検討し，一部の地域では群衆を本当に闘争に立ち上がらせることができていなかったと自己批判したうえで，「蘇皖や山東・雁北の成功の経験を研究し学習しなければならない」と総括したことを伝えている。蘇皖は地方党組織においても成功例とされていたのである。このように，1946 年夏以降に土地改革の成功例として高い評価を受けていたのは蘇皖辺区であり，中央からみて晋察冀辺区の状況は不十分であり蘇皖辺区に学ばせる必要があった。このことが，『晋察冀日報』が 9 月の時点で蘇皖辺区に特派員を送った背景であり，10, 11 月に中央が『晋察冀日報』に同区の詳細な情報を掲載させた理由であった。晋察冀中央局には，土地改革という対地主階級闘争を実現するように中共中央から圧力がかかっていたのである[9]（ただし，蘇皖辺区自体は 1946 年 9 月半ば以降国民党軍の攻撃によって不安定になり，1946 年末には指導機関が北上して山東辺区に遷移した[10]）。

2）1946 年 11 月以降の軍事的危機と土地改革
①晋察冀中央局の反応

　しかし，このような中共中央からの圧力に対し，晋察冀中央局の反応は当初鋭敏なものではなかった。前節でみたように，1946 年 11 月ごろまでは鋭い階級対立や激しい対地主闘争を経なくても土地を取得・分配できさえすれば肯定する姿勢が晋察冀中央局に確認でき，大土地所有者が献地することに対しても好意的であった。しかしこうした姿勢は 1946 年 11 月以降転換することになる。晋察冀中央局の姿勢の転換は，一方で『晋察冀日報』上に対地主闘争としての土地改革が盛んに行われているという記事が増えることと，もう一方で土地改

革が村幹部の問題によって順調に進んでいないことを糾弾する記事が出現することにみられる（詳細は後述）。

　では，なぜ1946年11月にこうした転換があったのだろうか。それは，大きな情勢としては，国民党・国民政府が11月15日から12月25日まで憲法を制定するための国民大会の開催を強行し，共産党との決裂が修復不可能になったことがあるだろうが[11]，直接的には内戦の戦況悪化が決定的な影響を与えたと考えられる。1946年7月に全面的な国共内戦が始まると当初の予想通り国民党軍が共産党軍を圧倒し，夏以降，共産党支配地域に大きな打撃を与えつつあった。1946年10月，東北地方では杜聿明の率いる国民党軍によって共産党軍が敗走した（Westad 2003：48）。ウェスタッドによれば，共産党は1946年後半の6カ月間に17万4,000平方キロの支配地域と165の都市を失ったとされる（Westad 2003：61）。晋察冀辺区も深刻な危機にさらされており，晋察冀中央

---

9) 楊奎松は，中共中央は1947年2月まで国民党との決裂を恐れて徴購などの平和的な方法による土地徴収と分配を推進していたとし（第5章注29を参照），むしろ地方の中央局が五四指示の制約を超える暴力的な土地分配を積極的に行い，中共中央に土地政策を転換するように促したとする（楊2012a）。この歴史像は，中共中央が激烈な対地主闘争による土地改革の実現を晋察冀中央局に迫ったとする本書の理解と矛盾する。本来ならば根拠となっている史料を厳密に考察して歴史像の精度を上げていくべきところではあるが，楊（2011），楊（2012a），楊（2012b）には注がなく根拠が示されていないため，そうした作業は現時点では不可能である。ただし楊奎松は，積極的に五四指示の制約を超えていった各地の中央局のうち「最も早い事例」として華中分局を挙げているが，その根拠としている史料（華中分局が出した指示）の発出日時には疑念がある。というのも，その史料のなかには「党の農村内における政策の総路線は……雇貧農に依拠することであって……」という箇所があるためである（楊2012a：9）。この「雇貧農」という表現は，筆者が見た限り，『晋綏日報』でも『晋察冀日報』でも中国土地法大綱が地方党組織に浸透した1947年12月から1948年3月ごろまでの数カ月間しか使われなかった表現である（それ以外の時期には「貧雇農」と表現されている）。このことから考えれば，華中分局の当該指示の発出日時は，1946年ではなく1947年末だった可能性が高い。厳密な考証が必要である。

10) 『共産党組織史資料』第4巻上，323頁。

11) このとき開催された国民大会では，議会制民主主義を強化する規定を盛り込んだ憲法草案が提案され採択された（久保・土田・高田・井上2008：132）が，この国民大会をボイコットした共産党が，11月16日付で「断固として反対する」とする声明を発表した（「周恩来中共代表の国民大会に関する声明」，『新中国資料集成』第1巻，349頁）。

226　第Ⅱ部　農村革命工作へ

局と辺区政府が置かれていた張家口市は9月に国民党軍によって包囲され，9月29日から張家口防衛戦が始まっていた。そして10月12日には市内から共産党軍が撤退して防衛戦は終了し，さらに最終的に11月11日，12日には周辺地域からも共産党軍主力が撤退したのである[12]。

②土地改革の成否と戦況

　ではなぜ，このように晋察冀辺区が大きな軍事的危機に直面していたことが，晋察冀中央局の姿勢の変化に結びつくのか。それは，毛沢東が1946年10月1日の党内指示において「五四指示を断固として実行しなかったり，非常に遅れたり……口実を設けて土地改革を軽視したりした地域では農民は様子見の立場に立っている」としたように[13]，共産党の中央指導部では土地改革の成否が軍事力の強弱を決定すると考えられていたからであった。中共中央の機関紙『解放日報』も，1946年10月の時点では国民党軍を何度も退けていた蘇皖辺区の事例を紹介して，以下のように結論づけている。

【史料6-26】　これらはすべて土地改革を行って初めて人民は積極的に戦争を支援することができるということを説明している。群衆の思想のなかでは土地を獲得することと土地を守ることは不可分である。したがって……遊撃戦争を行う際には必ず土地を求め土地を守ろうとする群衆の思想を掌握し，両者を結合させなければならない。逆に土地改革が自衛戦争と孤立して進められるならばそれは絶対に許されない。

（『解放日報』1946年10月27日「土地改革与自衛戦争」）

　土地改革の成否と戦局とを因果関係で捉える主張は，すでに引用した12月14日の『解放日報』の社説（「争取春種前完成土地改革」，【史料6-23】）で，より明確な形で述べられた。

【史料6-23 (2)】　5カ月余の自衛戦争の経験は以下のことを証明している。すなわち，土地改革がうまくいっている場所では，愛国自衛戦争への群衆の

────────────

12)『中国共産党編年史　1944-1949』第4巻，1491頁。

13) 毛沢東「三個月総結」（1946年10月1日），『毛沢東選集』第4巻，1208頁。

参加はますます決然としたものになり，勝ち戦も次第に多くなっている。

（『解放日報』1946 年 12 月 14 日「社論　争取春種前完成土地改革」）

このように中央指導部は，土地改革は「自衛戦争」の好転のために必須であるという認識を示していた。この認識の下，1946 年 12 月 10 日に毛沢東の指示によって康生・陳伯達・田家英ら 7 名が陝西省東部の試験区に赴き，土地改革の状況を視察している（楊 2009：34）。このように土地改革と戦況を因果関係で結ぶ考え方からすれば，晋察冀辺区の戦況が悪化したのは土地改革が不十分だったからであり，また土地改革の不十分さを戦況の悪化が証明しているという解釈が成立することになる。張家口市の失陥という現実を前にして，晋察冀中央局は土地改革に対する姿勢を大きく転換せざるをえなくなったのである。晋察冀中央局をはじめとする地方党組織は，統括する各地域の党組織と幹部，とりわけ基層幹部に対して対地主闘争としての土地改革を実現するよう強い圧力をかけることになった。

3）晋察冀中央局の 1946 年 11 月の転換
①晋察冀中央局の転換

このような中共中央からの圧力の下，1946 年 11 月ごろから晋察冀中央局の姿勢は転換した。それは，一方で『晋察冀日報』上に対地主闘争としての土地改革が盛んに行われているという記事が増えることと，もう一方で土地改革が村幹部の問題によって順調に進んでいないことを糾弾する記事が出現することにみられる。たとえば次の記事は冀東区に関するものであるが，大量の土地が地主の手から没収され分配されたことを伝える。

【史料 6-27】〔冀東区では土地改革が基本的に完成し〕300 万の農民が土地 178 万畝の土地を獲得したが……地主に対して残された土地は，中農以上の経営を維持するに十分であり，彼らの生活は一般の農民にくらべて充足し富裕である。

（『晋察冀日報』1946 年 12 月 16 日「在緊張的自衛戦争中　冀東完成土地改革」）

228　第Ⅱ部　農村革命工作へ

　この記事では，土地を没収した地主に対して平均以上の土地が残されたこと
をまだ肯定的に述べているが，前段にある闘争参加者数と没収された土地面積
の巨大な数字が目を引く。

　冀東区以外の晋察冀辺区の分区に関する記事としては，たとえば以下のもの
がある。

【史料6-28】〔冀晋区の〕井陘・行唐・完県・霊寿・平山などの県の6つの
典型村の不完全な統計によれば，合計で2,030畝の土地を解決し，554戸の
農民が土地を獲得した。

　　　　　　　　（『晋察冀日報』1946年12月2日「三分区各県　土地改革猛烈展開」）

【史料6-29】〔冀中区〕八分区南部の献県，建国・交河・□交・□交などで
は……11月3日から18日までの半月間に，5つの県の1,538の村のうち，
419の村で闘争が爆発した（そのなかの84の村ではすでに勝利のうちに完成し
ている）。……獲得した勝利の果実については，5つの県の51の村の統計に
よれば，新たに土地1万2,071畝1分を獲得し，<u>使用権を所有権として確定
した</u>のは3,963畝である。

（『晋察冀日報』1946年12月4日「冀中八分区五県土地改革　十七万人捲入闘争」）

　このうち【史料6-28】は闘争対象について明記していないが，大量の土地
を没収し分配したことを伝える。また【史料6-29】も闘争対象については明
記していないものの，下線部は全体の3分の1が地主的土地所有に関わるもの
であったことを間接的に述べている。こうした記事は，実態はともかくとして，
大土地所有者から土地を没収し分配するという意味での土地改革が盛んに行わ
れていたというイメージを打ち出すものであった。

　その一方で，この時期には対地主闘争が進展しない理由を県以下の指導機関，
とくに基層組織（村政権）・基層幹部（村幹部）に求め，その責任を追及する記
事が多くみられる。

【史料6-30】県・区幹部が〔固安県〕孔荘子に到着したとき，群衆は彼らに
対して冷淡で疎遠であった。……彼らに区・村幹部に対する意見を聴取しよ

うとしても，回答は「没有〔ない〕」の2文字だけであった。しかし，様子を見ると意見があるようであった。そこで，県・区幹部は各方面から深く入り，群衆が不満に思っている主な原因を見つけ出した。……数年来，人民の頭上に乗っていた悪覇地主の劉樹真は……自ら罪があることを知り，農民が彼に対して清算復仇することを怖れた。そこでさまざまな方法によって<u>立場が不安定な区・村幹部を買収した</u>。

　（『晋察冀日報』1946年11月21日「及時解釈糾正偏差　孔荘子群衆発動得好」）

【史料6-31】　晋県五区の尼馬村は，30戸の小村である。……農民が翻身運動を展開すると……この村の村幹部は中農に対して清算を進行した。……区幹部は隣村の親族関係を通して調査了解し，ようやく以下の情報を得た。すなわちこの村の田小懐は，一家4人は事変前には1頃以上の土地をもっていたが現在では60畝しかもっておらず，以前から労働に参加していた。この村の村長・治安員は彼〔田小懐〕によって仲間に引き入れられ，一日中彼と一緒にいて飲み食いしていた。……<u>村幹部は田小懐の操縦の下に中農を清算した</u>。

（『晋察冀日報』1947年1月12日「領導上忽視小村土地改革　尼馬村地主倒打一耙」）

　これらの記事は，地主や悪覇地主に籠絡された村幹部が，彼らと闘争しようする群衆を抑圧して運動を抑止したり歪めたりしたという構図で描かれている。【史料6-30】と【史料6-31】はともに，村で闘争を指導していた村幹部を県・区幹部が更迭したところ群衆は闘争を始めたという叙述で締めくくられている。

②献地に対する評価の転換

　このように村幹部と地主との結託が問題視される状況の下では，前の時期には肯定的に捉えられていた献地も，闘争を妨害する行為として批判されるようになる。

【史料6-32】　〔寧晋〕辛荘の地主は積極的に農民のご機嫌をとり，物を贈り，自発的に土地を与えている。村幹部に対してはよりいっそう明確である。10月初めに城内の新寧村……などで翻身闘争が始まると，<u>地主階級は農民の威</u>

力の下，続々と「献地」を申し出て闘争を逃れ，自分の罪悪を隠そうとした。ある者は村幹部に贈賄して闘争を破壊した。しかし，すべて農民の翻身の炎によって粉砕された。

（『晋察冀日報』1946 年 11 月 17 日「幇助農民自己翻身　寧晋獲得初歩経験」）

【史料 6-33】〔霊邱の〕一部の地主は闘争対象であったが，風向きが悪いのをみて，機先を制して献地した。そのうち，本当に開明的である者もいたが，開明を装う者もいた。しかし，われわれはすべて受け入れた。単純に土地を要求するだけで，群衆を闘争に立ち上がらせることを軽視するこうしたやり方は，妥当ではない。

（『晋察冀日報』1946 年 11 月 5 日「霊壽検査土地改革中的偏向」）

　上記のうちとくに【史料 6-32】は，村幹部に対する疑念とセットで地主の献地を否定的に伝えている点で注目される。こうした献地の捉え方の変化は，村幹部を指導する県・区の幹部のなかでも徹底された。『晋察冀日報』1946 年 12 月 1 日の記事（「九地委全面検査土地改革」）は，冀中区第九行政専員公署（清苑・定県・安国・安平などを管轄）[14] が 11 月 15 日に所属各県の県委書記聯席会議を開いて土地改革を検討する中で，「単純な経済観点と普遍的に存在する「献田」思想を克服した」という。これは，献地であったとしても地主の土地を取得し分配すればそれでよいとする考え方を克服したということであろう。献地は地主が闘争を妨害する行為として捉えられるようになったのである。

③基層幹部の抵抗感と土地改革

　また，他人の土地・財産を奪うことに対する抵抗感が幹部たちには強くあり，それが土地改革の進展を妨げたとする記事もある。『晋察冀日報』1946 年 12 月 7 日の記事（「土地改革中　什麼阻碍幹部大胆放手」）は，平野部から山間部に及ぶ青県・平定・五台・定県の経験を総括するものであるが，村幹部には，村内の封建搾取を消滅させるという重大な意義を軽視し，土地改革の対象を大地主・大悪覇・大漢奸に限定する傾向があり，また幹部自身に「土地所有権に関する正統思想」が存在しているため，闘争で地主に同情・配慮したり，ひどい

14）『中国共産党組織史資料』第 4 巻上，597 頁。

場合には群衆闘争を制約したりすることがあると述べている。この「正統思想」とは土地の所有者が正しい手続きを経て手に入れた財産を略奪することへの抵抗感のことであろう。

　さらに，隣人とは闘争したくないという基層幹部の心理が土地改革運動の進展を妨げているとする記事もある。たとえば『晋察冀日報』1946 年 12 月 1 日の記事（「平漢戦役解放的清苑新区　群衆怎様発動起来？」）は，反奸清算闘争で漢奸特務をどのように処理するかについて，清苑県の村幹部には「階級〔中農であること〕を強調して罪の軽重を問わないという過ちが存在しているが，罪の軽重を重視するべきである」と述べている。これは，反奸清算闘争でさえ，村幹部には村内の闘争を回避しようとする傾向が存在したことを示唆している。

　このような村幹部の姿勢を指摘する記事は他にもある。たとえば『晋察冀日報』1946 年 11 月 24 日の記事（「緊急備戦中如何発動群衆」）は，おそらく大同県城内の様子を記事にしたものであるが，この記事は，村幹部に闘争を指導させる場合，最初から村幹部自身の「街」[15] で闘争することは難しいので，聯村闘争を組織して他「街」で経験を積ませたうえで，自分の「街」で闘争を指導させるとうまくいくと述べている。最終的には自「街」で闘争を指導することにはなるものの，この記事は，村幹部には最初の段階では自「街」民を闘争対象にすることを躊躇する傾向があったことを教えている。同様の指摘は，冀晋区党委が発行していた幹部向けの冊子『工作研究』にも存在する。

【史料 6-34】　××街の支部書記××が，彼の村ではまだ闘争できていないことを真剣に話した。彼は言う。「この数日間地主に手をつけなかったのは，おべっかをつかうためであり，西軍〔国民政府系軍事勢力〕に殺されないようにするためであった。私は聯村闘争に参加したが，本村での闘争は不本意である。街は一家であり，外に出れば顔を合わせる。どうして闘争できるだろうか」，と。

---

15)「街」とは，都市や部落（村）のなかの比較的広い道路を意味する言葉であるが，その道路によって区画される集落を指す言葉でもある。たとえば，河北省三河市馬起乏村は，日本占領前には 4 つの「街」に区分され，それぞれに 1～2 人の「会頭」がおかれていたという（佐々木・柄澤 2003：110）。

232 第Ⅱ部 農村革命工作へ

（高憲「在緊急備戦情況下 陽高城関怎様迅速発動起群衆来？」，中共冀晋区党委研究室編『工作研究』第8期，1946年12月18日，17頁）

④基層幹部の出自の問題化

やがて，村幹部が対地主闘争に消極的な理由を，その階級的出自に求める記事も出現した。1946年12月，冀晋区党委は，同区内の土地改革が徹底されていないとして各地に「土地改革大検査運動」の実施を指示した。この指示に添えられた署名記事は次のように述べる。

【史料6-35】 現在，確かに一部の同志は封建的搾取を消滅させることに対して決心がない。特に一部の地主や富農出身の同志はそうである。彼らは地主に対して無自覚な「憐みの心」を持ち，総じて彼らがすでに「だいたい」闘争され，「何ももっていない」と感じている。彼らに対する群衆の厳しい革命的な行動を見ると，「素晴らしい」と認めないだけではなく，逆に群衆が「行き過ぎ」であると恨み，地主に同情する。
（『晋察冀日報』1946年12月28日「開展翻身大検査中 領導思想的我見〈賈夢月〉」）

次の記事も同様である。

【史料6-36】 闘争に消極的で，金持ちを優遇する富農の村幹部を更迭し，積極分子の工会〔労働組合。ここでは雇農の組織と考えられる〕主任を選挙して村長にし，唐県南関の土地改革は勝利を獲得した。県・区工作組が行った時，一部の幹部は次のように言った。「材料がない！ 何を闘争するのか！」「群衆は右傾しており闘争に立ち上がらせることができない。混乱した状況になるのを恐れる！」と。しかしひとたび深く入って調査すると，これらの村幹部が言っていることは，すべて群衆の状況ではなく，実際には彼ら自身が恐れているのであり，それであえてやろうとしていない〔ということがわかった〕。……群衆の要求のもと，彼を更迭し，積極分子の工会主任を村長にした。村幹部の状況が変化すると，11月23日に悪覇王老建を打倒した。
（『晋察冀日報』1946年12月29日「選積極分子当村長 唐県南関闘争獲勝」）

このように，1946 年 11 月ごろから村幹部に由来する障害のため辺区内の土地改革は不十分であるとする報道が現れていた。先にみた土地改革運動が大規模に展開されているという報道と合わせれば，ここに中央指導部に対する晋察冀中央局の懸命のアピールを見出すことができるだろう。中央からの圧力と張家口市陥落という軍事的危機を前にして，晋察冀中央局は土地改革に全力を傾けているという姿勢を示すとともに，土地改革が予想通りに展開していない責任を基層幹部に転嫁したのである[16]。

4) 晋察冀中央局の転換がもつ意味

①華北農村における社会規範と基層幹部

　しかし，このように隣人を闘争対象とすることに躊躇する基層幹部の姿は，「群衆は土地改革を求めている」とする立場からは障害として位置づけられてはいたが，実際には華北農村における村民生活の規範に沿ったものであった。たとえば『晋察冀日報』1946 年 12 月 27 日の記事（「史家橋区幹部「当婆婆」錯定闘争対象致失敗」）は，清苑で区幹部によって動員された人びとが地主の家に清算に行ったところ，地主の妻と子供が泣くのを目にして発言を控えたり後ろから逃げたりし，最初の 200 人が最後には 40 人になったという。また『晋察冀日報』1947 年 1 月 18 日の記事（「望都路東解放区　農民「旧脳筋」打開了」）は，望都県の群衆には「本村の者はあえて本村の人と闘争せず，外村の者と闘争する時には少し肝が太くなる」傾向があると指摘している。

　同姓村の場合はさらにこうした傾向は強くなった。『晋察冀日報』1947 年 2 月 3 日の記事（「打掉家族観念的金籠咒　詹荘発動群衆的経験〈殿鈞〉」）は，244戸中 210 戸が詹姓である徐水県詹荘の状況を述べるなかで，この村では「みんなは一家であり一人の祖先の子孫である」という意識が強く，貧乏人への圧迫が糊塗されていたという。以上で挙げた清苑・望都・徐水はいずれも平野部に位置しているが（前掲図 6-1），自立的経営を行う農民が多かったと考えられる

16）同様の動きは華北の他地域でも見られた。熱河省委員会も，1946 年 12 月，幹部が土地改革を貫徹する上での障害となっていると述べている（陳 2012：437–438）。

234 第Ⅱ部 農村革命工作へ

これらの地域でも，日常的に顔を合わせている隣人（同村民）を対象とした闘争は村民にとって心理的ハードルが高かったのである。

このような華北村落住民の心理については村落内部における社会的関係のあり方が関係していよう。第3章で詳細にみたとおり，村落の社会秩序は，顔見知りの間柄にある住民たちが互いに「他人の面子を傷つけず，自分の面子を損なうような行為をせず，自分の面子を損なう相手とは付き合わない」という意識をもって行動することによって保たれていた。このような華北農村の社会関係のあり方をふまえれば，村落の住民（村幹部を含む）が「隣人」と闘争することに大きなストレスを感じていたことは容易に理解できる。日ごろから何らかの付き合いのある人の土地を没収し分配することは，自分自身の村落社会内のネットワークに対して大きなダメージを与える可能性があった。

②基層幹部の台頭と「次」の闘争

もちろん，これらの記事に登場する村幹部も上級党組織によって幹部と認められている以上，何らかの闘争において積極分子として現れた人びとであったことは間違いない。その際には個人的な恨みをバネとして闘争対象を打倒し，「闘争の果実」の分配を受けたはずである（闘争対象は，同村民である場合も，聯村闘争のように村幹部にとって村外者である場合もあっただろう）。したがってここで彼らが消極的姿勢を示していたのは，彼らが村幹部となって以降の村内の闘争であった。すでに個人的な恨みを晴らした村幹部にとって，次の（しかも同村民の）闘争対象と闘争することは，深刻な葛藤を引き起こしていたのである。

しかも闘争を担った積極分子は，闘争の結果，土地を取得して生業のなかで農業の占める比率がより大きくなっていた。このことは彼をいっそう村落内の人的ネットワークに配慮しなければならない立場に立たせることになったと考えられる。これが，1946年後半の『晋察冀日報』が伝える村幹部の振る舞いの理由，すなわち仮に彼が積極分子として出現した際の清算闘争には積極的であったとしても，その闘争が終わった後は他の闘争対象（となる可能性がある人物）に対する闘争には消極的だった理由であった。逆に，日常的に村落を超越する領域で活動していた者を闘争対象とすることは，確かに彼が地域の有力

者であることは一定の恐怖を感じさせたであろうが，心理的な負担は日常的に面子を意識してきた相手を対象にするよりは軽かったと推測できる。複数の村が参加して大悪覇と対決する聯村闘争が盛り上がりをみせたのも，このような社会関係の表れとして理解できよう。

　このように，華北村落内における社会的関係のあり方は，確かに中央指導部が想定していたような土地改革運動の進展を妨げていた。また，とくに華北地域においては地主的土地所有（小作料搾取）を理由とした対地主闘争を大規模に激しく展開することが困難であったことは，本書で何度も繰り返し指摘してきたとおりである。総じて公定の社会認識（前掲図1-1）にもとづいて立案された土地改革政策が，華北農村の現実から大きく乖離していたことに，問題の根本的な原因があった。

　このことに，晋察冀中央局をはじめとする華北の地方党組織は気づいていた。だからこそ闘争によらずに土地を分配できる献地を歓迎し，土地の均分政策は必然的に中農（自作農）の財産を侵害することになるとして棚上げにしていたのである。しかし前項でみたとおり，中央指導部からの圧力を前にした晋察冀中央局は，土地改革政策そのものに問題があると中央に反論するのではなく，村幹部の問題を原因として追及する態度をとった。これは，公定社会認識の正しさと土地改革政策の正しさを肯定したことを意味する。理念と現実との間のねじれは，基層幹部（とくに村幹部）の身の上にのしかかることになったのである。

5）支配の正統性としての群衆と共産党
①村幹部の代表性

　華北農村の現実とギャップのある公定社会認識，そしてそれにもとづく土地改革政策を正しいと肯定する以上，村幹部を群衆の代表者として扱うことはできなくなる。なぜなら，実際の住民の大多数は共産党の公定社会像が想定する群衆とは別物であり，村幹部が住民の大多数の価値観や要求に沿って行動すれば，共産党が想定する「群衆の要求・行動」と相違するからである。とすれば，前の時期の記事にみられた「県・区幹部／村幹部・群衆」という枠組みは，維

持できなくなるだろう。実際にこの時期，共産党支配地域には「村幹部路線」
という用語が生み出され，その克服を求める記事も掲載されている（『晋察冀
日報』1946 年 11 月 10 日「冀南新解放区　初歩完成土地改革」）。村幹部路線とは，
土地改革をはじめとする農村闘争を村幹部に丸投げし，彼らに全面的に依拠す
る上級の姿勢のことを指すだろう。村幹部を群衆と同列のアクターとして位置
づけていた【史料 6-14】や【史料 6-15】からの大きな転換であった（なお【史
料 6-15】の掲載は 1946 年 11 月 22 日である。従来からの村幹部の位置づけもしばら
くは残存していたと見るべきであろう）。

　さらに 1946 年 12 月以降，『晋察冀日報』には「県・区幹部および群衆／村
幹部・地主」という枠組みでの説明が出現する。たとえば次の記事は，粛寧県
では地主が村幹部に賄賂を贈って群衆を脅かそうとしていたと述べたうえで，
次のように報じている。

【史料 6-37】　かつて闘争に立ち上がらせることが不徹底だった村，あるい
は経済的には土地を獲得したが政治的には翻身の覚悟のなかった村に対して
は〔県・区幹部が〕継続して深く入って群衆を立ち上がらせ，闘争を進行し
ている。現在，県・区幹部は……村ごとに責任をもち，深く群衆の中に入り，
理解と掌握を行っている。
（『晋察冀日報』1946 年 12 月 10 日「土地改革由翻心着手」）

　ここからは，県・区幹部が直接村に入り，村幹部を飛び越えて群衆と直結す
る形で闘争を起こそうとしていたことがわかる。次の記事も同様である。

【史料 6-38】　〔安国県〕二区の土地改革の中では，指導において 1 村ずつ掌
握して清算するという方法を採用し，村内の全問題を徹底的に解決した。こ
の区は特務・漢奸がはびこり人民に与えた苦痛も最も深かった。区幹部は群
衆を指導してこの問題を解決することに特に注意し，広大な群衆は非常に素
早く闘争に立ち上がった。
（『晋察冀日報』1946 年 12 月 10 日「安国二十五村土地還家　窮光蛋全変了中農」）

　このように県・区幹部は，「土地改革を妨げている村幹部」の頭越しに群衆

と直結し，土地改革を実行しようとした。村幹部は群衆の代表者としての立場を否定されたのである。そしてこのことは，当時，共産党が支配地域に樹立しつつあった秩序の地金を剝き出しにした。本章の最後に，この時期において明確に姿を現しつつあった，共産党支配地域の新しい秩序の構造について言及しておきたい。

②共産党支配地域の新しい秩序──支配の正統性としての群衆

　第1章でみたように，1940年代初頭の延安整風運動によって「群衆は正しい。したがって群衆に依拠すれば革命は成功する」という毛沢東の主張（「群衆路線」[17]）をひとまず共有した共産党は，その支配地域において群衆を支配の正統性[17]の基底に置く秩序を打ち立てていった。そのことは，以下に挙げるいくつかの断片的な記録から窺うことができる。

　たとえば河北省行唐県馬凹村では，1946年の夏，冀晋区党委が「現地の幹部」（おそらく県・区幹部）と合同で組織した工作隊が送り込まれ，闘争の梃入れが行われた。この村の事例については冀晋区党委が編集した内部向けパンフレット『工作研究』に詳細が記載されているが，それによれば全戸数178戸の村で500人余が参加する「控訴復仇大会」が開かれ，地主が小作料搾取と負担の転嫁を理由に清算されたほか，村幹部も汚職を批判されて罰金が科せられたという[18]。そのなかでこの報告書は以下のような経緯を記している。

　【史料6-39】　闘争を経て，多くの地主は幹部〔工作隊〕に対して処分の軽減を求めたが，こうした要求を幹部はすべて拒絶した。幹部たちは一致して言

---

17) 本書で言う「支配の正統性（legitimacy）」とは，被治者が，治者の準備する秩序や支配が正しく設立されたものだという信念をもち，その秩序や支配に自発的に服従するようになる根拠となるものを指している。ただし，「正統」という表現を用いるが，支配権力が正統な支配者の系譜の継承者であるとか，現行の法を順守して設立されているということを意味するものではない。また，内容的に「正しい」という意味での正義にかなっているということを意味するものでもない。なおこの定義については，『岩波哲学・思想事典』920-921頁（「正当性〈legitimacy〉」），粕谷（2024：15-16, 30-31），加藤ほか（2002：21-24）を参考にした。

18)「行唐馬凹村土地改革介紹」，中共冀晋区党委研究室編『工作研究』第5期，1946年9月8日，17-23頁。

う。「群衆の意見は誰も覆せない」と。

（「行唐馬凹村土地改革介紹」，中共冀晋区党委研究室編『工作研究』第 5 期，1946
年 9 月 8 日，21 頁）

　また，次の【史料 6-40】は，河北省曲陽県での徴兵活動に関する報告の一
部である。この報告は，1946 年 7 月に同地で行われた徴兵活動は大きな成果
を上げたと評価しつつ，そうした成功の中でも欠点は存在しているとして，村
幹部の態度を次のように批判する。

【史料 6-40】　徴兵は優抗〔出征兵士の家族に対する支援〕と密接に結びつく。
かつて優抗は何度もの検査を経たけれども，依然として多くの問題が存在し
ている。たとえば曲陽城関区の 3 つの村の調査では，3 分の 1 の抗属〔出征
兵士の家族〕が，目下，生活の方法がない。抗戦のなかで群衆の生活は大い
に向上したが，労働力が欠乏している一部の抗属の生活は逆に下降した。
……ある者〔村幹部〕は一面的に群衆観点を強調し，群衆の負担が重いとい
うことを優抗しない口実にし，この数年，負担が最も重かったのが抗属であ
るということを理解していない。

（「冀晋区党委関於七月補軍総結」，中共冀晋区党委研究室編『工作研究』第 6 期，
1946 年 10 月 5 日，30 頁）

　この【史料 6-40】で注目すべきは，「優抗」に消極的である理由を問い質す
工作隊（上級幹部）に対し，村幹部が「一面的に群衆観点を強調し，群衆の負
担が重いということを優抗しない口実にし」た，という部分である。ここには
村幹部の言葉自体は載っていないが，文脈からして，工作隊の詰問に対して村
幹部が「群衆観点」に則った論理を使って反論しようとしたことは間違いない。
出征兵士の家族の面倒を見ることは他の村民にとって負担になる，だから「群
衆のことを慮って優抗しなかった」という主張である。ここでも群衆が自らの
主張を正当化する根拠にされていた（後述するように，この主張が上級に受け入
れられたかどうかは別の問題である）。

③共産党支配地域の新しい秩序──住民の多数と「群衆」

　以上からは，1946年夏の時点ですでに「群衆の意志」が支配の正統性となるような秩序が形成されつつあったことがわかる。さらに，この2つの史料で言う群衆は，住民の多数を指していたこともわかる。では，多数派の住民は群衆であると認められ，その意思は党に尊重され，党の政策を左右するのか。──否である。次の史料からわかるように，人数は群衆であることの要件ではなかった。

【史料6-41】　階級は非常によいが，配慮が群衆に比べて大きいのであえて前に出て指導しようとしない村幹部がいた。区幹部は先に深く群衆の中に入って骨幹〔中核〕を探し出し，一部の群衆と団結して，わが村幹部に彼らを指導して闘争するよう要求した。このとき，村幹部は自分がもし指導することを拒んだ場合には，群衆は彼を放棄するかもしれず，また，自分が怖れているものを群衆が怖れていないことをはっきり認識した。それでようやく積極的になる幹部がいた。
（劉俊一「辺沿区発動群衆点滴経験」，中共冀中区党委編『工作往来』第7期，1947年3月10日，9頁）

　この村では，それまで闘争は活発ではなかった。その理由について報告書の執筆者は，村幹部の「配慮が群衆に比べて大き」く，「あえて前に出て指導しようとしな」かったためと分析している。この分析は，群衆は闘争しようとしていた，ということを前提とするものである。しかし下線部にあるように，村に入った区幹部が行ったのは「骨幹を探し出し」「一部の群衆と団結して」村幹部を突き上げることであった。つまり，この村の住民の多数は必ずしも闘争に積極的ではなかった。村幹部の消極的な態度は村民多数の意志に従うものだったのである。ところが区幹部は，こうした村幹部を「群衆よりも配慮が大きい」，言い換えれば「群衆の意志」を正しく反映していないとして批判し，その一方で「群衆の意志」を代表するものとして「一部の群衆」を見つけだして団結した。つまりここで群衆と呼ばれている人びとは住民の多数ではなく，またそうした住民多数の意志を尊重する村幹部でもなく，「積極的に闘争しよ

うとする者」であった。群衆とは誰かということは，農村革命の現場においては，村レベルより上の党組織が決定していたのである。

　また，次の史料も群衆の多数と「民主」との関係を如実に物語るものである。

【史料 6-42】　たとえば〔涿鹿県〕××村は大会において，群衆が反動地主を打倒しようと叫んだ際，突然，一人の悪者が立ち上がって提起した。「彼を段打してはならない。解放してちょっと検査してはどうか？」と。群衆は挙手して「可決」した。実際に，大多数が盲従したのである。したがって，本当の群衆の民主とは，必ず貧農小組と群衆小組と大会において繰り返して討論しなければならず，民主的な翻心訴苦教育〔心を改め，苦しみを訴える教育〕を深く進行させ，思想的な自覚を啓発しなければならないのである。

（『晋察冀日報』1947 年 7 月 5 日「関於放手与民主問題〈黄慶熙〉」）

　ここでも反動地主を打倒することに異議を唱える人を「悪者」と断定し，「群衆の大多数」が彼に賛同したことを「盲従」とし，それは群衆の大多数の意志だったとしても「本当の群衆の民主」ではないとしている。

　こうした事例をふまえれば，上級党組織の幹部が村落住民に粘り強く働きかけて村幹部に対する闘争に立ち上がらせたとする次のような事例も，上級によって群衆が発見され，群衆が作られる過程として捉えることができる。

【史料 6-43】　当灘頭は静海辺縁区の落後村である。全村 149 戸で，そのうち 96 戸が劉姓で，いわば遠近全員が同姓同族の人である。ここには劉子林という一戸の大地主がおり，村全体で 26 頃の土地のうち 17 頃 30 畝の土地を所有している。村内の群衆は圧迫されて頭をあげることができず，農会にはわずか 36 人の会員がいるだけであった。……11 人の県幹部は二日二晩の調査を経て状況を理解した。……農会会員を召集して会を開いたところ，半日でやってきたのはわずかに 9 人だけだった。そこで区幹部はまた信念を失い，この村にこだわらず他の村に行くことを提案した。県委はみなに呼びかけた。「我慢して深く入って活動する。この局面を打開する決心をするのだ」，と。……全村の農会会員と貧農を臨時の小組に区分し，7 人で 1 組とし合計

で7組をつくった。県委幹部は手分けして小組のなかに参加した。ある小組は比較的うまくやった。……最初は異口同音に言った。「いずれにしても，あの財主〔資産家〕に短工にしてもらわなければご飯が食べられない」と。劉××という20数歳の若者が反対を唱えた。……各組は争論を経てみなは次第に思想を理解した。7つの小組から6人の中核が出現した。

　しかし2日目はまた壊れた。中核の一人が村を出て親戚の所に行った。また一人の中核は口下手であることを強調し，退租を要求することはできないといった。われわれはまた粘り強く一歩進んで教育を行い，みなはやっと目が覚めた。……あちらで発言があれば，こちらで発言があるというふうに，劉子林の農民に対する各種の搾取の事実が，一つひとつすべて話された。……6日目の早朝，東灘頭と西灘頭，当灘頭の3つの村の500人の大会において劉子林は群衆に対して頭を下げ，土地を騙していた事実を承認した。当灘頭の群衆は翻身し，合計で46頃の土地，家畜6頭，船1隻，車8両，部屋44間，場〔詳細不明〕10畝を清算した。……農民たちは地主の尻尾だった×村長を解職し，闘争指導者を選挙して村長にした。あの青年積極分子の劉××は農会の組織部長に選出された。

　（『晋察冀日報』1946年12月13日「静海当灘頭農民翻身　発動三次才取勝」）

　この記事からは，同姓村であり，かつ破線部にあるように大土地所有者が周辺の零細経営と深く結びついて再生産構造を維持していた当灘頭では，大土地所有者に対する闘争を組織することが非常に難しかったこと，そうしたなかで県幹部が粘り強く中核を見つけ出して闘争を組織し，群衆の翻身と「地主の尻尾だった×村長」の解職を実現したことがわかる。ここでも村民の多数派は群衆として扱われていたわけではなかった。

　同様に，前項で同姓村における闘争の困難さを指摘する際に挙げた『晋察冀日報』1947年2月3日の記事（「打掉家族観念的金箍咒　詹荘発動群衆的経験〈殿鈞〉」）も，1946年12月24日から県・区幹部が徐水県詹荘に入って群衆に粘り強く働きかけたことによって「翻身の隊列〔闘争参加者〕は105人から180人に増加し」た結果，「この村の農民闘争は勝利を獲得し」たと述べている。そ

して「思想が右傾し」地主との闘争を避けてきた「村の指導部を改造し，組織を整理している」とする。上述したようにこの村の総戸数は 244 戸とされていたことから考えれば，県・区幹部が梃入れして最初に組織できた 105 人でも（各家の家長を組織したとして）全戸数の 43 ％にすぎなかったが，県・区幹部と『晋察冀日報』（すなわち晋察冀中央局）は彼らを群衆と捉え，彼らによる村政権の改造を肯定していたのである。

　これらの記事からは，共産党支配地域における群衆とは，人数の問題ではなく質を満たす（すなわち，党が期待する行為をする）人びとを指していたことがわかる。先に挙げた【史料 6-40】において，「一面的に群衆観点を強調し，群衆の負担が重いということを優抗しない口実にし」た村幹部に対して，上級幹部が「彼の「群衆観点」の主張は一面的である」，すなわち「配慮すべき群衆」が誰なのかをこの村幹部は取り違えている，という論理で批判していたことも，こうした群衆の扱いと符合する。優抗に積極的ではない住民は，仮にそれが村内で多数を占めていたとしても群衆ではないのである。また，こうした群衆の扱いから考えれば，【史料 6-39】で県・区幹部が「群衆の意見は誰も覆せない」と言ったときの群衆は確かに住民の多数を指していたが，それは上級が期待する行動をとった住民がたまたま多数であったにすぎないということになる。共産党が依拠すべきとする群衆は，あくまで支配する側が指定し認定するものであった。

④共産党支配地域の新しい秩序——「人民に奉仕する」基層幹部

　このような新しい秩序に関連する興味深い記事をもうひとつ挙げておく。1946 年 9 月に察哈爾省懐来県で開かれた農民代表大会について『晋察冀日報』は次のように伝えている。

【史料 6-44】　史上初めての農民代表大会が，今月 2 日，沙城において勝利のうちに開幕した。参加した代表は 327 人。これらの代表はすべて農民運動のなかから出現した群衆指導者である。……懐来一街の代表呉紀周は，まず全員に向かって毛主席の思想を説明した。彼は言う。「毛主席は，解放区の民衆〔老百姓〕のことに関心を寄せているだけではなく，全国 4 億人の民衆

に対しても関心を抱いている。彼の指導によって日本を打ち負かした。……毛主席は人民のために奉仕しているのだ」。続いて彼は，みなに向かって呼びかけた。「われわれはさらに人民に奉仕（為人民服務）しなければならない！……あなたたちは，そうするのかしないのか言ってほしい」。会場は一斉に叫んだ。「する！」，と。

（『晋察冀日報』1946 年 9 月 8 日「懐来招開農代大会　翻了身就要当主人　保衛与建設新農村」）

　ここには，農村革命運動の中から出現した群衆指導者が農民代表として県城に集まって大会を開き，最後にみなで「為人民服務（人民に奉仕する）」を確認する様子が描かれている。ここで注目すべきは，この「為人民服務」というスローガンである。これは毛沢東の台頭とともに出現したスローガンであり[19]，群衆路線と深い関係にあると考えられるものであるが，このように農民代表が「為人民服務」と宣誓することはきわめて重要な意味をもっている。というのは，このスローガンにおいて人民は奉仕する対象だからであり，これを宣誓することは，自分が人民の外に置かれていると宣言することになるからである。たとえて言うならば，宣誓者は「人民にサービスを提供する者」，すなわち公務員ということになろう。

　記事によれば，彼らは各自の村の闘争で出現した積極分子であった。これまでみた史料に出てきたような闘争に積極的な群衆だったのだろう。しかしその群衆としての資格は一時的なものであった。彼らは共産党の支配体制の一部に組み込まれるや否や，群衆の外に立つことになったのである。当然，これ以後の「群衆の意志」は彼らが代表できるものではない。群衆の意志を代表しているのは誰かということは，改めて上級党組織によって選択されることになろう。共産党支配下の社会において「群衆とは誰か」「群衆の意志とは何か」ということは，住民の側が決定できることではなかった。

---

19) 筆者が見る限り，『毛沢東集』（全 10 巻）における「為人民服務」の初出は，毛沢東が整風運動を呼びかけた「整頓学風党風文風」（1942 年 2 月 1 日）である（第 8 巻，63 頁）。

⑤新しい秩序の構造と毛沢東の支配

以上の考察をふまえれば，1946年後半のこの時期に共産党支配地域に立ち上がりつつあった社会秩序の構造は次のように説明される。すなわち，この社会では「群衆の意志」が自らの主張を正当化するときの根拠となっていた。こうした「群衆の意志」は，【史料6-40】にみられるように，ひとまずは共産党の上級党組織と村幹部とが群衆の意志とは何かをめぐって争論できるような性格のものであったが，最終的には上級党組織によって一方的に決定された。共産党は，支配の正統性である「群衆の意志」の内容や，その意思を尊重されるべき群衆とは誰か，といった要素をコントロールすることによって社会全体を支配していたのである。

では，「群衆の意志」の内容は誰が決定していたのだろうか。組織としての中国共産党であろうか。──否である。本章の最後にこの点を考察しておきたい。

第5章でみたように，晋察冀辺区の冀中区は1946年7月まで五四指示の実施をためらっていた。国民党との全面的な内戦の引き金を引くことを恐れたためである。6月末から本格的な内戦が始まると冀中区も慌てて五四指示に示された土地の分配を始めたが，当初の遅れのため冀中区党委員会は自己批判文を発表することになった。次の史料はその一部である。

【史料6-45】　1942年の減租政策を堅持し，群衆は行き過ぎていると認識した同志の多くは，自ら農民運動を指導したり経験したことがなく，あるいは深く入って状況を理解しようとしなかったために，農民の真実の要求を受け止めることができず，1942年の減租政策を冀中の具体的な状況のなかで具体化することができなかった。……

　現在，われわれは群衆路線を行きはじめたばかりであり，一歩進んで各種の活動を貫徹させなければならないことを指摘しなければならない。したがって全幹部は毛主席・劉少奇同志の群衆路線に関する報告の精神を学ばなければならない。

（「中共冀中区党委執行中央"五四指示"的基本総結〈節録〉」〈1947年4月1日〉，

『華北解放区財政経済資料選編』第1輯，807，818頁）

　ここで冀中区は，五四指示で中共中央が示した現実認識（農民は土地分配を求めている）を「農民の真実の要求」とした上で，自分たちがそれを捉え損なった理由を，破線部にあるように，群衆路線に対する理解が不足していたためと説明している。もし群衆路線を本当に理解していたならば，五四指示の現実認識と同じ認識をもてたはずだ，という論理である。群衆路線を正しく理解しているか否かの判断基準は，中共中央すなわち「毛沢東・劉少奇同志」の現実認識と同じ認識に至れるかどうかに置かれていた。ここでは「群衆路線を正しく理解し実践した結果，毛沢東と異なる現実認識に至った」という主張は成立しない。冀中区は，群衆の要求の最終的な解釈権を「毛主席・劉少奇同志」が握っていることを確認したのである。

　なお，ここでは「毛主席・劉少奇同志」と併記されているが，もちろん劉少奇にも群衆の最終的な解釈権はなかった。1945年の中国共産党七全大会において劉少奇は群衆路線を党是とするための党規約の修正を説明しているが，そのなかで群衆の中核である無産階級の「最も傑出した，最も偉大な代表者こそが，すなわち毛沢東同志である」と，毛沢東の卓絶性について強調していた[20]。劉少奇のこの説明は，1947年2月に晋察冀中央局が管轄下の地方党組織の代表を召集して開催した土地改革彙報会でも，主宰の劉瀾濤によって言及されている。ここで劉瀾濤は「劉少奇同志の党規約を修正する報告のなかの群衆路線に関する一節を，毛主席の群衆路線を学ぶ基本的な教材とするように呼びかけ，またそれを実際の活動の中で運用するように呼びかけた」という（『晋察冀日報』1947年3月21日「中央局召開彙報会議　初歩総結土地改革」）。「群衆の意志」が支配の正統性となる秩序が立ち上がるなかで，群衆の意志とは何かを最終的に決定する権限を握っていたのは毛沢東であった。

---

20) 劉少奇「論党」，『劉少奇選集』上巻，333頁。「党規約の改正について」，『中国共産党史資料集』第12巻，334頁。

小　結

　本章は，1946 年 7 月から 1947 年 3 月までの時期を対象として，共産党が華北において行った農村運動がどのような経過をたどったのか，そしてそれは支配下の地域の権力構造や秩序にどのような影響を与えたのかといった問題を考察した。その結果，以下のことが明らかとなった。

　華北地域では闘争対象を地主あるいは封建勢力と呼ぶことで，対地主闘争を実現したように報じられていたが，実際には生産関係にもとづく対地主闘争は低調であり，大土地所有者に対する闘争は主として反奸清算闘争の形で行われていた。また従来から大規模経営と周辺零細経営が協力して再生産構造を維持してきた地域では，地主（大規模経営）との関係も融和的だった。上級党組織も対地主闘争が実現できない村幹部に対して厳しい目を向けておらず，むしろ農村運動成功の鍵は村幹部が握っているとする認識さえ示されていた。この時期，上級党組織から見たときの社会内諸アクターは，「県・区幹部／村幹部・群衆」という枠組みで括られていた。

　こうした状況は 1946 年前半までの状況と同じであり，共産党の公定の農村社会認識（前掲図 1-1）と華北農村の現実（前掲図 2-7）との間の大きなギャップが生み出したものであった。このことに中央レベルの指導者は気づいていなかったが，華北各地域の地方党組織は気づいていた。そのため 1946 年 5 月に五四指示が出されてからのおよそ 1 年間，土地の均分を目指す土地改革政策が中農（自作農）の財産を必然的に侵害することを，華北の地方党組織は懸念していた。ただし地方党組織の指導者たちも毛沢東の現実認識に異を唱えることをはばかり，公定の農村社会認識と華北農村の現実との間に大きなギャップがあることを正面から中央指導部にぶつけることを躊躇していた。

　このように対地主闘争が低調な華北地域の状況を中央指導部は問題視しており，晋察冀中央局に対して対地主階級闘争（土地改革）を実現するように圧力をかけていたが，晋察冀中央局の反応は当初鋭敏なものではなかった。しかしこうした姿勢は，張家口市の失陥という現実を前にして 1946 年 11 月以降転換

する。それは，一方で『晋察冀日報』上に対地主闘争としての土地改革が盛ん
に行われているという記事が増えることと，もう一方で土地改革が村幹部の問
題によって順調に進んでいないことを糾弾する記事が出現することに見てとれ
る。これは中央指導部に対する晋察冀中央局の懸命のアピールであった。

　しかし，もちろん華北農村の現実が公定の社会認識と大きく乖離していると
いう事実は，晋察冀中央局の姿勢が転換しても変わることはなかった。村幹部
の言動はこの地域の村落生活にかなったものであった。にもかかわらず，中央
指導部からの圧力を前にした晋察冀中央局は，土地改革が不振である原因を政
策それ自体の問題として中央に反論するのではなく，村幹部に原因があるとし
て追及する態度をとった。公定の社会認識の正しさと土地改革政策の正しさを
肯定したのである。想定と現実との間のねじれは，基層幹部の上にのしかかる
ことになった。その結果，村幹部は群衆の代表として扱われなくなった。

　このように，村幹部は群衆の代表としての資格を剥奪されたが，住民もまた，
彼らの言動は公定社会像で想定される群衆とは異なっていたため，仮に多数派
を形成したとしても無条件で群衆とはみなされなくなった。群衆とは誰か，群
衆の意志とは何かは，村よりも上級の党組織が一方的に決定するものとなった
のである。以上の考察をふまえれば，1946年後半のこの時期に共産党支配地
域に立ち上がりつつあった社会秩序の構造は，次のように説明できる。すなわ
ち，この社会では「群衆の意志」が自らの主張を正当化するときの根拠となっ
ていたが，群衆の意志とは何かを決定するのは上級党組織であり，さらに究極
的には毛沢東であった。毛沢東は，「群衆の意志」が支配の正統性となる秩序
が立ち上がるなかで，群衆の意志とは何かを決定する権限を握ることによって
党と社会を支配していたのである。

　さて，このような構造の支配を立ち上げつつあった共産党は，このあと延安
陥落という最大の危機を迎える。ではこの危機に直面して共産党の農村革命は
どのように変化し，それは共産党の支配にどのような影響を与えたのか。次章
では1947年春以降の展開について考察する。

第 7 章
階級闘争の不振から覆査運動へ

はじめに

　中国共産党にとって 1946 年後半以降の軍事情勢はきわめて厳しいものになった。1946 年 11 月には晋察冀辺区政府が置かれていた張家口市が陥落し，さらに 1947 年 3 月 19 日には延安が国民党軍によって陥落した[1]。後述するように，延安陥落の直前に中央指導部は毛沢東率いる中共中央と劉少奇率いる中共中央工作委員会に分かれ，毛沢東は国民党軍を引きつけながら陝西省北部を転戦する一方，劉少奇は晋綏辺区を経て晋察冀辺区へと移動した[2]。延安攻略自体は軍事的な意義に乏しかったと評価されるが，中央指導部が「二手に分かれる」という選択を余儀なくされたことからわかるように，共産党の指導部や党員に対して与えた影響は決して小さくなかった。スターリンも，延安からの

---

1) 延安攻略を提案した胡宗南は，共産党の主力軍を北方に追いやることを狙っていた（Westad 2003：150）。またこうした胡宗南の動きは，ウェスタッドによれば，共産党のスパイだった胡宗南の私設秘書によって逐一共産党に伝えられていたという（Westad 2003：152）。

2)『中国共産党組織史資料』第 4 巻上，26 頁。なお，1947 年 3 月から 48 年 3 月までの毛沢東一行（中共中央）の足取りについては田中が詳細にまとめている。それによれば，延安出発後，北東方向に直線距離で約 130 キロの地点にある綏徳に向かい，その後，綏徳と靖辺を結ぶ幹線沿いを 47 年 3 月から 6 月初旬までは西行し，6 月 9 日からは逆に東行して 8 月に綏徳付近に戻っている。その後 47 年末にかけて北上，さらに南下した後，48 年 3 月には省境を越えて山西省に入った（田中 1996：227–232）。

第 7 章　階級闘争の不振から覆査運動へ　249

撤退は戦略的挫折であると捉え，戦闘を何らかの形で休止することが最善であるとしたとされる（Westad 2003：165）。

このような軍事的な劣勢は，共産党中央指導部にとっては単に軍事力だけの問題ではなかった。共産党にとって国共内戦は階級闘争だったからである。広大な被搾取階級が立ち上がれば，その階級の前衛である共産党の軍事力は大衆的基盤を獲得して強大なものとなり，軍事的な劣勢を跳ね返すことができる。したがって劣勢を跳ね返すためには土地改革を推進しなければならない，というのが中央指導部の認識であった（第 6 章参照）。内戦が本格化して以降の軍事的な劣勢は，土地改革がうまく行っていないことの証として捉えられた。

そして確かに 1946 年後半の土地改革運動は予想されたほど順調ではなかった。華北各地域では階級闘争としての土地改革は反奸清算闘争に比べて盛り上がりを欠いており，晋察冀辺区内の各地方党組織は 1946 年 12 月ごろから村幹部の階級的不純さを指摘することで責任を転嫁しはじめていた。また実際に村幹部は，一般的に自分が積極分子として活躍した闘争に続く「次」の闘争には不熱心であった。これには自作農が大部分を占めていたという華北農村社会の構造や，個人的に恨みがある人以外の人を攻撃したくないといった社会関係上の原因が存在したが，彼らが革命に不熱心だとみられる状況は確かに存在した。

このように基層幹部に対して疑念を覚えた中央指導部は，1947 年 1 月末，康生と陳伯達に考察団を率いて晋綏辺区に赴き土地改革を研究・指導するよう命じるとともに（楊 2009：36-37），2 月 1 日付で「覆査」の指示を出した[3]。覆査とは，土地改革の経緯と結果を点検し，問題を発見した場合にはそれを是正することである。では，この覆査の指示を受けた地方党組織はどのように対応したのだろうか。またそのことは，これ以降の農村革命の展開と共産党の支配にどのような影響を与えたのだろうか。本章は，1947 年春から全国土地会議が開かれた同年夏までの時期における，共産党の農村革命事業の展開について考察する。なお本章で取り上げる辺区・分区の位置については，前掲図序-1

3）毛沢東「迎接中国革命的高潮」（1947 年 2 月 1 日），『毛沢東選集』第 4 巻，1215-1216頁。

250　第Ⅱ部　農村革命工作へ

および前掲図 6-1 を参照されたい。

1　覆査運動の指示と地方党組織の躊躇

1）覆査運動の指示と晋察冀辺区
①晋察冀中央局の対応

　覆査を命じる 1947 年 2 月 1 日の中共中央の指示を受け取った晋察冀中央局
は，さっそく，管轄下にある冀晋区党委・冀中区党委・察哈爾省党委や各機関
の代表者を招集して，2 月 4 日から 18 日まで土地改革彙報会を開催した[4]。し
かし，積極的に覆査を推進したようにはみえない。この土地改革彙報会に関す
る記事が『晋察冀日報』に掲載されたのは，会が終わって 1 カ月も経った
1947 年 3 月 21 日であり，その間，覆査に関する記事としては冀中区の容定県
に関するものが報じられているが，その内容は村幹部を担い手として覆査が行
われたというものであり，中共中央が期待したようなものではなかったからで
ある[5]。

　また，この土地改革彙報会では，晋察冀辺区全体で土地改革の成果が上がり
つつあることが確認されていた。この彙報会を報じた記事は次のように述べて
いる。

【史料 7-1】　劉瀾濤[6] 同志はまず，冀中・冀晋・察哈爾省の初歩的な報告の
データについて，この 3 つの地区の土地改革に対し，推計を加えて述べた。
「去年の秋冬に全辺区では凄まじい勢いの大規模な土地改革運動を展開した
（熱河などでは比較的早かった）。この運動の規模の大きさ，影響の深さは空前
未曽有である。広大な農民は土地を獲得し，わが党が主張してきた耕者有其
田の政策が本当に実現した。これは非常に大きな成果である。この成果が獲

---

4)『晋察冀日報』1947 年 3 月 21 日「中央局召開彙報会議　初歩総結土地改革」。
5)『晋察冀日報』1947 年 3 月 16 日「容定展開全面覆査　集中力量貫徹一元化領導」。
6) 当時，劉瀾濤は晋察冀中央局第一副書記で，書記の聶栄臻に次ぐ地位にあった（『中国
　共産党組織史資料』第 4 巻上，186 頁）。

得できたのは，全辺区の党政軍民が共同で努力したためである。……冀中で
は，非常に短い期間内に，4万人に近い翻身農民が人民の軍隊に参加した。
人民が熱烈に戦争を支援しているという規模もまた空前のものである。これ
は非常に大きな事実であり，これは土地改革の完成と切り離すことができな
い。……」

$\qquad$（『晋察冀日報』1947年3月21日「中央局召開彙報会議　初歩総結土地改革」）

　冀中区は，第6章でみたように1946年11月以降，土地改革の不振の原因を
村幹部の問題として摘発していた区である。晋察冀辺区全体として土地改革の
成果が上がりつつあり，かつ問題のある村幹部を摘発していたのであれば，確
かに中央の覆査指示を性急に実行する必要性は乏しいだろう。これが1947年
3月半ばごろまでの晋察冀辺区の雰囲気であった。

　しかし1947年3月下旬にはこうした雰囲気は変化した。というのは，3月
末から4月前半にかけて，晋察冀辺区内ではいくつものレベルで党規約の学習
会が開催されているからである。たとえば，3月28日には冀晋区内の各地域
で各級幹部による新党規約学習会が開かれているとする記事が掲載された[7]。
これらの学習会は冀晋区党委が主導したものらしく，冀晋区党委は4月16日，
下級に対し党規約学習の状況を報告するよう求めている[8]。また晋察冀中央局
レベルでも学習会を推進している。『晋察冀日報』4月4日には，1946年7月
に発表された「党規約の目的と方法を学習せよ（学習党章的目的与方法）」が改
めて掲載された[9]。また4月12日から13日には，晋察冀中央局総学委が直属
の下級組織を集めて党規約学習の状況を報告する会議を開催している[10]。この
ように各級幹部の認識を強化する運動が展開されていた。この転換の原因を示
す証拠は残されていないが，国民党軍が延安を包囲するという危機的状況のも
と，中共中央から強い批判を受けたものと推測される。

　では，なぜ覆査への姿勢の転換が党規約の学習に結びついたのだろうか。そ

---

7)『晋察冀日報』1947年3月28日「冀晋各級幹部　熱烈学習新党章」。
8)『晋察冀日報』1947年4月16日「冀晋検査党章学習　強調連系実際深入一歩」。
9)『晋察冀日報』1947年4月4日「学習党章的目的与方法（李卓然）」。
10)『晋察冀日報』1947年4月19日「中央局総学委　初歩検査党章学習」。

れは，覆査に対する晋察冀辺区の消極的姿勢が，党規約が定める理念に抵触するものだったからである。

　党規約は，第1章で述べたとおり「毛沢東が最もよく中国社会を認識している」という理解にもとづき，毛沢東の認識を毛沢東思想として党内で共有することを謳っていた。覆査も毛沢東が自らの現実認識にもとづいて実行を命じた政策であった。これに対し晋察冀辺区は，大部分は土地を獲得したとして1946年中の成果を誇り，覆査に対して消極的な姿勢を示した。つまり晋察冀辺区は，このとき毛沢東の現実認識とは異なる認識を示したのである。したがって晋察冀辺区の問題は，単に覆査を直ちに実行しなかったという怠惰だけではなく，覆査を直ちに実行する必要はないとする認識にもあった。先にふれた4月4日に再掲載された「党規約の目的と方法を学習せよ」は，党規約の学習を通して「民主を発揚するということは，毛主席の指示を実行することである」ということを理解するよう求めている[11]。ここには，毛沢東の指示は群衆が望んでいることを正確に理解したものであり，それゆえにその指示を実行することが民主を発揚することになるという論理が認められる。党規約の学習では，毛沢東の認識の正しさを改めて確認し，毛沢東の認識を共有することが求められたのである。

　同様の動きは，晋察冀辺区の土地改革彙報会において模範的として称揚された冀中区党委でも生じていた。冀中区党委は，第5章で詳述したように，五四指示の実施が遅れたために1946年7月に自己批判文を提示していたが，晋察冀辺区で党章の学習が展開されていた1947年4月1日，再び長大な自己批判文を出した。そこでは，自らが「農民の本当の要求」を認識できずに減租減息政策にこだわったことを反省し，今後は「全幹部は毛主席・劉少奇同志の群衆路線に関する報告の精神を学ばなければならない」としている[12]。ここからは，「毛主席・劉少奇同志」の認識が群衆路線を行く上での絶対的な基準であると宣言することが，自己批判での「正解」とされたことがわかる。晋察冀の党組

---

11)『晋察冀日報』1947年4月4日「学習党章的目的与方法（李卓然）」。

12)「中共冀中区党委執行中央"五四指示"的基本総結（節録）」（1947年4月1日），『華北解放区財政経済資料選編』第1輯，818頁。

織・幹部は，覆査の履行に際し，改めてその認識のあり方を問われることになったのである。

②低調な覆査運動

では，このような認識の転換が図られたことによって，晋察冀辺区での覆査は着実に実施されるようになったのであろうか。確かにそのようにみえる動きは存在していた。たとえば晋察冀中央局は，4月6日に管轄下の党員すべてに対し覆査を徹底するよう改めて呼びかける文書を発した[13]。また4月1日の『晋察冀日報』には，察哈爾省宛平県で覆査に言及した記事や[14]，冀中区青県で県委が覆査を準備しているという記事が掲載され[15]，4月8日には，冀晋区大同で翻身検査をしたところ地主悪覇の漏れが発覚したとする記事が掲載されている[16]。しかし，これらの動きから，晋察冀辺区で覆査が積極的に取り組まれるようになったと捉えるのは早計である。この後5月まで，『晋察冀日報』上では覆査の記事はしばらく姿を消しているからである。また4月8日の冀晋区大同の記事は，覆査の一環として行われた「翻身検査」に関して次のように述べている。

【史料7-2】 翻身検査においては特務分子が機会に乗じることを厳格に防がなければならない。たとえば，吉家荘では地主と特務が一体となり，村幹部のいくつかの欠点を利用して，事実を拡大して群衆と争い，幹部に対して反攻した。その結果，問題は解決することはなく，村長・農会主任などを更迭することを宣言することになった。のちにこれらの問題が発見されてようやく是正された。　　　　　（『晋察冀日報』1947年4月8日「大同的覆査経験」）

このように村幹部の問題を追及することは覆査の本来の目的に合致するものではあるが，ここではそうした行動を起こした人びとを地主と特務であるとし

---

13) 「中共晋察冀中央局関於執行中央 "二一指示" 的決定」（1947年4月6日），『晋察冀辺区歴史文献選編（1945-1949）』253-257頁。

14) 『晋察冀日報』1947年4月1日「土地改革初期因未発動群衆　宛平黄安曽走弯路」。

15) 『晋察冀日報』1947年4月1日「青県佈置土地覆査　強調走群衆路線不要急於求功」。

16) 『晋察冀日報』1947年4月8日「大同的覆査経験」。

て，「特務分子が機会に乗じることを厳格に防」ぐよう注意を呼びかけている。これでは覆査を指導する人びとも慎重にならざるをえないだろう。晋察冀辺区では4月末まで覆査は低調であった。このような状況のなか，延安から中共中央工作委員会を率いてきた劉少奇は，1947年4月26日に晋察冀辺区に到着すると4月30日に会議を開き，晋察冀中央局に対して覆査の実施を直接指示した[17]。晋察冀の状況は劉少奇にとって看過できないものであった。

2）「貧雇農を中核とする路線」の指示と地方党組織
①「貧雇農を中核とする路線」の提起

覆査は，村幹部をはじめとする基層幹部が土地改革の進展を妨げているのではないかという疑念から提起されたものである。そうだとすれば，覆査を村幹部に担わせることはできない。覆査は，（中央指導部の認識によれば）土地改革を望んでいながら村幹部に抑圧されて声を上げられなくなっている人びと，すなわち貧雇農に依拠する必要がある。ここから「貧雇農を中核とする路線（貧雇農骨幹路線）」が提起されることになった[18]。

貧雇農を土地改革推進の中核とする構想が，劉少奇が晋綏辺区の幹部に宛てて1947年4月22日にしたためた手紙で，「私は，精鋭の工作団を組織し，貧農小組と農会を設立するという補充の方式を彼ら〔晋綏辺区第六地委〕に伝えた。彼らはこの補充の方式で任務を完成できると感じ，彼らは実現することができた」と言及したのが最も早い例である[19]。この手紙が晋綏以外の地方党組織の指導者たちに配布されたのは7月25日であり[20]，4月下旬の時点では晋察冀の指導者たちは知らなかった可能性はあるが，上述のように劉少奇は4月30日

17）『劉少奇伝』上巻，520頁。

18）デマールは，共産党中央指導部がこの時点で農村革命の担い手を貧雇農に切り替えた理由について，「地主権力の復活を恐れて闘争をしない中農幹部とは異なり，貧農は「失うものは何もない」ので断固とした活動家であった」ためであるとする（DeMare 2019：56）。しかし本書でみてきた通り，中央指導部は，この時期には基層幹部が階級的な出自や腐敗のため貧雇農の動きを積極的に抑圧していると認識していた。

19）「劉少奇関於徹底解決土地問題給晋綏同志的一封信」（1947年4月22日），『解放戦争時期土地改革文件選編』65頁。なお，この文書は「毛沢東対劉少奇関於徹底解決土地問題給晋綏同志的一封信的批語」（1947年7月25日）の附録として掲載されている。

に同辺区の幹部たちと会議を開いているので，その際に「貧雇農を中核とする路線」に類似するアイデアが伝達された可能性は高い。そして，こうした劉少奇の動きを追いかけるように5月1日には晋綏分局の機関紙『晋綏日報』に「貧雇農を中核とする路線」の展開を主張する社説「断固として中農と連合し，階級を誤って区分することを防止し，地主が中農のふりをすることに反対しよう（堅決聯合中農　防止錯定成份　反対地主假冒中農）」が掲載された（なお，この社説は『晋察冀日報』には1カ月以上経った6月9日に転載された。その理由についてはのちに考察する）。晋察冀中央局には，4月末以降，貧雇農を中核として土地改革・覆査を実行することへの圧力がかかったのである。

②察哈爾省の動き

　しかし，ここでも晋察冀中央局の動きは鈍かった。晋察冀辺区を構成する3つの分区のうち最も動きが早かった察哈爾省でも，4月1日の宛平県での覆査記事（注14）のあと情報が途絶え，次に掲載された記事は，下に示す5月23日のものであった。

【史料7-2】　徹底的に土地問題を解決し人民の土地要求を満足させるため，中共第四地委は先ごろとくに180名余りの幹部を抽出し，工作団を組織し，手分けして下郷して各地に赴き，農民の翻身を支援した。数年来，四専区の100万の農民は減租・減息・反奸・清算と土地改革などの運動を行う中で，1□の土地を獲得したけれども，指導において一手代行（包辦代替）し群衆路線を行かなかったために，また，一部の幹部が私利私欲のために勝利の果実を多く獲得したなどの原因によって，農民の土地要求を徹底的に満足させることはできていない。……今月16日，第四地委は分区直属機関の全人員を招集して大会を開き，過去の欠点を深刻に検討するほかに，今後は群衆を大胆に闘争に立ち上がらせ，徹底的に農民の土地問題を解決することを強調した。　（『晋察冀日報』1947年5月23日「幇助農民翻身　四地委工作団下郷」）

20）「毛沢東対劉少奇関於徹底解決土地問題給晋綏同志的一封信的批語」（1947年7月25日），『解放戦争時期土地改革文件選編』61頁。

256　第 II 部　農村革命工作へ

　この記事では，活動の対象は「人民」「農民」「群衆」とされており，貧雇農
と記していない点が注目される。同じ察哈爾省の定興県で 5 月 19 日から 6 月
5 日にかけて覆査運動が展開されたとする別の記事[21]があることも併せて考え
ると，察哈爾省で本格的に覆査運動に着手されたのは 5 月後半だったと考えら
れる。

　しかし，この察哈爾省でも「貧雇農を中核とする路線」の実施は遅れた。察
哈爾省で「貧雇農を中核とする路線」の実施を確認できるのは次の 6 月 11 日
に掲載された記事である。

【史料 7-3】　淶水の李各荘では，最近，猛烈な覆査翻透身運動が巻き起こっ
た。以下のいくつかの主要な経験を獲得した。……貧雇農を中核とし，すべ
ての農民と団結した。貧農は闘争を切実に求め，最も積極的である。今回は，
貧農単独の組織形式ではなかったが，実際には貧農のリーダーが出現し，組
織の中核的な力量を形成した。

（『晋察冀日報』1947 年 6 月 11 日「李各荘覆査経験〈孟鉞〉」）

　この後，6 月 17 日付の『晋察冀日報』に察哈爾省淶水県での覆査記事が 2
本掲載されており，そこではいずれも貧農小組を組織して翻身闘争を実施した
とする[22]。察哈爾省易県に関する 7 月 3 日の記事も，貧農小組を作って覆査を
展開したことを報じている[23]。以上から，察哈爾省では 5 月半ば以降に覆査が
開始されたが，「貧雇農を中核とする路線」の本格的な実施は 6 月に入ってか
らだったと考えられる。

③冀晋区の動き

　冀晋区では，5 月中旬に分区レベルの指導部から相次いで覆査の指示が出さ
れた。5 月 15 日の『晋察冀日報』には覆査を命じる冀晋区専員公署（政府）の
布告が掲載され[24]，5 月 18 日には冀晋区農会が麾下の各地の農会に対して発

---

21)『晋察冀日報』1947 年 6 月 19 日「定興半月覆査中　百五十覚悟農民参加中国共産党」。
22)『晋察冀日報』1947 年 6 月 17 日「加強貧農小組的領導是農運中重要環節　淶水淮北農運
　　中敵主要経験」，および「為全体農民徹底翻身　趙各荘板城改造農会」。
23)『晋察冀日報』1947 年 7 月 3 日「易県中独楽土地覆査中　以貧農会基礎聯合全体中農」。

した，土地改革を徹底せよとする指示が掲載されている[25]。さらに冀晋区軍区政治部も麾下の全軍に対して土地改革と覆査に参加するよう命じている[26]。このうち冀晋区農会の指示は，次のように呼びかけている。

【史料 7-4】　冀晋区農会は先ごろ，各地に対しすべての力量を集中して全面的に群衆を立ち上がらせることを継続し，徹底的に土地改革を貫徹するように指示した。……この指示は，まず現在の土地改革の貫徹の程度はまだ不徹底であり，それほど深く入っていないと指摘している。……指示のなかで強調しているのは，今回の深く入って貫徹するなかでは必ず十分に群衆路線を貫徹しなければならないということである。……90％の人民はわれわれの政策を修正できるが，われわれは90％の群衆の要求を修正すべきではない。深く入って貫徹する土地改革のなかでは，必ず十分に農会の作用を発揮させ，毛主席の「すべては農会を通して」「すべての権力は農会に帰す」の指示を真剣に貫徹しなければならない。
（『晋察冀日報』1947 年 5 月 18 日「冀晋農会指示各地　継続全面発動群衆　徹底貫徹土地改革」）

こうした呼びかけの結果，6 月以降確かに『晋察冀日報』上には冀晋区の覆査の記事が増えた。しかし次の記事にあるように，覆査は貧雇農を中核として行われたわけではなかった。

【史料 7-5】　正定一区の辺縁村で群衆を立ち上がらせはじめたとき，指導において大胆にせず，おざなりに〔闘争〕範囲を限定する方法を採用し，地主悪覇に対してまず考慮した後で清算し，極左を深く恐れたため，結果として群衆は適宜立ち上がれなくなった。……その後，県・区幹部の検討を経て，大胆に立ち上がらせようとしないという欠点を群衆に自分で行わせるように変化させ，すべては農民を介して行ったところ，農民の闘争の情緒は高揚し

---

24)『晋察冀日報』1947 年 5 月 15 日「冀晋行署通令各署県　覆査中堅決給農民作主」。

25)『晋察冀日報』1947 年 5 月 18 日「冀晋農会指示各地　継続全面発動群衆　徹底貫徹土地改革」。

26)『晋察冀日報』1947 年 5 月 22 日「冀晋軍区政治部指示　全軍参加土地改革」。

た。

（『晋察冀日報』1947 年 6 月 2 日「糾正領導上不放手後　正定辺沿区群運高漲」）

【史料 7-6】　定裏の土地改革覆査において，幹部の果実分配が不公平で，私利私欲があり，群衆の重大な不満を引き起こし，2 つの村ではひどい場合には覆査を始めるときの主要な障害にもなっていた。……覆査の時，県・区幹部は，最初は旧〔村〕幹部を避け，深く群衆のなかに入って中核を培養し，去年どのように不徹底だったのかを研究し，いまどのように深く入るか，群衆は思想においてどのような障害があるのかを研究した。……〔その後，旧幹部が深く反省したので〕群衆はまた非常に満足し，変化が比較的良かった旧幹部を吸収し，新しい農会の指導に参加させた。

（『晋察冀日報』1947 年 6 月 15 日「定裏土地覆査中　怎様解決幹部群衆関係問題〈郭修□〉」）

　このように【史料 7-5】も【史料 7-6】も，働きかけた対象を群衆と表記しており，貧雇農とは言っていない。とくに【史料 7-6】で取り上げられた定裏県については，この 1 カ月後に覆査運動の総括記事が『晋察冀日報』に掲載されているが，そこでは指導上の問題として，「「偽りで活躍する」中核を宝とし，すでに「積極分子」がいると認識し」ているため「彼らに依拠して群衆を指導し，彼らの意見を群衆の意見とする」傾向があるが，「実際には群衆は彼らに対して非常に不満をもっており，このようにすれば一時的には闘争の高まりを作り出すことはできるが，本当の群衆運動であるとは言えない」と批判している（『晋察冀日報』1947 年 7 月 12 日「深入発動群衆的幾個思想障碍〈郭修□〉」）。新たに中核を組織せずに覆査運動を展開した地域が少なくなかったことを示唆する。【史料 7-4】の冀晋区農会の指示自体，「90 ％の人民」「90 ％の群衆」の要求に従えと言っていたが，「90 ％」という数字は住民のなかで農民（貧雇農＋中農）が占めるとされていた割合である。この時点では，冀晋区の覆査運動は貧雇農が中核を担うことを想定したものではなかった。

　その一方で，貧雇農を中核として覆査を実行する地域もあった。1947 年 6 月 10 日の冀晋区渾源県の覆査に関する記事は，以下のように述べる。

第7章 階級闘争の不振から覆査運動へ　259

【史料7-7】　この村の封建勢力は厚く，村幹部は私利私欲に走り，強迫命令
し，群衆が幹部を信じずあえて話をしない状況を作り出したが，「薪を見つ
け，小火をつけ，次第に大きくする」というスローガンの下，まず村の中で
最も貧しい数人の積極分子を探し出し，これまで群衆が貧しかった根源を説
明した。そして工作組の姿勢は，どのようにしても貧苦の農民を徹底的に翻
身させることだと聞いた後，彼らは喜んで言った。「八路軍が来たら貧乏人
は一緒に戦う。みなは□する！」と。
　　　（『晋察冀日報』1947年6月10日「走群衆路線覆査土地　水磨瞳樹立貧農領導」）

　これが冀晋区における「貧雇農を中核とする路線」の実施を確認できる最も
早い例である。次の記事はより明確に記している。

【史料7-8】　去年の土地改革では，貧雇農はまったく満足しなかった。彼ら
の苦い水はまだ吐き出されず，土地は満足されず，生活は非常に困難であり，
切実に覆査を要求していた。今回の覆査は幹部のサークルを打破し，直接に
貧農会を招集し，4つの怖れ，すなわち地主を怖れ，幹部を怖れ，偽闘争を
怖れ，生産が遅れることを怖れる，を克服した。遠慮を消し去ったあと，貧
雇農小組を組織し，中農と連合し，闘争は迅速に展開した。
　　　（『晋察冀日報』1947年6月25日「応県大石口怎様覆査的〈一地委工作組〉」）

　このように，冀晋区では貧雇農による覆査は地域的なばらつきをともないな
がら進行していた。本格的に追求されはじめたのは1947年6月からであった。
④冀中区の動き
　冀中区の対応は察哈爾省や冀晋区よりもさらに遅れた。5〜6月に『晋察冀
日報』上に掲載された冀中区の覆査に関する記事は，5月24日と6月10日の
ものの2つしかない。そのうち5月24日の記事は次のように述べている。

【史料7-9】　任河三区大高荘子は土地改革の覆査を経て，村内の活動は大い
に進歩した。この村は去年の土地改革のとき，村長と一部の幹部が地主に
よって籠絡され，立場が不安定であったために，偽闘争を行った。……村幹
部は区に対して報告して言った。「われわれの村の民衆はすべて翻身した」，

260　第Ⅱ部　農村革命工作へ

と。……覆査を進めるなかで，まず以上の状況にもとづいて村幹部に対して
教育を行い，悪い幹部を洗い出し，村幹部のなかの比較的よい青年会・農会
主任を選んで中核とした。……同時に群衆の宗族観念を打破し，群衆に対す
る階級教育を強化した。……小会・大会の訴苦を経て，群衆の覚悟は空前の
規模で高まった。
（『晋察冀日報』1947年5月24日「任河大高荘子土地複査　掲穿假闘争算倒奸地
主」）

　この史料で言及されている中核は，村幹部のなかから抽出されたということ
から見て貧雇農ではない。しかも任河県は当時の冀中区行署の所在地に近く[27]，
指導部の周辺で慎重に覆査を進めていたことが窺える。青県に関する6月10
日の記事は以下のように伝える。

【史料7-10】　青県三区の閣上営は去年冬の土地改革の時，区幹部が7日以
　内に10の村で完成させるという計画に拘泥し，活動は深く入らず，群衆は
　本当の翻身翻心〔身体と心の解放〕を獲得しなかった。案ずるにこの村の9
　人の幹部のうち4人が漢奸であり，3人に政治的疑いがあった。……今回工
　作組が村に入り，覆査を支援し，深く農家に入り，先に群衆の懸念を打破し，
　また老区の状況を紹介して群衆の覚悟を啓発した。他方では旧幹部に対して
　しっかりと教育を行い，階級がよく反動地主の威嚇で利用されていた者に対
　しては実際の活動において試験した。農会主任・治安員はこうした方法の下
　で過去の過ちを反省した。
（『晋察冀日報』1947年6月10日「改造壊幹部打翻「假闘争」　閣上営農民真翻身」）

　ここでも覆査運動の指導者は再教育された既存の村幹部であり，貧雇農を中
核にしたという形跡はない。7月に入ると冀中区に関しても覆査の記事が継続
的に掲載されるようになっていくが，7月半ばごろまでに掲載された記事の多
くは，以下にあるように依然として「貧雇農を中核とする路線」を意識せずに
書かれたものであった。

───────────
27)『中国共産党組織史資料』第4巻上，595頁。

第7章　階級闘争の不振から覆査運動へ　　261

【史料7-11】　定北では，群衆路線を行くなかで，どのように既存の幹部に対するかという問題について初歩的な経験を獲得した。……①既存の村幹部の多数は確かによい人であり，一部の群衆から離脱した幹部に対しては，われわれは単純に彼らを責めるのではなく，上級が検査を行うべきである。

（『晋察冀日報』1947年7月5日「走群衆路線中　如何処理現有幹部　定北獲得初歩経験」）

【史料7-12】　第八地委は任邱・建国・任河・交河・大城・青県・河間などの地域の調査にもとづいて，去年の冬の土地改革で多くの村では不徹底だったことを発見した。……九分区の安平・定県・安国・粛寧など10県では，去年の土地改革で農民は一部の土地を獲得したが，まだ農民の土地要求を満足させていない。……以上の状況にもとづき九地委はすでに覆査事業の準備指示を出しており，各地で組織的に思想準備を行い，幹部のなかでの回憶運動を，去年の冬の土地改革と群衆観点・階級観点を主として進め，1カ月間の土地改革学習を組織するように指示した。

（『晋察冀日報』1947年7月12日「高度満足無地少地農民土地要求　冀中準備大覆査」）

【史料7-13】　任邱は5月14日から半月間の覆査の準備を経て，すでに完了した。各級の幹部は思想検査を経て，現在，農民を指導して土地覆査を始めている。五区が招集した村幹部会において，飲み食いの問題を熱烈に討論し……「地主にごちそうをされるのは立場が不安定である」とし，あいまいな思想を打破した。大会では，同時に地主の贈り物を拒絶する石村の幹部の張少然と三坊村長の高瑞貞を称えた。

　（『晋察冀日報』1947年7月18日「任邱村幹経過思想検査　陣容厳整進入覆査」）

　これらの記事は，いずれも既存の村幹部を再教育して覆査を行おうとしたことを肯定的に伝えている。その一方で，7月半ば以降，同じ冀中区のなかでも「貧雇農を中核とする路線」を実施していた地域があったことを伝える記事が掲載されていく。

【史料7-14（1）】　定県の大部分の地区は老区であり，減租・土地返還・反黒

地・土地改革などの群衆運動を経た。しかし，群衆運動が最初に起きた西湖村からみれば，土地改革はまだ不徹底であり，農民はまだ本当には組織されておらず，完全に翻身したわけでもない。一般の村に至っては推して知ることができる。今回の覆査は，県委が貧農の組織化から着手し，村幹部に対する教育と結び合わせ，初歩的に群衆路線を貫徹した。

（『晋察冀日報』1947年7月18日「定県土地覆査中　組織貧農小組的経験〈趙樹光報告，王天章・劉亜生整理〉」）

【史料7-15】　清苑□西王力村はすでに100戸の貧農を組織し，今回また審査を行った。彼らの審査方法を紹介する。まず，絶対に信頼できる貧農を確定し，貧農自身が審査する方針を決定する。……審査の方法は，以下のとおりである。①集団理解と分組研究を利用し，貧農小組組員大会を開くときには，一人一人の組員は組織中の不良分子に注意し，大会の後で小組会において提起し，みなで討論した。②組と組は互いに審査しあった。③組織された貧農から最もよい5人を抽出し，審査組を編成し，組員全体に対して審査事業を進めた。以上のような審査方式が収めた効果は非常に大きかった。

（『晋察冀日報』1947年7月29日「清苑西王力貧農小組　清査投機偽装分子　対有不良嗜好貧農加強教育」）

【史料7-16】　安国〔県〕齊村の貧農が組織された後，階級覚悟が高まり，立場が不安定で，職に合わない村長と副村長を罷免することを一致して要求した。7月11日の夜，貧農大会において，郝生元が以下のように提起した。すなわち，副村長の張祥浄は地主の張洛武の家に行ってごちそうになり，日本がいたときには彼は敵偽の合作社の責任者となっており，貧農のために仕事をせず，罷免すべきである，と。みなは一致して同意した。区長は直ちに張祥浄の更送を宣言した。

（『晋察冀日報』1947年8月15日「安国齊村整理組織　農民作主人鑑定幹部　貧農洗瞼翻心陣営鞏固」）

　このうち【史料7-15】は覆査運動を直接描くものではないが，貧雇農を中核として組織する様子を伝えるものである。これも含めて上掲の3つの史料に

第 7 章　階級闘争の不振から覆査運動へ　263

あるような運動の形が，劉少奇が覆査を提起した際に望んでいた本来の姿であ
ろう。なお，このように記事を時系列で並べれば，7 月 18 日を分岐点として
既存の村幹部に依拠する覆査から貧雇農による覆査への切り替えが行われたよ
うにみえるが，実際には【史料 7-16】の破線部が示すように 7 月 11 日には貧
雇農による覆査が行われていた。とすれば，6 月から 7 月にかけて冀中区では
覆査に際して貧雇農を中核とするか否かで混乱があり，7 月後半以降に「貧雇
農を中核とする路線」が次第に明確になっていたと捉えられよう。

　こうした混乱は，冀中区党委が貧雇農を中核として覆査を行うことに躊躇し
ていたことを反映したものであったと考えられる。このことは次の史料から推
測できる。1947 年 7 月 15 日，劉少奇が率いる中共中央工作委員会は「華北各
地」に宛てて「土地改革において〔地主の〕穴倉を掘る問題に関するいくつか
の意見」と題する文書を出した。そのなかで，群衆路線の運用に関して次のよ
うに指示している。

【史料 7-17】　広範に群衆路線を運用する。これは闘争が成功するか否かを
　決定する鍵であり，必ず貧雇農を中核とし，すべての中農と連合して共同で
　地主に対して闘争しなければならず，地主に騙されて利用されている落後分
　子に対しては，とくに粘り強く説得し教育し立ち上がらせて覚悟させ，闘争
　に参加させる。……闘争の指導は，必ず真面目で貧苦の積極分子と，忠実で
　公正潔白な幹部の手中に掌握しなければならず，闘争の果実が汚職浪費され
　ないことを保障し，本当に貧苦の農民全体が手中にしなければならない。
（「中共中央工委関於土地改革中挖窖問題的幾点意見」〈1947 年 7 月 15 日〉，『解放
戦争時期土地改革文件選編』59 頁）

　この指示は，このように「貧雇農を中核とする路線」を明示してその実行を
命じている。一方，同じ 7 月 15 日には，冀中区行政公署も麾下の各組織に対
して覆査に尽力するように指示を出していた。そこでは以下のように述べられ
ている。

【史料 7-18】　政府は旧政権の廃墟の上に建立されたものであるため，仕事

の仕方において長期に官僚主義・命令主義が存在している。そして上から下に法令を制定し，群衆に法令を執行させることが習慣化している。……したがって，相当多数の幹部は群衆運動のなかで群衆路線を行うことが不十分であり，立場は十分明確ではなく，一手代行し，強迫命令し，群衆運動の発展を制限した。……そして貧雇農の要求を徹底的に満足させていない。……政府は明確な態度で農民の土地改革と覆査運動を指示しなければならず，本当の人民全体の意見が民主政府の政策の根拠であり，各級政府は以下の諸点を堅持し群衆に対して宣言しなければならない。

（『晋察冀日報』1947 年 8 月 4 日「冀中行政公署　関於大力開展土地改革与覆査運動的指示〈1947 年 7 月 15 日〉」）

　このように，この指示は幹部に対して群衆路線を行うように命じつつ，しかし群衆路線を行うことは「人民全体の意見」に従うことだとしており，「（人民のなかの）貧雇農の意見」に従うこととはされていない。同じ日に出された文書でありながら，中共中央工作委員会の【史料 7-17】と冀中区行政公署の【史料 7-18】とでは，「貧雇農を中核とする路線」に対する姿勢の違いは大きいのである。このことは，7 月半ばの時点でも冀中区は「貧雇農を中核とする路線」の実施に対して躊躇があったことを示している。また【史料 7-18】の決定（7 月 15 日）から『晋察冀日報』への掲載（8 月 4 日）までに半月以上かかったことも，冀中区のこの躊躇を物語っている[28]。冀中区は，中央工作委員会の方針との間にずれがあることをふまえ，全国土地会議（7 月 17 日から開催）での議論を窺いながら慎重に発表のタイミングを探っていたのではないだろうか。また次節で詳しくみるように，貧雇農による覆査運動が行われていた地域では，この時期，旧村幹部などに対する残酷な闘争が行われるなど秩序に混乱が生じ

---

28) なお【史料 7-18】の指示に関しては，7 月 31 日付『晋察冀日報』に「土地改革が徹底的に完成しないうちは悪覇漢奸地主の財産権を承認しない」という部分だけが先行して掲載されている（『晋察冀日報』1947 年 7 月 31 日「冀中行署指示各地　明確支持農民覆査　土改未完成前暫不承認地主財産権」）。この部分は中央工作委員会の指示【史料 7-17】と共通するものである。この経緯からも，冀中区党委が【史料 7-18】の指示全体の発表をきわめて慎重に行っていたことがわかる。

第 7 章　階級闘争の不振から覆査運動へ　265

ていた。こうしたことも冀中区の躊躇を大きくしていたと推測できる。

⑤小　括

　以上の考察結果をまとめれば以下のようになろう。察哈爾省では 5 月半ば以降に覆査が開始されたが，「貧雇農を中核とする路線」の実施は 6 月上旬以降であった。冀晋区でも同様に 5 月中旬に分区レベルの指導部から相次いで覆査の指示が出されたが，実際に覆査の情報が紙面に掲載されるようになったのは 6 月に入ってからであり，「貧雇農を中核とする路線」の実施の記事については 6 月 10 日以降に現われるようになった。冀中区では 7 月以降に覆査の報道が増えたが，村幹部に頼る覆査と貧雇農を中核とする覆査とが混在していた。そこには「貧雇農を中核とする路線」に消極的な冀中区の姿勢が反映されていた。

　なお，こうした分区間のばらつきについては，のちに晋察冀辺区が 1947 年 10 月初めに開催した晋察冀辺区土地会議の開幕詞において，晋察冀中央局書記の聶栄臻が言及している。

【史料 7-19】　今年 2 月，中央局は各地区の同志の土地彙報を招集し，また今年 4 月には中央局は会議を開催した。……4 月の会議では過去の過ち（すなわち土地改革の一部の誤り）が指摘され，覆査が決定された。これは正しかった。のちに中央はわれわれに指示を出し，われわれに貧雇農を中核としすべての農民と団結するという指導方針を明確にさせた。同時に，直ちに覆査を始めることを決定した。今年 5 月には，冀晋で全面的な大覆査を始めた。……冀中では全面的な大覆査は始まらず，数カ月間，典型示範〔典型例を作ってモデルを示すこと〕を行った。要するに，中央の五四指示を受け取って以来，2 回の土地改革の中でわれわれは過ちを犯してきたのである。中央局はこれらの過ちに対して責任を負わなければならない。

（『晋察冀日報』1947 年 11 月 28 日「在晋察冀辺区土地会議上　聶栄臻同志的開幕詞」）

　ここでは察哈爾省については言及されていないが，晋察冀辺区内で分区ごとに覆査の開始時期に差があったこと，いずれにしても開始時期の遅れを「過ち」と捉えていたことが率直に述べられている（「大覆査」とは，文脈からみて

貧雇農による覆査のことであろう）。このようにみてくると，晋察冀辺区では察
哈爾省と冀晋区に関して「貧雇農を中核とする路線」の実施の記事がみられる
ようになった6月上旬に，ひとつの画期があったとみて間違いない（晋察冀辺
区内で地域差が生じた理由については，次節で改めて考察する）。

　このことは，先に255頁でふれたように，「貧雇農を中核とする路線」の展
開を主張する5月1日の『晋綏日報』社説「断固として中農と連合し〜」の
『晋察冀日報』への転載が6月9日であったということとも符合する。またそ
の翌日の6月10日には，無地少地の農民の利益を代表するとして「平均分配
方法」の徹底を命じる『晋綏日報』社説「平均的・公平合理的に土地を分配す
ることを堅持せよ（堅持平均的公平合理的分配土地）」が『晋察冀日報』に転載
された。この社説は，もともと4月5日に『晋綏日報』に掲載されたもので
あった。そしてさらに6月12日には，毛沢東だけが群衆の声を正確に理解で
きるとする『晋綏日報』社説「事があれば群衆と相談せよ（有事和群衆商量）」
が転載されている（『晋綏日報』における社説の初出は5月22日）。6月上旬，晋
察冀辺区では（冀中区を除いて）大きな変化が起こっていたのである。このこ
とは，貧雇農を中核として覆査を実施するという方針に対し，晋察冀辺区の抵
抗がかなり強かったことを示唆している。また4月末以降晋察冀辺区にいた劉
少奇も，公開されている史料による限り，こうした遅れを批判していない。劉
少奇は晋察冀辺区内部の状況について理解を示していたと考えられるのである。
　では，この6月上旬の変化は何が促したものだったのだろうか。次節では劉
少奇が果たした役割に着目し，この転換の原因を明らかにしたい。

2　富農規定の変更と覆査運動

1）河北省の劉少奇と富農規定の変更
①劉少奇の到着と「湖南農民運動考察報告」

　ここで，改めてこの時期の劉少奇の動きについてみておきたい。本章冒頭で
述べたように，劉少奇は1947年3月の延安陥落時に毛沢東（中共中央）と二

手に別れ，新たに編成された中共中央工作委員会を率いて東行し，4 月下旬に
晋察冀辺区に到着した。4 月 30 日に阜平県で晋察冀中央局幹部と会議を開い
たあと，5 月 3 日に同省の平山県西柏坡村に移った（前掲図 6-1 参照）[29]。以後，
ここが土地改革に関する政策の発信地となった。7 月 17 日からは，この地に
支配地域の党組織の代表者や土地改革の責任者を集めて全国土地会議が開かれ，
9 月には中国土地法大綱を決議し，10 月 10 日付で公布したのである。

　河北省に入るまで劉少奇の農村認識は，共産党の公定社会像に準拠したもの
であった。たとえば，冀中区党委が情報共有のために発行していた小冊子『工
作往来』第 7 期（1947 年 3 月 10 日発行）には「土地改革に対する劉少奇同志の
指示（劉少奇同志対於土地改革的指示）」と題する文章が掲載されているが，こ
の文章で劉少奇は地方党組織の「富農路線」を批判し，前の闘争で多く土地を
獲得した者は土地を供出して農民全体で均分せよと指示している（ただし同文
章の初出時期は不明）[30]。富農路線とは，文脈からみて闘争者だけが論功行賞的
に果実を得て富裕化することであろう。ここからは，この時点で劉少奇が問題
としていたのは闘争の果実を一部の者が独占することであり，問題は社会に対
する認識のあり方や闘争の方針にあるのではなく，あくまで分配の方法にある
と認識していたことが分かる。

　また，移動の途中，晋綏辺区で農村革命の現場を実見してしたためた「晋綏
同志への手紙」では [31]，劉少奇は晋綏辺区の土地改革が遅れていることを次の
ように痛烈に批判している [32]。

【史料 7-20】　途中では，多くのわれわれの幹部が群衆を信用せず，群衆の
自発性と運動の自発性を怖れる例を聞いた。いくつかの地方では，群衆は地
主や悪覇と闘争しようとしたが，われわれの政府や幹部は各種の "理由" を
つけて群衆の闘争を許さず，群衆の行動を阻止した。他方では，群衆がまだ

29）『劉少奇伝』上巻，520 頁，および『中国共産党組織史資料』第 4 巻上，26 頁。
30）冀中区党委編『工作往来』第 7 期，1947 年 3 月 10 日，1 頁。
31）『劉少奇伝』上巻，519-520 頁。
32）同文書は「毛沢東対劉少奇関於徹底解決土地問題給晋綏同志的一封信的批語」（1947 年
　　7 月 25 日）の附録として『解放戦争時期土地改革文件選編』に収録されている。

地主に対して闘争に立ち上がっていないのに，われわれの幹部は強引に群衆に闘争させ，農会に多くの土地を没収させて農民に分配しようとしたが，農民は不要だとしたので，現在まで分配されていない土地がある。……これが，あなたたちがここで多くの群衆運動に失敗した原因である。

（「劉少奇関於徹底解決土地問題給晋綏同志的一封信」1947 年 4 月 22 日，『解放戦争時期土地改革文献選編』64-65 頁）

このように述べたうえで劉少奇は，前述のように貧農小組を組織して既存の組織に代替する方法も選択可能であるとした[33]。ここからは，このときの劉少奇が土地改革を地主—小作間の対立にもとづく階級闘争としていたこと，そして群衆の多くは貧農（小作農）であるという前提に立っていたことがわかる[34]。

しかしこうした認識は晋察冀辺区に到着した直後から変化した。先にふれた 4 月 30 日の晋察冀中央局幹部との会議では，覆査の推進を強く求めるとともに「富農の土地に手を付けてもよい」と言及している[35]。これは土地改革を地主—小作農間の階級闘争として捉えていた立場から一歩踏み出したものであり，闘争対象を広げることを是認するものであった。さらに劉少奇は，以下にみるように冀熱遼分局と冀東区党委との間で交わされた土地改革の進め方に関する質疑応答に介入し，もう一歩踏み出す興味深い指示を与えている。

冀東区は東北と華北とをつなぐ要衝の地にあり，1946 年の全面的内戦の勃

33）「劉少奇関於徹底解決土地問題給晋綏同志的一封信」（1947 年 4 月 22 日），『解放戦争時期土地改革文件選編』65 頁。本章注 19 も参照。

34）なお陳耀煌は，劉少奇は 1946 年末から「激烈な平均主義」（土地の絶対的な均分）を主張していたとし，それは「低い林の中で高い木を探す」ような下級の闘争方針を禁止していた冀熱遼分局と対立するものであったとしたうえで，「低い林の中で高い木を探す」の解釈として「貧農と比較すれば幾分豊かな中農と闘争すること」としている（陳 2012：426）。しかし公定社会像（前掲図 1-1）にもとづけば，「平均主義」を採ることと中農の財産に手をつけることはイコールではない。以下に見るように，劉少奇の主張は確かに 1947 年 4 月以降に中農の財産に手をつけること（正確に言えば，富農と中農の区分をあいまいにすること）を是認する方向へと変化したが，陳耀煌の見解はこの 1947 年 4 月以降の劉少奇の姿勢を遡及させたものである。筆者は，劉少奇が晋察冀辺区に到着するまでは公定社会像に忠実な立場から農村革命を指導しており，陳耀煌の挙げた史料によってもそのことは否定されないと考える。

35）『劉少奇伝』上巻，521 頁。

発後すぐに国民党軍によって多くの地域が占領されて以来，共産党軍との間で争奪戦が展開された激戦地であった[36]。冀熱遼分局は，その冀東区から1947年4月26日の電報で寄せられた土地改革の進め方に関する問い合わせに対し，以下のように回答していた。

【史料7-21】 26日の電報で述べている富農の土地を買い上げて農民に分配するという問題について，分局が考える意見は以下のとおりである。すなわち，中央の"五四"指示の富農に対する政策は，一般には富農の土地を動かさないということであり，もし清算・退租・土地改革の時に広大な群衆の要求によって侵犯せざるをえない場合も，打撃は重すぎてはならず，地主と富農を区別しなければならず，減租を重視してその自作部分を保全しなければならないというものである。
(「中共冀熱遼分局復冀東関於土地改革中対富農及中農的政策問題」〈1947年4月〉，『冀東土地制度改革』156頁)

これに対し劉少奇は，5月6日に朱徳との連名で冀東区に文書を発した。

【史料7-22 (1)】 ①冀東の土地改革を徹底的に完成させ，無地少地の農民の土地要求をできる限り最高に満足させ，富農の手中から土地を取り戻す問題に関する〔冀東〕区党委および〔冀熱遼〕分局の何度かの報告はすべて受けとった。われわれは，劉慎の報告を聞きとり，冀察晋〔「晋察冀」の誤植と考えられる〕中央局の各同志と相談した結果，冀東の群衆の土地改革運動はすでに偉大な成果を上げているがいまだに徹底されておらず，地主には多すぎる土地と財産が留保され，富農の土地は一般に動かしておらず，無地少地の農民の要求はいまだに満足していないと理解した。したがって，農民は継続して土地を要求している。……
②できる限り最高のレベルで農民の土地要求を満足させるために，第一に，あなたたちは太行山の経験を学習し，群衆の覆査を組織し，継続して地主に反対する運動に深く入り，封建の尻尾を完全に切り落とさなければならない。

───────────
36)『中国人民解放軍戦史』第3巻，131頁。

270 第 II 部 農村革命工作へ

……第二に，地主を覆査し封建の尻尾を切る運動のなかでは，<u>富農の手中から一部の土地や家畜・工具を取得して農民の要求を満足させることができるし，またそうすべきである。</u>
（「朱徳・劉少奇関於徹底完成冀東土改的指示」〈1947 年 5 月 6 日〉，『解放戦争時期土地改革文件選編』56–57 頁）

このように劉少奇は冀熱遼分局の指示を修正し，富農から土地を含む余剰財産を没収せよと指示したのである。ここからは，「富農の財産（土地）に手を付けてもよい」という劉少奇の 4 月 30 日の指示がまさに新しい方針であったこと，地方党組織の間で交わされた文書が速やかに中央（この場合は中央工作委員会）に同報されて共有されていたことなどがわかるが，指示の内容としては 4 月 30 日の晋察冀中央局での発言を繰り返しただけのものであるようにも見える。問題はこのあとにある。この文書は末尾で次のように述べている。

【史料 7–22 (2)】　③われわれは熱河分局が 26 日に冀東に与えた指示には，精神の上で欠点があり，それでは群衆運動を鼓舞できないと考える。党内で土地改革教育を進行するために，<u>あなたたちには毛主席の「湖南農民運動考察報告」を印刷し，すべての幹部に発給して閲覧するように希望する。</u>
（「朱徳・劉少奇関於徹底完成冀東土改的指示」〈1947 年 5 月 6 日〉，『解放戦争時期土地改革文件選編』57 頁）

【史料 7–22】はこの部分で終わっており，「湖南農民運動考察報告」の何をどう参照するべきなのかまったく説明がない。きわめて唐突に「「湖南農民運動考察報告」を参照せよ」とだけ指示しているのである。
「湖南農民運動考察報告」とは，毛沢東が 1927 年 1 月から 2 月にかけて湖南省の 5 県を訪問し，「土豪劣紳」と激しく闘争していた農民から聞き取り調査を行って作成した報告書である。その主題は，日和見的態度に終始する富農や絶えず動揺する中農に比べ，貧困農民は農会を組織し土豪劣紳打倒の先鋒かつ中核として徹底的に闘争している，ということにあった[37]。しかしこのような

---

37)「湖南農民運動考察報告」(1927 年 3 月 28 日)，『毛沢東集』第 1 巻，207–249 頁。

主題からすれば，この文書は，冀熱遼分局と冀東区党委に対して「富農からも余剰財産を取得せよ」とする指示の参考として提示するのに適切であるとは言いがたい。「湖南農民運動考察報告」は，富農が日和見的だから財産を没収せよとも没収してはならないとも述べていないからである。しかも，当時華北で最も流通していたと推測される晋察冀日報社版『毛沢東選集』（1944年刊）では，この「湖南農民運動考察報告」は第1巻の最後に「附録」という形で掲載されていたにすぎない[38]。なぜ劉少奇はこの時，いくつかある毛沢東の農村調査報告書からこの文書を選んだのだろうか。

②「湖南農民運動考察報告」の階級区分基準

このような視点から「湖南農民運動考察報告」を見るとき，これ以降に出された毛沢東の農村調査報告にはない，この文書の特徴に目がいく。それは，いわゆる「米ビツ論」の立場から書かれているという点である（今堀1966：101）[39]。第1章でも述べた通り，「米ビツ論」とは，農民を階級区分する際に搾取・被搾取といった生産関係を基準とするのではなく，生活に余裕があるか否かという富裕度を基準とする姿勢を指す。「湖南農民運動考察報告」は，「余剰の金銭や米がなく，借金もなく，毎年衣食住を保っている者を中農という」と規定し，「余剰の金銭があり，余剰の穀物もある者を富農という」と規定している[40]。まさに富裕度によって農民を区分していた（なお，この中農と富農の規定は，1951年版の『毛沢東選集』第1巻所収の「湖南農民運動考察報告」からは全文削除されている[41]。これ以降の版も同様である）。

第1章で詳述したように，1947年当時，共産党の公式の階級区分であった「どのように階級を分析するか」（毛沢東が1933年に発表した文書，前掲【史料1-7】。以下，「階級分析」）によれば，富農とは「常に搾取をその生計の一部か

38）筆者は東洋文庫の所蔵本で確認した。

39）共産党は1930年5月に開催した第1回ソビエト区域代表大会で「暫行土地法」を通過させたが，そこではすでに搾取関係にもとづく階級区分がみられる（今堀1966：125）。毛沢東も「興国調査」（1931年1月26日）では搾取関係によって階級を区分している。

40）「湖南農民運動考察報告」（1927年3月28日），『毛沢東集』第1巻，216–217頁。

41）中共中央毛沢東選集出版委員会『毛沢東選集』第1巻，20–21頁。

272 第 II 部 農村革命工作へ

大部分としている」農民のことであるから[42]，このような「湖南農民運動考察報告」の富農規定は明らかに「階級分析」と異なるものであった。「階級分析」にもとづけば，家計の主要部分を他人の労働の搾取に頼る農民しか富農に区分できないが，「湖南農民運動考察報告」にもとづけば，中農（自作農）を含む「ゆとりのある農民」すべてを富農に区分することができるのである。もちろんこのなかには中農の上層である富裕中農も含まれる。劉少奇が「富農の土地に手を付けてもよい」とする指示の参考としてこの文書を指定したのは，富農に区分する基準を大幅に緩和し，「ゆとりのある農民」までも富農とみなすことを示唆するためだったと考えられるのである。そしてこのことは，第 2 章で詳細に考察し，前掲図 2-7 で図示した，華北平原の村落階層構造のなかで土地改革を進める上で決定的な意味をもっていた。華北では自作農（中農）の中層が地域の平均耕地面積を所有していたからである。

　もちろんこのことは冀東区への具体的な指示に書き込まれていたわけではない。指示の最後に唐突に「「湖南農民運動考察報告」を参照せよ」と述べているだけである。しかしこのことがむしろ如上の考察の妥当性を裏づけている。このとき，劉少奇が富農の中に「ゆとりのある農民」まで含めたいと考えていたとすれば，最も確実で簡単な方法は「階級分析」の棚上げを直接かつ具体的に言明することである。しかしそれでは毛沢東の農村社会認識の不正確さを認めることになる。毛沢東腹心の最高幹部として土地政策を担当していた劉少奇が簡単に選択できることではない。この点，「米ビツ論」による階級区分を唱える「湖南農民運動考察報告」を提示するという方法であれば，「階級分析」の棚上げに直接言及せず，しかも毛沢東の著作を使って階級区分方法の変更を伝えることができる。もし後日問題視されたとしても，「湖南農民運動考察報告」を提示したのは別の目的のためであり「階級分析」を棚上げするように命じた覚えはない，下級が勝手に誤解しただけだ，と言い逃れすることができよう（同様の構造は，冀東区など分区レベルの指導者と，その管轄下の下級幹部との間でも成立する）。唐突な「湖南農民運動考察報告」の提示は，高度に政治的な

42）毛沢東「怎様分析階級」（1933 年 6 月），『毛沢東集』第 3 巻，266 頁。

問題に関わる目的をもっていたがゆえの選択だったと考えられるのである。

　なお，この劉少奇の冀東区宛の指示書における「湖南農民運動考察報告」提示の唐突さには，楊奎松も奇異を感じたようである。が，楊奎松は劉少奇の意図について，「湖南農民運動考察報告」が「激烈な農民運動を高らかに賛美する，当時ほぼ唯一の公開の文書だった」ことから説明しており，富農規定の相違については気づいていない（楊2009：48-49）[43]。しかし，これは楊奎松が1964年刊の『毛沢東選集（合訂本）』所収の「湖南農民運動考察報告」にもとづいて考察したからである。今堀誠二が指摘するように，1951年以降の『毛沢東選集』では，後述の1947年刊の晋察冀中央局版まで存在した「米ビツ論」に関わる記述がすべて削除されている（今堀1966：10）。1964年の版本による限り，劉少奇がここで唐突に「湖南農民運動考察報告」の参照を命じた真の意図は理解できないのである。

　こののち華北では「湖南農民運動考察報告」の格上げと普及が図られた。晋察冀中央局は5月前半に改訂版の『毛沢東選集』を出版したが，この版では「湖南農民運動考察報告」が第1巻の巻頭に置かれている[44]。晋察冀日報社版（1944年刊）の巻末「附録」からの大抜擢であった[45]。また追いかけるようにし

43）なお，楊（2012b）でも説明の仕方は変わっていない（楊2012b：14）。

44）筆者は東洋文庫の所蔵本で確認した。なおこの書には奥付がなく正確な出版月日は不明であるが，『晋察冀日報』上では1947年4月28日と29日に「新刊書」として広告が掲載されており，5月15日から21日まで連続して集中的に広告が掲載されている。

45）晋察冀辺区阜平県紅色档案叢書編委会（2012）によれば，晋察冀日報社は1945年から1944年版『毛沢東選集』の増訂作業を進め，1947年3月に増訂版を刊行したが，その直後に『毛沢東選集続編』と称する書籍を刊行し，「湖南農民運動考察報告」はこの『続編』の方に完全版が収録されたという（201頁）。しかし，「湖南農民運動考察報告」を巻頭に置いた『毛沢東選集』のタイトルには「続編」などの文言は付されておらず，また同時期の『晋察冀日報』上にも『続編』の広告は掲載されていない。同書によれば，この『続編』は収録された文書に誤りがあったため林彪が毛沢東に刊行停止を要請し，毛沢東が受け入れたため「まもなく出版停止になった」とされる（202頁）。このような説明は，当該時期を研究しようとする者に，1947年に晋察冀日報社が刊行した『毛沢東選集』を実見する必要性を感じさせなくするものである。ここからは，「湖南農民運動考察報告」を巻頭に置いた『毛沢東選集』が1947年に刊行されたという事実を巧妙に隠そうとする強い意志を窺うことができる。またこのことは，この事実がもつ決定的な重要性を逆に示している。

て1947年6月19日の『晋察冀日報』上には『読「湖南農民運動考査報告」』という書籍が「土地改革中の幹部教材」として近日刊行されることが予告されている。東洋文庫が所蔵する陳伯達『読「湖南農民運動考察報告」』を見ると，この本は「湖南農民運動考察報告」の示す革命戦略がいかにレーニンやスターリンの主張と関連したものであるかを縷々説明する内容となっている。急ピッチで権威づけが行われたとみられる。

③華北各地域の反応

この結果，劉少奇の意図は地方党組織に正しく伝わった。たとえば冀晋区党委が1947年5月18日に管轄下の幹部に対して出した指示は，「土地均分政策によって無地少地の農民の土地問題を解決しなければならない」が，「中農の利益は断固として侵犯してはならず（自作地は動かさない），一定の果実を分配しなければならない」と表現している[46]。この「自作地は動かさない」という注記は，「中農の所有地であっても自作地以外は動かしてもよい」ということを意味する。またたとえば劉少奇の指示が直接届けられた冀東区では，現地を視察して「行き過ぎ」を懸念した中央政治局委員の彭真が6月29日付で意見を提出し，「中農（富裕中農を含む）の利益は絶対に侵犯してはなら」ないと述べている[47]。この「中農（富裕中農を含む）」と念押しする表現は，覆査の現場では中農と富裕中農とが区別され，富裕中農が中農として保護されていなかったことを示唆する。なお，彭真は当初毛沢東と行動をともにしていたが，中央工作委員会からの要請に応えた中共中央が6月2日に河北省に派遣していた[48]。したがって，4月末の劉少奇と華北地方党組織の転換を知らず，より原理的・理論的な立場から冀東区の運動に対する批判を行ったものと考えられよう。

また晋冀魯豫辺区に属する太行区党委が1947年6月15日に作成した報告書は，闘争が最も激しいときには富農だけではなく中農に対しても闘争が行われ

---

46)「中共冀晋区党委従阜平覆査中看到的幾個問題給各地的指示」（1947年5月18日），『河北土地改革档案史料選編』184頁。
47)「彭真対冀東覆査提出的意見」（1947年6月29日），『冀東土地制度改革』167頁。
48)『中国共産党組織史資料』第4巻上，185頁。

第 7 章 階級闘争の不振から覆査運動へ **275**

たと述べている[49]。このように，華北の諸地域では確かに「ゆとりのある農民」
や富裕中農の財産が没収されていたのである。そしてこのような事態が起こっ
た理由は，彼らが相対的な富裕者だったからであった。この太行区党委の報告
書は，自分の所有地が平均を上回っていることを知った河北省磁県の中農が余
剰部分を農会に献上したことを記している[50]。相対的な富裕者であれば経営の
形態にかかわらず闘争対象とされ，貸出地・自作地の区別なく没収されていた
様子が窺えよう。劉少奇の意図に沿った闘争が展開されていたのである。

　またこうした闘争対象の拡大は，他の中央レベルの指導者や地方党組織に
よっても推進されていった。たとえば全国土地会議が 7 月に平山県西柏坡村で
開催されることが決まったあと，任地を離れることができず同会議に参加でき
ない鄧子恢が，意見を託す文書を 1947 年 7 月 3 日に劉少奇に送っているが，
そのなかで鄧は覆査では富農の自作地まで没収するべきであると主張してい
る[51]。同様に，7 月 7 日に華東局が山東の土地改革覆査に関して出した指示で
も，富農の貸出地だけではなく自作地も一部を没収するように命じている[52]。
これらの文書では没収対象はあくまで富農とされているが，自作地の一部も没
収するということはその農家の自作地がかなりの広さであることを意味してお
り，実質的には富裕な中農も没収対象とすることを是認するものとして機能し
たと考えられよう。

　このように劉少奇は晋察冀に到着した直後，富農の財産を没収対象に含める
ことを認め，さらにその富農の範疇を拡大し「ゆとりのある農民」をすべて富
農として闘争対象に含めることを促した。おそらく晋察冀中央局の幹部たちと
の議論の過程で，華北平野部の農村社会の状況（自作農のグラデーションとして

---

49)「太行区党委関於太行土地改革報告（節録）」(1947 年 6 月 15 日)，『中国土地改革史料選
　　編』370 頁。
50)「太行区党委関於太行土地改革報告（節録）」(1947 年 6 月 15 日)，『中国土地改革史料選
　　編』370 頁。
51) 鄧子恢「給少奇同志転中央的一封信」(1947 年 7 月 3 日)，『中国土地改革史料選編』380
　　頁。
52)「華東局関於山東土改覆査的新指示」(1947 年 7 月 7 日)，『中国土地改革史料選編』382
　　頁。

276 第 II 部 農村革命工作へ

階層が存在する）を理解したのであろう。このような実質的な階級区分基準の変更は，華北の多くの地方党組織の指導者に受け入れられ，当初の狙い通りに拡散していった。このことは，晋察冀辺区をはじめとする華北地域の指導者たちが，地主—小作関係のなかでの土地改革の実現に困難を抱える一方で，余剰のある農民（富農・富裕中農）から土地・財産を没収して「革命からの逸脱」と批判されることも恐れていたことを示している。劉少奇が「米ビツ論」による階級区分を承認したことは，搾取関係の有無に関係なく富の再分配に邁進できる環境を整えた。晋察冀中央局はこのことを見極めたうえで，6 月初めに「貧雇農を中核とする路線」による覆査の実施に舵を切ったのである。

　もちろん，晋察冀中央局の姿勢が転換したからといって，直ちに麾下の各分区が足並みをそろえたわけではない。前節で述べたように，冀中区が最終的に「貧雇農を中核とする路線」を実施したのは 7 月以降であった。またこうした下級党組織の問題については，7 月半ばから開かれていた全国土地会議の最中に 8 月 4 日付で劉少奇が中共中央に送った文書でもふれられている。そこでは（劉少奇の説明によれば，特に区・村幹部と支部党員の階級的出自に問題があったために）「冀察晋とその他の地方の土地改革は不徹底であり，活動は落後している」と批判している（語順が晋察冀と逆になっているのは，ここでは晋察冀中央局に問題があるという解釈が生じることを避けるためだと考えられる）[53]。このように，貧雇農による覆査の実施に対しては，農村社会の現場に近い幹部には根強い抵抗感があったのである。

　なお，1947 年春にこのように闘争対象の範囲が拡大されたことについて，共産党の公定史観はこの動きを主導したのは晋綏辺区に派遣されていた康生と陳伯達だとしている。たとえば 2014 年に公刊された『任弼時伝』は，1947 年 2 月に晋綏辺区に到着した康生の言動を次のように描いている。「康生は車を降りるや否や晋綏の土地改革が右に行っていると批判した。彼は晋綏が書いた

---

53) 「劉少奇関於土地会議各地彙報情形及今後意見的報告」（1947 年 8 月 4 日），『解放戦争時期土地改革文件選編』72 頁。なお，この文書は「中共中央対劉少奇関於土地会議各地彙報情形及今後意見的報告的批示」（1947 年 8 月 13 日）の附録として，『解放戦争時期土地改革文件選編』に掲載されている。

第 7 章　階級闘争の不振から覆査運動へ　**277**

『怎様割分農村階級成分』の小冊子を指して言った。「小冊子は搾取関係を強調
<u>している</u>が，一般的な条件から定めており，教条的であり」，「<u>このようなもの
にもとづけば，晋綏は地主を見つけることができず，土地改革を実施できない
だろう……</u>」，と」[54]。『怎様割分農村階級成分』とは，晋綏分局が毛沢東の「階
級分析」にもとづいて 1946 年 9 月に作成した階級区分基準を示した小冊子で
ある。この言動が史実だとすれば，「米ビツ論」への回帰を最初に明言したの
は康生ということになる。陳永発もこの見解を支持している（陳 1996c：11）。

　しかしこの記述は疑わしい。『任弼時伝』の当該部分は，当時，晋綏分局副
書記だった張稼夫[55]の回想録を下敷きにしており表現もほとんど重なってい
るが，張稼夫の回想録には康生が晋綏分局の冊子を批判したのがいつであるか
は明記されておらず[56]，傍点を付した「車を降りるや否や」という部分だけ
『任弼時伝』独自の挿話になっている。張稼夫の回想録には，「康生はいつも
「地主とは老財〔金持ち〕のことであり，老財は地主だ」と言っていた」とし
か書かれていない[57]。1947 年春以降，華北では農村革命の行き過ぎが出現す
るが，その責任を，のちに党から除名されることになる康生と陳伯達に負わせよ
うとする意図が感じられる。

2）「貧雇農を中核とする路線」による覆査の実施と基層幹部
①貧雇農の組織化における地域間の相違

　では，晋察冀辺区内の貧雇農による覆査はどのように展開したのだろうか。
また，なぜ晋察冀辺区内でも察哈爾省・冀晋区・冀中区で地域差が生じたのだ
ろうか。

　『晋察冀日報』の記事によれば，貧雇農による覆査は，分区や県レベルが派
遣した工作隊が村に入り，貧雇農を組織して従来の村幹部を批判させ交代させ
るという展開で描かれることが多い。この点に関しては察哈爾省・冀晋区・冀

54）『任弼時伝』下巻，783 頁。
55）『中国共産党組織史資料』第 4 巻上，153 頁。
56）「庚申憶逝」之二，208–209 頁。
57）「庚申憶逝」之二，207–208 頁。

278 第Ⅱ部 農村革命工作へ

中区の間で顕著な違いがあるようにはみえない。共産党の支配下に入ってからの時間は各地で異なるものの，すでに成立している権力機構と権力者を批判して立ち上がることはリスクをともなうため，「貧雇農を中核とする路線」を呼びかけるだけで該当者が立ち上がることはなく，上級から派遣された工作隊が主動的な役割を果たしたことは当然であろう。

しかし，村に入った工作隊が誰をどのように組織したのかという点については，必ずしも各地は一様ではなかった。たとえば前節で冀中区での貧雇農による覆査を伝える最初の記事として紹介した定県西湖村の記事【史料7-14】は，次のように描く。

【史料7-14 (2)】 県・区幹部は，村に到着した後，任務を説明し，村幹部を組織して顔を洗うことに動員した。同時に，階級がよい・やり方が正統派な村幹部を通して状況を理解し，ネットワークを探り，重大な搾取や圧迫を受けた真面目な貧民を調査した。ネットワークが判明した後，県・区幹部は手分けして自ら訪問調査を行い，今回の覆査の任務を説明した。ネットワークの中で条件がよいものを中核とし，別の貧農に広げ，貧民小組の編成準備を行った。
（『晋察冀日報』1947年7月18日「定県土地覆査中　組織貧農小組的経験〈趙樹光報告，王天章・劉亜生整理〉」）

ここでは，県・区幹部が村に入ったあと「階級がよい」村幹部を介して「真面目な貧民」を探したとされている。次の河間県西荘（冀中区）の記事も同じである。

【史料7-23】 河間翻身隊は，〔7月か？〕18日に分かれて韓別・楊官荘など6つの覆査示範村に入り活動を行った。最初，指導思想において成果を急ぎ，また過去の古い方法が習慣化していたために，各組は隘路を行った。たとえば謝家組は，着手するなり幹部のサークルを出ず，依然としてかつて漢奸だった村長と，逃亡戦士の武委会主任に頼って群衆を指導した結果，群衆は語らず，われわれは何の問題も発見できなかった。……21日に，深く入っ

た検討を経て，各組は貧雇農から手を付けるという指導思想を明確にし，幹部のサークルを打破した。活動方法が変化した後，各組の活動は迅速に展開された。23 日，楊官荘では 5 つの貧農組が組織され，35 人の貧農と下層中農（かつての貧農）が参加した。

（『晋察冀日報』1947 年 8 月 6 日「河間覆査示範　貧雇農路線不明確　経過検討已打開局面」）

　この記事では，のちに「貧雇農から手を付ける」方針へと変わったとされているが，最初の組織化では村長や武委会主任に接触している。以上はいずれも冀中区の例であるが，中核となるべき貧雇農を探しだす際，当該社会をよく知る村幹部が必要だったことが窺える。

　冀晋区に関しても，これと同じ状況が背景にあると考えられる記事がみられる。阜平県魏家峪村での覆査についての記事では，失敗を語る文脈で次のように述べられている。

【史料 7-24】　阜平二区の覆査事業の中で，一部の区幹部は，〔村〕幹部のサークルを脱することができず，中農の意見によってすべてを決定した。……魏家峪〔村〕の××幹部は仕事のやり方が一貫して非民主的であり，自分が中農階級であり，貧農を立ち上がらせて組織することは自分にとって不利になることを怖れたため，貧農を組織する際，まず幾人かの幹部に台本をつくらせ，180 戸余のうち，赤貧農は 2 戸だけ，貧農は 1 戸だけで，その他はすべて中農にした。区幹部が貧農を発見して貧農を組織した時には，ある〔村〕幹部が慌てて立ち上がり，××〔区幹部が発見した「貧農」を指すと考えられる〕は特務であると報告したため，一人の貧農は怖れて以後あえて会に参加しなくなった。こうした状況のもと，区幹部は村幹部に引きずられた……　　　（『晋察冀日報』1947 年 8 月 23 日「阜平二区幹部開会　糾正富農路線」）

　破線部は「村幹部が名簿を捏造した」という意味であるが，覆査に来た区幹部はこの貧農の戸数を信じており，また「貧農の××は特務である」という村幹部の誣告もひとまず信じている。では，なぜ県・区幹部は貧雇農を組織する

280　第 II 部　農村革命工作へ

際に村幹部に頼ったのか。もちろん，村幹部は上級からの政策の受け皿となる
べく置かれていたのであるから，それは当然だったかもしれない。しかし，そ
うした慣例とは別の理由があった可能性がある。次の冀中区博野県の記事は，
「貧農小組」と中農との関係について以下のように述べている。

【史料 7-25】　九分区は博野地区で重点覆査示範〔モデル〕村の設置を進めて
おり，すでに清算闘争を開始した。各村では貧農小組を設立し，中農が入っ
て聯合して以来，中農は非常に素早く闘争の行列に飛び込んでいる。北小王
では村全体の中農 120 戸，617 人のうち，すでに 88 戸，499 人が参加した。
北楊村では，中農の総数は 125 戸であり，人口は 309 人であるが，参加者は
119 戸，191 人である。北邑の中農は 104 戸であり，すでに 90 戸が参加して
いる。南邑の中農は 206 戸であり，すでに 127 戸が参加している。以上の統
計によれば，以下のように見ることができる。すなわち，戸数によって計算
すれば，すでに組織された中農は総数の 90％であるが，人口によって計算
すれば，参加者は中農総人口の 50％にすぎない。したがって，「一人が翻
身し一家全体が翻身する」や「一人が入会すれば，家族全員が入会する」を
スローガンとして提起した。1 日足らずで，北楊村の北頭では，8 組，100
人余の中農が参加した。
（『晋察冀日報』1947 年 8 月 6 日「九分区覆査示範村　清算闘争已全面展開　中農
熱烈湧入闘争行列」）

この記事は，各村で組織された貧農小組に大勢の中農が参加したことを述べ
るが，肝心の貧農の参加人数についてはふれていない。次の冀中区武強県の記
事も同様である。

【史料 7-26】　武強の土地覆査はすでに点から面に移り，40 の村で翻身の炎
が上がっている。県委が常荘の覆査示範の経験を総括し，各区で幹部を集め，
手分けして 3 つの重点を作って覆査をするように指示を出して以来，県級の
各機関団体は 80 人の覆査隊を組織し，県委の余明同志が自ら率い，六区の
南北堤，南村，皇甫旺，劉荘，□，四区の谷荘，大郭荘，曹荘一帯に赴き，

覆査を行った。この隊は7組に分かれ，7つの重点村を作り，周辺の40の村を合わせた。現在，各村はすべて翻身の火が点火され，<u>貧農小組が200余組織されて訴苦が開始されている。同時に，2万人の中農が立ち上がり，地主悪覇と闘争することを要求している。</u>

（『晋察冀日報』1947年8月7日「武強覆査　已由点到面」）

　下線部は，膨大な数の中農が200余の貧農小組と協力していたとするが，この記事にも貧農の人数が記されていない。以上の2つの記事からは中農層の分厚さが窺えると同時に，これらの地域の闘争ではむしろ中農が中核を形成していたような印象を受ける。この点について冀晋区の覆査の状況を概観した記事は，より率直に次のように述べている。

【史料7-27】　阜平県委書記の李国慶同志の報道によれば，今月23日，阜平県委は土地覆査・群衆の立ち上がり状況・群衆路線を行く問題を検査した。その結果，この1カ月来の覆査事業は一歩深く入り，方太口・高阜口・康荘・王快などの典型村では，貧農を中核とする思想を初歩的に貫徹したが，これは少数の村であり，県全体を検査すると，依然として多くの欠点が存在しているという認識で一致した。……<u>貧農を中核とする思想が不明確で，貧農を組織することが不必要であると考える者もいた。</u>

（『晋察冀日報』1947年7月31日「阜平検討月来覆査　大部村荘走了富農路線」）

　このように，ここでの貧農の存在感はきわめて薄い。そして，おそらくこの貧農の存在感の薄さは地主制のあり方と関係していた。覆査が始まる前，1947年4月5日の『晋察冀日報』には冀中区固安県における幹部訓練の様子が報じられているが，そこでは「最初，われわれは〔積極分子と村幹部とを〕一緒に訓練したが，<u>ある村幹部は自分の村では〔闘争〕対象がいないという一言で自分の村の結論とした</u>」とされている[58]。また少し後の時期の記事であるが，冀中区直属機関が1947年12月に開いた土地会議での総括記事で，定県のある村幹部が次のように述べて闘争を阻害したと報じている。

58）『晋察冀日報』1947年4月5日「固安四区　訓練骨幹的幾点経験」。

【史料 7-28】 五四指示が下ろされてくると，陳力は自分の〔村幹部であり党員でもあるという〕「地位」を利用し，定県県委の指導思想を計画的に動揺させ，もう一度定県の農民運動を破壊しようと試みた。彼女は分区の会議において，定県県委書記に探るような口調で，模範のように提起した。「定県では反蚕食〔国民党軍の侵攻への抵抗〕を主とすべきであり，<u>土地問題は何もない</u>」「村内には地主はいない」，と。

（『晋察冀日報』1947 年 12 月 28 日「冀中党委厳整党紀　開除異己分子王敏等党籍」）

　地主制が広範に展開しているのでなければ，当然，貧農（小作農）の存在感も小さくなる。【史料 7-27】と【史料 7-28】に出てきた 2 人の村幹部はともに「階級的異分子である」として批判され，特に【史料 7-28】の定県の村幹部は党籍を剥奪されることになったが，むしろ地域社会の実情を率直に述べていたとみるべきだろう。とすれば，ここでの貧農は，「小作農（佃農）」というよりも文字通り「貧しい農民」を指す言葉として使われる機会の方が多くなるはずである。そしてその場合には，自作農であるという面では中農と貧農（貧しい農民）との間に違いはなくなり，両者の違いは生活に余裕があるか否かという点でしか測れないものとなる。つまりこの地域では，中農（自作農）が「貧しい農民」から「豊かな家庭」までのグラデーションで存在しており，境界線はあいまいであった。それゆえに県・区幹部は，まず村幹部に「誰が貧農か」ということを尋ねなければならなかったのである。

②察哈爾省における貧雇農の組織化

　一方，貧雇農による覆査で先行した察哈爾省の状況はこれと異なっていた。察哈爾省の貧雇農による覆査の記事は，上述したとおり 6 月 11 日の涞水県の覆査運動の記事が初見であるが，そこでは次のように報道されている。

【史料 7-29】 涞水の李各荘では，最近，猛烈な覆査翻透身運動が巻き起こった〔「透」は「徹底する」という意味がある。「翻透身」とは「徹底的に翻身する」という意味だと考えられる〕。以下のいくつかの主要な経験を獲得した。……②貧雇農を中核とし，すべての農民と団結した。貧農は闘争を切実に求め，最も積極的である。今回は，貧農単独の組織形式ではなかったが，実際には

貧農のリーダーが出現し，組織の中核的な力量を形成した。貧農が立ち上がった後は，彼らは自分たちの力量が非常に小さく，中農と連合しなければならないことを感じ取り，貧農は自分で中農と連合する方法を考え出した。このうち重要なひとつは，貧農が中農に対して明確に闘争対象を指摘したことである。「われわれはみな大地主の搾取を受けたものである。今回はわれわれは徹底的に大地主を打倒する」と。同時に中農に対して言った。「あなたたちも利益を得ることができる」と。このようにして，新中農は非常に素早く貧農と連合し，老中農も闘争の発展に従って参加してきた。こうして全村の農民の大連合が達成された。

（『晋察冀日報』1947 年 6 月 11 日「李各荘覆査経験」）

　下線部を素直に読めば，李各荘の貧農が連合を呼びかけた中農も，闘争対象である大地主と直接の搾取─被搾取関係にあったことになるが，それならばあえて「あなたたちも利益を得ることができる」と言う必要はないだろう。ここでいう搾取には，負担の転嫁など直接の搾取─被搾取の関係以外から生じたものを含んでいたと見るべきである。とすれば，貧農と大地主との間には何らかの搾取─被搾取の関係があったということになる。この場合，貧農と中農の境界線は明確に存在する。次の涞水県淮北村に関する記事も同様である。

【史料 7-30】　涞水淮北村の農民の翻身闘争の中での経験は，以下のことを証明している。……この〔富農路線と貧農路線〕2 つの路線の闘争のなかで，この村の貧農はまず貧苦の積極分子の指導の下で団結しはじめ，貧農小組を組織し，斉心会〔「斉心」とは「心を合わせる」という意味であるが，「斉心会」の詳細は不明〕を開き，その後で中農と一緒に「団結会」を開いた。……地主を拘束した後，夜に農民団結大会を開いた。貧農小組の中核作用と組織的な力量があったため，貧農の上述の意見はすばやく大会を通過した。その次に，まず貧農によって前回の闘争について検討が行われ，農民の思想反省を啓発した。……このことはまた以下のことを証明している。すなわち，中農は，封建搾取を消滅させ，みな一斉に翻身するという貧農の要求のもとで，基本的に一致団結できるのであり，最初は異なった要求があるけれども，繰

り返して説明し解説すれば，中農は貧農の正確な意見を受け入れ，最初に無地少地の貧農の要求を満足させるということが，すべての中農と貧農に自発的に受け入れられる原則となる。

（『晋察冀日報』1947 年 6 月 17 日「加強貧農小組的領導是農運中重要環節　淶水淮北農運中敵主要経験」）

　下線部からは，貧農小組に参加できる貧農と団結会に参加する中農との間に明確な境界線があったように見える。また破線部からは，最初中農は「封建搾取を消滅させる」という貧農の要求とは異なった要求をもっていたこと，そして「封建搾取を消滅させ，みな一斉に翻身する」という貧農の要求を中農が共有するためには，何度も説得する必要があったことがわかる。このことは，地主の「封建搾取」下にあった貧農とは異なり，中農は地主とは直接の経済的関係がない人びとだったということを示している。次の 7 月 6 日付の記事も淶水県に関するものであるが，こうした状況をより直接的に述べている。

【史料 7-31】　中共淶水一区区委は 6 月 15 日に支委〔村支部委員〕聯席会を開催し，党内回憶洗瞼立功運動〔昔を思い出し，顔を洗い（階級的立場を明確にし），功を立てる運動〕を展開して党の 26 周年を記念することを呼びかけた。……開始のとき，区委は以下のように宣言した。「何でも話せ。県・区幹部や工作組に対しても，意見や感想があれば大胆に言うように」，と。このようにみな発言を啓発した。発言の中で一部の人が不平を言った。……「貧農は貧しく怠け者であり，ひとつの話ですらしない。かつてコソ泥をしていたことすらある。どうして闘争を指導できるのか？」などなど。……大会での検討と典型報告のあと，また小組内で討論を進め，一歩進んで思想を正した。一致して以下のように認識した。すなわち，過去の土地改革は不徹底であり，属佃主義であり，一部の幹部は翻身したが，貧乏な兄弟については配慮せず，よいものを分配して貧乏人は翻身しなかった。

（『晋察冀日報』1947 年 7 月 6 日「淶水一区召開支委聯席会　開展党内回憶洗瞼運動」）

この記事の下線部では，発言者が特定の個人を念頭において貧農について語っており，貧農が明確に区分できていたことがわかる。また破線部の「過去の土地改革は……属佃主義であ」ったという表現は，「もっぱら佃戸に頼って土地改革を実施してきた」という意味であろう。第2章で検討したことをふまえれば，ここでいう佃戸がいわゆる地主—小作制下の小作農であるかは不明であるが，大土地所有者と経済的関係を結び何らかの形で搾取されている農民を指すことは間違いない。涞水県第一区区委は，これまでの土地改革運動は佃戸，すなわち大土地所有者から搾取を受けてきた農民によって担われ，果実の分配も闘争対象となった大土地所有者と搾取関係にあった農民間で行われてきたとし，これを属佃主義と呼んで運動が広がりと盛り上がりを欠いた原因だとしているのである。察哈爾省涞水県では，確かに大土地所有者と搾取—被搾取の関係にある農民が闘争を担っていた。

もちろん，ここに挙げた記事がいずれも涞水県のものであることから考えると，同県が重点的に活動を行う「示範県」であった可能性は高い。しかも，涞水県は太行山脈の東側，華北平原西端の，北京にほど近い扇状地上にあった（前掲図6-1）。その意味でも察哈爾省を代表できる地域であるとはいえない。しかしこれらの涞水県の記事からは，同地では，被搾取者である貧農と，大経営との経済的関係が薄い中農とが明確に区別できる形で存在していたことは明らかである。このような視点からすれば，太行山脈西側の高原地帯に位置する察哈爾省涿鹿県に関する次の記事も，同じ特徴を伝えるものとして数えることができよう。

【史料7-32】 今回の涿鹿一三区の土地覆査の中で，農民の闘争の情緒は空前の規模で高まり，運動の発展の迅速さもまた未曽有であった。……しかし，こうした進歩はまだ始まったばかりであり，われわれは自己満足してはならない。……貧農を信じず，<u>貧農の人数は少なく</u>，真面目で忠実であり，積極的ではなく，落後しており，肝が小さく遠慮が多く罪を犯すことを怖れ，中核としての作用を果たせないと考えている〔同志がいる〕。

（『晋察冀日報』1947年7月5日「関於放手与民主問題〈黄慶熙〉」）

ここでも貧農が他の階層の人びとから明確に区分できる形で存在していたことが窺える。本書でこれまで述べてきたように，こうした地域でも貧農は大経営との関係を考慮して闘争には消極的であり，それゆえに反奸清算闘争を反封建闘争に含めるという工夫が生み出されたと考えられるが，貧雇農を中核として覆査を行えという指示が下ろされてきたとき，ここでは地方党組織が依拠するべき貧雇農は比較的明確な形で存在した。貧雇農による覆査は，このように搾取─被搾取関係の下にある農民が明確に存在する地域で先行したと考えられるのである。

　これに対し，冀中区と冀晋区では小作農（佃農）としての貧農はさらに少数で，貧しい農民と中層農民とが中農としてグラデーション状に連続していた。そうであるならば中核となるべき貧農が誰であるかは自明ではなく，またすでに行われた土地改革が，貧農が地主による搾取から解放されるという階級闘争としての内実をもっていたかどうか，きわめて疑わしいということになるだろう。冀中区と冀晋区が貧雇農による覆査になかなか踏み切らなかったのは，こうした状況が存在していたからだと考えられるのである。

③貧雇農の組織化と県・区幹部

　しかも，このように貧しい農民と中層農民とが中農としてグラデーション状に連続している社会のなかで貧雇農による覆査を強行することは，新たな問題を引き起こす可能性があった。県・区幹部が貧農団を組織しようとするとき，誰を貧農に認定し組織するかということにおいて県・区幹部の恣意が入る余地が大きくなるからである。本項冒頭に挙げた冀中区定県西湖村の記事（【史料7-14 (2)】）は「県・区幹部は……〔仕事の〕やり方が正統派な村幹部を通して状況を理解し」たとするが，村幹部の仕事のやり方が正統派かどうかは県・区幹部の判断によるものである。次の冀中区清苑県西王力村に関する記事も同様である。

【史料7-33】　清苑□西王力村はすでに100戸の貧農を組織し，今回また審査を行った。彼らの審査方法を紹介する。まず，<u>絶対に信頼できる貧農を確定し，貧農自身が審査する方針を決定した</u>。審査教育を進めるときには，過

去には地主・富農の階級であるが，清算や土地改革を経たり，あるいは土地改革の執行を怖れて自分で飲み食いしたり土地家屋を売ったりして階級を下降させたものや，地痞〔ならず者〕や流氓〔ゴロツキ〕で地主悪覇の走狗をしていた者は，貧農小組への参加を拒絶した。

（『晋察冀日報』1947 年 7 月 29 日「清苑西王力貧農小組　清査投機偽装分子　対有不良嗜好貧農加強教育」）

　ここでも県・区幹部が「絶対に信頼できる貧農」を選んでいる。県・区幹部が誰かを貧農として選ばなければ覆査は始まらなかったのである。しかしこのように県・区幹部の恣意によって貧農を選ぶことは，その貧しい農民が本当の貧農（小作農）としての内実を具えていない以上，つねに誤りを指摘される可能性を抱えることになる。また，以後の展開の中でその貧農の問題が明らかになれば，選んだ県・区幹部の責任問題へと発展する可能性もある。覆査運動を報じる記事ではこうした事例は発見できていないが，1947 年 10 月に中国土地法大綱が公布された後の状況を描く記事では，以下のような事例が報じられている。

　たとえば，1947 年 12 月に冀晋区霊壽県寨頭村で貧農団を組織しようとした工作隊は，村の党支部の幹部であり村幹部でもあった張維斌に貧農の名簿を提出させたが，その後「本当の貧農」から区に訴えがあり，この村では従来から張姓と封姓という 2 つの派閥が対立していたこと，工作隊は張姓から提供された情報だけを信じ張姓に利用されているということ，そして「本当の貧農」は張姓と封姓の両方から抑圧されていること，などが判明したという[59]。また冀中区では，冀中軍政幹部学校一大隊の教導員の蕭頻が，土地改革工作組を組織して 1947 年 12 月に駐屯地がある武強県××荘で土地改革を行ったところ，同年夏に展開された覆査で失脚した人びと（旧村幹部）が，覆査の中核を担って村幹部になっていた貧農について「彼らは貧農であると偽装していた」と誣告した。それを信じた蕭頻は貧農の村幹部を更迭し，改めて旧村幹部で貧農団を

59）『晋察冀日報』1948 年 1 月 31 日「霊壽寨頭雇貧農覚悟提高　打破張封両家宗派」。

組織したとする[60]。この記事によれば，その後の調査で旧村幹部が地主・旧富農・反革命分子であることが明らかになった結果，蕭頻は党籍停止などの重い処罰を受けた。なおこの記事では，蕭頻がそのような判断をしたのは，彼が「破産した地主の出身で，地主富農思想を非常に強くもっていた」からだとされている。

　以上からは，誰が貧農かということがあいまいな社会において，貧農を選択し運動の中核に据えることは困難な仕事であり，県・区幹部にとってリスクをともなうものだったことが窺える。この点も冀晋区や冀中区で貧雇農による覆査が遅れた理由だと考えられるのである。

　このように，貧雇農による覆査の指示は，地主制が発達していない華北の多くの地域の党組織や幹部にとって実現に大きな困難が存在した。ここに，一律に下ろされてくる中央指導部の指示に対する地域社会の抵抗をみてとることは可能である。しかしこの抵抗は7月には覆されることになった。その際には，覆査の指示を先行して実現していく察哈爾省涞水県のような事例の存在も，他の地域の指導者にとって大きな圧力となったであろう。地方幹部たちは自身の階級的立場が厳しく問われるなかで，「貧雇農による覆査を実施している」とみなせる状況の実現に向けて，管轄地域への圧力を強めていったのである。

小　結

　以上，本章では，軍事的劣勢という危機に直面した中共中央が1947年2月に命じた覆査の指示と，4月に命じた「貧雇農を中核とする路線」が，晋察冀辺区においてどのように実施されていったのか，またそれは支配下の社会にどのような影響を与えたのかをみてきた。本章で確認したことをまとめれば，以下のようになる。

　60）『晋察冀日報』1948年2月10日「冀中軍区厳懲破壊土改分子　蕭頻被撤職停止党籍　他帮助反革命的地主富農吊打雇貧農」。

第 7 章　階級闘争の不振から覆査運動へ　289

　1947 年 3 月に延安が陥落するという軍事的危機があったにもかかわらず，晋察冀辺区では 4 月末まで覆査運動に本格的に取り組んだ形跡はない。4 月末には貧雇農を中核として覆査を実施するよう圧力がかかったが，ここでも晋察冀辺区の動きは鈍かった。このような晋察冀辺区のなかで，先行して本格的に覆査運動に着手したのは察哈爾省であったが，それは 5 月半ば以降だったと考えられる。しかし，この察哈爾省でも貧雇農による覆査の実施は遅れ，その本格的な実施は 6 月に入ってからであった。冀晋区では 5 月中旬に指導部から相次いで覆査の指示が出され，6 月以降にようやく本格化したが，貧雇農による覆査の実施は地域的なばらつきが存在した。冀中区の対応はさらに遅れ，6 月から 7 月にかけて覆査に際して貧雇農を中核とするか否かで混乱があり，「貧雇農を中核とする路線」が次第に明確になったのは 7 月後半以降であった。

　このように，晋察冀辺区では「貧雇農を中核とする路線」の実施に関して，6 月上旬に転機があったと考えられる。この転換の原因をつくったのは劉少奇であった。

　晋察冀辺区に到着するまでの劉少奇は，公定の社会認識に準拠して，土地改革を地主―小作間の対立にもとづく階級闘争とし，「群衆」の多くは貧農（小作農）であるという前提に立っていた。しかし，こうした認識は中共中央工作委員会を率いて晋察冀辺区に到着した直後から変化する。劉少奇は晋察冀辺区に到着した直後，富農の財産を分配対象に含めることを認め，さらにその富農の範疇を拡大し，「ゆとりのある農民」をすべて富農として闘争対象に含めることを促した。これはおそらく，晋察冀中央局の幹部たちと議論するなかで，華北農村社会の状況（自作農のグラデーションとして階層が存在する）を理解したためだと考えられる。そしてこのような実質的な階級区分基準の変更は，華北の多くの地方党組織の指導者に受け入れられ，当初の狙い通りに拡散していった。華北地域の指導者たちは，地主―小作関係内での土地改革の実現に困難を抱える一方で，ゆとりのある農民（富農・富裕中農）から土地・財産を没収して「革命からの逸脱」と批判されることも怖れていた。劉少奇が「米ビツ論」による階級区分を承認したことは，搾取関係の有無に関係なく富の再分配に邁進できる環境を整えた。晋察冀中央局は，このことを見極めたうえで，6

月初めに貧雇農による覆査の実施に大きく舵を切ったのである。

　もちろん，晋察冀中央局の姿勢が転換したからといって，直ちに麾下の各分区が足並みをそろえたわけではない。察哈爾省は搾取―被搾取関係の下にある農民，すなわち地方党組織が依拠するべき貧雇農が比較的明確な形で存在した地域であった。このような察哈爾省では，貧雇農による覆査運動を先行して実施することができた。これに対し冀晋区と冀中区では，貧農は「小作農（佃農）」というよりも文字通りの貧しい農民であり，自作農であるという面では中農と貧農（貧しい農民）との間に違いはなかった。こうした地域で県・区幹部が貧農団を組織しようとすれば，誰を貧農に認定し組織するかということにおいて県・区幹部の恣意が入り，後で責任を追及される可能性があった。こうしたことから冀晋区や冀中区では貧雇農による覆査が遅れたと考えられる。

　以上第Ⅱ部では，1945 年秋以降，国共間の摩擦が増大し，やがて全面的な内戦が勃発して共産党が軍事的に不利な状況となっていくなかで，共産党が農村革命をどのように展開していたのかをみてきた。この時期の共産党中央指導部は，理論どおりに農村革命が実現しないことにいらだっていた。理論どおりに展開しなかったのは，公定社会像と華北農村の社会経済構造との間に大きなギャップが存在したためであったが，当初，中央指導部はそのことを直視せず，基層幹部に原因があると疑って 1947 年 2 月に貧雇農を中核とする覆査を命じた。中央レベルの指導者で土地改革政策の責任者であった劉少奇が，階級区分の基準を華北農村社会に適合的な「米ビツ論」へと実質的に変更することを命じたのは，彼自身が河北省に移動した 1947 年 5 月のことであった。これ以降，この 2 つの指示が融合し，「米ビツ論」を階級区分の基準としつつ，貧雇農を中核とする覆査と土地改革が強行されていくことになる。これが，公定社会像にもとづく農村革命を華北の農村社会で強行したことのひとつの帰結であった。

　しかし，このことは共産党の統治下にあった社会に新たな問題を引き起こし，共産党の支配は大きく動揺することになった。では，その問題とはどのようなものであり，共産党はどのように対処したのだろうか。第Ⅲ部では，「米ビツ論」による階級区分と，貧雇農を中核とする農村革命運動が，共産党の支配に何をもたらしたのかを考察する。

第 III 部

加速する暴力とその帰結

——土地改革の行方——

第8章

貧雇農と基層幹部の相克
——農村社会の権力変動——

はじめに

　第7章でみたように，「貧雇農を中核とする路線」にもとづく覆査（土地改革の点検・やり直し）の指示と，「米ビツ論」（今堀 1966：101）による階級区分への変更は，公定社会像（前掲図1-1）に対する相反する判断から生じたものであった。前者は公定社会像が正しいということを前提として，階級闘争に立ち上がるはずの（しかも，社会に多数存在するはずの）貧雇農が立ち上がらず土地改革が不振であるのは，基層幹部が彼らを抑えつけているからだ，という判断にもとづいていた。一方後者は，公定社会像と大きなギャップのある華北農村の社会経済構造のなかで，土地・財産の没収と分配を盛り立てるために行われた，公定社会像の事実上の棚上げであった。このように見れば，後者の変更が行われた時点で前者の指示を取り消す必要があったと考えられるが，公定社会像の棚上げを明言することは毛沢東の認識と指導の「正しさ」に傷をつけるため困難であり，前者の指示はそのまま維持された。このため1947年初夏以降の共産党支配地域では，「米ビツ論」による階級区分を基準としつつ，「貧雇農を中核とする路線」にもとづく覆査と土地改革が行われていったのである。

　しかしこのことは，共産党支配下の社会に新しい状況をもたらし，共産党の支配を新たな段階に押し上げることになった。では，その新しい状況とはどのようなものであり，共産党はそれにどのように対処したのだろうか。そしてそ

のことは共産党の支配と社会にどのような影響を与えたのだろうか。第Ⅲ部では，1947年後半以降の共産党の農村革命の実態と政策，そしてその帰結について考察する。まず本章では，貧雇農を中核とする覆査の強行が社会に与えた影響を明らかにしたい。ここで生じた状況が，1947年7月から開かれた共産党の全国土地会議での議論を規定し，中国土地法大綱へとつながってゆく。その意味で本章は，第Ⅲ部の議論の前提として位置づけられる。

1 「貧雇農を中核とする路線」下の覆査と農村社会

1）県・区幹部，村幹部，貧雇農

①貧雇農と直結する県・区幹部

　第7章で詳述したとおり，覆査は貧雇農を中核として実施されることになった。では，基層社会において覆査はどのように実施されたのだろうか。確かに1947年6月以降の『晋察冀日報』には，郷村に入った県・区幹部が，村内の貧雇農と結びついて覆査を実施した例が報道されている。たとえば，前掲【史料7-31】として紹介した察哈爾省淶水県に関する記事は，引用した部分も含めて次のように報じている。

【史料8-1】　中共淶水一区区委は6月15日に支委〔村支部委員〕聯席会を開催し，党内回憶洗瞼立功運動〔【史料7-31】参照〕を展開して党の26周年を記念することを呼びかけた。……開始のとき，区委は以下のように宣言した。「何でも話せ。県・区幹部や工作組に対しても，意見や感想があれば大胆に言うように」，と。このようにみなの発言を啓発した。発言のなかで一部の人が不平を言った。たとえば次のようである。「<u>すべては貧農より着手するというのは，私はわれわれを信じていないように感じる</u>」「<u>区幹部工作組はわれわれに手を出させない。われわれもどのようにすればいいのかわからない</u>」「貧農は貧しく怠け者であり，ひとつの話ですらしない。かつてコソ泥をしていたことすらある。どうして闘争を指導できるのか？」，などと。

（『晋察冀日報』1947 年 7 月 6 日「涞水一区召開支委聯席会　開展党内回憶洗臉運動」）

　下線部からは，区委が村支部委員を飛び越えて貧農と直結し，「党内回憶洗臉立功運動」を展開しようとしていたことが分かる。次の察哈爾省房山県の記事も同様である。

【史料 8-2】　鎮江営は房山三区のひとつの富裕な村であり，村全体で 200 戸余であり，12 戸の封建地主が統治していた。覆査が始まったとき，根の張り方が正しくなく，加えて地主が欺いて利益で誘ったため，基本群衆は闘争に立ち上がらなかった。……もともと選出されていた 8 人の代表のうち貧農は 2 人だけで，組織された 100 人余の農会会員のうち貧農は 30 人だけであり，他はみな中農・富農であり，なかには少数の偽装した地主もいた。……この事情が発覚した後，改めて呼びかけた。赤貧戸が立ち上がり，新代表を選出した。しかし彼らはこの村の封建統治勢力の大きさと自分の力量の小ささを感じており，他の村の闘争支援を切実に必要とした。……〔この呼びかけに対し近隣の〕4 村が代表を派遣し，鎮江営の新代表と相談し，聯村闘争を組織した。
（『晋察冀日報』1947 年 7 月 28 日「以貧雇農為骨幹　房山鎮江営等五村　聯合闘争獲得勝利」）

　この記事からは，覆査の主導権は当初中農・富農が握ったこと，上級組織の幹部が改めて呼びかけたこと，その結果，先に組織された人びととは異なる人びとが赤貧戸として組織されたことがわかる（ただし運動が実施された日付は不明）。この 2 つの事例からは，郷村に入った上級幹部が貧農と直結して農村での運動を推進しようとしていたことが確認できよう。

②村幹部を擁護する県・区幹部
　しかし，『晋察冀日報』に掲載された記事として多かったのは，村幹部が貧雇農や群衆を抑圧し，県・区幹部はそうした村落内部の権力関係を突破できず，結果的に村幹部を支持したという構図のものである。冀中区青県に関する次の

記事は，そうした展開を詳述する。

【史料 8–3】 翻身団〔闘争のために上級が派遣した工作隊と考えられる〕がこの村に到着した時，群衆と抗属〔出征兵士の家族〕はわれわれに対して問題を訴えた。地主も 2 つの方法を考えていた。ひとつは方法を設けて翻身団に贈り物をすることであり（すべて突き返した），もうひとつは農民に対して威嚇し，われわれを封鎖し，われわれが行く家に対して彼らは直ちに行って威嚇した。「彼らが来たら何というか？ お前は何も言ってはならない。問題が起こったらお前のせいだ」，と。上級は適宜対策を研究しなかったので，封鎖を打破できなかった。また頼るべき積極分子を探し出すことができなかったので，翻身委員会を組織しても，地主は直ちに走狗の王連仲を送って参加させ〔た〕……われわれはこの幹部は間違いがないと考えた。地主の走狗の白振華もやってきて，自ら隊長に任じた。工作団の活動は深く入らなかったので，最後まで騙され，地主の走狗が翻身〔搾取からの解放〕運動の指導権を奪取し，いたるところで積極性を見せた。……これらの連中が大権を掌握した後，一面では農民を抑圧しつつ，一面では偽闘争を組織した。わが幹部は適宜解決しなかっただけではなく，逆に偽闘争を通してよい人を認めようとし，地主やその走狗が群衆闘争を翻弄するのに任せた。
（『晋察冀日報』1947 年 8 月 20 日「青県白荘子地主　盗取農民翻身領導権　幹部階級観点模糊　対地主壊蛋也「放手」」）

冀晋区阜平県二区での覆査を報じた次の記事も同様である（【史料 7–24】でも一部を重複して引用）。

【史料 8–4】 阜平二区の覆査事業の中で，一部の区幹部は，〔村〕幹部のサークルを脱することができず，中農の意見によってすべてを決定した。……区幹部が貧農を発見して貧農を組織した時には，ある〔村〕幹部が慌てて立ち上がり，××は特務であると報告したため，一人の貧農は怖れて以後あえて会に参加しなくなった。こうした状況のもと，区幹部は村幹部に引きずられたため，結果としてこの村の幹部は肥え太り，中農は多く果実を獲得し，貧

農は怒ってもあえて言わなくなった。

（『晋察冀日報』1947 年 8 月 23 日「阜平二区幹部開会　糾正富農路線」）

　この記事は，問題はその後是正されたとするが，以下に挙げるような半年後の『晋察冀日報』に掲載された振り返り記事を見ると，1947 年夏の時点では問題として表面化していなかった同様の事例も多かったことが推測できる。

　たとえば冀晋区行唐県西瓦仁村の闘争の経緯を報じた記事は，「今年 5 月，土地改革覆査のとき，郭佩才〔西瓦仁村の村長〕は県公安局で仕事をしていたため，いち早く情報を聞き，先手を打って治安員〔詳細不明〕の郭家銀を陥れ，彼は「特務」（敵のスパイ）であると言った。そして県公安局に 1 カ月間拘束した。治安員は地主富農分子に代えられた。このように人に自由に特務の帽子をかぶせて群衆を威嚇した」とする（『晋察冀日報』1947 年 12 月 13 日「行唐西瓦仁村　雇貧農堅持八年闘争　反抗地主富農的反党反人民罪行」）。これに対する県・区幹部の態度は直接的には述べられていないが，記事は続けて「地主富農分子は〔貧雇農が会を開くという〕噂を聞いて直ちに連夜活動し，武器を掌握し，群衆闘争を操縦し，「特務」の帽子を用いて雇貧農幹部に打撃を与え，群衆大会を撹乱し，農会主任を逃亡させ，土地覆査を破壊し，労働者の蒋黒，中農の郭紀元らを清算した」としており，県・区幹部は「5 月覆査」の時点では郭佩才ら村幹部の動きを黙認していたことが分かる。

　次の察哈爾省易県の記事も同様である。

【史料 8-5】　易県七区の中独楽村は，今回の土地均分〔中国土地法大綱下での闘争を指している〕のなかで，農民は積極的に石〔障害〕を取り除きはじめた。最初に提起されたのは村支書〔村支部書記〕の郭洛祥である。郭は富農であり，1940 年に共産党に混入し，支部宣伝委員を務め，1943 年から一貫して支部書記に任じてきた。彼は活動の中で一貫して地主富農の立場に立ち，任意に党員を排除した。かつて排除されたのは 4 人の貧農党員と，10 人の中農党員であり，13 人の富農と 1 人の地主の入党を紹介した。……5 月の覆査の時，彼は勝利の果実の粟 150 斤をむさぼった。彼は富農の郭立堂を保護し，土地を没収しなかった。また地主から下降した富農と中農の郭哲青らを貧農

階級にし，地主の財産を保護し，彼らにも果実が分配されることを教えた。彼自身は土地を彼の特務のおじに与え，自分を貧農に区分して2畝3分のよい土地と8万4,000元を分配した。そして，本当に長工をしていて貧乏な郭玉海や趙甫升らを中農に区分し，果実を分配しなかった。

（『晋察冀日報』1948年1月3日「易県中独楽　農民搬倒大石頭　支書郭洛祥被開除党籍」）

　ここでも「一貫して地主富農の立場に立」ってきた郭洛祥の「悪行」が明らかとなったのは1947年冬の闘争においてであった。「5月の覆査」の時点では県・区幹部は黙認していたことになる。このように『晋察冀日報』の記事からは，上級の当初の計画どおり県・区幹部が貧雇農と直結して村幹部の不正を糾すのではなく，覆査の情報を察知した村幹部が先手を打って貧農を抑圧し，それを県・区幹部が黙認するという展開がかなりみられたことがわかる。もちろんその事例の多くは，覆査運動から半年ほど経った中国土地法大綱下の農村で幹部が交代したことを伝える記事で描かれているものであり，特に交代させられた幹部に対する評価を低くするバイアスがかかっていたことは間違いない。したがって，それらの幹部が覆査運動を妨害しようとした理由（地主・富農階級出身であった，地主に籠絡されていた，など）については，記事の情報を鵜呑みにすることはできないだろう。しかし，覆査時に村の幹部たちが，のちに貧農に区分されることになる村民との間で何らかの対立を抱え，上級権力や暴力を用いて彼らの動きを抑制しようとしていたことは事実だと考えられる。では，なぜ村の幹部たちと一部の村民との間に対立が生じていたのだろうか。

2）村幹部と村民の対立の諸相

①「勝利の果実」の独占

　覆査運動の時点で村幹部と一部の村民との間に対立が存在していたのは，1947年6月以前に展開された農村運動によって村落社会内に各種の恨みが生じていたためであった。ここでは，それを大きく3つに分類してみていきたい。

　まず第一に，以下の3つの史料にみられるように，村の幹部たちが1946年

までの闘争で「勝利の果実」を多く取得していたことに対して生じた恨み（不満）である。

【史料8-6】　涞水李各荘は，貧雇農を中核とし，中農と連合し，地主悪覇〔地域ボス〕に対して徹底的に清算する闘争のなかで，以下のいくつかの問題に遭遇した。いま提示してみなの研究に供する。第一に，過去の翻身が徹底的ではなかったために，群衆は村幹部に恨みを抱いており，村幹部に対して不満がある。第二に，どのように徹底的に翻身するか？　上級に依存する思想が生まれた。　　　　（『晋察冀日報』1947年6月3日「李各荘覆査中的幾個問題」）

【史料8-7】　易県中独楽村の土地覆査において，貧農は自分の頑強な組織的基礎の上で，すでに村全体の中農すべてと連合している。……貧農組織が整理された後，中農と連合する問題を討論しはじめた。会において貧農たちは次のように認識した。「中農の心は分散しており，肝は小さく，事を怖れ，自分の事しか関心がなく，他人に対してはそれほど関心をもたない……」，と。……彼ら〔貧農たち〕は異なった類型の中農の特徴にもとづき，異なった理由で動員を行った。たとえば新中農〔闘争の結果，土地を分配されて富裕化した農民〕に対しては次のように言った。「あなたたちは翻身した。今回はわれわれを助けるべきだ。そうしなければ，あなたたちも徹底されない」，と。
（『晋察冀日報』1947年7月3日「易県中独楽土地覆査中　以貧農会基礎聯合全体中農」）

【史料8-8】　交河県李皇荘村の幹部は，去年の土地改革時に多く分配された果実を返還し，群衆に対して過ちを認め，群衆の許しを勝ち取った。幹部と群衆は団結し，地主に対して闘争を展開した。翻身隊がこの村に到着したばかりの時，群衆の意見は地主と闘争せず，村長の郭連元ら幹部と闘争しなければならないというものだった。それは彼らが土地改革のときに多く果実を分配されていたからであり，地主を庇護して闘争させなかったからである。
（『晋察冀日報』1947年8月15日「交河李皇荘村　幹部退出多占果実　群幹関係獲得改善」）

1947 年春の時点で村幹部となっていた者は，それ以前の闘争（対日協力者に対する反奸清算闘争を主とする何らかの闘争）において積極分子として頭角を現した者であり，闘争対象に対して個人的な恨みをもっている者であったから，報復的・賠償的あるいは論功行賞的に闘争対象の財産を多く取得することは十分ありえた。以上の史料は，そうした振る舞いが他の村民の恨みや不満の対象になることがあったことを示している。

しかしこうした「勝利の果実」の分配をめぐる村民間の不公平感は，実際には，村幹部にとって暴力を使ってでも抑えこまなければならないほどの脅威となったかは疑わしい。村民としては，自分が現に所有している財産を奪われるのであればともかく，臨時収入である「勝利の果実」の分配がなかったとしても，これまでの生活が変化するわけではないからである。「勝利の果実」を多く手にしたという，強欲で自己利益だけを追求する村幹部像は，土地を求める貧農像と対になるものであり，覆査を命じた当時の共産党の公式的な認識に沿ったものであることを考えると，事実を歪めて報じていた可能性や，村幹部を批判したい人びとが批判の正しさを有効に訴えるために，あえて共産党が期待する文脈で語ったという可能性を考えるべきであろう。

②闘争被害者の恨み

これに対し，村幹部がより切実な脅威を感じたのは，かつての運動の過程で対立した者が抱いた恨みだったと考えられる。たとえば次の史料は，冀晋区完県才良村で発生した「実家が地主である」党員の徐明による報復事件について報じるものである。

【史料 8-9】 冀晋一地委[1]は最近，徐明の党籍を剥奪する決定を公布した。案じるに，徐明の家は地主であり，父親は悪覇である。完県六区の才良村の人である。今年，この村の群衆は立ち上がって彼の家を清算した。徐はこれを聞いて非常に恨みに思った。当時，徐は渾源で活動中であり，まもなく徐

---

1) 冀晋区第一地委（地方委員会）の管轄は渾源県などであり，完県を管轄していたのは第三地委であった（『共産党組織史資料』第 4 巻上，513-514 頁）。「一地委」は誤植と考えられる。

は口実を設けて家に帰り，報復を企図した。3月×日，徐はこの村の闘争リーダーの王尚仁を銃殺した。村内で情報を聞いて，遊撃小組と兵站一個班が赴いて逮捕しようとしたが，徐は逮捕を拒んで武装反抗を実行した。約1時間でようやく逮捕された。

（『晋察冀日報』1947年5月15日「武装反対土地改革暴露地主原形　徐明被開除共産党籍　已送交政府依法厳辦」）

　また次の史料は，軍にいた「地主の息子の呉廷英」が，闘争で土地を奪った区・村幹部を恨み，奪われた土地の返還を求めて彼らに銃口を向けた様子を描いている。

【史料 8-10】　×団二連の文化教員の呉廷英は……王荘堡の有名な地主悪覇の呉少武の息子である。……〔今年？〕1月に〔彼の父親である〕呉少武は病死し，呉廷英は部隊から村に戻り，村内で彼の家が闘争されたことを団に書き送った。連団では彼の一面的な言葉だけを聞いて，村幹部に呉廷英のものをすべて返還するように強制し，もし返さない場合は，闘争に参加した群衆を団に送って処罰すると言った。呉廷英は村に戻っても非常に威風があり，ライフル銃を担いで歩いた。区・村幹部は威嚇されて前に立てなかった。のちに団は彼を呼び戻したが，しばらくして戻ってきて路上で大いに叫んだ。「もし私の土地を返さないならば，私は奴ら（区・村幹部を指す）と一緒に滅びよう」，と。一度，通りで区長と会った際には，銃口を区長の頭に向け土地を返還するように求めた。……また区長と村幹部を銃殺すると言ったので，威嚇された村幹部の大部分は逃亡した。

（『晋察冀日報』1947年5月22日「武装干渉土地改革　呉廷英被開除軍籍　送交政府依法処罪」）

　以上の事例からは，覆査以前の闘争で活躍した村幹部が闘争対象の家族から受けていた恨みの大きさを知ることができる。こうした状況に関連して劉統は，鄧小平が1948年，1年前の安徽省西部での農村闘争を回顧するなかで次のように述べたとしている。すなわち「群衆はひどく恨みに思う数人の地主を殺害

するように要求し，われわれは群衆の意見に応じて彼らを殺害したが，そののちに群衆は彼らと関係のある人からの報復を怖れてさらに多くの人の名簿を作って殺したほうがよいと言い，われわれは群衆の意見に従って殺した。すると群衆はまた恨む人が多くなったと感じ，さらに多くの人を載せた名簿を作った」，と（劉 2003：326）[2]。闘争した人びとが感じた報復への恐怖の大きさを如実に物語っている。

　もちろん，【史料 8-9】の徐明や【史料 8-10】の呉廷英の行動がここで記事になっているのは，党員や軍人など統治側の特別な地位にあった彼らが，闘争を指導した村幹部を実際に攻撃したからである。が，逆に言えば，そうした特別な地位にあった人びとだからこそ，村幹部を実際に攻撃することができたとも考えられる。とすれば，闘争対象にされながら，しかし特別な地位にないために泣き寝入りせざるをえなかった多くの人がいたはずである。そしてこうした普通の人びとにとって，村幹部に対する疑念を前提に県・区よりも上級の党組織が命じてきた覆査が，村幹部に対する報復を正当化する絶好の機会になっただろう。次の史料は，貧雇農による覆査が指示された際，幹部に報復するために積極性をアピールして貧農代表になった人物について，1947 年末に振り返った記事である。

【史料 8-11】　阜平槐樹荘の流氓〔ゴロツキ〕分子の谷英は，貧農団に混入し，勢力をもって個人的な恨みを公のことで晴らそうとした結果，雇貧農によって貧農団を追い出された。谷英は幼いころから学習せず，男女関係が乱れて家畜のようであった。……<u>覆査の時，機に乗じて貧農団に混入し，表面的には大声を出して積極さを装い，一時は人びとの目を曇らせて貧農代表になった。</u>……彼は悪者だっただけではなく搾取者でもあった。彼は蓆編み業者であり，つねに労働者を雇用して蓆を編み，自分は市場で販売し，生活は非常によかった。<u>彼が「積極的」だったのは彼を村から追い出した幹部に報復す</u>

---

2) この鄧小平の発言については，デマールが羅平漢の著作から引用し（DeMare 2019：17），羅平漢は劉（2003）から引用する形で言及しているが（羅 2018：336–337），劉（2003）の該当部分（326 頁）には出所が示されておらず，鄧小平がいつ，どこで，誰に対して発言したものなのか確認できない。本書ではあくまで傍証として用いている。

るためであった。

（『晋察冀日報』1947 年 12 月 31 日「阜平槐樹荘進行比階級　貧農団清洗壊分子」）

　闘争対象にされて財産を奪われたり傷つけられたりした者は，当然，闘争の指導者に対して深い恨みを抱いた。おそらくその恨みは，単に財産を奪われたことだけに対するものではなく，闘争の過程で受けた屈辱や傷つけられた面子に根差したものであっただろう。闘争のなかで積極分子として台頭した村幹部には，日常的に厳しい視線が向けられていたのである。

③従来からの対立

　最後に第三の恨みのパターンとして，村内にもともと対立していたグループがあり，村幹部がその一方のグループの人であったためにもう一方のグループから敵視されていたという事例が存在する。

　冀晋区霊壽県寨頭村の記事によれば，従来から張家（富農）と封家（地主）という 2 つの派閥が対立していた寨頭村では，張家の中心人物である張維春が「事変〔日中戦争勃発〕後，共産党に混入し，かつ農会主任となっ」ており，「今回の土地改革の前には，農会の区執委であった。彼の兄弟の張維斌は支部書記であり，彼の 2 人の息子・2 人の娘・娘婿・2 人の義理の息子はすべて村内の重要な幹部であ」ったというように，張家が村政権を掌握していた。しかし，「封派の頭目」であり「化形地主」（他の階級に偽装している地主のことか）の封士潤は，「去年〔1947 年〕の大覆査の後，工作団の指導下にこの村では貧農団が組織されたが，間もなくして工作団が行ってしまうと封士潤は隙に乗じてこれに入り込み，指導権を簒奪した。そのためこの貧農団は封家のものとなった」という（『晋察冀日報』1948 年 1 月 31 日「霊壽寨頭雇貧農覚悟提高　打破張封両家宗派」）。

　この事例では，村内にはそれまで村政権を担っていたグループ（張家）と対立するグループ（封家）が存在し，後者が 1947 年の覆査で貧農団の地位を手に入れ，村内における地位を逆転することに成功したことがわかる。このように鋭く対立する複数のグループが村内に存在している場合，村の権力から排除されていたグループにとって，覆査は勢力図を塗り替える契機を提供するもの

であった。村の権力を掌握してきた側からすれば，やはり対抗グループの動き
を封じる必要があったのである。

④暴力の応酬

　以上のように，貧雇農による覆査の指示が出された農村社会では，さまざま
な意味で村幹部に恨みをもつ人びとが，報復を正当化する機会と捉えて村幹部
に打撃を与えようとする動きが起こった。これに対して村幹部の側では，前項
でみたように県・区幹部との結びつきを活かしてこの危機を乗り切ろうとし，
また実際に県・区幹部は村幹部の動きを黙認した。この時点では，村幹部の方
に力があったと言える。とはいえ，このことは社会が平穏であったことを意味
しない。次に紹介する記事にあるように，厳しい対立のなかで暴力が行使され
ているからである（この記事では，村幹部・支部党員の側が，対抗者に対して暴力
を行使している）。

【史料 8-12】　わが晋察冀辺区平山県では，先ごろ反党反人民の，土地改革
を破壊する大きな陰謀事件が発覚した。この陰謀事件のリーダーは許仙と言
い，地主分子であり，平山二区の大齋村の人である。彼は封城村の地主の王
禄子らとかつては非常に緊密であったため，<u>共産党に侵入し，彼は封城村で
地主富農集団の支部を設立した</u>。このため，王金祥や米牛成など多くの地主
富農が党に混入した。36 年〔1947 年〕冬，<u>許仙は平山〔県〕回舎区委書記を
担当した</u>。……彼は籍を封城村付近の回舎鎮に残してあったので，田秋来や
王峯らといわゆる「核心分子会議」を組織し，封城村の幹部の郜吉に対し，
土地改革を破壊し，税糧 48 石を横領し，つねに農民を罵倒したとして農民
に清算させた。7 月 24 日，彼〔郜吉〕は罪を怖れて自殺した。……二区各村
の幹部の集団訓練会において各村の幹部を扇動し，7 月 30 日に村幹部 100
人を集めて封城に示威行動を行った。示威行動の時，<u>周平南・温発炳らは彼
らに対して質問した貧農の何隻清を狂ったように殴打した</u>。このほか，許仙
らは計画的に闘争の中核に打撃を与える名簿を作り，積極分子 12 人，その
なかには農民委員の石喜拴や米巴小など 8 人がいた。<u>封城副支書の田徳順と
村幹部の田銀順らは命令を受け，8 月 20 日に石喜拴を狂ったように殴打し，</u>

304　第Ⅲ部　加速する暴力とその帰結

彼を地面に倒し，意識不明にさせた。封城支書の王峯も貧農王順吉を殴打した。

（『晋察冀日報』1947 年 12 月 6 日「平山封城農民鎮圧暗害分子　組織人民法庭公審
許仙等」）

　この記事で，許仙が設立した「地主富農集団の支部」とは，「地主富農に
乗っ取られた共産党支部」のことである。もちろん，【史料 8-9】で見たように，
暴力を行使するのは区幹部や村幹部の側だけではなかった。1947 年 8 月 4 日
付で劉少奇が中共中央（毛沢東）に宛てた文書には，地域は不詳ではあるが以
下のように記されている[3]。

　【史料 8-13】　農民が立ち上がって村幹部を更送した時，とくに群衆のなか
　に極左の行動があり，大会で一部の村幹部と闘争し，殴打・拘禁し，自殺や
　逃亡といった事件が発生した後は，影響はきわめて大きく，周辺の貧農や，
　村幹部に不満をもっていた群衆は喜び，人を派遣して工作団を要請したり，
　工作団に告発状を提出したりした。

（「劉少奇関於土地会議各地彙報情形及今後意見的報告」〈1947 年 8 月 4 日〉，『解放
戦争時期土地改革文件選編』75 頁）

　もちろん，劉少奇の中共中央工作委員会はもともと農村における階級闘争
（土地改革）が広範囲に展開されることを希望しており，そのために闘争対象
を拡大し，闘争を妨げる「障害物＝村幹部」を排除することを主張していた。
そして共産党の上層部がこうした意向をもっていることは，【史料 8-13】の破
線部からわかるように，共産党支配地域の住民に広く認知されることになった。
村幹部はきわめて危険な状況にあった。だからこそ貧農を名乗って攻撃してく
る相手に対する弾圧は苛烈なものになったのである。

　またもちろん，覆査運動の過程で地主に認定された人びとに対しても暴力が
行使された。1947 年 7 月 15 日付で中共中央工作委員会（劉少奇）から各地方

3）なお，この文書は「中共中央対劉少奇関於土地会議各地彙報情形及今後意見的報告
　　批示」（1947 年 8 月 13 日）の附録として収録されている。

に送られた指示には，次のように記されている。

【史料 8-14】 地主の穴倉に埋蔵されている財物は，それがどのくらいかを確実に知ることは難しく，闘争がどの程度であれば徹底したと言えるのかも難しい。……もし闘争によって果実を得て，基本的にこれら〔食糧・衣服・家畜・農具・種子・肥料・資本など〕の問題を解決することができ，同時に地主にさらに埋蔵されている財物があるかどうか確実に知ることができなければ，広大な群衆が同意するという条件の下で適当なところでやめるべきであり，……それによってできる限り地主の逃亡や自殺を減少させなければならない。

（「中共中央工委関於土地改革中挖窖問題的幾点意見」〈1947 年 7 月 15 日〉，『解放戦争時期土地改革文件選編』58 頁）

ここからは，この時点ですでに「地主の逃亡や自殺」が多発していたことが窺える。

　しかし，支配地域におけるこうした過剰な暴力の応酬は，実際に支配地域の統治に責任をもつ地方党組織にとって，見過ごせるものではなかった。1947年 7 月 17 日から開かれた全国土地会議を主宰する劉少奇に対し，晋察冀中央局が覆査運動下の農村で発生している生き埋めなど「行き過ぎ」への対処方法について問い合わせ，劉少奇が覆査を暫時停止するよう命じたとする文書が残されている[4]。晋察冀中央局書記の聶栄臻も，同年 10 月 3 日に開かれた晋察冀辺区土地会議の開幕詞において，その直近に覆査を一時停止した時期があったことにふれている[5]。富農規定を「ゆとりのある農民」まで拡大するとともに，貧雇農を中核として覆査を実施するという 1947 年 5 月以来の方針は，党内からの抵抗に遭うほどの混乱を支配地域にもたらしていたのである。

---

4) 「中共晋察冀中央局関於糾正土地改革中過 "左" 現象的指示」（1947 年 5 月 24 日），『晋察冀解放区歴史文献選編』295-297 頁。なお，この文書の発出日は「5 月 24 日」になっているが，その内容から見て 5 月 24 日ではなく 8 月 20 日から 9 月上旬までのどこかの時点であったと考えられる（8 月 24 日であった可能性が高い）。この考証については，三品（2020）を参照。
5) 『晋察冀日報』1947 年 11 月 28 日「在晋察冀辺区土地会議上　聶栄臻同志的開幕詞」。

2　社会秩序のさらなる変化と戦時動員

1）支配の正統性の変化
①「貧農」の獲得競争

　以上でみたように，1947年5月以来の貧雇農による覆査という方針は，村幹部とその後ろ盾となっていた区幹部が妨害したことによって，必ずしも十分実現したわけではなかった。しかしこの時期，権力の正統性は確かに貧農へと移行しつつあった。

　たとえば【史料8-11】では，谷英は貧農団に入り，貧農代表になるために積極性をアピールしていた。また先にふれた，従来から張家と封家が対立してきた寨頭村の事例でも，「化形地主」の封士潤が貧農団に入り，指導権を簒奪した旨が報じられている（『晋察冀日報』1948年1月31日「霊壽寨頭雇貧農覚悟提高　打破張封両家宗派」）。封士潤にとって貧農団への加入と指導権の掌握が重大な意味をもっていたことが窺える。次の史料も覆査運動の際に貧農代表の肩書が争奪されていたことを報じている。

> 【史料8-15】〔冀中区〕饒陽県南善旺村支部書記の劉培基と<u>覆査の時に「貧農」代表主任に見せかけた劉汝檀は没落地主であり</u>，さらに彼らと一緒に活動していた4人の悪い幹部は，土地法大綱が貧苦の農民は徹底的に翻身しなければならないとあるのを見て，これら土皇帝は自分の財産を保全し継続して貧乏人を圧迫するため先手を打った。
> （『晋察冀日報』1947年12月26日「南善旺・独古荘雇貧農　堅持闘争搬了石頭」）

　このように，覆査以降，貧農と認定され，貧農団に加わることができ，さらに貧農代表になることは，村幹部や村政権を凌駕する権力をもつために必要なことと認識されていた。

　したがって，村幹部たちのなかには貧農が組織する団体への加入を求める者が現れた。いち早く「貧雇農を中核とする路線」に踏み切った察哈爾省涞水県では，1947年6月に次のような事態が出現したことが報じられている。

第 8 章　貧雇農と基層幹部の相克　　307

【史料 8-16】　貧農を中核として翻身闘争を指導する新しい農民団体が，すでに察哈爾では出現している。涞水一区の趙各荘と板城の 2 つの村では，もともと農会や各種の組織があったが，中農階級が絶対的な優勢を占めており，幹部はほとんどすべて中農以上の階級だった。去年の土地改革においては，勝利の果実を最も多く得たのは中農と幹部であり，現在，趙各荘では全村で 246 戸のうち，貧農はわずかに 33 戸であり，板城は全村で 243 戸のうち，30 戸が貧農であり，彼らは依然として完全には翻身していない。……そのため<u>趙各荘の貧農は新しい農民団体を組織する</u>ことを発起し，断固として貧苦の農民の側に立つすべての農民を吸収し，徹底的に翻身し，闘争の優秀な分子を加入させた。この団体は非常にすばやくすべての貧苦の農民の熱烈な支持を受け，ほどなくして 120 人余へと発展した。人びとはこの会を「貧人会」や「貧農会」と呼び，彼らは自分たちを「新農会」と呼んだ。……<u>従来の団体と旧幹部は最初は非常に不満を表明した</u>。のちに，新しい団体が群衆のなかできわめて高い威信をもち，覆査闘争のなかで農民の翻身を本当に指導し，きわめて有力な団体となっているのを見て，次第に加入を求めるようになった。彼らは反省を行い，ある者は言った。「<u>新しい農会が私を参加させないのならば，私はどうして幹部であることができるだろうか</u>」，と。
　　（『晋察冀日報』1947 年 6 月 17 日「為全体農民徹底翻身　趙各荘板城改造農会」）

　この史料からは，貧農が新たに組織した新農会が，おそらく上級組織からの支持を得て，基層社会内で次第に権威と権力をもつ組織へと成長していったことが分かる。

②上級党組織の誘導

　もちろん，貧雇農を中核として覆査を実施せよと命じた中共中央工作委員会（劉少奇）も，基層社会において貧農や貧農組織が権威と権力を確立することを後押ししていた。県・区幹部の中には，そうした上級の意向を実現する方向で動く人びとも現れた。たとえば【史料 8-16】と同じ察哈爾省涞水県一区に関して，次のような事例が報告されている。

【史料 8-17】　涞水一区では 28 村の<u>貧農代表会議</u>を招集し，同時に三区，四

区，五区の貧農代表の参加を要請した。大会は最初から最後まで「貧農自身
が自分を指導する」の精神を貫徹し，大会のすべての活動は貧農代表自身が
指導権を掌握し，区・県は指導において断固として貧農を支援し，今回の会
議が円満に成功するようにさせた。会議では，まず区工作委員会が県・区幹
部の指導上の官僚主義について検討し，同時に各代表に対して謝った。「一
部の貧しい兄弟は翻身できず，指導権を掌握できなかった。これは県・区が
責任を負うべきである。今後は徹底して以上の欠点を克服し，断固として群
衆路線を行って，貧しい兄弟を支援し，群衆の勤務員となり，貧しい兄弟が
徹底的に翻身することを支援する」，と。

（『晋察冀日報』1947年8月29日「全面鞏固貧農優勢　淶水一区二十八村　召開貧
農代表会議」）

　このように県・区幹部が貧農代表に謝罪するという光景は，貧農の権威を引
き上げる効果をもったであろう。同様に貧農組織の権威と権力を高めようとす
る動きは冀中区の定県でもみられた。定県では，「県委が貧農の組織化から着
手し」た覆査運動の過程で次のような経験が得られたとしている。

【史料8-18】　貧農小組は必ず貧農自身が組織しなければならない。貧農の
中核を通して，貧農を吸収団結し，小組を成立させる。……貧苦の村幹部が
もし小組に入ろうとするならば，必ず申請しなければならず，貧農が主に加
入の是非を決定する。指導上では関与を許さない。このようにして初めて，
組織の純潔が保持でき，貧農小組の威信は高められ，中農は次第に貧農に頼
るようになり，地主は次第に孤立するのである。……〔貧農小組が組織された
後は〕団結会や，中農と貧農の連合大会を招集し，農民の団結を強化する。
……七堡の中農の婦人は，従来組織に参加することを許されておらず，のち
に参加し，団結会を経て彼女は言った。「私〔が参加したの〕は物のためでは
なく，名前を載せるためである」，と。

　　　　（『晋察冀日報』1947年7月18日「定県土地覆査中　組織貧農小組的経験」）

　ここからは，県委が貧農を組織したうえで，従来からの村幹部（ただし貧苦

の幹部）を貧農小組に入れるかどうかの可否を貧農に決定させることで，貧農と貧農小組の権威を高めようとしていたことがわかる。末尾の「中農の婦人」の言葉は，そうした上級組織の意図が実現したことを物語っていよう。貧農が権力の正統性の提供者になりつつあった。

　ただしこの時点では，貧農の権威を従来からの村幹部よりも上に置こうとする誘導が行われた一方，共産党の権威を侵すものではなかった点に注意が必要である。このことは，これまでみた史料のいずれにおいても，県委や区党委の動向が基層社会の権力のあり方に影響を与えていたことからわかる（なお，この時点ではまだ村の党支部の名簿は公開されていなかった）。しかし後述するように，中国土地法大綱が公布されたあとの共産党支配地域では党員・党組織に対する貧農の攻撃がみられた。これと比較すれば，1947年夏の闘争では党組織（とりわけ県・区レベル以上の党組織）の権威は守られていたといえる。

2) 積極分子と「自発的」戦争協力
①従軍と軍隊における村幹部の役割

　1947年春の時点で村幹部として村落社会内で権力を握っていたのは1946年以前の闘争で積極分子として台頭した人びとであり，それゆえ彼らの周囲には彼らに対して恨みをもつ人びとが存在していた。この恨みの圧力が，覆査に対する村幹部たちの反応——貧農を名乗って攻撃してくる相手に対する苛烈な弾圧——を引き起こしたことは上述したとおりであるが，こうした圧力にさらされていた村幹部が積極的にとっていた行動があった。従軍である。たとえば冀中区の河間県と献県での従軍に関する記事は次のように報じている。

【史料8-19】　県・区幹部の率先従軍は，新戦士を強固にすることに対してきわめて大きな作用がある。野戦764部隊と野戦766部隊に編入された河間県・献県の新戦士は，自ら率いて出征してきた張県長・趙県長が現在自分の隊の副政治委員であり，またもともとの区・村幹部が今ではまた自分と同じ仕事をしているのを見て，最初は軍隊生活に慣れなかったが不安に感じることはない。さらに，張県長と趙県長（副政治委員）が，区・村幹部（連〔中

隊〕・排〔小隊〕幹部）との座談会や新戦士大会などの方法で新戦士の思想の問題や要望を適宜解決しているため，みなは親切を感じ，心をひとつにしている。区幹部の中には田玉進のような強固な新戦士模範も出現しており，彼が率いている排は従軍してから今まで，逃亡したものは一人もいない。これは，田玉進自身が群衆の支持するリーダーであるからであり（前の献県九区の工会主任であり，献県トップの翻身模範である），早くから群衆と血肉の関係にあるからである。

（『晋察冀日報』1947 年 3 月 10 日「県区幹部帯頭参軍　鞏固部隊作用極大」）

　この記事からは，率先して従軍した県・区幹部が率いていた部隊の構成として，同じ区に属する村々で「排」（小隊）が組織され，それぞれの「排」の幹部は村幹部が担当していたことがわかる。またそうした「排」（小隊）を集めて編成された「連」（中隊）は区幹部（田玉進）が指揮していた。同日の紙面に掲載されている別の記事によれば，この田玉進は，「村全体の佃戸を率いて封建勢力に対して闘争を行い，地主に理を説き，104 戸の小さな村の中で 70 人余の圧迫されていた人を立ち上がらせた」人であり，「彼らは大小の会において多くの人が訴えなかった苦しみを訴え，抑圧者に頭を下げさせ……地主が長年とっていた小作料や，悪人がかすめ取っていた貧乏人の金銭や土地をすべて返還させた」という人であった（『晋察冀日報』1947 年 3 月 10 日「鞏固部隊模範田玉進」）。この記事からは，彼は区幹部とされてはいるが，もともとは居住する村で闘争を指揮した積極分子であったことがわかる。ウェスタッドは，農民は農村革命によって土地を得たが，その土地を耕さなければならなくなったため「皮肉なことに，軍隊に人を供給するという点では逆効果であった」とするが（Westad 2003：112-113），実際には村での闘争を指導した人びとが村民を率いて出征していたのである。

　この半年後に書かれた冀中区大城県に関する記事も，同様の状況を伝える。

【史料8-20】　大城県の従軍青年のなかで，現在までに東窰子頭，小店村，旧鎮など 6 つの村の従軍兵士はまったく逃亡していない。研究の結果，この 6 つの村には以下の条件があったことがわかった。第一に，幹部が率先して

従軍しており，そのなかには支部書記・支委，村長，民兵隊長などがいる。
……第二に，すべて自発的に従軍したものである。……第三に，従軍青年の
階級は比較的よく，大部分は共産党員と民兵であり，階級覚悟が比較的高い。
第四に，幹部が従軍した後，大部分は部隊の連や排の幹部に任じられている。
彼らはまたひとつの連や営〔大隊〕において，かつて彼らを率いてきて現在
も幹部である幹部と常に顔を合わせており，何でも直接に話をすることがで
き，問題があれば直ちに解決することができた。

（『晋察冀日報』1947 年 9 月 9 日「大城東審子頭等六村　参軍戦士無逃亡」）

　このような状況は，軍の側が部隊運営のために作成した内部参考用のパンフ
レットにも記されている。晋察冀辺区のものではないが，山東膠東軍区政治部
が作成した『前線』という雑誌の第 2 期には「新兵を強固にし向上させる（鞏
固新戦士提高新戦士）」と題する記事が掲載されており，新たに徴集した兵士を
どのように軍に定着させ，逃亡を防ぎ，訓練するかといった事柄が細かく書き
記されている。この記事によれば，1947 年 5 月ごろに徴集された新兵の特徴
は以下のようであった。

【史料 8-21】　従軍新戦士の階級と一般的な特徴。翻身して覚悟した大部分
の基本群衆を除いて，今回の新戦士の最も重要な特徴は，区・村幹部，党員，
積極分子が非常に多いことである。牙前の 2 つの連〔部隊〕の統計によれば，
二連の 139 人のうち村幹部が 13 ％を占め，党員は 20 ％を占めている。三
連の 148 人のうち，村幹部は 20 ％を占め，党員は 25 ％である。独立三団
の新兵連では，区・村幹部や積極分子と各種の模範が全体の人数の 40 ％を
占めている。彼らは群衆のなかの中核であり，群衆との団結や群衆への働き
かけの経験が豊富である。また彼らは新戦士を団結させ強固にする中核であ
り，また広大な下層幹部の主要な源泉である。
（東海軍分区司令部・政治部「鞏固新戦士提高新戦士」，山東膠東軍区政治部編『前
線』第 2 期，1947 年 5 月 18 日，6 頁）

　したがってこの文章は，その冒頭の「第一部分：新戦士を受け入れて組織し，

教育して新戦士の情緒を安定させること」のなかで、「①村・区に応じて隊を編成し、班・排・連の編成は、バラバラにならないように注意する」としている。ここからは、出征してきた新兵に村幹部が占める割合は高く、意識も高かったこと、そのため軍は出身村を単位として戦闘集団を形成し、そのなかで村幹部に積極性を発揮させようとしていたことがわかる。そしてそれは、【史料 8-19】や【史料 8-20】の破線部にあるように、新兵の逃亡を減らすことができるからであった。1947 年 3 月 20 日の『晋察冀日報』に掲載された記事は、その具体的な効果について次のように述べる。

【史料 8-22】 <u>この営は去年〔1946 年〕の戦闘において主攻の任務〔後述〕を執行することが比較的多く、全営の情緒は高揚し、2 月 10 日までの 2 カ月間に逃亡は消滅した。</u>その経験を以下に紹介し、参考に供する。……<u>新戦士のなかの幹部（区・村幹部）と団結することは、新戦士を強固にする鍵である。</u>これらの幹部はもともと区・村で高い威信があり、彼らは従軍に対して率先作用を及ぼしたからである。……新戦士の問題は、多くは彼らが顔を出して処理し、かつ彼らは的確に処理することができる。営の機銃班の新戦士の××は家に帰って結婚したがったが、新入の見習い政指〔政治指導員か〕が彼と談話し、問題を解決した。……五連の見習い政指の何永（新幹部）同志は新戦士のなかに深く入って談話し、新戦士王小×の逃亡のたくらみを見抜いた。
（『晋察冀日報』1947 年 3 月 20 日「七六四部二営鞏固新戦士與両個月消滅逃亡的経験」）

この記事の冒頭にある「主攻の任務」が何を意味するのかは不明であるが、2 カ月間逃亡がないことを誇っているという文脈からすれば、後方支援ではなく戦闘を担ったということであろう。新兵の逃亡を防ぐ鍵は、区・村幹部を中核にして部隊を編成することにあった。

②「防空壕」としての軍隊と村幹部
　とはいえ、新兵が全員高い意識をもって従軍していたわけではないことは、破線部から明らかである。そもそも区・村幹部を中核として出身区・村別に部

隊を編成するという工夫が生み出されたこと自体，新兵の逃亡がやはり深刻な問題だったことを示唆していよう。とすれば，なぜ区・村幹部自身は逃亡しなかったのかということが問題となる。角崎信也は，土地改革によって獲得された財物が貧困農民に軍へ参加する経済的インセンティブを与えたとする（角崎2010a，2010b）。しかし，物質的なインセンティブだけでは「逃亡しない」という村幹部たちの行動を説明することはできない。実際に，【史料8-22】でみたように一般の新兵のなかには逃亡しようとする者もいた。この問題は，従軍が当時の当該社会でもっていた意味をふまえて考える必要がある。

　以下の史料はいずれも，全国土地会議（1947年7〜9月）の結果，貧雇農に絶対的な権威と権力を与えることが確定した後のものであるが，当時の社会において従軍がもっていた意味を示している。

【史料8-23】〔江蘇省〕東台三倉郷の地主の林成余は，大会において息子の従軍登録をしたあと直ちに貧雇農を威嚇して言った。「私も軍属になった（我也是軍属了）。お前たちは早く慰労をもってこい。さらに来年の小作料を送る準備をしろ」，と。宝応邵荘の富農の楊有三は従軍登録し，12人を動員して入隊しようとし，至るところでデマを流して群衆を威嚇した。曰く，従軍しないならば殺すぞ（那個不去参軍就殺那個的頭），と。それによって入隊活動を破壊した。……東台の梁浜郷の封建富農の段楚余は3回息子を送って入隊させようとしたが，すべて退けられた。1回目は長男が登録しようとすると群衆が言った。「お前は富農だ。かつて商売をやり拠点を歩いてたが，顔がきれいではない。こうした人は新四軍に参加する資格がない」，と。2回目には，炊事夫になることを要求したが，群衆は言った。「1回目も2回目も，防空壕を借りようと思っていたのではないか？　食べるものは炊事夫の手を経なければならず，われわれは安心できない」，と。3回目は次男が登録しようとしたが拒絶された。
（『晋察冀日報』1947年11月21日「保証人民武装純潔　蘇中群衆審査参軍資格封建富農三次入伍均遭人民拒絶」）

　この記事からは，階級敵のレッテルを貼られた人びとが，家族を従軍させて

軍属になろうとしていたこと，あるいは自分が従軍しかつ周囲に従軍を強制することで模範になろうとしていたことがわかる。晋冀魯豫辺区の記事も同様に，〔山西省〕浮山県の地主張盛徳の息子は，何度も名前を偽って従軍しようとしたが，すべて群衆によって発見されて取り締まられた」という事例を報じている（『晋察冀日報』1947年12月15日「晋冀魯豫区雇貧農湧入解放軍　僅太岳十六県即達二万余人」）。もちろん，これらの記事は「地主や富農が悪意をもって従軍しようとしている」という文脈で書かれたものであり，【史料8-23】の文中に記されている言葉（とくに周囲を挑発するような言葉）を鵜呑みにするわけにはいかない。しかし，地主や富農といった階級敵のレッテルを貼られた人びとが当時どのような状況に置かれていたのかを考えれば，軍に入って内部から撹乱しようとしていたというよりは，群衆がいみじくも防空壕という譬えを使って表現したように（破線部），身の安全を確保するために懸命に軍関係者になろうとしていたと捉えるべきである。その意味で，【史料8-23】冒頭の林成余の「私も軍属になった」という言葉にはリアリティがある。

　同じ状況は，クルック夫妻のルポルタージュにも見られる。什里店の「地主」で「布商人」のフー・シン（Fu Hsin）は，1947年春，「長男を人民解放軍に送り込」んだことによって，「彼は人民解放軍人の父親という名声を獲得しただけでなく，以後，「兵隊の扶養家族」として，残された土地の一部を村人たちに耕してもらうことになった」という（Crook 1959 : 141）。

　そうだとすれば従軍は，当面地主・富農のレッテルを貼られてはいないが周囲からの恨みの眼差しのなかにいた村幹部にとっても防空壕になりえただろう。そして実際に，軍は彼らにとっての防空壕として機能していた。『晋察冀日報』は，1948年2月に次のような事件を報じている。

【史料8-24】〔曲陽県〕五区では，最近，貧農団が上級の許可を得ずに勝手に現役軍人を拘束する事件が発生した。軍人の李喜印は内河村の人で，入隊以前，村では財政委員をしていた。幾分私腹を肥やしたことがある。最近，任務を執行して南雅握村に行き，内河村の貧農団は詳細を知り，彼を捕えて連れ帰り闘争した。現在，すでにこの軍人は原隊に送り返されている。ま

た陶山部×旅1班長の郭志中は，南雅握村の人であり，入隊の前にはこの村で支部書記や中心村中隊長などの職に任じ，汚職腐敗し，農民に危害を加え，180人に上る農民に「幸福党」（清郷党）の帽子を被せた。同時に貧農の彭生子を生き埋めにした。このため一般の農民は彼を「閻王爺」と呼んだ。彼が任務を執行して彼の家を通ったとき，この村の貧農団によって捕らえられ，数日間拘束され，群衆大会を開いて闘争された。郭志中は法の裁きを怖れて自殺した。……各地がこのような事件を再び発生させることを防ぐため，県委はとくに以下のように規定した。すなわち，家に戻ることを請求されたり，あるいは任務で村に行って活動するすべての現役軍人は，現行犯ではない限り，貧農団や新農会が逮捕・尋問・闘争をすることは許されず，違反者は処分されるべきである，と。

（『晋察冀日報』1948年2月12日「曲陽五区内河村貧農団　随便扣押現役軍人」）

　ここで述べられている事件は，貧雇農が地方党組織を凌駕する絶対的な権威と権力をもっていた時期（1947年末〜48年初頭）に起こったものであり，おそらくそれゆえに軍は，身柄の引き渡しを求めたり実際に拉致していく貧農団に抗したりすることができなかったのであろう[6]。この記事の下線部からは，今回貧農団に拘束された2人はかつて村などで役職に就いていた基層幹部であったことがわかり，とくに郭志中は破線部から，入隊前に貧農との間で激烈な対立を抱えた人であったことが窺える。しかしこのような2人はその後従軍し，この事件が発生するまでは軍の庇護下にあった。軍は確かに防空壕としての役割を果たしていたのである。

　従軍がもっていたこのような機能をふまえれば，入隊した村幹部がなぜ逃亡

6）第10章でも取り上げるが，晋察冀辺区行政委員会と晋察冀軍区政治部が，管轄下の諸機関（とくに県委）に対し，1948年1月31日に連名で出した通知には，「土地均分〔中国土地法大綱下の土地改革運動〕のなかで，一部の村の貧農団新農会は，直接に軍隊に対して人員を村に戻して処理するように要求しており，一部の軍隊は，調査をせず，所定の機関〔の審議〕を経ず，また資料を添付せず，要求されている人員を貧農団新農会に引き渡している」とあり，1947年11月ごろまでは軍が「防空壕」としての役割を果たしていたことがわかる（『晋察冀日報』1948年2月12日「晋察冀辺区行政委員会・軍区政治部　関於貧農団新農会向軍隊索要軍隊人員回村処理問題的指示」）。

316　第Ⅲ部　加速する暴力とその帰結

しなかったのか明らかだろう。彼らは自分自身と家族を周囲の恨みから守るために従軍したのであり，逃亡することは，彼らの村幹部としての資格を否定して報復しようとする人びとの主張に説得力をもたせることにほかならなかった。そうなったときには，県・区幹部に逃亡者とその家族を守らなければならない必要も理由もないだろう。村幹部は共産党の側に立つ革命者である証として従軍し，「逃げられない兵士」となっていたのである[7]。

③「革命者」顕示のモデル

　村幹部にこうした態度をとることを教えたのは，【史料8-19】が示すように，県・区幹部であった。次の記事は冀晋区の五台県でも大勢の県・区幹部が従軍したことを伝えている。

【史料8-25】　五台県委は□月27日の拡幹会において，県・区幹部128人が勇躍して従軍登録した。県委の正副書記の田澤・仁奮闘など19人，県長の胡培模，秘書の馬立および民・財・実各科長など33人，公安局の局長劉□

7）ところで，日本国民が「赤紙一枚」で応召した理由として，国民意識の高さもさることながら，周囲からの圧力があったことは見逃せない。戦後小説家になる山田風太郎は，沖電気の工場（品川）に勤めていた1944年3月（当時22歳），実家（兵庫県養父郡関宮村）宛に召集令状が届いたが，その2日後に叔父が令状を持参して上京し，風太郎をともなって帰郷して姫路の中部第五二部隊に出頭させている（風太郎の両親はすでに他界しており，叔父が山田の後見人だった）。風太郎は当時の日記で，これは叔父が，必ずしも良好な関係ではなかった風太郎が逃亡することを怖れたためと推測している（山田1998：308-321）。叔父にそのような行動をとらせたのは，周囲の視線であろう。日本の農村に残っていた共同体規制の大きさを窺い知ることができる。また同様に，近代国家として初めて徴兵制を実施したフランスでも，徴兵忌避者を減少させるうえで「ローカルな共同体」が大きな力を発揮したとされる。ナポレオン帝政期フランスの徴兵忌避・脱走の問題を考察した西願広望は，徴兵忌避者・脱走者が出た場合に政府から村に重い連帯責任が課せられたこと，具体的には，政府から村に派遣される「徴兵不服従者見張り番」に関わる諸費用の負担が共同体に課せられたことによって，同村住民は徴兵忌避者・脱走者を自分たちの平和な生活をかき乱す「エゴイスト」とみるようになり，そのことが徴兵不服従者の大幅な減少に結びついたとする（西願2000）。この「ローカルな共同体」は，住民間に相互扶助的な精神が存在したことによって，それまでは徴兵忌避者・脱走者を匿うなど徴兵不服従鎮圧にとって最大の障害となってきた共同体でもあった。ここからも，徴兵の実現と「逃げられない兵士」の創出における共同体規制（より具体的には隣人からの圧力）の重要性を窺うことができる。

ら 17 人，武委会副主任の毛致中および団体青聯主任の邢芝椿ら 8 人はすべ
て従軍登録した。

（『晋察冀日報』1947 年 3 月 11 日「五台県区幹部　一百余人報名参軍」）

　もちろん，県長や県委書記が出征してしまうと県の行政が滞るだろうから，
彼らの従軍は名目的なものも多かったと考えられるが，党員・幹部としてある
べき姿を見せるという意味で，基層幹部に与えた影響は小さくなかったと考え
られる。

　またこの 1947 年春の時期には，1943 年以来「労働英雄」として称えられて
きた陝甘寧辺区の呉満有[8]が 5 月 14 日に出征したことが，『晋察冀日報』上で
大々的に報じられている。5 月 26 日には，出征した呉満有が毛沢東に宛てた
「決意文」が掲載され（『晋察冀日報』1947 年 5 月 26 日「呉満有参軍　致函毛主席
致敬」），6 月 3 日には呉満有が軍隊内で訓練を受けている様子が報じられてい
る（『晋察冀日報』1947 年 6 月 3 日「呉満有刻苦練武　立志要当戦闘英雄」）。こう
した労働英雄が従軍しているという情報もまた，自分は共産党の側に立つ革命
者であるというアピールの方法について，モデルを提示するものであった。

④貧雇農の「革命者」の顕示

　村幹部が 1946 年までの闘争で頭角を現した積極分子であり，それゆえに恨
みを周囲から受けていたのであれば，覆査によって村幹部から権力を奪取した
貧雇農も同じ構造のなかに置かれることになるだろう。今度は貧雇農が，打倒
した旧村幹部（とその関係者）からの恨みに直面することになるからである。
したがって，覆査運動によって村幹部になった貧雇農も，それまでの村幹部と
同じ行動をとることになった。

【史料 8-26】〔察哈爾省〕良郷県の翻身農民は，劉〔伯承〕鄧〔小平〕の大軍
が一気に長江近辺を打倒したという情報を聞いたあと，9 月 22 日，23 日の
2 日間，相次いで集会を開き祝賀した。会では反攻軍に参加するうねりが巻

8）呉満有は陝西省延安県柳林区の農民であり，1943 年 1 月に陝甘寧辺区政府が労働英雄
運動を展開した際に，互助組を組織して生産を拡大させ富裕化に成功したとして労働
英雄になった人物である。陝甘寧辺区の労働英雄運動については李（2021）を参照。

き起こり，2日間で180人の青壮年が入隊の登録をした。……〔会では〕新農
会主任が彼の弟の陳満堂に言った。「兵士となることは光栄である。八路軍
共産党毛主席がわれわれの大翻身を指導しなかったら，われわれは金持ちの
ために生活していたのではないか？」，と。陳満堂はまさに行こうとすると
きに言った。「何人もの敵を多く殺す。戦って平和が実現するまで家に帰っ
てこない。……絶対に脱走しない（千万別開小差）」，と。……杏元村の新農
会主任の張玉台は息子の代わりに登録し，行政股長の潘成江も息子に代わっ
て登録した。

（『晋察冀日報』1947年10月18日「良郷平定翻身農民　熱烈参軍支援反攻　晋県
成立翻身農民新兵団　六天中有一千四百名参加」）

　新農会とは，それまでの村政権を打倒して貧雇農を中核として新たに作られ
た農会を指す。ここでは新農会主任が弟や息子を従軍させていた様子がわかる。
破線部は，出征する陳満堂の決意を表すと同時に，自分を送り出す兄が最も怖
れていることを口にしたうえで，その心配は無用だと確言するものである。陳
満堂も「逃げられない兵士」であった。

　こうした状況は，1948年5月8日に淶水県委が開催した県・区拡大幹部会
議で1947年末以来の運動について総括した際にも言及されている。この会議
で県・区幹部の周玉東は「農民が翻身した後，去年〔1947年〕6月の従軍のな
かで，みな先を争った」と発言していた（『晋察冀日報』1948年6月9日「淶水
県委召開拡幹会議　検査土改整党展開批評　幹部深刻反省思想傾向」）。

　また，共産党の側に立つ革命者であることをアピールする方法は従軍以外に
もあった。戦時負担への積極的な対応である。覆査運動によって貧雇農が村政
権を奪取したのは主に6月以降であり，麦秋から秋の収穫期にあたっていた。
冀中区の記事は次のように報じている。

【史料8-27】　任邱・安平・献交・安国・任河などの翻身群衆は，大反攻を
支援し，争って反攻糧〔戦時負担〕を納めている。任邱三区の崔村・郭村・
辛荘，七区の鉄匠荘，安平の南蘇村，献交二区の張官荘，七区の李荘などの
村では，現在すでにすべて，あるいは大部分で徴収すべき数字を達成してい

る。今年，このように迅速に達成できた理由は，主として貧農小組が負担を
評議し，等級で公平合理的に行ったためであり，幹部・軍属が模範を示した
ためである。……たとえば任邱の崔村では，県で会を開いた後，直ちに全村
の幹部と貧農代表会を招集し，伝達・討論を行い，標準を評議して決定した。
……これによって非常にすばやくすべての食糧と金額と布の徴収を達成する
ことができた。……献交の張官荘・李荘は麦を徴収した経験を受け，事前に
準備をしたほかに，貧農小組の評議を経て，再度中農を通し……意見の一致
を得て初めて徴収を始めた。……20 日，この 2 つの村では徴収するべき食
糧・金額・布を県に送って入庫した。
（『晋察冀日報』1947 年 10 月 30 日「任安献交等地開始秋徴　貧農小組評議負担
翻身農民争献公糧」）

　ここでは，戦時負担（「反攻糧」）として穀物・金銭・布が賦課され，破線部
にあるように貧農小組が徴収の責任を負って業務を完遂していたことがわかる。
その際には幹部・軍属が模範を示したとある（この軍属には，覆査で貧農小組に
打倒された旧村幹部の関係者も含まれていたのではないだろうか）。彼らは戦時負
担に積極的に応えていたのである。
　しかもこうした社会の雰囲気は，さらなる戦時負担の徴発を可能にするもの
だったと考えられる。同じ時期の冀晋区での税糧納入に関する記事は，以下の
ような動きを伝えている。

【史料 8-28】　冀晋の群衆は，貧雇農をはじめとして（以貧雇農為首）勇躍し
て税糧を納めて前線の勝利を支援している。村の石臼は日夜止まらない。完
県の南常斗村は 1 日で 38 戸の貧雇農がすべて納入した。……阜平の魏家峪
の貧農□銀鳳は税糧の割当てはなかったが，自発的に税糧 4 斤を納めて言っ
た。「蔣介石を打倒するために 4 斤の米を提供する……」，と。行唐の売麻村
の 58 歳の老婦人が言った。「共産党が私を救わなかったら，一生翻身できな
かった。私は 1 斗の米を提供して私の子弟兵に食べさせたい」と。望都の山
羊荘の貧農の劉洛棍は，政府は彼の税糧の割当てを減らしたが，彼は言った。
「生活は上昇した。私は分あたり 27 斤 15 両を負担することを願う」，と。

（『晋察冀日報』1947 年 11 月 17 日「貧雇農帯頭幹　日夜推碾繳公糧」）

　この記事では，税糧を自発的に納めている貧雇農が村内でどのような立場にあったのか不明であるが，土地を分配された以上，いくらかでも食糧を差し出して戦時負担をいとわない姿勢を示しておこうとした様子が窺える（その動機は，記事では土地を分配されたことに対する恩返しの文脈で説明されているが，土地を分配されたことで翻身運動の指導者たちの共犯とみなされる立場に立ったことを考慮する必要がある）。政府が税糧負担の軽減対象とするような明らかに貧しい人びとすらなけなしの食糧を差し出すのであれば，戦時負担において共産党の側に立つ革命者であることを顕示できる条件はさらに上がるだろう。「自発的」に限界まで物資を差し出させる構造の萌芽が，ここにみられる。

⑤共産党軍の戦術の変化

　このような新しい背景をもった「逃げられない人びと」の従軍は，部隊の質を変えたと考えられる。【史料 8-19】でふれた献県「新戦士模範」の田玉進の場合，1946 年 11 月に彼が居住する献県七区で開かれた翻身模範を選出する会において従軍を表明して出征し，新兵団で訓練を受けたあと 1947 年 3 月初めには「主力軍」に配置されており（『晋察冀日報』1947 年 3 月 10 日「鞏固部隊模範　田玉進」），入隊から前線への配置までにかかる時間はおよそ 4 カ月程度であったことが窺える[9]。第 6 章で明らかにしたように，反奸清算を中心とする闘争によって台頭した村幹部に対する疑念が中央レベルの指導部に広がりはじめたのは 1946 年 11 月以降であったから，この田玉進と同様の動きを見せた基

9）1947 年末に国民政府が作成した共産党軍の情報をまとめた報告書（「保密局呈蒋中正東北中共発動練兵太岳発動五万人参軍」1947 年 12 月 19 日，国史館蔵）によれば，新兵に第一段階の訓練を行う軍分区での訓練期間は 1 カ月程度とされている。また「侯騰呈蒋中正投誠穆瑞明孟慶先重要口供摘要」（1948 年 1 月 22 日，国史館蔵）によれば，共産党軍の兵士補充の段取りは，軍分区→軍区→補充団→野戦部隊となっている。軍区と補充団でそれぞれ 1 カ月程度の訓練が施されるとすれば，田玉進の 4 カ月程度という訓練期間は標準的なものだったと考えられる。また 1948 年末の事例ではあるが，冀晋軍区（山西省）陽泉市警衛大隊政治指導員だった馬勇は，1948 年 12 月 14 日に 40 名の大隊幹部とともに出征し，石家荘付近の基地で訓練を受けたあと 4 月 20 日から始まった太原戦役に参加している（馬勇「憶陽泉市的首次拡軍」27-28 頁。太原戦役については『中国人民解放軍戦史』第 3 巻，「重要戦役一覧表」33 頁）。

層幹部たちは，1947 年春以降，続々と前線に配置されていったと考えられる。そしてこの時期から晋察冀辺区での共産党軍の戦術に変化がみられるのである。

1947 年 11 月 12 日の石家荘市「解放」は，戦後国共内戦が本格化した 1946 年夏以降，共産党軍が初めて大都市を軍事的に制圧したものであり，戦局の転換を象徴する出来事であったが，これを可能にしたのは，その半月前の 10 月 20 日から 22 日にかけて行われた清風店戦役での共産党軍の勝利であった。東北民主聯軍の秋季攻勢を側面から支援するため，1947 年 9 月から保定北部の徐水県で国民党軍と交戦中だった共産党軍（晋察冀野戦軍）は[10]，石家荘市から国民党軍第三軍が増援のために単独北上するという情報をつかみ，ひそかに主力を南下させて定県北部の清風店鎮（前掲図 2-3 参照）でこれを捕捉し殲滅した[11]。この清風店戦役の勝利によって共産党は石家荘市の守備部隊の主力を消滅させ，石家荘市攻略への道を切り開くことに成功したが（張 2017：65），このとき晋察冀野戦軍は徐水からの 100 キロ余を一昼夜で走破するという超強行軍で移動した[12]。こうした高度な機動戦[13]は，以下にみるようにその半年前の 1947 年春の状況とはまったく異なるものであった[14]。

---

10) 『中国人民解放軍戦史』第 3 巻，176 頁。

11) 『中国人民解放軍戦史』第 3 巻，177-178 頁。黄新は，徐水攻撃は石家荘から第三軍を引き出すために司令員の楊得志が立案した作戦であったとする（黄 2011：10-11）。

12) 「中央軍委一局関于清風店戦役総結」（1947 年 11 月 12 日），『石家庄解放』175 頁。清風店戦役に晋察冀野戦軍第四縦隊（師団）参謀長として参加した楊尚徳の回想によれば，徐水を攻撃していた彼の師団には 10 月 17 日に「19 日払暁までに目的地に到着せよ」との命令が出され，18 日 24 時に目的地である望都県陽城鎮に達したという（「晋察冀野戦軍転戦記事」上，19 頁）。徐水県城から陽城鎮まではおよそ 70 キロある。なお，1947 年末に国民党軍の捕虜となった穆瑞明と孟慶先の供述によれば，共産党軍の行軍能力は，敵の襲撃を警戒しつつ軍装のまま行う戦備行軍の場合は一晩に 35 キロ，兵士の疲労をできるだけ抑える旅次行軍で 30 キロだったとされる（「侯騰呈蔣中正投誠穆瑞明孟慶先軍要山供摘要」1948 年 1 月 22 日，国史館蔵）。参考までに記せば，旧日本陸軍が戦術学の教本として作成した『陣中要務令教程──昭和三年編纂』では，「諸兵連合の大部隊」の場合には昼間 1 日で 24 キロの行軍が標準とされていた（69 頁）。行軍速度は部隊の大小，兵種や装備に影響を受けるが，作戦のために移動する諸部隊のうち最も遅い部隊に合わせる必要があることを考えれば，このときおよそ 100 キロを一昼夜で走破した共産党軍の行軍速度は，練度の高い旧日本陸軍に匹敵するものだったと言える。

13) 「機動」については序章第 3 節第 3 項を参照。

322　第Ⅲ部　加速する暴力とその帰結

　晋察冀軍区は，1947 年 4 月 9 日から 16 日にかけて石家荘市周辺（石門地区）
に攻撃をしかけた。しかしこのときの戦闘では，「八二団と独立営の，泛馬鋪
の包囲を担当していた連が，時間通りに出発せず，時間通りに戦闘を始めな
かった」り，「集訓隊は命令通りに敵をしっかりと包囲せず，2 キロ〜2.5 キロ
も離れて敵を包囲し，敵に逃げられ」たり，「七二団の 2 つの連は……八二団
の増援部隊と独立営が続々とやってきたのを見て，分区の許可を得ずに部隊を
東関に戻した」りするなど，集団として機動的に展開することができなかっ
た[15]。またこうした石門地区での戦闘の結果をふまえて，中央軍事委員会は晋
察冀軍区司令員の聶栄臻に対し「先に弱いところを攻撃し，そのあとで強いと
ころを攻撃し，彼は彼の目標を攻撃し，われわれはわれわれの目標を攻撃する
（それぞれがそれぞれの目標を攻撃する）という作戦政策」の実施を指示してい
る[16]。この指示は，全面的な内戦の勃発にあわせて 1946 年 9 月 16 日に中共中
央軍事委員会（毛沢東起草）が出した指示「優勢な兵力を集中して敵を各個に
殲滅せよ」[17] の内容を繰り返したものである。この時点ではまだ，中央指導部
には国民党軍の主力と正面から戦闘する自信がなかったと言える。
　しかし，1947 年 6 月に晋察冀辺区の共産党軍が実施した青滄戦役の勝利[18]
を受けて，中共中央軍事委員会は晋察冀軍区の編成を改めて晋察冀野戦軍と改
称させるとともに[19]，1 カ月間の休息を利用して大清河以北（天津と保定を結ん
だ線よりも北）で機動戦を行い国民党軍の正規部隊を殲滅する準備をするよう
命じた[20]。こののち 8 月下旬には，劉少奇とともに晋察冀辺区にいた朱徳と中

---

14)　呉暁東も，清風店戦役は共産党軍にとって「囲城打援（都市を包囲して救援に来た敵を
　　撃破する）」の初めての勝利であり，彼我の戦力の逆転を象徴する出来事だったとする
　　（呉 2012 : 19）。
15)　「冀中軍区第十一軍分区司令部関於石門地区戦役的初歩総結」（1947 年 4 月 27 日），『石
　　家庄解放』146 頁。
16)　「中央軍委関於先打弱的後打強的你打你的我打我的給聶栄臻等的電報」（1947 年 4 月 22
　　日），『石家庄解放』171 頁。
17)　「毛沢東主席「優勢な兵力を集中して敵を各個に殲滅せよ」」（1946 年 9 月 16 日），『新中
　　国資料集成』第 1 巻，306-309 頁。
18)　『中国人民解放軍史』第 3 巻，121 頁。
19)　「晋察冀野戦軍転戦記事」上，17 頁。

共中央軍事委員会との間で電報が往復し，晋察冀野戦軍に対して上記の作戦を実施するよう指示が出されている[21]。上述の清風店戦役は，この計画通りに実施されたものである。このような経緯は，中央と現地の指導部が，1947年春からの半年間に晋察冀の部隊の質が変化し，正規軍との間で機動戦を行うに足る能力を備えたと判断したことを示しているだろう[22]。

　近年，戦後国共内戦期の華北における中国共産党による徴兵について詳細に検討した斉小林『当兵』は，1947年に「自報公議」形式の従軍が拡大したこと（斉2015：第3章），また1946〜48年を通しての傾向として，共産党員兵士の死亡率が上昇していたことを指摘している（斉2015：第6章）。「自報公議」とは村民同士の話し合いによって出征者を決定する方法であり，「従軍条件を備えた青年にとっては，自報公議は一種の強力な外的制約であった」（斉2015：128）。斉小林は，なぜ1947年に突然「自報公議」が実効力をもつようになったのか説明していないが，本章で述べてきたことを背景におけば理解することができよう。この時期，共産党の軍隊には「逃げられない兵士」が増加していた。とくに部隊運用の核となる小隊や中隊の指揮者として「逃げられない」区・村幹部が配置され，彼らが同村民でもある兵士たちを監視し督戦していた。共産党員兵士の死亡率の上昇は，彼らにかかっていた「逃げられない」という圧力の大きさを物語る。国民党軍からの寝返りによる兵員増加の内側で，それまでとは質的に異なる兵士が供給され，部隊の核となっていったと考えられるのである[23]。

---

20)『劉少奇年譜（1898-1969）』下巻，80-81頁。

21)『劉少奇年譜（1898-1969）』下巻，90-91頁。

22) この間の動きについて，閻書欽は「青滄戦役に勝利したあとの7〜8月の間，晋察冀軍区の各部隊は休息した。この2カ月の整理と訓練を経て，晋察冀軍区部隊は作戦方式を大規模な運動戦・正規戦に転換することを実現し」たとまとめている（閻1998：53）。

324　第Ⅲ部　加速する暴力とその帰結

小　結

　以上本章では，1947年春から夏にかけて貧雇農による覆査の強行が社会に何をもたらしたのか考察した。その結果，以下のことが明らかとなった。

　貧雇農による覆査を実施するために郷村に入った上級幹部（県・区幹部）は，貧農と直結して農村での運動を推進しようとしたが，『晋察冀日報』に掲載された記事として多かったのは，県・区幹部と結びつこうとする貧雇農を村幹部が抑圧した結果，県・区幹部が結果的に村幹部を支持したという構図のものであった。村落内部では，村幹部と一部の村民との間に対立が存在していた。それは，当時の村幹部が1947年6月以前に展開された闘争で頭角を現した積極分子であり，その過程で村落社会内に各種の恨みが生じていたためであった。そのなかでもとくに村幹部にとって切実だったのは，かつての闘争の過程で対立し村幹部に打倒された者が抱いた恨みである。このように村幹部を恨む人びとにとって，村幹部に対する疑念を前提として県・区よりも上級の党組織が命じてきた覆査は，村幹部に対する報復を正当化する絶好の機会になった。

　これに対して村幹部の側では，県・区幹部との結びつきを活かしてこの危機を乗り切ろうとし，また実際に県・区幹部は村幹部の動きを黙認した。この時点では，村幹部の方に力があったと言える。しかし劉少奇の中共中央工作員会は，土地改革運動の「障害物＝村幹部」を排除することを主張していた。その

---

23) 楊歩青・呉尹浩は，1947年後半以降の共産党の軍事的優勢は，共産党軍が遊撃戦から正規部隊による殲滅戦への転換を実現したことによるとし，そのなかで朱徳が果たした役割の大きさを強調している（楊・呉 2017）。楊・呉によれば，朱徳は1947年の晋察冀野戦軍の設立にあたって指揮系統や兵站の統一を主導し正規軍化を実現させたが，その成功の鍵を握っていたのが「鉄の紀律」の浸透であったという（楊・呉 2017：18）。なぜなら「戦争の規模が次第に大きくなると，部隊の多様な兵種に対して戦術を協働させる必要性が高まるが，戦闘の意図を実現させるためには内容の異なる任務を担う各部隊が密接に協力して協働しなければならない」からである（楊・呉 2017：18）。この指摘はその通りであるが，兵士・部隊に「鉄の紀律」を受け入れ実現させる素地がなければ朱徳の主張は掛け声倒れに終わっただろう。ここにも「逃げられない兵士」の増加という質の変化を見ることができる。

ため貧農を名乗ろうとする相手に対する村幹部側の弾圧は苛烈なものになり，村幹部に対する貧農側の報復も激しい暴力をともなうものとなった。

このように，1947年5月以来の貧雇農による覆査という方針は，基層社会において，従来からの村幹部と新たに貧農を名乗ろうとする人びととの間で激しい対立を引き起こしたが，この時期，支配の正統性は確かに貧農へと移行しつつあった。貧農が新たに組織した新農会が，基層社会のなかで次第に権威と権力をもつ組織へと成長していった。

一方，このように支配の正統性が次第に変化するなかで周囲からの恨みの圧力にさらされていた村幹部は，積極的に従軍することになった。この時期に従軍した新兵に村幹部が占める割合は高く，意識も高かった。軍は出身村を単位として戦闘集団を編成し，その過程で村幹部を指揮者にしていた。このことによって新兵の逃亡を抑止することができた。

ではなぜ区・村幹部自身は逃亡しなかったのか。それは，軍に入ることが周囲の人びとの報復から自身と家族の身を守る防空壕の役割を果たしていたからであった。同じことは，覆査によって村幹部を打倒することに成功した貧農たちにも言えた。彼らは打倒した村幹部とその関係者からの恨みの対象となったからである。彼らもまた積極的に従軍することになった。村幹部と貧農は共産党の側に立つ革命者である証として従軍し，「逃げられない兵士」となったのである。それは県・区幹部や労働英雄が模範として示した姿であった。

このようにしてこの時期，共産党の軍隊には「逃げられない兵士」が増加していた。とくに部隊運用の核となる小隊や中隊の指揮者として「逃げられない」区・村幹部が配置され，同村民でもある兵士たちを監視し督戦していた。このことは部隊の質を変え，高度な機動戦を可能にした[24]。華北の要衝かつ大都市である石家荘市の「解放」は，こうして実現されたのである。

とはいえ，本章で述べたような基層社会における過剰な暴力の応酬は，実際に支配地域の統治に責任をもつ地方党組織にとって，見過ごすことができるものではなかった。上述したとおり，晋察冀辺区では1947年の夏に覆査を暫時停止している。富農規定を「ゆとりのある農民」まで拡大するとともに，貧雇農を中核として覆査を実施するという1947年5月以来の中共中央工作委員会

（劉少奇）の方針は，党内からの抵抗に遭うほどの混乱を支配地域にもたらしていたのである。では，こうした地方党組織からの訴えに対し，1947年7月から全国土地会議を主宰していた劉少奇はどのように対処したのだろうか。「米ビツ論」による階級区分をやめ，貧雇農による覆査政策を取り下げて社会秩序を復活させるのか，それとも「米ビツ論」による階級区分を維持して「貧雇農を中核とする路線」を推し進め，革命の盛り上がりを追求するのか。劉少奇は厳しい選択を迫られていた。

24）なお本書は，このように部隊・兵士の質の変化が華北における内戦の帰趨に大きな影響を与えたとする立場をとっているが，兵器（特に火砲や戦車などの重装備）の増強が与えた影響については考察していない。阿南は，序章注19でふれたように，ソ連が東北で共産党軍に与えた軍事的支援が共産党軍の質的変化につながったとする（阿南2023）。笹川も，この時期の東北で共産党がソ連の保護のもとで旧日本軍の武器（機関銃，迫撃砲，戦車など）と装備を接収できたことが，共産党の内戦勝利に大きく貢献したと主張している（笹川2011：59-60）。本来であれば，こうした東北でのソ連の軍事的支援と，本書が明らかにした「逃げられない兵士」による共産党軍の質的な変化が，それぞれ華北の戦況にどのような影響を与えたのか厳密に検証・評価する必要があるが，現在の筆者にはその準備がない。本書の到達点をふまえて改めて考察したい。

第9章

中国土地法大綱の決定と華北社会

はじめに

1947年5月以降，晋察冀辺区の河北省平山県西柏坡村を拠点とした中共中央工作委員会の劉少奇は，富農の規定を搾取関係の有無にもとづくものから富裕度にもとづくものへと実質的に変更し，貧雇農による覆査を指示するなど，土地改革を中心とする農村革命運動の高まりを期待する指示を矢継ぎ早に発出した（第7章）。しかし，これらの指示のうち，とりわけ貧雇農を中核とする覆査の指示は，共産党統治地域における混乱を招くことになった。それ以前の闘争によって生じていた村内における対立を背景として，今回新たに正統性を付与された貧雇農による村幹部への攻撃と，県・区幹部との結びつきを強めた村幹部による抑圧・逆襲が拮抗したからである（第8章）。そこでは貧雇農による殺害や虐待を怖れる村幹部の逃亡・自殺が発生する一方，村幹部による貧雇農の殺害なども発生していた。

こうした状況下で，劉少奇は1947年7月17日から各解放区の土地政策の責任者を平山県西柏坡村に集めて全国土地会議を開いた。この会議は2カ月に及ぶ議論の末，新しい土地政策を規定する中国土地法大綱を決議して閉幕したが（大綱は10月10日付で公布），このとき誰がどのような意見をもち，どのような議論が展開されていたのかは，公開されている資料の制約もあって不明である。そのため論者によって大きく見解が異なっている。

328　第 III 部　加速する暴力とその帰結

　たとえばデマールは，劉少奇は会議に先立って農村を調査し，華北では中農（自作農）が中心であることを発見して中農の財産を保護しようとしていたが，会議では毛沢東の代理人としての康生が中農の土地も没収対象とする絶対的な均分を主張し，さらに毛沢東が新聞記事で土地の平均化を主張したため，劉少奇の計画は崩れ去ったとする（DeMare 2019：86）。しかしデマールの見解は，1947 年春以降の農村革命の変化は劉少奇が主導したものであったということと符合しない。これに対して陳耀煌は，中国土地法大綱は，1946 年から劉少奇が鼓吹し基層社会で行われてきた富農・中農に対する闘争を承認しただけ（只是承認）のものであるとする（陳 2012：434）。しかしこの陳耀煌の見解は，全国土地会議に 2 カ月以上を費やしたという事実を説明できない。実際には，以下に述べるように，この会議の過程では劉少奇と地方党組織の指導者たちとの間で争論があり，劉少奇自身も動揺をみせていた。では全国土地会議で劉少奇は何を主張し，何が争点となったのだろうか。結果として中国土地法大綱では何が規定されたのだろうか。これが本章の取り組む問題である。

　ところで，中国土地法大綱の作成過程と実施後の状況を明らかにすることには固有の困難がある。当該時期に関する共産党の資料がきわめて少ないという問題である。とはいえ，「正史」としての劉少奇の評伝『劉少奇伝』では，当該時期の高級幹部間の通信記録や全国土地会議での発言記録が参照されている（『劉少奇伝』上巻，第 22 章）。したがって資料自体が存在しないのではない。しかし，これらの資料へのアクセスはきわめてハードルが高い。一つひとつの文書について，存在を公式に認めるのか否か，存在を公式に認めるとしてその文書のどの部分をどのように見せるのかなど，厳密な情報操作が行われていると見るべきだろう。このことは，当該時期のもつ歴史的な重要性，とくにこの時期を詳細に検討されることが共産党の公定史観にとって決定的に不都合であるということを強く示唆している。本章は，われわれが利用できる数少ない資料を，微に入り細を穿って活用し，中国土地法大綱の決定に至る過程を再構成するとともに，中国土地法大綱が華北の地方党組織にどのように受け入れられていったのかをみる。

1　中国土地法大綱と「貧雇農を中核とする路線」

1）中国土地法大綱と劉少奇

①全国土地会議の開催

　全国土地会議の当初の目的は，五四指示に代わる新しい土地政策を打ち出すことであった（『劉少奇伝』上巻，524頁）。もともとは五四指示から1年という区切りをめどに新たな政策を打ち出す予定だったとされる。『劉少奇伝』によれば，延安陥落後の混乱のために開催が7月にずれこんだとされるが（『劉少奇伝』上巻，522頁），本書の考察をふまえれば，5月はまさに土地改革の方法に大きな変化が見られた時期であり，会議を開いても紛糾するだけだった可能性が高い。というのは，7月半ばという時点での開催でも，議事は思うように進まなかったからである。

　全国土地会議は各地方組織による状況報告から始まり，8月中旬まで土地改革をめぐる問題の所在について議論していたとされる（『劉少奇伝』上巻，525-527頁）。また9月5日に劉少奇が中共中央に送った会議の経過報告によれば，「討論は，もともとは党内問題と農民組織と民主問題に集中した」という[1]。土地改革を阻害している要因として基層幹部の問題が取り上げられ議論されたのであろう。しかし会議は本来の目的であった新しい土地政策をなかなか打ちだすことができなかった。『劉少奇伝』は，8月中旬，劉少奇は「五四指示のような決議を起草して大会に提出して討論しようと考えていた」が，「彼は1週間で1万字余りを書いたが，完成できなかった」と記している（『劉少奇伝』上巻，527頁）。劉少奇は何かを迷っていたのである。

②劉少奇の苦悩

　しかし，このとき劉少奇が何に迷っていたのかを直接知ることはできない。『劉少奇伝』は，劉少奇が8月20日と21日に2日間にわたる長大な報告を

---

1)「中共中央工委関於徹底平分土地問題的報告」（1947年9月5日），『解放戦争時期土地改革文件選編』81頁。なお，同文書は「中共中央対中共中央工委関於徹底平分土地問題的報告的批示」（1947年9月6日）の附録として収録されている。

行ったことを記し，発言稿からいくつかの部分を引用しているが（『劉少奇伝』上巻，527-528 頁），彼が全体として何を論じていたのかは記していない。しかしこの『劉少奇伝』に引用されている断片的な劉少奇の発言（下記ⓐ～ⓓ）は，このとき劉少奇の置かれていた状況を知る手がかりを提供している。

【史料 9-1】　ⓐ土地改革運動は基本的には土地を均分することであり，地主の土地財産を分配することであり，一部の富農の一部の土地財産を分配することであり，一部の富農は動かさず，中農は動かさず，貧雇農に土地を獲得させれば，結果として土地はおよそ平均的になる。

ⓑわれわれはこのことをうまくやりさえすれば，基本的には現段階の新民主主義革命を完成させることができる。

ⓒ中農全体（富裕中農を含む）については，彼らの土地・財産は断固として動かすべきではない。

ⓓ中農の土地財産は意識的無意識的な侵犯を受けないと保証しなければならず，すでに侵犯したものがあれば手段を設けて補償しなければならない。このようにして初めて，中農を安定させることができ，すべての中農と連合することができるのである。　　　　　　　　（『劉少奇伝』上巻，528 頁）

以上である（ⓐⓑⓒⓓは筆者が便宜的に振ったもの。もう 1 項目あるが省略した）。ここからは，土地均分を目指しつつ（ⓐ），「中農財産の保護」も重視しようとする姿勢が明らかである（ⓐⓒⓓ）。そのうえでとくに注目すべきはⓒである。ここには保護するべき中農に「富裕中農を含む」ことがわざわざ注記されている。つまり，再び富農と富裕中農とを区別し，富裕中農も中農の一部として保護すべきだとしているのである。

　これは富農を搾取関係の有無によって区分することを意味している。すなわち，「米ビツ論」によって富農範囲の拡大を図った 1947 年 5 月以前に戻すものであり，明らかに「後退」であった。おそらく 1947 年 5 月以降に支配地域で広がった混乱が，劉少奇にこのような発言をさせた背景としてあるだろう。実際この間，晋察冀中央局から劉少奇に対し，覆査運動下の農村で発生している生き埋めなど「行き過ぎ」への対処方法について問い合わせがあり，それに対

して劉少奇が覆査を暫時停止するよう命じたとする文書が残されている[2]。晋察冀中央局書記の聶栄臻も，同年10月3日に開かれた晋察冀辺区土地会議の開幕詞においてその直近に覆査を一時停止した時期があったと述べている[3]。また「貧雇農を中核とする路線」は貧雇農に村幹部への攻撃を促すものであったから，村幹部によって担われてきた基層政権の動揺を回避したい地方党組織からの訴えがあったことは容易に推察できる。富農規定を「ゆとりのある農民」まで拡大し，貧雇農を中核として覆査を行い，土地改革を活性化させようという1947年5月以来の方針は，それによる支配地域の混乱が明らかになるにつれて党内で抵抗にあっていたと考えられるのである。8月20日，21日の長大な報告で上記ⓒを言明したことは，この時期の劉少奇がこうした圧力の前に譲歩しかけていたことを示している。

とすれば，「1万字余りを書いたが，完成できなかった」という新たな指示はⓒを含むものだったと考えられよう。では，なぜ劉少奇はⓒを含む指示を完成させることができなかったのか。それは，ⓒにもとづく運動が1947年5月以前の運動と同じであり，とりわけ華北では土地改革運動を再び低調にすることが目に見えていたからであろう。土地の均分を実現するためにはⓒを削らねばならないということは，4月末に晋察冀辺区に到着して以降の劉少奇には自明であった。全国土地会議における劉少奇の迷いは，共産党の公式の階級区分と前掲図1-1の農村社会認識（公定社会像）を維持して土地改革運動が低調となることに目をつぶるか，それとも公式の階級区分と公定社会像を変更して華北地域で土地均分を実現するか，という苦悩だったのである[4]。

③新華社社説と土地均分政策への転換

この苦悩から劉少奇を救ったのは，8月29日に出された新華社の社説「晋綏日報の自己批判に学べ（学習晋綏日報的自我批評）」であった[5]。この社説は，

2）「中共晋察冀中央局関於糾正土地改革中過"左"現象的指示」（1947年5月24日），『晋察冀解放区歴史文献選編』295-297頁。なお，第8章で述べたとおり，この文書の本当の発出日は8月20日から9月上旬までのどこかの時点であったと考えられる（8月24日であった可能性が高い）。詳しい考証は三品（2020）を参照。

3）『晋察冀日報』1947年11月28日「在晋察冀辺区土地会議上聶栄臻同志的開幕詞」。

332 第Ⅲ部 加速する暴力とその帰結

現在の土地政策は地主の土地を没収して「徹底的に土地を均分し，無地少地の農民に土地・農具・家畜・種子・食糧・衣服・住居を得させる」ものであると述べていたが，劉少奇はこれを独自に解釈して，1947 年 5 月以来の方針を他の指導者たちに強制する材料に使った。『劉少奇伝』は以下のように描いている（なお当時，中共中央を率いる毛沢東は数百キロ離れた陝西省北部にいた）。

【史料 9-2】 〔1947 年〕9 月 1 日[6]，新華社は「晋綏日報の自己批判に学べ」の社説を発表し，この〔五四指示から一歩進んで土地均分を実施する必要があるとの〕精神を伝達した。

9 月 3 日，〔河北省平山県〕西柏坡の劉少奇はこの社説を見た。彼は直ちに工作委員会の数人の責任者と研究し，2 日目に大会を開いた。そこで会議に対し，徹底的に土地を均分するという原則について考慮するように提案した。彼は発言のなかで言っている。

「この社説は土地均分を語っており普遍的で徹底的な均分を語っている。この社説は根本的に中農を動かすか否かの問題については語っておらず，中農の利益を侵犯しないということに関しては一字も言及していない。私はこの社説は毛主席も見たことは明らかであると考える。徹底的に土地を均分するというスローガンは，おそらく毛主席が提起したものである。毛主席を通さなければこうしたスローガンは提起されない」，と。※

劉少奇は各代表，とくに下層において土地改革事業を実行したことのある代表に対し，土地を徹底的に均分することの長所と短所がどこにあるか……

---

4) このように，ここでの苦悩が単なる文書作成上の問題でなかったことから考えれば，それは 1947 年 8 月中旬から始まったものではなく，4 月に晋察冀辺区に至って華北農村の現実と公定社会像との乖離を知り，富農規定の拡大を通達した後から始まっていたものと推測される。『劉少奇伝』は，5 月末以降，劉少奇は「持病の胃腸病が再発し，身体の状態が非常に悪かった」とし，それに対して 6 月 14 日に毛沢東が「1 ヵ月間休養するように希望する」と打電したとする（『劉少奇伝』上巻，522 頁）。

5) 『晋察冀日報』『晋綏日報』ともに 1947 年 9 月 1 日付の第一面に掲載されている。

6) この日付は，前注にあるように同社説が共産党の機関紙に掲載された日付である。『晋察冀日報』掲載の社説の末尾には「新華社陝北 29 日電」と記されており，新華社による「晋綏日報の自己批判に学べ」の発表は，正確には 1947 年 8 月 29 日であったと考えられる。

を真剣に検討するように指示した。　　　　　　　（『劉少奇伝』上巻，530-531 頁）

　この検討の結果は土地均分政策を可とするものであり，9 月 5 日に劉少奇は
この議論をまとめて中共中央に報告し，中共中央はこれを認める旨回答した。
こうして，「土地を均分する原則が最終的に確定した。その後劉少奇は数日内
に秘書処の人員と一緒に「中国土地法大綱」の草稿を書きあげ，11 日に大会
に提起して討論し代表たちの意見を聴取した。9 月 13 日，会議は正式に「中
国土地法大綱（草案）」を決議した」のである（『劉少奇伝』上巻，531-534 頁）。

　このように『劉少奇伝』の記述によれば，劉少奇は，新華社の社説「学習晋
綏日報的自我批評」が中農財産の保護に言及せず「徹底的な土地の均分」を命
じていることを毛沢東の指示と解釈し，全国土地会議の議論を，中農財産の没
収分配を含んだ徹底的な土地均分の実現へと転回させたとされている。富農規
定を 1947 年 5 月以前に戻して富裕中農を闘争対象から外そうとする党内の反
対意見を押し返したのである。

　なお，このような重要な問題について『劉少奇伝』の記述をもとに考察する
ことには，批判もあるだろう。実際，【史料 9-2】の引用には「※」の箇所に
注があり，その注によればこの劉少奇の発言は「劉少奇在全国土地会議上的講
話記録，1947 年 9 月 4 日」が出所とされるが，この文書は非公開の内部文書
である[7]。筆者も，かつて発表した論文で「劉少奇の発言」を採用せず議論を
進めたことがある（三品 2019）。しかし『劉少奇伝』はこの文書のタイトルを
明記しており，史料へのアクセスが可能な者には検証が可能であることから，
その存在と内容については基本的に信用するべきであると考えを改めた。以下
本書では，ひとまずこの『劉少奇伝』の記述にもとづいて当該時期の展開を再
構成する。

7）公定史観を超克する歴史観を提示する楊奎松もこの文書を直接確認できなかったらし
　く，その著書（楊 2009）の当該部分の叙述は，『劉少奇伝』上巻と金（2002）に依拠し
　ている（楊 2009：61-62）。

2）中国土地法大綱と農村社会認識
①「中農利益の保護」と「徹底的な土地均分」との間
　さて，以上のような新華社の社説「晋綏日報の自己批判に学べ」への劉少奇の対応からは，改めて確認できることと，いくつかの解くべき問題が浮かび上がる。まず改めて確認できることとしては，この1947年9月初めの時点で，全国土地会議に参加していた劉少奇をはじめとする各地の共産党指導者たちの間では「中農利益の保護」と「徹底的な土地の均分」とが両立しないことが共通認識になっていたことが挙げられる。本書でたびたび言及してきたように，共産党の公式見解では一貫して「中農利益の保護」と「土地の均分」が両立するとされてきた。このことは毛沢東「興国調査」が示す中国農村の階級構成からの論理的帰結であった。したがって，「晋綏日報の自己批判に学べ」が「中農財産の保護」に言及せずに「徹底的な土地の均分」を主張したとしても，それは本来ならば当たり前のことであり，ことさら問題にするようなことではない。しかし劉少奇は，社説が「中農財産の保護」に言及せずに「徹底的な土地の均分」を指示したことを「中農の財産に手を付けてでも徹底的に土地を均分せよ」という指示として解釈し，周囲の指導者たちもこの劉少奇の主張に反論せず「徹底的な土地均分」に同意していった。このことは，いつの間にか彼らが「中農財産の保護」と「徹底的な土地の均分」とが支配下の社会では両立しないという認識を共有していたことを示している。もっとも，本書で明らかにしてきたように，地方党組織は1946年から「中農財産の保護」と土地均分が両立しないことを認識していた。したがって，劉少奇の認識が華北農村社会の現実をふまえたものに転換し，地方党組織の幹部たちに合流していたのである。1947年5月に転換があったことは，この点からも再確認できよう。
②毛沢東の中国農村社会認識と新華社社説
　一方で，いくつかの疑問も浮上する。そのひとつは，毛沢東はこうした実情，すなわち土地改革政策の前提である公定社会像が，華北農村の現実から大きく乖離したものであるということを認識していたのかという問題である。劉少奇は9月4日の会議において，この社説が「中農の保護」には一切ふれずに「土地均分の実施」を主張していると説明し，それが毛沢東の意思であることを匂

第9章　中国土地法大綱の決定と華北社会　　335

わせたが，先にも述べたとおり，公定社会像によれば土地の均分と中農の保護
は両立するから本来中農の保護に言及する必要はなく，社説で言及しなかった
のが意図的だったか否かは不明である。毛沢東は，この社説を発表したとき
「中農の保護」と「土地の均分」が両立しないことを知っていたのだろうか。

　筆者は「否」と考えている。その理由は以下のとおりである。新華社社説に
言及した9月5日の会議のあと，劉少奇は中共中央（毛沢東）に以下のように
報告している。「会議は……新華社の社説が徹底的な土地均分を提起したため
に土地政策問題に集中し」，その結果は「多数の意見は徹底的な均分に賛成で
ある」。ただし「〔土地均分の〕欠点は，一般的に富農を弱めてしまうほかに，
人口の5％を占める富裕中農から一部の土地を抽出したり交換してしまうかも
しれないことである。〔しかし〕利益を得るものは老区でも50〜60％であり，
動かないものは20〜30％を占める。80％以上の農民と団結することは可能で
ある」，と[8]。

　「老区」とは共産党によって何度か農村運動を経た地域を指しており，貧民
たちが各種の闘争で所有面積を増やしたと想定される地域である。このために
この報告の数字は「動かないもの」（中農）に相当の厚みをもたせているが，
それでも，土地の所有状況は村内で大きな格差があり，地主・富農と「富裕中
農の一部の土地」を削れば均分を達成できるとしている点で前掲図1-1を大き
く逸脱しているわけではない。富裕中農の5％という数字は中農の被害をで
きるだけ小さく見せようとするものであり，前掲図1-1が示す社会像の修正を
軽微な程度にとどめようとするものである。劉少奇は，公定の農村社会認識に
根本的な修正を迫ることなく，「中農の財産に手を付けてもよい」とする言質
だけをとりに行ったのである。

　これに対する中共中央（毛沢東）の9月6日付の回答は，以下のようなもの
であった。

【史料9-3】　土地均分は……中農の大多数は利益を獲得し，少数は一部の土

8）前掲，「中共中央工委関於徹底平分土地問題的報告」（1947年9月5日），『解放戦争時
　期土地改革文献選編』81頁。

地を差し出すが，同時にその他の利益（政治的および一般的な経済的利益）を獲得し，補償することができる。したがって全国土地会議は徹底的に土地を均分する方針を採用するべきであり……。

（「中共中央対中共中央工委関於徹底平分土地問題的報告的批示」〈1947年9月6日〉，『解放戦争時期土地改革文献選編』80頁）

　すなわち，老区に限らず「中農の少数が一部の土地を差し出す」ことを承認したのである。劉少奇が出した伺いの意図を正確に理解した，的を射た回答だったといえるだろう。このような劉少奇と毛沢東の阿吽の呼吸とも言えるやりとり，またそもそも8月29日の新華社社説の内容とそれが出されたタイミングのよさからみて，劉少奇と毛沢東との間で事前に何らかの意思疎通があったと推測することは十分可能である。この場合，その事前の交渉の中で「中農の保護」と「土地の均分」が華北では両立しないことが劉少奇から説明されていたことになろう。しかし筆者は，それでもなお劉少奇は毛沢東に対して「中農の保護」と「土地の均分」が両立しないことを説明していなかったと考える。

　第一に，上述のように9月5日に劉少奇が出した伺いが前掲図1-1に根本的な修正を迫ることがないよう，事態を矮小化していたという点である。もし事前に「中農の保護」と「土地の均分」が両立しないことを説明していたとすれば，このように表現に細心の注意を払う必要はない。第二に，第1章で詳述したように，地主の支配力が大きく「土地の均分」と「中農の保護」が両立するという前掲図1-1の農村社会像は，毛沢東が自身の農村調査をふまえて提示したものであり，毛沢東が「マルクス主義の中国化」を唱えてコミンテルンの影響を切断し，中国共産党内で現実の解釈権を握ることができた要因だったという点である。前掲図1-1の農村社会認識が誤っているとすることは，毛沢東の権威の源を破壊することであり，土地改革という政策の有効性を否定するばかりか，地主を封建領主に見立てて中華民国を封建社会と捉える時代区分をも否定することにつながる。

　当時，劉少奇は毛沢東と空間的に距離のある場所にいたから，第三者（秘書，通信士を含む）に内容を知られることなく密談できる状況にはなかった。また

面と向かって相手の顔色を見ながら話を切り出すのであればともかく，文面でこのように権力と権威の源泉に関わるきわめて重要な問題を提起することは，毛沢東の反応が未知数である以上リスクが非常に大きい（晋察冀辺区に到着する前の劉少奇と晋察冀中央局の幹部たちとの間にも同じことが言えただろう）。しかも当時は延安整風運動の記憶も新しかった。毛沢東が解釈した現実に異議を唱えた者がどうなるのか，劉少奇は身に染みて知っていたはずである。

　第三に，中国土地法大綱にもとづく土地改革運動中の 1947 年 12 月 25 日に開かれた，中共中央の会議で毛沢東が行った報告「現在の状勢とわれわれの任務（目前的形勢和我們的任務）」でも，前掲図 1-1 の社会像がそのまま示されている（『晋察冀日報』『晋綏日報』1948 年 1 月 1 日）。さらに第 11 章でみるように，中国土地法大綱の公布以降に顕著になった土地改革運動の急進化を是正する際に毛沢東が示した認識も前掲図 1-1 のままであった（後掲【史料 11-4 (3)】を参照）。以上から筆者は，毛沢東は「中農の保護」と「土地の均分」とが両立しないこと，すなわち華北農村社会の現実と公定の農村社会認識との間に大きなずれがあることを知らされていなかったと考える。むしろ，毛沢東がそのような難題を考えずに済むように問題を処理した劉少奇の，実務家としての有能さが示された瞬間だったといえよう。

③全国土地会議の結論と中国土地法大綱

　疑問の 2 つ目は，中国土地法大綱の条文にかかわるものである。ここで，中国土地法大綱を掲げておきたい（一部の細かい規定については省略した）。注目するべきポイントは，この大綱が中農財産の没収について言及しているかどうかという点である。

【中国土地法大綱】

中国土地法大綱（中国共産党全国土地会議 1947 年 9 月 13 日通過）

第 1 条　封建的および半封建的搾取の土地制度を廃止し，耕者有其田〔耕作者がその耕地を所有する〕の土地政策を実行する。

第 2 条　一切の地主の土地所有権を廃止する。

第 3 条　一切の祠堂・廟宇・寺院・学校・機関および団体の土地所有権を廃

止する。

第4条　土地制度改革以前の郷村内の一切の債務を廃止する。

第5条　郷村農民大会およびそれが選出した委員会，郷村の無地少地の農民が組織した貧農団大会およびそれが選出した委員会，区・県・省などの級の農民代表大会およびそれが選出した委員会が，土地制度を改革する合法的な執行機関となる。

第6条　本法第9条乙項が規定するものを除き，郷村内のすべての地主の土地および公地は，郷村の農会が接収し，郷村内のその他の一切の土地と同じく郷村のすべての人口に応じ，老若男女を問わず統一的に平均に分配する。土地の数量においては多きを抽出して少なきに補填し，質においては肥えたものを抽出して痩せたものに補填し，全郷村人民が同等の土地を獲得し，各人の所有に帰するようにする。

第7条　土地分配は，郷あるいは郷に等しい行政村を単位とする。しかし区あるいは県の農会が，郷あるいは郷に等しい行政村の間で一定必要のある調整を行うことができる。土地が広く人が少ない地区では，作付に便利なように，郷以下の比較的小さな単位で土地を分配することができる。

第8条　郷村の農会は地主の家畜・農具・家屋・食糧およびその他の財産を接収し，同時に富農の上述の財産の剰余部分を徴収し，これらの財産が欠乏している農民およびその他の貧民に分配し，同時に地主にも同様に一部を分配する。個人に分配された財産は本人の所有となり，全郷村人民に均しく適切な生産資料と生活資料を獲得させる。

第9条　若干の特殊な土地と財産の処理方法は，以下のように規定する。〔「乙」以外は略〕

（乙）大森林・大水利工程・大鉱山・大牧場・大荒れ地および湖沼などは政府の管理とする。

第10条　土地分配のなかの若干特殊な問題の処理方法は，以下のように規定する。〔略〕

第11条　人民に分配された土地は，政府から土地所有証が発行され，同時にその経営・売買の自由と，特殊な条件下での貸し出しの権利が承認され

る。土地制度改革以前の土地契約および債務契約は，一律に無効とする。

第12条　商工業者の財産およびその合法的な営業は保護され，侵犯されない。

第13条　土地改革の実施を貫徹するために，<u>本法に違反抵抗あるいは破壊する犯罪者に対しては，人民法廷を組織して審判し処分されなければならない</u>。人民法廷は，農民大会あるいは農民代表会が選挙したものと政府が委託派遣した人員で組織される。

第14条　土地制度改革の期間，土地改革の秩序を保持し人民の財産を保護するために，郷村農民大会あるいはその委員会は人員を指定し，一定の手続きを経て必要な措置をとり，一切の移転される土地および財産の接収・登録・整理および保管の責任を負い，破壊・損失・浪費および不正行為を防止する。農会は，いかなる人も公平分配を妨害するという目的のために，任意に家畜を殺したり，樹木を斬り倒したり，農具・水利・建築物・農作物あるいはその他の物品を破壊したり，これらの物品を盗んだり，強引に占有したり，私的に贈り物としたり，隠蔽したり，埋蔵したり，分散したり，販売するなどの行為を禁止しなければならない。

第15条　土地改革中の一切の措置が絶対多数の人民の利益と意思に符合することを保障するため，政府は人民の民主的権利を切実に保障する責任を負い，<u>農民およびその代表には各種の会議の上で，各方面・各級の一切の幹部を自由に批判する全権を有すること，また各種の相当の会議において政府や農民団体のなかの一切の幹部を自由に更迭したり選挙する全権を有することを保障する。上述の人民の民主的権利を侵犯するものは，人民法廷の審判および処分を受けなければならない</u>。

第16条　本法が公布される前にすでに土地が平均分配された地区では，もし農民が分配のやり直しを要求しないのであれば，分配をやり直さなくてもよい。

（「中国土地法大綱」〈1947年9月13日〉，『解放戦争時期土地改革文献選編』85-88頁）[9]

340 第Ⅲ部 加速する暴力とその帰結

　以上である。このように中国土地法大綱は，中農財産の没収について言及していない。上述のとおり，全国土地会議の議論は「中農財産の保護よりも土地均分の実行を優先すべき」とする劉少奇の説明を契機として土地均分の断行へと傾き，その結果として中国土地法大綱が作られた。しかしそれにもかかわらず中国土地法大綱は中農の扱いについてまったくふれていない。一見したところ，全国土地会議での議論と結論は中国土地法大綱の条文とつながらないのである。これはどのように考えればよいのだろうか。

　ペッパーはこの問題に対し，「華北は富が不足しており，新旧の中農が多いことから，この規定によって財産を絶対的に平均化しようとすれば，彼ら〔中農〕を侵害することは必然になる」と説明している（Pepper 1978 : 432-433）。この説明は，中国土地法大綱下で起こった事態を説明するものとしては正しい。しかし中国土地法大綱はあくまで「法」であり，条文中にそうした運用を許す根拠がなければならない。土地の均分のために中農財産を侵害してもよいという規定は，どこに盛り込まれているのだろうか。

　この問題を解く鍵は富農の扱いにある。中国土地法大綱で富農の扱いを規定しているのは第 8 条であるが，ここでは富農とのみ表記されていて，「富農（富裕中農を除く）」など富農と中農を区分する姿勢は示されていない。このことは，当該時期においては決定的な意味をもつ。なぜなら，中国土地法大綱が決定された 1947 年 9 月時点では，5 月に事実上改定された「米ビツ論」による富農規定（経営形態にかかわらず，生活に余裕があるものを富農とする）が依然として有効だったからである。もし，中国土地法大綱に富農と中農とを分離する基準（他人の労働を搾取しているか否か）が明示されていれば，それは富農の規定が再改定されることを意味する。しかし中国土地法大綱には富農規定の再改定を示唆する文言はない。すなわち中国土地法大綱は，5 月以来の「米ビツ論」による富農規定を否定しないことで，それを維持することを謳っているのである。

　中国土地法大綱における富農の規定の意図は，地方党組織に正確に伝わった。

9）なお，この文書は「中共中央関於公布中国土地法大綱的決議」（1947 年 10 月 10 日）の附録として収録されている。

次の史料は，当時中共中央東北局の管轄下にあった冀熱察区[10]で土地会議が開かれた際，同区書記の牛樹才が行った報告の要旨である。

【史料 9-4】 ①運動が始まったあと，地主富農は貧乏を装い，階級を低め，闘争を免れようとする。……敵味方の境界線をはっきりさせ内部の混乱を避けるため，階級検査は必須であり，同時に貧農小組と貧農団を純潔にするためにも階級検査は必須である。

②階級検査は必ずまず階級をはっきり区分する基準を定めなければならない（富農と富裕中農の間のあいまいさは，余剰食糧や余剰金を基準とするべきである）。搾取関係を調査し，歴史を調査し，社会関係を調査する。比光景〔暮らしぶりの比較〕は単に家や土地を比較するだけではなく，家庭を比べ，生活を比べなければならず，労働を比較することと思想を調査することと結合して進めなければならない。

（「冀熱察土改運動初歩総結与今後任務〈節録〉－牛樹才同志在冀熱察土地会議上的報告提綱」〈1947 年 11 月 15 日〉，『河北土地改革档案史料選編』296-297 頁）

ここでは搾取関係も調査することになっているが，富農と富裕中農の区別は「余剰食糧や余剰金」をみて決定するとしている点に注目すべきである。その後に述べられている「暮らしぶりの比較」をみても，富農と富裕中農を区別するうえで搾取関係が重視されないことは明白である。まさに「米ビツ論」によって階級を区分するよう命じているのである。

この点については，中国土地法大綱が決定された直後，中共中央の任弼時がこの大綱に階級区分の基準がないことに危機感を抱き，搾取関係にもとづく階級区分の基準を定めた 1933 年の 2 つの文書（第 1 章や第 7 章でふれた「階級分析」と，第 11 章で言及する「土地闘争におけるいくつかの問題に関する決定」）を配布するよう毛沢東に要請したことも傍証となろう（『任弼時伝』下巻，786-789頁）。中国土地法大綱に明確な階級区分の基準がないことがもつ意味は，1930

10）『中国共産党組織史資料』第 4 巻上，814-815 頁。

342　第Ⅲ部　加速する暴力とその帰結

年代の極左状況を知る幹部にとって自明であった[11]。

　このような富農の規定にもとづけば，中国土地法大綱にもとづく農村運動では「ゆとりのある農民」（富裕中農）を富農として闘争対象にでき，財産を没収することが可能になるだろう。しかし中国土地法大綱は中農財産の保護にも言及していない。それどころか第5条で「無地少地の農民が組織した貧農団」を土地改革を進める執行機関としたうえで，第13条と第15条では土地改革の執行に反対・妨害する者を告発したり処分したりする権利を認めている（第5条は「農民大会」や「農民代表大会」にも権限があることを謳っているが，いずれもこの時点では組織されていないため，実質的に権限を認められているのは貧農団だけになる）。無地少地の農民，すなわち貧農に大きな権限をもたせるのは，中農の財産が没収・分配の対象となる以上，必要な措置であろう。「中農財産の保護よりも土地均分の実行を優先するべき」とした全国土地会議の議論は，このような形で中国土地法大綱に反映されていた。

　なお，第8条を素直に読めば，富農（「ゆとりのある農民」を含む）から没収できる財産は動産に限られることになるが，第1条は「封建的および半封建的搾取の土地制度を廃止」すると謳っており，地主的土地所有を指す「封建的土地制度」以外にも廃止されるべき「半封建的搾取の土地制度」があるとすれば，それは富農（「ゆとりのある農民」を含む）の所有地でしかありえない。中国土地法大綱は，総じて，「ゆとりのある農民」を富農に区分しその余剰財産を没収するという，1947年5月以降の基層社会で展開されていた闘争を継続し徹底するよう命じる文書として発布されたのである。

11）毛沢東はこの任弼時の要請に対し，「極左の行動を適切に是正し……断固として中農を保護する」ために2つの文書を配布することに同意している（『任弼時伝』下巻，788頁）。このことは，毛沢東も，搾取関係の有無を基準として区分された中農の財産を保護することと土地の均分とが両立すると考えていたことを示している。毛沢東をはじめとする中共中央は，この時点でも，1947年5月に河北省の劉少奇のもとで行われた「米ビツ論」への転換を知らされていなかった。

第9章　中国土地法大綱の決定と華北社会　　343

2　中国土地法大綱と華北の地方党組織

1）中国土地法大綱と晋察冀中央局

①中国土地法大綱の方針と各辺区土地会議の開催

　このように中国土地法大綱は，1947年5月に貧雇農による覆査の指示が出されて以降支配地域で生じていた村幹部と貧雇農との間の対立および混乱を，貧雇農の側に正統性を認める形で解決しようとするものであった。この問題は，本章冒頭でみたように，7月から開催された全国土地会議において指導者間に争論を起こした問題であり，この指示が基層社会に下ろされた場合には，当然反発があることが予想された。そのため中国土地法大綱は，第13条で反論・抵抗を徹底的に抑えこむことを規定し，さらに中共中央は各中央局が条件が整ったと判断するまで中国土地法大綱の決定について機関紙等で報道しなくてもよいと指示した[12]。実際，『晋綏日報』では比較的早い1947年10月13日に報じられたが，『晋察冀日報』で中国土地法大綱とその関連記事が報じられたのは11月26日である。晋冀魯豫辺区ではさらに遅く12月28日に晋冀魯豫中央局の機関紙『人民日報』に掲載されている。こうした指示を承けて各地域の各層では土地会議が開かれていった。

　まず，辺区レベルで土地会議が開かれた。上述した東北局麾下の冀熱察区では11月3日から11月15日まで土地会議が開かれた。その冒頭で開幕詞を述べた段蘇権（冀熱察区党委常務委員・冀熱察軍区司令員）[13]は，区党委も含めた全党員の思想の点検（地主富農思想の排除）と「貧雇農を中核とする路線」の貫徹を訴えている[14]。西北局（陝甘寧辺区）については，開催日時は不明であるが1947年12月の奥付のある機関誌に「西北の共産党の800人余は，十数年来開

---

12)「中共中央関於発表和実行土地法大綱問題給中共中央工委・晋察冀中央局的指示」（1947年10月9日），『解放戦争時期土地改革文件選輯』83頁。

13)『中国共産党組織史資料』第4巻上，815，820頁。

14)「段蘇権同志在冀熱察区党委土地会議上的開幕詞」（1947年11月3日），『河北土地改革档案史料選編』283頁。

344 第Ⅲ部 加速する暴力とその帰結

かれたことのなかった土地会議を開催し，合計で1カ月間話し合った」とする記事を載せている[15]。この記事によれば，この土地会議では西北局書記の習仲勲，陝甘寧晋綏聯防軍司令員の賀龍，陝甘寧政府主席の林伯渠が相次いで演説し，貧雇農を中核として支部を審査せよと命じた[16]。晋察冀辺区では，10月3日から11月9日までの1カ月余の間，晋察冀中央局の主宰で県以上の幹部1,100人が招集されて土地会議が開催されている[17]。晋冀魯豫辺区でも10月3日から晋冀魯豫中央局の主宰で土地会議が始まったが，閉幕したのは12月26日であった[18]。実に85日間も会議が続いていたことになる。このことはこの会議がきわめて紛糾したことを物語っている。

　こうした各辺区レベルで開かれた土地会議については，各種の史料集にも文書がほとんど掲載されておらず，具体的に何が話し合われたのか復元するのは困難である。そうしたなかで晋察冀辺区の会議については『晋察冀日報』で情報を補える部分もあり，議論をある程度推測することが可能である。以下，晋察冀中央局が開催した土地会議について分析する。

②中国土地法大綱の実施と党員

　晋察冀辺区土地会議は，中国土地法大綱にもとづいて徹底的な土地均分の実現を図るために開かれたものであるが，そこでは共産党員に対する審査の実施と攻撃の容認という，従来の政策にはなかった重要な一歩を踏み出すことが確認された。会議の冒頭，晋察冀中央局主席の聶栄臻が述べた開幕詞は，次のように現状認識を語って危機感を露わにしている。すなわち，「われわれの活動には非常に重大な問題が存在しており……他の戦略区と比較すれば，われわれはやはり落後している」とし，とくに土地問題に関しては「われわれは中央の五四指示を受け取って以来，〔減租減息政策からの脱却と，貧雇農による覆査とい

---

15) 「貧雇農徹底翻身，人人平分土地　西北土地改革大会開得美」，群衆日報社『辺区群衆報副巻』第3期，1947年12月，1頁。

16) 「貧雇農徹底翻身，人人平分土地　西北土地改革大会開得美」，群衆日報社『辺区群衆報副巻』第3期，1947年12月，3-6頁。

17) 『晋察冀日報』1947年11月28日「辺区土地会議勝利結束　決定全辺区徹底平分土地消滅封建　整頓革命隊伍把壊分子洗刷出去」。

18) 『晋察冀日報』1948年1月8日「晋冀魯豫区　土地会議勝利閉幕」。

う〕2回の土地改革のなかで過ちを犯してきた」，と（『晋察冀日報』1947年11月28日「在晋察冀辺区土地会議上　聶栄臻同志的開幕詞」）。では，なぜ過ちを犯してきたのか。それは「われわれの党が不純である」からであった。聶栄臻の開幕詞は，以下のように述べている。

【史料9-5】　各地の工作団の調査，とくに典型示範のなかで獲得した十分な資料は，わが党内には重大な不純が存在しており，わが党は整頓しなければならないということを証明している。したがって必ず階級を審査し，思想を審査し，われわれの隊列を整頓しなければならない。党内の多くの地主富農分子は，まだはっきりと審査されていない。冀晋について言えば，三分区の最近の統計では多くの地主富農がおり，それは10人であるという。私は，この数字は間違いであり，実際にははるかにこの数字を超えていると言える。われわれは階級を審査し，思想を審査しなければならず，党内の地主富農出身の分子が依然として地主富農思想を保持するのであれば彼に出て行ってもらわなければならず，もしこのようにすることができなければ，われわれの土地改革は大いに障害を受ける。……

　現在，われわれは審査しなければならず，主要には思想を審査しなければならない。これは地方の問題だけではなく，軍隊のなかも同様である。これは全党の問題である。同時に，われわれは土地均分の革命運動を貫徹するなかで，必ず貧雇農の先進分子を吸収してわが党内に入れ，党内の新鮮な血液を増やさなければならない。必ず各級組織を整理し，各級幹部を改造しなければならず，とくに断固として土地改革を完成させる幹部を選抜し各級の組織に入れなければならない。要するに，階級を審査し，思想を審査することは，われわれ全党が行わなければならないのである。このようにすれば，われわれの隊列はようやく増強することができ，数千年の封建勢力と最後の決戦をして最後の勝利を勝ち取ることができるのである。
（『晋察冀日報』1947年11月28日「在晋察冀辺区土地会議上　聶栄臻同志的開幕詞」）

1947年夏の全国土地会議において，貧雇農による覆査の実施とそれによる

社会秩序の混乱に対し，地方の指導者から否定的な意見が出ていたことに鑑みれば，ここで聶栄臻が不純党員の混入を問題視し，階級と思想を審査せよと述べた意図は明らかである。晋察冀中央局は，貧雇農を中核とする土地の徹底的な均分政策がいかに地域の実情と乖離するものであったとしても，この方針に異を唱える者を絶対に許さず，階級敵として排除することを宣言したのである。

　当時，冀晋区第二地委組織部部長だった李力安の回想によれば，この会議では，地委（地方委員会）レベルの幹部を従来担当してきた地域から異動させて他の地域の幹部審査を指導させることが決まり，実際に李は第二地委（五台県・定襄県などを管轄）から第四地委（平山県・建屏県・行唐県などを管轄）に異動させられたという [19]。地委レベルの幹部と県以下の幹部との関係を断ち切り，幹部審査を徹底しようとする晋察冀中央局の強い意志を窺うことができよう。

③辺区土地会議の議論と劉少奇

　この認識の是非と新しい方針をめぐって晋察冀辺区土地会議でどのような議論が交わされたのか。上述のとおり，この会議に関する史料は現在に至るまで公表されていないため会議の状況はまったく不明であり，この開幕詞自体，10月3日に聶栄臻が語った内容をそのまま報じたものであるかどうかもわからない。ただ，翌日（11月29日）の『晋察冀日報』に掲載された「結論」には，以下にみるように，開幕詞よりも厳しく踏み込んだ内容が盛り込まれていたことから考えれば，開幕詞が，掲載されたものよりも緩やかな認識と方針を示していたとは考えにくい。おそらく開幕詞は報道にあった内容のとおりであり，閉幕までに1カ月以上を要したこの会議において相当激烈な討論が行われたことは間違いない。

　閉幕に際し「結論」を報告したのは彭真であった。彭真は，「現在の辺区の党は組織面において重大な不純があ」り，「かなりの数の地主富農分子，ひどい場合はスパイ・特務が党内に混入し，いくつかの村の支部と政・民組織を簒奪したり操縦したりしている」と述べて開幕詞と同様の認識を示したうえで，毛沢東思想と全国土地会議の精神を学習することで「土地改革に危害を及ぼす

19）李力安「西柏坡全国土地会議前後」35頁。

最大で最も危険な地主富農思想を粛清」するとともに，「すべての階級的異分子（階級異己分子）や官僚化した分子，およびそのほかの著しく群衆から離脱して救えない分子を洗い出して党から排除しなければならない」とした（『晋察冀日報』1947年11月29日「平分土地与整頓隊伍　彭真同志在辺区土地会議上的報告和結論述要」）。では誰が「階級異分子」を発見し党から排除するのか。ここで彭真は，聶栄臻の開幕詞では言及されなかった重要な点について明言した。彭真の「結論」を報じた記事は次のように述べる。

【史料9-6（1）】　彭真同志は〔結論において以下のように〕指摘している。土地改革を徹底的に実現しようとすれば，封建社会を徹底的に消滅させ新民主主義の新社会を創造するだけではなく，一定程度農民自身を改造し，党・政・軍・民のすべての活動とわれわれの党員幹部自身を改造しなければならない。
　まず，われわれは<u>翻身農民，とくに貧雇農に依拠してわれわれの郷村の支部を改造しなければならない</u>。徹底的に党の不純分子を粛清し，党と広大な群衆とを密接に連携させようとすれば，すべての党員を基本群衆に対して公開し，<u>基本群衆によってすべての幹部と党員に対して診察鑑定を行わなければならず</u>，村レベルの党の組織と党員を審査するときには，上級の党は頼ることのできる経験ある人を派遣して主管させなければならない。
（『晋察冀日報』1947年11月29日「平分土地与整頓隊伍　彭真同志在辺区土地会議上的報告和結論述要」）

この部分にある「翻身農民」「基本群衆」とは，文脈からわかるように具体的には貧雇農を指している。彭真が述べた会議の「結論」は，貧雇農によって支部（村の共産党支部）を改造し，貧雇農によって全幹部・全党員の審査を行うとするものであった。基層レベルの党組織と党員の生殺与奪を，貧雇農に委ねることを決定したのである。この決定内容は，貧雇農の権威と権力を基層の共産党組織・党員よりも上に置こうとするものであり，会議ではおそらくこの点について激烈な議論が交わされたものと推測される。しかしこの争論は，中央指導部の強い意志によって決着された。彭真の「結論」報告には次の一節が

348 第Ⅲ部 加速する暴力とその帰結

ある。

【史料 9-6 (2)】 彭真同志は，〔会議で〕劉少奇同志の手紙を伝達して次のように言った。「党内の，地主富農階級で立場が固まらないものには，圧力を受けさせることが必要である。将来は人民群衆の審査を受けなければならず，人民群衆の圧力を受けなければならない……」「すべての労働者農民出身の幹部と党員は，同様に引き続いて無産階級，すなわち共産党と労働人民の教育を受けなければならず，継続してしっかりと学習し，継続して鍛錬し自分を高めなければならない。彼らも旧社会の地主富農の多くの誤った観点の影響を受けている」，と。
（『晋察冀日報』1947 年 11 月 29 日「平分土地与整頓隊伍 彭真同志在辺区土地会議上的報告和結論述要」）

このように，晋察冀土地会議の進展において「劉少奇同志の手紙」が重要な役割を果たしたことを示している。劉少奇は晋察冀中央局に対して貧雇農による党員の審査を強く望み，そのために手紙を送っていたのである。

劉少奇がこの指示をいつどの範囲に出したかは不明であるが，11 月 3 日から開かれた冀熱察区の土地会議の冒頭，冀熱察区党委常務委員の段蘇権は開幕詞のなかで「われわれは劉少奇同志の報告記録と，敬文同志の区党委での伝達を見て……重々しさを感じた。なぜなら，こうした新しい精神を精確に運用し実行しようとすれば，それは容易なことではないからである」と述べたうえで，本節冒頭で言及したように，区党委も含めた全党員の思想の点検と「貧雇農を中核とする路線」の貫徹を訴えている[20]。この「劉少奇同志の報告記録」が晋察冀中央局に届いた「劉少奇同志の手紙」と同じものであるかは分からないが，冀熱察区には，10 月の時点で劉少奇から貧雇農を中核とする党員の審査に関して指示が届いていたことがわかる。

また晋冀魯豫辺区の邯鄲局にも，かなり早い時点（10 月 17 日）で劉少奇の

---

20)「段蘇権同志在冀熱察区党委土地会議上的開幕詞」（1947 年 11 月 3 日），『河北土地改革档案史料選編』281，283 頁。

中共中央工作委員会から貧雇農を中核とするよう命じる指示が届いていた[21]。中国土地法大綱を実施するにあたっての補足説明として出されたこの指示は，貧雇農による党員の審査までは言及していないが，貧雇農によって貧農団を組織し，それを中核として土地改革を断行するように命じている。中国土地法大綱が決定された 10 月 10 日以降，劉少奇の中共中央工作委員会は，各地方党組織に対して矢継ぎ早に文書を送っていた。そしてそれは，各地方党組織が開いた土地会議において，異論を抑えこむうえで重要な役割を果たしたのである。

なお，晋綏辺区ではすでに 11 月初旬の段階で貧雇農による党員の審査と党籍剥奪が行われていた。1947 年 11 月 11 日の『晋察冀日報』には，11 月 7 日発の晋綏分局電として次の記事が掲載されている。

【史料 9-7】 保徳三区の南河溝の翻身農民は共産党員を審査した。この村にはもともと 21 人の党員がいたが，階級と入党の動機はすべて非常に複雑であった。……最近，土地を均分した後，農民の階級覚悟は高まり，翻身農民大会において党を改造することが提起された。……審査の結果，旧党員のうち〔翻身農民大会で決定された党員としての〕資格を満たしたものは 6 人にすぎず，3 人が重大な過ちを犯しており，党委は党に留めて処分を検討することを決定した。12 人は地主富農の投機や汚職のために腐敗した分子であり，党籍を剥奪することが決定された。

（『晋察冀日報』1947 年 11 月 11 日「農民階級覚悟空前提高　翻身農民審査共産党員　晋綏保徳南河溝村群衆選好人入党」）

この記事からは，晋綏分区では，冀熱察区や邯鄲，晋察冀辺区よりも早い時期から貧雇農による党員の審査が行われていたことがわかる。

晋冀魯豫辺区では，上述したとおり 10 月 3 日から 12 月 26 日まで土地会議が継続していた。『晋察冀日報』に掲載された総括記事によれば，会議には県レベル以上の幹部 1,700 人余が出席していたが，会議の結果，宋任窮が中央局

---

21) 「中共中央工委関於根拠土地法大綱実行土地改革給邯鄲局的指示」（1947 年 10 月 17 日），『解放戦争時期土地改革文件選編』89 頁。

350　第Ⅲ部　加速する暴力とその帰結

を代表して出席者のうち31人の党員の党籍を剥奪し，それとは別に142人を党による観察処分とし，名簿を公表したとされる（『晋察冀日報』1948年1月8日「晋冀魯豫区　土地会議勝利閉幕」）。晋冀魯豫辺区では，辺区レベルの土地会議を開きながら，党員の審査と排除を同時に行っていたと考えられよう。

　このように地域差が生じた原因については不明であるが，晋冀魯豫辺区の土地会議では，中国土地法大綱の実施に異議を唱えた幹部たちが処分されたと考えられることから，幹部たちの抵抗状況や，それまでの土地改革の進捗状況が影響したと推測できる。会期だけからみれば短い順に晋綏辺区，晋察冀辺区，晋冀魯豫辺区の順になり，おおむね農業生産力の低い順に並んでいることも興味深い。いずれにせよ華北各地では10月から12月にかけて辺区レベルで土地会議が開催され，中国土地法大綱の実施に向けて舵が切られていったのである。

2）晋察冀辺区内部における中国土地法大綱への対応
①晋察冀辺区農会の「農民に告げる書」

　晋察冀中央局が主宰した土地会議は，彭真の「結論」報告をもって1947年11月9日に閉幕した。その後，晋察冀辺区の内部では土地会議で出された「結論」を実施するための準備が進められていった。晋察冀辺区の土地会議の閉幕を承けて直ちに開かれたのが，晋察冀辺区農会の臨時代表大会であった（11月10日）。この臨時代表大会についても『晋察冀日報』で報道されたのは11月下旬であったが，その報道によれば，この臨時代表大会は聶栄臻と彭真の講話から始まり[22]，当日のうちに「農民に告げる書（告農民書）」を決議した。「農民に告げる書」は，先に貧農団を組織し，貧農団の下で村民大会を開催し，地主富農・不正確な幹部を交代させるよう呼びかけると同時に，次のように述べている。

　【史料9-8】　共産党はわれわれに次のように言った。すなわち，共産党員は

22）『晋察冀日報』1947年11月30日「辺区農会臨時代表会上　聶栄臻同志的講話」，および『晋察冀日報』1947年12月1日「把農民隊伍組織好—彭真同志在辺区農会臨時代表会上的講話摘要」。

第9章　中国土地法大綱の決定と華北社会　351

人民の長工〔労働者〕であり，私利私欲の人はすべて共産党員でいることは
できない。村に共産党に混入した地主富農がいれば，一律に党籍を停止しな
ければならない。全村の共産党員は貧農団によって審査されなければならず，
貧農団は人柄がよい貧苦の農民を共産党に加入させることを建議することが
できる，と。要するにわれわれが主人なのであり，村内のことはすべてわれ
われが自分でするのであり，一切の権力はわれわれに帰するのである。

(『晋察冀日報』1947 年 11 月 30 日「晋察冀辺区臨時農会　告農民書」)

　このように「農民に告げる書」は，貧農を中核として設立される貧農団や新
農会の権力のほうが，基層幹部や支部党員よりも上であると宣言したのである。

②県レベルにおける土地会議の開催

　このような晋察冀辺区レベルの動きのあと，各分区の地委レベルや県レベル
で土地会議が開かれた。報道で土地会議の開催が確認できた県は少ないが，冀
晋区の阜平県委員会が 11 月 17 日から 12 月 9 日まで[23]，曲陽県委員会が 11 月
19 日から[24]（なお，記事が掲載された 12 月 3 日の時点でまだ続いていた。閉会日は
確認できていない），察哈爾省七分区土地会議が 11 月 25 日から開かれている[25]
（閉会日は記載されていないが，記事には「会議は成功した」と記されており，記事
が掲載された 12 月 12 日の直近に閉会したと考えられる）。さらに開催時期は不明
であるが，遅くとも 12 月 11 日までに北岳区一分区（繁峙・霊邱・渾源など。な
お，察哈爾省と冀晋区は 11 月に合併して北岳区になっていた[26]）で土地会議が開催
されている[27]。時期は不明であるが，冀中区第八地委も土地会議を開催して地
主富農思想に対する闘争を展開したとされる[28]。晋察冀中央局主催の土地会議
に参加していた各地域（分区）の代表が帰着し次第，それぞれの地委レベルの

23)『晋察冀日報』1947 年 12 月 11 日「阜平雇貧農討論土地法」，および『晋察冀日報』1947
　　年 12 月 14 日「阜平土地会議結束　決在全県実行平分土地」。
24)『晋察冀日報』1947 年 12 月 3 日「曲陽土地会議上　査出混入党内的地主富農」。
25)『晋察冀日報』1947 年 12 月 12 日「察省直属及七分区土地会議」。
26)『中国共産党組織史資料』第 4 巻上，549 頁。
27)『晋察冀日報』1947 年 12 月 11 日「一分区土地会議上　雇貧幹部抬頭做骨幹　地主思想
　　立場受打撃」。
28)『晋察冀日報』1947 年 12 月 20 日「冀中八分区土地会議　掲穿地主富農分子陰謀」。

分区・県単位で土地会議が開かれて新たな方針が伝達されていたことが窺える。『晋察冀日報』上で報道されていない地域も多いが，報道された地域の記事が，土地会議が閉幕した情報や開催中を伝えるものであることからすれば，報道されていない地域は，晋察冀辺区での中国土地法大綱に関する報道管制が解かれ（11月26日），初期の関連報道が集中した11月末までに土地会議を終えた地域であったと考えられる。事の重大性から考えて，おそらくすべての地域で土地会議が開かれたとみるべきであろう[29]。

このように各地域で土地会議が開かれていた11月26日と11月27日，晋察冀中央局は『晋察冀日報』上に中国土地法大綱を掲載するとともに，中国土地法大綱に関する社説を連続で掲載した[30]。これらの社説では，中国土地法大綱にもとづいて土地均分を実施すること，それを妨げる党員・幹部を排除することが主張されている。このうちとくに「隊列の整頓」に焦点をあてた11月27日の社説は，「貧農団・新農会は村内の共産党員を審査することができ，みなが願えば共産党に対して悪い党員を排除することを建議することができるし，硬骨漢を党に吸収するように建議することができる」と明言している。晋察冀中央局は，各地で開催中の土地会議を強く意識したタイミングで，自身の強硬姿勢を改めて示したのである。貧雇農は，村幹部だけではなく基層の党組織と党員をも凌駕する権力を手にした。次章でみるように，このような権威と権力をもった貧雇農は，基層にとどまらず県・区など，より上級の党組織・党員の

---

29) 荒武達朗によれば，山東省東南部を管轄していた濱海地委は，「12月20日に「関於召開土地会議的通知」〔土地会議を招集することに関する通知〕を出し，各地での土地改革の速度を緩め，乱打乱殺を禁止した」とされる（荒武2017b：56）。これが事実だとすれば，同地方では全国に先駆けて「行き過ぎ」是正が図られていたことになるが，本章でみた中共中央と晋察冀中央局のスケジュールや，各単位で招集された会議の名称と照らし合わせると，この通知が呼びかけている「土地会議」は中国土地法大綱の実施について協議するために招集されたものだったように思われる。厳密な検証が必要となるが，筆者はこの情報の出所である中共臨沂地委党史資料徴集委員会編『中共濱海区党史大事記』を未見であり，同書の記述の根拠にまでさかのぼって検証することができない。ひとまずここでは判断を保留にしておきたい。

30)『晋察冀日報』1947年11月26日「社論　全体農民起来平分土地」，および1947年11月27日「社論　搬掉石頭　整頓隊伍」。

生殺与奪をも左右するようになる。

小　結

　本章でみたことをまとめれば，以下のとおりである。共産党支配下の華北の
基層社会では，1947年5月の「貧雇農を中核とする路線」による覆査の指示
以降，貧雇農として村幹部に復讐しようとする人びとと，県・区幹部との関係
を使って彼らに対抗しようとする村幹部との間で熾烈な権力闘争が繰り広げら
れていた。こうした社会状況への対応は，7月から開催された中国共産党の全
国土地会議でも争点となっていた。
　土地会議の議論の焦点は，直接的には，富農の基準を「ゆとりのある農民」
に改め，富裕な自作農の財産まで没収・分配対象に含めるべきか否かというこ
とにあった。搾取者であることを重視する公定の富農規定を維持すれば，華北
では闘争対象が少なくなり土地改革運動は盛り上がりを欠く。他方，富農規定
を変更すれば，闘争対象を比較的自由に拡大することができ闘争は盛り上がる。
しかし，その担い手として正統性を認められた貧雇農による村幹部への攻撃が
いっそう激しくなることが予想された。こうして全国土地会議での議論が膠着
するなか，土地改革の盛り上がりを最優先の課題だと考えていた劉少奇は，新
華社社説が「中農財産の保護」に言及せずに「土地の均分を実行せよ」と主張
していたことに目をつけ，これを「毛沢東は徹底的な土地均分の実現を求めて
いる」と解釈し，争論に決着をつけた。中国土地法大綱は，貧雇農を中核とし
て「ゆとりのある農民」の財産を没収・分配することを是認し，しかもそれに
抵抗するすべての者を排除せよと命じる文書として公布された。
　中央レベルで決定された中国土地法大綱は，その後，各地の中央局レベル，
そして県委レベルで実施に向けて議論が行われた。中央局レベルでは濃密な議
論があったことが推測されるが，最終的には実行が決定された。その際には，
貧雇農に県レベル以下の党員を審査し排除する権限を与えよとする劉少奇から
の指示が，大きな影響力をもっていた。

354　第Ⅲ部　加速する暴力とその帰結

　では，このような中国土地法大綱にもとづく運動の強行は，共産党統治下の社会と権力構造に何をもたらしたのだろうか。章を改めて見ていきたい。

第 10 章
誰が貧農か
──流動化する社会秩序と戦争への献身──

はじめに

　1947 年 9 月に決定された中国土地法大綱は，1946 年以降の土地改革が想定通りに進まなかった原因を基層幹部と党員の階級的不純に求め，改めて貧雇農に権力を与えて土地改革を推進しようとした。これは，1947 年 5 月以来基層レベルで生じていた村幹部と貧雇農との対立を，後者に正統性を与えることで解決しようとするものであったが，中国土地法大綱にはそれだけにとどまらない規定が盛り込まれていた。すなわち，共産党を凌駕する権威と権力を，貧雇農と彼らによって組織される貧農団に与えたのである。共産党員は貧農団によって審査され，場合によっては党から排除されるという立場に立たされることになった。こうした方針に対しては，おそらく辺区の中央局レベルよりも下の党員・幹部たちは反発したと考えられるが，中央指導部とりわけ劉少奇の強い意向によって反対は封じられ，県レベルの党組織も貧農団による審査を受け入れることになった。

　このような中国土地法大綱の方針の強行は，共産党統治下の社会にどのような影響を与えたのだろうか。本章は，主として 1947 年 12 月から 1948 年 1 月にかけての華北の共産党支配地域における，権力構造の変動に焦点をあてる。

1 中国土地法大綱下の各級党員と貧雇農

1）中国土地法大綱下の県・区級幹部

①党員の審査と階級・姿勢

　先にみたとおり，中国土地法大綱の決定をふまえて開かれた晋察冀中央局の土地会議の結論は，中国土地法大綱の認識に従い，党内に混入した不純分子が土地改革を妨害しており，貧雇農の力を借りて党内から不純分子を排除する必要があるとするものであった。そのために県委を統括する地委レベルの幹部が異動させられ，従来担当していた地域とは違う地域の幹部審査を指導した[1]。その結果，分区や県レベルで開かれた土地会議では，県・区レベルの幹部の階級的立場や土地改革に対する姿勢が厳しく問われることになった。

　たとえば阜平県の土地会議では，72 人の貧雇農が要請されて会議に参加し（貧雇農の内訳は，党員 22 人と非党員 50 人），「一部の地主富農出身の幹部」が「地主富農をかばい，強迫命令し，私利私欲に走った事実」が告発された結果，最終的には「思想が非常に悪い地主富農の幹部がみなによって更迭され」「彼らは頭を下げた」という（『晋察冀日報』1947 年 12 月 2 日「冀西・阜平開土地会議　雇貧群衆帮助整党」，および 12 月 16 日「阜平土地会議中雇貧的作用」）。

　冀晋区と察哈爾省とが合併して 11 月に成立した北岳区（北嶽区とも表記）でも，11 月 20 日から 12 月 10 日まで「旧冀晋区直属単位」の幹部 600 人余を集めて拡大幹部会議が開かれた。「冀晋区直属単位」の幹部という表現からは，出席者の党内階級の高さを窺い知ることができよう。またこの会議には開催地周辺の貧雇農 20 人が要請されて参加している。この会では区党委の李済寰と軍区政治部の楊副主任が「冀晋の党には現在，組織上・思想上に重大な不純があることを指摘した」ため，「大会は会議に参加していた幹部の階級を審査することに火力を集中し」た。その結果，貧農や中農であると申告していた幹部のなかに富農・地主がいたことが発覚したという（『晋察冀日報』1947 年 12 月

1）「西柏坡全国土地会議前後」35 頁。また，第 9 章第 2 節第 1 項を参照。

12 日「北嶽区直属機関　清査幹部家庭成分」）。この記事は，さらに「過去に家庭の階級についての認識が曖昧であったり，意識的に階級を隠蔽していた一部の幹部に対して新たな認識がもたらされた」としており，幹部の階級が厳しく審査されたことが窺える。12 月 19 日の追加記事によれば，地主富農階級の幹部は全体の 39 ％，中農階級の幹部は 48 ％を占めていたのに対し，雇貧農[2] 階級の幹部は 13 ％にすぎず，さらに「スパイ分子・流氓分子・堕落分子」も摘発されたという（『晋察冀日報』1947 年 12 月 19 日「北岳区直属機関開土地会議　雇貧農幹部是四査骨幹　請駐村窮人到会去訴苦」）。

　しかし党員が階級的立場として問われるのは出自だけではなかった。一分区（繁峙・霊邱・渾源など）の土地会議に関して，次のような記事がある。

　【史料 10-1】　最近一分区で土地会議が開かれ，整党と土地平分を討論した。……土地法を討論した時，繁峙県のある幹部は言った。<u>「地主はすでに何ももたなくなった」「土地問題はだいたい（差不多）解決した」「農民の土地に対する要求はすでに切実ではない」</u>などである。……会では，その他の同志たちが<u>「差不多」思想は地主の立場に立つものであり，地主の代わりに話をする人の思想であり</u>，農民の立場に立って農民に代わって話をする人がもつべき認識では絶対にないと厳しく指摘した。
　（『晋察冀日報』1947 年 12 月 11 日「一分区土地会議上　雇貧幹部抬頭做骨幹　地主思想立場受打撃」）

　この史料からは，土地改革の必要性に異議を唱える者は，地主の立場に立つ者，地主の代弁者であると認定されたことがわかる。こうした出自と立場の両面で党員を審査したことが見てとれるのが，察哈爾省直属機関が開催した土地会議に関する次の記事である。

　【史料 10-2】　11 月 25 日，察哈爾省直属機関と七分区は連合で土地会議を招集した。参加した各単位と各県・区幹部は 900 人余。大会が開幕した時，張

2）第 6 章注 9 でも言及したとおり，このように 1947 年末の一時期だけ「雇貧農」という表現が用いられている。以下，本書では「貧雇農」と表記する。

358　第Ⅲ部　加速する暴力とその帰結

蘇同志〔北岳区党委・北岳行政公署主席[3]〕らが，会に参加している幹部のなか
に地主富農思想と地主富農分子がおり……貧雇農に主人の資格をもって彼ら
を審査するように要求した。この時，貧雇農出身の幹部はきわめて痛快に感
じ，……貧雇農幹部小組を組織して，地主富農分子と地主富農思想をもつ人
に対して激烈な思想闘争を展開した。……〔その結果〕階級がよくなく立場
が不安定な人は代表団の職務を取り消され，また一部の異分子とスパイは検
挙されて排除された。
(『晋察冀日報』1947 年 12 月 12 日「察省直属及七分区土地会議　雇貧農出身幹部
作骨幹」)

北岳区の県・区幹部の審査は，出身階級と思想（立場・姿勢）によって行わ
れたのである。

②党員の審査と貧雇農

以上のように，1947 年 11 月下旬以降の晋察冀辺区では，貧雇農を参加させ
た会議において県・区レベルの党員を審査し，出自だけではなく土地改革に対
する態度も基準としながら地主・富農幹部を摘発していった。このことが党員
たちに与えた心理的影響は甚大であった。北岳区党委が徐水・定興・淶水など
各県の幹部を集めて開いた土地会議では，貧雇農の批判は「すべての県・区幹
部を大いに震撼させ」，「ある者〔地主富農出身の幹部〕はご飯が食べられなく
なり，ある者は眠れなくなり，ある者は「自殺」を考えた」と報じている（『晋
察冀日報』1947 年 12 月 2 日「冀西・阜平開土地会議　雇貧群衆幇助整党」)。北岳
区の拡大幹部会議でも，「重大な思想的誤りがあることが検出された」党員の
なかには「慚愧で嘆くものがいた」とされる（『晋察冀日報』1947 年 12 月 19 日
「北岳区直属機関開土地会議　雇貧農幹部是四査骨幹　請駐村窮人到会去訴苦」)。冀
中区でも第八地委主催の土地会議で「地主富農幹部」が攻撃され，「地主富農
〔幹部〕の悪い人の中には，自殺したり，逃亡したり，謀反を起こす者がいた」
とされる（『晋察冀日報』1947 年 12 月 20 日「冀中八分区土地会議　掲穿地主富農
分子陰謀」)。

---

3)『中国共産党組織史資料』第 4 巻上，550，554 頁。

第 10 章　誰が貧農か　359

③審査と党籍の剥奪

　このように各種の幹部会議で攻撃された人びとが恐慌をきたしたのは，地主富農党員とされると党籍が剥奪され処分・排除される可能性があったからであった。1947 年 12 月 3 日の『晋察冀日報』には「境界線をはっきりさせる（劃清界線）」と題する社説が掲載されており，地主富農の立場が捨てられない党員や地主富農思想を捨てられない党員を党から排除せよと説く（『晋察冀日報』1947 年 12 月 3 日「社論　劃清界線」）。また 12 月 6 日には「人民審判」と題する社説を掲載し，冀晋行政公署科長や冀晋区党委という経歴をもちながら地主とされた平山県の県幹部が人民裁判にかけられて処罰を受けたことを伝え，「この審判はすばらしい！」と評する（『晋察冀日報』1947 年 12 月 6 日「社論　人民審判」，および同日「平山封城農民鎮圧暗害分子　組織人民法庭公審許仙等」）。晋察冀中央局は，地主の立場に立っている，あるいは地主思想の持ち主と認めた党員を，その地位にかかわらず排除することを宣言していた。

　実際，1947 年 12 月の『晋察冀日報』には，地主とされた県レベル以上の党員の党籍剥奪に関する記事が多数掲載されている。たとえば，冀中行署農林庁長であった地主階級の党員は，「重要な職を独占して農民を騙し，党と政策に抵抗し，群衆運動を破壊し」，6 月の覆査でも「覆査は生産を妨害する」と言って実行しなかった。この告発を受けて冀中区党委は彼の党籍を停止し，冀中行署も彼を更迭処分にしたとする（『晋察冀日報』1947 年 12 月 5 日「地主分子受到懲罰！」）。このように冀中区の中枢部分にいた党員でも党籍を停止され更迭された。また 12 月 6 日付『晋察冀日報』に掲載された記事は，「晋察熱遼軍区政治部北平分区党務委員会は，地主の立場を堅持して農民の翻身を抑圧した北平独立営□長の曾哲の党籍と軍籍を剥奪したことを公布した」と報じ，軍関係者でも土地改革運動に異議を唱えることで党籍剥奪処分がありえたことを示している（『晋察冀日報』1947 年 12 月 6 日「洗刷堅持地主立場分子　平北開除曾哲党籍軍籍　号召開展反地主富農思想闘争」）。

　北岳区定北県の卜善理のケースも悲惨である（以下，本段落は『晋察冀日報』1947 年 12 月 7 日「不許投機分子存在党内！　死心站在地主立場破壊土改　卜善理露地主原形」による）。彼は定北県公安局股長に任じていたが，出身が地主であっ

たことにより党と行政機関から排除された。記事によれば，彼は1946年に
五四指示が伝達されて以来，献地したり土地を売却した現金を党に献金したり
していたとされており，資産家であったことは間違いないが，おそらくそうし
た背景があったため党の政策に積極的に協力していたのであろう。卜善理は
1947年の土地改革でも「左の顔」（貧雇農による運動の過激化を肯定する姿勢か）
を見せていた。にもかかわらず，卜善理は「左を偽装している」とされて排除
された。その理由は，「群衆が地主富農と闘争するのを見て憐憫を示した」か
らであった。

　女性党員幹部に対しても容赦はなかった。1947年12月28日付の『晋察冀
日報』の記事は，「冀中直属機関の土地会議において，党内に混入した地主富
農分子で資産階級の王敏，陳力，牛奉林，李湘洲らが土地改革を破壊し，過ち
を堅持していたことを検出し，すべて党籍を剥奪した」とするが（「冀中党委厳
整党紀　開除異己分子王敏等党籍」），このうち王敏と陳力は女性であった。なお
陳力は五四指示以降の運動に際し「土地問題は何もない」「村内には地主はい
ない」と言って運動を指導しなかったことが「地主の立場を堅持した」証拠と
されている（前掲【史料7-28】）。

　中国土地法大綱の公表と土地会議の開催が先行した晋綏辺区では，早くも
11月に晋察冀辺区と同様の事態が発生していた。『晋綏日報』によれば，保徳
県内各区の区党委書記を歴任し県委の組織部長も務めた劉芝茂は，彼と父親が
地主悪覇であるにもかかわらず党に混入していたとされ，党籍を剥奪されたと
いう（『晋綏日報』1947年11月15日「保徳鷂村農民挙行控訴大会　開除県委組織部
長劉芝茂党籍」）。なお，彼の父親は県内の村の支部書記であった。

④党組織・地方政府の解体

　こうした党員の摘発・党籍剥奪・排除の行きつく先には，彼らが属していた
組織そのものの解体があった。そのような組織として，当該時期の『晋察冀日
報』上で確認できた最も上級の組織は，北岳区の行唐県委である。

　行唐県委の解散に関する記事は非常に少なく，いつどのように問題が告発さ
れ，県委の解体にまで至ったのかは不明であるが，『晋察冀日報』上では12月
28日に記事が掲載され，北岳区第四地委によって12月18日に行唐県委が解

散され県委書記の党籍が剥奪されたことが報じられている。その記事によれば，解散の原因について以下のように説明されている。

【史料 10-3】　土地改革以来，この県の県委は地主をかばい，農民の闘争を抑圧した。城内の漢奸地主の段老甲が清算された後，陳玉□（前の県委書記であったが，重大な過ちがあったために党籍を剥奪された）と閤存は群衆を強迫して勝利の果実を返還させた。石段荘村の悪覇漢奸地主の石洛瑞が清算されたあと，<u>閤存は県委会において，石洛瑞は中農階級であり，清算すべきではないという認識を示した</u>。のちに県委会が討論して同意し，区に対して石洛瑞を支援するように指示し，農民に迫ってものを返還させた。同時に，<u>2 人の貧農出身の党員を排除し，闘争の中核の 20 人余を拘束した</u>。また地主の石小造らが闘争を指導し，2 戸の富農，1 戸の赤貧農を清算したほかに，20戸の中農が「献地」させられた。また全村の貧農に特務の帽子をかぶらせた。（『晋察冀日報』1947 年 12 月 28 日「北岳区党委批准　解散行唐県委会　開除県委書記閤存・城工部長趙哲党籍，別行組織新県委会」）

この報道が事実だとすれば，県委書記の閤存は，自分が中農に区分していた石洛瑞が清算闘争で財産を没収されたことを違法とし，被害物品を返還させるとともに闘争を主導した者を処罰したにすぎない。このこと自体は 5 月覆査以前の基準に照らせば正当な行為であり，むしろ規定に忠実に職務をこなしてきた人物像が浮かび上がってこよう。しかしこれは，中国土地法大綱と晋察冀中央局土地会議の結論の下では許される態度ではなかった。新しい基準に照らせば「ゆとりのある農民」は富農であり，彼は，貧雇農が闘争の中核として富農の財産を没収し分配することを支持することが求められていたのである。それを果たせない閤存と彼を長とする行唐県委は党と貧農の敵とされ，党籍剥奪と解散という重い処分を受けることになった。県レベルの党員幹部の地位も決して安泰ではなかったのである。

　晋綏辺区でも同様に県委・県政府の解散が実施されていた。『晋綏日報』1947 年 12 月 17 日には，神池県農会臨時委員会の決定に従い，神池県委と県政府が解散されたとする記事が掲載されている（「接受群衆要求並奉令宣布　解

362　第Ⅲ部　加速する暴力とその帰結

散県委県政府」）。この事例は，貧雇農代表によって構成された県農会臨時会が
県委という党組織の解散を決定したという点で，上級党組織によって解散させ
られた行唐県委の事例よりも衝撃的である。また，1949 年 1 月 30 日に晋綏分
局がまとめた総括によれば，神池県委のほかに朔県委と右玉県委も「誤って」
解散させられた[4]。晋綏辺区全体では，この時期に非正常死した党員幹部は 357
人であり，その中には県級幹部が 7 人，区級幹部が 33 人，村幹部と党員が
317 人いたという[5]。

⑤地主党員が救われる道

　もちろん問題が発覚した党員がすべてこうした処分を受けたわけではない。
というのは，中央局レベルの上級党組織は，党内に入りこんだ地主あるいは地
主思想の持ち主を見つけだして排除せよと圧力をかける一方で，そうした人が
「救われる道」も示していたからである。第 9 章で取り上げた晋察冀中央局土
地会議の結論は，前掲【史料 9-6 (2)】の省略した部分で次のように述べてい
る（彭真が会議で結論を報告したのは 11 月 9 日である）。

【史料 10-4】　彭真同志は，劉少奇同志の手紙を伝達する際に次のように言っ
た。「党内の，地主富農階級で立場が固まらないものには，圧力を受けさせ
ることが必要である。……しかし，彼らは悲観することはない。<u>もともとの
階級と関係を断絶し，心の底から無産階級，すなわち共産党と労働人民の教
育を受けて自分を改造しさえすれば，明るい前途がある</u>。無産階級と労働人
民はいかなる人に対しても，決して教育することを惜しむものではない。
……地主家庭の出身の共産党員は封建社会のために殉死するのか？　それと
も，歴史を前進させる無産階級の先鋒となるのか？　自分で最後の決断をし
なければならず，党と無産階級と労働人民は，あなたの進歩を熱烈に歓迎す
る」，と。

（『晋察冀日報』1947 年 11 月 29 日「平分土地与整頓隊伍　彭真同志在辺区土地会

---

4)「中共中央晋綏分局関於土改工作与整党工作基本総結提綱」（1949 年 1 月 30 日），『晋綏
　辺区財政経済史資料選編（農業編）』507 頁。

5)「中共中央晋綏分局関於土改工作与整党工作基本総結提綱」（1949 年 1 月 30 日），『晋綏
　辺区財政経済史資料選編（農業編）』508 頁。

第 10 章　誰が貧農か　363

議上的報告和結論述要」）

　晋綏辺区では，1947 年 11 月 27 日に晋綏分局の機関紙『晋綏日報』上に社説「党の組織を純潔にするために闘争しよう（為純潔党的組織而闘争)」が掲載されている。この社説は次のように述べている。

【史料 10-5】　およそ貧雇農会議・農民大会あるいは各級の農民代表会の審査を経た幹部は，群衆に処分され，更迭されたり排除されたものを除いて，群衆に対して頭を下げ，過ちを承認し，群衆が継続して人民のために仕事をしてよいと認識するのであれば，群衆の紹介によって元の機関に復帰して活動してよい。更迭され処罰されたものは，もし彼が継続して革命を願い，群衆の考察と許しを経れば，継続して革命に参加する機会を与える。

（『晋綏日報』1947 年 11 月 27 日「為純潔党的組織而闘争」）

　もし，地主あるいは地主思想の持ち主とされた幹部党員に対して，有無を言わさず党籍剥奪などの処分が下り，党から排除されるのであれば，彼らは正面から，そして最後まで抗うかもしれない。しかし，誤りを認めて謝罪するという「救われる道」が用意されていた。また貧農自体も幹部党員に対して「救いの道」を示していた。『晋察冀日報』は次のように報じる。

【史料 10-6】　阜平土地会議は〔12 月〕9 日に閉幕した。中共阜平県委は 70人余の貧雇農代表の大会への支援を感謝し，貧雇農代表たちの意見を再び求め，当日の夜，貧雇農会を招集した。この会ではみなは……県・区幹部に対して今後の活動の上で多くのよい意見を提起した。馬蘭の貧農の黄富栄は言った。「わが村の旧幹部は，かつて，貧乏人のために利益を図らなかった。なぜなら彼ら〔村の旧幹部〕のために利益を図っていたからであり，県・区幹部は彼らに騙されていた。今後は多く貧農団に与えなければならない」と。馬蘭村の白満春は言った。「かつてある県・区幹部は大雑把だった。今後は詳細を考慮し冤罪をつくらないようにしなければならない。わが村幹部は人を抑圧した。彼が言う言葉は，誰にとって有利かしっかりと考察しなければならない」と。……最後に黄華同志が中共阜平県委を代表し，各貧雇農代表

に対して感謝して言った。「みなが言ったことはすべてよい。県委は幹部を
改造することを決心した。かつてのよい幹部でも，今回指導幹部にした者で
も，誤りがあって処分すべき者は処分し，反省した者については功を立てて
罪を償わせる。土地改革の後でみなに審査してもらい，ふさわしくないもの
は共産党にいることを許さない」，と。
（『晋察冀日報』1947 年 12 月 18 日「阜平二次雇貧農会議　代表們説：「土改要大胆
地做」」）

　下線部によれば，村の旧幹部に騙されていたということにしさえすれば，
県・区レベルの幹部党員は救われるのである（もちろん反省することが前提）。
しかしこれは，県・区レベルの幹部党員にとって，これまで一緒に活動してき
た村幹部を保身のために切り捨てるということを意味しよう。つまり，彼らの
目前には，「誤り」を認めず村幹部を守って党から排除されるか，村幹部を裏
切ることになるとしても「誤り」を認めて党に残るか，という選択肢が置かれ
ていたのである。そして，県委の代表が貧雇農代表の提言を受け入れて感謝し
ていることが象徴的に示すように，多くの県・区レベルの幹部党員が選択した
のは後者の道であった。

⑥「誤りを認める」ことがもつ意味

　たとえば阜平県の土地会議では，先に紹介したとおり，貧雇農に批判された
「ある者〔地主富農出身の幹部〕はご飯が食べられなくなり，ある者は眠れなく
なり，ある者は「自殺」を考えた」が，最終的には「ある者は思想が非常に大
きく変わり，貧雇農と同じ側に立ち，無産階級の立場と観点が明確になった」
とされる（『晋察冀日報』1947 年 12 月 2 日「冀西・阜平開土地会議　雇貧群衆帮助
整党」）。北岳区の拡大幹部会議でも，「重大な思想的誤りがあることが検出さ
れた」党員たちは，「ある者は慚愧で嘆」いたが，最終的には「ある者は党の
処分を受けるべきであると考えた」という（『晋察冀日報』1947 年 12 月 19 日
「北岳区直属機関開土地会議　雇貧農幹部是四査骨幹　請駐村窮人到会去訴苦」）。さ
らに察哈爾省直属機関と七分区の土地会議では，「地主富農出身の幹部，とく
に地主富農思想が比較的深刻な人は，ある者は眠れなくなり，ある者はご飯が

食べられなくな」ったが，最終的には「ある者は嘆いて涙を流し，自分が誤っていたことを理解した」とされる（『晋察冀日報』1947年12月12日「察省直属及七分区土地会議　雇貧農出身幹部作骨幹」）。

　このように県レベル以上の幹部党員たちは，中国土地法大綱と晋察冀中央局土地会議の結論のもとで大きな圧力を受けていた。そして確かに一部の人びとは党から排除されたが，同時に「救われる道」も用意されていた。しかしその道を選択することは，自分に誤りがあったと認めることであり，改心したことを示さなければならない立場に立つことを意味した。こうした幹部党員たちが基層社会に赴き，中国土地法大綱下の運動を指導することになる。彼らが基層幹部や支部党員にどのような態度で臨んだのかは，のちに見ることになる。

2）中国土地法大綱下の支部党員
①支部党員への攻撃

　県・区レベルの幹部党員に「救われる道」を用意していたのは，彼らを抜きに農村で闘争を進めることができなかったからであろう。1947年12月10日付『晋察冀日報』に掲載された社説「三個会〔3つの会〕」は，中国土地法大綱下の農村での闘争の進め方について，「幹部が村に到着したらすぐに支部大会を招集し」，「党員に対し，断固として土地改革に参加し，貧農団と新農会を支持しなければならず，貧農団と新農会が決定することについては，実行を保証しなければならず，破壊することは許されないと告げる」として貧農団と新農会の主導権を承認しているが，その貧農団については「支部大会を開いたあと，無地少地の労働者・雇農・貧農と下層中農を招集して会を開かなければならない」として，基層社会に派遣される幹部（県・区幹部）が組織することになっている（『晋察冀日報』1947年12月10日「社論　三個会」）。県・区幹部が一定数存在することは，農村で政策を実行する上で必須の条件であった。

　こうした県・区レベルの幹部党員に比べると，村落に居住する党員（支部党員）は交換可能であった。すでに【史料10-5】で引用した1947年12月11日付『晋綏日報』の社説は，引用した部分に続けて「現在，われわれの党にはまだ多くのよい中核がおり，党の上層の中核は基本的には純潔であり，下層にも

多くのよい中核と党員がいる」としており、「基本的に純潔である党の上層の中核」と「多くのよい中核と党員もいる下層」という対比で叙述している。とすれば「下層」は、「多くの」という表現とは裏腹に、論理的には「基本的に純潔ではない（が、多くのよい幹部もいる）」という意味になるだろう。村政権を担ってきた支部党員は、むしろ、これまでの土地改革が不振であった原因として責任を負わせて交換されるべき人びとだったのである。

　このことを実際に物語っているのが、1948年2月8日付で阜平中央局が中共中央に対して出した報告書である。ここでは阜平県委が同年1月末までの農村事業の状況を総括し、「下郷活動の幹部〔村を訪問して指導する幹部〕は、支部の改造と支部の公開に対して十分に積極的な態度を採らず、逆に支部党員に対して良し悪しを分けずに一律に否定の態度を採った」としている[6]。また半年後の1948年6月28日に中共中央が晋綏分局に対して出した指示でも「あなたたち〔晋綏分局〕は去年の秋に支部を放棄する方法を採用しはじめた」と述べている[7]。中国土地法大綱の制定以降に進められた農村革命では、華北の広い地域で「支部を一律に否定し放棄する態度や方法」が見られたのである。

　こうして1947年12月以降、『晋察冀日報』上には支部党員（村の党員）が攻撃され打倒されたとする記事が頻出することになった。そして、支部党員に対する攻撃を担った有力な勢力のひとつが、貧雇農によって村で組織された貧農団であった。たとえば北岳区阜平県の城南荘村では、1947年夏の覆査で成立していた貧農団が阜平県委主催の土地会議に代表団を派遣し、会議終了後には工作団とともに戻ってきて村の支部党員大会に参加した。その結果、17人の「地主富農出身の党員」の党籍を停止することを決定し、「貧農団の30数人の貧雇農のうち、半分以上の人が新農会の中核となった」という（『晋察冀日報』1947年12月18日「阜平城南荘　群衆隊伍已組織起来」）。

---

6)「阜平中央局関於平分土地的指示」（1948年2月8日）、『解放戦争時期土地改革文件選編』249-250頁。なお、この文書は「中共中央関於土改和整党問題給阜平中央局的電報」（1948年2月23日）の附録として収録されている。

7)「中共中央関於晋綏整党工作的指示」（1948年6月28日）、『解放戦争時期土地改革文件選編』353頁。

また，冀晋区の望都県三提村の支部書記（孫六児）と村長（呉臚八）は，「今回の土地均分に際して村で貧農団が組織されると……門吉祥（流氓）が積極さを偽装したのを利用し，貧農団の内部から指導を掌握しようとした」が，この試みが「貧農の呉禄児」に見破られて失敗すると，今度は「貧農婦女」を使い，貧農会で「私は〔村の〕幹部たちに対して何も意見がない。彼らは貧乏人を指導して翻身させた」と発言させた。しかしこのことが逆に貧農会参加者の怒りを招き，貧農団は孫六児と呉臚八に対して闘争を始めた。最終的に「みなは村長の職を辞めさせることを決定した。望都県委は群衆の意見を受け入れ，孫六児と呉臚八の党籍を剝奪した」という（『晋察冀日報』1948年1月3日「雇貧農団結緊　富農流氓□不了空子」）。この2つの事例は，村内に従来から存在した村幹部（支部党員）と貧農団との対立が顕在化し，後者によって前者が打倒されたものとみることができよう。

②支部党員の反撃

このうち，阜平県城南荘村の事例からは，支部党員が貧農団に一方的に攻撃され党籍剝奪などの処分を受け入れているように見えるかもしれないが，望都県三提村の事例から垣間見えるように，支部党員の側も唯々諾々と従っていたわけではなかった。たとえば北岳区定襄県三区の百泉郊村に関する次のような報道がある。

【史料10-7 (1)】〔1947年〕12月20日，定襄三区の百泉郊村の貧雇農は，区内で土地均分会議に参加して戻り，村内の貧雇農を集めて会を開いた。支部書記兼村長の富農分子の孟義は直ちに反対し，村長の名義で彼ら〔村内の貧雇農〕に税糧を納めに行かせて会を開かせなかった。貧雇農たちを行かせた後，地主の斉隆章，富農の孟義，斉亮存らは地主富農と悪い幹部を集めて2日間の会を開き，悪だくみを相談した。……彼〔支部書記兼村長の孟義〕らは，区幹部が来たら区幹部を拘束し，貧乏人を殺すことに決定した。……23日，区幹部が百泉郊村に来て支部会が開かれた。会では階級審査・思想審査が行われ，同時に土地均分政策と規律が宣布された。支部書記の孟義ら7人の党員は，その場で大っぴらに反対して言った。「貧乏人が翻身しなかったのは，

上級の誤りである」，と。

（『晋察冀日報』1948 年 1 月 14 日「定襄百泉郊村　発現破壊土改陰謀暗害案件」）

「区幹部を拘束し，貧乏人を殺すことに決定した」という記述は鵜呑みには
できないが，貧雇農が攻撃を準備していることを察知した支部書記兼村幹部の
孟義は，このように貧雇農が区幹部と接触しないようにしたうえで，区幹部の
責任を追及して抵抗した。しかしこうした行為のために孟義らの党籍は停止さ
れた。記事は以下のように続く。

【史料 10-7 (2)】　のちにこれらの地主富農分子と悪い幹部の党籍の停止が宣
布されると，土地改革に反対する彼らの行為はますます顕著になった。12
月 28 日，地主富農の齊隆章ら 8 人と走狗の齊四狗ら 4 人，さらに一部の流
氓と騙された中農 34 人が集まり，区公所に行き土地均分に反対した。……
齊隆章・齊亮存ら地主富農と走狗ら 12 人が拘束され，人民法廷に引き渡し
て審理が行われている。

（『晋察冀日報』1948 年 1 月 14 日「定襄百泉郊村　発現破壊土改陰謀暗害案件」）

さらに強硬な手段に訴えた事例も報告されている。

【史料 10-8】〔北岳区〕平山二区の尤家荘支部は設立以来，ずっと党内に混
入した地主富農によって掌握されていた。……支部の 57 人の党員のうちに
は，地主富農（没落した者を含む）が 29 人おり，さらに富裕中農および地主
富農の走狗が 49 人おり，党内は長期にわたって正確な組織生活がなく，互
いにかばい少数の人が掌握していた。……今回の土地均分が始まると，工作
団同志が支部に対して土地法大綱と規律を宣布したあと，支部書記の李連丑
と李丑合（富農）と支宣の尤漢卿（富農），財政の尤白狗（地主），糧秣の尤
瑞芝（地主）は秘密会議を招集し，彼らの党籍が剥奪されるのを知った。李
連丑は直ちに李丑合と李来丑（連丑の弟の党員）・李三娃らと結託し，貧農団
の積極分子である劉喜春の 12 歳の娘の梅梅を殺害し井戸に投げ入れた。県
委は以上の事実にもとづいて，……直ちに尤家荘村支部を解散することに決
定した。……同時に凶悪犯を拘束し，人民法廷の審判に引き渡した。

（『晋察冀日報』1947年12月20日「中共平山県委決定　解散尤家荘支部」）

「貧農団の積極分子の12歳の娘」を殺害することで事態が彼らにとって好転するのかはなはだ疑問ではあるが，報復や脅迫を目的とするものだったのかもしれない。いずれにしても事態は県委に発覚し，この村支部は解散させられた。貧農団と，貧農団に攻撃された支部党員（村幹部）との間で，暴力の行使をともなうきわめて激しい対立があったことを物語っている。

③闘争を回避する支部党員

しかし実際には，こうした直接的な抗弁・抵抗をすることはリスクが高かったであろう。それよりも，以下の事例にあるように支部党員が「偽貧農団」を組織することで先手を打つほうが現実的だったと考えられる。

【史料10–9 (1)】〔北岳区〕霊邱六区の支家窪の地主分子の劉芝は，1945年に党内に混入し，支部書記・村長・区委などの職に任じ，一貫して地主の立場を堅持し，土地改革に反対した。……わが工作組が当該村に到着していないとき，劉芝は新聞紙上で封建を消滅させ土地を均分するという情報を見て，先に燕高・燕方などの4人の悪い幹部を組織して共同で相談し，偽貧農団を組織する準備をした。彼らの討論を経て，賀王福が最も貧しく，また村内の小戸がおそらく将来当選して貧農団主席になることを予想し，先に燕高を賀王福のところに派遣して言った。「今回の土地均分と貧農団の組織では，あなたがわが村の主席になりなさい！」「われわれ西街の劉姓はみなあなたが主席になることに同意している」，と。このとき，賀は推薦を受けたが受け入れず，2日目に村外に逃げ，1日中あえて村に戻らなかった。のちに彼らはまた賀王福を探し出して脅して言った。「あなたが就かないのであれば，あなたの命が必要だ！」，と。この時，賀は就かなければならないと感じ，彼らに提起した。「わが村の劉・支の2つの大姓が関与しないのであれば，もし事が起こったとき私は責任を負えない。あなたたちは私に保証書を書いてほしい」，と。のちに燕高は彼の要求に応じ，保証書を書き，同時に彼に警告した。「あなたが主席になったあと，必ず双方の指導を受けなければならない」，と。その結果，工作組が村に到着した後，この地主・悪者分子が

準備した偽貧農団が実現した。

（『晋察冀日報』1948 年 2 月 5 日「霊邱支家窊農民　看穿地主的鬼計　重新整頓貧農団」）

そして，いよいよ村内で闘争が始まる際には以下のように実施したという。

【史料 10-9 (2)】　ある日の夜，〔貧農〕代表たちが劉芝と闘争したいと提起したときには，燕高は直ちに言った。「わが村の劉芝は偽闘争であり，群衆に段打させてはならない。劉は 60 元の白洋〔銀貨か〕を献上しさえすれば，適当に終わらせる。……区幹部に対しては，事があっても彼らに言ってはならず，過去を処理すればそれでいい」，と。ある貧雇農の婦人の米玉花は非常に積極的であったが，燕高は彼女を威嚇して言った。「以後あなたは積極的に闘争してはならない。人を怒らせると，後の禍になる。過去を処理すればそれでいい」，と。同時に言った。「劉芝を闘争するとき，もし徹底的であったか否かを問われたら，「徹底的だった」と答えるべきだ」，と。……大会では，富農の曹相を闘争したとき，燕高は非常に積極的であったが，劉芝を闘争したときには活発ではなく，劉芝が白洋 60 元と 3 石の糧食を献上した後は，燕高は直ちに「徹底した」と叫んだ。当時工作組はこの状況を見てここには問題があると感じ，検査を経て，ようやく地主や悪い分子が偽貧農団を組織した内幕を徹底的に発見した。工作組が群衆大会においてこれらの破壊分子の陰謀を暴露した後，群衆は大いに驚き，積極的にこれらの悪い分子に対して闘争を展開した。群衆の要求の下，これらの地主や悪い分子は人民法廷に引き渡され，続いて改めて隊列が組織され，悪い分子を徹底的に団の外に排除した。

（『晋察冀日報』1948 年 2 月 5 日「霊邱支家窊農民　看穿地主的鬼計　重新整頓貧農団」）

以上の経緯では，劉芝らの工作組対策が手馴れている感があって興味深い。新聞からの情報収集と情勢の分析もきわめて的確であった。また「貧雇農の婦人の米玉花」への「忠告」（下線部）も，村民としての社会生活のあり方を示

唆する点で興味深い。おそらく従来から，彼らは上からの指示（政策）を分析し，このように基層社会内で穏便に処理してきたのであろう。村の指導者たちは，今回も同様の方法で対処しようとしたのである。

なお，この【史料10-9】の事例の末尾の破線部も興味深い。群衆（村民）が本当に実情を知らなかったのかどうかは怪しいが，工作組に「真相」を知らされた群衆（村民）が「驚いて」「積極的に」闘争を展開しはじめたという像は戯画的である。連座させられることへの恐怖は，「人を怒らせると，後の禍になる」というような，村民生活を維持する上で必要とされてきた行動規範を凌駕するものだったのであろう。共産党による農村革命運動が，まさにこうした社会の規範と衝突し，それを破壊するものであったことがよく示されている。

また，以下にあるように，5月覆査時の対応と同様に，支部党員（村幹部）が上級組織との関係を利用することで危機を回避しようとする動きもあった。

【史料10-10】　平山王母郷工作団が村に行って半月の間，事業は進展しなかった。その主要な原因は，幹部路線を行ったためであり，貧雇農に対して十分な思想啓発がなされていなかったためである。王母郷は王母と沿荘の2つの村に分けられるが，工作団が王母に行ったとき，貧苦の農民を探さず，支部書記の李双□（中農）と，教育委員の李黒虎（下降した富農）を探し，かつて村幹部が組織した税糧評議代表を貧農団の基礎にした。悪い幹部は15〜16歳の2人の女子を利用して工作団を監視し，工作団も富農の家に泊まっており，群衆とは距離があった。

　　（『晋察冀日報』1948年1月9日「平山王母郷工作団　只找幹部没找雇貧農」）

この王母郷工作団が県の派遣したものか区の組織したものかは不明であるが，下線部は，この村の支部党員（村幹部）との間にかねてからつながりがあったことを示唆している。

冀中区の任河県文香村でも，12月半ばに行われた活動を任河県委が検査したところ，村の運動を指導した区幹部の行動に問題が発覚した。『晋察冀日報』は以下のように報じる。

【史料 10-11】〔1947 年〕12 月 18 日，任河県委は文香村で開かれた 3 つの会議の状況を検査した後，指導においていくつかの問題があったと感じた。①直接深く群衆のなかに入らなかった。区幹部は文香村につくと村長の家に泊まり，党員大会で村長の職を解くと宣布した後も区幹部は引っ越しをしなかった。村長は区幹部に肉をごちそうしたため，貧雇農に疑念が発生した。……上述のこれらの問題にもとづいて，県委は彼ら〔区幹部〕に対し，必ず直接群衆に深く入り，すべては貧雇農を中核として依拠し，貧雇農と一緒に寝食し，立場を固め，活動における焦る過ちを克服……するように指示した。（『晋察冀日報』1948 年 1 月 4 日「文香村工作組　領導不深入群衆　任河県委指示改正」）

　ここでは村長が支部党員であったかどうかは明記されていないが，「党員大会で解職を決定した」という記述は，村長自身も党員であったことを強く示唆しており，区幹部と村長との従来からの関係の深さが浮き彫りになっている。区幹部との結びつきが村幹部（支部党員）を守るという 5 月覆査での構図が再現されようとしていたのである。

④闘争回避の限界

　しかし，県委自身が上級党組織である地委から審査の対象とされているなかで，県委にはこのような区委と支部党員との関係を支持したり見逃したりする余裕はなかった。【史料 10-11】の破線部にあるように，文香村で活動した区幹部に対して県委は支部党員（村幹部）との関係を断つよう指示した。同様に冀中区の河間県委が 1947 年 12 月 22 日に管轄下の各区委を招集して開いた報告会では，「区幹部は群衆を誘導しつつ，もうひとつの手で昔の悪い幹部を率いて」いると批判し，今後は「すべては貧雇農に依拠しなければならない」と指示している（『晋察冀日報』1948 年 1 月 4 日「百余村組織起貧農団後　河間県委開会検討」）。県委は区委に対して支部党員と距離を置くように促していた。

　このようにみれば，【史料 10-7】に示された区幹部の動き，すなわち孟義らの階級を審査したことは，こうした県委の指示にしたがって支部党員を切り離そうとしたものといえよう。区委は従来どおり支部党員を守るか，それとも彼

らと距離を置くかの岐路に立たされていたのである。そして次のいくつかの事例にみられるように，県委は主導的に支部党員を攻撃することさえあった。たとえば，阜平県委の指導の下で支部大会が開かれた3つの村での状況について，『晋察冀日報』は以下のように報じている。

【史料10-12】　阜平の蒼山・海沿・耑路頭の3つの村の支部大会では，……先に土地法大綱を解説した。……続いて思想啓発と党員教育を進め，県委同志は厳粛な態度で地主富農分子の悪行を責め，党内に混入した地主富農階級の党籍を停止することを宣布した。……党員に対して次のように言った。「党員はよければ許され，よくなければ許されない。必ず党の政策と決議を執行しなければならず，今後，もし土地改革に反対するのであれば，一人いれば一人を排除し，十人いれば十人を排除する」，と。……同時に，最近更迭した県・区幹部および排除された党員の名簿を公布した。……中農以下の出身の党員に対しては，党内に混入した地主富農分子に対して闘争を進めるように啓発した。蒼山では，地主富農出身の党員の党籍を停止することを宣布した後，名簿を提示し，彼ら一人一人に対して党の隊列から出ていくように言った。このようにしたところ，彼らの顔色は変わった。
（『晋察冀日報』1948年1月3日「阜平蒼山等村依靠雇貧農　初歩整理村支部」）

　ここでは，阜平県委が何をもって個々の支部党員を地主富農階級であると判定していたのかが明白に示されている（下線部）。同時に，「排除された党員の名簿」を作って公表していたこともわかる（破線部）。県委は，県・区レベルの党員ですら排除するという実例を示しつつ，それまで基層レベルで党を支えてきた支部党員を攻撃したのである。
　またたとえば冀中区の博野県夾河村では12月17日に支部大会が開かれ，土地改革中の党の規律が宣布されたが，支部党員と「地主富農階級」の幹部党員は土地均分に反対し貧農団の指導権を簒奪しようとしたため，県委はこの支部を解散させるとともに14人の「悪い党員」を排除し，新たに新支部を組織したとされる（『晋察冀日報』1948年1月22日「博野県委　解散夾河村支部」）。このとき排除された支部党員・幹部党員のうち，村長に任じていた楊□遠が処刑さ

れ，支部書記の楊慶宇ら4人が人民法廷に引き渡され，2人が逃亡したという（同前）。

　以上の事例と同様に，エドワード・フリードマンらが1978年から訪問して聞き取り調査をした河北省饒陽県五公村でも，1947年11月に饒陽県委によって工作隊が送り込まれている。村に到着した工作隊は直ちに村幹部で支部書記だった耿長鎖らの権力を剝奪し，「帰る家がなく結婚できないほど貧乏だった元労働者の李広林」らを中心として貧農団を組織し，耿長鎖らを「階級敵」として闘争にかけた。この闘争の結果，工作隊は五公村の権力機関として貧農会の成立を宣言し，李広林が貧農会長になったという（弗里曼ほか2002：139-140）。

　このように貧雇農と県委が結びつき区委にまで圧力がかかるなかで，支部党員が抵抗することはほとんど不可能であった。これまで取り上げた多くの史料にあるように，支部党員は地主などのレッテルを貼られ，その階級的な不純さゆえに土地改革の進展を妨害してきたとして打倒・排除されていった。そして，そうした個別の党員に対する批判の先には，彼らが属していた組織そのものが解散させられる，という行唐県委と同じ未来が待っていた。

⑤党組織の解体

　たとえば北岳区の平山県委は，同県の北西荘支部が1947年の土地均分において「偽貧農団」を組織して貧雇農の動きを封じ土地改革を破壊したことから，「北西荘支部は実際には地主富農の集団であ」ると認定した。そして県委は「主要分子を更迭しその党籍を剝奪するべきこと，また農民の処理に委ねるほか，北西荘支部を即日解散することを決定した」という（『晋察冀日報』1948年1月5日「平山県委　解散北西荘支部」）。平山県委は同様の理由で1947年12月27日に北望楼村の支部も解散させている。その記事によれば，「党員は審査を待つことになり，罪が大きく悪辣な趙壽恒〔支部党員で村長〕らは人民法廷に送られ審判を受ける」という（『晋察冀日報』1948年1月26日「平山県委解散北望楼支部　党員公開交群衆審査」）。冀中区でも冀中区党委が勝芳市委に対し，地主と密接に結託して地主の利益を保護し党の純潔性に損害を与えたとして同市委を解散し，委員を個別に処分すると決定している（『晋察冀日報』1948年1月

8 日「冀中区党委批准　解散勝芳市委会」)。

　晋綏辺区では，区公所が解散され区委の党籍が剥奪された事例も報じられている。『晋綏日報』は，1947 年 11 月 18 日に「蔡家会行政村の群衆によって〔興県〕六区の区公所が解散させられたあと……現在，各村は自発的に幹部と党員の審査を行っている」とする記事を掲載しており (『晋綏日報』1947 年 11 月 18 日「興六区農会臨委会領導下　各村審査幹部和党員」)，『晋察冀日報』も詳報を掲載している (『晋察冀日報』1947 年 11 月 21 日「翻身農民改造自己的政権　興県蔡家会群衆　審査区公所全体人員　解散区公所由農会代行職権」)。『晋察冀日報』のこの記事によれば「興県六区の蔡家会行政村の群衆は該区公所の人員を審査し，該区公所を解散し，区長ら 4 人を更迭することを決議した。同時に，この 4 人の共産党の党籍を剥奪することを建議し，すでに現地の民主政府および中共興県県委の許可を得」，晋綏行政公署も支持したという。

　こうしたなかで，区委に相当な圧力がかかっていたことを窺わせる事例も報じられている。北岳区の唐県では「一区の工作幹部が活動を焦り，貧農の隊列が純潔でないのに闘争を始め，新農会の設立を急いだ」という。区幹部はなぜ焦ったのか。記事は，周辺の村で闘争が始まっているという噂が流れたことが原因であったとする (『晋察冀日報』1948 年 1 月 16 日「唐県一区急性病厳重　県委調回区幹部　搞通思想再下去」)。ここに，わずかな遅れでも身を滅ぼしかねないという焦燥感に駆られていた区委の姿を見てとることができる。

⑥支部党員の被害状況

　このように，1947 年秋までの共産党の支配体制を支えた支部党員 (基層幹部) は，彼らが所属する組織を含めて厳しい攻撃にさらされた。どれぐらいの党員が排除され，どのくらいの基層組織が解体されたのか。その具体的な数字は不明であるが，1948 年 2 月 8 日付で阜平中央局が中共中央に送った報告書では，「〔1947 年〕12 月 20 日前後に〔阜平の〕幹部が村に行ってから 1 月末までの時期の活動状況と最近の各地の群衆の要求を研究し」た結果として，「数万人の村級の地主・富農党員と悪い幹部の更迭あるいは党籍の停止」という重大事が発生していたと報告されている[8]。一県で数万人は過大であるように感じられるが，かなり多くの基層幹部が処分されたことを示唆するものだろう。またそ

こでは単に党籍剥奪といった党からの排除にとどまらず，きわめて過酷な暴力が行使されていた。この阜平中央局の報告書は，「少数の地区ではさらに不注意があり，少数の幹部の狂気性や貧農団指導分子の不純さによって，吊るして殴打したり，みだりに闘争したり，みだりに監禁したり，みだりに殺すという現象さえ発生し」たとし，仮に相手が地主であったとしても「人民法廷の判決を経なければ，いかなる機関・団体・個人も人を殺してはならない。死刑の判決が出た犯罪者は，銃殺だけ執行を許し，その他の方法を使ってはならない」と述べている[9]。このことは，農村社会では，ここで禁止されている行為が横行していたことを物語っている。地主として党籍を剥奪されるということは，そのような暴力の対象にされることを意味したのである。

2　中国土地法大綱下の社会と秩序

1）共産党の権威と貧農団

①貧農団の権威と権力

　以上でみてきたように，中国土地法大綱の下では県委が貧雇農と直接結びつき，村の党支部（支部委員）を攻撃して排除するという事態が進んでいた。では，こうした状況は基層社会の権力構造や秩序にどのような影響を与えたのだろうか。本節では，1947年末から1948年1月ごろにかけての共産党支配地域における社会と秩序のあり方を明らかにする。

　前章でみたように，中国土地法大綱・「農民に告げる書」と晋察冀中央局土地会議の結論は，党員を審査する権限を貧雇農に付与すると規定した。劉少奇の中共中央工作委員会は，1947年12月に晋綏分局に対して出した指示で「旧

8）「阜平中央局関於平分土地的指示」（1948年2月8日），『解放戦争時期土地改革文件選編』248–249頁。なお，この文書は「中共中央関於土改和整党問題給阜平中央局的電報」（1948年2月23日）の附録として掲載されている。

9）「阜平中央局関於平分土地的指示」（1948年2月8日），『解放戦争時期土地改革文件選編』250–252頁。

幹部の審査・更迭，新幹部の抜擢，階級の確定などはすべて貧農団が最初に討論」するべきであり，そのことによって「貧農団が自ずと指導の核心となる」ように誘導するべきであると念を押している[10]。劉少奇は基層政権を担ってきた党員よりも新たに組織する貧農団に強い権限を与えようとしていた。

　この方針が，1947年の5月覆査から村落社会内に存在してきた貧雇農と村幹部との対立を，前者に正統性を与える形で解決しようとするものであったことも前章で述べた通りである。そして実際に1947年末から1948年初頭にかけて，それまで基層政権を担ってきた多くの党員が，貧雇農によって階級敵とされて排除されていった。晋察冀中央局は本章第1節でみたように，『晋察冀日報』の1947年12月10日付の社説「三個会」で，貧農を組織するうえでの県委のイニシアティブを認めていたが，県以下の党員・党組織のもつ権威と権力が貧農・貧農団の前に大きく動揺することに対しては，県委も有効な手を打てなかった。このことに関連する興味深い事例が，この時期の阜平県で報告されている。

②県委と貧農団

　1947年12月初め，阜平県委は8カ条からなる「党員守則」を決定し全県の党員に配布した。その冒頭には次のように書かれていた。

【史料10-13】　中共阜平県委は土地法の徹底的な実行と，封建的・半封建的な土地制度の廃絶を保証するため，土地会議の討論と，各村の貧雇農代表の意見の聴取を経て，とくに「党員守則」を制定し，全県のすべての党員幹部が忠実に執行するように命じる。

①党と民主政府のすべての政策法令を絶対に支持し，忠実に執行する。

②貧農団と新農会の決定に忠実に服従し積極的執行する。反対や破壊は許されない。

（『晋察冀日報』1947年12月12日「保障土地法徹底実行　阜平県委制訂党員守則」）

---

10)「中共中央工委関於樹立貧雇農在土改中的領導及召開各級代表会等問題給晋綏分局的指示」（1947年12月18日），『解放戦争時期土地改革文件選編』92頁。

378　第Ⅲ部　加速する暴力とその帰結

　ここでは「党の政策法令」と「貧農団の決定」の両方に忠実であることが求められており，両者に齟齬があった場合の規定はなく優先順位の規定もない。これは，「党の政策法令」と「貧農の意志」がつねに一致しているという建前に対応するものであろう。しかし現実の農村社会では，当然両者が相違することは起こりうる。その場合，党員はどうすればいいのだろうか。もちろん，この2つの規程の並びから，党の上級組織の決定に従うことのほうが貧農団の決定よりも優先されると解釈することは可能かもしれない。しかし，以下の事例（前掲【史料8-11】にも一部を引用）から窺えるように，当時の社会の雰囲気はそのような解釈を許すものではなかった。

> 【史料10-14】　阜平槐樹荘の流氓分子の谷英は，……覆査の時，機に乗じて貧農団に混入し，表面的には大声を出して積極さを装い，一時は人びとの目を曇らせて貧農代表になった。土地法が公布されたあと……闘争対象を討論していた時に，彼は主張した。「多く闘争して多くものを獲得する」，と。そこで貧農を「指導」して中農の財産をすべて登録した。……区では貧農のなかで階級を審査することと改めて選挙を行うことについて彼と相談したが，彼は断固として反対して言った。「われわれ貧農団を信用しないのか。あなたは誰が悪い人だと指摘できるのか？」，と。最後に指導部〔県委か？〕が，貧農を啓発して階級審査を進め，彼を審査した。彼は悪者だっただけではなく搾取者でもあった〔ことがわかった〕。
>
> （『晋察冀日報』1947年12月31日「阜平槐樹荘進行比階級　貧農団清洗壊分子」）

　ここには，積極性を装って貧農代表に就くことで区幹部を凌駕する権力を手にし，区幹部に自分の決定を強制しようとする貧農の姿を見出すことができる（下線部）。この事例は，最終的には「指導部が貧農を啓発して」，谷英に対して「機に乗じて貧農団に混入した流氓」というレッテルを貼って排除することに成功しているが（破線部），この経緯からは，県・区幹部は党の上級幹部であるということだけでは谷英（貧農代表）に対抗できず，他の「貧農を啓発して」，すなわち貧農の賛同を得ることで自分の決定を正当化する必要があったことがわかる。貧農の権威・権力は，県以下の社会で絶対化しはじめていたの

である。

　こうした当時の社会の雰囲気のなかに阜平県委の「党員守則」(【史料 10–
13】) を置いて考えれば,「党の政策法令」と「貧農団の決定」との間に齟齬が
生じた場合の規程がこの「守則」にないということは,現実的には県委の保身
の表れとして理解することができよう。行唐県委が解散させられたことに象徴
的なように,「党の政策法令」と「貧農団の決定」が衝突した場合にどちらを
優先するかという問題は,扱いを間違えば県委といえども破滅につながる可能
性があった。そうだとすれば,より安全なのは「貧農団の決定」に従っておく
ことであろう。「党の政策法令」を優先して「貧農団の決定」を否定すれば,
不満をもった貧農団によって上級に告発される危険性があったのに対し,「貧
農団の決定」を尊重して「党の政策法令」を履行しなかった場合には,後日責
任を問われることになったとしても貧農団に責任を転嫁する(「実は彼らは偽貧
農団で,われわれは騙されていた」として貧農団を切り捨てる)ことができるから
である。このようにして,この時期の県委・区委には貧農団の決定に盲目的に
従う「追随主義」(尾巴主義)と呼ばれる行動がみられるようになった。

③「追随主義」の横行

　たとえば阜平県委は 1948 年 1 月 3 日に会議を開き,県内各区の土地改革に
おいて発生した欠点について検討したところ,「幹部による一手代行(包辦代
替)と,指導を放棄する追随主義」が見られたとしている(『晋察冀日報』1948
年 1 月 17 日「阜平検討急性病　提示実行重点領導」)。この記事は,県・区幹部に
「焦り(急性病)」があったことがこの 2 つの「誤り」が発生した原因であると
するが,「焦り」で説明できるのは「代行」だけである。「追随主義」について
は,記事はその事例として「一区の高阜口村では「土地改革司令部」を成立さ
せ,貧農団主席が「司令」になり,区幹部が「参謀長」となった」ことを挙げ
ており,「司令」の言うままに区幹部が動いていたことがわかる。区幹部にそ
うした振る舞いをさせたのは,貧農団主席に対抗することの恐怖だっただろう。

　1947 年末から 1948 年初頭にかけて晋察冀の県レベル以下の社会でこうした
状況が広がっていたという認識は,上級党組織にも広く共有されていた。晋察
冀中央局は「貧雇農を中核とする路線」からの脱却が図られた後の 1948 年 3

月，当時を振り返って次のように述べる。

【史料 10-15】　多くの地域では階級だけを論じる重大な傾向が発生した。さ
らに重大なことは追随主義の傾向であり，「群衆が望むことは何でもしなけ
ればならない」と誤って考え，先鋒隊としての党の役割を忘れた。ひどい場
合には，悪い分子が幹部に対する群衆の不満を利用して党を公開で侮辱し，
党を破壊しているときにも制止や反対をせず，完全に自由主義的態度をとり，
共産党員としてあるべき立場を喪失した。
（『晋察冀日報』1948 年 3 月 6 日「為執行中央「関於老区半老区土地改革工作与整
党工作的指示」給各級党委的指示信」）

北岳区淶水県委も同様に，1948 年 6 月に運動を振り返って以下のように述
べている。

【史料 10-16】　去年の冬の土地会議から現在まで，淶水の幹部は思想におい
て非常に混乱していた。前の一時期，土地会議において右に反対すると同時
に，地主富農思想をもつ人に相当な圧力を加えたため，多くの幹部は，“左”
に行ったとしても右に行くことなかれという思想を醸成し，肝が小さくなり，
責任を負うことを恐れ，群衆が言ったことは何でもするという追随主義思想
をもった。
（『晋察冀日報』1948 年 6 月 9 日「淶水県委召開拡幹会議　検査土改整党展開批評
幹部深刻反省思想傾向」）

「群衆が言ったことは何でもする」という態度をとることは，「追随主義」と
批判されることになるとしても，地主党員に区分されるよりははるかに安全で
あった。県レベル以下の党員は，自分の身を守るために党の決定よりも貧農団
の決定に従っていたのである。

④貧農の絶対化

　このように県以下のレベルで貧農の権威・権力が党組織を凌駕し，絶対的な
ものとなった極限の姿を伝えるのが次の記事である。

【史料 10-17】 この村の貧農団は不健全であり，有力な群衆的な組織とは言えない。こうした現象が出現した原因は……狭隘なセクト主義（関門主義）と孤軍奮闘の思想があったためである。……たとえば欠点のある者は不要とされ，孫〔人名〕は貧農であり肉を売っているが，市場に行って少し酒を飲んでおり不要とされた。男女関係がある者〔性的に乱れている者か？〕も不要とされた。党員幹部も不要とされた。たとえば農会副主任の趙長亭は，かつて赤貧であり，いまは 4 人家族で 10 畝の土地をもっているが，群衆は彼について悪い報告をしなかったのに，幹部であり，また党員であるために不要とされた（因為是幹部，也是党員，就不要）。

（『晋察冀日報』1948 年 1 月 19 日「評定成分的幾種偏向」）

　この，「党員であるために不要とされた」という貧農団の説明は衝撃的である。

　また貧農団は，闘争対象とした人物を任意に拘引することができた。第 8 章でふれたように，晋察冀辺区行政委員会と晋察冀軍区政治部が，管轄下の諸機関（とくに県委）に対し 1948 年 1 月 31 日に連名で出した通知には，「土地均分〔中国土地法大綱下の土地改革運動〕のなかで，一部の村の貧農団新農会は，直接に軍隊に対して人員を村に戻して処理するように要求しており，一部の軍隊は，調査をせず，所定の機関〔の審査〕を経ず，また資料を添付せず，要求されている人員を貧農団新農会に引き渡している」とあり，中国土地法大綱下では軍でさえ貧農団に対抗できなかったことがわかる（『晋察冀日報』1948 年 2 月 12 日「晋察冀辺区行政委員会・軍区政治部　関於貧農団新農会向軍隊索要軍隊人員回村処理問題的指示」）。

　実際，前掲【史料 8-24】として取り上げたように，『晋察冀日報』には北岳区の曲陽県で貧農団が上級の許可を得ず，入隊前に村で財政委員や支部書記をしていた現役軍人を勝手に拘束する事件が発生したとする記事が掲載されている（『晋察冀日報』1948 年 2 月 12 日「曲陽五区内河村貧農団　随便扣押現役軍人」）。県委や軍の抑止が効かないなかで，多くの現役軍人が貧農団によって拘引され闘争にかけられたのであろう。1947 年末から 1948 年初頭にかけて，貧農団が

手にしていた権力はきわめて大きなものだったのである。

2)「圧力」の由来とその行方
①貧農はどこから来たのか

　では，なぜ中国土地法大綱に呼応する貧農が短期間に現れたのだろうか。貧農はいったいどこから来たのだろうか。第8章で明らかにしたように，1947年夏の覆査運動では，貧雇農の呼びかけに応じて立ち上がり貧農の認定を受けて村幹部に対する恨みを晴らそうとする人びとと，区幹部との関係も使ってそれを押さえこもうとする村幹部との間で熾烈な闘争が行われた。その結果，貧農側が報復を果たす場合もあれば，村幹部の側が貧農に認定されて対抗者の動きを封じ込めることに成功した場合もあった。中国土地法大綱の公布は，劉少奇の意図としては村政権を批判して立ち上がった貧農の側に正統性を認め，彼らと旧村幹部（支部党員）とを取り換えようとするものだったが，その後の展開は，以下に述べるように覆査運動の経緯によって左右された。

　たとえば阜平県委は，第9章第2節第2項で見たとおり11月17日から12月9日まで土地会議を開催したが，そこでは非党員50人を含む72人の貧雇農も参加するなかで，かつて地主の誣告によって党籍を剥奪されていた党員の党籍回復を行うと同時に，「貧農を殺害した反対分子の孟光渓」や「地主富農を糾合して工作組に反対し，貧農組に打撃を与えた王建章」など，党内に混入していた人びと（村幹部）の党籍剥奪を決定し，「貧農が歓喜した」という（『晋察冀日報』1947年12月14日「阜平土地会議結束　決定全県実行平分土地」。なお貧雇農のなかの非党員の人数については『晋察冀日報』1947年12月16日「阜平土地会議中雇貧農的作用」）。これは，覆査の呼びかけを契機に反抗しようとした人びと（貧農）を押さえこむことに成功してきた村幹部（支部党員）が，中国土地法大綱下の運動で打倒された事例として捉えることができよう。

　次の曲陽県の事例も基本的な構図は同じである。曲陽県委と区委は11月19日から支部党員大会を開催して「党内に混入している地主富農幹部」の党籍停止・更迭を告げたうえで貧雇農会議を招集し，今後は貧農団が権力を掌握すること，「貧雇農の特務の帽子は一律に取り去ること」を宣言した。記事によれ

ば，その翌日に貧雇農会議が開かれて貧農団が正式に成立し，旧幹部（農会主任，遊撃小隊隊員）を拘束し貧農団から排除したという（『晋察冀日報』1947年12月10日「曲陽暁林村的三個会」）。この事例からは，旧村幹部たちが貧雇農に「特務の帽子」をかぶせて弾圧していたこと，中国土地法大綱の公布以前（おそらく覆査運動時）に成立していた貧農団に旧村幹部たちも加入していたことがわかる。貧農団が旧村幹部だけで構成されていたのか，それとも旧村幹部と貧雇農との混成だったのかは不明であるが，1947年末の中国土地法大綱下の闘争で権力を失うことになった村幹部たちが，覆査時も含めて貧農に対してイニシアティブをとり続けてきたことは間違いないだろう。これも，覆査を契機に反抗しようとした人びとを押さえ込むことに成功してきた村幹部（支部党員）が，中国土地法大綱下の運動で打倒された事例として捉えることができる。

同様の事例は晋綏辺区でも報じられている。

【史料 10-18】　保徳四区の鶯村の群衆は……当該県の県委組織部長の劉芝茂を中共晋綏分局党校から拘束して村に戻り，同時にその父親と弟も拘束し，徹底的に劉家の罪を清算した。劉家は破産地主であり，劉芝茂は雇工〔労働者〕に見せかけて党内に侵入し，保徳各区委書記を歴任した。……今年〔1947年〕8月に農民王二毛が彼の家の悪行を暴露したのを聞いて，劉芝茂は王をひどく殴打し，さらに牛糞を王の口の中に詰めた。さらに訴苦をする貧苦の農民に対して殺害すると言いふらし群衆を鎮圧した。……今回，鶯村および付近の3村の群衆は，訴えるなかで，彼らの悪行を並べ立て，劉によって何度も殺されかけた貧農の張大は劉芝茂を指して次のように問責した。「お前はかつて全区の共産党の指導者であったが，お前がしたことは人を殺害することだ。お前のどこが共産党員なのだ？」，と。最後に群衆は一致して以下のように決議した。すなわち，中共に劉父子4人の党籍を停止するように建議し，同時にこの場で劉三を処刑し，劉芝茂は県に送って処理してもらい，劉拉従喜はしかるべき処罰を受けさせる，と。
（『晋察冀日報』1947年12月11日「晋綏保徳鶯村闘争劉家地主　群衆審査「県委」劉芝茂　党接受群衆建議開除其父子党籍」）

384　第Ⅲ部　加速する暴力とその帰結

　　ここで攻撃対象となっていたのは村以上のレベルを活動領域とする幹部党員
一家であるが，この記事からは，「今年8月」の覆査を契機として彼らを攻撃
しようとした貧農に対し激しい暴力を行使して封じこめていたこと（下線部），
しかし今回は押さえが効かずに報復を受けたこと（破線部）がわかる。以上の
ように，村政権を担ってきた人びとが貧雇農による覆査を押さえこんできた地
域では，中国土地法大綱にもとづく闘争の呼びかけは村政権に反発する人びと
に報復のチャンスを与えた。そして彼らは貧雇農に認定されることで報復を実
現していったのである。これは劉少奇が期待していた闘争の姿であった。

②覆査時の貧雇農の行く末

　　では，覆査において貧雇農が権力を奪取していた地域ではどうなったのだろ
うか。ひとたび貧雇農と認定された以上，その地位は安泰だったのだろうか。

　　たとえば冀中区の青滄交（河北省青県・滄州付近に臨時に設けられた県と考え
られる）四区の曹荘頭村では，中国土地法大綱下の闘争で「反動地主が貧農団
を操縦し，貧農出身の支部書記を惨殺した」という事件が起こった。この事件
について記事は次のように描く。少々長くなるが解説を加えつつ引用する。

【史料10-19 (1)】　この村〔曹荘頭〕の支部書記の曹光仁は若いころから地主
の下で長工〔労働者〕をやり，1940年に党に参加した後，群衆の減租減息・
査黒地闘争〔隠し田をめぐる闘争〕を指導した。去年の土地改革のときには，
彼は群衆を指導して大郷長の曹秀山を清算し，群衆がともに憤る状況の下，
この罪が大きく悪辣きわまる悪者を打ち殺した。群衆はみな彼を非常に支持
し，反動地主たちは彼を非常に恨んだ。今回の土地均分のとき，区委の陳宝
珍，助理員の張□清，県武委会政治股長の陳英は，曹荘頭に行ったとき，曹
秀山の甥の曹徳餘の家に宿泊し，餃子を食べ，白い麺を食べた。曹徳餘と彼
の妻は区幹部に対して全般的に媚びを売り，慇懃を偽装し，曹光仁のあれこ
れはよくないと言った。区委の陳宝珍らは深く群衆に入って調査研究せず，
黒白をはっきりさせず，独断で曹光仁を拘束し，曹徳餘の2人の息子と奸覇
曹秀山の兄弟の曹□治の2人の息子を「貧農代表」とし，旧村長の曹徳臣
（地主流氓の出身）も「代表」にした。

（『晋察冀日報』1948 年 2 月 10 日「青滄交曹荘頭　反動地主操縦貧農団　惨殺支部書記曹光仁」）

　ここで「去年の土地改革のとき」とされているのは，後半で「今回の土地均分のとき」とあることから考えて，1946 年秋から 1947 年夏までの闘争を指していると考えられる。かつて「地主の長工」であり貧しかった曹光仁は，この期間の闘争で積極分子として頭角を現し，「大郷長の曹秀山」を殺害した。これによって反動地主たち，すなわち殺された曹秀山の親族から大きな恨みを買った。彼らにとって「今回の土地均分」は，曹光仁への恨みを晴らす絶好の機会であった。彼らは村を訪れた区委・県委などに接近し，貧農代表として認定された。このようにして貧農代表となった曹徳餘らは，曹光仁への報復を実行する。

【史料 10-19 (2)】　これらの悪者〔曹徳餘ら〕が貧農団の大権を掌握し，また「悪者」組を組織し，彼らに反対するよい貧苦の農民を「悪者組」に編入した。雇農の□玉領は曹徳餘と彼の身持ちの悪い妻が代表になることに不満をもったため，貧農団から排除された。一人の貧農の妻は自分が中農に区分されたことに不満をもったため，やはり貧農団から排除され，ともに「悪者」組に編入された。……彼ら〔曹徳餘ら〕はひとつの罪状を捏造し，区幹部に対して曹光仁が 18 人の婦人を強姦したと言った。……曹徳餘の妻は名簿の女性たちに承諾することを強制し，17 歳の女性を脅迫して言った。「区ではあなたの名前を帳面に書いた。区幹部はあなたが承認し，訴苦することを求めている。訴苦しなければ同罪だ」，と。こうした論法で十数人の婦女を脅した。……彼らはまた区委の陳宝珍に対して言った。「各小組ではすべて討論した。殺さなければならないというのが群衆の意見だ」，と。陳宝珍は言った。「群衆が殺すことを要求しているならば殺すべきだ。われわれには異論はない」，と。……曹光仁との闘争時には，貧乏人は喜ばず，参加しない者もいた。区委の陳宝珍は人が少なく喜んでいないことを見て，闘争が熱烈に展開されないことを怖れ，焦った。曹徳餘はこの機に乗じて言った。「陳同志，人が少なければ，われわれは財主〔金持ち〕たちを参加させるが

いいか？」，と。陳宝珍は言った。「よい。彼らを参加させてもよいが，人を殺す権利はない」，と。このようにして，地主富農や奸覇の曹秀山の息子でさえもみな参加し，殺すものは殺せと言った。会の中で，曹光仁は殴打されて血だらけになり，区の民兵によって銃殺された。

（『晋察冀日報』1948年2月10日「青滄交曹荘頭　反動地主操縦貧農団　惨殺支部書記曹光仁」）

　この記事は，この後に県幹部が曹荘頭村に行ったところ，「貧農が大声で泣きながら「彼〔曹光仁〕の死刑は冤罪だ」と言った」ため，県委がようやく事態の真相に気づき，貧農団を再組織・指導して「地主悪覇に対して闘争を行い，血の債務を取り戻している」と書いたところで終わっている。したがって記事は，「反動地主の悪者・曹徳餘一派」と「悲劇の貧農英雄・曹光仁」という対比で描かれており，曹光仁批判大会での「貧乏人」の態度など，鵜呑みにすることはできないだろう。その一方で，下線部にあるような貧農団に対する区委の腰の引けた態度や発言などは，リアリティを感じさせる（貧農団に対して「人を殺す権利はない」と言っておきながら，実際の会では曹光仁が殴打・虐殺されるのを傍観している）。こうしたことの真偽を明らかにすることは困難であるが，中国土地法大綱下の闘争が始まるまで貧農とされていた曹光仁に対し，彼に恨みをもつ人びとが新たに貧農代表に認定されて貧農団を組織したこと，そしてこの貧農団が取り仕切った闘争大会で曹光仁が批判され殴打され銃殺されたことは事実と見込まれる。貧農の肩書は絶対的なものではなかった。

　次の事例は貧農の対抗者が貧農の認定を争った事例ではないが，覆査運動時に中核を担った貧農が，中国土地法大綱下の闘争において報復された事例である。行唐県西玉亭村の「地主の習老寧（党員）」は，「貧農の栄軍」（栄誉軍人か？）で覆査の時に非常に積極的に地主と闘争した高桂山を怖れ，殺害しようと考えていた。他方，「富農で村幹部の蔡戌子（党員）」も武装委員会主任の人事をめぐって高桂山と対立していた。その後の経緯について『晋察冀日報』は以下のように報じている。

【史料10-20】　高桂山は分区に行って訴え蔡〔戌子〕を罵倒した。蔡は恨ん

だ。また地主悪覇の習老慶と闘争したとき，蔡は習をかばい，群衆が彼を連行することを許さなかったが，高桂山は蔡戌子のこうした行為に反対したため，蔡は計略で高を殺害しようとした。そして支部書記の王紀重を挑発し，言った。「高桂山は刀で王を殺そうとしている」，と。このようにして王の高に対する恨みを激発した。蔡はまた党員に対して言った。高桂山を殺すことは「支部の決定である」，と。同時に，群衆を利用して高桂山を殺そうと密かに決定した。群衆大会を開いた時，<u>村長（党員）は高桂山が闘争の果実をむさぼったと宣布し，群衆に彼の家産を没収するように呼びかけると同時に，群衆に高桂山を処刑するように促したが手を下す人がいなかった。</u>……蔡はみなを威嚇して言った。「高桂山を殺さなければ，われわれの後の憂いになる」，と。同時に直ちに7人の党員を招集して会を開き，闇夜に手拭いを用いて高桂山の口をふさぎ，高の首を抑えつけ，犂の柄で彼の気管を圧迫し，2時間を経て高桂山は惨殺された。事後，蔡戌子は皆に対して秘密を守るように威嚇し，「しゃべった者は高桂山と同じようになる」と言った。
（『晋察冀日報』1947年12月4日「行唐等地地主詭計多　挑発農民転移闘争目標鑽進我党来従内部破壊」）

　ここでは，覆査運動で貧農に認定されていた高桂山に対して強い恨みをもつ人びとが，彼は闘争の果実をむさぼったと非難して闘争対象にまで引きずりおろし，財産を没収した上で処刑しようとしている。土地均分を謳い，それを妨げる人は党員幹部であっても容赦なく排除せよとする中国土地法大綱の公布は，瑕疵を見つけさえすれば，たとえ相手が貧農として認定されていた者であったとしても，攻撃して報復することを可能にしたのである。

③貧農を名乗る資格

　このように見てくれば，中国土地法大綱下の農村で貧農が短期間に出現した理由は明らかだろう。1946年以降，村落社会内で展開されてきた各種の闘争が，住民同士の間に深い恨みを生じさせていた。1947年夏の覆査の実施は，恨みの連鎖をさらに複雑なものにした。こうした状況の下，中国土地法大綱は貧農の肩書を獲得しさえすればその恨みを合法的に晴らせる契機を提供した。報復

したい相手をもつ人びとは貧農となって恨みを晴らそうとしたのである。

　もちろんその背景として，華北では小作農としての貧農の存在が小さかったことがあるだろう。住民の多くは自作農，あるいは自作部分を経営の中核に据える自小作農であり，相対的に貧しい農民であれば誰でも貧農を名乗る資格があった。1947年5月以降，富農の規定が「米ビツ論」にもとづいて「ゆとりのある農民」に代わっていたことからすれば，「ゆとりのない農民」であれば誰でも貧農になる資格があったといえよう。

　このことに加え，闘争によって財産を奪われた人びとも外見上は「貧しい農民」であり，彼らを貧農から除外するべきか否かは定まっていなかった。【史料10-10】では「下降した富農」が「貧農団の基礎」になっていたし，【史料10-19】では1947年前半の土地改革で清算された地主の一族が，中国土地法大綱下の闘争時には貧農代表になっていた。【史料10-18】は破産地主の息子が雇工（労働者）として党に入ったとするが，雇工としてみなされていたのであれば貧農団に入る資格も有していただろう。またたとえば北岳区易県の中独楽村では，村支部書記が，5月覆査の際に「地主から下降した富農と中農……らを貧農階級にし，地主の財産を保護し」たとする（『晋察冀日報』1948年1月3日「易県中独楽　農民搬倒大石頭　支書郭洛祥被開除党籍」，前掲【史料8-5】にも引用）。

　このように，実に多くの人びとが貧農を名乗る資格をもっていた。もちろん，貧農を名乗る資格をもっていた多くの人びとは小作農ではなく，したがって本物の貧農ではなかった。つまり貧農の内実は空洞化し，文字通りのレッテル（肩書）になっていたのである。

④貧農になるための十分条件

　とはいえ，誰でも貧農を名乗る資格があるということと，実際に貧農として認定されることはイコールではない。では，誰が貧農という称号を獲得することができたのか。これまでみてきた事例によれば，その鍵を握ったのは「積極性」であった。たとえば，【史料10-14】で取り上げた冀晋区阜平県槐樹荘の事例では，「貧農団に混入」した「流氓分子の谷英」は，「表面的に……積極さを装い……貧農代表になった」とされる。冀晋区の望都県三提村で組織された貧農団に加入できた「流氓」も，同様に「積極さを偽装した」とされる（『晋

察冀日報』1948 年 1 月 3 日「雇貧農檀結緊　富農流氓□不了空子」)。「偽装」，すなわち積極性をアピールすることが，貧農として認定され貧農団に入る近道だと認識されていたのである。しかし，もちろん 1946 年から 1947 年夏の覆査まで各種の闘争を担って村幹部となっていた人びとも積極分子であった。彼らは各種の闘争で積極的に動いたからこそ恨みを買ったのである。何が違うのだろうか。

　ここで，この時期（1947 年 12 月〜翌年 1 月）における『晋察冀日報』がもっていた，ひとつの興味深い特徴に注目する必要がある。それは，土地均分そのものに関する記事がきわめて少ないという事実である（ただし，晋綏分局の機関紙『晋綏日報』には土地分配の記事がみられる。1947 年 12 月 24 日「興県石門荘按行政村平分土地」)。中国土地法大綱は，地主と富農の土地を没収し，村落を単位として各村民の所有地が量的あるいは質的に均等になるように分配せよと命じる文書であった。まして冬季は，秋の収穫が終わり農地の所有権の移転が行いやすくなる季節であった。しかしそれにもかかわらず，この時期，運動の成果としての土地均分の実現はほとんど報じられていない。つまりこの時期の晋察冀辺区の農村では，貧農が村幹部や支部党員に地主あるいは地主の手先というレッテルを貼って打倒する闘争に明け暮れていたのである[11]。このとき県委や区委が求めた積極性とは，村幹部・支部党員や彼らが運営してきた村政権を攻撃しようとする積極性であった。『翻身』で描かれた張荘村でも，県が派遣した工作組は，依るべき貧農を探し出そうとするなかで，「村の幹部に対して何の苦情ももたない男は排除した」とされる（ヒントン 1972b：98-99）。そして積極性の中身がこうした態度なのであれば，それはかつての闘争で積極性を

---

11)『晋察冀日報』1948 年 2 月 6 日の社説「群衆を立ち上がらせて土地を分配し，春耕を準備せよ（発動群衆分地　準備春耕)」は，「辺区の大部分の地区では，およそ 1 カ月後には春耕が始まる。しかし大部分の地区では土地はまだ分配が始まっておらず，地権もまだ確定していない」と述べている。また，1948 年 2 月 12 日にも「平山県の人民代表大会は春耕前に土地を分配しおえることを討論した（平山県人民代表大会　討論春耕前分完土地)」というタイトルの記事が掲載されている。その後，数日にわたって平山県の土地分配に関する記事が連続して掲載されており，「典型示範（モデル)」として扱われていたことが窺える。

示し，いま村幹部となっている人びとにはもちえないものである。逆に彼らに報復したい人びとにとっては，そうした報復の感情をもっていることそれ自体が貧農として認定される条件を満たすことになっていた。

こうしてひとたび貧農として上級（県レベル以上の党組織）の認定を受ければ，得られる権力は絶大であった。前節でみたように，県委（貧農であると認定した主体である場合を含む）・区委をも凌ぐ権力を手にした貧農によって，基層の多くの党員・幹部が打倒され虐殺されていったのである。

⑤貧農の攻撃を逃れる方法

では，彼らには貧農の攻撃を逃れ生き延びる道はなかったのだろうか。結論を先に言えば，道はあった。十分ではなかったが用意はされていた。従軍である。

本章で何度も取り上げてきた阜平県委主催の土地会議（1947年11月17日〜12月9日）の冒頭，基調報告を行った県委副書記の李国慶は，「多くの地主富農や悪い分子が投機的に阜平の党内に混入しており，ある者は主要幹部に選ばれている」としたうえで，「党に混入した地主富農は，兵士にならず，労働力を出さず，土地を隠し，負担を軽減し」てきたと述べている（『晋察冀日報』1947年12月2日「冀西・阜平開土地会議　雇貧群衆帮助整党」）。これは，積極的に従軍するかどうかが「党に混入した地主富農」を見分ける重要な指標であると宣言しているに等しい。もちろんこれは阜平県委のオリジナルではない。貧農による党員の審査が晋察冀辺区よりも先行した晋綏辺区では，11月初頭に保徳県南河溝村で開かれた「翻身農民大会」において，「共産党員である資格」の4番目として「積極的に従軍すること」が挙げられており，それを晋察冀中央局は11月11日付の『晋察冀日報』上で報じていた（『晋察冀日報』1947年11月11日「農民階級覚悟空前提高　翻身農民審査共産党員」）。従軍がこのように自らの階級的な立場や党員としての資質を示す機会であったことは，覆査運動の時期にもみられたが，それは中国土地法大綱下の時期にも引き継がれ，より明確になったのである。

その結果，1947年末から1948年初頭にかけて，共産党支配地域で大規模な出征が実現した。たとえば北京近郊の豊潤県・順義県・楽亭県などでは，1947

年 11 月中旬から 1948 年 1 月上旬までに「翻身農民」3 万 6,000 人が出征する一方，「地主や悪い分子」が機会に乗じて従軍しようとするのを阻止したとする（『晋察冀日報』1948 年 1 月 6 日「冀東十余県一個半月来　三万六翻身農民参軍」）。1948 年 1 月後半には『晋察冀日報』上に晋冀魯豫辺区全体で 16 万人が従軍登録したとする記事が掲載されており，その記事によれば「新兵士のなかで，共産党員と区・村幹部は 10 ％を占め，民兵は 40 ％を占めている」とされる（『晋察冀日報』1948 年 1 月 19 日「晋冀魯豫空前的参軍運動　十六万人批准入伍」）。膨大な数の党員・基層幹部とその周囲にいた人びとが，従軍によって自らの忠誠心を示そうとしていた様子が窺えよう。この時期，内戦の戦況は転換しはじめており，東北・華北において共産党が軍事的に優勢となっていたことが従軍への心理的なハードルを下げていた可能性はあるが，それだけでは党員・幹部の動機を説明することはできないだろう。

　もちろん，こうした傾向があったからこそ，貧農は従軍を簡単には認めなかった。従軍する資格があると認めた人は闘争対象から外さざるをえず，彼に対する報復が反革命行為となるからである。そのため従軍資格を評価する側は「陣営の純潔を守るため」という論理を前面に押し出して審査を厳しくした。前掲の晋冀魯豫辺区に関する記事は，「各地の農民はみな自ら厳格な階級規律をつくり，地主富農が投機的に従軍しようとするのをすべて拒絶した」と述べている（『晋察冀日報』1948 年 1 月 19 日「晋冀魯豫空前的参軍運動　十六万人批准入伍」）。従軍はいまや「負担」などではなく，身の安全を保障してくれる「特権」であった。

　とすれば，審査する側の貧農も無関係でいることはできないだろう。報復した相手から報復されないのは自分が貧農として認定されているからであり，貧農として認定され続ける必要があるからである。「党に混入した地主富農は兵士にならない」のであれば，貧農は自ら兵士になろうとする人のはずである。したがって，上述の党員・基層幹部の動きと並行して，貧農の出征も大きな流れを形成した。前掲の晋冀魯豫辺区に関する記事は，その直前で「新兵士の階級は……貧雇農は 50 ％以上を占めている」と述べている（『晋察冀日報』1948 年 1 月 19 日「晋冀魯豫空前的参軍運動　十六万人批准入伍」）。貧農が党員・基層

幹部にかけた圧力は文字どおりの反作用を生み，貧農にも圧力となっていたのである。

小　結

　中国土地法大綱は，貧雇農を中核として「ゆとりのある農民」の財産を没収・分配することを是認し，それに抵抗するすべての人を排除せよと命じる文書として公布された。しかも党員・幹部を審査し排除する権限は貧雇農に与えられた。その結果，県レベル以下の社会では暴力の嵐が吹き荒れることになった。1947年前半の覆査運動時には区幹部などとの関係を使って貧雇農の攻撃を抑えこんだ村幹部（支部党員）も，貧雇農が区幹部はもとより県委までも凌駕する権力を握っている状況では為すすべがなかった。彼らは党籍を剥奪され，殺害される場合もあった。中国土地法大綱は，覆査運動以来緊張が高まっていた村落内の対立を，貧雇農に一方的に肩入れすることで解決しようとするものであった。

　とはいえ，覆査で当時の村政権を批判して台頭した貧雇農の立場も安泰ではなかった。中国土地法大綱下の闘争では，すでに貧農は生産関係上の基準をもたない単なるレッテルとなっており，「ゆとりのない農民」から「財産を没収されて下降した元富裕者」までかなり多くの人びとが貧農を名乗る外見をもっていたからである。そしてこの時点で貧農として認定されたのは，村幹部を攻撃する積極性をもつものであった。覆査時に貧農として台頭し，すでに村幹部となっていた人びとは，この時に新たに貧農として認定された人びとによって報復された。

　このように貧農として認定された人びとの動きに対して，県委以下の党組織は無力であった。貧農からの告発次第では，村の支部党員はもとより区委や県委までもが党籍を剥奪され，処罰の対象とされたからである。つまり，この時期の県レベル以下の社会で起こっていた事態は，貧農が絶対的な権力を確立し党組織も容易に手が出せないという状況が生みだされた一方で，誰が貧農とし

て認定されるかわからないという形での社会秩序の流動化であった。そのため闘争対象にされる可能性があった党員・幹部はもちろんのこと，彼らを攻撃する立場にあった貧農も，従軍することで自らの革命性と党への忠誠心を見せる必要があった。闘争対象に向けられた圧力は貧農にも作用し，戦争への献身をもたらしたのである。

第 11 章
「行き過ぎ」是正の論理と党中央

はじめに

　前章で確認したように，1947 年 10 月に公布された中国土地法大綱が貧雇農に絶対的な権力を与えた結果，彼らによって村幹部などの基層幹部が打倒されただけではなく，県以下のレベルの党組織・党員も攻撃対象とされた。中国土地法大綱にもとづく闘争が実行に移された 12 月以降，共産党支配地域の社会秩序は深刻な打撃をこうむったのである。したがって，このときの社会の混乱については，公定史観も含めて共産党の支配にとってマイナスだったと評価されてきた。ウェスタッドは「中国共産党は富裕層や中産階級の農民から味方を失い，赤色テロが引き起こした社会的・政治的混乱が戦争遂行の努力を妨げた」とする（Westad 2003 : 136）。田中も，1947 年後半以降の闘争について，「C点〔闘争の経済的効率と政治的効率の平均〕を越えてえんえんと続けられ，党の権力基盤を掘りくずすところまでいった」とする（田中 1996 : 334）。しかし，このように評価することは妥当だろうか。

　また共産党中央指導部は，やがてこうした混乱を認めて闘争の「左傾」（行き過ぎ）を抑えにかかったが，それはいつ，どのようにして行われたものだったのだろうか。今日の共産党の公定史観では，1947 年末の時点で毛沢東が中農の財産が侵犯されていることに気づいて是正を命じたとされており（金 2002 : 398-399），同様の見解を示す論者も多い。たとえばウェスタッドは「1947

年末には，毛沢東も急進的な土地改革の全体的な効果に深刻な疑念をもちはじめていた。……1947年末，党指導部は河北省南部の新しい司令部で2つの重要な会議を開き，土地改革戦略を見直した。数人の指導者，とりわけ任弼時は，中央に寄せられた報告にもとづき農村での階級闘争を緩和するよう求めた。毛沢東は迷った末に，土地を没収して貧農に分配するという原則はそのままに……新しい指示を出すことに同意した」と述べ（Westad 2003：117-118），陳耀煌も「1948年1月にようやく毛沢東が劉少奇に電報を送り，土地改革の「極左」を批判した」として，毛沢東が「行き過ぎ」是正を主導したとする（陳2012：435）。近年では，このような毛沢東の中共中央の動きに加え，劉少奇の中共中央工作委員会が「行き過ぎ」是正に積極的な役割を果たしたとする見解も出されている（姚2017：33）。しかし，中国土地法大綱下の混乱については，おそらくそれを招いた責任の追及を回避したいという動機のために，共産党は1950年代においては混乱の発生そのものを否定していたし[1]，「行き過ぎ」があったことを認めた後も犠牲者数を伏字にするなど事態の深刻さを隠そうとする意図が窺える[2]。こうしたことから考えれば，どの史料を公開するかという選択において，事態収拾に向けた中央指導部（とくに毛沢東）の動きの早さと速さを強調するものを選ぶという作為が働いている可能性は否定できないだろう。

　これに対し「行き過ぎ」是正に果たした毛沢東の役割に懐疑的なのが，楊奎松，ペパー，デマールである。楊奎松は，毛沢東は「行き過ぎ」の事実に気がつきつつも1月半ばまで是正の指示を出すか迷っていたとし，その間に任弼時

---

1) 中華人民共和国成立後，国家副主席となった劉少奇は，1950年6月14日に行った報告「土地改革問題に関する報告」の中で，土地改革「行き過ぎ」は1947年上半期に発生したとし，中国土地法大綱の公布と左傾是止の動きか「付き過ぎ」現象を抑え込んだとする歴史像を提示していた（「劉少奇副主席『土地改革問題に関する報告』」〈1950年6月14日〉，『新中国資料集成』第3巻，116頁）。

2) たとえば『解放戦争時期土地改革文件選編』に収録されている「毛沢東関於政策与経験的関係問題致劉少奇電」（1948年3月6日）では「邯鄲局は晋冀魯豫〔中央局か？〕に2年間で××人以上を殺し，非常に多くの地域では乱打乱殺があったと報告したが，まさにこのようであった（全国の乱打乱殺による死者は，推計によれば××人であったとされる）」（同書，262頁）とあり，「行き過ぎ」による死者数が伏字にされている。

396 第Ⅲ部 加速する暴力とその帰結

が「行き過ぎ」是正を訴える報告を行ったとする（楊 2009：72-76）[3]。ペパーも同様に任弼時が主導したとしつつ，率直に「この時期，なぜこのような変更が行われたのか，その理由は依然として不明である」と述べている（Pepper 1978：317）。一方デマールは，西北局（陝甘寧辺区）書記だった習仲勲が「行き過ぎ」是正の先頭に立っていたとする（DeMare 2019：88）。このように「行き過ぎ」是正に関しては，誰が主導したのか，いつから始まったのか，それはなぜか，どういう経過をたどったのか，といった基本的な問題について複数の見解が錯綜している状況にある。以上から本章は，「行き過ぎ」是正の時期とその展開過程について，公刊されている資料を新聞記事などと突き合わせて慎重に検証することで，可能な限り精確に跡づけることを試みる。この作業は，冒頭に掲げた問題，すなわちそうした「行き過ぎ」是正の動きが共産党の支配体制にどのような影響を与えたのか明らかにするうえでの前提となるものである。

1 任弼時の危機感と「どのように階級を分析するか」

1)「どのように階級を分析するか」の配布

①任弼時の懸念

1947年3月の延安陥落以降も陝西省北部にとどまり続けていた中共中央のメンバーのうち，毛沢東の傍らで土地改革の動向を注視していたのは任弼時であった。『任弼時伝』によれば，任弼時は，中国土地法大綱が公布される前日の10月9日に晋綏分局の曽三に対して打電し，1933年に毛沢東が執筆・発表した「どのように階級を分析するか」（「階級分析」）を探して任に送るように依頼した（『任弼時伝』下巻，787頁）。これはおそらく1946年9月に晋綏分局が『どのように農村の階級を区分するか（怎様劃分農村階級成分）』と題する小冊

---

3) ただし楊奎松は，2012年に発表した論考では，毛沢東は1947年11月には支配地域における無差別な暴力の行使が起こっていることを認識し，是正に向けて動きはじめたとしている（楊 2012b：28）。

子を配布したことが念頭にあったのだろう（楊 2009：44）。この小冊子は，階級区分の指標は搾取関係と搾取の性質によるべきだとするものであり[4]，毛沢東の「階級分析」を参考にしたものだと考えられるからである。また任は中国土地法大綱に階級区分の基準が明記されていないことを懸念し，第 9 章第 1 節第 2 項でふれたように，1947 年 11 月 12 日に毛沢東に対し，土地改革における混乱を避けるため階級区分に関する統一的な文書を発布するように提案した（『任弼時伝』下巻，787 頁，『任弼時年譜』562 頁）。これに対し毛沢東は「然るべく実行せよ」とコメントを与えたとされる（『任弼時伝』下巻，788 頁，『任弼時年譜』562 頁）。中国土地法大綱の真の狙いは「米ビツ論」による階級区分と闘争の実現にあったから，中国土地法大綱に階級区分の基準が明記されていないという任弼時の懸念は，まさに的を射たものだったと言えよう。

　任弼時はこのころ持病の高血圧症が昂じたため，中共中央が所在する米脂県楊家溝から 5 キロほど離れた綏徳県銭家河村で静養していたが（したがって上述の 11 月 12 日の毛沢東への提案も書簡で行ったとされる），その間も付近の農村で進行中だった土地改革を視察・調査した（『任弼時伝』下巻，781 頁，788-789頁，『任弼時年譜』563 頁）。そして，「階級分析」と「土地闘争におけるいくつかの問題に関する決定」（「土地闘争」）の 2 つの文書を手に入れた任弼時は，1947 年 11 月 29 日，中共中央の名でこの 2 つの文書を打電し，土地分配を行う際に参考にするよう指示したのである[5]（ただし宛先は明示されていない。この問題についてはのちに考察する）。

　この 2 つの文書は，農村の階級を搾取―被搾取の関係にもとづいて区分するように命じるものであり，のちに「行き過ぎ」是正が実施された際に重要な役割を果たした文書であることから，中国土地法大綱下の農村で生じていた「行き過ぎ」をいち早く察知した中共中央がその是正を図ろうとして発出したもの

　4）中共晋綏分局研究室「怎様劃分農村階級成分？」1946 年 9 月，晋綏辺区財政経済史編写組・山西省档案館編『晋綏辺区財政経済史資料滙編――農業編』（山西人民出版社，1986 年）328-343 頁。第 7 章第 2 節第 1 項にも言及あり。

　5）「中共中央関於重発《怎様分析階級》等両文件的指示」（1947 年 11 月 29 日），『解放戦争時期土地改革文件選編』90 頁。

であると理解することはできる。『任弼時伝』も，任が 11 月 12 日に毛沢東に
階級区分に関する統一的な文書を発布するよう提案した理由として，中国土地
法大綱が「すでに出現していた "左" の誤った傾向に対して適宜注意し」てい
なかったことを挙げている（『任弼時伝』下巻，786 頁）。しかし，この 1947 年
11 月 29 日の中共中央の指示がどの程度の危機感をもって出されたのかという
ことについては，厳密な考察が必要である。

② 1947 年 11 月末時点での任弼時の危機感

　中国土地法大綱の公布と実施は，第 9 章でみたように共産党が支配する各地
において異なるタイミングで始まった。晋察冀辺区では 10 月 3 日から 11 月 9
日まで晋察冀中央局の主宰で幹部を集めた土地会議が開かれ，『晋察冀日報』
に土地法大綱が掲載されたのは 11 月 26 日であった。したがって中共中央の指
示が出た 11 月 29 日は，晋察冀辺区では辺区レベルでの土地会議が終了したば
かりというタイミングであり，中国土地法大綱にもとづく運動が本格的に展開
される前であった。県委を含む下級党組織の解散が『晋察冀日報』上で盛んに
報じられるようになるのは 12 月に入ってからである。任弼時が 12 月に晋察冀
辺区で顕在化する事態を予測して，11 月の段階で危機感を抱いていたという
ことは考えにくい。

　他方，晋綏辺区では『晋綏日報』に中国土地法大綱が掲載されたのは 10 月
13 日であり，11 月 29 日の時点ですでに運動の開始から 1 カ月以上が経過して
いた。その間，とくに 11 月以降の『晋綏日報』上では貧雇農が集会・大会を
開いて党員の党籍を剥奪するといった記事が多数掲載されている。したがって，
任弼時のイニシアティブで 11 月 29 日に打電された中共中央の指示が，晋綏辺
区など先行する地域での土地改革の「行き過ぎ」を察知して出されたもので
あったという可能性はある。しかし，任弼時が晋綏分局書記であった李井泉[6]
を楊家溝に呼び出し晋綏辺区の状況を本格的に聴取したのは，12 月に開かれ
た中共中央工作会議の準備会議の場においてであった。

　6）李井泉は 1945 年 9 月から 1946 年 2 月まで晋綏分局書記（代理），1946 年 2 月から
　　1949 年まで晋綏分局書記であった（『中国共産党組織史資料』第 4 巻上，153 頁）。

第11章 「行き過ぎ」是正の論理と党中央　399

　中共中央は12月25日から工作会議を開催することを予定し（この工作会議
は，楊家溝会議あるいは12月会議と呼ばれる。以下，本章では12月会議と呼ぶ），
その準備として12月7日から24日まで準備会議を開いた（『任弼時年譜』564
頁）。この準備会議は政治・軍事・土地改革の3つの小組に分かれて開かれ，
任弼時は土地改革小組を主宰した（同前）。『任弼時伝』によれば，この小組で
は習仲勲，李井泉，趙林が土地改革運動の状況を報告したとされる（『任弼時
伝』下巻，790頁）。このうち習仲勲は陝甘寧辺区を統括する西北局の書記であ
り，李井泉は晋綏分局の書記，趙林は晋綏分局常務委員であった[7]。このことは，
任弼時がこの時点で陝甘寧辺区や晋綏辺区で生じていた事態について確証を
もっていたわけではなく，状況を把握する段階にあったことを示している。任
弼時がとくに晋綏辺区において発生していた事態に懸念を抱いていたことは疑
いないが（陝甘寧辺区は，胡宗南率いる国民党軍との直接の戦闘地域になっていた
ため，土地改革に本格的に取り組める状況にはなかった），深刻な事態が発生して
いるのではないかという疑念は，12月中に確信に変わったと考えられるので
ある。

③ 1947年11月末時点での中共中央の危機感

　中共中央が11月29日，先にふれた1933年の2つの文書を参考にせよとい
う指示を出した時点で，事態をどの程度深刻に捉えていたかは，この指示が誰
に対して出され，どのように扱われたのかから窺うことができる。

　すでに述べたように，この11月29日の中共中央の指示には宛先が明示され
ていない。収録している資料集にも記載はなく，『任弼時年譜』などにも記載
がない。これはおそらく意図的に隠されているのであろう。では，この指示は
誰に宛てて出されたのか。また，どう扱うように指示していたのか。この指示
は冒頭で次のように述べている。

【史料11-1 (1)】〔2つの文書を〕新華総社からあなたたち（你們）の参考文
書として電報で告知する。あなたたちは，各地の具体的な状況に応じて，こ
の文書を参考にし，階級の分析に関する明確な意見を提起して電報で報告する

---

7)『中国共産党組織史資料』第4巻上，124，153頁。

ように希望する。その後，中央が統一的な正式な文書を制定して公開発表する。
（「中共中央関於重発《怎様分析階級》等両文件的指示」〈1947 年 11 月 29 日〉，『解
放戦争時期土地改革文件選編』90 頁）

このように指示は中共中央から出されたが，1933 年の 2 つの文書自体は，
下線部にあるように晋冀魯豫辺区の河北省邯鄲市に所在した新華総社から電報
で送付されることになっていた。おそらくこれは，各地を転々としていた中共
中央には長文を打電するだけの設備と人員が備わっていなかったためであろう。
問題は宛先である。ここでは「あなたたち」という呼びかけがなされているが，
それが誰なのか，どの機関なのは明示されていない。それを知るための手がか
りのひとつは，この指示の次の部分にある。

【史料 11-1 (2)】　下級の意見を求めるために，あなたたちは 2 つの参考文献
を印刷して各級の党委・政府・農会・土地改革工作団に配布し，彼らの討論
を引き起こし，彼らに意見を提出するよう求めることを希望する。
（「中共中央関於重発《怎様分析階級》等両文件的指示」〈1947 年 11 月 29 日〉，『解
放戦争時期土地改革文件選編』90 頁）

ここからは，中共中央から送られたこの指示は，2 つの文書の電文を受信し
た側が印刷して「各級の党委・政府・農会・土地改革工作団」に配布すること
になっていたことがわかる。したがって指示の宛先は，中央局レベルかそれ以
上の幹部・機関であったと推定できる。実際，11 月 29 日の中共中央の指示が
出された後，2 つの文書に言及したのは中共中央工作委員会を率いていた劉少
奇であった。劉少奇は 12 月 31 日付で次のような内容の指示を出している。

【史料 11-2 (1)】　階級を区分するにはひとつの基準がなければならず……新
華総社が配信したソビエト政府の「土地闘争におけるいくつかの問題に関す
る決定」と「どのように階級を分析するか」の 2 つの文書にもとづいて処理
することを希望する。同時に，直ちにこの 2 つの文書を土地改革事業を行っ
ている全幹部に印刷配布して討論させるように希望する。また，中央の指示
にもとづいて，直ちにこの 2 つの文書に対する修正や補充の意見を提起し，

すみやかに中央に報告してほしい。それによって中央が迅速に階級分析の統一的基準と方法を規定するのに役立てる。

（「中共中央工委関於階級分析問題的指示」〈1947年12月31日〉，『解放戦争時期土地改革文件選編』97頁）

　この指示もまた宛先が不明であるが，下線部にあるように，この文書を受け取る機関として「土地改革事業を行っている全幹部」を直接統括する機関が想定されていることから，晋察冀中央局など中央局以下の地方党組織だと考えられる。この点に違いがあるものの，破線部が11月29日付の中共中央の指示内容（【史料11-1(1)】）と重なっていることからすれば，このとき劉少奇が11月29日の中共中央からの指示をふまえて下級の党組織に対して指示を出したことは間違いない。このことから11月29日の中共中央の指示の宛先のひとつは，中共中央工作委員会（劉少奇）だったことがわかるのである。

　そしてこのとき劉少奇が転送した2つの文書は，少なくとも晋察冀辺区内では確かにその後の基層社会での運動に影響を与えた形跡がある。1948年1月18日付の『晋察冀日報』記事がそれである（「任河文香村貧農団　仔細査階級評定成分」）。この記事は，任河県文香村貧農団が1948年1月3日に行った階級区分では「みなは明確な根拠がなかったため……公糧〔税糧〕の等級を根拠にして固定的に評定した」が，今回（ただし日時は不明）は「県の買同志と王同志」がこの貧農団に「階級を評定するときには，必ず彼が搾取しているかどうかを見なければならない」と説明し，「階級を評論するときには，必ず搾取があるか否かを根拠にして評定しなければならない……完全に自分で労働しているのか？　それとも雇用した人に労働させているのか？　それとも雇用した人に労働させ，自分もまた労働しているのか？　これらをはっきりとさせなければならない」ということを教訓として得たとする。「米ビツ論」に則って貧雇農が恣意的に階級区分を行っている状況は，搾取関係にもとづいて階級区分を行うべきだとする2つの文書が通知されたことによって，1948年1月中旬には確かに是正されはじめたのである。

　しかし，ではなぜ劉少奇は11月29日の中共中央の指示を地方党組織に転送

するまでに1カ月以上を要したのであろうか。『劉少奇年譜』によれば，その理由は新華総社からの電文の送信が滞っていたからとされる。同書は，劉少奇が12月16日に中共中央に対し新華総社から電送されて来るはずの「階級分析」と「土地闘争」の2つの文書がまだ届いていないことを，さらに12月30日には新華総社からの毎日の電送量が少なくまだ完了していないことを訴えたとする（『劉少奇年譜』280，284-285頁）。この説明は，搾取関係にもとづく階級区分を求める1933年の2つの文書の送付が，「米ビツ論」による階級区分と土地改革を推進してきた劉少奇にとって都合が悪いものであったこと（この点については後述する），また新華総社には中共中央からの命令を遅滞させる理由がないことから鵜呑みにすることはできないが，上述のとおり劉少奇の中央工作委員会からの同様の指示が12月31日に出ていることから考えると，何らかの理由により電送に時間がかかったことは間違いないと考えられる。しかし，中共中央（とくに任弼時）がそのことで新華総社を叱責した形跡は確認できない。つまり，中共中央が11月29日に1933年の2つの文書を送付したとき，それほど切迫感をもっていたとは考えられないのである。

④ 11月29日の指示の宛先

　しかも，11月29日の中共中央の指示の宛先はおそらく劉少奇の中央工作委員会だけであった。このことはこの時期の李井泉と晋綏分局の動きから推測できる。晋綏分局は，1948年1月23日に毛沢東に提出した報告書で次のように述べている。

【史料11-3】　去年〔1947年〕12月初め，〔李〕井泉が中央の会に行き，途中，磧口を通り，土地改革のなかで工商業を侵犯する過ちがあることを発見した後，分局は各地に電報を発し厳しく制止を命令した。井泉が中央から電報を打ち，階級区分の過ちを訂正するよう提起したとき，分局は1933年の文書を印刷して各地に発し，同時に中央工作委員会の第二の指示を各地に転送し，各地は直ちに階級の確定と中農の問題における誤った方法を停止するように厳命した。したがって，井泉が中央から戻ってくる前に，各地の左の行動はすでに基本的に停止していた。

（「晋綏分局関於糾正左傾錯誤的方針及歩驟的報告」〈1948 年 1 月 23 日〉，『解放戦争時期土地改革文件選編』137 頁）[8]

　この報告書によれば，下線部にあるように，晋綏分局は「階級の確定と中農の問題における誤った方法を停止する」ために「1933 年の文書」を管轄下の各地に送った。問題はその時期である。下線部からは，「1933 年の文書」が「中央工作委員会の第二の指示」と同時に発出されたことがわかる。では「中央工作委員会の第二の指示」とは何だったのだろうか。

　1947 年 11 月以降で中央工作委員会から晋綏分局に出されたと考えられる指示は 2 つある。ひとつは 1947 年 12 月 18 日付で中央工作委員会が晋綏分局に与えた指示（「中共中央工委給晋綏分局的指示」）であり[9]，もうひとつは 12 月 31 日付「階級分析の問題に関する中共中央工作委員会の指示（中共中央工委関於階級分析問題的指示）」（【史料 11-2】）である。このうち 12 月 18 日付の指示は，晋綏分局に対し管轄下のすべての党委・工作団・党員・幹部に貧雇農が指導権を確立することを保障するよう命じ，これに違反する全党委幹部・全党員を処分し，党籍を剥奪せよと命じるものであった。こうした内容からすれば，この指示が「1933 年の文書」と合わせて送付されたとするのは不自然である。したがって，晋綏分局が管轄下の各地に対して「1933 年の文書」と合わせて送ったとする「中央工作委員会の第二の指示」は，12 月 31 日に出された劉少奇の指示とみて間違いない。晋綏分局は，中共中央の 11 月 29 日の指示をこの時期まで知らなかったのである。

　しかも，晋綏分局書記の李井泉自身も，12 月末まで 11 月 29 日に出された中共中央の指示を知らなかったか，知っていたとしても急いで対応するべきものだと認識していなかったと考えられる。というのは，李井泉は，先に引用した 1948 年 1 月 23 日の晋綏分局の報告書（【史料 11-3】）の冒頭で，12 月初めに中央の会に出席したとされており，また『任弼時伝』にも述べられていたとお

8）なお，この文書は「毛沢東対李井泉・晋綏分局関於糾正左傾錯誤的方針及歩驟的報告的批示」（1948 年 1 月 26 日）の附録として収録されている。

9）『中国土地改革史料選編』440-441 頁。

り，12月7日から開催された中共中央工作会議の準備会議に出席していたからである（『任弼時伝』下巻，789-790頁）。もしこの時点で任弼時が李井泉に11月29日に指示を出したことを伝えていたならば，李井泉は，12月31日の中央工作委員会の「第二の指示」を待たず，晋綏分局に対して分局が所蔵する「1933年の文書」か，あるいはそれらをもとに分局が1946年9月に作成した『どのように農村の階級を区分するか』を管轄地域に送付するよう命じていたはずである（【史料11-3】の破線部から，中共中央所在地に滞在していた李井泉が晋綏分局との間で通信手段をもっていたことは明らかである）。つまり，11月29日の中共中央の指示の宛先には，李井泉と晋綏分局は入っていなかったのである。

　晋察冀中央局も同じであった。晋察冀中央局の機関紙『晋察冀日報』は，1948年4月13日付の社説において，中国土地法大綱決定以降の運動を振り返るなかで，「われわれの辺区の土地会議は，適切に階級区分の問題を研究しなかったし，階級区分の基準をはっきり説明せず，後にもはっきりと説明しなかった。……12月下旬になって，ようやく内戦時期の中央ソビエト区の階級区分に関する2つの文書が発出され，以後にまた修正が加えられた」と述べており（『晋察冀日報』1948年4月13日「社論　訂錯成分堅決改正」），12月末の中央工作委員会発の文書に言及する一方で，11月29日付の中共中央の指示にはふれていない。さらに1948年5月31日の記事でも，「1933年の2つの文書……は，1947年12月に参考文献の方式で各解放区の各級党委に発給された」としている（『晋察冀日報』1948年5月31日「関於一九三三年両個文件的決定」）。各解放区の各級党委に1933年の2つの文書を伝えたのは，11月29日付の中共中央の指示ではなく，12月31日付の中央工作委員会の指示だったのである。

⑤ 1933年の「2つの文書」を送付した意図

　このように，1947年11月29日に中共中央が任弼時のイニシアティブで階級区分に関する1933年の2つの文書を中央工作委員会の劉少奇に宛てて送信したとき，中共中央には支配地域で運動の「行き過ぎ」が起こっているという切迫した危機感はなかった。では，何のために1933年の2つの文書を劉少奇に送ったのか。11月29日の指示は，送付の意図について次のように述べている。

【史料 11-1 (3)】 この 2 つの文書はもともと 1933 年に階級分析問題に関する極左の観点を是正するために制定されたものである。<u>当時……土地闘争がすでに深まっていた地域では，左傾の観点が発生し，多くの中農やひどい場合には貧農にまでみだりに地主富農などの帽子をかぶせ，群衆の利益を損害することがあった。</u>……現在，まさに各解放区では土地闘争が展開され深まっている時期であり，土地会議の招集と土地法大綱の発布が，右傾観点に対して重大な打撃を与えたことは完全に必要であった。しかし，<u>闘争が深まるにつれ，左傾の現象が勢い発生するだろう（左傾現象勢将発生）</u>。この文書が各地に行きわたっても絶対に群衆闘争を妨害する口実としてはならず，大胆に農民群衆を立ち上がらせ徹底的に土地を均分する断固とした闘争のなかで，発生した群衆の利益を妨害する極左の行動を適切に是正し，それによって雇農・貧農と団結し中農を断固として保護することに利する。

（「中共中央関於重発《怎様分析階級》等両文件的指示」〈1947 年 11 月 29 日〉，『解放戦争時期土地改革文件選編』90–91 頁）

　この説明によれば，下線部にあるように，11 月 29 日の中共中央の指示は1930 年代の中華ソビエト共和国における土地革命で発生した極左傾向の記憶にもとづいて，土地改革運動の来るべき過激化に備えるものとして出されている。破線部も，この指示があくまで将来発生する可能性のある事態に備えるために出されたものであったことを示している。こうした 11 月 29 日の中共中央の指示の表現は，『任弼時年譜』の記載とも一致する。任弼時は 11 月 12 日に出した毛沢東宛の手紙で，「各地の階級分析が一致していないために，おそらくは富農を地主としたり，富裕中農を富農とすることがあるだろう（恐有将富農算作地主，富裕中農算成富農者）。したがって，一般的に通用するような，階級をどのように分析するかという文書を発布するべきである」と記したとされている（『任弼時年譜』562 頁）。ここまでの考察をふまえれば，この記述は素直に読まれるべきであろう。

　中共中央は，任弼時も含めて，11 月 29 日に指示を出した時点では，支配地域において是正すべき「行き過ぎ」がすでに発生しているという確証をもって

いなかった。階級区分の基準について具体的な規定を欠く中国土地法大綱が決定された時点で，任弼時は1930年代の中華ソビエト共和国において発生した土地革命運動の過激化を想起し，あくまで予防的措置として劉少奇の中央工作委員会に対し1933年の2つの文書を送ったのである。

⑥毛沢東の認識と意向

　では，このように搾取関係にもとづく階級区分の徹底によって運動の過激化を抑えようとする任弼時の傍らで，毛沢東はどのような姿勢をみせていたのだろうか。

　1947年末の時点での毛沢東の認識を探ることができる唯一の資料は，12月会議の冒頭で毛沢東が行った報告「現在の状勢とわれわれの任務」（12月25日）である。この報告は，中農との連携の必要性に言及しているという一点によって，毛沢東がいち早く「行き過ぎ」是正に舵を切ったものとされているが，報告全体の文脈はこうした解釈とは異なる。この報告で毛沢東は次のように述べている。

【史料11-4 (1)】　1947年9月，わが党は全国土地会議を召集し，中国土地法大綱を制定するとともに，これをただちに各地であまねく実施した。……中国土地法大綱は，封建的，半封建的搾取の土地制度の消滅，耕すものがその土地をもつ土地制度の実行という原則のもとに，人口に応じて土地を平均に分配することを規定している。これは封建制度を消滅する最も徹底した方法であり，これは，中国の広範な農民大衆の要求に，完全に合致するものである。

（毛沢東「目前形勢和我們的任務」〈1947年12月25日〉,『新中国資料集成』第1巻，574頁）

　このように毛沢東は，1947年後半以降の劉少奇・中央工作委員会の土地改革運動の指導について肯定する態度を表明していた。しかも続けて次のように述べている。

【史料11-4 (2)】　断固として徹底的に土地改革を行うためには，農村に雇

農・貧農・中農をふくむ最も広範な大衆的な農民組合および，それが選出する委員会をつくらなければならないが……まず，貧農・雇農大衆をふくむ貧農団および，それが選出する委員会をつくって，土地改革を執行する合法機関としなければならず，しかも，貧農団はすべての農村闘争の指導の中核とならなければならない。

（毛沢東「目前形勢和我們的任務」〈1947年12月25日〉，『新中国資料集成』第1巻，574-575頁）

では，なぜ貧雇農が中核となるべきなのか。この点については以下のように述べる。

【史料 11-4 (3)】　農村人口のなかで地主・富農が占める割合は，ところによっては多い少ないの差はあっても，一般的な状況からいえば，8％前後（戸を単位に計算して）にすぎないが，彼らの所有する土地は，一般的な状況からいえば，土地全体の70〜80％に達している。したがって，われわれが土地改革で反対する対象は，ごく少数であり，それにひきかえ，農村で，土地改革の統一戦線に参加しうる，また当然参加すべき人数（戸数）は，およそ90％以上という大きな数字である。

（毛沢東「目前形勢和我們的任務」〈1947年12月25日〉，『新中国資料集成』第1巻，575頁）

ここからは，本書第1章で示した毛沢東の現実認識（前掲図1-1）が，一貫して変わっていなかったことがわかる。農村革命の対立軸は，大量にいるはずの貧農（小作農）・雇農（農業労働者）と，彼らを搾取する少数の地主・富農との間の闘争であり，被搾取者による革命を擁護する共産党は広範な人民の支持を受けるはずだとする見通しである。毛沢東はこの認識の上に立って全国土地会議以降の土地改革運動を肯定していた。その一方で，任弼時が毛沢東の傍らで晋綏辺区の状況を聞き取っていたにもかかわらず，この報告では中農や基層幹部・党員が富農に区分されて打撃を受けていることについて一言も言及していない。全体の文脈としては，毛沢東は任弼時の危機感を共有していたのでは

408 第Ⅲ部 加速する暴力とその帰結

なく，むしろ劉少奇が進めてきた「貧雇農を中核とする路線」による土地改革運動の継続を唱えていたのである。

なお，この点については『任弼時伝』に引かれた資料でも裏づけられる。『任弼時伝』は，12月会議における毛沢東の結論に関する記録にもとづいて次のように述べている。

【史料 11-5】 毛沢東は任弼時の発言を非常に重視し，12月28日，彼が会議の結論で土地改革問題に言及したとき，「"左"の傾向が一種の潮流になったときには，共産党はこうした潮流に反対しなければならない！（在'左'傾成為一種潮流的時候，共産党要反対這種潮流！）」と述べた。

(『任弼時伝』下巻，794 頁)

下線部の「任弼時の発言」とは，12月会議における任弼時の12月27日の発言を指している。この発言は，「現在，運動が起こっている地域では，中農と連合する問題においていささか"左"があり，中農の利益を侵犯しており，中農を富農と認め，中農が農会に参加することを排斥して」いるとする認識を示すものであった（『任弼時年譜』565 頁）。【史料 11-5】に引用されている毛沢東の発言の，とりわけ破線部は，現時点では「「左」の傾向が一種の潮流になっ」ているとは考えていなかったということを意味しており，先に検討した12月25日の毛沢東の報告（【史料 11-4】）と姿勢が一致する。したがって，ここで引用されている発言の信憑性は高いと考えられる。毛沢東は任弼時の報告を聞いてもなお，12月会議終了の時点で任弼時の危機感を共有していたわけではなく，むしろ劉少奇が推し進めてきた「貧雇農を中核とする路線」にもとづく土地改革の徹底を支持していたのである。

以上から，中国土地法大綱下で出現していた「行き過ぎ」の是正について，中共中央が一枚岩であったわけではないことがわかる。中共中央のなかでいち早く危機を認識し「行き過ぎ」是正に取り組んだのは任弼時であったが，その任弼時にしても「行き過ぎ」是正の必要性を初めて公に訴えたのは12月会議の途中（12月27日）であり，この発言が毛沢東に否定されなかったことによって初めて「行き過ぎ」是正に向けて動くことが可能になった。地域によっては

第 11 章 「行き過ぎ」是正の論理と党中央　409

中国土地法大綱が公布されて 2 カ月以上，晋察冀辺区でも 1 カ月間，過激化した運動が放置されていたのである。11 月 29 日の中共中央指示にも 12 月 31 日の中央工作委員会指示にも宛先が記載されていないが，それは，11 月 29 日の指示に「劉少奇」あるいは「中央工作委員会」という単一の宛先が明記され，また 12 月 31 日の指示の宛先に「各級党委」と明記されれば，このときの中央の対応の遅れが明確に認識されるからであろう。実際には，11 月 29 日の指示と 12 月会議後の動きは異なる現状認識にもとづいたものであった。

2)「階級分析」の配布と劉少奇
①劉少奇の捏造

　では，このような任弼時の動きを劉少奇はどのように受け止めていたのだろうか。先にみたように，毛沢東の 1933 年の 2 つの文書を配信せよとする中共中央の 11 月 29 日の指示の履行が 1 カ月遅れたのは，劉少奇によれば新華総社からの送信が滞ったためであり，これが事実だとすれば劉少奇が中共中央の指示の履行を逡巡していたという証拠にはならない。しかしこの偶然の事故は，「米ビツ論」に依拠して土地改革運動を推進してきた劉少奇にとって歓迎するべき事態であった。搾取関係にもとづいて階級区分を行うことを命じる 1933 年の 2 つの文書の配布は，これまでの自分の指導を批判し否定する可能性をもつものだったからである。

　とはいえ，こうした劉少奇の苦悩を示す直接的な資料があるわけではない。しかし劉少奇は，12 月 31 日付で毛沢東の 1933 年の 2 つの文書を各地の中央局・分局に転送した際，微細な，しかし決定的な書き換えを行っているのである。1933 年に出された「階級分析」は，富農の基準を以下のように規定していた。

【史料 11-6】　富農とはなにか？／富農は一般に土地を占有している。しかし，一部の土地だけを占有し，一部の土地を借り入れている者もいる。また自分はまったく土地をもたず，すべての土地を他人から借りている者もいる（後の二者は少数である）。富農は一般に比較的優良な生産道具と流動資本を占有

し，自ら労働している。しかし，つねに搾取をその生活資源の一部にしており，それが大部分を占める者もいる。／富農の搾取方法は，主として雇用労働の搾取である（長工〔農業労働者〕の雇用）。……富農の搾取は恒常的であり，多くは主要なものである。

（毛沢東「怎様分析階級」〈1933 年 6 月〉，『毛沢東集』第 3 巻，266 頁）

このように「階級分析」は，他人の労働の搾取があるか否かを富農に区分する基準としていた。この点は，任弼時が 1948 年 1 月 12 日に西北野戦軍前線委員会拡大会議で行った講演「土地改革中のいくつかの問題（土地改革中的幾個問題）」でも明確に主張している。

【史料 11-7 (1)】　階級区分の正確な確定基準とは何か？……階級を区分する基準はただひとつであり，それは人びとの生産資料に対する関係の違いによって各種の異なった階級を確定することである。生産資料を占有しているか否か，あるいはどのくらい占有しているか，何を占有しているか，どのように使用しているかによって生まれる各種の異なった搾取と被搾取の関係が，階級を区分する唯一の基準である。生産資料とは何か？　……農業の生産資料とは，土地・家畜・農具・家屋などである。土地・家畜・農具・家屋などの生産資料に対する占有があるか否か，どのくらい占有しているか，何を占有しているか，どのように使用しているか（自耕しているのか，労働者を雇っているのか，小作に出しているのか）によって生まれる各種の異なった搾取と被搾取の関係が，農村の階級を区分する唯一の基準である。

　上述の基準にもとづけば，農村内の各種の階級を容易に区別できる。農村内の主要な階級は一般に以下のように区分できる。

①大量の土地を占有し，自分では労働せず，もっぱら農民の地租の搾取に頼るか，あるいは高利貸しを兼業して労働せずに獲得しているものは地主である。

②大量の土地・家畜・農具を占有し，自分では主要な労働に参加し，同時に農民の雇用労働を搾取しているものは富農である。中国の旧式富農は，濃厚な封建性を帯びており，多くは高利貸しや一部の土地の貸し出しを兼ねてい

る。彼らは一面では自分で労働し、農民に近いが、別の面では封建的あるい
は半封建的搾取をしており、地主に近い。

③土地・家畜・農具を占有し、自分で労働し、他の農民を搾取しなかったり、
あるいは軽微な搾取しかしていない者は、中農である。

④少量の土地・農具などを占有し、自分で労働し、同時にまた一部の労働力
を販売している者は貧農である。

（任弼時「土地改革中的幾個問題〈1948 年 1 月 12 日在西北野戦軍前線委員会拡大
会議上的講話〉」、『解放戦争時期土地改革文件選編』106-107 頁）

以上からわかるように、任弼時が「階級分析」を劉少奇に送り各地への転送
を命じた狙いは、搾取関係にもとづく階級区分への回帰（任弼時の認識では、
回帰というよりも徹底）であった。しかし、12 月 31 日に 1933 年の 2 つの文書
を配布する際に付された劉少奇・中央工作委員会のリード文（【史料 11-2】）は、
「階級分析」の表現を巧みに使いながら階級区分の方法について「米ビツ論」
を維持する解釈を可能にするものとなっている。同指示は、【史料 11-2（1）】
で省略した部分において、階級区分の基準について以下のように述べている。

【史料 11-2（2）】　④階級を区分することは、ひとつの基準でなければならず、
　それはすなわち生産手段（農村では主要には土地である）を占有しているか否
　かであり、どのくらい占有しているかということと、占有と関係する生産関
　係（搾取関係）である。もしそのほかの基準を提起するのであれば、それは
　誤りである。

（「中共中央工委関於階級分析問題的指示」〈1947 年 12 月 31 日〉、『解放戦争時期土
地改革文件選編』97 頁）

ここでは、「生産関係（搾取関係）」に言及しながらもそれを唯一の基準とし
ていない点に注目すべきである。「階級分析」および任弼時の報告では階級区
分の核心に置かれている搾取関係が、ここでは生産手段の占有量と並列にされ
ている。もちろん、だからと言ってこの 12 月 31 日の指示に添付されていたは
ずの「階級分析」の文言そのものが改変されたとは考えにくいが、このように

412　第Ⅲ部　加速する暴力とその帰結

書かれたリード文が添付されることは，この指示を受け取った側には「階級分析」の解釈の仕方を示唆するものとして受け止められよう。前章までにみたように，1947年5月以来「米ビツ論」に依拠する階級区分を推進した劉少奇の指導によって，とりわけ中国土地法大綱の公布以降，富農に認定された基層幹部や党員たちが，すでに党籍を剥奪されたり身体的・精神的に大きな打撃を受けていた。このような劉少奇にとって，任弼時が主導して行おうとしていた搾取関係にもとづく階級区分への回帰は，簡単には容認できないものだったのである。しかも前項でみたように，毛沢東は，12月会議の時点では中央工作委員会による中国土地法大綱の制定とその下における土地改革運動を肯定していた。12月31日に各地の党組織に指示を送った段階では，劉少奇は「米ビツ論」による運動を維持できるし，維持すべきだと考えていたのであろう。

②劉少奇の転換と後退

　しかし劉少奇は，1948年1月に入ると早々に任弼時に対して土地改革運動のイニシアティブを譲るような姿勢をみせた。任弼時は1月8日に劉少奇に電報を打ち，中共中央工作委員会が1947年11月12日に作った文書「土地法大綱を執行することに関する指示（関於執行土地法大綱的指示）（草案）」が，「貧雇農・労働者およびその他の無地少地の農民は，老解放区において一般的に農村人口の50％以上を占めている」という見積もりを示していたことに対して疑念を伝えている（『任弼時年譜』566頁）。すなわち任弼時は，太行地区の統計によれば「中農は土地が分散している地域において，抗日戦争前には人口の40〜50％を占めており，現在はさらに増加して」おり，また「晋綏・陝甘寧の新旧の中農を合わせると，推計と一部の統計によれば農村人口の半分前後を占めている」としたうえで，劉少奇に対し，「〔草案で〕述べていることは，他の各区の状況にもとづいているのか」と問い合わせたのである（『任弼時年譜』566頁）。任弼時の疑念は，中央工作委員会が示した貧雇農の人口割合が，土地改革を経たはずの老解放区ですら過半数を占めるとしていた点にあった。

　これに対する劉少奇の回答は1月10日付であった。劉少奇の回答は以下のようなものであったとされる。「この数字の根拠はあまり十分ではなく，この数字を書かないほうがよい。しかし太行の過去の統計の中農の数字もまた不正

確であり」「大きすぎる」，と（『任弼時年譜』566 頁）。すなわち劉少奇は，老解
放区における貧雇農の割合として示した数字には根拠がないと回答したのであ
る。これは，すでに土地改革を経験した地域においても継続して土地改革を推
進しなければならないとする根拠を自ら否定する回答であった。

　この質疑応答は，その時期からみて，任弼時が 1 月 12 日に西北野戦軍拡大
幹部会議で行った報告（【史料 11-7】はその一部）を準備する過程で，中央工作
委員会の指示が記す情報と自分が李井泉らから聞き取った情報（混乱と行き過
ぎが生じているという情報）との間に矛盾があることを認識し，中央工作委員会
の情報に誤りがないか改めて確認しようとしたものであろう。その任弼時の 1
月 12 日の報告が，老解放区ではすでに貧農の多くが土地改革を経て中農に
なっており，これ以上の土地改革は必要ないと主張するものになったことを考
えれば，中央工作委員会の情報の根拠は薄弱であるとする劉少奇の回答は，任
弼時が 1 月 12 日の報告を行う上で決定的な意味をもっていたといえる。劉少
奇はこの回答を送った時点で，土地改革運動のイニシアティブを任弼時に譲っ
たのである[10]。

③劉少奇後退の理由

　では，なぜこの時点で劉少奇はイニシアティブを手放したのだろうか。現時
点では確定的なことは言えないが，理由はいくつか考えられる。ひとつは，先
行する晋綏辺区だけではなく，中央工作委員会が所在した晋察冀辺区でも 12
月には秩序の混乱が顕著になっていたことである。同辺区では，前章でみたよ
うに，区や村の幹部・支部党員だけではなく県委レベルも攻撃対象となり，県
委が解散させられる事態まで発生していた。中央局や分区レベルの指導者たち
にとって，「土地改革が進まなかったのは下級に原因があった」ということを
証明するためには，下級組織・党員に一定の犠牲が必要だったが，貧雇農の権

---

10) 本章冒頭で述べたように，姚志軍はこれ以降の「行き過ぎ」是正に劉少奇の中央工作委
　　員会が積極的な役割を果たしたとし，本章で後述する，新たな階級区分案の草案（【史
　　料 11-17】）作成にも大きな役割を果たしたとする（姚 2017：33）。しかし，中国土地
　　法大綱に結実した「貧雇農を中核とする路線」を主導してきた劉少奇は，むしろ「行
　　き過ぎ」の責任を追及されかねない立場にあったことを考えれば，「行き過ぎ」是正の
　　必要性を認めること自体，容易なことではなかったはずである。

威が共産党の権威を凌駕し，共産党の統治体制そのものを否定するような動き
は看過できなかった。この点についてはのちに詳述するが，地方党組織・党員
からの不満の声に劉少奇が応える必要があったのは間違いない。

　第二に，1947 年 11 月の石家荘占領に象徴されるように，共産党の軍事的な
優位が明らかになりつつあったことが挙げられる。劉少奇自身，土地改革の成
否が軍事的強弱に直結すると本気で考えていたかは不明であるが，1946 年以降，
両者は直結しているとする主張を毛沢東が展開していたことからすれば，戦局
が好転しているという事実は土地改革が成功していることの証拠とみなせる。
これ以上「米ビツ論」によって階級区分の基準を緩め，多くの人びとを闘争対
象として土地改革を強行する必要性は小さくなっていた。

　そして第三に，劉少奇にとってこれが最も決定的な理由だったと考えられる
が，毛沢東が，12 月 25 日の報告（【史料 11-4】）において，劉少奇が主導した
中国土地法大綱の制定とその下での土地改革運動を肯定したことが挙げられる。
この姿勢は毛沢東が任弼時の 12 月会議での報告（12 月 27 日）を聞いても変わ
らなかった。劉少奇としては，1947 年 5 月以降の一連の指導が肯定されたの
であれば，運動の現場で行き過ぎが発生していたとしても，その責任は下級に
押し付けることができる。自らの政治生命（場合によっては身体的生命）に影響
が及ばないことが確定したのである。

　しかもこの毛沢東のスタンスは，「行き過ぎ」是正を積極的に推進しようと
した任弼時にも共有されていた。任弼時は，1 月 12 日の講演（【史料 11-7 (1)】）
の冒頭で次のように述べている。

【史料 11-7 (2)】　私が話そうと思うのは，土地改革のなかのいくつかの問題
である。これはいくつかの重要な問題であるが，<u>土地改革の全般的な問題で
はない</u>。各解放区の土地改革運動は，非常に大きな成果を獲得して……いる。
去年 9 月の土地会議は，土地改革の問題を全般的に討論し，同時に多くの重
要な決定を行った。中央は土地会議の結果にもとづいて《中国土地法大綱》
を発布し，各解放区政府に施行を建議した。<u>土地法大綱の公布は，全国人民
の目の前にわが党の土地政策の方向性と方法をはっきりと明確にした</u>。この

方向性と方法に対して，われわれは断固として支持するべきである。
（任弼時「土地改革中的幾個問題〈1948 年 1 月 12 日在西北野戦軍前線委員会拡大
会議上的講話〉」，『解放戦争時期土地改革文件選編』103 頁）

　任弼時はこのように述べたうえで，「この偉大な運動のなかで発生した，全
党が注意を引き起こすべきいくつかの問題について少し話そうと思う」と続け
ている[11]。これは，1947 年に劉少奇の主導のもとで展開されてきた土地改革運
動そのものを否定するつもりはない，ということである。この点では任弼時の
スタンスは毛沢東と一致していた。
　もちろん，この任弼時の講演は 1 月 12 日であり，老解放区の貧雇農の割合
に関する劉少奇の回答（1 月 10 日）よりも後であった。したがって回答時点の
劉少奇には，任弼時も 1947 年 5 月以降の劉少奇の指導を肯定するのか否かに
ついてはわからないことだったかもしれない。しかし，12 月会議で毛沢東が
肯定する報告（【史料 11-4】）を行ったことは，中共中央としての評価の基調を
決定したと言うことができ，任弼時がそれを逸脱して責任を追及してくる可能
性は低いと判断することは可能だったであろう。証拠はないが，任弼時が 1 月
12 日の報告までに劉少奇の回答が欲しかったとすれば，早期の回答を促すた
めに，1 月 8 日に劉少奇に送った質問状に 1947 年 5 月以降の指導を否定する
意図はないという趣旨の一筆が添えられていた可能性もある。先にみた通り，
12 月 25 日に行われた毛沢東の報告は，中国土地法大綱下に行われている土地
改革を継続・推進することを求めていたが，その前提として劉少奇の指導を肯
定したことが，逆に，劉少奇にそれまでの路線（「米ビッ論」による階級区分と
闘争）から撤退するという選択肢を与えたのである[12]。

④「行き過ぎ」是正が抱える難問
　このように 1948 年 1 月以降，任弼時のイニシアティブのもとに「行き過ぎ」
是正が図られることになった。その方法は，「米ビッ論」による階級区分から
搾取関係にもとづく階級区分に戻すというものであった。しかし，この方針転

---

11) 任弼時「土地改革中的幾個問題〈1948 年 1 月 12 日在西北野戦軍前線委員会拡大会議上
　　的講話〉」，『解放戦争時期土地改革文件選編』103 頁。

換は容易なことではなかった。「米ビツ論」にもとづいて闘争に立ち上がり，基層の幹部・組織・党員を打倒した人たち（貧雇農）の反発は当然予想されたし，毛沢東は搾取関係にもとづく階級区分の徹底を是認する一方で，華北農村社会の現実から乖離した従来の認識のまま，貧雇農を中核とした土地改革の徹底を主張していた。中央レベルの指導者たちは，いかにして毛沢東の権威を傷つけずに「貧雇農を中核とする路線」を終息させるか，「行き過ぎ」是正によって梯子を外されることになる人びとに，いかにしてそれを受け入れさせるか，という難問を抱えることになったのである。

2　「行き過ぎ」是正と毛沢東

1）「貧雇農を中核とする路線」からの転換と地域区分

①中央レベル指導者たちの「瀬踏み」

　前節でみたように，12月会議でも毛沢東は任弼時がもっていた土地改革運動の「行き過ぎ」に関する危機感を共有せず，むしろ「貧雇農を中核とする路線」の徹底を唱えていた。この判断の基礎には，土地改革が徹底されていないとする1947年2月以来の認識があった。

　したがって，「行き過ぎ」を是正したい中央指導者たちがやらなければならないことは，まず毛沢東の認識を改めさせることであった。しかしこの作業は慎重に行う必要があった。土地改革政策が前提としてきたのは，毛沢東の「農村人口の8％を占める地主・富農が80％以上の土地を所有しており，人口の60〜70％を占める貧雇農は土地をほとんど所有していない」という社会認識

---

12) したがって，劉少奇は，自分が指導した1947年の農村革命事業が否定されることに対しては敏感に反応し反論した。楊奎松によれば，1948年1月末に晋察冀中央局の幹部を中央工作委員会に招いて行った会議において，彭真が「老区の中農に対して正確な分析がなく重大な過ちが発生した」と述べたとき，劉少奇は「われわれの政策は決して間違っていなかった」と反論したとされる（楊 2009：80）。また毛沢東が「行き過ぎ」是正を考え始めた1948年1月後半以降，劉少奇は毛沢東との電報のやりとりで，1947年の農村革命事業が誤りではなかったことを強調している（楊 2009：79–82）。

（前掲図 1-1）であり，農村社会が実際にこの構造になっているのであれば，貧雇農に依拠して土地改革を行ったとしても，中農の財産を奪うといった「行き過ぎ」が生じるはずはないからである。この認識と華北農村社会の現実（前掲図 2-7）とのギャップを指摘せずに「貧雇農を中核とする路線」を終息させようとすれば，「実際には支配地域において土地改革は十分行われていた」という論理を使うしかないが，この説明は，「土地改革はまだ徹底されていない」とする毛沢東の認識が誤っていると言うに等しい。最悪の場合，毛沢東によって地主・富農を庇護しようとしていると批判され，階級敵のレッテルを貼られる可能性すらあった。中央レベルの指導者たちはきわめて慎重に毛沢東の認識の転換を試みていった。

　中央レベルの指導者のなかで，最初にこの「瀬踏み」をしたのが陝甘寧辺区を管轄する西北局書記の習仲勲であった。習仲勲は 12 月会議に出たあと晋綏辺区に隣接する地域を視察し，1948 年 1 月 4 日付で「西北局並びに中央」宛に報告書を提出した。毛沢東は，この報告書につけたコメント（1 月 9 日）で，「習仲勲同志は〔改めて〕綏属各県を巡視し（電信を携帯して各地委と連絡せよ），明方同志が延の各県を巡視するように提案する」としているから[13]，習仲勲による晋綏辺区に隣接する地域への最初の視察は，毛沢東の命令で行ったのではないことがわかる。習仲勲は，前節でみたように 12 月会議の準備会議（土地改革小組）で任弼時・李井泉と情報交換をしており，これを承けて現場の状況を確認しに行ったのであろう。この報告書のなかで習仲勲は以下のように述べている。

【史料 11-8（1）】　もし一般の概念で老区の土地改革を進めれば，必ず原則的な過ちを犯すだろう。まず老区の階級は，もともと一般的に高く規定されており（内戦時），群衆は満足していない。……第二に，中農が多く，貧雇農が少ない。いくつかの郷村（清澗地区）では，一人の地主・富農も存在していない。すなわち，本当に少地や無地の貧雇農は最も多くても総戸数の

---

13)「毛沢東対習仲勲関於検査綏属各県土地改革情況的報告的批示」（1948 年 1 月 9 日），『解放戦争時期土地改革文件選編』98 頁。

20％に足りない（貧雇農の戸数が10％に足りないところもあり，当然，また特殊な現象もある）。もしまた均分するならば，80％の農民は同意しない。断固として分配すれば，われわれにとって不利である。このような老区では均分すべきではない。……第三に，地主・富農（旧）もまた新区に比べて非常に少ない。地主・富農が中国農村の8％前後を占めているという観念は，老区では改める必要がある。もし新区と同じように評価すれば，必ず重大な過ちを犯すことになる。

（「習仲勲関於検査綏属各県土地改革情況的報告」〈1948年1月4日〉，『解放戦争時期土地改革文件選編』99–100頁[14]）

　このように習仲勲は支配地域内の地域差について言及し，「老区の農民はすでに基本的に中農化している」と報告したのである。これは中央レベルの指導者のなかで初めての指摘であった。では，この報告のどこが「瀬踏み」と言えるのか。それは老区の捉え方にある。報告は，上掲の引用文の直前で次のように述べている。

【史料11-8 (2)】　ソビエト時期の老区は，多くの問題があり，抗戦時期の新区とは状況は基本的に異なっている部分があるはずである。もし一般の概念で老区の土地改革を進めれば……

（「習仲勲関於検査綏属各県土地改革情況的報告」〈1948年1月4日〉，『解放戦争時期土地改革文件選編』99頁）

　すなわち，この報告で言う老区とは，ソビエト革命期（1930年代）に土地革命を行った地域（陝甘辺ソビエト・陝北ソビエト）のことを指していた。抗日戦争期でさえないのである。そうだとすれば，実質的には陝甘寧辺区を含む支配地域の大部分が新区であり，「土地改革はなお不徹底である」という認識に合致する地域が大部分であるということになるだろう。このように習仲勲の報告書は，老区に「ソビエト時期の」という限定をつけることで，毛沢東の現実認

---

14) なお，この文書は「毛沢東転発習仲勲関於検査綏属各県土地改革情況的報告的批語」（1948年1月9日）の附録として収録されている。

識に修正を迫る部分をできるだけ小さくしようとしたようにみえる。

このように細心の注意を払った習仲勲に対し、毛沢東は「ソビエト時期の」という限定が存在していることに特にこだわらなかった。毛沢東が習仲勲の報告書につけたコメントは、以下のように述べている。

【史料 11-9 (1)】 ①習仲勲同志が 1 月 4 日に西北局および中央に送った辺区（老区）の土地改革事業の進行に関する手紙は、すでに受け取って読んだ。
②私は習仲勲同志が提示した各項の意見に完全に同意する。これらの意見に照らし、各分区および各県の土地改革事業を密接に指導し、辺区の土地改革事業を正しい軌道に乗せて進め、過ちを少なくするように希望する。
（「毛沢東対習仲勲関於検査綏属各県土地改革情況的報告的批示」〈1948 年 1 月 9 日〉、『解放戦争時期土地改革文件選編』98 頁）

また習仲勲の報告書を各地に転送する際に付したリード文には次のように記されていた。

【史料 11-9 (2)】 習仲勲同志の意見に完全に同意する。華北の各老根拠地は、注意すべきである。
（「毛沢東転発習仲勲関於検査綏属各県土地改革情況的報告的批語」〈1948 年 1 月 9 日〉、『解放戦争時期土地改革文件選編』99 頁）

いずれも一般的な表現で「老区」とのみ記している。とくに後者は、華北がどこを指すのかという問題はあるが、ソビエト時期に共産党が支配していた地域は長江以南が大部分を占めていたことから考えれば、この毛沢東の文書を受け取った者は、「華北の各老根拠地」とは当時の一般的な意味での老区、すなわち抗日戦争期に支配下におさめた地域を指すと解釈するだろう。毛沢東はこのように解釈されることを許したのである。ソビエト時期の老区で中農化が実現しているのであれば、抗日戦争期の老区でも同じ可能性があると考えたのかもしれない。習仲勲の報告書は、毛沢東に「老区はすでに中農化済み」というイメージを与えた点で重要な役割を果たしたと考えられよう。

この習仲勲の報告書と毛沢東の反応は、1 月 12 日に西北野戦軍前線委員会

420　第Ⅲ部　加速する暴力とその帰結

拡大会議で講話を行った任弼時も認識していたはずである。習仲勲の報告書（【史料 11-8】）の宛先には中共中央西北局が含まれていたからである。本章で何度も言及した 1 月 12 日の任弼時講話は，老区の問題について以下のように述べている。

【史料 11-7 (3)】　中農は旧政権下では人口の 20 ％を占めていた。老解放区では，一般に 50 ％前後を占めている。土地を徹底的に均分した後は，農村内では最大多数の人は中農になった。少数の人だけが中農ではない。
（任弼時「土地改革中的幾個問題〈1948 年 1 月 12 日在西北野戦軍前線委員会拡大会議上的講話〉」，『解放戦争時期土地改革文件選編』110 頁）

ここで「農村内では最大多数の人は中農になった」という老解放区には，「ソビエト時期の」といった限定がつけられていない。すなわち任弼時は，当時の一般的な概念としての老解放区へと，すでに中農化が実現した地域を広げているのである。

この任弼時の報告を追いかけるようにして，1 月 19 日付で，毛沢東の 1 月 9 日の指示に従って綏属各区を視察していた習仲勲が毛沢東に報告書を提出している。そこでは，「〔1 月〕14 日の夜，義合に戻り，15 日・16 日の両日，西北局会議を開いて中央の会議の精神を伝達し討論し」たとしたうえで[15]，次のように述べている。

【史料 11-10】　②土地革命地区では，確かに中農が優勢を占めている。減租地区でも基本的な変化が生じている。もしこのような状況を見ないならば，重大な過ちを犯すであろう。……
③老区では，いくつかの村の貧雇農は非常に少ない。そのなかには，偶然の災害で貧乏になったものがいる。地主・富農階級から下降していまだに転化が終わっていない者もいる。食いしん坊の怠け者で博打や浪費で貧乏になっ

---

15)「習仲勲関於西北土改情況的報告」（1948 年 1 月 19 日），『解放戦争時期土地改革文件選編』128 頁。なお，この文書は「毛沢東転発習仲勲関於西北土改情況的報告的批語」（1948 年 1 月 20 日）の附録として収録されている。

第 11 章　「行き過ぎ」是正の論理と党中央　　**421**

た者もいる。したがってこれらの地区で組織された貧農団は，群衆のなかで威信がなく，彼らが立ち上がって土地改革を指導することは，指導権を悪人に手渡すことに等しい。

（「習仲勲関於西北土改情況的報告」〈1948 年 1 月 19 日〉，『解放戦争時期土地改革文件選編』130 頁）

　このように，習仲勲は「ソビエト時期の老区」に相当する「土地革命地区」に加え，「減租地区」でもすでに中農化が実現し，貧雇農が少数になっていると述べた。1 月 12 日の任弼時の講話と同様に，「すでに多くの貧雇農が中農になった」という老区のなかに，減租を実施した地域，すなわち抗日戦争期からの支配地域（老区）を含めたのである。

　この 1 月 19 日付の習仲勲の報告に対しても，毛沢東は 1 月 20 日に「習仲勲同志のこれらの意見に完全に同意する。<u>華北・華中の各老解放区</u>で同様の状況にあるものは，左の過ちを是正することに厳密に注意せよ」とのコメントをつけて各地に転送した[16]。ここに毛沢東は，一般的な意味での老区において多くの貧雇農が中農になっているという可能性があることを認めたのである。任弼時と習仲勲による慎重な「瀬踏み」は，ようやくこの地点に到達したのであった。

②毛沢東による「半老解放区」の設定と固執

　とはいえ，これで毛沢東が抗日戦争の開始以降に支配を始めた地域全域に対して「貧雇農を中核とする路線」による土地改革を停止させたのかといえば，そうではない。毛沢東は，任弼時と習仲勲の報告を受けてもなお，支配地域の相当部分の土地改革は不徹底であるという認識を捨てなかった[17]。このことは，1948 年 2 月 6 日付で晋綏分局の李井泉と西北局の習仲勲に宛てた指示において確認できる。この指示は，冒頭で次のように共産党の支配地域を 3 種類の地域（老解放区・半老解放区・新解放区）に区分している。

---

16) 「毛沢東転発習仲勲関於西北土改情況的報告的批語」（1948 年 1 月 20 日），『解放戦争時期土地改革文件選編』128 頁。

422　第Ⅲ部　加速する暴力とその帰結

【史料 11-11 (1)】　日本が降伏する以前の老解放区と，日本が降伏してから全国の大反攻まで（去年 9 月）の 2 年間に占領した地域である半老解放区と，大反攻以後新たに占領した地域である新解放区，というこの 3 つの地域の状況は異なっており，土地法の内容とステップを実行することにも違いがあるべきである。

（「毛沢東関於分三類地区実行土地改革問題給李井泉・習仲勲等的指示」〈1948 年 2 月 6 日〉，『解放戦争時期土地改革文件選編』154 頁）

そのうえで，半老解放区と老解放区における政策について以下のように述べている。

【史料 11-11 (2)】　半老解放区では，完全に土地法を実行し，土地を徹底的に均分し，貧農団と農会を組織し，貧農団を指導の中核とすべきであり，農会のなかでは貧農の積極分子が 3 分の 2 を占め，中農は 3 分の 1 だけを占めるべきであり，これらはすべて問題がない。しかし老解放区では，たとえば晋綏の 90 万人の人口の老区，あるいは 45 万人の人口の老区，陝甘寧ではおよそ 100 万から 120 万人の老区では，土地はおよそすでに均分されており，およそすでに土地法を実行している。ここではもう一度均分する必要はなく，土地を調整すればよい。

（「毛沢東関於分三類地区実行土地改革問題給李井泉・習仲勲等的指示」〈1948 年 2

17）1948 年 1 月 18 日，毛沢東は中共中央のために「現在の党の政策におけるいくつかの重要な問題について（関於目前党的政策中的幾個重要問題）」と題する草案を作成した。この指示では中農との連携強化と貧農団による独裁の否定などが謳われており（『毛沢東選集』第 4 巻，1268-1272 頁），この文書を以て毛沢東が明確に「行き過ぎ」是正に踏み切ったとする議論も存在する（楊 2012b：30-31）。しかし，あくまでこの指示には「老解放区で中農が多数を占め，貧雇農が少数である地域では」という限定が付されており，全面的な「行き過ぎ」の是正を指示していたわけではないという点を重視すべきである。このことは，この直後の 1 月 20 日，毛沢東が各中央局に出した指示 "左" の誤りを是正するために（為糾正 "左" 的錯誤）」の中で，「華北・華中各地の老解放区」において「行き過ぎ」是正を行うように命じつつ，「ただし是正する際には，左の誤りを是正することを，動いてはならない〔土地改革を停止する〕という意味であると下級に誤解させないようにすることに注意すべきである」と念を押していることからも分かる（『毛沢東集　補巻』第 8 巻，171 頁）。

月 6 日），『解放戦争時期土地改革文件選編』154 頁）

　このように毛沢東は，習仲勲が 1 月 19 日付の報告（前掲【史料 11-10】）で老区に準じる地域として含めようとした「減租地区」を老区と半老区に分割し，半老区については「完全に土地法を実行し，土地を徹底的に均分し，貧農団と農会を組織し，貧農団を指導の中核とするべき」として老区扱いすることを拒絶した。この半老解放区は 1945 年 8 月から 1947 年 9 月までに支配下に入った地域を指すから，日本軍の武装解除によって獲得した華北・東北の広大な地域が該当する。毛沢東は 2 月上旬の時点でなお，日本降伏後に支配を始めた地域において土地改革が不徹底であるという認識を変えていなかったのである[18]。

　しかも毛沢東がこうした姿勢をとったのは，劉少奇による巻き返しによるものではない。毛沢東は，支配地域を 3 つに分類してそれぞれの扱いや政策を区別することを考えはじめたとき，劉少奇に対してこの方針の是非を問い合わせた。この問い合わせの文書は現時点では資料集には収録されず公開されていないが（理由は不明），それに対する劉少奇の回答（2 月 5 日付）は収録されている。この回答のなかで劉少奇は次のように述べている。

【史料 11-12】　①五台の，覆査を経て土地改革が徹底された地区では（およそ千の村がある），一部の下層中農だけがやや少ない土地をもっているだけで，貧農と富裕中農はやや多い土地をもっている。こうした地区では，改めて均

---

18) ペパーは，前注に挙げた毛沢東の文書「現在の党の政策におけるいくつかの重要な問題について」が，富農と富裕中農との区別を重視し中農の保護を訴えているという点に着目し，「1 月 12 日の任弼時の演説は，基本的に 1 月 18 日の毛沢東の指令で要約されたものと同じ点を詳しく説明したものであった」と述べて，毛沢東と任弼時の認識の一致を主張している（Pepper 1978：319）。しかしこの時期の毛沢東と他の指導者との争点は，老区の現状をどのように捉えるかという問題にあった。この問題について 1 月 18 日付の毛沢東の草案は「老解放区で中農が多数を占め貧雇農が少数の地域では，中農の地位はとりわけ重要である」と述べており，中農が多数を占めているという地域が老解放区の一般的状況ではないとする認識を示している（『毛沢東選集』第 4 巻，1268 頁）。これに対して 1 月 12 日の任弼時の報告は，【史料 11-7 (3)】にあるように「老解放区では，〔中農は〕一般に 50 ％前後を占めている」としており，毛沢東の認識との間に齟齬があったことは明白である。

分する必要はまったくなく，補填もすべきではない。……しかし，貧農団が
すでに組織されているならば，しばらくは取り消すべきではないと考える。
太行には，1000万人の土地改革が徹底された地区があり，また1000万人の
基本的に徹底されたが尻尾が残っている地区もある。……これらの地区でも
改めて均分する必要はない。しかし五台と太行のこうした地区は，老区と半
老区にすべて存在し，最大の部分はやはり半老区に存在する。したがって，
半老区における土地がすでにおよそ均分された地区では，改めて均分すべき
ではなく，個別的あるいは部分的な調整だけを実行すべきであると規定すべ
きだと考える。そして，土地改革が不徹底な半老区では，完全に土地法を適
用する。

（「劉少奇関於土地法実施応分三種地区問題給毛沢東的報告」〈1948年2月5日〉，
『解放戦争時期土地改革文件選編』143頁）

　この文書は歯切れが悪く，下線部にある「こうした地区」が，破線部の「土
地改革が徹底された地区」を指すのか，「基本的に徹底されたが尻尾が残って
いる地区」を指すのか不明瞭である。このこと自体，当時の劉少奇の微妙な立
場を物語っているようにみえるが，老区と半老区の両方に土地改革が徹底され
た地域が存在し，そこではこれ以上の土地改革は必要ないとする見解が示され
ていたことは確認できる。引用の冒頭に「覆査を経て」とあるように，覆査以
来の華北の土地改革を指導した劉少奇としては，自らの指導の成果として半老
区でもすでに貧雇農が中農化した地域が多く存在すると主張したかったという
事情もあっただろう。少なくとも，半老区全体で土地改革を徹底しなければな
らないと主張していたわけでないことは明白である。

　しかし毛沢東は，先にみたように，2月6日付の李井泉と習仲勲に宛てた指
示（【史料11-11 (2)】）で，半老区については「貧雇農を中核とする路線」にも
とづく土地改革を徹底するように命じていた。毛沢東は，2月5日付の劉少奇
の回答（【史料11-12】）をあえて無視し，6日にこの指示を出したのである。毛
沢東がそれまでの現状認識をかたくなに維持していたことをみてとることがで
きよう。こうして毛沢東以外の中央レベルの幹部たちにとっての問題の焦点は，

半老区，すなわち抗日戦争後に共産党の支配下に入った地域における，貧雇農を中核とする土地改革をいかにして停止するかに絞られたのである。

③毛沢東の認識の転換と「行き過ぎ」是正

とはいえ，上述したように，毛沢東は習仲勲の報告書に対する1月9日（【史料11-9】）と1月20日の返答において，一般的な意味での老解放区ですでに中農化が実現している可能性を否定しなかったから，この時点で半老区の現実を報告するハードルはかなり下がっていたと考えられる。しかも次章で詳述するように，1月には各級の地方党組織から「貧農団内部の不純」や「貧農団の質の悪さ」が相次いで報告されるようになっており，2月に入ると中央レベルの指導者も，こうした貧雇農を中核とすることの問題を毛沢東に報告するようになっていた。こうした流れを受けて，2月10日には晋冀魯豫中央局書記（代理）の薄一波が，2月7日に出された毛沢東からの問い合わせに回答するなかで次のように述べている（毛沢東からの問い合わせ文書は非公開）。

【史料11-13】　わが区の日本が降伏する前の老解放区は，日本が降伏した後の半老解放区と土地改革の徹底度合いにそれほど違いはない。これらの地区の土地は大体すでに均分され，地主と富農はすでに消滅し，貧雇農はすでに翻身し，大体においてみな新中農となっており，少数の尻尾だけが残っている。……これらの地区では，われわれはすでに改めて土地を均分する運動はしないことを決定した。
（「薄一波関於分三類地区実行土改問題的報告」〈1948年2月10日〉，『解放戦争時期土地改革文件選編』238-239頁[19]）

このように薄一波は，老区と半老区との間に実質的に違いはないと明言している。この薄一波の報告に対する毛沢東の反応は2月19日付で出されており，そこでは「2月10日の報告は了解した」と述べて同意している[20]。そしてこの

19）なお，この文書は「毛沢東対薄一波関於分三類地区実行土改問題的報告的批示」（1948年2月19日）の附録として収録されている。

20）「毛沢東対薄一波関於分三類地区実行土改問題的報告的批示」（1948年2月19日），『解放戦争時期土地改革文件選編』238頁。

426　第Ⅲ部　加速する暴力とその帰結

直後の 2 月 22 日，中共中央の名で「老区と半老区において土地改革事業と整党事業を進めることに関する中共中央の指示（中共中央関於在老区半老区進行土地改革工作与整党工作的指示）」が出された。この指示では，冒頭で地域区分について以下のように明示されている。

【史料 11-14（1）】　各地の最近数カ月の報告によれば，各解放区では，去年の秋に人民解放軍が防御から進攻に転換して以後に解放された新区を除いて，すべての老区と半老区はおよそ 3 種類の地域に分けるべきであり，3 種類の地区の異なった状況にもとづいて異なった活動方針を採用するべきである。
（『晋察冀日報』1948 年 3 月 2 日「中共中央関於在老区半老区進行土地改革工作与整党工作的指示——1948 年 2 月 22 日」）

ここでは老区と半老区を 3 種類の地域に分割するべきだとしている。では，その 3 種類の地域とはなにか。指示は以下のように列挙している。

【史料 11-14（2）】　（甲）第一類の地区は，土地改革が比較的徹底した地区である。そのなかの大多数の地区は減租減息・清算闘争と 1946 年の五四指示以後の土地改革を経た。一部の地区では清算と土地改革を経た。……これらの地区では，土地はすでに均分され，封建制度はすでに存在しておらず，農民各階層は土地の平均数とほぼ変わらない土地を占有している。……
（乙）第二類の地区は，土地改革がまだ不徹底の地区である。そのなかの一部の地区は減租減息・清算闘争と五四指示後の土地改革を経ている。その他の一部の地区は，清算と土地改革を経たが，各種の原因，たとえば領導方針が動揺したり，党内が不純であったり，官僚主義であったり，命令主義や戦争の状況などによって，土地均分がなお不徹底となっており，封建制度がまだ残っており，農民各階層が占有する土地の平均数の差は比較的大きい。……
（丙）第三類の地区は，土地改革が非常に不徹底の地区である。そのなかの一部の地区は清算と土地改革を経たけれども，活動が非常に悪い。他の一部の地区は辺沿〔前線〕区や収復区であり，土地改革がまだ行われていない。

これらすべての地区は，土地は均分されておらず，封建制度が依然として存在しており，土地関係および階級状況は若干の変動があるだけで，地主や旧富農は依然として大量の土地財産を占有し，貧雇農は依然として人口が多く土地が少ない。この種類の地区では，土地を均分し徹底的に封建制度を消滅させる方針を完全に適用する。……

（『晋察冀日報』1948年3月2日「中共中央関於在老区半老区進行土地改革工作与整党工作的指示——1948年2月22日」）

このように，この新しい指示では，共産党が支配下に置いた時期によって区分される老区と半老区とで適用する政策を変えるのではなく，老区と半老区をひとまとまりの地域としたうえで，土地改革の徹底度によってその内部を「第一類」「第二類」「第三類」に区分し，それぞれに異なった政策を適用するように命じている。実態に即した認識と政策の変更であると言えるが，これまでみてきた指導者間のやりとりからすれば，老区と半老区をひとまとまりの地域と捉えたことがきわめて大きな意味をもっている。この指示が出たことによって，半老区であっても，中央局をはじめとする指導機関が「第一類」の地域であると認定すれば，「貧雇農を中核とする路線」と土地均分政策を停止することができるようになったのである。12月会議で任弼時が「行き過ぎ」の発生に警鐘を鳴らしてからおよそ2カ月，そして任弼時と習仲勲の慎重な「瀬踏み」を経て，毛沢東が一般的な意味での老区においてすでに多くの貧雇農が中農になっている（これ以上の土地均分政策は不要である）という状況が存在することを認めてから1カ月，ここにきてようやく半老区まで含めた共産党支配地域における土地改革の「行き過ぎ」を停止することが決定されたのであった[21]。

④「行き過ぎ」是正の確定

ただし，この毛沢東の認識と政策の変更は，直ちに安定的・確定的なものと

21）なお，中国土地法大綱の施行自体が遅れた晋冀魯豫辺区の潞城県張荘村では，闘争を続けようとした工作隊がこの村を「第三類」に分類したため，「あらゆるものを白紙に還し，農民運動を基本からやりなおすべき村として扱われた」という（ヒントン 1972a：387-389）。このような地域間の差異が及ぼした影響については，別の機会に改めて考察したい。

428 第Ⅲ部 加速する暴力とその帰結

して共産党指導者たちに受け止められたわけではなかったようである。【史料
11-14】の 2 月 22 日付の中共中央の指示が『晋察冀日報』に掲載されたのは 3
月 2 日であり，晋察冀中央局が管轄下の各級党委に対してこの指示を執行する
旨の命令を発したのは 3 月 4 日であった[22]。ここに 10 日間のタイムラグが生
じている。また，劉少奇の中央工作委員会も慎重であった。現況として「行き
過ぎ」が発生していると報告してきた冀察熱遼分局書記の程子華[23]（2 月 19 日）
と冀東区党委（2 月 16 日）と熱河分局（2 月 23 日）に対し[24]，中央工作委員会
が「冀東の老区と半老区で土地がすでに基本的に均分された地域では，土地調
整を実行するべきであり，改めて均分してはならず，絶対平均主義に行っては
ならない。また一切を指導する貧農団を組織してはならず，農会のなかで貧農
小組を組織するべきである」とする返事を送ったのは，3 月 15 日であった[25]。
報告されてから 1 カ月，返事が保留されていたことになる。

　この間，3 月 6 日付で毛沢東は劉少奇に注目すべき文書を送っている。この
文書は 2 月 18 日付で劉少奇から毛沢東に送られてきた老区の土地改革に関す
る報告への返答であるが，そのなかで毛沢東は，この間の土地改革政策につい
て以下のように述べている。

　【史料 11-15】　私は，各地が犯した多くの過ちは，主要には……指導機関が
　規定した政策が明確性を欠いており，すべきこととすべきでないことを公開
　で明確に区別していなかったことによると感じている。……〔この問題に対し
　ては〕各中央局と中央がそれぞれ責任を分担すべきである。われわれの過去

22）『晋察冀日報』1948 年 3 月 6 日「為執行中央「関於老区半老区土地改革工作与整党工作
　　的指示」給各級党委的指示信」。なお「3 月 4 日」は，この記事中に掲載されている晋
　　察冀中央局の指示の末尾に記された日付である。
23）『中国共産党組織史資料』第 4 巻上，223 頁。
24）「程子華関於土改整党問題的報告」1948 年 2 月 19 日，「冀東区党委関於土改覆査情況的
　　報告」1948 年 2 月 16 日，「熱河分局転報冀東区党委関於土改情況的報告」。なお，いず
　　れも「中共中央工委関於糾正土地改革運動中的左傾錯誤給熱河分局的指示」の附録と
　　して『解放戦争時期土地改革文件選編』に収録されている。それぞれ，302-307，308-
　　309，310-311 頁。
25）「中共中央工委関於糾正土地改革運動中的左傾錯誤給熱河分局的指示」（1948 年 3 月 15
　　日），『解放戦争時期土地改革文件選編』301 頁。

の多くの活動は，公開で……明確に境界線を区分できず，また系統的な説明
をすることもできなかったが，各中央局だけに責任を負わせることはできず，
私自身も深くこうした責任を感じている。最近の3カ月あまり，私は各項の
政策について努力して研究し，説明を展開し，それによってこうした欠点を
補った。しかし，各中央局はこの方面については，おのずから彼ら自身の責
任がある。その次に政策自体の誤りがあった。
（「毛沢東関於政策与経験的関係問題致劉少奇電」〈1948年3月6日〉，『解放戦争時
期土地改革文件選編』261-262頁）

　このように毛沢東は，3月6日に「最近の3カ月あまり」の政策・運動に誤
りがあったこと，その誤りについては自身や中央局・各指導機関に責任がある
ことを認める文書を劉少奇に送った。3月15日に劉少奇から程子華と冀東区
党委に送られた返答は，毛沢東のこの文書を見て，方針の転換を確信して書か
れたものであろう。晋察冀中央局の動きもこれと関係しているかもしれない。
「貧雇農を中核とする路線」と土地均分の停止という方針転換は，共産党の中
央レベルの指導者たちのなかで1948年3月半ばにようやく安定したのである。

2）新区に対する認識と土地改革政策
①中央レベルの指導者の認識
　このように共産党中央指導部は，毛沢東の社会認識（前掲図1-1）と華北農
村社会の現実（前掲図2-7）との間の乖離に手をつけることなく，老区・半老
区のかなりの部分ではすでに土地改革が実施され，貧農は土地を分配されて中
農化しているという認識を毛沢東にもたせることで，支配地域の大部分で「貧
雇農を中核とする路線」にもとづく土地均分政策を停止することを認めさせた。
社会認識と土地均分政策の誤りを認めて転換したのではなく，成果は十分に上
がったという認識の下で転換したのである。とすれば，共産党が支配を始めて
からまだ間もない地域（新区）や，まだ支配が及んでいない地域（国民政府統
治地域）の社会構造は，土地改革による革命を必要とするものであるはずであ
り，その政策は貧雇農を中核として実施されるべきであろう。実際に，新区や

430　第Ⅲ部　加速する暴力とその帰結

国民政府統治地域については従来の社会認識と方針が維持されている。

　たとえば【史料 11-8】で取り上げた 1948 年 1 月 4 日付の習仲勲の報告は，「ソビエト時期の老区では……中農が多く，貧雇農が少ない」とする一方で，「地主・富農（旧）もまた新区に比べて非常に少ない。地主・富農が中国農村の 8 ％前後を占めているという観念は，老区では改める必要がある」と述べており，新区の社会構成については旧来の認識のままであった[26]。また【史料 11-7】として取り上げた 1 月 12 日の任弼時報告の別の部分は，「一般の推計によれば，旧政権の下の農村のなかの平均では，地主は総戸数の 3 ％，富農はおよそ 5 ％を占め，地主・富農の合計でも戸数で 8 ％，人数で 10 ％である」とし，「中農は旧政権下では人口の 20 ％を占めていた」としている[27]。計算上，貧雇農は 70 ％を占めることになるだろう。ここでも土地改革実施前の社会構成として旧来の認識が踏襲されていた（第 1 章第 2 節第 1 項も参照）。

②毛沢東の認識

　毛沢東の認識も，もちろん変化していなかった。1948 年 1 月 22 日に華東野戦軍の粟裕に送った指示では，「国民党統治の農村のなかでは，貧農・雇農およびその他の無地・少地の農民は 70 ％を占め，中農が約 20 ％，地主・富農およびその他の搾取分子が 10 ％を占めている」と述べている[28]。その上でこの毛沢東指示は，「したがって農会が包括する群衆はきわめて広大であり，70 ％の貧雇農は最も積極的であり，おのずと農民協会の主体となる」と述べ，「貧雇農を中核とする路線」を徹底するように命じている[29]。

　2 月に入ると，1947 年に南下して河南省の大別山に拠っていた鄧小平から，

26）「習仲勲関於検査綏属各県土地改革情況的報告」（1948 年 1 月 4 日），『解放戦争時期土地改革文件選編』100 頁。なお，この文書は「毛沢東転発習仲勲関於検査綏属各県土地改革情況的報告的批語」（1948 年 1 月 9 日）の附録として収録されている。

27）「土地改革中的幾個問題（任弼時）（1948 年 1 月 12 日在西北野戦軍前線委員会拡大会議上的講話）」，『解放戦争時期土地改革文件選編』104，110 頁。

28）「毛沢東関於新区土改問題給粟裕的指示」（1948 年 1 月 22 日），『解放戦争時期土地改革文件選編』147-148 頁。なお，この文書は「毛沢東関於審査新区土改指示給劉少奇的信」（1948 年 2 月 5 日）の附録として収録されている。

29）「毛沢東関於新区土改問題給粟裕的指示」（1948 年 1 月 22 日），『解放戦争時期土地改革文件選編』148 頁。

新区では貧農団に指導権を与えることは段階を踏んで慎重に行うべきだとする報告書が毛沢東宛に届いたが[30]，毛沢東は2月17日付でこの報告書を各地・各軍に転送し，「先に貧農団を組織することを確定し，貧雇農の威信を樹立する。数カ月後，改めて農民協会を組織し，農民全体を団結させる」とのコメントを付けた[31]。鄧小平の提言を否定し，「貧雇農を中核とする路線」を維持せよとする指示を与えていたのである。同様の姿勢は，2月17日付で中原野戦軍後方司令部に宛てた指示にも，2月25日付で李雪峰[32]に宛てた指示にもみられる[33]。新区に関しては「貧雇農を中核とする路線」の堅持を主張していたのである。毛沢東は，「貧雇農が最も多く人口の70％を占めている」という従来からの農村社会認識を1948年春の段階でも維持していた。

　なお，この公定社会認識は，第1章でふれたように，人民共和国を建国した後も共産党指導部の公式見解として語られていた。朝鮮戦争が勃発する直前の1950年6月14日，国家副主席となっていた劉少奇は「土地問題に関する報告」を行ったが，そこでは，人民共和国建国後も土地改革を継続しなければならない理由として，次のように語っている。

【史料11-16】　なぜこのような〔土地〕改革を行わなければならないのか？簡単に言えば，それは中国のこれまでの土地制度がきわめて不合理だったからである。旧中国の一般的な土地情況について言うなら，大体次のとおりである。すなわち，農村人口の10％にも足りない地主と富農が，約70％から80％の土地を所有しており，彼らはそれによって農民を残酷なまでに搾取

30）「鄧小平関於新区土地改革問題的報告」（1948年2月8日），『解放戦争時期土地改革文件選編』233頁。なお，この文書は「毛沢東転発鄧小平関於新区土地改革問題的報告的批語」（1948年2月17日）の附録として収録されている。

31）「毛沢東転発鄧小平関於新区土地改革問題的報告的批語」（1948年2月17日），『解放戦争時期土地改革文件選編』230頁。

32）李雪峰は中共中央中原局第三副書記（『中国共産党組織史資料』第4巻上，354頁）。

33）前者は「毛沢東関於淮西土改闘争策略給中原野戦軍後方司令部的指示」（1948年2月17日），『解放戦争時期土地改革文件選編』234頁。後者は「毛沢東転発李雪峰関於新区闘争策略及組織形式問題的報告的批語」（1948年2月25日），『解放戦争時期土地改革文件選編』255頁。

432　第Ⅲ部　加速する暴力とその帰結

していた。そして，農村人口の 90 ％を占める貧農，雇農，中農およびその他の人民は，ぜんぶ合わせてもわずか 20 ％から 30 ％の土地を所有しているにすぎず，彼らは 1 年中はたらいても衣食に不自由していた。このような状態は，この十数年にわたる抗戦と人民解放戦争を経て，いくらか変化したが，土地改革をすでに実行した地区を除けば，一部の地区では，むしろ土地が地主の手に集まっている。
（「劉少奇副主席「土地改革問題に関する報告」」〈1950 年 6 月 14 日〉，『新中国資料集成』第 3 巻，110 頁）

　この報告にみられる「旧中国」農村の人口と所有地の比率は，内戦期に語られていた数字そのままである。というよりも 1930 年代の毛沢東「興国調査」と同じであると言うべきであろう。公定社会像は 1930 年代から 1950 年代初頭まで一貫して維持されていたのである。

3）新たな階級区分へ

①新たな階級区分基準の検討

　このように，中国土地法大綱下の農村で顕在化した「行き過ぎ」は，毛沢東の農村社会認識の誤りを指摘することなく，また劉少奇・中央工作委員会の責任を問うこともなく是正が図られた。しかしその一方で，「行き過ぎ」を生じさせた直接的な原因を取り除く必要はあった。それは中国土地法大綱における階級区分の不明確さであった。改めて階級区分の基準を制定する必要に迫られたのである。

　先にも述べたように，『任弼時伝』によれば任弼時は 1947 年 10 月には中国土地法大綱に明確な階級区分の基準がないことを危惧していたが，同年末に開かれた 12 月会議での任弼時の発言は階級区分の基準に関するものではなく，「財産の処理，政治的権利，闘争方法の方面を重視」するものであったという（『任弼時伝』下巻，793 頁）。これは「階級区分の基準はすでに中央から指示が発せられたため」とされるが（同前），この時点で中央が発していた階級区分の基準は 1933 年の 2 つの文書しかなかったことを考えれば，このときに任弼

時が階級区分の基準の問題にふれなかったのは準備ができていなかったからであろう。1948年1月12日に任弼時が西北野戦軍前線委員会拡大会議で行った講演（【史料11-7】）では、搾取関係にもとづく階級区分の徹底を呼びかけるとともに、とりわけ中農と富農の境界線について搾取率を盛りこんだ新しい階級区分基準に言及している。

【史料11-7 (4)】　富農と中農をいかに区分するかということは、十分慎重に処理しなければならない問題である。一般的にいえば、中農は他人を搾取しないが、軽微なあるいは偶然的な搾取があっても、やはり中農とすべきである。この問題においては、中央は最近、1933年に比べてさらに寛大な政策を採用することに決定した。すなわち、軽微な搾取があっても……搾取による収入が総収入の25％（4分の1）を超えない者は、中農や富裕中農とする。これは1933年の規定がこうした搾取による収入が15％を超えないとしていたことに比べて、やや寛大である。搾取部分が25％を超え、かつ3年連続であって初めて富農とみなす。
（任弼時「土地改革中的幾個問題〈1948年1月12日在西北野戦軍前線委員会拡大会議上的講話〉」、『解放戦争時期土地改革文件選編』108頁）

　このように1月12日の任弼時講話は、富農と中農を区分する境界線として搾取率を提起した。しかし、直ちにこれが党全体の基準となったわけではない。いくつかの断片的な資料は、1948年1月後半から2月上旬にかけて、中央から各地方党組織に対してこの搾取率を盛りこんだ新しい階級区分基準について問い合わせがあったことを示唆している。

　たとえば、1948年2月11日付で晋察冀中央局が中共中央と中央工作委員会に宛てて階級区分の基準に関する報告書を提出しているが、そこでは以下のように述べている。「階級区分問題について、以下の問題が存在する。①地主が労働を始めて5年、また富農が貧農・中農に変わって3年経てば階級を改変すべきとの問題について、群衆は支持している。……③富農の搾取について、25％の計算を満たすべきであるという問題。各地の同志の意見は、剰余価値の計算について、労働者を雇って生産した価値のうち、賃金は控除し、食費は

控除しないとするものである」[34]。ここからは，この文書よりも前に中共中央および中央工作委員会から晋察冀中央局に宛てて質問文書が出されていたことがわかる。また，1948年2月6日付で中共中央が東北局に与えた指示では，1月下旬の東北局の報告を受けて「1933年の規定の原則と東北の特殊な状況にもとづいて，以下のように修正することを提案する。研究して回答してほしい」としたうえで，「富農・中農の境目は搾取収入が4分の1を超えるかどうかとする」と提案しており[35]，1月下旬から2月上旬にかけて中共中央と東北局との間で階級区分に関する質疑応答が行われていたことを窺わせる。

　以上のような地方党組織への問い合わせと応答をふまえて，中共中央は1948年2月15日，中央工作委員会，各地中央局・中央分局に対し新たな階級区分の基準案を通達した[36]。その際，各党組織に対して草案を検討して3月16日までに回答するように命じていたが[37]，規定の詳細に関する問い合わせはあったものの異論は出されなかった[38]。ただし，この新しい階級区分の基準は，結局公布されなかったようである（羅2018：356）。

②「米ビツ論」による階級区分からの脱却と留保

　この新たな階級区分の基準の要点は，「米ビツ論」からの脱却であった。区分に際して搾取関係にもとづくべきことについては，草案の第3章で以下のように述べている。

---

34)「晋察冀中央局関於劃分階級和対地主・富農成分党員的処理問題的請示報告」(1948年2月11日)，『解放戦争時期土地改革文件選編』246-247頁。なお，この文書は「中共中央関於劃分階級問題的指示」(1948年2月22日)の附録として掲載されている。

35)「中共中央関於修改経営地主与富農界限的規定給東北局的指示」(1948年2月6日)，『解放戦争時期土地改革文件選編』152-153頁。

36)「中共中央関於土地改革中各社会階級的劃分及其待遇的規定（草案）」(1948年2月15日)，『解放戦争時期土地改革文件選編』172-227頁。

37)「中共中央関於討論土地改革中各社会階級的劃分及其待遇的規定草案的通知」(1948年2月16日)，『解放戦争時期土地改革文件選編』228頁。

38) たとえば，晋察冀中央局からの問い合わせに答えた「中共中央関於劃分階級問題的指示」(1948年2月22日)，阜平中央局からの問い合わせに答えた「中共中央関於土改和整党問題給阜平中央局的電報」(1948年2月23日)などがある（それぞれ『解放戦争時期土地改革文件選編』245，248-254頁）。

【史料11-17(1)】　第1節　社会階級の違いは，人びとの生産資料の占有関係において，すなわち生産関係のなかの異なった状況によって作り出されたものである以上，われわれが社会階級を観察し区分しようとする時，生産資料に対する人びとの占有関係によるべきであり，人びとの生産関係を唯一の基準とすべきである。……

　第2節　……比較的多い生産資料を占有しているが，占有している人が自分で直接これらの生産資料を使用し，自分の労働によって生産を行い，自分の生活の全部あるいは主要な源とし，他人に対しては搾取しないか，あるいは軽微な搾取しかしない人びとは，たとえば中農や富裕中農であるが，彼らは労働階級に入れなければならず，搾取階級に入れてはならない。

（「中共中央関於土地改革中各社会階級的画分及其待遇的規定〈草案〉」〈1948年2月15日〉，『解放戦争時期土地改革文件選編』179-180頁）

　このように，新しい階級区分の基準においては，「米ビツ論」的な解釈が入る余地をなくしている。中国土地法大綱下において発生した「行き過ぎ」の原因がどこにあったのか，明確に示しているといえるだろう。ただし興味深いことに，この案は，搾取関係にもとづいて階級を区分せよと命じながら，一点だけ搾取関係以外の基準で階級を区分することを認めている。貧農の基準である。貧農の条件を規定する本草案第10章には次のように書かれている。

【史料11-17(2)】　第10章第1節　貧農は，あるいは土地をもたず，あるいは非常に少ない土地しかもたず，少数の農具をもっているが，家畜は必ずしももっているとは限らず，借り入れた土地か，所有しつつ借り入れもしている土地か，すべて所有地ではあるが不足している土地で農業労働に従事し，それを生活の主要な源としている人びとである。貧農は一般的には収入が支出に足りず，したがって一部の労働力を販売せざるをえず，あるいはその他の苦しい副業を兼業して負債を埋めている。

（「中共中央関於土地改革中各社会階級的画分及其待遇的規定〈草案〉」〈1948年2月15日〉，『解放戦争時期土地改革文件選編』199頁）

436 第Ⅲ部 加速する暴力とその帰結

　ここで注目すべきは破線部である。破線部にあるような「すべて所有地ではあるが不足している土地で農業労働に従事」する人びとは，土地の貸借や労働力の売買を通して他人に搾取されているわけではなく，実態としては「貧しい自作農」である。搾取関係を基準として階級を区分するのであれば，貧農の基準は本来下線部だけであるべきである。

　実際，「階級分析」に示された1933年の階級区分の基準では，貧農は，そのなかに「一部の土地と不完全な道具をもっている者」や「まったく土地を所有せず，いくらかの不完全な道具だけをもっている者」を含むが，「一般にはすべて土地を借り入れて耕作しており，小作料や債務や部分的な雇用労働の形で他人から搾取を受けている」者であった[39]。1948年1月12日の任弼時の報告【史料11-7】でも，「④少量の土地・農具などを占有し，自分で労働し，同時にまた一部の労働力を販売しているものは貧農である」として，搾取を受けていることを貧農の条件としている[40]。こののち人民共和国成立後の1950年8月に制定された階級基準でも，貧農の基準として「貧農の若干の者は，一部の土地を所有するか，一部の土地と不完全な用具を所有する。また若干の者はまったく土地をもたず，不完全な用具を少しもつだけである。一般にはすべて，土地を借り入れて耕さねばならない」としており[41]，「貧しい自作農」を貧農に含めるという規定にはなっていない。搾取関係から逸脱した規定が設けられていること，それが1948年初頭の階級区分基準案の特徴なのである。

　本書のこれまでの考察をふまえれば，ここで「貧しい自作農」を貧農に含めた理由は容易に想像できる。1947年5月以降，「米ビツ論」による階級区分で貧農となって闘争に立ち上がり，「米ビツ論」によって富農に区分された人びとを攻撃し財産と生命を奪ったのは，「貧しい自作農」としての貧農だったからである。もしここで貧農を搾取関係だけによって区分することになれば，貧

---

39)『毛沢東集』第3巻，267頁。

40)「土地改革中的幾個問題（任弼時）（1948年1月12日在西北野戦軍前線委員会拡大会議上的講話）」,『解放戦争時期土地改革文件選編』107頁。

41)「農村の階級構成要素の区分に関する政務院の決定（1950年8月20日）」,『新中国資料集成』第3巻，153-154頁。

農の肩書，そして闘争資格を失う人が続出することになる。そうなれば社会秩序は三たびひっくり返るかもしれない。実際に，いち早く「行き過ぎ」是正に取りかかっていた晋綏分局は，1948 年 1 月 23 日付で毛沢東に以下のような報告を送っている。

【史料 11-18】〔晋綏〕分局は，左の過ちを是正することについて断固として決定した。しかし……各地の実際の工作同志と協議したところ，是正は急ぎ過ぎてはならないということで全員が一致した。貧雇農が短期間では容易に受け入れず，かえって悪い分子が新しい力量に打撃を与える機会を与えてしまうことを怖れたためである。
（「晋綏分局関於糾正左傾錯誤的方針及歩驟的報告」〈1948 年 1 月 23 日〉，『解放戦争時期土地改革文件選編』138 頁[42]）

このように，新しい階級区分基準案に対するヒヤリングが行われるなかで，貧雇農の反発に対する懸念が，支配地域の統治を担う地方党組織の幹部から中共中央に伝えられたと考えられる。その結果，新しい階級基準案では「貧しい自作農」を含む形へと貧農の基準が広げられたと推測できるのである（おそらくそれゆえにこの案は最終的に廃棄されたのであろう[43]）。

42）なお，この文書は「毛沢東対李井泉・晋綏分局関於糾正左傾錯誤的方針及歩驟的報告的批示」（1948 年 1 月 26 日）の附録として収録されている。

43）この新しい階級区分基準案を正面から取り上げ考察した楊利文・王峰は，それが「新富農」や「新中農」など「新」を関する階級区分を設定していたことに注目し，「老区の土地改革問題の処理において原則性と柔軟性を有効に結びつけた」と評価しているが（楊・王 2012：65），本章で述べたように，新しい階級区分案の主旨は「貧農」の規定に「米ビツ論」の要素を残して現場の混乱を最小限に抑えつつ，搾取関係にもとづく階級区分に回帰することにあった。また，この新しい階級区分基準が「草案」でとどまった理由については，李里峰は「執行しようにも規定が複雑すぎて〔下級組織には〕理解が難しいことが考慮された」ためだとしているが（李 2013：85），筆者は，とくに「貧農」に関する前者の修正があったためだと考えている。なお，この新しい階級区分基準案については，姚（2017）や楊（2009），楊（2012b）でも言及されているが，楊・王（2012）を含むいずれの論考も，なぜこの新しい階級区分基準が「草案」でとどまったのかについては説明していない。

小　結

　本章でみてきたことをまとめると次のようになる。1947 年 10 月に中国土地法大綱が決定されると任弼時はこの大綱に階級区分の基準がないことに気づき，1930 年代のソビエト時期の土地革命のなかで起こった左傾が再び発生することを懸念した。そこで，1947 年 11 月末に中共中央の名義で 1933 年の 2 つの文書を劉少奇・中央工作委員会に送ったが，この段階ではあくまで「発生するかもしれない」という問題意識をもっていたにすぎず，具体的に「行き過ぎ」に関する情報を得ていたわけではなかった。

　その後，中共中央の 12 月会議が準備されるなかで任弼時は薄一波や李井泉から事情聴取を行い，自分の懸念が現実化していることを確認した。しかし毛沢東は現実認識を変更せず，従来からの方針である「貧雇農を中核とする路線」による土地均分政策を徹底しようとしていた。任弼時は 12 月会議の後半で「行き過ぎ」が発生していることを公にしたが，毛沢東の報告が修正された形跡はない。したがって，1947 年 11 月末の任弼時の動きと，1948 年 1 月以降に表面化する「行き過ぎ」是正の動きは，別の認識にもとづくものである。劉少奇も，12 月末に階級区分に関する 1933 年の 2 つの文書を各地の中央局・党委に転送したが，そこには「米ビツ論」による階級区分を維持すると解釈できるリード文がつけられていた。

　1948 年 1 月に入ると任弼時のイニシアティブで「行き過ぎ」是正が実行されようとしたが，それへの最大のネックとなったのは毛沢東であった。そのため習仲勲・任弼時・薄一波など中央レベルの指導者たちは，毛沢東の農村社会認識の問題に言及することなく，1946 年の五四指示以降の土地改革を経た地域ではすでに多くの貧農が中農化したという論理を使って，これらの地域における「貧雇農を中核とする路線」および土地均分政策の停止を訴えた。これに対して毛沢東は当初，「貧雇農を中核とする路線」と土地均分政策に固執した。最終的に毛沢東が合意したのは 1948 年 2 月下旬であった。ただし，毛沢東はそれでもなお農村社会認識を変更しなかったため，新区では「貧雇農を中核と

する路線」は堅持された。

　このように，支配地域では土地均分政策によってすでに貧農が中農になったという論理で「行き過ぎ」是正が図られる一方で，中央指導部では新たな階級区分の基準の策定が行われた。この基準は搾取関係にもとづく階級区分を徹底するものであったが，それは1947年5月以降の「米ビツ論」によって階級認定された貧雇農を否定することを意味するため，「貧しい自作農」も貧農に含めるという「米ビツ論」による階級区分がごく一部に残され，最終的には草案にとどまった。

　では，中央レベルの指導者たちの間で方針の転換が図られていたとき，支配下の社会では何が起こっていたのだろうか。次章では社会の動態に目を向けて，この間の政策の変化が与えた影響について考察する。

第 12 章
「行き過ぎ」は共産党の統治に何をもたらしたのか

はじめに

　第 10 章でみたように，中国土地法大綱下の土地改革運動では，村幹部や支部党員に対する闘争に積極性を示した者が貧雇農に区分され，彼らに区・村幹部や基層党組織を上回る権威と権力が付与された。貧雇農は闘争したい相手を恣意的に地主や富農へと区分し，略奪や身体的攻撃を行った。その過程では党員・幹部の党籍剥奪・更迭が横行し，社会秩序が大きく変動した。1947 年末から翌年 2 月半ばにかけて，この事態（左傾／行き過ぎ）に危機感を抱いた任弼時のイニシアティブによって，搾取関係にもとづく階級区分への回帰と老解放区での土地均分政策の停止が図られたことは，第 11 章でみたとおりである。本章の課題は，こうした「行き過ぎ」の是正が，支配下の社会に何をもたらしたのかを明らかにすることにある。

　共産党の公定史観は，中国土地法大綱の公布と土地均分政策は，共産党が広大な貧農の支持を取り付けて内戦に勝利する上で決定的な意義があったとするが，同時にこの時期に発生した「行き過ぎ」に毛沢東や任弼時が危機感をもち是正したことも肯定的に捉えている（金 2002：398-399，羅 2018：346-351）。とすれば，「行き過ぎ」は共産党の統治にとってマイナスの効果をもつものとして，そして是正はそのマイナスを打ち消したものとして捉えられていると言える。こうした歴史認識に対し田中は，前章の冒頭でふれたとおり，中国土地法

大綱による土地均分政策の強行が「党の権力基盤を掘りくずすところまでいった」とする（田中 1996：334）。ここでの田中の議論は，「行き過ぎ」が共産党の統治にとってマイナスの効果をもったという評価については公定史観とそれほど大きな違いがあるわけではない。両者の違いは「行き過ぎ」の規模と深刻さの度合いに対する評価にある。

こうした評価は一般論としては理解できる。秩序の混乱は統治にとってマイナスであり，混乱を生み出した政策を是正することは，マイナスをこれ以上拡大させないために必要であろう。しかし社会秩序の混乱と是正は，共産党の統治体制に対し相反する効果をそれぞれ及ぼしたにすぎないのだろうか。問題は，具体的な状況と歴史過程に即して考える必要がある。本章では以下，地方レベルの党組織の統治とそれに対する基層社会の反応をみることで，「行き過ぎ」の是正が共産党の統治に及ぼした影響について考察する。

1　貧農団に対する各級党組織の牽制

1）地方党組織の「反撃」
①「貧農団には不純分子が混じっている」

前章でみたように，中央レベルの指導者たちが中国土地法大綱下の運動で「行き過ぎ」が生じていることを認識し，是正に動いたのは 1947 年末からであり，毛沢東が支配地域の大部分で「貧雇農を中核とする路線」による土地均分政策の停止に合意したのは 1948 年 2 月下旬であった。しかしこの間，地方党組織も独自の論理を使って貧雇農の動きを牽制しており，しかも時期的には中央の動きよりも早かった可能性が高い。『晋察冀日報』は，早くも 1947 年 12 月 26 日付の社説で「多くの地域では反対分子が偽貧農団を組織したり，あるいは貧農団を操縦して偽闘争を行っていることがわかった」と述べ，貧農団が不純であるために「一部の地域では一定の偏向が発生している」と述べている（『晋察冀日報』1947 年 12 月 26 日「社論　要積極，不要犯急性病」）。

1948 年 1 月に入ると，『晋察冀日報』上には貧農団の問題に関する記事が多

442　第Ⅲ部　加速する暴力とその帰結

く掲載されるようになっていく。たとえば 1948 年 1 月 8 日の『晋察冀日報』に掲載された記事は，北岳区霊壽県東関では「最初十数人の貧農で組織を始めたが，工作組の幹部は人が少ないのを見て急いで拡大し，2 日間で 80〜90 人に発展させ，団長・団副・秘書を選挙した」。その結果，貧農団長に商人が選出されたほか，秘書には国民政府の下で保衛団長をしたことのある「下降中農」が選出されたとし，「この，破壊者で悪い特務であり地痞流氓〔ならず者のゴロツキ〕である人が一手に握っていた「貧農団」」は「不純潔である」と言い切っている（『晋察冀日報』1948 年 1 月 8 日「霊壽東関貧農団　領導権被壊人把持」）。次の記事もよく似た構成になっている。

【史料 12-1】　この〔渾源〕県の四区の小嶺村は郭継樹が指導していた。彼は村に着いた後，直ちに支部大会を招集し，2 日目に貧雇農大会を開き，会では悪い幹部を更迭した。この会において，闘争の積極分子を新たに選出して新村長と新農会主任などの幹部にすると同時に，貧農団を成立させた。しかし，地主富農の走狗である武雲申が貧農団主席に「選ばれ」，偽甲長をしていた尚占秋が副主席に当選した。このように貧農団は実際には完全に地主・富農・悪者によって掌握された。3 日目には群衆大会が招集され，闘争が行われた。……討論と「評議」の結果，貧雇農はあえて話をせず，完全に地主富農と悪い幹部の意見にもとづいて行われた。……富農や悪い分子は非常に喜び，大会で大いに活動し，次のように提起した。「旧幹部は再任すべきであり，新幹部は一律に更迭するべきだ」と。……「新幹部は高い帽子をかぶせて街を歩かせる」という提案も採択された。……彼らが新村長・新農会主任・新民政の 3 人に街を歩かせたとき，新村長は質問した。「私は何の罪を犯したのか？」，と。〔旧幹部の〕劉四巴は言った。「私腹を肥やし人民に奉仕しなかった」，と。聞くところによれば，新村長の家から一袋の山芋が闘争で探し出されたが，実際にはこれは，新村長が外出していたとき，地主の走狗の一人がひそかに彼の家の中に置いてきたものであり，地主富農たちが仕掛けた罠であった。その結果，このために高い帽子をかぶらされて街を歩くことになった。

（『晋察冀日報』1948 年 1 月 10 日「渾源四区幹部走錯路　喪失立場玩弄闘争　領導上即応発動群衆検査整頓」）

　この記事では，幹部の交代を決定した大会において貧農団が「旧幹部は再任すべきであり，新幹部を一律に更迭するべき」と提起していることから，ここでいう「新幹部」とは，中国土地法大綱が公布される前の闘争（おそらく覆査運動）で頭角を現して幹部になっていた人びとであろう。1948 年 1 月 19 日の『晋察冀日報』の記事も同様に，冀中区河間県の南冬村では「今回の土地均分事業は分区教導団の 3 人の同志が区幹部と結んで行ったものである」が，「指導者の立場がしっかりしていなかったため，貧農団から本当の貧乏人を排除し，偽貧乏人や悪者を留め，幹部とした」とする（『晋察冀日報』1948 年 1 月 19 日「評定成分的幾種偏向」）。

　以上，いずれも貧農と認められない人が貧農団に混入し，本来の階級的な純潔性を失っていたという文脈になっている。その責任は，【史料 12-1】の破線部にあるように指導した上級幹部に帰せられてはいるが，貧農団の権威を相対化する論理であったことは間違いない。

②「身体検査」を主導する上級党組織

　もちろんこのような貧農団の不純さは，県や区など上級の党組織が主導して貧農団を検査した結果，発見されるものであった。たとえば次のような事例がある。

【史料 12-2】　当日〔貧農団による闘争が始まった 1948 年 12 月 24 日〕の夜に代表会が開かれ，県委の某同志は問題があることを発見し，村〔任河県北魏村〕に行って検査した。〔貧農〕代表たちは言った。「地主と闘争した。しかし，12 戸（中農を指す）は自白の内容がよくなく，彼らと闘争する」，と。県委は劉順成〔この村の貧農団を指導する区委で区農会主任〕に対して活動をどのようにやったかを尋ねたが，彼はわからないと答えた。また貧農団には何人がいて，代表が何人で，地主・富農がどのくらいいて，党員幹部が何人いるのかと尋ねたが，彼はやはり知らなかった。さらに彼らが 20 戸と闘争した状況を聞いてもわからなかった。県委は劉順成の処分を討論した。……この

村の活動に対して，県委は次のように決定した。すなわち，改めて貧雇農大会を招集し，偽貧農団を組織した地主富農と悪い幹部を検挙し，闘争された中農を釈放して，改めて群衆大会を招集し，均分政策と今回の過ちを説明し，地主富農の陰謀を暴露する，と。

（『晋察冀日報』1948年1月7日「任河北魏村　假貧農団保護地主闘中農」）

そして，このように県委が問題視して身体検査をした結果，この北魏村の貧農団を組織した際に「支部が地主富農に統制されていたため，貧雇農の名簿を作る際，30戸・69人を提案したが，その中には地主が5人，地主の妻が1人，流氓4人，さらに一部の悪い幹部も含まれて」おり，そのために「直ちに偽貧農団が成立し，〔貧農〕代表会がつくられた」ことがわかったとされる（『晋察冀日報』1948年1月7日「任河北魏村　假貧農団保護地主闘中農」）。

また1948年1月8日の『晋察冀日報』の記事は，霊壽県「三区の北燕川の貧農団が成立する前，1回目の支部大会で提出された貧雇農の名簿は非常に不純であったが（工作組の幹部は完全に彼らを信用した），全員が〔貧農〕団員となった」とし，今回，指導のために工作団を組織して訪れた「区幹部は，最初は彼らに騙された」とする（『晋察冀日報』1948年1月8日「霊壽北燕川等村　假貧農団胡乱闘争　応立即検査厳格処理」）。この「最初は……騙された」という記述からは，その後，区幹部は偽装を見破り，その結果としてこの記事が書かれたということになるだろう。1947年5月以降の闘争は，「ゆとりのない農民」で村幹部に対する闘争に積極性を発揮する人を貧農として認定してきたから，改めて身体検査すれば，本来の意味での貧農（小作農）ではないことが発見される可能性は高かったのである。

③上級党組織と貧農団

このように，基層に近いレベルでは中央レベルの指導層における議論よりも若干早く，「貧農団の内部に不純がある」という論理を使って貧雇農の権威に疑義を唱える動きが始まっていた。上掲の記事に1948年1月初頭のものが含まれていることからすれば，この動きは1947年12月中に始まっていたと考えられる。第10章でみたように，1947年12月には晋察冀辺区でも「貧雇農を

中核とする路線」の実施により，貧雇農が基層社会で絶対的な権威を身にまとって過激な行動を展開していたが，ここで確認した動きは上級党組織（とくに県委）の貧農団に対する牽制・反撃として捉えることができるだろう。

　また，第11章第1節第1項でも取り上げた事例であるが，1948年1月18日の『晋察冀日報』に，任河県文香村貧農団が1948年1月3日に行った階級区分では「みなは明確な根拠がなかったため……公糧の等級を根拠にして固定的に評定した」が，今回（ただし日時は不明）は「県の賈同志と王同志」が貧農団に「階級を評定するときには，必ず彼が搾取しているかどうかを見なければならない」と説明したとする記事が掲載されている（『晋察冀日報』1948年1月18日「任河文香村貧農団　仔細査階級評定成分」）。この記事は，中央工作委員会から配布されたばかりの「階級分析」を根拠として，任河県委が貧農団による階級区分に対し異議を唱えたことを伝えている。県委にとってみれば，過去の運動の過程で抜擢し，統治の手足として使ってきた基層幹部・支部党員が貧雇農に攻撃され打倒されていたのである。そのことを快く思っていたとは考えにくい。

　このような流れのなか，改めて貧農団の問題を取り上げた1948年2月1日の『晋察冀日報』社説は，地主富農や悪者に操縦され偽闘争を展開している貧農団があること，また貧農の要件を厳格にしすぎ，貧雇農出身の党員・幹部ですら不要とする貧農団があることなどを指摘している（『晋察冀日報』1948年2月1日「社論　鞏固拡大貧農団」）。さらに2月4日の『晋察冀日報』に掲載された社説は中農との団結を強調し，「貧農団と〔中農も参加する〕農会は隷属的な関係ではない」と明言して村内における貧農団の絶対性を否定した（『晋察冀日報』1948年2月4日「社論　貧農中農大団結」）。貧雇農は土地改革の中核として一時は県レベルの党組織を超える権威と権力を与えられたが，地方党組織は，貧農団に「階級異分子」が紛れこんでいるという論理を使って，貧農団から権力を奪還しはじめていたのである。

2）中央レベル指導者たちの懸念
　こうした県以下のレベルにおける党組織の貧農団に対する反撃は，現場での

446　第Ⅲ部　加速する暴力とその帰結

「行き過ぎ」と秩序の混乱に危機感を抱く中央レベルの指導者たちにも共有された。というよりもむしろ，中国土地法大綱下に発生した問題の責任を負わせる相手として，「貧農団に混入した不純分子」が選ばれたといえるだろう。たとえば習仲勲は，1948 年 1 月 19 日付で毛沢東に宛てて提出した報告書（前掲【史料 11-10】）で次のように述べている。

　【史料 12-3】　老区では，いくつかの村の貧雇農は非常に少ない。そのなかには，偶然の災害で貧乏になったものがいる。地主・富農階級から下降していまだに転化が終わっていない者もいる。食いしん坊の怠け者で博打や浪費で貧乏になった者もいる。したがってこれらの地区で組織された貧農団は，群衆のなかで威信がなく，彼らが立ち上がって土地改革を指導することは，指導権を悪人に手渡すことに等しい。したがって，非常に多くの騒ぎが発生し，脅かされた区郷幹部には逃げ出したり自殺する者がいる。
　（「習仲勲関於西北土改情況的報告」〈1948 年 1 月 19 日〉，『解放戦争時期土地改革文件選編』130 頁[1]）

　習仲勲は以上のように貧農団の質の悪さを指摘したあと，2 月 8 日付の報告書（宛先は毛沢東）で，「行き過ぎ」との関係についてさらにふみこんで次のように述べている。

　【史料 12-4】　老区の貧農団は，一切を指導する作用を果たすことができない。なぜなら，貧農団の本体は非常に複雑だからである。かつて分配された土地が悪かったり遠かったり，またあるいは人口が増えたりして，経済が発展しなかった者がいる。たまたま災難に遭って下降した者もいる。地主富農でまだ転化していない者がいる。飲み食いや女郎買いや賭博によって，正業を務めず，貧乏になった者がいる。最後の種類の人は，貧農の 4 分の 1 を占めている。したがってこうした貧農団は，老区でひとたび組織されると中農の身の上に目をつける。左の偏向は，このようにして生じるのである。

1）なお，この文書は「毛沢東転発習仲勲関於西北土改情況的報告的批語」（1948 年 1 月 20 日）の附録として収録されている。

（「習仲勲関於分三類地区実行土改的報告」〈1948 年 2 月 8 日〉，『解放戦争時期土地改革文件選編』156 頁）[2]

　同じころ（2 月 8 日），劉少奇も毛沢東からの諮問に答えるなかで「現在，よい貧農団はやはり多くはない」と述べている[3]。薄一波もまた，前章で【史料11-13】として取り上げた 2 月 10 日付報告書の中で次のように述べている。

【史料 12-5】　わが区の日本が降伏する前の老解放区は，日本が降伏した後の半老解放区と土地改革の徹底度合いにそれほど違いはない。……これらの地区すべてでは，貧雇農はごく少数となっている。かつまたかつての貧雇農ではない。……太行工作団は，渉県更楽村において，新中農と老中農を投げ捨て，無理やり貧農団を組織。その結果，120 戸の勤労して家を起こした中農と，貧雇農から上昇した新中農と闘争した。
（「薄一波関於分三類地区実行土改問題的報告」〈1948 年 2 月 10 日〉，『解放戦争時期土地改革文件選編』238-239 頁）

　ここでいう「新中農」とは，土地を分配されて階層的に上昇した人びとを指している。彼らを貧農と認めず，彼ら以外の貧民で貧農団を結成した結果，中農の財産への侵犯が発生したとしているのである。このように 2 月上旬には，中央レベルの指導者の間でも貧農団の不純さが「行き過ぎ」を発生させた原因として語られるようになっていた。こうした状況下で，晋綏分局書記の李井泉は，2 月 10 日に毛沢東に送った報告書において，老解放区では貧農団や農会内の貧農小組の権限を縮小すべきであると主張している[4]。この時期中央レベルの指導部では，地方党組織の動きに合わせて貧農団の権威と権力を削減する

2）なお，この文書は「毛沢東関於分三類地区実行土地改革問題給李井泉・習仲勲等的指示」（1948 年 2 月 6 日）の附録として収録されている。
3）「劉少奇関於土地法実施応分三種地区問題給毛沢東的報告」（1948 年 2 月 5 日），『解放戦争時期土地改革文件選編』144 頁。
4）「李井泉関於老区貧農・中農領導地位問題的報告」1948 年 2 月 10 日，『解放戦争時期土地改革文件選編』244 頁。なお，この文書は「毛沢東対李井泉関於老区貧農・中農領導地位問題的報告的批示」（1948 年 2 月 19 日）の附録として収録されている。

448　第Ⅲ部　加速する暴力とその帰結

方向へと政策を転換しつつあった。土地改革によって貧農が中農化したとする認識の形成，搾取の有無にもとづく階級区分への回帰と並行して，「貧雇農を中核とする路線」からの脱却が図られていた。

2　貧雇農の正統性のゆらぎと基層社会

1）貧雇農への報復とその長期化

①貧農団への報復

　上級党組織における「行き過ぎ」是正への動きは，県以下のレベルで貧農団に対する攻撃を促すことになった。1948 年 1 月下旬から県・区レベルで階級区分のやり直しに向けた動きが始まり，2 月に入ると中国土地法大綱下の運動を担ってきた貧農団に対する反撃が始まった。

　たとえば 1948 年 2 月 10 日付『晋察冀日報』に掲載された記事（前掲【史料 10-19】にも引用あり）は，青滄交四区の荘頭村では「貧農団を反動地主が操縦していた」として以下の情報を伝えている。この村では貧農出身の支部書記の曹光仁が 1947 年の土地改革で活躍し，反動地主に恨まれていた。「今回の土地均分」で区委は曹光仁に報復を考える封建勢力の言うことを信じ，彼らを貧農代表として貧農団を組織させ，反対する人びとを悪者組に組織した。そのうえで反動地主は群衆を脅し曹光仁を処刑せよと意見させた。区委は「群衆が要求するなら処刑しなければならない」として処刑を認め，曹光仁は惨殺された。記事は最後に「のちに県幹部によって事実が明らかにされ，誤りは是正されつつある」とまとめている（『晋察冀日報』1948 年 2 月 10 日「青滄交曹荘頭　反動地主操縦貧農団　惨殺支部書記曹光仁」）。

　この記事からは，「今回の土地均分」すなわち中国土地法大綱下の運動を担った貧農を「偽貧農」とし，彼に殺害された支部書記（曹光仁）を本当の貧農として名誉回復を図るとともに，この「偽貧農」の処分が行われようとしていたことがわかる。「偽貧農」が最終的にどのような処分を受けたのかは不明であるが，中国土地法大綱下の運動を担った貧農が県委のイニシアティブに

よって報復された事例としてみることができよう。

　次の事例は涞水県のものである。涞水県委が1948年5月8日に県・区拡大幹部会議を開催し1947年末以来の運動について総括したところ，ある村で，土地均分を主導した新幹部と追放されていた旧幹部との間で次のような応答があったとする（3月末か4月のことと推定される）。すなわち，是正の過程で新幹部が農民に対し「中農の利益を侵したものは返還しなければならないが，少しでも封建の根っこがある下降中農には返還しなくてもよい」と述べたところ，当時追放されていた旧幹部が「任弼時の報告のどこに「下降」の2文字があるのか？ 返還しなければならないものは返還しろ。返還しないのであればやめてしまえ」と述べ，容赦なく彼を追及したという（『晋察冀日報』1948年6月9日「涞水県委召開拡幹会議　検査土改整党展開批評　幹部深刻反省思想傾向」）。「行き過ぎ」是正時の処遇に関する問答をしているという文脈からして，この「任弼時の報告」とは1948年1月12日の「土地改革中のいくつかの問題」（前掲【史料11-7】）であろう。この任弼時の報告は晋察冀辺区では3月27日付の『晋察冀日報』に全文が掲載されており，遅くともこの時点では晋察冀辺区の全党員・幹部が閲覧できるようになっていた。追放されていた旧幹部は，この文書を使って新幹部を厳しく追及したのである。

②長期化する貧農団への攻撃

　こうした貧雇農に対する反撃は1948年5月以降も続いた。曲陽県六区では5月6日に第三次農民代表大会が開催され，いくつかの村で「悪い幹部」が貧農団を罵ったり殴打したりするなど報復の問題が発生していると伝えている（『晋察冀日報』1948年5月15日「曲陽六区農民代表大会　討論清除生産障礙」）。このような状況を受けて『晋察冀日報』は5月17日に社説を掲載し，次のように主張している。

【史料12-6】 最近，各地では誤って確定した階級を是正するときに，一部の地主・旧富農・悪い分子が機会に乗じて反攻している。……とくに行唐の問題は非常に重大である。それらの地主や旧富農や悪者は，ある者は貧農団農会や工作組を探して喧嘩をし，ある者は人を傷つけ，ある者は人を殺して

おり，ある者は元のように彼に物を返すように迫り，ある者は貧農の物を奪って逃走し，ある者は群衆を威嚇してあえて生産しないようにさせ，ある者は肝が小さくまじめな貧雇農幹部を恐喝し，すでに自殺という惨劇が発生し……　　（『晋察冀日報』1948 年 5 月 17 日「社論　団結一致打退地主反攻」）

　この記事では，「悪い分子」が反攻していると述べられているが，1947 年 12 月に県委が解散させられた「行唐の問題は非常に重大である」（解散の詳細については前掲【史料 10–3】も参照）ということは，反攻している「悪者」とは貧農団に強い恨みをもつ者であることを示唆していよう。「行き過ぎ」是正によって正統性に疑義が付された貧農たちは，実際に激しい報復の対象となっていたのである。

2）「行き過ぎ」是正と貧雇農の動揺

　このように「行き過ぎ」是正によって報復の対象となることは，中国土地法大綱下の闘争を担っていた貧雇農には予想できた。そのため，1947 年末から貧農団の不純さに関する報道が出され，とりわけ 1948 年 1 月下旬から搾取関係にもとづく階級区分の徹底（やり直し）が地方党組織によって実行されると，貧農団は恐慌をきたすことになった。その生々しい様子を伝えるのが，山西省崞県で開催された「行き過ぎ」是正に関する会議の報告書である。報告書はこの会議の概要を以下のように紹介している。

【史料 12–7】　崞県一区と城区で最近開かれた第二回聯合区代表会議の状況について以下のように報告する。大会は 1 月 27 日に始まり，合計 5 日間であり，2 つの区の 32 の行政村の代表 184 人が来て，そのうち中農階級の者が 49 人だった。会議は主として，階級確定の過ちの是正，土地均分，闘争と分配の検査，組織の健全化と強化などの問題を解決した。第一回会議は 11 月下旬に緊急で戦争に備えよという掛け声のもとで招集され，会議自体は盛大で，土地改革と対敵闘争とを結合させる問題や地主闘争とその他の一般の果実の分配などの重要な問題を解決した。
（「譚政文関於山西崞県召開土地改革代表会議情況的報告」〈1948 年 2 月 8 日〉，『解

第 12 章　「行き過ぎ」は共産党の統治に何をもたらしたのか　**451**

放戦争時期土地改革文件選編』273 頁）[5]

　ここで「代表」と呼ばれているのは，土地改革代表とされていることから，単なる村幹部ではなく貧雇農として中国土地法大綱下に台頭した人びとであったと考えられる。会議を招集した主体についてはここには記されていないが，他の部分に「工作幹部」と表記されており，県もしくはそれ以上のレベルから派遣されたものとみられる。彼らは 1947 年 11 月下旬にもやってきて「第一回聯合区代表会議」を開催し，中国土地法大綱にもとづく闘争を始めていた。このようにして始まった会議は冒頭から紛糾した。報告書は以下のように述べる。

【史料 12-7 (2)】　会議の具体的な展開過程は以下のとおり。「どのように階級を分析するか」を各小組で読んだ後，代表の情緒は非常に緊張し，ある者は眠れず，ある時には寝言を言うようになり，各種の複雑な思想・態度・見方を表現した。

（「譚政文関於山西崞県召開土地改革代表会議情況的報告」〈1948 年 2 月 8 日〉，『解放戦争時期土地改革文件選編』275-276 頁）

　「どのように階級を分析するか」（「階級分析」）は，本書で何度も取り上げたとおり毛沢東が 1933 年に執筆したもので，他者の労働の搾取の有無・程度にもとづいて階級を区分せよとする文書である。本書でみてきたように，とくに 1947 年の 5 月以降，「米ビツ論」にもとづいて闘争対象とされたのは「ゆとりのある農民」だったから，「階級分析」に則ればかつて闘争対象として打倒した人びとの階級区分が誤っていたという可能性は高かった。代表たちの緊張と異常な精神状態は，自らの行為を正当化していた根拠が失われたことによるストレスの大きさを示している。ゆえに代表たちは，過ちを認めるか否かで大きく揺れることになった。

【史料 12-7 (3)】　一人の代表が言う。「わが村では過ちがあった！」，と。も

5）なお，この文書は「毛沢東対山西崞県土地改革代表会議情況報告的批示」（1948 年 3 月 12 日）の附録として収録されている。

う一人の代表が言う。「わが村では過ちはなかった」，と。論争は非常に激烈だった。ある者は抵抗して言った。「この本は南方のものであり，わが地方では実行できない。ひとつの地域はひとつの状況があり，わが地方はわれわれによるのだ」，と。

（「譚政文関於山西崞県召開土地改革代表会議情況的報告」〈1948 年 2 月 8 日〉，『解放戦争時期土地改革文件選編』276 頁）

代表たちが過ちを認めたがらなかったのは，面子の問題もあっただろうが，それ以上にかつて自らが打撃を与えた人びとからの報復を怖れたからであった。

【史料 12-7 (4)】 ある者は怖れて言った。「人びと〔誤って区分された中農を指す〕は，われわれが誤ったのを知れば，われわれの家もボロボロにしようとするだろう！」「この本は公表すべきではない。地主・富農は弁舌が立つかもしれないが，われわれは人にうまく説明できない」「誤って区分した破産地主に知られれば，われわれに腹を立てるだろう」，と。

（「譚政文関於山西崞県召開土地改革代表会議情況的報告」〈1948 年 2 月 8 日〉，『解放戦争時期土地改革文件選編』276 頁）

同様に察哈爾省の望都五区でも階級区分の是正で混乱したことが報じられている。ここでは区幹部が村に行き，貧農団員大会を開いて階級区分の是正を行おうとしたところ，会は次のように紛糾したという。

【史料 12-8 (1)】 〔貧農団員大会が〕始まるや否やみなは怒りの言葉を多く話した。大会では任弼時同志の報告を解説し，階級区分の基準と各種の異なる家の処理方法について重点的に説明し，さらに大多数と団結することの重要性を説明した。その後，ある者が言った。「誤った闘争がこれほど多ければ，誰も顔を上げられない！ これらの人から恨みを買って，今後はどうして外出できようか？」，と。とりわけ一部の中核分子の懸念は非常に大きく，ある者は地主富農の反攻を怖れて言った。「返還するものが少なければ〔彼らは〕受け取らない。これはどうすればよいか？」，と。

（『晋察冀日報』1948 年 6 月 9 日「望都五区改訂成分中　両種做法両様結果」）

第12章 「行き過ぎ」は共産党の統治に何をもたらしたのか　453

　このように，土地法大綱の呼びかけに従って闘争に立ち上がり，地主・富農に階級区分した相手を徹底的に打倒した貧雇農たちは，搾取関係にもとづく階級区分を徹底することになれば自分たちの実行したことが「革命からの逸脱」となり，自分たちが攻撃した人びとから報復を受けることを知っていた。ここには描写されていないが，「階級分析」の規定に照らせば貧農自身の階級区分も誤りであった可能性は高く，多くの貧農の肩書は剝奪されることになるだろう。【史料11-18 (2)】でみたように，1948年2月から3月にかけて党内で検討されていた新しい階級区分基準案では，「貧しい自作農」も貧農に含めるという「階級分析」を逸脱する規定が設けられようとしていた。このことは，「階級分析」にもとづく階級区分の徹底が貧農にきわめて大きな打撃を与えることが予想されていたことを物語っている（しかも，結局この新しい階級基準は決定・公布されなかった）。この恐怖のために，彼らは「行き過ぎ」是正を命じる区幹部の前で激しく動揺したのである。

3　「行き過ぎ」是正と社会秩序

1)「行き過ぎ」是正の強制力と党

①貧雇農の内部分裂

　では，このように動揺した貧雇農は，その後どう対応したのだろうか。直ちに現れたのは貧農団内部の分裂であった。たとえば，冀晋区阜平県委が1948年1月20日に三区の村の貧雇農代表を集めて会を開いたところ，白家峪村で中農を誤って富農に区分したことが発覚したが，この問題に関してある貧農代表は，「私は違う意見だったが，富農路線を行っていると言われるのを怖れて言わなかった」と発言したという（『晋察冀日報』1948年1月27日「平陽小域貧代会　討論拡大貧農団　貧農中農好好合作辦事」）。また獲鹿県の「行き過ぎ」是正に関する1948年2月14日の『晋察冀日報』記事によれば，同県三区の前太保荘で中国土地法大綱下に組織された貧農団は，区の工作組が焦って組織したため「偽自衛団長らが貧農団委員になり」，区幹部も騙されたまま「群衆の翻

身を阻害し」てきたが，「貧農の周鳳林や劉丹」が区の工作組を訪ねて彼らの実態を訴えたため偽自衛団長らは貧農団から排除され，周鳳林らによって新たに貧農団が組織されたという（『晋察冀日報』1948年2月14日「獲鹿新区前太保荘　偽保長・国民党員操縦貧農団　雇貧農起来推翻了它」）。

　本章でみてきたように，「行き過ぎ」是正への動きのなかでは，貧農団のなかに不純分子が混入していて質が悪く，そのために「行き過ぎ」が生じたのだとする説明が早くから現れていた。このことに鑑みれば，自分が加入している貧農団の過ちや不純さをいち早く批判することは，貧農団に対する裏切り行為にはなるが，上級が用意した説明を実証する形で自分の階級的純潔さをアピールすることになり，当面の身の安全は保障されよう。貧農団に周囲から向けられていた厳しい視線は，貧農団内部の分裂を促したのである。

②受け入れの条件

　しかし，貧農団の全員が「自分は混入した階級敵に騙されていた」という論理を使って責任を回避することはできない。また，仮に自分の階級的な純潔さが承認されたとしても，参加していた貧農団が本来ならば闘争対象にならない人びとを攻撃したという事実は消せず，彼らから向けられている恨みも消えないだろう。とはいえ上級党組織の「行き過ぎ」是正の意志は固く，搾取関係にもとづく階級区分の徹底という方針が変更される可能性は低かった。

　では，どうするか。上級の政策変更に反抗し貧農団として村内に作り出した支配構造をそのまま維持し続けるという選択肢もあったはずではあるが，そうした事例は確認できない。史料上で確認できるのは，貧農団が最終的には「行き過ぎ」是正を受け入れたとする事例だけである。しかもそこにはひとつの共通点があった。たとえば，先にみた山西省崞県の「行き過ぎ」是正に関する会議の報告書は，各村の貧農団の代表たちが工作団（会議を主宰した県・区幹部）の説得によって是正を受け入れるに至った転換点を次のように描いている。

【史料12-7（5）】　責任の問題を研究した時には，工作団はみなに向かって過ちを認め，かつて階級を確定した時にはわれわれの思想が不明確であったことによって，やや区分し間違えたと説明した。〔貧雇農〕代表たちは言った。

「これは単に工作団の責任ではなく，われわれ代表にも責任があり，貧雇農にも責任があり，全員に責任がある」，と。

（「譚政文関於山西崞県召開土地改革代表会議情況的報告」〈1948年2月8日〉，『解放戦争時期土地改革文件選編』278頁）

ここからは，紛糾していた会議が，工作団が自らの責任を認めることで一転した様子がわかる。また同様の事例として察哈爾省易県裴荘のものがある。

【史料12-9】 易県裴荘は，階級区分の新基準に照らして，誤って確定した階級を改正し，一部の中農の余剰財産を返還した。……今回の，階級を審査し誤りを是正する際には，最初の状況は以下のようだった。すなわち，貧農は不満を抱き，中農は愚痴をこぼし，工作組は両方から板挟みになった。……工作組の幹部は愚痴の板挟みになり，感情も影響を受け，本当は騒ぎたくないと感じた。中農から誤って取り上げたものを返還するのは上級の指示であり政策であるが，すべて返還すれば貧農が無駄に一冬騒いだことになり，それは自分の指導が作り出したものでもあり，貧農に対して話す方法がないと感じた。ある同志は言った。「バカにしている。帰らせてほしい」，と。……

　どのように是正したか？　①工作組はまず新農会委員（すべて貧農）と支部委員（1人の中農と4人の貧農）を呼び出し，先に彼らに思想を理解させ，彼らを通して準備を行い，群衆に思想を理解させようとした。しかし，2日経ってこれらの幹部はすべて抵抗か不愉快さを表した。その原因は，第一にものを返還したくなかった，第二に誤りを認めることを怖れたためであった。のちに工作組は懇談を拡大し……幹部を通して一部の貧農を呼び出して懇談した。これらの人の受け入れは比較的よく，一般の中農幹部もまた容易に受け入れたが，幹部でない貧農は貧農幹部に比べても配慮が少なく，彼らは物を返還するのを希望しなかったほかに，誤りを承認することも希望しなかった。……次に，一冬無駄に騒ぎ，何も得られなかったと貧農がきわめて不満を抱いたことについて。われわれ〔工作組〕は貧農に対して過ちを認めた。かつて階級の確定に対してわれわれも非常に曖昧であり主観的であった，と。

456 第Ⅲ部 加速する暴力とその帰結

このように一連の思想闘争を経て，正気が起こり，貧農の不満は収まった。
（『晋察冀日報』1948 年 4 月 30 日「易県裴荘貧農覚悟提高　改正錯定成分団結中
農」）

ここでも，工作組が貧農に対して自らの過ちを認めたことが議論の転換点と
なったことが明らかである。渾源県五区でも同様の展開があった。同区の張荘
村では，1948 年 3 月末に工作組（おそらく県か区が派遣）が「中貧農代表会」
を開いて是正のための話し合いをもった。その時の様子を以下のように報じて
いる。

【史料 12-10】　改めて階級区分を討論した第一回の代表会では，最初に工作
組が階級区分の基準と搾取の計算方法について語り……続いて討論を行った。
最初，中農代表は態度を表明することが非常に少なく，貧農代表は不満で
いっぱいだった。……2 日目，5 人の農会委員と積極分子を探し，懇談会を
開き，説明した。「誤って区分した責任はあなたたちにはなく，物は実際に
返せないものは無理やり返還させることはできない」と。同時にみなを誘導
して遠いところから見させたところ，次第に是正に同意する人が出た！　……
夜に代表を招集して会を開いたところ，ある者が言った。「この会を開くこ
とは面白くない」，と。……工作組はまた解説した。「かつて誤って区分した
のは，主要には工作組の指導に問題があったからであり，貧農団を恨まず，
新農会も恨まないように」，と。農会主任の李貴年は言った。「工作組は，間
違いがわかってものを返還するように指導している。われわれがもし返還し
なかったならば，今度誤ればわれわれの誤りが責められる」，と。……誤っ
て区分したことに対する各小組の一致した意見は，「誤って闘争したのであ
れば，返還するべきであり，ラクダを売ったのであれば牛を買い，牛を与え
る。白洋〔銀貨か？〕も与える」，と。
（『晋察冀日報』1948 年 5 月 4 日「渾源張荘農民　逐戸審査地富成分　査明改正的
已有三十多戸」）

本章第 2 節で【史料 12-8】として引用した察哈爾省望都県五区の事例も同

様の展開をみせている。ここでは，前掲のとおり区幹部が村に赴いて「貧農団員大会」を開き，任弼時報告を解説しつつ階級区分の是正を行おうとしたが，貧農団が反発して紛糾した。その後の展開について記事は次のように報じている。

【史料 12-8（2）】 とりわけ一部の中核分子の懸念は非常に大きく，ある者は地主富農の反攻を怖れて言った。「返還するものが少なければ受け取らない。これはどうすればよいか？」……このとき指導〔区幹部〕はみなに対して過ちを認めて言った。「以前はみなにはっきりと話していなかったので，階級を区分する基準がなかった。これは主として指導の過ちである」，と。ある人が続いて言った。「上級だけを恨むことはできない。われわれは自分の村のなかで誰が誰の□であるか知っている。われわれはみな責任がある」，と。みながひとしきり騒いだ後，ある者が言った。「われわれはみな土地を分配された。しっかり耕作しさえすれば生活は苦しくない。物を返すことは大したことではない。返還するべきものは返還するべきだ」，と。最後にみなの意見は一致した。

（『晋察冀日報』1948 年 6 月 9 日「望都五区改訂成分中　両種做法両様結果」）

　このように，貧農団が是正を受け入れるうえで，上級の党員・党組織が自らの過ちを認める発言をすることが大きな鍵を握っていた。「行き過ぎ」の原因が貧農だけにあるのではなくすべての幹部にあることを確認することで，貧農は是正を受け入れたのである。過ちを認めた場合，貧農は恨まれている村民から報復される懸念があったが，上級幹部が責任を貧農団と共有していると言った以上，報復を受けた際に上級幹部が貧農を見捨てて報復する側を支持することはないだろう。貧農が過ちを認めるためにはこうした担保が必要であった。

③貧農団の権力の構造

　このことは，貧農団の権力が自立的なものではなく，上級によって承認されて初めて生じるものであったことを示している。第 10 章で詳述したように，中国土地法大綱下の闘争では貧雇農に県以下の党組織を上回る権威と権力が与えられたため，貧農団の攻撃によって支部党員の党籍剥奪と激しい迫害，さら

458　第Ⅲ部　加速する暴力とその帰結

には支部・区委・県委の解体まで行われた。しかし貧農団のこのような地位と行使していた権力は，搾取関係にもとづく階級区分が徹底され，貧雇農という肩書が失われれば蒸発する性格のものであった。そのため貧農団は「行き過ぎ」是正に動揺しながらも，結局は上級の求めに応じて是正を受け入れざるをえなかったのである。貧農団としてのまとまりを保ったまま党の方針に反抗し，基層社会で権力を行使し続けるという選択は，論理的にはありえても，現実の選択肢としてはなかった。

　なお，貧農団に対して指導の誤りがあったことを認めたという対応からわかるように，県・区幹部は基本的に貧農団を全否定して元の村幹部を復帰させるつもりはなかったようである。これは，中央レベルの指導者たちが中国土地法大綱下の闘争を肯定していたということと関係があったかもしれないが，基層の権力を直接管理する側としても，誤りを認めるのは方法・手段のレベルだけに限定し，秩序を再びひっくり返して支配機構を構築しなおすというリスクを避けようとしたものと考えられる。たとえば平山県では1948年5月8日から県委の主宰で「第五回人民代表大会」が開かれたが，そこでは2月以降発生した貧農団・新農会（貧農団を中核に組織された農会）への反抗は，「地主・旧富農が階級を改める機会に乗じ一部の悪い幹部と結託し」て起こしたものであると断定された。そして，この大会において貧農団・新農会を批判した人物（記事では「流氓悪覇の旧富農」と表記されている）に対して「人民法廷を開催し……銃殺に処した」結果，「地主富農は意気消沈した」とする（『晋察冀日報』1948年5月24日「平山県第五次人民代表大会　堅決撃退地富反攻　克服極端民主現象」）。平山県委は貧農団・新農会を基層社会における統治権力として温存する姿勢を示したのである。

　河北省饒陽県五公村でも，1947年末に打倒されていた耿長鎖が県委主導のもとで復権したが，耿長鎖の打倒後に貧農会会長の座にあった李広林は，回復された農会（この村ではこれを「貧民団」と呼んだが，中農の加入を許したとあるので実質的には農会である）の会長として，引き続き村政の中心にいた（弗里曼ほか2002：148）。

　こうした県レベルの幹部たちの姿勢は，貧農団・新農会以外の人びとにも認

識されていた。たとえば察哈爾省易県の裴荘では，闘争対象とされて財産の一部を没収された李洛剛と李洛純という2戸の中農に対し，貧農団の側から，被害の一部は金銭で弁済するものの，残りについては「貧農を助けるように希望する」と伝えたところ，「最初は，この2戸の気は荒く，話は非常に聞くにたえず，貧農の不満を引き起こした」。そこで「工作組と貧農団幹部が李洛剛と李洛純を訪ねて個別に懇談した」ところ，李洛純は「私の話は聞き苦しく，間違いだった。私はこのことについて快諾したわけではないが，気を吐き出したのでもう終わりにする」と述べたという（『晋察冀日報』1948年4月30日「易県裴荘貧農覚悟提高　改正錯定成分団結中農」）。中農は，工作組とともに訪問した貧農団幹部を前にして矛を収めるしかなかった。

　このように，「行き過ぎ」是正後も貧農団は基層の支配を担う組織として残された。第11章で確認できたように，1948年2月以降は中央指導部のなかで「老区では貧農は基本的に中農化済み」という認識が確立したため，貧農団ではなく土地の分配を受けて階層的に上昇した中農（新中農）を中心とした農会（新農会）という名称が使われていくことになるが，中国土地法大綱下の闘争を担った人びとが引き続き基層レベルの統治を担っていったのである[6]。

　しかしその基盤は脆弱だった。上記の平山県の事例にみてとれるように，彼らに恨みを抱き機会があれば報復しようとする人びとが周囲に存在したからである。また，報復までは考えなくとも，貧農団に対する恐怖や反発は残った。たとえば望都県三区で階級区分の是正が行われた際，かつて誤って富農に区分されて財産を侵犯された中農に対し，新農会主任が謝罪して奪った食糧と家畜の返還を申し出たが，彼は「要らない」と言い，そのまま貧乏人がとっておくようにと言ったという（『晋察冀日報』1948年6月9日「望都西白城村　説服群衆改訂成分」）。この発言からは，どこか投げやりな，貧農たちに対する心理的な

---

6) 人民共和国が成立した後，1953年から「人民」による普通選挙が実施され，各レベルの人民代表大会と行政機関が樹立されていくが，その前提となったのは，ここにみられるような土地改革によって上昇を遂げた旧貧農を中核とする基層政権の成立であった。このような土地改革と人民共和国の権力機構との関係については，三品（2024）を参照。

わだかまりの存在が感じられよう。村社会に入った亀裂の大きさを物語っている。河北省饒陽県五公村の貧農会会長の李広林は，上述のように回復された農会で会長とされたものの，「まもなく李は五公を離れ，軍に従って南方に行った」とされる（弗里曼ほか 2002：148-149）。

では，このように立場が不安定な貧農団・新農会を支配の礎石としたことは，基層社会に対する共産党の支配にどのような影響を与えたのだろうか。

2）「行き過ぎ」是正後の基層権力
①貧農団・新農会の脆弱さと党の支配力

激しい闘争の末に基盤の脆弱な貧農団・新農会を支配の基礎に置いたことは，結果的に党の支配に服従する者を増加させたと考えられる。次に挙げる記事は，貧農団が党を凌駕する権威と権力をもっていた段階から，党が貧農団に対して上位にあることが確認され，権威と権力を回復していく過程について生き生きと描いている。少し長くなるが引用する。

【史料 12-11】〔1948 年〕2 月 23 日，盂県路家村の貧農団は大会を開いた。

党の支部と貧農団，新農会との関係を討論しているときに討論は最も激烈であった。まず党支部と貧農団の関係については，貧農団代表の孫三猫（66歳）が非常に慌てて言った。「なんということだ！〔しかし〕支部はわれわれ貧農団の指導はできない！」。……女性代表の趙鳳英が彼に尋ねた。「貧農団は誰が指導しているのか？」。孫さん（孫老漢）は答えて言った。「趙さんが指導している」（趙さんとは，この村の工作組の趙長春同志を指している）。趙鳳英はまた尋ねた。「趙さんは誰が指導しているのか？」。孫さんは言った。「彼が主人（当家的）だ。もし主人の趙さんでなければ私たちの村には来ることができない」。趙鳳英は彼に解説した。「趙さんは共産党員であり，毛主席の共産党が指導として派遣してきた人だ」。孫さんは言った。「そうだ。毛主席が主人だ。……貧農団を共産党に指導させるなら，よい党員が指導するべきで，何と言われても悪い幹部の鄭貴福（もとの支部書記）に指導させてはならない。このことははっきりしている」。続いて貧農団員の張三鎖が

言った。「悪いのは一部の幹部であり，共産党が悪いのではなかった。かつての減租減息清算闘争は，もし共産党が指導しなければ，どうして今があるだろうか！」。路来連が言った。「もし共産党の指導がなければ，石〔土地改革への抵抗勢力〕も取り除けず，貧農団も成立しなかった。やはり支部が貧農団を指導することは正しい。しかし，貧農団に対する支部の指導は一手代行であってはならない」。……このような討論の下，みなの思想は次第にしっかりとし，共産党の指導がなければ農民は翻身できないことを一致して認識した。……

　党の支部と貧農団・新農会との関係の問題を討論するなかから，多くの貧雇農が次のことを発見した。すなわち，共産党と貧農団について，共産党員と貧農団員についてはっきりと認識していなかったことを。たとえば貧農団の趙六九は言った。「貧農団は共産党であり，貧農団に参加することは共産党に加入することである。すべては毛主席の指導のもとにあるものであり，地主と闘争を行うものはすべて共産党員だ」。多くの人もそのように認識していた。買海□・韓存□・買海栄らは貧農団員であるが，自分も共産党員であると認識していた。工作組同志が趙六九に尋ねた。「あなたは誰の指導を受けているのか？」。彼は「新党員の指導を受けている」と答えた。「新党員とは誰か？」。彼は言った。「貧農団代表はすべて新党員だ」。そして彼は貧農団主席の劉先徳に「あなたは共産党員か？」と尋ねた。劉先徳は答えた。「私は共産党員ではなく，貧農団員だ。しかし私は共産党がよいと考えていて，共産党に入りたいと希望している」。このような討論の下，みなの思想認識におけるあいまいさを解決しただけでなく，共産党員になることが非常に光栄なことであることが認識され，共産党に入ることを求め，党の威信が高められた。（『晋察冀日報』1948年3月11日「盂県路家村貧農団　討論支部貧農団和新農会的関係」）

　ここからは，1948年2月下旬の時点で人びとはまだ貧農団が共産党の支部よりも上位にあると認識していたことがわかる。しかし中国土地法大綱下の闘争で生き残っていた支部党員は，工作組の党員と協働して，毛沢東の指導が正

しいということを貧農団の人びととの間で確認したうえで，その毛沢東が指導
しているのが共産党であること，貧農団は共産党とは別物であること，した
がって貧農団は党の指導に服するべきであることを貧農団の人びとに認識させ
ていった。その結果，貧農団の人びとは，共産党への入党を希望したのである。
こうした判断がなされた背景として，破線部にあるように，自分たちがかつて
打倒した「元の支部書記」の存在があったことはとくに注目するべきだろう。
こうして，【史料 12-11】の末尾にあるとおり，党は威信を高め，基層におけ
る権力を回収したのである。

②入党を希望する貧雇農

曲陽県二区に関しても，同様の記事がある。

【史料 12-12】 去年〔1947 年〕11 月，彼〔陳七児〕は土地が均分されると聞
き，貧農団が成立し，心では非常に喜んだ。直ちに 20 人余の貧雇農といっ
しょに貧農団を成立させた。彼は主席に選ばれ，以後，貧農団は 3 回改選さ
れたが毎回みなは彼を主席にした。今年の陰暦 1 月 3 日〔1948 年 2 月 12 日〕，
この村では支部党員大会が開かれた。……非党員の労働農民も要請されて参
加し，公開で整党を行った。陳七児同志も呼ばれてこの会に参加した。……
陰暦の 1 月 8 日〔2 月 17 日〕，この村で新農会成立大会が開かれ，彼はまた
新農会主席に選ばれた。会において彼は言った。「私はいくつかの話を皆に
したい。ある日私は共産党の支部党員大会に参加し，党員が土地均分に対し
て先鋒となるのを見た。また共産党は過ちを犯した党員に対して批判したり
教育したりするのを見た。同時に討論するのも見た。これらはわれわれ農民
に対して利益があり，私は共産党に参加したいと思う。みなは私に資格が十
分にあると思うか？」，と。……群衆は〔賛成し〕支部に対して陳七児の入
党を許すように提案した。……陳七児同志の入党要求は，群衆の審査を経て，
支部を通過し，最終的には二区区委が正式に批准した。

　（『晋察冀日報』1948 年 3 月 14 日「各地貧雇農積極分子　熱烈要求加入共産党」）

なお，この記事の末尾には「編者注」として，入党申請は「必ずしも群衆大
会を経る必要はなく，支部や工作組に直接申請できる」と注記されている。党

第 12 章　「行き過ぎ」は共産党の統治に何をもたらしたのか　　463

は，基層社会における権力を貧農団・新農会から奪還しようとしていた。また
この記事には冀中区各地の様子も掲載されており，安国県の瓦子村では「2 月
24 日に群衆によって党の隊列が整頓されたあと，貧雇農は先を争って入党を
希望した」ことや，深県の礼□寺村では，新農会主任に選出された「鍛冶屋の
労働者」が「3 回入党を希望し，支部大会で全体の党員が許可し」，「区委が彼
の入党を批准し」たことが記されている（『晋察冀日報』1948 年 3 月 14 日「各地
貧雇農積極分子　熱烈要求加入共産党」）。ここにも共産党員という肩書を求める
人びとの姿をみてとることができる。

　もちろん入党は，希望すれば直ちに叶えられるというものではなかった。上
記の事例でも，貧農団や新農会の主任がようやく入党を認められたのであって，
一般の貧雇農が入党を認められたかどうかはわからない。まして，貧農団は直
前の時期には県レベル以下の党組織を凌駕する権威と権力を手に党員・党組織
を攻撃していた人びとである。両者の間に心理的なわだかまりが存在した可能
性は高いだろう。とすれば，貧農団が身の安全を確保するためには，自分たち
がより党の役に立つことを，あるいは「革命的精神」をもっていることをア
ピールする必要があった。入党を認められるためにもそれは必要だっただろう。
その具体的な行動は，やはり戦時負担への積極的な対応であった。

③貧雇農と党員の忠誠競争

　たとえば曲陽県一区の城関郷北関村では，「党員が率先垂範し，互いに動員
し，自願報名〔自発的な申し込み〕と全村公議の方法で，7 日間で徴兵任務を超
過達成した」ところ，「新農会貧農団の委員たちはみな，党員がすでに申し込
んだと聞いて「われわれも早く動員しなければ！」，と言った」という。そし
てこうした動きのなかで新しい村長も模範を示して従軍したほか，「貧農団の
なかでは絶えず申し込む人がおり，甚だしい場合は青年・婦女・児童のなかに
も申し込もうとするものがいた」とする（『晋察冀日報』1948 年 4 月 11 日「曲陽
北関完成拡軍　宣伝戦争勝利加強党員教育是完成任務的主要関鍵」）。ここからは，
支部党員の従軍の動きを新農会貧農団の人びとが強く意識し，その圧力の下で
従軍に積極的に応じていった様子がわかる。

　また，この時点で出征した貧雇農たちが，軍とともに南下することを意識し

ていたことを窺わせる記事も伝えられている。冀中区安国県の北都村では，従軍登録を行った7名の「翻身農民（土地を分配された農民）」たちから「われわれは江南に行く」という声が出たという（『晋察冀日報』1948年4月2日「冀中翻身農民紛紛参軍」）。故郷を遠く離れた場所まで従軍するという行動は，「手に入れた土地を守る」という理由では説明がつかない。物質的インセンティブ以外の力がそこには働いていたとみるべきであろう。

　そうだとすれば，新農会・貧農団にかかっていた圧力は，反作用として村の支部党員の側にもかかっていたはずである。支部党員に対しても，党員としての資質が厳しく問われていたからである。たとえば安国県の北都村支部では，県委と区委の指導下に群衆が党員審査に動員されて整党が実施され，主に区幹部のコントロールの下で，村幹部（貧農）の入党と「悪い党員」の党籍剥奪が議論されている（『晋察冀日報』1948年4月12日「安国北都支部整党　党員検査思想作風　群衆召開擁党大会」）。基層レベルの党員は依然として「革命に対する姿勢」を疑われており，貧雇農を含む群衆に生殺与奪の一部を握られていた。

　そしてこの北都村では，こうした状況下で行われた党員審査のあと「30人余の党員が率先垂範して従軍した」という（同前）。先に挙げた曲陽県一区の記事でも，上級から徴兵命令が届いた支部では支部党員を集めて大会を開き，「支部党員は，無条件で党の決議を執行することを保証しなければならない」ということを全体で確認したところ，参加者から「今回は党員が行かなければならない」という発言が出て，規定の徴兵人数を達成したとしている（『晋察冀日報』1948年4月11日「曲陽北関完成拡軍　宣伝戦争勝利加強党員教育是完成任務的主要関鍵」）。支部党員も貧農団と同様に立場がきわめて不安定であったことが，従軍をめぐって貧農団との間で互いに圧力をかけあう状況をもたらしていたことがわかる。

　食糧の負担についても同様であった。1948年6月に晋察冀中央局と晋冀魯豫中央局が合併して成立した中共中央華北局の機関誌として発行された『人民日報』は，1948年の麦秋時の記者の見聞として以下のような記事を掲載している。

第12章 「行き過ぎ」は共産党の統治に何をもたらしたのか **465**

【史料 12-13】 麦の徴収は多くの地域において群衆の自覚的な運動を形成し，
……過去の単純な徴収任務や強迫命令といったやり方はすでに大幅に減少し
ている。これはよいことである。しかし，進歩のなかにはいくつかの研究に
値する問題もある。①党員幹部が先鋒となり多めに報告している。霊壽北五
河村では，夏の徴収大会において，8人の党員が自ら2斗8升多く納めるこ
とを願ったところ，11戸の翻身農民に影響し積極的に3斗7升4合を多く
納めることを報告した。時連福は麦3斗を収穫したら5升4斗を納めるべき
だとし，彼はさらに4升6斗，合計1斗を多く納めるべきだとした。こうし
た党員幹部が先鋒となって多く報告する方法は，一見すると非常によいよう
に見えるが，しかしその結果は，群衆のもともと多く報告することを望まな
い者も迫られて多く報告するようになるのであり，時連福が3斗の麦で1斗
を納めるというのは，明らかに過重であり，自ら望んでいるはずがない。
(『人民日報』1948 年 7 月 24 日「華北総分社記者　綜述今年麦徴工作　某些地区仍
有変象強迫命令現象」)

　下線部には，党員と「翻身農民」が互いに麦の納入量を競い合って吊り上げ
ていく様子が描かれている。破線部はきわめて冷静な考察であるが，党員も含
めて「自ら望んでいるはずがない」ことを行っていたのには，それなりの理由
があろう。党員も「翻身農民」も，ともに党に対する忠誠を誇示しなければな
らない立場にあった[7]。党は，一方で基盤が脆弱な貧農団・新農会を支配の基
礎に据えながら，かつまた一方で，中国土地法大綱から引き続き支部党員への
疑念を留保することで，結果的に社会に対する支配力を強化していたのであ
る[8]。
　そしてもちろん，党員は人民の代表ではなく人民に奉仕する公務員であった。
先に【史料 12-12】として挙げた曲陽県二区西泉頭村の陳七児は，入党にあ
たって以下の8項目の宣誓を行っている。すなわち，「①一生涯，共産主義の

---

7) なお, 1948 年秋の税糧徴収の際には，こうした規定額以上の納税は禁止されたようであ
る。1948 年 12 月 14 日の『人民日報』には，冀中区交河県での出来事として，村の民
兵隊長が多めに納入しようとしたところ村幹部が謝絶したという記事が掲載されてい
る(『人民日報』1948 年 12 月 14 日「冀中八専区群衆争納農業税　千六百村公糧入倉」)。

事業のために徹底的に奮闘する！　②党の利益と人民の利益をすべてに優先させる。③党の規律を遵守し，民主政府の法令を遵守する。④困難を怖れない。永遠に党のために活動し（永遠為党工作），永遠に人民に奉仕する（永遠為人民服務）。永遠に毛主席と前進する，⑤率先し，先鋒となり，群衆の模範となる。⑥積極的に労働し，生産に努力する。⑦学習を強化し，文化水準と政治水準を高める。⑧断固として無産階級の立場に立ち，永遠に党に背かない」の 8 つである（『晋察冀日報』1948 年 3 月 14 日「各地貧雇農積極分子　熱烈要求加入共産党」）。党の利益と人民の利益がつねに一致するという前提に立ち，党のために仕事をすることと人民に奉仕することを等置するこの宣誓を行った瞬間に，彼は貧雇農の意見を集約・代表する主体ではなく，党が決定した「人民の利益」に奉仕する主体となった。貧農団から転じた党員も，これからは党が「人民」の名の下に決定する，党員としての規範に従わなければならないだろう。党の動員力や社会に対する操作性は，「行き過ぎ」とその是正によって大きく向上したのである。

8）このような従軍の構造は第 8 章でみた覆査運動の時のものと同じであるが，上級党組織が貧雇農だけに正統性を認めて中国土地法大綱下の闘争を実施し，しかもその後に「行き過ぎ」是正によって貧雇農の正統性が動揺するという状況であったことを考えれば，出征した人びととはよりいっそう「逃げられない兵士」として従軍したはずである。共産党軍は，1948 年 9 月から遼瀋戦役（1948 年 9 月 12 日〜11 月 2 日），淮海戦役（1948 年 11 月 6 日〜1949 年 1 月 10 日），平津戦役（1948 年 11 月 29 日〜1949 年 1 月 31 日）など大規模な会戦で勝利を収めていくが，その前段階にあたる時期にも画期となるような重要な勝利を収めていた。そうした戦闘として，中原での初めての正規軍同士の会戦となった豫東戦役（1948 年 6 月 17 日〜7 月 6 日）や，高度な機動戦を展開して 6 万人の兵力で 7 万 4,000 人の国民党軍を撃破した晋中戦役（1948 年 6 月 11 日〜7 月 21 日）などがある（『中国人民解放軍戦史』第 3 巻，196–201，218–221，229–230 頁）。また華北の共産党軍が総力を挙げて国民党軍に挑んだ淮海戦役は，三大戦役のなかで唯一共産党軍が国民党軍よりも少ない兵力で戦われた戦役であるが，勝利のために共産党軍では参加兵力の 22 ％に相当する 13 万 4,000 人が死傷したとされる一方で，国民党軍で積極的に戦闘を放棄した者は，投降 2 万 8,000 余人・寝返り 2 万 8,000 余人で合計およそ 5 万 7,000 人に及んでいる（『中国人民解放軍戦史』第 3 巻，263，267，284 頁，巻末「重要戦役一覧表」29 頁）。「逃げられない兵士」は，この戦死傷者数にその痕跡をとどめている。

③末端行政機関としての村

　このように，貧農団・新農会と支部党員が対立しながらともに立場が不安定であるという状況は，末端行政機関としての村の機能を高めたと考えられる。共産党支配地域における1948年秋の税糧徴収は，土地改革が基本的に完了していることを前提に，富裕層に重い税率を課すそれまでの統一累進税から，耕地の等級にもとづいて全員一律の税率を課す新税則によって行われたが，その際，村が納税額の算定と徴収業務に大きな役割を果たすことになった。

　たとえば晋綏辺区では1948年11月7日に税糧徴収条例が公布されたが，納入すべき税糧量を決める耕地の生産力（「通常産量」）の評価方法について，以下のように規定している。

【史料12-14】　第5条　通常産量の決定は，村政府が評議委員会を組織して調査し評議する。評議委員会は村民の民主討論を経て，自然条件にもとづいて段を分け評定し，掲示により公表して人民の意見を求め，その後に評議結果を村代表会に提議して審議して採決し，区代表会に送って審査し，県政府の批准を経たのちに徴収を開始する。……

　第6条　通常産量が評定された後，村政府は戸ごとに土地産量清冊を3部作成し，2部は区と県に送って調査に備え，1部は村に置いて今後の税糧徴収の台帳とする。紛失してはならない。土地の売買や移転が行われた際には当事者双方が随時村政府に登記を申請する。

　第10条　税糧を納めるべき戸は，倉庫に納入せよという通知が届いた後，期限までに政府が指定する倉庫か保管人に納入し，領収書を受け取らなければならない。遅滞したり砂や水を混ぜたりすることは許されない。

　　　（『晋綏日報』1948年11月8日「晋綏辺区公糧徴収条例〈48年11月6日〉」）

　このように村が主体となって「通常産量」を算定し，またその算定結果を村民の目にさらしてチェックすることが定められていた（第5条）。さらに，第6条にあるように，戸毎の納税台帳も村政府が管理することになっている。第10条によれば納税自体は村が請け負う形にはなっていないが[9]，以上からは，土地台帳を管理・更新し，納税額を算定し督促する上で村が大きな役割を担う

468　第Ⅲ部　加速する暴力とその帰結

設計になっていたことがわかる。

　これは，1948 年 9 月 26 日に晋察冀辺区と晋冀魯豫辺区が合併して成立した華北人民政府[10]の統治地域（華北解放区）においても同様であった。この地域は共産党の支配下に入った時期が異なる多様な地域を内包していたためか，晋綏辺区のような統一的な税糧徴収規定を公表しなかったが，中共中央華北局の機関紙『人民日報』には次のような記事がある。

【史料 12-15】　冀中八専区の各県の群衆は，積極的に農業税を納めている。<u>11 月 22 日までに 1,635 の村で徴収は終わった。徴収の前には，各県では区・村幹部大会を開催し，新税収政策を貫徹した。各県は各村の負担額を直接に村に分配した。</u>村内では徴収を行う前，一般には各種の異なった群衆会を経て，新税則の各項目の規定を宣伝説明し，群衆に国家に対する納税は尽くすべき義務であることを認識させ，初歩的に新負担政策を理解させるとともに，群衆によって減免戸を討論し，新税則の基準に照らして負担畝を計算し，公平合理的に各戸に分配した。<u>徴収を始めたとき，多くの幹部党員が率先して糧食を納入し，農民も非常に積極的に糧食を納めた。</u>
（『人民日報』1948 年 12 月 14 日「冀中八専区群衆争納農業税　千六百村公糧入倉」）

　ここでも下線部にあるように，県は村に徴税を命じ，村は村民の討論をふまえながら税糧徴収を行っていた。破線部は，ここでは税糧の納入も村を単位として責任を負わせていたことを窺わせている。そしてこのような末端行政機関としての村は，「村内の目」を意識することで有効に機能していた。『人民日報』は 1948 年秋の山西省昔陽県の事例として，税糧の算出データとなる通常

---

9)　晋綏辺区では，税糧を保管する倉庫は県レベルで設置する計画だったようである。1948 年 11 月 17 日付『晋綏日報』は晋綏辺区行政公署の指示を掲載しているが，そこには「倉庫制度を設立し，徴収業務が完成した後，直ちに税糧を倉庫に搬入することは今年の税糧政策の重大な任務である」としたうえで「各地の指導同志には，税糧徴収と産量評議の過程において同時に税糧入庫制度を説明し，うまく群衆を動員して倉庫に納入する準備を行うよう希望する」とある（「晋綏辺区行政公署　関於公糧徴収工作的指示〈48 年 11 月 7 日〉」）。「指導同志」とは一般的には県以上のレベルの幹部を指すことから，税糧の収納は県が責任を負っていたとみることができる。

10)　『中国共産党組織史資料』第 4 巻上，211–212 頁。

産量の評定の際，村幹部が次のように発言したことを伝えている。

【史料 12-16】　昔陽二区では 9 月 5 日に区・村□幹会議を招集し，過去の負担業務を検査した。以下のいくつかの問題が見つかった。……たとえば□黄農会主席は言う。去年，産量を評議した時には群衆に言わず，私も同様に利己的であった。私の産量を評議した時，自分の評価が低かったので何も言わず，心中ではひそかに喜んでいた。もし評価が高ければ，同意しなかった。……郭家荘農会主席は言った。私には腹に納めてあえて人には言わなかったことがある。自分の利益を第一に考えて，わが村では 100 畝余の土地を隠し，去年は負担しなかった。今回の検査を経てこれが誤りであったことを認識した。みなの熱烈な討論を経て，自分本位で隠蔽しかばうことの危険性を認識した。将来必ず群衆の反対にあうだろう，と。

　　　（『人民日報』1948 年 10 月 12 日「昔陽二区検査負担　発現産量評議不公」）

　1947 年秋から冬にかけての晋冀魯豫辺区の税糧徴収については『人民日報』には記事がほとんど掲載されておらず，【史料 12-16】で述べられている「去年，産量を評議した時」が具体的にいつなのかは不明であるが，記事にある昔陽県から太原市を挟んで 220 キロ西に位置する山西省離石県・中陽県（晋綏辺区）の 1948 年の税糧徴収は 12 月に行われていることから（『晋綏日報』1948 年 12 月 3 日「離石中陽両県　普遍開始徴収公糧」），昔陽県でも同じ時期に税糧の徴収が行われたと推測できる。そうだとすれば，【史料 12-16】で発言している農会主席は中国土地法大綱下に台頭した貧雇農であり，この記事は，彼らが 1947 年の税糧徴収業務（その基準となる生産量の評定を含む）において自分や自分と関係の深い人びとの負担量をできるだけ減らそうとし，実際に群衆から隠すことでそれを実現していたことを物語っている。当時，貧雇農と貧農団は県レベル以下の社会で絶対的な権力をもっており，貧農団の決定に誰も異議を唱えることができなかったのであろう。しかし 1948 年秋の税糧徴収は同じようにはいかなかった。農会主席は「去年，利己的な行為をした」という秘密の重みに耐えられなくなったと言い，自らその秘密を告白して反省の態度を示したのである。

では，何が農会主任にそのような態度をとらせたのか。それは，破線部に示されているような「群衆（村民）」の目であろう。ではなぜ村民の目を怖れなければならないのか。「行き過ぎ」是正によって本当の貧雇農であるか否かという点で疑問符が付けられ，その権力が絶対的なものでなくなっていたからである。【史料12-16】の情報からは，彼らが台頭する過程でどれほどの恨みを買っていたかはわからないが，もし農会主席らに恨みをもつ村民が，彼らが財産を隠蔽したり生産量を過少申告していることを察知した場合，どうするだろうか。上級に告発し，彼らを「偽貧農」あるいは「反革命分子」として処分させることで報復をとげようとするかもしれない。村幹部が村民のこうした動きを封じ，自分と家族の身を守ろうとすれば，実直に（ノルマを達成するべく）業務を遂行するほかないだろう。すなわち，村内に対立者を抱え，かつ対立する「村民の目」でつねに監視される村政権・村幹部は，末端行政機関として有効に機能するようになったと考えられるのである。

小　結

　以上，本章は，「行き過ぎ」の是正が地域レベルの共産党の統治に及ぼした影響について考察した。中央レベルの指導部において「行き過ぎ」の是正に向けて認識の更新が慎重に進められていた時期，そうした動きに先行する形で，地方党組織のなかでは貧農団による「行き過ぎ」に歯止めをかける動きが始まっていた。最初の歯止めは「貧農団の内部に不純分子が混入しており，それが闘争を逸脱させる原因となっている」という説明の提示であった。この説明は，土地改革における貧農団のイニシアティブそれ自体は否定しないものの，いま貧雇農であると承認されていたとしても，その区分は絶対的なものでも永続的なものでもないとすることによって，貧農団を牽制した。

　その後，中央指導部が搾取関係にもとづく階級区分の徹底を明確にすると，闘争対象にした人びとの階級区分と貧農団構成員の貧農の肩書に疑問符がつくことになり，貧農団は激しく動揺することになった。彼らは中国土地法大綱下

の闘争を主導したことによって党員・基層幹部・周囲の人びとから深い恨みを買っており、貧農の肩書が失われれば報復の対象となることを知っていたからである。このような貧農団を取り巻く状況の変化がもたらしたものは、貧農団内部の分裂と、貧農団の共産党へのすり寄りであった。「行き過ぎ」を発生させた原因を特定の人物に押しつけることができる場合は、その人物を「偽貧農」とすることで組織としての貧農団を守ることができたが、周囲の厳しい視線から身を守るためには、貧農は最終的には共産党に入党するか、共産党員よりも革命への積極性を示すしかなくなった。

　しかしその一方、上級党組織は中国土地法大綱の下で貧農団によってひっくり返された基層の社会秩序を復活させることはなく、貧農団を基盤に新農会を組織し、支配の礎石とした。中国土地法大綱の下、貧農団によって排除された党員・幹部が復活することはなかった。このことは、「上級（とりわけ中央レベルの指導層）は基層の共産党員・党組織に対して疑念をもっている」という状態が、そのまま維持されたことを意味する。基層の党員・党組織の正統性も揺らいだままであった。こうして基層社会には、社会的基盤が脆弱な貧農団・新農会と、上級から革命性に疑念をもたれたままの支部（基層党組織）が併存する状況が生まれ、ともに自らの身の安全を図るため党への忠誠競争を繰り広げることになった。また村幹部は失点を探して攻撃しようとする村内の人びとの目に常に監視されるようになったため、結果的に村が末端行政機関として有効に機能するようになった。貧農団による土地改革運動の「行き過ぎ」とその是正は、支配の基盤を掘り崩したのではなく、社会に対する党の支配力と操作力を強化したのである。

終　章

中華人民共和国はどのようにして成立したのか

1　本書で明らかにしたこと

　本書は，戦後国共内戦期に共産党が華北地域で実施した土地改革を取り上げ，その展開過程と社会に与えた影響，さらには共産党が支配地域に樹立した権力の構造について，1930～40年代の華北における社会経済構造をふまえて明らかにした。結論を端的に述べるならば，土地改革は華北農村社会の客観的現実とは大きく乖離した認識の下で計画され強行され，その乖離ゆえに「左傾」（行き過ぎ）が発生して基層社会の秩序は混乱したが，そのことが結果的に社会に対する共産党の支配力・動員力を向上させた，というものである。各章ごとに明らかにしたことをまとめれば，以下のようになる。

　毛沢東は1920年代に農村調査をした経歴を最大限活用し，1930年代後半，王明らソ連との関係を権威の源とする指導者たちから共産党内の権力を奪取した。延安整風運動では主に幹部党員たちに対し，毛沢東が認識した現実を「真実」と認めることが強制され，受け容れない幹部が排除されたことで毛沢東は「現実に対する解釈権」を独占した。毛沢東は「群衆（被搾取者）は正しい」としたうえで，党は群衆の意志に従うべきであり，自分こそがその群衆の意志を正しく理解できるとした（群衆路線）。このことによって1930年代前半に毛沢東が農村「調査」によって得た社会認識（公定社会像）と，その認識にもとづいて打ち出された革命戦略が党内に強制されることになった。その公定社会

像とは，具体的に言えば，人口の10％に満たない地主・富農が土地の80％を所有し，人口の70％余を占める貧雇農（小作農と農業労働者）などは土地の5％しか所有せず地主・富農に搾取されている（中農〈自作農〉は人口の20％，土地の15％を占めている）という像であった。したがって，地主・富農が所有する土地を10％として（つまり70％分を没収して）貧雇農などと中農に分配すれば，全員がほぼ同じ量の土地を所有する状況を作り出すことができ，封建制の打倒（革命）を実現することができる。これが1930年代以降の共産党の革命戦略であった（第1章）。

　しかし，この公定社会像と革命戦略は華北地域の社会経済構造と大きく乖離していた。1930年代の農村調査によれば，華北の黄土高原地帯では，家畜や大型農具を備えた大経営を中心とし，その周囲に大経営に労働力を提供する零細経営が存在するという配置となっていたが，地域の再生産構造は両者が結合することによって維持されており，両者の関係は緊密なものであった。しかも零細経営も自作部分を有しており，その自作部分の農業生産に必要な家畜・農具を大経営から提供されているという側面もあった。他方，華北平原の農村では自作的な部分がより大きく，各農業経営の自立性は高かった。ここでは階層は自作農の間の貧富の差として表れていた。総じて，共産党の公定社会像が想定する，搾取関係と鋭い階級対立を内包する闘争的な社会とは大きく異なる社会が存在していた（第2章）。

　このような公定社会像と華北農村とのギャップは社会関係の面でも存在した。公定社会像は寄生地主制の下で階級的に厳しく対立する地主小作関係を想定していたが，1940年代初頭の華北農村では住民が互いに相手の「面子」を尊重することで秩序が保たれていた。ただし面子に配慮しあう範囲は村落の枠組みとは一致しておらず，村落社会は，「乱暴者（無頼）」や，村民間の面子関係に配慮しなくてもよい村外の富裕者・有力者が行う横暴に対して脆弱であった。これは，のちに共産党が送り込んだ工作隊の作用を説明するものである。また日本が支配し物資や労働力の徴発を強化したことによって，村の指導層から「よい人」が退出する一方，徴発を担うことで私腹を肥やそうとする人物が村の指導層に就く傾向が生じていた。戦後，反奸清算闘争が盛り上がる素地が形

成された（第3章）。

　共産党は，日本降伏後，東北と華北を中心に支配地域を拡大した。しかし，1946年夏ごろまでは農村運動の範囲を反奸清算と減租減息運動にとどめていた。共産党は，反奸清算闘争で住民を立ち上がらせ，階級闘争としての性格をもつ減租運動に移行することで農村において階級闘争を実現できると考えていた。しかし共産党の予想に反して減租運動は盛り上がらなかった。華北では自作的部分が大きな位置を占めていたことと，大土地所有者と周辺零細経営との関係が深かったことなどがその原因だったが，共産党中央指導部はこうした華北農村社会の現実と公定社会像との間にギャップがあることを認めず，地方党組織と基層幹部に減租運動の実現に向けて圧力をかけた。その結果，現場の一部で「漢奸も封建勢力である」とする説明が生み出され，反奸清算闘争の成果を階級闘争の成果とみなそうとする動きがみられた。中央指導部はこの動きを追認し1946年5月に五四指示を出した（第4章）。

　しかし，反奸清算闘争によって封建勢力から土地を没収せよとする五四指示は，その画期性ゆえに華北の地方党組織に動揺と逡巡を引き起こした。地方党組織は，五四指示を履行すること，あるいはそれを「耕者有其田（耕作者がその耕地を所有する）」という孫文の言葉を使って対外的に説明することが，全面的内戦の引き金を引きかねないと考えていた。したがってこの懸念は，実際に1946年6月末から本格的な内戦が始まると解消した。1946年秋ごろには共産党は土地改革の再開を公に宣言し，階級政党に回帰した。それにともない党員にも階級的立場を鮮明にするよう迫っていった（第5章）。

　ところが1946年夏以降の農村での闘争も，反奸清算闘争は激しく行われたが，地主的土地所有を理由とする土地改革は共産党中央指導部が想定していたようには進まなかった。その根本的な原因は公定社会像と華北農村の社会経済構造との間のギャップにあったが，党内の誰も方針に異を唱えることはできなかった。その後，国民党軍の攻勢によって戦局が悪化するなかで，中央局レベルの地方党組織は土地改革が進展しない責任を基層幹部に転嫁した。彼らが基層で土地改革の進展を阻害している，あるいは土地改革を行ったようにみせて実は骨抜きにしている，そして，彼らがそうした行動をとるのは階級的出自に

問題がある，とする説明が地方党組織から提出された。このころ共産党の支配地域では「群衆の意志」が支配の正統性となるような秩序が立ち上がりつつあったが，「群衆の意志とは何か」ということは，上級の党組織（究極には毛沢東）が一方的に決定するものだった（第6章）。

　共産党中央指導部は，土地改革が進展しない原因が基層幹部にあるとする地方党組織の説明を受け入れ，1947年2月，新たに貧雇農を中核として土地改革運動の覆査（点検とやり直し）を行うように指示した。しかし1947年4月ごろまで華北の地方党組織が覆査を積極的に実施した形跡はない。この間，1947年3月には国民党軍によって延安が陥落し，共産党中央指導部は二手に分かれた。毛沢東・中共中央が国民党軍をひきつけて陝西省北部を転戦する一方，劉少奇の中共中央工作委員会は晋綏辺区を経て晋察冀辺区に至った。ここで劉少奇は大きな転換を行った。搾取関係にもとづく公式の階級区分を棚上げにし，富裕度で階級を区分する「米ビツ論」による階級区分を推奨したのである。これは自作農が中心である華北農村社会の現実に階級区分を適合させる変更だったが，「ゆとりのある農民」であれば誰でも富農として闘争対象にされかねない事態が出現した（第7章）。

　1947年5月以降に本格化した覆査運動は，それまでの闘争を主導した村幹部に恨みを抱いていた人びと（闘争対象にされた人の関係者）にとって，報復を正当化する絶好の機会になった。村幹部は貧雇農を名乗る人びとからの攻撃を県・区幹部との結びつきを活かして抑えこもうとし，相手に対する弾圧は苛烈なものになった。また逆に村幹部に対する貧雇農側の報復も激しい暴力をともなうものとなった。こうした激烈な対立は2つの側面で社会を変えた。ひとつは支配の正統性が貧雇農に変化しはじめたことである。村幹部と村幹部に対抗しようとする人びととの双方が，貧雇農の肩書を得ようとしてしのぎを削った。そしてそのために，もうひとつの変化として双方とも戦時負担（従軍や食糧提供など）に積極的に応じるようになった。この時期に出征した新兵のなかで新旧の村幹部が占める割合は高く，意識も高かった。彼らはともに「逃げられない兵士」となって部隊の質を変え，高度な機動戦を可能にしていった（第8章）。

　このような基層社会の暴力的な状況をどうすべきかという問題は，1947年7

月から開催された共産党の全国土地会議で争点となった。「米ビツ論」による
富農規定を維持すれば闘争は盛り上がるが，貧雇農による村幹部への攻撃が
いっそう激しくなる。逆に，搾取関係による富農規定に戻すのであれば，農村
闘争は盛り上がりを欠くことになる。このように全国土地会議での議論が膠着
するなか，農村闘争の盛り上がりを最優先の課題だと考えていた劉少奇は，8
月末に出された新華社社説の文意を「毛沢東は徹底的な土地均分の実現を求め
ている」と解釈し，争論に決着をつけた。中国土地法大綱は，貧雇農を中核と
して「ゆとりのある農民」の財産を没収・分配することを是認し，しかもそれ
に抵抗するすべての者（党員を含む）を排除せよと命じる文書として公布され
た。中央レベルで決定された中国土地法大綱は，その後，中央局レベル・県委
レベルで強い反発を抑えこんで承認され，執行されていった（第9章）。

　その結果，県以下の社会では暴力の嵐が吹き荒れることになった。中国土地
法大綱は貧雇農に県・区幹部を凌駕する権力を与えるものであったから，村幹
部や支部党員は上級幹部との関係を使って貧雇農の攻撃に対抗することができ
なかったばかりか，県・区幹部までもが党籍を剥奪され殺害された。組織とし
ての県委が解散させられた事例も確認できる。一方，1947年春夏の覆査運動
で貧雇農とされた人びとの立場も安泰ではなかった。貧農はすでに搾取関係面
での基準をもたない肩書（レッテル）となっており，生活にゆとりがなく1947
年秋の時点で村政権を担っていた村幹部を攻撃する積極性をもつ者であれば，
誰でも貧農として認定されたからである。1947年末から1948年初頭にかけて
県レベル以下の社会では，貧雇農が絶対的な権力を確立し，党組織も容易に手
が出せないという状況が生み出された一方で，誰が貧農として認定されるか分
からないという形での社会秩序の流動化が進行した（第10章）。

　中央レベルの指導者のうち，中国土地法大綱の実施によって「行き過ぎ」が
起こることを懸念していたのが任弼時であったが，1947年末までは「行き過
ぎ」が起こっているという確証をもっていたわけではなかった。任弼時は
1947年12月にその確証を得て，1948年初頭に劉少奇から土地改革に関するイ
ニシアティブを奪い「行き過ぎ」是正に乗り出した。その方法は，「老区では
すでに多くの農民が中農になっている」という認識への転換と，搾取関係によ

る階級区分への回帰であった。こうした現状認識と政策の転換は，他の中央レベルの指導者には支持されたが毛沢東には共有されなかった。毛沢東は中国土地法大綱による土地改革を続行するという態度を崩さなかった。毛沢東は最終的に1948年2月半ばに「行き過ぎ」是正に合意したが，農村社会認識を変更しなかったため，新たに支配下に入った地域では「貧雇農を中核とする路線」による土地均分政策が維持された（第11章）。

　地方では，中央の「行き過ぎ」是正に向けた動きに先行して，貧農団による「行き過ぎ」に歯止めをかける動きが始まっていた。その後，中央指導部が搾取関係にもとづく階級区分の徹底を明確にすると，多くの貧農の肩書に疑問符がつくことになり，貧農は激しく動揺した。彼らは「行き過ぎ」を主導したことで党員・基層幹部・周囲の人びとから深い恨みを買っており，貧農と認められなくなれば報復されることを知っていたからである。こうした状況下で，上級党組織は基層の社会秩序を元に戻すことはなく，貧農団を基盤に新農会を組織し支配の礎石とした。こうして基層社会には，社会的基盤が脆弱な貧農団・新農会と，上級から革命性・階級性に疑念をもたれたままの基層党組織が併存する状況が作られた。ともに，自らの身の安全のために従軍や食糧提供など戦争へのいっそうの献身を示すことで，党への忠誠競争を繰り広げた。貧農団による土地改革運動の「行き過ぎ」とその是正は，社会に対する党の支配力を向上させたのである（第12章）。

2　中国革命の方法

　以上の考察結果からは，以下のことを見出すことができる。

　戦後内戦期の共産党は，毛沢東が認識した現実（公定社会像）にもとづいて革命戦略を構想した。この公定社会像は1930年代の江西省での農村調査で形成されたものであり，華北農村の社会経済の現実との間に巨大なギャップがあったが，共産党は公定社会像を修正することなく革命を強行した。このことが党内と党外（社会）に以下のような影響を与えた。

1）党内への影響

革命（土地改革）は華北農村社会特有の条件に規定されて予想通りには進展しなかったが，党内では，その原因は公定社会像と革命戦略の当否に求められるのではなく，基層幹部（とりわけ村幹部），支部党員，地方党組織に求められた。こうした中央指導部の動きに対し，現場に近いレベルでは，「闘争は理論が予想したとおり展開している」と報告できる状態が出現するように，華北農村社会経済の現実に合わせて革命戦略のすり替えが行われた。

1945年夏から1946年春までの運動では，一部の地方党組織は，漢奸・悪覇などを「封建勢力」と捉えることで，地主的土地所有の存在が小さい華北地域で反封建闘争を実施したと報告するようになった。1946年夏に全面的な国共内戦が勃発すると，中央指導部は地主的土地所有に対する革命闘争をよりいっそう強く求めたが，闘争対象を生産関係における搾取者に限定したままでは闘争の拡大に限界があった。そこで，1947年春に華北平原に移動した劉少奇は，農村運動の現場により近い場所で，華北農村の社会経済構造のなかで闘争を活性化させうる「米ビツ論」による階級区分へと舵を切った。これによって「ゆとりのある者」をすべて闘争対象とすることができ，また「ゆとりがない者」すべてを闘争有権者（闘争する資格を有する者）にできるようになった。その結果，農村での闘争はようやく激化した。

しかし，こうした革命戦略のすり替えは，公定社会像の「正しさ」に影響を与えないよう巧妙に行われた。1948年初頭からの「行き過ぎ」是正の過程でも，中央と地方の指導者たちは，細心の注意を払って公定社会像の誤りが問題になることを避けながら方針の転換を行った。もちろん，現場に近いレベルでは公定社会像と華北農村とのギャップは認識されていたが，このような認識は公式のものとして採用されなかった。総じて共産党は，公定社会像の誤りを正面から議論することなく革命を強行したのである。

その結果，公定社会像の「正しさ」は公式に否定されることはなく，疑義を呈されることもなかった。国民党との内戦に勝利したことで，公定社会像にもとづいて打ち立てられた革命戦略の「正しさ」にも傷がつかなかった（共産党の軍事力の強化は，革命戦略の想定とは違うメカニズムが働いて実現したものであ

る)。「共産党は毛沢東の中国社会に対する正しい認識にもとづき正しい革命戦略を打ち立て勝利した」という建国神話が，毛沢東の無謬性とともに確立した（このことが毛沢東と共産党の「その後」に与えた影響については次節で述べる）。

しかし，このために組織としての共産党が払った犠牲は甚大であった。1945年夏以降の反奸清算の呼びかけに応えて立ち上がった基層幹部と支部党員たちは，地主的土地所有を理由とした闘争を展開できなかったために階級的出自や階級性に疑念があるとされ，1947年春以降の覆査運動と同年秋からの中国土地法大綱下の闘争で貧雇農によって打倒された。彼らをかばった県・区幹部も階級的出自や階級性を問題視されて粛清された。県以下の党組織も貧雇農によって破壊された。公定社会像と現実との間のギャップは，貧雇農に粛清された人びとの身体と生命を犠牲にして解消されたといえる。基層レベルの党組織は，中国土地法大綱下の闘争を担った貧雇農を吸収することで再建されたが，党内には深い亀裂が残された。

2）党外（社会）への影響

上述のように，反奸清算闘争を担って村幹部となっていた人びとは，1946年末からその階級的性格に疑念があるとされ立場が不安定になった。彼らに代わって1947年春以降に積極分子として登場したのは貧農であり，貧農団には一時的に県レベル以下の共産党組織・党員さえも凌駕する権威と権力が与えられた。しかし貧農は実際には「米ビツ論」にもとづいて貧農に区分された「ゆとりのない農民」にすぎなかったから，1948年初頭に共産党が本来の搾取関係を基準とした階級区分に回帰すると，貧農としての立場は不安定となった。華北農村社会の現実と乖離した公定社会像にもとづいて革命が強行された結果，基層社会において共産党が統治の礎石とした人びとはみな，脆弱性を抱えることになったのである。

しかも，貧農団は闘争を経て基層幹部の立場に就いた人びとであったため，闘争の過程で侮辱したり打倒したりした人びとやその関係者から強い恨みを買っていた。貧農たちは立場が不安定なまま，対立・憎悪関係が複雑に交錯する地域社会のなかに基層幹部として置かれたのである。このような対抗者から

の視線と圧力が，彼らに出征や食糧提供などの形をとった共産党への忠誠競争を繰り広げさせ，「逃げられない兵士」を生み出すことになった。

　同様のメカニズムは基層の党員に対しても働いた。支配地域では群衆や貧雇農を支配の正統性とする秩序が立ち上がったが，その群衆や貧雇農とは公定社会像が想定する振る舞いをする者（地主に厳しく搾取され，積極的に階級闘争に立ち上がる者）を指したため，華北農村社会の住人である党員の多くは群衆や貧雇農とはみなされず，群衆や貧雇農を代表する者ともみなされなかった。むしろ新たに貧雇農という肩書を得た人びとから攻撃される対象となった。こうした状況で党籍を保持し対抗者から身を守ろうとすれば，党組織に対して自分の党員としての適格性を示すほかない。こうして彼らもまた党への忠誠競争を繰り広げることになった。華北農村社会の現実と乖離した革命戦略を強行したことは，基層社会に対する共産党の支配力と操作性を高めることにつながったのである。このようにして共産党は，党と行政機関による直接の監視に頼るだけの，いわば目の粗い動員体制しか築くことができなかった国家とは異質な，住民が相互に監視しあうことによって個々人が「自発的に」ヒト・モノ・カネを限界まで戦争に捧げる国家を作り出すことに成功した[1]。

3) 土地改革の展開が示すもの

　このように党の内外に大きな影響を与えた戦後内戦期の土地改革については，その展開過程そのものから得られる知見もある。いくつか列挙してみたい。

　まず，共産党の中央レベルの指導者は，当時，支配地域全体の情報を集め総合的に分析して政策を決定していたのではないという点である。「地方からの報告」にもとづいて反奸清算闘争を反封建闘争に含めた五四指示は，その一方で減租政策を維持するとも述べていたが，減租運動も，その後に解禁された土地改革も，華北地域の社会経済構造の制約を受けて予期したとおりには展開しなかった。土地政策の責任者であった劉少奇が華北農村社会の現実に適合的な「米ビツ論」による階級区分に切り替えたのは，彼が晋察冀辺区に到着し晋察冀中央局の幹部たちと情報交換した後だった。ここからは，延安にいた中央指導部はきわめて偏った選択的な情報にもとづいて政策を決定していたことがわ

かる。そしてこのような状況は 1947 年 3 月の延安陥落後も変わらなかった。中国土地法大綱施行後に「行き過ぎ」が発生するのではないかと懸念した任弼時は，陝甘寧辺区と晋綏辺区の指導者を中共中央の所在地まで呼び出して情報収集を行い，さらに劉少奇に彼の情報の真偽を問い合わせたうえで「行き過ぎ」是正に舵を切った。この経緯も，共産党の支配下にある各地域の土地改革に関する情報が，恒常的に中央へと集まっていたわけではなかったことを物語っている。

　このように中央指導部に支配地域全体の情報を総合的に分析して政策決定を行おうとする姿勢が弱かったのは，当時の交通・通信事情もさることながら，共産党の土地改革政策が公定社会像にもとづいており，公定社会像は中国社会の発展段階論上の位置づけと密接にかかわっていたため，地域差を問題にしにくかったことが原因であると考えられる。具体的に言えば，華北の大規模経営において「地主」（大経営）と貧農（零細農）との間の心理的距離が近く闘争意欲が薄かったことについては，「貧農は地主に騙されている」と解釈することができるとしても，華北平原の農業経済において自作部分が占めるウェイトが

---

1) もちろん，この時期にこのような社会を作り出すことに成功したのは華北の支配地域だけのことであって，全国的規模で実現したと主張しているわけではない。この点については，中国の戦時秩序（本書で言う総力戦体制）の形成は抗日戦争期から朝鮮戦争期までかかったという笹川の主張（笹川 2023）に同意する。笹川（2023）は，共産党内で高級幹部向けに発行されていた内部文書を使いながら，朝鮮戦争下に実施された徴兵に際して，各地の農村住民が必ずしも従順に応じたわけではなかった実態を明らかにしている（笹川 2023：第 8 章）。ただし，そのように徴兵忌避に奔走する農村住民たちが描かれるなかで，徴兵検査に不合格だった若者が意気消沈し，自殺者を生むほど情緒不安定になったという事例があったことも紹介されている（笹川 2023：238）。笹川（2023）は，このような徴兵に対する農村住民の姿勢の違いを時間的な変化として整理しているが（笹川 2023：238–239），後者の事例が戦後内戦期に激烈な土地改革を経験した山東省や河南省のものであることは，重大な意味をもっているように考えられる（逆に，徴兵忌避に奔走した農村住民の事例は，四川省や江西省など内戦最末期に共産党の支配下に入った華中・華南のものが多い）。笹川（2023）は，おそらく，中国を「地域史」に分割せず一体のものとして捉えようとする立場から意識的に中国国内の地域差を捨象しているが，各地域社会の歴史的経験，とくに戦後内戦期の農村革命をどのような形で経験したのか（しなかったのか）ということは，人民共和国成立後の国家との関係のあり方に大きな影響を与えたのではないだろうか。本書が描いた華北社会の事例も，そうした全体像のなかに位置づけられよう。

大きいことについては，そのように単純な処理はできない。単線的な発展段階論におけるどの段階にあると定置すればよいのか，という大問題につながるからである。

　自作部分の占めるウェイトが大きい経済をもつ社会は，単線的な発展段階論においては地主という「封建領主」がいない時代，すなわち古代社会か近代社会とするしかないが，前者であれば奴隷解放が必要となるだろうし，後者であればプロレタリア革命が必要となるだろう。そうではなく中国社会の現段階を封建社会と捉え，当面必要な革命が反封建闘争であるとして土地改革を実行するのであれば，「封建領主」（地主）も「農奴」（小作農）も存在感が小さいという地域は中国社会の本質を示すものではなく，部分的で例外的なものでなければならない。あるいは，その地域の社会構造をそのように認識している者の認識自体が間違っていると言わなければならないだろう。そして，そうであれば，部分的で例外的な地域や「誤った認識による社会像」に適合するように革命戦略全体を変更することは本末転倒である。つまり，単線的発展段階論を絶対的に正しいものとして認識の基底に置き，中国社会の現段階を封建社会と捉えて革命戦略を決定した以上，中央指導部が多様な地域の多様な状況を総合的に判断して政策を決定することは論理的に不可能であり，無意味であった。その結果，共産党の中央指導部においては，支配地域の全体的な情報を収集し，総合的に分析して政策決定を行おうとする姿勢が弱くなったと考えられるのである。

　次に，華北農村社会と権力との関係についても興味深い知見が得られる。1940 年代初頭の華北農村における村落生活を克明に描いた『中国農村慣行調査』によれば，華北の村落は村の内外に存在する「乱暴者」に対して脆弱であった。同様に，共産党が送りこんだ工作隊も村落住民から組織的な抵抗を受けた形跡はない。華北村落の組織的な抵抗力の弱さが，共産党の浸透を比較的容易にしたと考えられるのである。

　しかも華北村落を支配した共産党は，徴税と反乱の抑止に主たる関心があった従来の支配者とは異なり，積極的に新たな秩序を構築しようとした点で画期的であった。共産党は毛沢東の「群衆路線」に則って「群衆の意志」が支配の正統性となるような秩序を新たに構築したうえで，その「群衆の意志」を共産

党が勝手に解釈することで社会をコントロールしようとした。こうした共産党の思惑に対し，村落社会の側は，共産党が「群衆の意志」を勝手に解釈し「群衆の意志」を標榜して政策を実行することを許しただけではなく，階級闘争の行き詰まりによって支配の正統性が群衆から貧雇農に変更されたときにも異議を唱えなかった。それどころか村民は，むしろ自分の主張を正当化するために「群衆」や「貧雇農の意志」という言葉を使うことで，新しい秩序の形成に加担したのである。

　こうした村民の動きをひとまず「勝手な包摂」（高橋 2006）とみなすことはできる。しかし，最終的に共産党から「彼の言う「群衆の意志」は一面的である」として否定されて反論できなかったことを考えれば，戦後国共内戦期の共産党は「勝手な包摂」を許さない権力として住民に相対していたとみるべきであろう。村落の住民にとって支配は外部から一方的に強制されるものであった。誰が権力の担い手であるのかは村落社会の外側で決定されており，住民が独自に主張できるものではなかった。中国土地法大綱の下で正統性を付与され，「行き過ぎ」是正の過程で今度は正統性に疑義を呈された貧農たちが，貧農団という集団を維持して党の決定に反抗するのではなく，権力が期待する「貧農の振る舞い」を体現して「自分は本当の貧農である」と主張するか，「貧農の振る舞い」を体現できずに排除されるかしかなかったという事実が，このことをよく表している。

　このように共産党の支配が住民の意志に関係なく一方的に強制されるものだったということは，公定社会像にもとづいて華北農村社会の現実との間に大きなギャップをもった政策が強行されたことと符合する。繰り返しになるが，土地改革は理論上正しいと考えられたから実行されたのであって，華北農村社会の大多数の住民の望みとは何の関係もなかった。内戦に勝利するための動員は，住民が要求を叶えてくれた共産党を支持したから実現したのではなく，違う力学が働いて実現した。そうだとすれば，極端な言い方をすれば，共産党が農村社会に入っていくときに掲げる政策は，実は，何でもよかったということになる。

　もちろん，土地改革という政策を掲げたことにまったく意味がなかったと言

終　章　中華人民共和国はどのようにして成立したのか　485

いたいわけではない。貧しい者に土地を分配するべきだというスローガンは分かりやすく，もっともらしく，素朴な「大同思想」にも重なり，党員が共有しやすいスローガンだったであろう。つまり土地改革という政策を掲げたことは，党内の凝集力を高めるうえで意味があったと考えることができるのである。とはいえ，この問題についてはこれ以上議論する準備はない。ここではひとまず，土地改革という政策が華北農村社会の住民の求めるものではなく，それへの支持が動員の成功を導いたのではないという点を確認するところにとどめておきたい。

　戦後内戦期における共産党の土地改革政策の展開過程から得られる知見の3つ目として，当該時期の共産党が華北地域を主要な根拠地にしたことの重要性がある。

　上述したように，華北農村社会は暴力をともなって入ってくる外部勢力に対して弱く，また共産党が新しい秩序を確立しようとすることに対して組織的で自律的な抵抗をみせなかったが，それだけでは共産党は実質をともなう動員が行える支配体制を構築することはできなかった。住民同士が対立して暴力を行使し，互いに報復を危惧する状況を作り出すことができて初めて，共産党の支配力・動員力は高まったからである。とすれば，このサイクルを最初に回すことになった闘争がきわめて重要だったことになる。それは反奸清算闘争であった。

　反奸清算闘争は，日本の占領軍・傀儡政権に対する協力者（漢奸）に対する懲罰運動であったが，この協力には，積極的・能動的な協力だけではなく，村を単位として賦課される臨時徴発への対応（徴収・徴集の請負）も含まれていた。日中戦争中，日本にとっての戦況の悪化によって徴発の頻度および量が増加すると，村民と自分の面子にこだわらず私利を追求する人が投機的に村政権を担うことが増え，徴発はより不公平かつ暴力的になっていった。もちろん，徴発されて従事した労働の現場で日本の関係者から暴力を受けることもあった。この場合の恨みも，その一部は徴発を請負った者に向けられた。日本の降伏によって生じた華北の空白地域に共産党が入ったとき，社会のなかには日本の占領が残した「遺産」として，そうした広い意味での対日協力者に対する恨みが

充満していた。共産党が最初にサイクルを回した反奸清算闘争の呼びかけは，このような恨みに点火することになったのである。

　このように考えると，共産党が日本の降伏後すぐ，日本軍によって比較的長期間占領されていた華北地域（とくに，人口が稠密で農業生産力も高い華北平原）を根拠地にしたことの決定的な重要性が浮かび上がる。日本軍の占領による収奪・暴力がなかった地域であれば，そもそも反奸清算闘争は盛り上がらなかったはずだからである。対立・攻撃・報復のサイクルを回すことができなければ，共産党の支配力・動員力が上昇することはなかっただろう。

　また共産党が華北地域を根拠地としたことの重要性として，もう一点指摘できることがある。それは村落の構造の問題である。華北村落が外部勢力に対して脆弱であったのは，村落内の紐帯が個人と個人のつながりを束にした「関係あり，組織なし」のネットワーク型社会だったからである。これに対し華中・華南地域の村落では宗族を紐帯とした地縁的結合が比較的強固であり，地域社会自体が武装化していたとされる。1920〜30年代にこの地域で革命を追求した共産党は，このような地域社会内部の組織や武装集団と折り合いをつけながら革命を進めざるをえなかった（阿南 2012）。その際，共産党の政策に対して「勝手な包摂」をしてくる地域住民の自律性に共産党が手を焼いていたことは，高橋（2006）に詳しい。もし戦後国共内戦期の共産党が華中・華南地域を根拠地としていたら，送りこんだ工作隊は容易に村落内部に入りこみ，共産党の意志を一方的に強制することができただろうか。

　毛沢東が農村「調査」を行い公定社会像のイメージを作ったのは華中・華南地域であり，寄生地主制が発達していたこの地域の方が公定社会像に近かった。しかし，もし長征中の共産党が西北ではなく南方を目指し，華南で日中戦争後の国共内戦を迎えていたら，その後の歴史はどうなっていただろうか。地主と小作農との間の階級闘争は華北農村地域よりも盛り上がったかもしれないが[2]，

---

　2) 山本真によれば，1950年代初頭に福建省で行われた土地改革でも「地主─小作関係に起因する搾取というよりも，日中戦争や戦後内戦時期の強引な食糧徴発や徴兵業務に由来する怨恨が，闘争の重要な原動力となった可能性が高い」とされる（山本 2016：363）。

終　章　中華人民共和国はどのようにして成立したのか　　487

敵と味方が搾取関係によってはっきり区分できる社会で闘争を実現したとして
も，共産党が内戦を戦い抜くだけの資源を社会から引き出せたかどうかは疑問
である。長征時に共産党が西北に向かったのは場当たり的な選択の結果では
あったが[3]，当事者が予想もしなかった決定的な影響をのちの歴史に与えたと
考えられる。

　以上の考察をふまえれば，共産党の革命が成功した要因は（より正確に言え
ば，共産党が内戦に勝利した要因は），毛沢東の認識をメンバー（とくに幹部集団）
に共有させることで強い凝集力を備え，かつ暴力装置も備えた集団が，外部勢
力に対する抵抗力が弱く，かつ対日協力者に対する恨みが充満していた華北社
会に闘争をもちこんだということに集約できる。この凝集力は，現実から乖離
した世界観にもとづいて立案された政策が，そのギャップゆえに予想どおりに
展開しなかった際，メンバーが世界観に問題があるとして分裂するのではなく，
世界観と政策は正しいものとして社会に強制するように動くほどのものであっ
た。このように強い凝集力を備えた集団であれば，その集団が信奉する世界観
とそれにもとづく政策がいかに現実離れしていようとも，問題ではなかったの
である（この点に着目すれば，戦後内戦期の共産党の姿は，本質的には宗教集団と
変わるところがないということになる）。

　もちろん，華中・華南を支配下に置くためにはなお大規模な軍事活動が必要
であり，その間共産党は地域社会から頑強な抵抗を受けた。貴州省では共産党
は支配に抵抗する在地武装団体に手を焼き，ひとまず彼らを「民兵」としてそ
のまま組みこまざるをえなかった（高 2022）。しかしすでに国民党軍を打ち破
るほど強大化した軍事力をもっていた共産党は，華中・華南の地域的な武装勢
力の抵抗を個別に粉砕することができた（山本 2016：第 10 章）。また宗族内部
の権威者を打倒し，従来からの宗族的結合に大きな打撃を与えることができた

---

3) 瑞金を放棄した中共中央と中央紅軍は目的地を定めないままに出発し，途中，国民党
　軍の追撃を受けながら貴州省から四川省へと北上したが，これは大規模な軍を維持し
　ていた張国燾と合流するためであった。1935 年 6 月に張国燾と合流した中央紅軍がの
　ちに陝西省北部に向かったのは，9 月に比較的大きな革命根拠地（陝甘根拠地）がそこ
　に存在するという情報をつかんだからであった（高橋 2021：80-84）。

（鄭 2009：第 4 章）。貴州省の「民兵」も，現役の人民解放軍人によって統括される体制が整えられることで掌握されていった（高 2022：9）。このような戦後内戦期から人民共和国成立初期の共産党の展開過程のなかに，強い凝集力を備えた集団が中国社会においてもつ威力をみてとることができる[4]。共産党は，核となる幹部集団の凝集力によって社会を根底から揺さぶり，亀裂を入れて支配し，資源を引き出し，内戦に勝利して新たな国家を樹立したのである。

3　土地改革の「遺産」と中華人民共和国

1）毛沢東の「正しさ」と支配の正統性

　では，このようにもたらされた内戦の勝利は，中華人民共和国の展開にどのような影響を与えたのだろうか。文字通りの「蛇足」になるかもしれないが，本書の議論の射程を示すため，最後に革命の「成功」がその後の歴史に与えた影響について補論的に素描しておきたい。

　本書で述べてきたように，内戦期の土地改革は華北農村社会の現実と乖離した公定社会像にもとづいて実施されたが，そのギャップは幹部たちの工夫と努力によって，そして矛盾を基層の幹部や党員に押しつけることによって糊塗された。結果として共産党は内戦に勝利したから，公定社会像を打ち出しそれにもとづいて革命戦略を立てた毛沢東の正しさが証明された形になった。毛沢東は，中国社会と人民を最もよく理解している人物であることが証明されたのである。このことは内戦期土地改革が残した決定的な遺産となった。人民共和国で実施された諸政策（とりわけ社会主義化政策）に関しては，「人民の意志」の解釈権を有する毛沢東が，「人民の意志」を根拠としてその正しさを主張した

4）石川禎浩は，「組織あるものに対する共産党の警戒感は，今日においても尋常ならざるものがある」として，法輪功に対する弾圧の徹底さにふれ，それは「中国社会における「組織」の効用と恐ろしさをとことんまで知り尽くしている共産党ならではの本能的警戒であろう」とする（石川 2021：98）。本書もこの見解に同意するが，付け加えるとすれば，1940 年代以降の共産党の凝集力が宗教集団のそれと同質であるがゆえに，相手の存在は絶対に許すことができないということではないだろうか。

からである。

　具体的な論証については紙幅の関係から省略するが[5]，たとえば1950年代初頭の農業の組織化（互助合作化）の過程では，実務を担っていた薄一波や劉少奇は，農民の要求は生産を発展させたいという点にあって，それをうまく刺激できなければ組織化は難しいと考えていた。これに対し毛沢東は，「互助〔農作業の助け合い〕の形式は多く農民が要求するところとなっており，ゆえに年々増加している」として互助合作化を強行した[6]。しかし，公開されている文書のなかで多くの農民が互助合作化を要求していたことを示すものはない。

　第一次五カ年計画下の1955年，農業集団化政策の急進化が毛沢東によって提起された際にも同様の展開がみられた。集団化をどのような速度で進めていくかについては党内にはさまざまな意見が存在し，なかでも実務の責任者であった劉少奇と鄧子恢は慎重であり，1955年1月には第一次五カ年計画下で急増した合作社を「収縮」させようと動きはじめていた。毛沢東は5月からこの方針を批判しはじめ，7月には鄧子恢ら農村工作部の姿勢を「右傾思想」と非難して，集団化のよりいっそうの推進を決定させた（小林 1997：186-193）。毛沢東はその際，農業集団化が「農民の要求である」と述べてその正しさを主張したが[7]，根拠については，ただ，「彼ら〔貧農・下層中農〕は社会主義の道を歩もうとする積極性をもっていると信じるべきだと私は考える」と述べるだけであった[8]。これは現状分析ではなく話者の願望を示したものである。同時に，この「信じるべきだ」という呼びかけは，聴衆（党員）の中に，信じていない者が存在していたことを窺わせる。

　しかし毛沢東によれば，そうした党員は認識の仕方に問題があった。毛沢東は続けて言う。「これらの〔社会主義化の速度が速すぎるとする〕同志は問題を見る方法が正しくない。彼らは問題の本質的側面，主流の側面を見ないで，本

　5）詳細については，三品（2010），および三品（2011b）を参照。
　6）「中共中央印発『関於農業生産互助合作的決議（草案）』的通知」（1951年12月15日），『建国以来重要文献選編』第2冊，453頁。
　7）「関於農業合作化問題」（1955年7月31日），『建国以来毛沢東文稿』第5冊，234-235頁。
　8）「関於農業合作化問題」（1955年7月31日），『建国以来毛沢東文稿』第5冊，239頁。

質的でない側面，非主流の側面のものを強調している」[9]，と。このように毛沢東は，政策の是非と認識の正誤とが直結するような言論空間を設定し，その空間のなかで「農民の意志を正しく認識できる自分が判断した」ということを根拠として，急速な農業集団化の正しさを主張したのである。

　大躍進政策も同様の方法で正しい政策とされた。反右派闘争が一段落した1957年秋，毛沢東は，右派に勝利できたことは「社会主義に不賛成あるいは反対のものは10％であり，そのなかでも断固として社会主義に反対する強硬派は2％にすぎない」ということを示すものであるとしたうえで[10]，同じ報告の続きで，のちに大躍進政策で重要な役割を果たすことになる「農業発展綱要四〇条」について，「わたしに言わせれば，農業発展綱要四〇条は比較的中国の国情にあっており，主観主義のものではない」とした[11]。逆に言えば，この方針に反対する者は主観主義者となろう。ここでも政策選択の是非が現実認識の正誤の問題として提起されていたのである。1956年にはこの「農業発展綱要四〇条」が「冒進」であるとして反対していた周恩来も，1958年5月には自己批判を余儀なくされた（小林 1997：426-427）。そして「農業発展綱要四〇条」は1958年5月の中国共産党第八回大会第二次会議で正式に採択され，大躍進政策が実施されていった[12]。つまり大躍進政策への転換もまた，中国社会と人民の意志を正しく認識する毛沢東が，その能力を使って正しさを主張していたのである。

2）支配の正統性と毛沢東

　以上のように，国共内戦に勝利することで証明された毛沢東の「正しさ」は，人民共和国において政策を選択する際の鍵となった。というよりも，毛沢東は自分が望む政策に，「人民の意志」という言葉を用いて任意に正しさを与える

---

9)「関於農業合作化問題」（1955年7月31日），『建国以来毛沢東文稿』第5冊，247-248頁。
10)「堅定地相信群衆的大多数」1957年10月13日，『毛沢東選集』第5巻，486頁。
11)「堅定地相信群衆的大多数」1957年10月13日，『毛沢東選集』第5巻，494頁。
12) 毛里（2012：35-36）および『新中国資料集成』第5巻，69頁。

ことができたというべきだろう。戦後国共内戦が始まったとき，毛沢東が自分の認識の正しさをどれほど確信していたかはわからないが，革命戦略のすり替えが自分の与り知らないところで行われたため，毛沢東にとって内戦勝利という結果は自らの認識の正しさを証明するものとして捉えられた。この確信にもとづいて，毛沢東は人民共和国で自分の理想とする国家・社会を作り上げようとしたのである[13]。

こうした毛沢東に対し幹部集団は，国共内戦期の支配地域でも人民共和国でも，毛沢東の認識が現実から乖離していることに気づいていた。しかし「正しく中国社会を認識する毛沢東の正しい指導のもとに共産党は内戦に勝利した」という神話によって人民共和国の樹立を説明した以上，彼らは今さら毛沢東の認識と現実との間にはギャップがあり，それを各層の指導者がさまざまな手段で糊塗してきたのだと言えなくなっていた。神話を作り出し，その神話性をよく知っていた者たちが，自ら作り出した神話に縛られることになったのである（もちろん，そのことによって当人にもたらされるメリットもきわめて大きかったのだが）。

しかし，認識と現実との間のギャップは短期的には糊塗することで見えなくすることができたとしても，そのひずみは確実に溜まっていく。誤った認識にもとづく誤った政策を実行し，出現した現実を誤った文脈で解釈し，またさらにその誤った解釈にもとづいて誤った政策を打ち出して強行する。毛沢東が認識した現実と客観的現実との距離はますます拡大していくが，毛沢東が自らの

13）金子は，1954年憲法において全国人民代表大会が国家主席に解散権のない「至高の権力」として位置づけられたことについて，毛沢東は「全人代が共産党の統制を離れて国家意思の形成を左右〔する〕……ことなど全く想定していなかったはずである」とし，それは「共産党の絶対的優位」という現実と「多段階間接選挙」による選挙過程の管理と制御という制度的担保があったためだとする（金子 2019：262）。しかし先に述べたように，1950年代の毛沢東が「人民の意志」を持ち出してたびたび党の決定を覆したことを想起すれば，毛沢東のこの制度設計は，「共産党の絶対的優位」という状況にもとづくものでも制度的担保にもとづくものでもなく，「自分は人民の意志を正しく理解している」，すなわち国家主席（自分）と人民の意志が一致しないはずがないという，自分の認識能力に対する絶対の自信からくるものだったと解釈することも可能であるように思われる。

認識の正しさを信じて疑わないのであれば，正しいはずの政策が実現しないことの原因は，「邪魔をしている誰か」に引き受けてもらわなければならない。戦後国共内戦期には「地主階級の出身である」か「地主に籠絡された」基層幹部や党員が，大躍進期には「彭徳懐反党グループ」や「穀物を隠蔽する富農や富裕中農」が[14]，そして文革期には毛沢東の絶対化と「無謬」化に最も功績のあった劉少奇が，それぞれ犠牲になった。人民共和国における「悲劇」の構造は，戦後国共内戦期にその原型と起点が形成されたのである。

---

14) 中兼 (2021：210–211)，および高橋 (2021：184)。

参考文献

研究書・論文（日本語）

足立啓二（2012）「清代華北の農業経営と社会構造」，足立啓二『明清中国の経済構造』汲古書院，所収，第2部第5章。

阿南友亮（2012）『中国革命と軍隊——近代広東における党・軍・社会の関係』慶應義塾大学出版会。

阿南友亮（2019）「人民解放軍の形成過程と「中国革命」の再評価」，『現代中国研究』第42号，2019年2月。

阿南友亮（2023）「米・台の機密文書からみる中国内戦へのソ連の軍事介入——四平街会戦の前後を中心として」，『東洋史研究』第82巻第1号，2023年6月。

天児慧（1984）『中国革命と基層幹部——内戦期の政治動態』研文出版。

天野元之助（1978）『中国農業経済論』第1巻，龍渓書舎。天野元之助『支那農業経済論』上巻，改造社，1940年の復刻版。

天野元之助（1979）『中国農業の地域的展開』龍渓書舎。

荒武達朗（2017a）「"闘争の果実"と農村経済——1945–47年山東省南東部」，『中国研究月報』第71巻第10号，2017年10月。

荒武達朗（2017b）「戦火の土地改革——1945–48年山東省濱海区地域社会の変動」，『徳島大学総合科学部 人間社会文化研究』第25巻，2017年12月。

石井明（1990）『中ソ関係史の研究——1945–1950』東京大学出版会。

石川禎浩（2021）『中国共産党，その百年』筑摩書房。

石島紀之（2014）『中国民衆にとっての日中戦争——飢え，社会改革，ナショナリズム』研文出版。

石田浩（1986）『中国農村社会経済構造の研究』晃洋書房。

泉谷陽子（2007）『中国建国初期の政治と経済——大衆運動と社会主義体制』御茶の水書房。

今堀誠二（1966）『毛沢東研究序説』勁草書房。

岩間一弘（2008）『演技と宣伝の中で——上海の大衆運動と消えゆく都市中間層』風響社。

上原一慶（2009）『民衆にとっての社会主義——失業問題からみた中国の過去，現在，そして行方』青木書店。

内田政三（2016）「現代の陸上戦力」，防衛大学校・防衛学研究会編『軍事学入門』かや書房，第2版，所収，第3章第1節。

内田知行（2002）「華北「新解放区」における反漢奸運動と減租減息運動」，内田知行『抗日戦争と民衆運動』創土社，所収，第4章。

内山雅生（2003）『現代中国農村と「共同体」——転換期中国華北農村における社会構造と農民』御茶の水書房。

梅村卓（2015）『中国共産党のメディアとプロパガンダ——戦後満洲・東北地域の歴史的展

開』御茶の水書房。

王崧興（1987）「漢人の家族と社会」，伊藤亜人・関本照夫・船曳建夫編『現代の社会人類学』第 1 巻，東京大学出版会。

奥村哲（1999）『中国の現代史——戦争と社会主義』青木書店。

大藤修（2003）『近世村人のライフサイクル』山川出版社。

小野寺史郎（2023）『近代中国の国家主義と軍国民主義』晃洋書房。

戒能通孝（1943）「支那土地法慣行序説」，戒能通孝『法律社会学の諸問題』日本評論社，所収，第 3 章。

粕谷祐子（2024）「権威主義体制における正統性問題と「建国の父」——比較分析試論」，根本敬・粕谷祐子編著『アジアの独裁と「建国の父」——英雄像の形成とゆらぎ』彩流社，所収，序章。

加藤秀治郎・林法隆・古田雅雄・檜山雅人・水戸克典（2002）『新版 政治学の基礎』一藝社。

加藤哲郎（1991）『コミンテルンの世界像——世界政党の政治学的研究』青木書店。

加藤祐三・野村浩一（1972）「土地改革の思想」，野村浩一・小林弘二編『中国革命の展開と動態』アジア経済研究所，所収，第 7 章。

角崎信也（2010a）「新兵動員と土地改革——国共内戦期東北解放区を事例として」，『近きに在りて』第 57 号，2010 年 6 月。

角崎信也（2010b）「食糧徴発と階級闘争——国共内戦期東北解放区を事例として」，高橋伸夫編著『救国，動員，秩序——変革期中国の政治と社会』慶應義塾大学出版会，所収，第 9 章。

金子肇（2019）『近代中国の国会と憲政——議会専制の系譜』有志舎。

河地重蔵（1963）「20 世紀中国の地主一族——陝西省米脂県楊家溝の馬氏」，『東洋史研究』第 21 巻第 4 号，1963 年 3 月。

祁建民（2006）『中国における社会統合と国家権力——近現代華北農村の政治社会構造』御茶の水書房。

祁建民・弁納才一・田中比呂志編著（2022）『中国の農民は何を語ったか——華北農村訪問聞き取り調査報告書（2007 年–2019 年）』汲古書院。

草野靖（1985）『中国の地主経済——分種制』汲古書院。

久保亨・土田哲夫・高田幸男・井上久士（2008）『現代中国の歴史——両岸三地 100 年のあゆみ』東京大学出版会。

久保亨（2020）『現代中国の原型の出現——国民党統治下の民衆統合と財政経済』汲古書院。

高暁彦（2022）「中華人民共和国建国初期における民兵制度の形成——貴州省東北部の事例を中心に」，『アジア研究』第 68 巻第 1 号，2022 年 1 月。

河野正（2016）「朝鮮戦争時期，基層社会における戦時動員——河北省を中心に」，『中国研究月報』第 70 巻第 4 号，2016 年 4 月。

河野正（2023）『村と権力——中華人民共和国初期，華北農村の村落再編』晃洋書房。

小口彦太（1980）「『中国農村慣行調査』をとおしてみた華北農民の規範意識像」，『比較法学』第 14 巻第 2 号，1980 年 6 月。

小竹一彰（1983）『国共内戦初期の土地改革における大衆運動』アジア政経学会。

小浜正子・下倉渉・佐々木愛・高嶋航・江上幸子編（2018）『中国ジェンダー史研究入門』京都大学学術出版会。

参考文献　　495

小林弘二（1997）『20 世紀の農民革命と共産主義運動──中国における農業集団化政策の生成と瓦解』勁草書房。

金野純（2008）『中国社会と大衆動員──毛沢東時代の政治権力と民衆』御茶の水書房。

笹川裕史（2002）『中華民国期農村土地行政史の研究──国家-農村社会間関係の構造と変容』汲古書院。

笹川裕史（2006）「食糧の徴発からみた 1949 年革命の位置──四川省を題材にして」，久保亨編著『1949 年前後の中国』，汲古書院，所収，第 9 章。のちに笹川（2023），第 3 章に収録。

笹川裕史・奥村哲（2007）『銃後の中国社会──日中戦争下の総動員と農村』岩波書店。

笹川裕史（2011）『中華人民共和国誕生の社会史』講談社選書メチエ。

笹川裕史（2023）『中国戦時秩序の生成──戦争と社会変容 1930 年代-50 年代』汲古書院。

佐々木衞・柄澤行雄（2003）「資料から見る村落社会の構造と変容（1）──馬起乏」，佐々木衞・柄澤行雄編『中国村落社会の構造とダイナミズム』東方書店。

隋藝（2018）『中国東北における共産党と基層民衆 1945-1951』創土社。

西願広望（2000）「ナポレオン帝政期のセーヌ＝アンフェリウール県における徴兵忌避と脱走」，『歴史学研究』第 735 号，2000 年 4 月。

高橋伸夫（2006）『党と農民──中国農民革命の再検討』研文出版。

高橋伸夫（2021）『中国共産党の歴史』慶應義塾大学出版会。

田中恭子（1996）『土地と権力──中国の農村革命』名古屋大学出版会。

田中仁（2002）『1930 年代中国政治史研究──中国共産党の危機と再生』勁草書房。

田原史起（2004）『中国農村の権力構造──建国初期のエリート再編』御茶の水書房。

調査研究部（1977）『陝西省北部の旧中国農村──米脂県楊家溝調査報告』アジア経済研究所。

鄭浩瀾（2009）『中国農村社会と革命──井岡山の村落の歴史的変遷』慶應義塾大学出版会。

翟学偉著，朱安新・小嶋華津子編訳（2010）『現代中国の社会と行動原理──関係・面子・権力』岩波書店。

鉄山博（1999）『清代農業経済史研究──構造と周辺の視角から』御茶の水書房。

寺田浩明（2018）『中国法制史』東京大学出版会。

徳田教之（1977）『毛沢東主義の政治力学』慶應通信。

中生勝美（2000）「華北農村の社会関係」，三谷孝／内山雅生／笠原十九司／浜口允子／小田則子／リンダ・グローブ／中生勝美／末次玲子編著『村から中国を読む──華北農村五十年史』青木書店，所収，第 4 章。

中兼和津次（2021）『毛沢東論──真理は天から降ってくる』名古屋大学出版会。

中西功（1969）『中国革命と毛沢東思想──中国革命史の再検討』青木書店。

長谷部恭男（2006）『憲法の理性』東京大学出版会。

旗田巍（1973）『中国村落と共同体理論』岩波書店。

浜口允子（1981）「米逢吉について──清末民初における郷村指導者」，市古教授退官記念論叢編集委員会編『論集近代中国研究』山川出版社，所収。

浜口允子（1982）「翟城村治──近代中国における郷村再編成の試み」，『人間文化研究年報』第 5 号，1982 年 2 月。

姫田光義（2001）「戦後中華民国国民政府の歴史的位相」，姫田光義編著『戦後中国国民政府史の研究──1945-1949』中央大学出版部，所収，「総論」。

ヒントン，W.，加藤祐三ほか訳（1972a，1972b）『翻身――ある中国農村の革命の記録』第
　　Ｉ・Ⅱ巻，平凡社。

深町英夫（2013）『身体を躾ける政治――中国国民党の新生活運動』岩波書店。

福武直（1976）『福武直著作集9 中国農村社会の構造』東京大学出版会。

藤田正典編（1976）『中国共産党 新聞雑誌研究』アジア経済研究所。

弁納才一（2013）「農業生産からみた華北農村経済の特質」，本庄比佐子・内山雅生・久保亨
　　編著『華北の発見』東洋文庫，所収，第10章。

丸田孝志（2013）『革命の儀礼――中国共産党根拠地の政治動員と民俗』汲古書院。

丸山鋼二（2005）「戦後満洲における中共軍の武器調達――ソ連軍の「暗黙の協力」をめぐっ
　　て」（江夏由樹・中見立夫・西村成雄・山本有造編『近代中国東北地域史研究の新視角』
　　山川出版社，所収）。

三品英憲（2000）「近代における華北農村の変容過程と農家経営の展開――河北省定県を例
　　として」，『社会経済史学』第66巻第2号，2000年7月。

三品英憲（2001）「近代中国農村における零細兼業農家の展開――河北省定県の地域経済構
　　造分析を通して」，『土地制度史学』第170号，2001年1月。

三品英憲（2002）「台湾・法務部調査局資料室紹介」，『近きに在りて』第42号，2002年12月。

三品英憲（2003）「近現代華北農村社会史研究についての覚書」，『史潮』新54号，2003年
　　11月。

三品英憲（2004）「1930年代前半の中国農村における経済建設」，『アジア研究』第50巻第2
　　号，2004年4月。

三品英憲（2010）「中国共産党の支配の正当性論理と毛沢東」，『現代中国』第84号，2010年
　　9月。

三品英憲（2011a）「台湾・法務部調査局資料室文献目録」，『近代中国研究彙報』第33号，
　　2011年3月。

三品英憲（2011b）「党・国家体制と中国の社会構造」，『新しい歴史学のために』第278号，
　　2011年5月。

三品英憲（2014）「書評：丸田孝志著『革命の儀礼――中国共産党根拠地の政治動員と民俗』」，
　　『史学研究』第285号，2014年9月。

三品英憲（2019）「1940年代後半における中国共産党各級組織の華北農村社会認識について
　　――土地改革と社会構成」，『和歌山大学教育学部紀要 人文科学』第69集，2019年2月。

三品英憲（2020）「1947年における華北土地改革の急進化と劉少奇」，『和歌山大学教育学部
　　紀要 人文科学』第70集，2020年2月。

三品英憲（2024）「戦後国共内戦の帰結と中国共産党の建国・政権構想」，『和歌山大学教育
　　学部紀要 人文科学』第74集，2024年2月。

三谷孝編（1999）『中国農村変革と家族・村落・国家』第1巻，汲古書院。

光岡玄編訳（1972）『星火燎原5 日中戦争（下）』新人物往来社。

毛里和子（2012）『現代中国政治――グローバル・パワーの肖像』第3版，名古屋大学出版会。

山之内靖（2015）「方法的序説――総力戦とシステム統合」，伊豫谷登士翁・成田龍一・岩崎
　　稔編『総力戦体制』ちくま学芸文庫，所収，第3章。

山本真（2016）『近現代中国における社会と国家――福建省での革命，行政の制度化，戦時
　　動員』創土社。

吉田浤一（1986）「二十世紀前半華北穀作地帯における農民層分解の動向」,『東洋史研究』第45巻第1号, 1986年6月。

李芸（2021）「晋西北抗日根拠地における労働英雄運動——陝甘寧辺区との比較を中心に」,『史学研究』第310号, 2021年10月。

魯迅（1934）「「面子」について」, 竹内好訳『魯迅文集』第6巻, 筑摩書房, 1978年。初出である「説「面子」」は『漫画生活』第2号（1934年10月）に掲載。

和田英男（2020）「国家構成員に関する中国共産党の概念についての通時的考察——「人民」を中心に」,『現代中国研究』第45号, 2020年10月。

研究書・論文（中国語）

閻書欽（1998）「論劉少奇在中共中央工委時期的歴史功績」,『共産党史研究』1998年第6期。

岳謙厚・張瑋編注（2020）『"延安農村調査団"興県調査資料』南京大学出版社。

金冲及（2002）『転折年代——中国的1947年』生活・読書・新知三聯書店。

呉暁東（2012）「解放戦争時期我軍的囲城打援戦術」,『党史文苑』2012年第2期。

高華（2000）『紅太陽是怎様升起的——延安整風運動的来龍去脈』中文大学出版社。

黄新（2011）「楊得志在清風店戦役的指揮芸術」,『湘潮』2011年1月。

黄宗智（2003）「中国革命中的農村階級闘争——従土改到文革時期的表達性現実与客観現実」,『中国郷村研究』第2輯, 2003年12月。

斉小林（2015）『当兵——華北根拠地農民如何走向戦場』四川人民出版社。

晋察冀辺区阜平県紅色档案叢書編委会（2012）『晋察冀日報社在阜平』中央文献出版社。

成漢昌（1994）『中国土地制度与土地改革——20世紀前半期』中国档案出版社。

張思（2005）『近代華北村落共同体的変遷——農耕結合習慣的歴史人類学考察』商務印書館。

張同楽（2017）「毛沢東対解放石家庄戦役的作用研究」,『領導之友（理論版）』総第255期。

張鳴（2003）「動員結構与運動模式——華北地区土地改革運動的政治運作（1946-1949）」,『二十一世紀（網絡版）』第76期, 2003年4月号（2024年3月13日現在,『二十一世紀』誌HP上で閲覧できるのはこの論文の「圧縮版」〈https://www.cuhk.edu.hk/ics/21c/media/articles/c076-200205048.pdf〉だけであり, 完全版は閲覧できない状態になっている。よって本書では「愛思想」HPに転載された完全版を用いた〈https://www.aisixiang.com/data/13973.html　2024年3月13日最終閲覧〉。

陳永発（1990）『延安的陰影』中央研究院近代史研究所。

陳永発（1996a, 1996b, 1996c）「内戦・毛沢東和土地革命：錯誤判断還是政治謀略？」上・中・下,『大陸雑誌』第92巻第1期・第2期・第3期, 1996年1-3月。

陳永発（2001）『中国共産革命七十年　修訂版』上巻, 聯経出版事業公司。

陳廉編著（1987）『抗日根拠地発展史略』解放軍出版社。

陳耀煌（2012）『統合与分化：河北地区的共産革命　1921-1949』中央研究院近代史研究所。

董志凱（1987）『解放戦争時期的土地改革』北京大学出版社。

弗里曼・畢克偉・賽爾登著, 陶鶴山訳（2002）『中国郷村, 社会主義国家』社会科学文献出版社。

楊奎松（2009）『中華人民共和国建国史研究』第1巻, 江西人民出版社。

楊奎松（2011, 2012a, 2012b）「抗戦勝利後中共土改運動之考察」上・中・下巻,『江淮文史』2011年第6号, 2012年第1号, 第2号。

姚志軍（2017）「中共中央工委在土地制度改革中的歷史貢献」，『河北師範大学学報（哲学社会科学版）』第 40 巻第 4 号，2017 年 7 月。

楊歩青・呉尹浩（2017）「朱徳与晋察冀野戦軍的組建和整訓」，『百年潮』2017 年第 10 期。

楊利文・王峰（2012）「解放戦争時期土地改革中的農村"新"成分研究」，『中共党史研究』2012 年第 9 期。

羅平漢（2018）『土地改革運動史——1946-1948』人民出版社。

羅平漢（2022）『探尋与闡釈——中国革命中的幾個問題』生活・読書・新知三聯書店。

李金錚・鄧紅（2008）「論抗戦時期張聞天主持的晋陝農村調査」，『抗日戦争研究』2008 年第 1 期。

李金錚（2016）「「理」・「利」・「力」：農民参軍与中共土地改革之関係考（1946-1949）——以冀中・北嶽・冀南三個地区為例」，『中央研究院近代史研究所集刊』第 93 号。

李里峰（2013）「有法之法与無法之法——1940 年代後期華北土改運動"過激化"之再考察」，『史学月刊』2013 年第 4 期。

劉金海（2017）「関於土地改革動員邏輯的再思考」，『中共党史研究』2017 年第 9 期。

劉統（2003）『中原解放戦争紀実』人民出版社。

廉如鑑（2015）「土改時期的"左"傾現象何以発生」，『開放時代』2015 年第 5 期。

研究書（英語）

Crook, Isabel and David (1959), *Revolution in a Chinese Village : Ten Mile Inn*, Routledge.

DeMare, Brian (2019), *Land Wars : The Story of China's Agrarian Revolution*, Stanford University Press.

Pepper, Suzanne (1978), *Civil War in China : The Political Struggle, 1945-1949*, University of California Press.

Westad, Odd Arne (2003), *Decisive Encounters : The Chinese Civil War, 1946-1950*, Stanford University Press.

伝記・年譜・編年史・辞典

『岩波哲学・思想事典』，廣松渉・子安宣邦・三島憲一・宮本久雄・佐々木力・野家啓一・末木文美士編，岩波書店，1998 年。

『第三次国内革命戦争大事月表（1945 年 7 月至 1949 年 10 月）』人民出版社，1961 年。

『中華民国史大辞典』，張憲文・方慶秋・黄美真主編，江蘇古籍出版社，2002 年。

『中国共産党組織史資料』第 3 巻上・第 4 巻上・第 7 巻上，中共中央組織部・中共中央党史研究室・中央档案館編，中共党史出版社，2000 年。

『中国共産党編年史　1944-1949』第 4 巻，中国共産党編年史編委会，山西人民出版社・中共党史出版社，2002 年。

『中国人民解放軍戦史』第 3 巻，軍事科学院軍事歴史研究部，軍事科学出版社，1987 年。

『任弼時伝』下巻，中共中央文献研究室編，中央文献出版社，第 2 版，2014 年。

『任弼時年譜（1904-1950)』中共中央文献研究室編，中央文献出版社，2014 年。

『毛沢東年譜　1893-1949』中巻，中共中央文献研究室編，中央文献出版社，1993 年。

『劉少奇伝』上巻，金冲及主編，中共中央文献研究室編，中央文献出版社，2008 年。

『劉少奇年譜（1898-1969)』下巻，中共中央党史和文献研究院編，中央文献出版社，1996 年。

『劉少奇年譜　増訂本』第 2 巻，中共中央党史和文献研究院編，中央文献出版社，2018 年。

文書集・調査報告・回想録・統計

「憶陽泉市的首次拡軍」，馬勇，『文史月刊』2002 年第 7 期。

『解放戦争時期土地改革文件選編（1945–1949 年)』，中央档案館編，中共中央党校出版社，1981 年。

『華北解放区財政経済史資料選編』第 1 輯，華北解放区財政経済史資料選編編輯組，中国財政経済出版社，1996 年。

『河北省地図冊』中国地図出版社，2014 年。

「河北省定県土壌調査報告」，侯光炯・朱蓮青・李連捷，『土壌専報』第 13 号，1935 年。

『河北土地改革档案史料選編』，河北省档案館編，河北人民出版社，1990 年。

『冀東土地制度改革』，中共河北省委党史研究室編，中共党史出版社，1995 年。

『冀東武装闘争』，中共河北省委党史研究室編，中共党史出版社，1994 年。

『建国以来重要文献選編』第 2 冊，中共中央文献研究室編，中央文献出版社，2011 年（再版)。

『建国以来毛沢東文稿』第 5 冊，中共中央文献研究室編，中央文献出版社，1990 年。

「庚申憶逝」之二，張稼夫，『中央党史資料』第 8 輯，1983 年 11 月。

『支那農業基礎統計資料』第 2 巻，東亜研究所，1943 年。

『支那農家経済研究』上巻，ロッシング・バック著，東亜経済調査局訳，東亜経済調査局，1935 年。

『謝覚哉日記』上・下巻，謝覚哉，人民出版社，1984 年。

「晋察冀抗日根拠地史料選編」上・下冊，河北省社会科学院歴史研究所ほか編，河北人民出版社，1983 年。

「晋察冀抗日根拠地的創建和発展」，聶栄臻，《晋察冀抗日根拠地》史料叢書編審委員会・中央档案館編『晋察冀抗日根拠地』第 2 冊（回憶録選編)，中共党史出版社，1991 年。

『晋察冀辺区歴史文献選編（1945-1949)』，中央档案館・河北省社会科学院・中共河北省委党史研究室編，中国档案出版社，1998 年。

「晋察冀野戦軍転戦記事」上，楊尚徳，『文史月刊』2008 年第 1 期。

『晋綏辺区財政経済史資料選編（農業編)』，晋綏辺区財政経済史編写組・山西省档案館編，山西人民出版社，1986 年。

『新中国資料集成』第 1 巻・第 3 巻・第 5 巻，日本国際問題研究所中国部会編，日本国際問題研究所，1963–71 年。

『陣中要務令教程：昭和三年編纂』，教育総監部編，成武堂，1928 年（国立国会図書館デジタルコレクション〈https://dl.ndl.go.jp/pid/1465544　2023 年 12 月 18 日閲覧〉)。

「西柏坡全国土地会議前後」，李力安，『百年潮』2016 年第 7 期。

『石家庄解放：1947.11.12』，石家庄市档案館編，中国文史出版社，2017 年。

『陝西省農村調査』，行政院農村復興委員会編，行政院農村復興委員会叢書，商務印書館，1934 年。全国図書館文献縮微復制中心編『民国時期　中国六省農村調査資料』2，新華書店，2006 年，所収。

『陝西省北部の旧中国農村——米脂県楊家溝調査報告』アジア経済研究所調査研究部，1977 年。

『戦中派虫けら日記——滅失への青春 昭和 17 年〜昭和 19 年』，山田風太郎，ちくま文庫，1998 年。

「陝北唯一的「楊家溝馬家」大地主」，觀山，『新中華』第2巻第16期，1934年。

「察哈爾農村経済研究」，何台孫，蕭錚主編『中国地政研究所叢刊 民国20年代中国大陸土地問題資料』55，成文出版社，1977年。

『中国共産党史資料集』第11巻・第12巻，日本国際問題研究所中国部会編，勁草書房，1975年。

『中国近代農業生産及貿易統計資料』，許道夫編，上海人民出版社，1983年。

『中共中央文件選集』第13巻・第15巻・第16巻，中央档案館編，中共中央党校出版社，1991～92年。

『中共中央文件選集』第3冊，中央档案館・中共中央文献研究室編，人民出版社，2013年。

『中国土地改革史料選編』，《中国的土地改革》編輯部・中国社会科学院経済研究所現代経済史組編，国防大学出版社，1988年。

『中国農村慣行調査』第1-6巻，中国農村慣行調査刊行会編，岩波書店，1952-58年（本書は再版本〈1981年〉を使用した）。

『定県経済調査一部分報告書』，李景漢・余其心・陳菊人・郭志高・李柳渓，河北省県政建設研究院，1934年。

『定県社会概況調査』，李景漢編，中華平民教育促進会，1933年（影印：中国人民出版社，1986年）。

「定県土地調査」，李景漢，『社会科学（清華大学）』1-2（上巻）・1-3（下巻），1936年。

『定県農村工業調査』，張世文，中華平民教育促進会，1936年。

『翟城村』，米迪剛・尹仲材編，1925年（影印：中国地方志集成・郷鎮志専輯28，江蘇古籍出版社・上海書店・巴蜀書社）。

『読「湖南農民運動考察報告」』，陳伯達，人民出版社，出版年不詳（東洋文庫蔵。請求番号：Q624）。

『熱河解放区』，中共河北省委党史研究室編，中共党史出版社，1994年。

「農業経営に関する一考察」，服部満江，南満洲鉄道株式会社調査部『北支那の農業と経済』下巻，日本評論社，1942年。

『米脂県楊家溝調査』，延安農村調査団，生活・読書・新知三聯書店，1957年。

『民政統計歴史資料匯編（1949-1992）』，民政部計画財務司編，民政部計画財務司，1993年。

『毛沢東集』第1-9巻，毛沢東文献資料研究会編，北望社，1970-72年。

『毛沢東集 補巻』第8巻，毛沢東文献資料研究会編，蒼蒼社，1985年。

『毛沢東選集』，中共中央晋察冀中央局，晋察冀日報社，出版年不詳（東洋文庫蔵。請求番号：10292）。

『毛沢東選集』第1巻，晋察冀日報社，1944年（東洋文庫蔵。請求番号：10148）。

『毛沢東選集』第1巻，中国共産党晋察冀中央局編，中国共産党晋察冀中央局，1947年。

『毛沢東選集』第1巻，中共中央毛沢東選集出版委員会，人民出版社，1951年。

『毛沢東選集（合訂本）』人民出版社，1964年。

『毛沢東選集』第5巻，中共中央毛沢東主席著作編輯出版委員会，人民出版社，1977年。

『毛沢東選集』第3巻・第4巻，中共中央毛沢東選集出版委員会，人民出版社，1991年。

『毛沢東農村調査文集』，中共中央文献研究室編，人民出版社，1982年。

『毛沢東文集』第1巻・第4巻，中共中央文献研究室編，人民出版社，1993，1996年。

『劉少奇選集』上巻，中共中央文献研究室編，人民出版社，1981年。

Land Utilization in China: Statistics, Lossing Buck Commercial Press, Nanking, 1937.
Land Utilization in China: Atlas, Lossing Buck Commercial Press, Nanking, 1937.

新聞・雑誌・小冊子
晋察冀日報社（晋察冀中央局）『晋察冀日報』。
新華社（中共中央）『解放日報』。
晋綏日報社（晋綏分局）『晋綏日報』。
人民日報社（晋冀魯豫中央局。のちに晋察冀中央局と合併して中共中央華北局）『人民日報』。

法務部調査局資料（末尾は同局内の分類番号。なお，同一番号の資料が複数存在する）
膠東区党委編『工作通訊』第 6 期，1946 年 2 月（052.1/815）。
太岳行署編『太岳政報』第 8 冊，1946 年 4 月（052.2/7424）。
察哈爾省省委員会研究室編『工作通訊』第 2 期，1945 年 11 月（052.1/815）。
察哈爾省省委員会研究室編『工作通訊』第 3 期，1946 年 2 月（052.1/815）。
晋察冀辺区工農婦青回各団体編『群衆』第 3 巻第 3 期，1946 年 8 月 15 日（052.9/810）。
中共冀晋区党委研究室編『工作研究』第 5 期，1946 年 9 月 8 日（244.1/7432.n5）。
中共冀晋区党委研究室編『工作研究』第 6 期，1946 年 10 月 5 日（244.1/7432.n6）。
中共冀晋区党委研究室編『工作研究』第 8 期，1946 年 12 月 18 日（244.1/7432.n8）。
冀中区党委『土地改革第一階段　幾個問題的経験介紹』，1946 年 12 月 1 日（554.2907/7432）。
冀中区党委編『工作往来』第 2 期，1946 年 10 月 10 日（244.1/7432.n2）。
冀中区党委編『工作往来』第 7 期，1947 年 3 月 10 日（244.1/7432.n7）。
晋察冀中央局総学委編『土地政策学習参考文件』，1946 年 8 月 29 日（554.296/7426）。
土地工作通訊編輯委員会編『土地改革工作通訊』第 3 期，陝甘寧辺区政府，1947 年 2 月 10
　日（052.32/803）。
山東膠東軍区政治部『前線』第 2 期，1947 年 5 月 18 日（052.4.745）。
群衆日報社『辺区群衆報　副巻』第 3 期，1947 年 12 月（052.9.819）。

国史館档案（末尾は档案番号）
「河北省処理特殊区域土地問題原則」1946 年 6 月 22 日（026-040605-0101）。
「保密局呈蒋中正東北中共発動練兵太岳発動五万人参軍」1947 年 12 月 19 日（002-020400-
　00011-069）。
「侯騰呈蒋中正投誠穆瑞明孟慶先重要口供摘要」1948 年 1 月 22 日（002-020400-00011-079）。

中国第二歴史档案館（末尾は档案番号）
「収復区土地処理暫行辦法」1946 年 8 月（十二(2)-1536）。
「綏靖区処理地権扶植自耕農実施計画綱要草案」1946 年 12 月 25 日（十二(2)-2023）。

あとがき

　戦後国共内戦期の土地改革を研究しようと思ったきっかけは，偶然だった。修士論文で 20 世紀初頭における華北農村の社会経済史をテーマとした私は，博士課程に進学してからは近代における華北と江南の比較経済史をテーマにしようと考えていた。そのため 2000 年から 2001 年までの南京大学への留学では，江蘇省档案館や中国第二歴史档案館（公文書館）に通って日中戦争前の小作争議に関する史料を集めようとしていた。が，うまくいかなかった。判決書はあるものの，一番見たかった訴状がなかったからである。留学期間が残り少なくなるなか，焦りながら手当たり次第に関係しそうな文書を渉猟していたところ，中国第二歴史档案館である文書群に行き当たった。綏靖区関係文書である。「綏靖」は中国語で「鎮定する」という意味で，「綏靖区」とは国民党・国民政府が共産党から奪還した地域を指している。そして，そこに収められていた「収復区土地処理暫行辦法」を読んで衝撃を受けた。そこには，共産党員や共産党に協力した者を「奸匪」と呼んだうえで，次のように記されていた。

　いわゆる奸匪で悔い改めたと認められる者は，良民と同等の待遇を得ることが許され，そのもつべき権利を剥奪してはならない。ただし，もし犯したことが刑事や民事に及ぶ者は，刑法や民法の制裁を受けなければならない。
　　（「徐州綏靖公署代電」〈1946 年 8 月〉，中国第二歴史档案館蔵，十二〈2〉-1536）

　これは「収復区」すなわち共産党の支配から奪還した地域の「土地処理」の方法を規定する文書だから，後段の「犯したこと」とは，具体的には土地や財産の没収・分配，さらには闘争による人身への危害を指すだろう。この史料を見たとき，共産党の農村革命に参加した人びとが行ったことは，国民政府の法秩序の側からみれば「強盗傷害・強盗殺人」以外の何物でもないが，共産党支配下の社会ではそれは革命行為であり犯罪ではなかった，という当たり前の事

実に初めて気づいたのである。

　留学前に大学院の授業で（本書でも何度も言及した）田中恭子『土地と権力』を読んでいたから，土地改革に参加した村民が共産党と「共犯関係」に入った，という理解があることは知っていた。しかし上述の文書からは，「君と僕とは同じ犯罪に手を染めた仲間だよね。もう後戻りできないよね」という以上の事態が出現していたことを感じた。「地主を暴行し，その土地と財産と生命を奪う」という強盗殺人が正義とされている空間，言い換えれば，「正」が「負」となり「負」が「正」となった，秩序が逆転した社会が存在していたことを実感したのである。そうだとすれば，それは，とてつもなく巨大なエネルギーがなければ実現しないだろう。ではそのエネルギーはどこから来たのか。誰がどうやって作りだしたのか。本書は，内戦期土地改革を扱った類書に比べて，当時の社会秩序のあり方に目配りした点に特徴のひとつがあると考えているが，それは研究の初発に感じたこのような衝撃に由来している。

　ただし，中国第二歴史档案館でのこの方面の資料調査はすぐに行き詰まった。最初に入館許可証の発行を申請した際，研究テーマ欄に「1930年代の農村問題」と書いていたためである。ある日いつものようにカウンターで綏靖区関係文書を請求したら，職員に「これはお前の研究テーマと何の関係があるのか。目的外のものは見せられない」と言われ，それきりとなった。改めて利用許可を取り直す時間的な余裕はなくなっていた。

　しかし，このことがもうひとつの偶然を呼び寄せた。ちょうどその頃，「中国三大火炉（かまど）」のひとつに数えられる南京がその本領を発揮しはじめており，間もなく高温・超多湿の地獄となった。当時の南京はまだエアコンが十分普及しておらず，日中に留学生宿舎にいることは生命を削る苦行と化したため，私は南京大学附属図書館に逃げこんだ。この，朝から夕方まで無料でねばれる空調のきいた天国で出会ったのが『晋察冀日報』（影印版）だった。『晋察冀日報』には，華北の農村社会経済史の研究で見知った地名が頻出し，農村革命に関する見出しが躍っていた。廉価でコピーできると知り，連日通って記事リストを作り，せっせと複写した。このとき，戦後国共内戦期の土地改革を修論後の研究テーマにしよう，できる，と思った。が，2つの偶然に導かれて

たどりついたこの研究テーマが，その後およそ四半世紀にもわたって取り組む問題になるとは夢にも思わなかった。結果的に研究者人生の大半をこの研究に投入することになったが，それだけの価値がある問題にめぐり合わせてくれた南京の中国第二歴史档案館と酷暑に感謝している。

　本書は，このように南京留学から持ち帰った課題に対する私なりの答えである。研究の方法としては，『晋察冀日報』をはじめとする新聞記事と，台湾の法務部調査局が所蔵する共産党の内部文書を丁寧に読みこみ，共産党内各層の認識の変化，そして基層社会で起こっていたことを再構成するとともに，公開されている公文書で確認できる政策の流れや変化と照合するという作業を繰り返した。新聞を読む際には，予想した筋書きを念頭において記事を拾うのではなく，いくつかのキーワードが含まれている記事を片っ端から拾って翻訳し，ある程度溜まったところでまとめて読み直して分析するという，はなはだ面倒な（しかしきわめて平凡な）方法をとった。多くの部分で共産党自身が残した史料に頼らざるをえなかった本書としては，このような方法を愚直に実行し，記事における叙述の揺れとずれを手がかりとして，幾重にも重なった秘密のベールを一枚ずつ剥がして史実に接近するしかなかった。本文中にある史料の引用が時に冗長だと思われるほど長いのは，一つひとつの史料について，それがどのような文脈の下で書かれているのか，それを筆者はどのように解釈しどのような情報を抽出したのか，ということをできるだけ詳細に示しておきたかったからである。

　考察の過程では，これ以前に取り組んでいた近代華北農村の社会経済史に関する研究が役に立った。そうした事情を反映して本書は，中国共産党の革命を単なる政治史としてではなく，経済史・社会史・思想史の交点において描いたものになったが，私自身は政治史も経済史も社会史も思想史も専門的に修めたとは言いがたく，本書で示した歴史像は，各分野の専門家からすれば多くの問題点が見つかるだろう。その意味で本書の役割は，ひとまず，政治・経済・社会・思想といった複数の分野を総合しなければ解けない地点まで問題を掘り進めることにあったと考えている。ぜひとも忌憚のない批判をお願いしたい。

以下，本書の元となった諸論文の初出を示し，若干の説明を加えておきたい。まず，第3～5章の初出は以下である。

　　第3章：「近代華北村落における社会秩序と面子──『中国農村慣行調査』の分析を通して」，『歴史学研究』第870号，2010年9月。
　　第4章：「戦後内戦期における中国共産党の革命工作と華北農村社会──五四指示の再検討」，『史学雑誌』第112編第12号，2003年12月。
　　第5章：「国共内戦の全面化と中国共産党──再考・1946年」，『史学研究』第251号，2006年3月。

　そのほかの章については，第8～12章がほぼ書き下ろしであるほか，第1章・第2章・第6章・第7章は以下の既発表論文が下敷きになっている。ただしこれらの論文は，本書に収録するにあたり解体して再構成したり内容を大幅に書き換えたりするなどしたため，原型をほとんどとどめていない。そのため，各章との対応については表記を省略した。これらの論文の見解と本書の見解との間に相違がある場合は，本書の方を採ってほしい。

　　「近代中国農村における零細兼業農家の展開──河北省定県の地域経済構造分析を通して」，『土地制度史学』第170号，2001年1月。
　　「中国共産党の支配の正当性論理と毛沢東」，『現代中国』第84号，2010年9月。
　　「1940年代における中国共産党と社会──「大衆路線」の浸透をめぐって」，『歴史科学』第203号，2011年2月。
　　「毛沢東期の中国における支配の正当性論理と社会」，『歴史評論』第746号，2012年6月。
　　「近現代中国の国家・社会間関係と民意──毛沢東期を中心に」，渡辺信一郎・西村成雄編著『中国の国家体制をどうみるか──伝統と近代』汲古書院，2017年，所収，第7章。
　　「華北農村社会と基層幹部──戦後内戦期の土地改革運動」，笹川裕史編著『戦時秩序に巣喰う「声」──日中戦争・国共内戦・朝鮮戦争と中国社会』創土社，2017年，所収，第3章。
　　「戦後内戦期の土地改革と農村社会認識──「土地の平均分配」と「中農財産の保護」の間」，笹川裕史編著『現地資料が語る基層社会像── 20世紀中葉 東アジアの戦争と戦後』汲古書院，2020年，所収，第8章。

あとがき　507

　さまざまな意味で未熟な私が，それでもなんとか本書を形にすることができたのは，以下に述べるような多くの支援があったからである。

　まず，本書の研究テーマに対しては，長年にわたって日本学術振興会の科学研究費補助金の支援を受けた。筆者が研究代表者として受けた科学研究費補助金は，以下のとおりである。

「近代華北における農村の社会・経済と中国共産党の土地改革」（特別研究員奨励費，2003〜2005 年度，課題番号：15・8470）。
「戦後内戦期の華北農村社会における中国共産党の支配確立過程」（若手研究〈スタートアップ〉，2008〜2009 年度，課題番号：20820025）。
「毛沢東期における中国共産党の支配の正当性論理と社会」（若手研究〈B〉，2010〜2013 年度，課題番号：22720269）
「戦後内戦期の中国における支配の正当性論理と毛沢東・共産党・社会」（基盤研究〈C〉，2015〜2017 年度，課題番号：15K02896）。
「戦後国共内戦期後半における土地改革運動の急進化と共産党の支配構造」（基盤研究〈C〉，2020〜2023 年度，課題番号：20K01023）。

　なお，本書の刊行に際しては，2024（令和 6）年度の科学研究費研究成果公開促進費（「学術図書」：課題番号 24HP5076）を得ることができた。このような度重なる支援がなければ本書が完成することはなかっただろうし，公刊して広く社会に成果を還元することもできなかっただろう。これまでの支援に厚く御礼申し上げる。

　また，大変多くの方々に研究者としての成長を助けていただいた。金沢大学文学部では，西川正夫先生に史料読解と論文執筆の手ほどきを受けた。東京都立大学大学院に進学して師事した奥村哲先生からは，先行研究に対する真摯で丁寧な批判の必要性と，論理と実証とを往復しながら歴史像を組み立てることの重要性を学んだ。本書は私なりに吸収した奥村史学を実践した成果である。また，奥村ゼミ関係者のみなさん（江里晃，近藤富成，弁納才一，金丸裕一，櫻井幸江，千葉正史，泉谷陽子，吉田豊子，大沢武彦，楊續，天野祐子，加島潤，尾畑明理，河野正。敬称略）との議論からも多くのことを学んだ。とくに泉谷さんには，私が 1993 年に奥村ゼミの門を叩いて以来 30 余年，公私にわたって大

変お世話になっている。小谷汪之先生や源川真希先生をはじめとする東京都立大学史学科の先生方にも折に触れて多くの助言を賜った。とくに佐竹靖彦先生から頂いた箴言「専門外の人にその意味を説明できないようなものを，専門とは呼ばない」は，研究者として自らを顧みるときの指標となっている。本書は，佐竹先生に「これは専門書である」と認めてもらえるものになっているだろうか。

　また，2003年から始まった石原都政による大学「改革」で東京都立大学が破壊された際には，事態に対処するために結成された史学科院生会で，安川篤子さん，伊藤瑠美さん，小野美里さん，中村元さんたちと荒波に揉まれた。この時に皮膚感覚で学んだ権力のあり方，権力と「民意」と学問的専門性との間の緊張関係は，本書につながる研究の大きな原動力となった。あの暴風雨に仲間とともに遭遇したことに感謝している。ただ，私的な理由によりこの運動に最後まで伴走できなかったことが，取り返しのつかない大きな悔いとして，いまも残る。

　2008年に着任した和歌山大学教育学部は，小学校・中学校の教員養成をミッションとしており，率直に言って専門の中国史研究に専念できる環境ではないが，それゆえにここでは，必ずしも中国史に興味関心をもっているわけではない学生や，学校現場で児童・生徒への歴史教育に心血を注いでおられる先生方との対話をとおして，自分の「専門性」の社会的意義について深く考えることになった。この厳しい環境におかれたからこそ，私は歴史研究者として鍛えられ成長することができた。心から感謝している。またあわせて，この職場で苦楽と愚痴をともにすることの楽しさを教えてくださっている同僚の教職員の方々にも感謝申し上げる。とくに，哲学研究者である小関彩子さんが雑談のなかで発せられる鋭い問いは，本書の論理を構築する上で大きな試練になった。

　戦後内戦期の研究を進めるうえでも，多くの方々のお世話になった。井上久士さんには『中国土地改革史料選編』をはじめとする貴重な史料を融通していただいた。また台湾の法務部調査局資料室の利用に関しては，陳永発さん（当時，中央研究院近代史研究所所長）に便宜を図っていただいた。陳耀煌さんは，貴重な史料である『冀東武装闘争』と『熱河解放区』を貸してくださった。日

あとがき　509

常的な研究活動では，大学院生時代には，東京の研究会において姫田光義さん，石島紀之さん，久保亨さん，小浜正子さん，高田幸男さん，土田哲夫さん，川島真さん，吉澤誠一郎さんたちから多くのことを学んだ。東京を離れてからは，奥村先生，笹川裕史さん，山本真さん，丸田孝志さんが主宰する中国基層社会史研究会で，踏み込んだ議論をする楽しい時間を過ごさせてもらっている。みなさんに感謝したい。

　本書の刊行にあたっては，名古屋大学出版会の三木信吾さんにお世話になった。初めての打ち合わせで，3カ月かけて原稿に目を通してくださった三木さんからきわめて鋭い批評をいただいた時，その凄みに文字通り鳥肌が立ったことを思い出す。すぐれた書籍を数多く刊行している出版社には，すぐれた編集者がいるということを知った。また，校正作業では井原陸朗さんにお世話になった。非常に丁寧にチェックしていただき，適切な指摘をしていただいたことに感謝している。名古屋大学出版会との間を仲介して下さった梶谷懐さんに御礼申し上げるとともに，本書がその名古屋大学出版会のお眼鏡にかない，刊行書籍のラインナップの末席に加えていただけることを幸せに思う。

　また，本書の原稿の一部は，奥村先生と笹川さんに目を通していただいた（もちろん本書に瑕疵があるとすれば，その責任のすべては私にある）。中文要旨のチェックについては，大阪大学の林礼釧さんに協力をお願いした。

　歴史研究者を志したのはいつのことだったかもう覚えていないが，才能と能力と努力がまったく足りなかったために，これまでの道のりはそれなりに紆余曲折したものだった。就職にも時間がかかった。そうしたなかで折にふれて励ましてくださったみなさん，とくに，学部時代の先輩である藤田（天野）義之さん，留学先の南京で知り合った浜本寿明さんと上原暢尉さん，叔父・伯父の二品英和さんと西田稔さんに感謝申し上げる。

　最後に家族にも感謝の気持ちを伝えたい。「文学部・文系大学院への進学と研究者志望」というリスクの高い選択を肯定し見守ってくれた両親（吉道・弘子）には，本書をもっていくらかの恩返しができたのではないかと思っている。また，何かと「行き過ぎ」がちな言動をしてしまう私を日々「是正」してくれている妻（志保）と，人を育てることの楽しさと難しさを教えてくれている2

人の息子（理一郎・啓史郎）にも感謝している。彼女・彼らとの出会いがなかったら，本書の考察はもっと浅いものになっていただろう。本書につながる研究を始めてから四半世紀が過ぎてしまったが，この四半世紀という時間と経験がなければ，私には本書をものすことはできなかった。これが私なりの道だったのだろうと思う。偶然とは，なるべくしてなったことの主観的表現なのかもしれない。

　私が歴史学の道に進むことを後押ししてくださった恩師・疋田善次郎先生と，資料調査で台湾を訪れるたびに親しくしてくださった「老朋友」・夏楽生先生に，本書を捧げる。

2024 年 7 月 8 日

三 品 英 憲

図表一覧

表序-1	1936 年度における華北各省の農業生産	32–33
表序-2	1946 年における華北各省の人口と耕地面積	32–33
表序-3	1950 年代初頭において救済対象となっていた者の人数	34
表 2–1	長江以北諸地域の二毛作指数	75
表 2–2	1931 年における華北各省の農業生産	76
表 2–3	3 地域における自作・小作の割合	77
表 2–4	馬氏一族を除く楊家溝村民の状況	81
表 2–5	相続事例中，土地を分割相続する事例の割合（河北省平谷県）	85
表 2–6	定県の区別農産物生産額割合（1931 年）	90
表 2–7	定県各区の農業生産類型	90
表 2–8	定県の区別・所有面積別戸数（1931 年）	92
表 2–9	定県の区別・経営面積別戸数（1931 年）	92
表 2–10	定県の区別自作・小作地面積（1931 年）	93
表 2–11	定県の区別・農家種類別戸数割合（1931 年）	93
表 2–12	定県における所有面積・経営面積別の階層移動状況	96
表 2–13	華北における「分益小作」（1930 年代）	98

図序-1	1945 年における華北の主な共産党根拠地	10
図 1–1	土地改革（土地均分政策）の前提となる農村イメージ	67
図 2–1	華北一帯	70
図 2–2	本書で扱う中国の農業区（1932 年）	74
図 2–3	定県	87
図 2–4	定県の土壌	89
図 2–5	華北の農業類型と定県における自作・自小作・小作農の割合	94
図 2–6	華北各省と定県の経営面積別戸数割合	95
図 2–7	河北省定県の所有面積別戸数分布のイメージ（1931 年）	101
図 3–1	『中国農村慣行調査』の対象地域	104
図 6–1	晋察冀辺区（1946 年後半）	212

索　引

【人　名】

ア　行

足立啓二　69-75, 77, 80, 84, 89, 97, 99
阿南友亮　16, 20, 326, 486
天児慧　144
天野元之助　68, 84, 105
荒武達朗　182, 352
石井明　155
石川禎浩　8, 46, 488
石島紀之　43
石田浩　105, 106
泉谷陽子　24
今堀誠二　36, 49, 61, 62, 204, 271, 273, 292
岩間一弘　24
ウェスタッド, O. A.　14, 17, 225, 248, 310, 394
上原一慶　2
内田知行　18, 144
内山雅生　106
梅村卓　37
王崧興　121
王明　51, 473
大藤修　109
奥村哲　1-3, 5
小野寺史郎　43

カ　行

戒能通孝　105, 106
粕谷祐子　237
加藤哲郎　27
加藤祐三　44
角崎信也　21, 313
金子肇　6, 491
河地重蔵　78, 79, 82, 84, 85
祁建民　105, 119
金冲及　11, 12, 36, 144, 146, 203, 333, 394, 440
草野靖　72, 80, 83, 84

久保亨　3-5, 9, 16, 17, 30, 225
クルック夫妻　13, 85, 314
高華　47, 48, 51, 55, 78
高暁彦　16, 18, 487, 488
康生　227, 249, 276, 277, 328
黄宗智　102
河野正　7, 30
小口彦太　121
小竹一彰　144, 182, 196
小沼正　105
小浜正子　122
小林弘二　2, 489, 490
呉満有　317
金野純　24

サ　行

斉小林　19, 20, 31, 323
笹川裕史　4-6, 17, 326, 482
佐々木衞　231
周恩来　187, 225, 490
習仲勲　344, 396, 399, 417-425, 427, 430, 438, 446, 447
朱徳　269, 270, 322, 324
聶栄臻　142, 179, 250, 265, 305, 322, 331, 344-347, 350
隋藝　17, 18
スターリン, ヨシフ　52, 248, 274
西願広望　316
成漢昌　144
粟裕　430

タ　行

高橋伸夫　2, 5, 15, 16, 46, 484, 486, 487, 492
田中恭子　9, 22, 24, 26, 28, 47, 105, 145-147, 155, 156, 158, 177, 178, 186, 203, 204, 216, 248, 394, 440, 441
田中仁　47

索　引　513

田原史起　155
張稼夫　277
張思　106
張聞天　78, 82
趙文有　120, 127, 130-134, 138
張鳴　23-25
陳永発　22-25, 28, 51, 55, 145, 277
陳独秀　43, 46
陳伯達　48, 227, 249, 274, 276, 277
陳耀煌　23, 24, 28, 144, 145, 204, 233, 268, 328, 395
鄭浩瀾　488
程子華　18, 428, 429
翟学偉　114, 122
鉄山博　167, 169
デマール, ブライアン　14, 69, 102, 145, 254, 301, 328, 395, 396
寺田浩明　85, 107, 108
田家英　227
鄧子恢　174, 179, 275, 489
董志凱　144
鄧小平　300, 301, 430, 431
徳田教之　51

ナ・ハ行

中生勝美　123
中兼和津次　492
中西功　7, 49, 55
任弼時　58, 59, 65, 341, 342, 395-399, 402, 404-417, 420, 421, 427, 430, 432, 433, 436, 438, 440, 449, 452, 457, 477, 482
薄一波　146, 174, 425, 438, 447, 489
長谷部恭男　3
旗田巍　4, 80, 105-107, 131, 134-136, 172, 203
バック, ロッシング　69, 73-75, 77, 80, 86, 91, 99, 223
浜口允子　86
姫田光義　16
ヒントン, ウィリアム　13, 389, 427
深町英夫　5
福武直　109
フリードマン, エドワード　374, 458, 460
ペパー, スザンヌ　21, 22, 24, 25, 28, 69, 102, 145-147, 177, 178, 340, 395, 396, 423
弁納才一　31, 105
彭真　274, 346-348, 350, 362, 416
彭徳懐　492

マ・ヤ行

丸田孝志　28
丸山鋼二　20
毛沢東　1-3, 5, 8, 9, 11, 14, 15, 22, 24-27, 32, 35, 36, 42-44, 46-69, 78, 80, 100, 146, 157, 184-190, 201, 204, 216-218, 221, 226, 227, 237, 242-249, 252, 254, 255, 257, 266, 267, 270-274, 277, 292, 304, 317, 318, 322, 328, 332-337, 341, 342, 346, 353, 394-398, 402, 403, 405-410, 412, 414-425, 427-432, 437, 438, 440, 441, 446, 447, 451, 461, 460, 462, 466, 473, 476-478, 480, 483, 486-492
毛里和子　2, 3, 490
山之内靖　3
山本真　486, 487
山田風太郎　316
楊奎松　15, 25, 145, 147, 174, 190, 197, 203, 225, 227, 249, 273, 333, 395-397, 416, 437
姚志軍　395, 413, 437

ラ・ワ行

羅平漢　12, 144, 197, 301, 434, 440
李井泉　398, 399, 402-404, 413, 417, 421, 422, 424, 437, 438, 447
李金錚　19, 23, 82
李芸　317
李雪峰　431
李楚離　179
李注源　118, 124-127, 130-133
劉金海　21
劉少奇　9, 10, 26, 32, 36, 49, 50, 59, 143, 145, 146, 173, 175, 179, 184, 185, 189, 197, 202-204, 216, 218, 221, 244, 245, 248, 252, 254, 255, 263, 266-276, 289, 290, 304, 305, 307, 322-337, 340, 342, 346, 348, 349, 353, 355, 362, 376, 377, 382, 384, 395, 400-404, 406, 408, 409, 411-416, 423, 424, 428-432, 438, 447, 476, 477, 479, 481, 482, 489, 491
劉統　300, 301
劉瀾濤　245, 250
李立三　46
李里峰　25, 437
林鉄　179
廉如鑑　23, 24
魯迅　114
和田英男　43

【地 名】

ア・カ行

延安　8, 9, 32, 47, 51, 55, 61, 66, 77, 78, 80, 82–84, 100, 143, 156, 202, 203, 221, 237, 247, 248, 251, 254, 266, 289, 317, 329, 337, 396, 473, 476, 481, 482

崞県　450–452, 454, 455

河北省　2, 7, 10, 13, 19, 29–32, 41, 75, 76, 85, 86, 88, 94, 106, 107, 142, 166, 180, 181, 212, 218, 231, 237, 238, 267, 274, 275, 290, 327, 332, 342, 374, 384, 395, 400, 458, 460

華北平原　30, 31, 75, 76, 86, 87, 99, 102, 103, 123, 142, 166, 218, 272, 285, 474, 479, 482, 486

冀南　236

行唐県　228, 237, 238, 296, 319, 346, 360–362, 374, 379, 386, 387, 449, 450

侯家営　107, 108, 110–112, 115, 116, 124, 128, 136, 138

黄土高原　31, 77, 80, 84, 102, 103, 474

呉店村　107, 113, 120, 121, 124, 128

サ 行

寺北柴村　107, 110–112, 114, 115, 117, 124, 127–130, 134, 135

沙井村　30, 106–108, 110, 111, 115–118, 120, 122–124, 127–130, 132–135

順義県　30, 106, 107, 110, 125, 129, 132, 134, 193, 390

昌黎県　105, 107, 138

瑞金　46, 47, 487

井岡山　61, 62

西柏坡村　267, 275, 327

清風店　18, 19, 86, 321–323

石家荘　11, 19, 107, 149, 320–322, 325, 414

陝西省　8, 9, 31, 47, 70, 73–76, 78, 79, 84, 227, 248, 317, 332, 396, 476, 487

タ 行

泰興県　222, 223

太行山脈　80, 86, 99, 211, 285

察哈爾省　→事項をみよ

張家口　9, 20, 142, 151, 156, 159, 165, 166, 198, 199, 226, 227, 233, 246, 248

張荘村　13, 14, 389, 427, 456

定県　30, 86–89, 91, 94, 97, 98, 100, 102, 166, 230, 250, 261, 262, 278, 281, 282, 286, 308, 321

ナ〜ラ行

熱河省　18, 20, 142, 215, 233, 250, 270, 428

阜平県　32, 40, 41, 267, 274, 279, 281, 295, 296, 301, 302, 319, 351, 356, 358, 363, 364, 366, 367, 373, 375–379, 382, 388, 390, 434, 453

米脂県　78–81, 83, 84, 99, 397

楊家溝　78–85, 99, 397–399

良郷県　107, 317

冷水溝　30, 107, 108, 110, 114–116, 120, 124, 125, 127–129, 134, 135

歴城県　30, 107, 109, 124

【事 項】

ア 行

愛国自衛戦争　157, 189, 222, 223, 226, 227

悪覇（地域ボス）　145, 149, 161–165, 170–172, 178, 191–196, 202, 205–208, 210, 229, 230, 232, 235, 253, 257, 264, 267, 281, 287, 298–300, 360, 361, 386, 387, 458, 479

穴倉を掘る　263

新たな階級区分の基準（1948 年）　58, 59, 433, 434, 436, 437, 439, 453

安伙子　78, 79, 81, 99

行き過ぎ（行き過ぎ是正を含む）　22, 65, 185, 209, 232, 244, 274, 277, 305, 330, 352, 394–398, 404–406, 408, 413–417, 422, 425, 427, 428, 432, 435, 437–441, 446–450, 453, 454, 457–460, 466, 470, 471, 473, 477–479, 482, 484　→急進化，左傾もみよ

一年一作　70, 73–75, 77, 80, 89, 99, 166

一手代行（包辦代替）　159, 160, 217, 255, 264, 379, 461

索　引　515

イデオロギー（政党）　27, 41, 487
右傾　158, 159, 232, 242, 405, 489
恨み　164, 193, 232, 234, 249, 297-303, 309,
　　314, 316, 317, 324, 325, 382, 385-389, 450,
　　452, 454, 459, 470, 471, 476, 478, 480,
　　485-487
運命共同体　23, 28
延安農村調査団　78, 80, 82-84, 100

カ　行

街　121, 222, 223, 231, 242, 369, 442
回憶運動　261
階級覚悟（階級性，党性）　198, 200, 262, 311,
　　349, 390, 478, 480
階級区分　24, 25, 61-63, 65, 67, 204, 205, 271,
　　272, 276, 277, 289, 290, 292, 326, 331, 341,
　　397, 398, 401, 402, 404, 406, 409-416,
　　432-440, 445, 448, 450-459, 470, 476,
　　478-481
階級検査　341
階級敵　25, 177, 313, 314, 346, 374, 377, 417,
　　454
階級的異分子（異己分子）　282, 347, 360, 445
階級闘争　8, 22-26, 144, 147, 152, 158, 159,
　　174, 175, 178, 189, 190, 196, 200-202, 207,
　　211, 212, 224, 246, 249, 268, 286, 289, 292,
　　304, 395, 475, 481, 484, 486
解釈権　51, 53-55, 66, 67, 245, 336, 473, 488
『解放日報』　36, 61, 143, 148, 156-158,
　　221-223, 226, 227
街坊之輩　123
外来幹部　53
学習会　54, 55, 60, 251
革命からの逸脱　276, 289, 453
革命者　316-318, 320, 325
下層中農　279, 365, 423, 489　　→中農もみよ
華中分局　174, 179, 225
合作社　262, 489
勝手な包摂　5, 15, 484, 486
華東野戦軍　430
華北解放区　157, 180-182, 185, 200, 216, 245,
　　252, 468
　華北局　464, 468
　華北人民政府　468
河北省政府　180, 181
華北農村社会の客観的現実　28, 174, 204, 214,
　　216, 217, 235, 246, 247, 332, 334, 337, 416,

417, 429, 473, 475, 476, 480, 481, 484, 488,
　　491
漢奸（対日協力者）　25, 126, 143, 145, 148,
　　160, 161, 163-165, 169-173, 178, 191-194,
　　196, 202, 205-207, 214, 230, 231, 236, 260,
　　264, 278, 299, 361, 475, 479, 485, 487
看青　135
幹部審査　346, 356
官僚主義　264, 308, 426
機関紙　33, 35, 36, 41, 61, 151, 153, 156, 191,
　　201, 221, 226, 255, 332, 343, 363, 389, 404,
　　468
冀察熱遼区　18, 29, 182, 359, 428
冀晋区　29, 30, 208, 211, 213, 224, 228, 231,
　　232, 237, 238, 250, 251, 253, 256-259, 265,
　　266, 274, 277, 279, 281, 286-290, 295, 296,
　　299, 302, 316, 319, 346, 351, 356, 359, 367,
　　388, 453　　→北岳区もみよ
　冀晋区農会　256-258
　冀晋分社　40
基層幹部（村幹部，基層政権）　5, 13, 25, 26,
　　144, 145, 148, 150, 151, 153-156, 160-163,
　　170, 202-204, 212, 213, 225, 227-240, 242,
　　244, 246, 247, 249-251, 253, 254, 259-265,
　　277-282, 286-288, 290, 292-304, 306,
　　308-317, 319, 320, 324, 325, 327, 329, 331,
　　343, 351-353, 355, 362-365, 367-369, 371,
　　372, 374, 375, 377, 382, 383, 386, 389-392,
　　394, 407, 412, 440, 444, 445, 451, 458, 459,
　　464, 465, 469-471, 475-480, 492
旗地　167
冀中区　19, 29, 31, 179-186, 190, 191, 208, 218,
　　220, 228, 230, 239, 244, 245, 250-253,
　　259-261, 263-267, 276-281, 286-290, 294,
　　306, 308-310, 318, 351, 358, 359, 371-375,
　　384, 443, 463-465
　冀中区行署　260, 264, 359
　冀中区党委員会　179-184, 208, 218, 220,
　　239, 244, 250, 252, 263, 264, 267, 359, 374,
　　375
冀東区　18, 29, 179, 180, 182, 184, 185, 189,
　　190, 211, 217, 222, 227, 228, 268, 269,
　　271-274, 428, 429
　冀東軍区　18
　冀東区党委員会　179, 180, 182, 185, 190,
　　217, 268, 271, 428, 429
機動戦（運動戦）　18, 19, 321-323, 325, 466,

476

冀熱察区　341, 343, 348, 349
冀熱遼分局　182, 190, 268–271
救済対象者　31
急進化　58, 144, 203, 204, 337, 489　→行き
　　過ぎもみよ
旧中国　59, 79, 431, 432
郷（地方制度）　30
共産党第八回大会第二次会議　490
凝集力　485, 487, 488
行政院農村復興委員会　79
行政村　4, 30, 213, 338, 375, 389, 450
強迫命令　259, 264, 356, 465
均分　56, 57, 67, 85, 102, 143, 208, 216–221,
　235, 246, 266–268, 274, 296, 315, 328,
　330–337, 339, 340, 342, 344–346, 349, 352,
　353, 367–369, 373, 374, 381, 384, 385, 387,
　389, 405, 418, 420, 422–429, 438–441, 443,
　444, 448–450, 462, 477, 478
均分相続　12, 82, 85
区委員会（区委）　29, 30, 40, 150, 154, 161,
　163, 209, 229, 233, 236, 239, 240, 260, 279,
　284, 285, 293–296, 303, 304, 306, 310, 317,
　367–372, 374, 375, 378, 379, 382–386, 389,
　390, 392, 443, 444, 448, 452, 453, 457, 458,
　462–464
　　区幹部　40, 150, 154, 161, 163, 229, 233, 236,
　　239, 240, 260, 279, 293, 295, 296, 304, 306,
　　310, 317, 367, 368, 370–372, 375, 378, 379,
　　382, 384, 385, 392, 443, 444, 452, 453, 457,
　　464
　　区行署　29, 263, 264
　　区・村幹部　228, 229, 276, 300, 309,
　　311–313, 323, 325, 391, 440, 468
暮らしぶりの比較（比光景）　341
群衆路線　47, 49–51, 66, 237, 243–245, 252,
　253, 255, 257, 259, 261–264, 281, 308, 473,
　483
　　群衆観点　50, 238, 242, 261
　　群衆とは誰か　240, 243, 244, 247
　　群衆の意志　239, 243–245, 247, 473, 476,
　　483, 484
群衆小組　240
軍属　313, 314, 319
経営地主　167, 168, 195, 434
形式主義　48
県委員会（県委）　30, 37, 153, 155, 165–171,

198, 230, 240, 241, 253, 262, 280–282, 308,
309, 315–318, 351, 353, 356, 360–364,
366–369, 371–383, 385, 386, 389, 390, 392,
398, 413, 443–445, 448–450, 453, 458, 464,
477
　　県委の解体（解散）　360, 458
　　県幹部　154, 165, 166, 169, 240, 241, 359,
　　386, 448
　　県・区幹部　213, 228, 229, 235, 237, 241,
　　242, 246, 257, 258, 278, 279, 282, 284,
　　286–288, 290, 293, 294, 296, 297, 303,
　　307–310, 316, 318, 324, 325, 327, 353, 357,
　　358, 363, 365, 373, 378, 379, 454, 458, 476,
　　477, 480
建国神話　12–14, 480, 491
減租（減租減息）　8, 9, 15, 17, 23, 24, 42, 57,
　143–145, 147–165, 168, 170–175, 177, 178,
　183, 184, 186, 190–197, 205, 207, 213, 218,
　244, 252, 255, 261, 269, 344, 384, 420, 421,
　423, 426, 461, 475, 481
献地（献田）　198–201, 208–210, 219, 220, 224,
　229, 230, 235, 360, 361
工会（労働組合）　232, 310
高級合作社　2
高級幹部会　55
航空測量　4
合股　80, 203
興国調査　49, 56–62, 65, 271, 334, 432
工作　8, 31, 34, 44, 55, 151, 155, 157, 158, 160,
　254, 255, 295, 302, 304, 324, 345, 362, 366,
　368, 371, 380, 400, 403, 426–428, 444, 447,
　454, 455, 465, 466, 468
　　工作会議　44, 398, 399, 404
　　工作隊（工作組, 工作同志, 工作幹部を含む）
　　13, 14, 25, 28, 33, 44, 103, 139, 194, 232, 237,
　　238, 259, 260, 277, 278, 284, 287, 293, 295,
　　369–372, 374, 375, 382, 389, 427, 437, 442,
　　444, 449, 451, 453–456, 459–462, 474, 483,
　　486
『工作往来』　220, 239, 267
『工作研究』　208, 231, 232, 237, 238
『工作通訊』　155, 165, 166, 220
耕者有其田（耕作者がその耕地を所有する）
　9, 143–145, 173, 184–186, 189–191, 197, 201,
　208, 210, 214, 218, 220, 221, 250, 337, 475
江西農村　66, 80, 100
控訴　156, 237, 360

索　引　517

抗属　238, 295
公定史観　6, 11, 13, 15, 16, 20, 21, 23, 36, 143,
　　144, 146, 147, 177, 178, 276, 328, 333, 394,
　　440, 441
公定社会像　66, 68, 69, 99, 100, 102, 103, 174,
　　178, 214, 216, 235, 246, 247, 267, 268, 289,
　　290, 292, 331, 332, 334, 335, 337, 431, 432,
　　473-475, 478-482, 484, 486, 488
抗日救国会　154
抗日救国十大綱領　8
抗日戦争　1, 4-6, 8-11, 13, 17, 20-23, 29, 37,
　　43, 44, 68, 143-147, 158, 166, 177, 183, 196,
　　197, 412, 418, 419, 421, 425, 482
抗日民族統一戦線　8, 25
工農分子　52
5月会議　181, 182, 184
国史館　180, 181, 320, 321
黒地（隠し田）　4, 182, 194, 206, 261
国民大会　6, 225
国民党　4-7, 9, 12, 14, 16, 17, 20, 21, 57, 142,
　　146, 152, 154, 155, 157, 173, 176, 179, 180,
　　186-190, 193, 197, 201, 225, 244, 430, 454,
　　479
　　国民党軍（国民革命軍）　5, 7-9, 16, 18, 155,
　　156, 176, 177, 181, 187, 193, 197, 201, 202,
　　224-226, 248, 251, 269, 282, 321-323, 399,
　　466, 475, 476, 487
雇工（労働者）　71, 168, 383, 388
小作農　7, 12, 21, 25, 26, 64, 67-69, 77, 80, 83,
　　84, 91, 94, 95, 97, 100-102, 149, 150,
　　152-154, 159, 160, 169, 170, 204, 206, 207,
　　210, 214, 215, 224, 268, 282, 285-287, 289,
　　290, 388, 407, 444, 474, 483, 486　→佃農
　　（佃戸）もみよ
五四指示　9, 10, 26, 143-148, 156, 173-186,
　　189-191, 196, 197, 199-205, 207, 214,
　　216-218, 225, 226, 244-246, 252, 265, 282,
　　329, 332, 344, 360, 426, 438, 475, 481
互助合作　489
国共内戦　1, 6, 7, 9, 11, 14, 16, 17, 20, 21, 23,
　　29, 36, 42, 46, 51, 55, 58, 63, 65, 68, 69, 103,
　　139, 186, 202, 204, 225, 249, 321, 323, 473,
　　478, 479, 481, 482, 484-488, 490-492
「湖南農民運動考察報告」　51, 61, 266,
　　270-274
雇貧農　41, 225, 287, 296, 301, 302, 306, 314,
　　351, 356-358, 364, 365, 367, 371, 373, 382,

389, 454　→貧雇農もみよ
コミンテルン　8, 27, 46, 48, 66, 336
米ビツ論　61, 62, 271-273, 276, 277, 289, 290,
　　292, 326, 330, 340-342, 388, 397, 401, 402,
　　409, 411, 412, 414-416, 434-439, 451, 476,
　　477, 479-481

サ　行

搾取－被搾取関係（搾取関係）　61, 65, 67,
　　211, 271, 276, 277, 283, 285, 286, 289, 290,
　　327, 330, 341, 342, 397, 401, 402, 406, 409,
　　411, 412, 415, 416, 433-437, 439, 440, 450,
　　453, 454, 458, 470, 474, 476-478, 480,
　　487　→生産関係もみよ
左傾（過激化，極左）　10, 15, 22, 25, 144, 145,
　　257, 304, 342, 360, 394, 395, 403, 405, 406,
　　409, 428, 437, 438, 440, 473　→行き過ぎ
　　もみよ
査減　153-155
査黒地　206, 211, 384
査租　160, 192
三大戦役　11, 466
山東解放区（山東辺区）　210
　　山東分局　174
三反五反運動　1, 23
散漫な党組織　15
ジェンダー　122
自小作農　62, 80, 153, 167, 168, 170, 224, 388
自己批判　54, 181, 183, 224, 244, 252, 490
自作地　62, 83, 84, 91, 101, 274, 275
自殺　54, 55, 137, 303-305, 315, 327, 358, 364,
　　446, 450, 482　→暴力もみよ
思想審査　367
地主
　　化形地主　302, 306
　　反動地主　206, 211, 240, 260, 384-386, 448
　　非法地主　163, 172, 195
　　不法地主　51
　　没落地主　306
　地主制（地主－小作関係，地主的土地所有）
　　7, 10, 25, 26, 73, 85, 175, 194, 195, 197, 200,
　　201, 214, 215, 221, 228, 235, 342, 281, 282,
　　288, 474, 475, 479, 480
　　寄生地主制　103, 153, 474, 486
　　地主佃戸制　71, 73, 91, 96, 97, 99, 100
地主富農　12, 56, 184, 288, 296, 297, 303, 304,
　　341, 343, 345-351, 356-360, 362, 364,

366–368, 373, 374, 380, 382, 386, 390, 391,
405, 442, 444–446, 452, 457, 458
支配の正統性　237, 239, 244, 245, 247, 306,
309, 325, 476, 481, 483, 484, 488, 490
自報公議　19, 323
社会主義　3, 7, 55, 488–490
社会秩序　13, 103, 126, 234, 244, 247, 326, 346,
393, 394, 437, 440, 441, 453, 471, 477, 478
社書　4, 110, 192
宗教集団　487, 488
従軍（参軍）　19, 23, 215, 222, 223, 309–318,
320, 323, 325, 390, 391, 393, 463, 464, 466,
476, 478　　→徴兵もみよ
銃後　17
自由資産階級　184
自由主義　380
重大な改変　175, 178
集団化　1, 2, 7, 489, 490
12月会議（楊家溝会議）　399, 406, 408, 409,
412, 414–417, 427, 432, 438
主観主義　48, 52–54, 490
出自（出身階級）　232, 254, 276, 357, 358, 475,
480
主力軍　18, 248, 320
遵義会議　47, 78
純潔（階段や組織における）　308, 313, 341,
363, 365, 366, 374, 375, 391, 443, 454
勝利の果実　192, 193, 206, 223, 228, 255, 258,
267, 274, 285, 295–299, 305, 307, 361, 450
除名　37, 54, 277
尋烏調査　62
新解放区（新区）　44, 143, 148, 152, 156, 158,
160, 162, 171, 206, 218, 231, 236, 418, 421,
422, 426, 429–431, 438, 454
新華社（新華総社）　37, 40, 50, 158, 331–336,
353, 399, 400, 402, 409, 477
晋冀魯豫辺区　28, 32, 162, 274, 314, 343, 344,
348–350, 391, 400, 427, 468, 469
　　晋冀魯豫中央局　36, 174, 182, 196, 343, 344,
425, 464
晋察冀辺区　9, 10, 19, 29, 31–33, 35, 37, 40,
142, 153, 180, 194, 197, 198, 205, 208,
210–213, 218, 221–228, 244, 248–255,
265–268, 273, 276, 277, 288, 289, 303, 305,
311, 315, 321, 322, 325, 327, 331, 332, 337,
344–346, 349–352, 358, 360, 381, 389, 390,
398, 401, 409, 413, 444, 449, 468, 476, 481

晋察冀中央局　29, 32, 35, 36, 151, 174,
179–182, 185, 190, 191, 196, 197, 199, 200,
209, 214, 217, 218, 224–227, 233, 235, 242,
245–247, 250, 251, 253–255, 265, 267, 268,
270, 273, 275, 276, 289, 290, 305, 330, 331,
337, 343, 344, 346, 348, 350–352, 356, 359,
361, 362, 365, 376, 377, 379, 390, 398, 401,
404, 416, 428, 429, 433, 434, 464, 481
晋察冀野戦軍　321–324
晋察冀日報社版『毛沢東選集』　271
晋綏辺区　9, 32, 37, 55, 152, 194, 248, 249, 254,
267, 276, 349, 350, 360–363, 375, 383, 390,
397–399, 407, 413, 417, 467–469, 476, 482
『晋綏日報』　36, 37, 225, 255, 266, 331–333,
337, 343, 360, 361, 363, 365, 375, 389, 398,
467–469
「晋綏日報の自己批判に学べ」　331, 332,
334
「晋綏同志への手紙」　267
新生活運動　5
新戦士（新兵）　18, 309–313, 318, 320, 325,
391, 476
新中農　283, 298, 425, 437, 447, 459
新農会　307, 315, 318, 325, 351, 352, 365, 366,
375, 377, 381, 442, 455, 456, 458–465, 467,
471, 478
人民公社　2
人民代表大会　6, 389, 458, 459, 491
『人民日報』　35, 36, 196, 343, 464, 465, 468,
469
人民に奉仕する（為人民服務）　243, 465, 466
人民の意志　488, 490, 491
人民の民主的権利　339
人民法廷　339, 359, 368, 370, 374, 376, 458
救われる道　362, 363, 365
正規軍　223, 323, 324, 466
生産関係　26, 65, 69, 70, 91, 94, 97, 102, 157,
246, 271, 392, 411, 435, 479　　→搾取－被
搾取関係もみよ
清算対象　163
清算闘争　15, 17, 144, 146–149, 156, 158,
164–166, 169–171, 190–192, 195, 196, 206,
207, 213, 219, 220, 234, 280, 361, 426,
461　　→反奸清算もみよ
整党　282, 318, 356–358, 360, 362, 364, 366,
376, 380, 390, 426–428, 434, 449, 462, 464
正当化　69, 218, 221, 238, 244, 247, 301, 303,

索　引　519

324, 378, 451, 476, 484
正統思想　230, 231
整風運動　8, 47, 51, 54, 55, 60, 61, 66, 77, 221,
　237, 243, 337, 473
　「学風・党風・文風を整頓せよ」　51
清風店戦役　18, 19, 321–323
西北局（中共中央西北局）　55, 197, 219, 343,
　344, 396, 399, 417, 419–421
西北野戦軍前線委員会拡大会議　58, 410, 411,
　413, 415, 419, 420, 430, 433, 436
税糧　303, 319, 320, 367, 371, 401, 445, 465,
　467–469
赤貧　40, 168, 169, 207, 215, 279, 294, 361,
　381　→貧農もみよ
セクト主義（関門主義）　40, 52–54, 381
石家荘市の「解放」　325, 414
積極性　12, 13, 68, 144, 295, 301, 306, 312, 378,
　388, 389, 392, 440, 444, 471, 477, 489
積極分子　144, 232, 234, 241, 243, 249, 258,
　259, 263, 281, 283, 295, 299, 302, 303, 309–
　311, 317, 324, 368, 369, 385, 389, 422, 442,
　456, 462, 463, 466, 480
絶対均分（打乱平分）　26, 203, 219, 428
説理闘争　205
瀬踏み　416–418, 421, 427
陝甘寧辺区　9, 37, 55, 99, 156, 197, 215, 219,
　220, 317, 343, 396, 399, 417, 418, 482
陝北ソビエト　418
全国土地会議　10, 36, 203, 249, 264, 267, 275,
　276, 293, 305, 313, 326–329, 331, 333, 334,
　336, 337, 340, 342, 343, 345, 346, 353, 356,
　406, 407, 477　→土地会議もみよ
戦時負担　206, 318–320, 463, 476
双十協定　8, 142, 155
宗族　23, 82, 119, 260, 486, 487
総力戦体制（態勢）　3–5, 482
蘇皖辺区　196, 222–224, 226
訴苦　158, 197, 240, 260, 281, 357, 358, 364,
　383, 385
属佃主義　284, 285
訴訟　107, 114–120, 123, 126–130, 133–136,
　138, 140
ソ連　8, 9, 16, 20, 46, 49, 51, 173, 176, 326, 473
村公所（村政権）　30, 150, 172, 228, 242, 302,
　306, 318, 366, 382, 384, 389, 392, 470, 477,
　485
村支部（書記）　27, 30, 231, 276, 284, 287, 293,

294, 296, 302–304, 306, 309, 311, 315, 344,
　346, 347, 351, 360, 365–369, 371–376,
　381–389, 392, 413, 440, 442, 444, 445, 448,
　455, 457, 458, 460–465, 467, 471, 477, 479,
　480
村長　30, 85, 104, 111, 115–119, 123–125, 127,
　129, 130, 134–137, 140, 160, 172, 229, 232,
　241, 253, 259, 261, 262, 278, 279, 296, 298,
　311, 367, 369, 372–374, 384, 387, 389, 390,
　392, 394, 440, 442, 463
　荘長　30, 115, 116, 118, 125, 127　→村幹
　部，保長もみよ
村落共同体　4, 105

タ　行

第一次五カ年計画　489
太岳政報　162
太行区　218, 219, 274, 275
対抗者　303, 382, 386, 480, 481
第三軍　321
退租（小作料の返還）　149, 151, 160, 164, 173,
　174, 192–197, 205, 206, 218, 241, 269
帯地傭農（帯田雇工）　84
大土地所有者　69, 71, 96, 97, 200, 207, 208,
　214, 221, 224, 228, 241, 246, 285, 475
大躍進政策　1, 2, 490
第六期第二回中央委員会　9
第六期六中全会　47
脱走　316, 318
攤款　124, 125
短工　71, 79, 81, 84, 168, 241
地縁的結合　486
畜力　72, 73, 91, 99, 106
地契　108–111, 113, 130, 137, 140
知識分子　52, 53
地商　167
地政署　181
地籍図　4, 109
地方委員会（地委）　29, 165, 230, 254, 255,
　259, 261, 299, 346, 351, 352, 356, 358, 360,
　372, 417
察哈爾省　29, 31, 75, 76, 142, 165, 166, 170,
　171, 174, 178, 209, 211, 242, 250, 253, 255,
　256, 259, 265, 266, 277, 282, 285, 288–290,
　293, 294, 296, 306, 307, 317, 351, 356, 357,
　362, 452, 455, 456, 459
　察哈爾省委員会　29, 165, 166, 170, 171, 174,

209, 233

中央局　29, 35, 36, 177, 180, 182–184, 186, 196,
　　197, 201–203, 218, 225, 245, 250, 251, 265,
　　269, 343, 349, 353, 355, 362, 366, 375, 376,
　　395, 400, 401, 409, 413, 422, 427–429, 434,
　　438, 475, 477　　→晋冀魯豫中央局, 晋察
　　冀中央局もみよ

中央軍事委員会　322

中央紅軍　8, 16, 49, 56, 487

中央指導部　9, 10, 22, 24, 25, 27, 35, 55, 66, 82,
　　100, 143, 145–147, 157, 158, 174, 175, 178,
　　202–204, 216, 217, 221, 222, 226, 227, 233,
　　235, 246–249, 254, 275, 288, 290, 322, 347,
　　355, 394, 395, 416–418, 425, 429, 438, 439,
　　441, 446, 447, 458, 459, 470, 475–479,
　　481–483

中華人民共和国　1–7, 11, 12, 15–18, 20, 23, 24,
　　28, 59, 144, 395, 431, 436, 459, 473, 482, 488,
　　490–492

中華ソビエト共和国　5, 7, 8, 46, 47, 63, 405,
　　406
　　ソビエト革命期　418
　　ソビエト政府　61, 400

中共中央　8, 9, 11, 29, 32, 35, 36, 47, 49, 55,
　　58–61, 65, 78, 100, 142, 143, 148, 156, 157,
　　174, 176, 178, 182, 185, 186, 188–190, 197,
　　203, 216, 221, 224–227, 245, 248, 250,
　　251, 263, 266, 274, 276, 288, 304, 305, 322,
　　324, 329, 332, 333, 335–337, 340–343, 349,
　　352, 362, 366, 375–377, 395–405, 408, 409,
　　411, 415, 422, 426–428, 431, 433–435, 437,
　　438, 464, 468, 476, 482, 487, 489

中共中央工作委員会　9, 10, 44, 216, 248, 254,
　　263, 264, 267, 270, 274, 289, 304, 307, 308,
　　325, 327, 332, 349, 376, 395, 400–404, 406,
　　409, 411–413, 416, 428, 432–434, 438, 445,
　　476

中国人民政治協商会議（1949 年）　8, 11, 59,
　　173, 176
　　共同綱領　11

中国政治協商会議（1946 年）　8, 174, 184

中国第二歴史档案館　214

中国土地法大綱　10, 11, 17, 22, 58, 59, 65, 203,
　　217, 225, 267, 287, 293, 296, 297, 309, 315,
　　327–329, 333, 334, 337, 339–344, 349, 350,
　　352–356, 360, 361, 365, 366, 376, 381–384,
　　386–390, 392, 394–398, 404, 406, 408, 409,

412–415, 427, 432, 435, 438, 440, 441, 443,
　　446, 448, 450, 451, 453, 457–459, 461, 465,
　　466, 469–471, 477, 478, 480, 482, 484

中国農村慣行調査　30, 103, 105, 106, 108,
　　114–116, 119, 120, 127, 135, 139, 483

忠誠競争　463, 471, 478, 481

中人　110–113, 116, 120, 121, 130–132, 134,
　　137

中農（自作農）　1, 12, 22, 56–60, 62–67, 69, 73,
　　77, 81, 82, 84, 91, 93, 94, 100–102, 153, 196,
　　203–208, 210, 211, 214–221, 223, 224, 227,
　　229, 231, 235, 236, 246, 249, 254–256, 258,
　　259, 263, 266, 268–272, 274, 275, 279–286,
　　289, 290, 294–298, 307–309, 319, 328, 330,
　　332–337, 340, 342, 353, 356, 357, 361, 368,
　　371, 373, 378, 385, 388, 394, 402, 403, 405–
　　408, 411–413, 416–425, 427, 429, 430, 432–
　　435, 438, 439, 442–450, 452, 453, 455, 456,
　　458, 459, 474, 476, 477　　→下層中農, 富
　　裕中農もみよ

中農財産の保護　208, 216, 218, 220, 274, 330,
　　332–334, 340, 342, 353, 408, 449

張家口防衛戦　226

長工　63, 70, 71, 77, 79, 81, 84, 85, 91, 194, 297,
　　351, 384, 385, 410

徴購　197, 203, 215, 219, 220, 225

調査なくして発言権なし　48, 49, 66

長征　7, 47, 66, 100, 486, 487

徴発　5, 6, 17, 20, 22, 56, 125, 135, 140, 146,
　　170, 172, 319, 474, 485, 486

徴兵　5, 17, 19, 20, 238, 316, 323, 463, 464, 482,
　　486　　→従軍もみよ

直属単位　356

鎮（地方制度）　30

追随主義（尾巴主義）　379, 380

通常産量　467, 468

通訊員（通信員）　37, 39–41

典型示範　150–152, 159, 160, 213, 214, 228,
　　265, 278–281, 284, 285, 345

佃農（佃戸）　149, 151, 153, 159, 192, 194, 195,
　　207, 209, 210, 214, 215, 282, 285, 286, 290,
　　310　　→小作農もみよ

田賦　110, 192

統一戦線　23, 24, 26, 144, 145, 177, 178, 188,
　　407

統一累進税　467

党員審査　347–350, 356, 358, 375, 390, 464

索　引　521

党員兵士　323
党規約学習会　251
「党規約の改正について」（論党）　50, 245
党籍　282, 288, 297, 299, 300, 349-351,
　　359-361, 366-368, 373-376, 382, 383, 388,
　　392, 398, 403, 412, 477, 481
　　党籍停止・剥奪　288, 349, 359-361, 363,
　　367, 368, 375, 376, 382, 440, 457, 464
　　闘争対象　13, 25, 37, 65, 144, 149, 164,
　　170-172, 174, 191-193, 195, 207, 208, 211,
　　228, 230, 231, 233, 234, 246, 268, 275, 276,
　　283, 285, 289, 299-302, 304, 333, 342, 353,
　　378, 381, 387, 391, 393, 414, 451, 454, 459,
　　470, 476, 479
　　闘争の果実　13, 234, 263, 267, 387
　　闘争有権者　479
　　統治の礎石　480
　　搭套　106
逃亡　19, 278, 296, 300, 304, 305, 310-313, 315,
　　316, 325, 327, 358, 374
東北区　32
　　東北局　29, 142, 182, 187-190, 196, 341, 343,
　　434
　　『東北日報』　196
　　東北民主聯軍（東北人民自衛軍，東北人民解
　　放軍）　142, 321
特務　55, 160, 231, 236, 253, 254, 279, 295-297,
　　346, 381, 382, 383, 442
土豪劣紳　51, 125, 126, 137, 172, 270
土壌　86, 88, 89, 97, 99
土地改革彙報会　245, 250-252, 265
「土地改革中のいくつかの問題」（任弼時）
　　58, 410, 411, 415, 420, 430, 433, 436, 449
土地会議　217, 265, 276, 281, 304, 305, 331,
　　341, 343-353, 356-358, 360-366, 376, 377,
　　380, 382, 390, 398, 404, 405, 414　→全国
　　土地会議もみよ
土地革命　7, 8, 17, 22, 57, 61, 82, 405, 406, 418,
　　420, 421, 438
土地産量清冊　467
土地所有権　1, 2, 107, 108, 203, 230, 337
「土地闘争におけるいくつかの問題に関する決
　　定（土地闘争）」　63, 64, 397, 400, 402
土地の不足　26, 203
土地法（中国土地法大綱を除く）　14, 61, 62,
　　154, 271
「どのように階級を分析するか（階級分析）」

　　62-65, 271, 272, 277, 341, 396, 397, 400, 402,
　　405, 409-412, 436, 445, 451, 453
　　2つの文書（「土地闘争」と「階級分析」）
　　65, 341, 342, 397, 399-402, 404-406, 409,
　　411, 432, 438

ナ　行

ナショナリズム　4
七全大会　8, 47, 49, 55, 186, 245
2月会議　183
逃げられない兵士　19, 31, 316, 318, 323-326,
　　466, 476, 481
二五減租　154
偽闘争　259, 295, 370, 441, 445
偽貧農　369, 370, 374, 379, 441, 444, 448, 470,
　　471
二年三毛作　71, 73-76, 88, 89, 99
入党　296, 349, 351, 462-465, 471
寝返り　18, 323, 466
熱河分局　270, 428
農会（農民協会）　38, 148, 149, 151, 160, 240,
　　241, 253, 254, 256-258, 260, 268, 270, 275,
　　294, 296, 302, 307, 318, 338, 339, 350, 351,
　　361, 362, 375, 381, 383, 400, 408, 422, 423,
　　428, 430, 431, 443, 445, 456, 447, 449,
　　458-460, 469, 470
農業発展綱要四〇条　490
農村革命　6, 7, 10, 14, 16, 17, 20-25, 27-29, 35,
　　42, 56, 69, 103, 122, 143-147, 158, 165, 171,
　　174, 177, 178, 183, 184, 201, 240, 243, 247,
　　249, 254, 267, 268, 277, 290, 293, 310, 327,
　　328, 366, 371, 407, 416, 482
農村工作部　489
農民大会（農民代表大会）　242, 338, 339, 342,
　　349, 363, 390, 449
「農民に告げる書」　350, 351, 376

ハ　行

覇占　173, 192, 194
八路軍　135, 148, 152, 259, 318
発展段階論　25, 26, 60, 105, 482, 483
春麦区　74-77, 149, 211
反右派闘争　490
反奸清算　13, 22, 24-26, 126, 143-145, 148,
　　149, 158, 170, 171, 174, 175, 178, 191,
　　195-197, 200, 202, 205-208, 210, 211, 214,
　　215, 221, 231, 246, 249, 286, 299, 320, 474,

475, 480, 481, 485, 486　　→清算闘争もみよ

半植民地　7, 12

反党集団　55

半封建　7, 12, 337, 342, 377, 406, 411

反封建闘争　159, 165, 170, 174, 178, 190, 191, 202, 205, 286, 479, 481, 483

半老解放区（半老区）　380, 421–429, 447

非正常死　362

非党員　356, 382, 462

評議委員会　467

濱海解放区　210

　濱海区党委　182

貧雇農　13, 23, 25, 26, 57, 66, 67, 82, 203, 215, 219, 225, 254–260, 262–266, 276–279, 282, 286, 288–290, 292–294, 296–298, 301, 303, 305–307, 313, 315, 317–320, 324–327, 330, 331, 343–349, 352, 353, 355–358, 360–364, 366–368, 370–372, 374, 376, 377, 382–384, 391, 392, 394, 398, 401, 403, 407, 412, 413, 415–418, 420–425, 427, 429–431, 437, 439–442, 444–451, 453, 455, 457, 458, 461–464, 466, 469, 470, 474, 476, 477, 480, 481, 484　　→雇貧農もみよ

貧雇農を中核とする路線（貧雇農骨幹路線）　10, 25, 42, 254–256, 259–261, 263–266, 276–278, 288, 289, 292, 306, 326, 331, 343, 348, 353, 379, 408, 413, 416, 417, 421, 424, 427, 429–431, 438, 441, 444, 448, 478

貧農　12, 13, 21, 51, 56–59, 61–64, 66–68, 72, 81, 83, 102, 194, 196, 204–207, 210, 214, 215, 222–224, 240, 254, 256, 259, 262, 268, 278–290, 293, 294, 296–299, 301, 303, 304, 306–309, 315, 319, 324, 325, 342, 351, 356, 361, 363, 365, 367, 370, 374, 375, 377, 378, 380–393, 395, 405, 407, 411, 413, 422, 423, 429, 430, 432, 433, 435–440, 442–448, 450, 453–460, 464, 470, 471, 477, 478, 480, 482–484, 489

貧農小組（貧農団，貧農大会）　40, 41, 240, 254, 256, 262, 268, 278, 280, 281, 283, 284, 286, 287, 290, 301, 302, 306, 308, 309, 314, 315, 319, 338, 341, 342, 349–352, 355, 363, 365–374, 376–386, 388, 389, 401, 407, 421–425, 428, 431, 441–450, 452–454, 456–467, 469–471, 478, 480, 484

貧農路線　283

武委会　278, 279, 317, 384

覆査　38, 202, 249–266, 268–270, 274–283, 285–290, 292–309, 317–319, 324–327, 330, 331, 343–345, 353, 359, 366, 378, 382–384, 386, 387, 389, 390, 392, 423, 424, 428, 443, 466, 476, 477, 480

不純　204, 249, 345–347, 355, 356, 374, 376, 425, 426, 441–444, 446, 447, 450, 454, 470

武装集団　18, 222, 486

部隊　18, 19, 46, 125, 142, 155, 300, 309–312, 316, 320–326, 476

負担の転嫁　170, 172, 237, 283

復仇　151, 164, 169, 192–194, 205, 229, 237

富農　10, 25, 56–59, 61–67, 71, 73, 81, 82, 91, 102, 129, 144, 167, 168, 194, 199, 204, 206, 207, 209–211, 218–220, 232, 268–276, 287–289, 294, 296, 297, 302, 305, 313, 314, 325, 327, 328, 330–333, 335, 338, 340–342, 353, 356, 358, 361, 367, 368, 370, 371, 375, 386, 388, 389, 405, 407–410, 412, 416–418, 420, 423, 425, 427, 430, 431, 433, 434, 436, 437, 440, 442, 443, 446, 449, 452, 453, 458, 459, 474, 476, 477, 492

富農路線　219, 267, 279, 281, 283, 296, 453

富裕中農　63–65, 206, 272, 274–276, 289, 330, 333, 335, 340–342, 368, 405, 423, 433, 435, 492　　→中農もみよ

冬麦高粱区　74–76, 86, 87, 91, 94, 99, 100, 149, 211

冬麦小米区　74–78, 80, 91, 99, 100, 153, 211

無頼　125, 126, 137, 138, 172, 474

分種制　72, 80, 97–99, 152, 214

分租　97

平津戦役　11, 466　　→三大戦役もみよ

平和と民主の新段階　176

偏向　158, 159, 164, 230, 381, 441, 443, 446

包囲殲滅作戦（囲剿）　5, 7, 47

防空壕　312–315, 325

封建制　7, 24, 26, 27, 196, 336, 347, 362, 406, 426, 427, 474, 483

　封建搾取　9, 12, 157, 206, 207, 211, 230, 232, 283, 284

　封建勢力　12, 158, 163–165, 169–172, 174, 178, 191, 211, 216, 218, 246, 259, 310, 345, 448, 475, 479

　封建の削減　169–172

　封建の尻尾　241, 269, 270, 424, 425

封建富農　313
放手発動（大胆に闘争に立ち上がらせる）
　　44, 143, 151, 155–160, 165–169, 171, 204
幫租　80
報道管制　352
報復　126, 152, 193, 299–301, 303, 316, 324,
　　325, 369, 382, 384–387, 390–392, 448–450,
　　452, 453, 457, 459, 470, 471, 476, 478, 485,
　　486
法務部調査局　35
暴力　13–15, 22–24, 28, 54, 136, 145, 225, 297,
　　299, 303–305, 325, 369, 376, 384, 392, 396,
　　476, 477, 485, 486
　生き埋め　305, 315, 330
　殴打　37, 145, 149, 240, 303, 304, 370, 376,
　　383, 386, 449
　処刑　54, 145, 160, 373, 383, 387, 448
　拘禁　304
暴力装置　18, 487
保甲制　30
　甲長　115, 125, 137, 148, 149, 169, 442
　保長　30, 115, 127, 136, 137, 139, 149, 192,
　　454　→村幹部，荘長，村長もみよ
北岳区（北嶽区）　351, 356–361, 364, 366–369,
　　374, 375, 380, 381, 388, 442　→察哈爾省，
　　冀晋区もみよ
ボルシェビキ　4
翻身（搾取からの解放）　13, 38, 44, 148, 156,
　　163, 172, 194, 207, 214, 222, 223, 229, 230,
　　232, 236, 241, 251, 253, 255, 256, 259, 260,
　　262, 280–284, 286, 298, 306–308, 311,
　　311, 317–370, 311, 317, 349, 359, 367, 375,
　　389–391, 425, 453, 461, 464, 465
　翻心　236, 240, 260, 262
　翻身隊　278, 295, 298
本地幹部　53

マ　行

貧しい自作農　436, 437, 439, 453
マルクス主義　48, 51, 52, 54, 55, 60, 62, 157
マルクス主義の中国化　8, 47–49, 55, 66, 336
マルクスレーニン主義　48, 50, 52, 55
南満洲鉄道株式会社調査部（満鉄調査班）
　　103, 104, 106
民意　51
民主集中制　54, 55
民主政府　143, 148, 264, 375, 377, 466

民兵　16, 18, 56, 222, 223, 311, 386, 391, 465,
　　487, 488
無産階級　245, 348, 362, 364, 466
無地少地　215, 261, 266, 269, 274, 284, 332,
　　338, 342, 365, 412
無謬性　480
村幹部　13, 26, 145, 150, 154, 161, 203, 212,
　　213, 225, 227–240, 242, 244, 246, 247,
　　249–251, 253, 254, 259–265, 277–282,
　　286–288, 293–304, 306, 308–317, 319, 320,
　　324, 325, 327, 331, 343, 352, 353, 355,
　　362–364, 367–369, 371, 372, 374, 377, 382,
　　383, 386, 389, 390, 392, 394, 440, 444, 451,
　　458, 464, 465, 469–471, 476, 477, 479,
　　480　→村長，荘長，保長もみよ
村幹部路線　236
明滅暗不滅　154, 192
命令主義　264, 426
面子　110, 112–114, 116–124, 126, 129,
　　131–135, 138–140, 234, 235, 302, 452, 474,
　　485
蒙旗　167
毛沢東思想　8, 47, 49, 51, 54, 55, 252, 346
「毛沢東と劉少奇の土地政策に関する発言要旨」
　　184, 216
「毛沢東農村調査序言」　60
模範　55, 78, 160, 198, 199, 209, 252, 282, 310,
　　311, 314, 319, 320, 325, 463, 466

ヤ〜ワ行

遊撃小組　300
遊撃戦　18, 324
優抗　238, 242
ゆとりのある農民　272, 275, 289, 305, 325,
　　331, 342, 353, 361, 388, 392, 451, 476, 477
落後　160, 240, 263, 276, 285, 329, 344, 482
犂戸　71
立功運動　284, 293, 294
『劉少奇像』　36, 203, 254, 267, 268, 328–330,
　　332, 333
流氓（ゴロツキ）　287, 301, 357, 367, 368, 378,
　　384, 388, 389, 442, 444, 458
糧食部　3
遼瀋戦役　11, 466　→三大戦役もみよ
聯合闘争（聯村闘争）　205, 231, 234, 235, 294
老解放区（老区）　44, 184, 260, 261, 335, 336,
　　380, 412, 413, 415–430, 437, 440, 446, 447,

459, 477
労働英雄　317, 325
労働人民　157, 348, 362

六全大会　7
盧溝橋事件　8
淮海戦役　11, 466　→三大戦役もみよ

中国革命之方法

中国共产党是如何建立政权的

三品英宪

主 旨

本书旨在探讨战后国共内战时期（1946-49 年），中国共产党（以下简称中共）在华北地区实施的以土地改革为核心的农村革命工作，阐明其开展过程和背后动因，以及中共又是如何战胜国民党党军队进而建立起中华人民共和国的等一系列问题。

中华人民共和国的成立是中国近现代史上的一个划时代事件，而上述问题是解答这一历史事件为何能够实现的重要问题。而且，这些问题对于阐明中共建立的政权结构也具有重要的现实意义。正因如此，至今为止中国，欧美，日本，台湾等地都发表了许多研究，但都没有完全颠覆所谓的"中共通过土地改革获得了贫农的支持，取得了内战的胜利"的这一"公定史观"（被中共赋予了权威性的历史观）。

有关该课题的现有研究，大致可分为三类。除了上述没能脱离"公定史观"框架的中华人民共和国的研究以外：还有一类研究认为土地改革对内战的胜利并没有决定性影响；另一类研究则认为土地改革的意义不在于土地的分配本身，而在于其给农村带来了暴力，将村落居民卷入其中。然而，前者无法解释在人民共和国建国初期（20 世纪 50 年代），中共高强度的动员体制（使总体战成为可能的体制）为何能够成功构建起来的原因。而后者虽然说明了中共是通过带给村落居民单方面的恐惧来确立统治的，但却未能解答关于其是如何改变社会秩序，又为人民共和国的社会秩序作了何种准备的问题。另外，后者的研究指出：中共认为无论斗争的种类，性质如何，只需把农民卷入暴力斗争即可。显然其在立论时没有充分重视中共作为意识形态政党的一面。

对此，本书在明晰该时期被中共作为基础和动员对象的华北地区社会经济结构的基础上，将中共内部按"毛泽东"，"中央级别领导层"，"边区中央局级别"，"县区委员会级别"，"基层干部"进行分层式理解，探讨各级别是如何认识现实，做出何种选择，又是如何理解其选择结果所导致的现实，以及如何采取下一步的行动。在这一循环中理解战后国共内战时期中共的农村革命工作。同时，试图阐明中共的认识和动员给农村社会到来了怎样的影响，引导农村居民作出何种选择，其结果导致了何种秩序的建立，以及这一秩序又是如何与人民共和国紧密相连的。本书的主题，是在社会史，经济史，政治史，思想史的交叉点上，细致地阐明战后国共内战时期中共的认识，动员与社会秩序的变化。

概 要

本书阐明的内容，主要有以下 4 点。

①中共（特别是毛泽东）持有的农村社会认知（"公定社会像"，即被中共赋予了权威性的社会认知），与抗日战争时期以来被中共作为核心根据地的华北的社会经济结构之间存在着巨大的偏差。其原因主要是因为该"公定社会像"形成于 20 世纪 30 年代毛泽东在江西省的农村"调查"。

②然而，抗日战争后的中共并没有根据华北的社会经济结构修正"公定社会像"和农村革命战

略，反而强行实施了以"公定社会像"为前提制定的农村革命战略（土地改革）。其结果导致，1945 年至 1947 年春左右，土地改革并没有像中共中央领导人预期的那样高涨起来。

③中共中央领导人将农村阶级斗争的成败与内战的输赢视为具有因果关系的因素。为推动土地改革的开展和高潮，开始向地方党组织施加压力（1946 年末）。结果，在靠近农村革命工作一线的地区，在刘少奇的主导下，革命战略以符合华北农村社会现实的形式得到了实际上的修正，农村革命运动开始变得激烈（1947 年 5 月以后）。甚至出现了诸如党组织和党员被"贫雇农"当作斗争对象遭到解散或杀害的"左"倾现象。现场对革命战略的修正并没有告知毛泽东，"公定社会像"以及在其基础上制定的革命战略也没有得到正式的调整，对其所做的修正是在不影响毛泽东的现实认知的"正确性"和权威性的情况下进行的。1948 年初以后，中央级别领导人（任弼时）虽试图纠正"左"倾错误，但其纠正过程中同样没有正面提及"公定社会像"与华北社会经济结构间的背离问题，更没有让毛泽东知晓此事。整个过程维护了毛泽东的正确性，使得毛泽东对自己的认知能力更加深信不疑。

④在农村革命的开展过程中，中共建立起了以"群众的意志"为合法性依据的新秩序社会。但是，何为"群众的意志"，以及谁是"群众"，则是由中共（最终由毛泽东）单方面决定的。这是因为，"公定社会像"与华北农村社会现实之间存在着显著的背离，导致社会中没有任何人能完全具备作为新秩序根源——"群众"（特别是贫雇农）的完整资格。同时，两者之间的这种背离，以及其所引发的农村革命现场的"左"倾现象，不但没有阻碍中共政权的建立，反而提升了中共对社会的统治能力。经过战后国共内战时期的农村革命，一个以中共强大的社会控制力为特征的国家应运而生。

一直以来，毛泽东作为提出"农村包围城市"的卓越战略家被中国农村和农民所熟知，但通过本书，将彻底颠覆毛泽东的这一形象。下面将对上述 4 点内容进行具体论述。

①20 世纪 40 年代中共持有的中国社会认知，是以 30 年代初毛泽东在江西省农村进行"调查"后获得的社会认知为基础的。毛泽东获得的农村社会认知主要指："占人口比重不到 10 %的地主和富农占有 80 %的土地，而占人口 70 %多的贫雇农（含手工工人等）却只占有不到 10 %的土地，占人口 20 %的中农占有 15 %的土地"（毛泽东《兴国调查》。"中农"指自耕农，"贫农"指佃农，"雇农"指农业雇佣劳动者）。同时，这里的地主指的是只靠出租土地剥削农民的寄生地主。该社会认知很好地体现了农业生产力较高的华中地区农村社会的特征。而且，这一农村社会认知将地主视为封建领主，将地主土地所有制看作是领主制统治的体现，从而为中共将 30 年代的中国社会定位为历史发展阶段中的封建社会，即中世纪阶段，提供了重要根据。

因此，将地主的土地分配给贫农（佃农）的土地革命和土地改革，被定位为向近代转型的革命，而非社会主义革命。土地改革政策的实施，旨在让原本"占有 80 %土地"的地主和富农所持有的土地缩减至与其人口比例相符的不到 10 %的水平。换而言之，这意味着没收地主和富农 70 %的土地并将其分配给"占人口 70 %多"的贫雇农等以及"占人口的 20 %却只有 15 %土地"的中农（参照图 1-1）。若实行这样的土地制度改革，则农村居民全员就能拥有等量的土地，生产力也会在没有剥削的情况下得到发展，这便是中共的计划。这一中国农村社会认知与农村革命战略，贯穿于 20 世纪 40 年代后期的国共内战时期，并一直延续至 50 年代初期，是一种与毛泽东的权威不可分割的社会认知（以下将这一中国农村社会认知称为"公定社会像"）。

然而，历经中华苏维埃的失败，长征和抗日战争，战后国共内战时期的中共选择以华北地区为根据地。华北地区大致可分为黄土高原地带和华北平原地带，两者都与以华中农村为前提的"公定社会像"存在显著差异。在黄土高原，大规模经营雇用周边零散经营进行农业生产，从这个意义上来说确实是一个贫富差距很大的社会，但实际上两者互相提供畜力，农具与劳动力，

中文要旨　　527

形成了一种紧密的人际关系，从而维持着该地区的再生产结构。而华北平原则是以自耕农经营为中心，以较高的农业生产力为背景，各类经营的独立性也很高（参照图 2-5。"冬麦高粱区"和"定县"相当于华北平原）。若要在这一地区实施土地平均化，则需要将自耕农的土地也纳入没收范畴（参照图 2-7。图中的①②③均包括自耕农）。由此可见，将地主—佃农关系作为社会核心结构的"公定社会像"，以及在此基础上制定的土地改革战略，都严重背离了华北农村的现实。

②抗日战争时期，中共为了与国民党一致抗日，暂停了阶级斗争（土地改革）。战后中共回归原本的革命政党，特别是在内战全面爆发的 1946 年后半期开始追求土地改革的实现。因为中共认为，这场国共内战是与代表封建势力的国民党之间的阶级斗争，在基层社会开展针对地主的阶级斗争（土地改革），并推翻现有的权力机构，将直接关系到作为被剥削阶级先锋队的中共的胜利。因此，以毛泽东为中心的中央领导人，为实现农村革命开始向地方党组织施加压力。

在中央的施压下，华北各根据地（边区）的"反奸清算斗争"得到了广泛而激烈的展开。但是，对于中央领导人而言，反奸清算斗争只不过是民族斗争而非阶级斗争，中央的真正目标是以废除地主制为目的的阶级斗争（土地改革）。然而，土地改革却没能高涨起来。其原因如上述①中所述，主要是因为华北的社会经济结构与"公定社会像"之间存在着巨大的偏差。地方党组织虽然充分意识到了这一点，但并没有将这一情况向中央领导人汇报的迹象。究其原因，主要是地方党组织不敢对毛泽东的现实认知以及毛泽东所垄断的"对现实的解释权"提出异议。另一方面，包括毛泽东在内的中央领导人并没有意识到"公定社会像"与华北农村的背离，为实现土地改革，于 1946 年末加强了向地方党组织的施压。1947 年初，中央领导人认为，原本在理论上能顺利推行的土地改革之所以未能广泛开展，其主要原因在于基层干部的阻挠。因此，中央责令地方党组织积极发动贫雇农开展土改复查运动。中央以"公定社会像以及在其基础上制定的革命战略是正确的"为前提，将土地改革未能顺利开展的原因归咎于基层干部和党员的阶级出身及其资质问题。

③如上所述，在华北农村社会，由于社会经济结构上的问题导致土地改革进展受阻，最终出现了不再将斗争对象限定于地主和富农，从而推动农村革命广泛开展的举措。而主导这一举措的便是刘少奇。1947 年 3 月延安沦陷后，刘少奇离开了留在陕西省北部的毛泽东（中共中央），率领新组建的中共中央工作委员会前往河北省平山县（晋察冀边区），开始在那里指导后续的土地改革运动。刘少奇与晋察冀中央局的干部协商后决定把阶级对象（阶级敌人）的界定由"剥削者"改为"富裕者"。这一转变意味着"富裕程度"成为了阶级划分的标准，从而使得以自耕农为主体的华北平原也实现了"阶级斗争"，同时在黄土高原地区，那些与大规模经营并无直接关系（剥削—被剥削关系）的人们也参与到斗争中来。作为"复查"运动主力的"贫雇农"已不再局限于受地主和富农剥削的佃农和雇农，正如字面意思一样，只要是"贫苦农民"谁都可以以革命的名义向相对富裕的人发起挑战。

这一举措遭到了一些担心在农村斗争中出现"左"倾现象的地方干部的抵制，但经过 1947 年 7 月召开的全国土地会议（党内会议）的讨论，9 月通过的《中国土地法大纲》承认了上述举措，并将其在中共统治的所有地区内加以实施（然而，转战于数百公里外的陕西省北部的毛泽东并不知晓阶级划分标准已被实际上变更为"富裕程度"一事）。另外，《中国土地法大纲》还明确规定"贫雇农"有权排除反对该举措的党员，这使得在基层社会中，被上级党组织认定为"贫雇农"的人们拥有凌驾于党员之上的绝对权威和权力。"贫雇农"不仅将矛头指向了相对富裕的人们，还攻击了基层干部，行政人员，甚至是县区党员和党组织，剥夺了他们的财产和生命。就这样，

基于《中国土地法大纲》的农村斗争开始愈演愈烈。

针对这种情况，位于陕西北部的毛泽东基本上持肯定态度。即使是在1947年末的中共中央会议上，毛泽东也并未认为在统治地区出现了需要紧急纠正的"左"倾现象。在目睹《中国土地法大纲》实施下农村运动的高涨态势，毛泽东认为确实有一部分党员和干部阻碍了土地改革的推进，而受他们压迫的贫雇农终于获得解放站了起来。对于毛泽东而言，他认为自身的中国社会认知（"公定社会像"），以及在其基础上制定的农村革命战略（土地改革）的正确性已经得到了充分的证明。

中央领导层中担心会出现"左"倾现象的是任弼时。1947年12月，任弼时掌握到统治地区的社会秩序出现了严重的混乱，于是从1948年初开始试图纠正这种"左"倾现象。其方法是严格遵循基于剥削关系的阶级划分标准。而1947年春抵达晋察冀边区的刘少奇，则对阶级划分的标准进行了调整，将原本的"剥削关系"转变为"富裕程度"，这一调整直接导致了同年农村革命中"左"倾现象的出现。面对这一局面，任弼时则试图将其恢复为毛泽东原先提出的基于"剥削关系"的阶级划分标准。

任弼时建议毛泽东责令贯彻执行基于"剥削关系"的阶级划分标准，毛泽东对此表示同意（毛泽东本来就不知道阶级划分标准实际上发生了变化，自然认为任弼时的建议是理所应当的）。由于"贫雇农"带来的巨大冲击，各地方的县、区，基层党组织和党员的统治地位受到动摇，因此他们对纠正"左"倾（恢复原本的阶级划分标准）持积极欢迎的态度。但毛泽东在坚持贯彻基于"剥削关系"的阶级划分标准的同时，也致力于实现"将地主的土地分配给佃农"这一传统意义上的土地改革高潮。在这一节点上，毛泽东依然没有认识到"公定社会像"与华北社会经济结构之间的背离。为了说服毛泽东暂停土地改革，任弼时解释称"老区已经实质性地完成了自耕农化"，这意味着"土地改革已经完成"。毛泽东虽然没有立即同意这一观点，但在一个月后的1948年2月中旬，他转变了立场，下令暂停老区的土地改革。就这样，整个过程中，任弼时始终没有指出毛泽东的中国社会认知（"公定社会像"）与华北社会经济结构之间的背离。换而言之，他在确保不影响毛泽东"正确性"的前提下，成功地实现了对"左"倾错误的纠正。

④在农村革命开展的过程中，中共成功地在基层社会建立了新的秩序，这一秩序以"群众的意志"作为合法性依据。"群众是正确的"这一理论由毛泽东于20世纪30年代开始提出，并在1945年被写入党章，成为毛泽东思想的核心原理（值得注意的是，这里的"群众"并非泛指所有大众，而是指被剥削阶级的总称）。毛泽东基于"群众是正确的"这一观点，通过垄断对"群众的意志"的解释权，将自己所有的选择正当化。1942年延安整风运动迫使中央级干部们共享这一理论，其又在40年代后半期在地方党组织，党员，以及统治下的社会中强行得到贯彻。

在战后国共内战时期的农村革命中，"群众的意志"被作为正当化自身行动和要求的话语所使用。负责农村革命成为新的村干部的人们，也用"群众的意志"一词将自己打倒乡邻的行为正当化。然而，何为"群众的意志"，则并非由居民多数表决来决定，而是由党（最终由毛泽东）单方面决定的。中共（毛泽东）在建立了一种以"群众的意志"为合法性依据的新秩序的基础上，通过垄断对"群众的意志"的解释权来统治社会。

1947年春以后的土改"复查"运动中，合法性依据由"群众"转变（限定）成了"贫雇农"。甚至在随后《中国土地法大纲》实施下的斗争中，"贫雇农"被赋予了凌驾于基层党组织和党员之上的权威和权力，使得1947年春之前形成的中共统治机构遭受了极大的动摇和破坏。从这点来看，这似乎表明强行开展不符合华北农村现实的土地改革（特别是"左"倾错误的出现），阻碍了中共政权的建立。然而，实际上却产生了截然相反的结果。那些曾在1946年春之前的斗争中崭露头角的基层干部和党员，因无法实现土地改革（即无法实现中共所设想的"群众的意志"）而

中文要旨　　529

失去了合法性，进而被党重新选拔的"贫雇农"所打倒。但是，参与这一新斗争的"贫雇农"，因为基于"剥削关系"的阶级划分标准的恢复以及对"左"倾的纠正，其自身的合法性也受到了质疑。究其原因，主要是因为他们虽然是"贫苦农民"，但特别是在华北平原地区，绝大多数并非地主制下的佃农。因此，"贫雇农"同华北的社会现实一样，也与"公定社会像"和原本的革命战略之间存在着显著的偏差。

"左"倾错误得到纠正后，中共依然支持在《中国土地法大纲》实施下那些参与运动的"贫雇农"，没有让曾被"贫雇农"打倒的党员和基层干部（在 1946 年春之前的斗争中崭露头角的人们）恢复权力。但是，"贫雇农"的周围却充斥着那些被他们打倒的人们及其遗属和友人，他们投来的目光充满了严厉与审视。因此，对于党以"这是群众的意志"为由下达的命令（比如为争取内战胜利提供物资和兵力），那些名不副实的"贫雇农"则不得不无条件服从。因为一旦违反，便会立即被周围的人以"他果然不是真正的革命分子"为由告发，对他的报复行为也能被正当化。为了维持来自党的支持，"贫雇农"只能过度的服从命令。当然，因没能实现土地改革而被当作"革命妨碍者"的人们也面临着同样的境遇。在这样的社会背景下，没有任何人能完全具备作为新秩序根源——"群众"(特别是贫雇农）的完整资格。

综上所述，强行开展基于背离华北农村社会的"公定社会像"的土地改革，以及由此引发的"左"倾错误，其结果反而提升了中共对社会的统治能力。经过战后国共内战时期的农村革命工作，一个以中共强大的社会控制力为特征的国家应运而生。而且，这种控制力的进一步延伸，催生了一个能够剥夺农民土地所有权的 20 世纪 50 年代的中华人民共和国。

The Method of the Chinese Revolution

How Did the Chinese Communist Party Establish Its Ruling Power?

MISHINA Hidenori

This book examines the rural revolution — mainly land reform — carried out by the Chinese Communist Party (CCP) in North China during the country's civil war period (1946–49) to clarify such issues as how and why the CCP's rural revolution took the course it did, and how it resulted in the CCP defeating the National Revolutionary Army (NRA, i.e. Chinese Nationalist Party ⟨CNP⟩'s Army) and establishing the People's Republic of China (PRC).

This is a major issue in the establishment of the PRC, a milestone in China's modern history, and it is also a question of great significance today in clarifying the structure of power established by the CCP. Therefore, although there have been many studies in the PRC, Europe, the U.S., Japan, and Taiwan, they have yet to completely overturn the official historical view of the CCP, namely, that the CCP won the support of the poor peasants through land reform, which led to its victory in the Civil War.

Previous studies of this topic can be divided into three main categories. In addition to studies on the PRC, in which the framework of official history cannot be denied, there are other studies that argue that land reform had no decisive impact on the victory in the Civil War. In particular, these studies state that the reform was not meaningful because of land distribution, but because it brought violence into the countryside and involved the villagers. The former fails to explain how the intense mobilization system (total war system) realized by the CCP in the early years of the PRC (1950s) could be established. The latter explains the establishment of rule by fear exerted by the CCP on the villagers but fails to show how this changed the social order and prepared the social order of the PRC as such. Furthermore, the latter states that the CCP was indifferent to the different types and nature of the struggles and recognized that all it needed to do was to involve the peasants in those that involved violence. Thus, the latter studies do not accord sufficient importance to the aspect of the CCP as an ideological party.

In contrast, this book clarifies the socioeconomic structure of North China, which was the foundation of the CCP during this period and the target of its mobilization, and then stratifies the CCP's internal structure into "Mao Zedong", "central-level leaders", "border-area central branch-level leaders", "county committee-level leaders", and "basis cadre". Next, it looks at the development of the CCP's rural revolutionary activities during the Civil War period in the context of how the leaders at each level perceived reality, made their choices, and chose their next course of action on the basis of the perceived results. At the same time, this book will reveal how the CCP's perceptions and actions affected rural society, and what kind of order emerged as a result of the actions of the peasants that led to the PRC. The aim of this book is to carefully elucidate the changes in the perception and workings of the CCP and the social order during China's civil war period at the intersection of social, economic, political, and ideological history.

英文要旨　531

This book reveals the following four points.

(1) There was a huge gap between the perception of rural society held by the CCP (especially Mao Zedong) and the socioeconomic structure of North China, which the CCP had made its central ground since the Sino-Japanese War period. In this book, this perception of rural society is referred to as the "official social image". The reason for this huge divergence was that the official social image was based on Mao's survey of rural villages in Jiangxi Province in the 1930s.

(2) However, after the Sino-Japanese War, the CCP did not modify its "official social image" or rural revolutionary strategy to suit the socioeconomic structure of North China. The CCP enforced the rural revolution plan (land reform), which had been prepared on the premise of the "official social image". As a result, from 1945 to the spring of 1947, land reform did not gain the momentum that the central leadership of the CCP had expected.

(3) The central leadership of the CCP saw a causal relationship between successful class struggle in the countryside and victory in the civil war, so it pressured the local organizations of the CCP to realize land reform (end of 1946). As a result, on the rural revolutionary scene, the revolutionary strategy was effectively modified under the leadership of Liu Shaoqi to conform to the reality of North China's rural society. The revolutionary movement in the countryside then developed intensely (from May 1947 onward). Some "radicalization" also occurred, in which local organizations of the CCP and party members were targeted for struggle by "poor peasants and agricultural workers" and were disbanded or massacred. Mao was not informed of this revision of the revolutionary strategy. The "official social image" was not officially changed, and neither was the revolutionary strategy based on it. Revisions to the revolutionary strategy were implemented in a manner that did not tarnish the "correctness" and authority of Mao's perception of reality. Later, starting in early 1948, the "radicalized" rural revolution was corrected by the central-level leadership (Ren Bishi), but even in this process, the huge gap between the "official social image" and the socioeconomic structure of North China was not discussed, nor was it brought to Mao's attention. Throughout the entire process, Mao's infallibility was upheld. Mao was also convinced of his own cognitive abilities.

(4) In developing the rural revolution in this way, the CCP established a society dominated by a new order in which the "will of the exploited class" became the basis of legitimacy. However, the CCP (and ultimately Mao Zedong) unilaterally determined what the "will of the exploited class" was and who the "exploited class" consisted of. This is because, as mentioned previously, there was a huge gap between the "official social image" and the reality of North China's rural society, and no one in society was qualified to be the "exploited class" (especially tenant farmers and agricultural workers), the root of the new order. Moreover, the huge gap between the "official social image" and the reality of North China, and hence the "radicalization" of the rural revolution, did not hinder the CCP from establishing its power, but rather resulted in the strengthening of its control over society. After the rural revolution of China's civil war period, a state was established in which the CCP had a great capacity to manipulate society.

Thus, the image of Mao Zedong as a brilliant strategist who "encircled the cities from the countryside" with a thorough knowledge of rural China and its peasants is overturned from the ground up by this book. The following (1), (2), (3), and (4) sections discuss (1), (2), (3), and (4) in more detail.

(1) The CCP's perception of Chinese society in the 1940s was based on the image of society he had gotten as a result of Mao's his research in rural Jiangxi in the early 1930s. Mao's vision of rural society was as follows : "Landowners and rich farmers, who account for less than 10% of the population, own 80% of the arable land, while tenant farmers and agricultural laborers (including handicraftsmen, etc.), who account for about 70% of the population, own only less than 10% of the arable land. Meanwhile, self-employed farmers, who make up 20% of the rural population, own 15% of the arable land" (Mao Zedong *Xingguodiaocha*). In addition, the landowners in Mao's survey report were assumed to be parasitic landowners who only leased land to tenant farmers for exploitation. All of these factors characterized rural society in the Huazhong region, which has a high level of agricultural productivity. Further, this image of rural society was the basis for the CCP's historical perception of Chinese society in the 1930s as a feudal or medieval society, under which landlords were regarded as feudal lords and their land ownership as lordly rule.

Therefore, land reform, which distributed landowners' land to tenant farmers, was positioned as a modern revolution, not a socialist revolution. Land reform was a policy to ensure that landowners and rich farmers, who "owned 80% of the arable land", would hold less than 10% of the land, and that 70% of the land was to be confiscated from landowners and rich farmers and distributed to tenant farmers and agricultural workers, who "comprised more than 70% of the population", and to self-employed farmers, who "comprised 20% of the population, but had only 15% of the land" (See Figure 1-1). The CCP's plan was that if such land reforms were implemented, all rural residents would have the same area of arable land, which would eliminate exploitation and develop productivity. This perception of rural Chinese society and rural revolutionary strategy was maintained throughout the period of China's civil war in the late 1940s and even into the early 1950s as the official social perception of the CCP, inseparably linked to the authority of Mao Zedong (the "official social image").

However, the Communist Chinese Soviet collapsed, and the CCP was forced onto the Long March, so that during China's civil war, the Party was based in North China. North China can be divided into the Loess Plateau and the North China Plain, both of which differ greatly from the "official social image" based on the rural society of central China. In the Loess Plateau, large-scale farmers employed the surrounding small-scale farmers for agricultural production, and in this sense there was a large gap between the rich and the poor in the society. In reality, however, the two parties provided each other with livestock, farming tools, and labor, and a strong human relationship was established that maintained the productivity of the region. Self-employed farmers were the main population in the North China Plain, and each farmer had a high degree of self-reliance based on high agricultural productivity (See Figure 2-5). Any attempt at land averaging in this region would have required that even the land of self-employed farmers be included in the confiscation (See Figure 2-7. Note that self-employed farmers are included in both ① , ② , and ③ in the figure). The "official social image" of the relationship between the landowner and tenant farmer as the central social structure and the land reform strategy based on this image differed considerably from the socioeconomic reality of rural North China.

(2) During the Sino-Japanese War, the CCP, along with the Chinese Nationalist Party (CNP), suspended class struggle (land reform) to focus on opposing Japan, but after the Sino-Japanese War ended, it returned to its roots as a revolutionary party and pursued the completion of land reform,

especially from late 1946, when China's civil war broke out. The reason for this was that the CCP believed that China's civil war was a class struggle against the CNP, which represented feudal power, and that overthrowing the old power structure through land reform, a class struggle against the landlords, would lead directly to the victory of the CCP as the vanguard of the exploited class. The central leadership, led by Mao Zedong, pressured the local organizations of the CCP in an attempt to complete land reform.

In the base areas of North China, the "antitraitor campaign" was waged extensively and intensely under such pressure from the central leadership. For the central leadership, however, the antitraitor campaign was a national struggle, not a class struggle, and what they were really seeking was a class struggle (land reform) between the landowners and tenant farmers. However, contrary to the expectations of the central leadership, land reform was weak because the socioeconomic structure of North China was very different from the "official social image" described in (1). The local organizations and cadres of the CCP were aware of this but did not report it to the central leadership, perhaps in fear that local CCP organizations would disagree with Mao's perception of reality and oppose his monopoly on the "right to interpret reality". Meanwhile, the central leadership, including Mao Zedong, was unaware of the gap between the "official social image" and rural North China, and at the end of 1946, it increased the pressure on local organizations to realize land reform. In early 1947, the central leadership believed that the failure of land reform, which in theory should have worked, was due to obstruction by lower-level cadres, and ordered local party organizations to organize tenant farmers and agricultural workers to conduct "inspections" (inspect and redo land reform). In other words, the central leadership did not change its perception that the "official social image" and the revolutionary strategy based on it were correct ; instead, they blamed the class backgrounds and personalities of village cadres and party members for the failure of land reform.

(3) Thus, in North China's rural society, land reform did not progress due to socioeconomic structural problems, but eventually a movement emerged to develop land reform broadly and deeply by not limiting the target of struggle to landowners and rich farmers. It was Liu Shaoqi who led this change. After the fall of Yan'an to the NRA in March 1947, Mao (Communist Party Central Committee) remained in northern Shanxi, and Liu Shaoqi led the newly organized Communist Party Central Working Committee to Pingshan County (the Jinchaji-base area) in Hebei Province. From this point on, Liu remained in Pingshan County to lead the Land Reform. Here he consulted with the local cadres (the Jinchaji Central Committee branch) and changed the terms of reference for the target of the struggle (the class enemy) from "exploiters" to "the wealthy". Thus, "wealth" became the criterion for class division, enabling "class struggle" to be realized in the North China Plain, where self-employed farmers were the main population. In the Loess Plateau, people who were not in an exploited-exploiting relationship with large-scale farmers were able to participate in the struggle. The bearers of "inspection" (inspection and redoing of land reform) no longer had to be tenant farmers and agricultural laborers exploited by landlords and rich farmers, but rather any "poor farmer" could now attack the relative rich in the name of revolution.

Some local cadres opposed this move out of concern that it would "radicalize" rural struggles, but after the National Land Conference (Quanguo tudi huiyi, a meeting of the CCP) from July 1947, this amendment to the classification standard was affirmed by the Outline of Chinese Land Law (Zhongguo tudifa dagang), adopted in September and subsequently enforced in all areas controlled by the CCP (however, Mao, who was fighting in northern Shanxi Province, several hundred kilometers from Pingshan County in Hebei Province, was not informed that the criterion for class classification had in effect been changed to "wealth"). The Outline of Chinese Land Law also stated that tenant farmers and agricultural laborers had the right to exclude party members who opposed land reform, so that "those certified as tenant farmers and agricultural laborers" by senior CCP organizations had absolute authority and power over CCP members in village society (It should be noted that those who were identified as "tenant farmers and agricultural laborers" by the senior CCP organizations were not really tenant farmers and agricultural laborers, but merely "poor farmers" or "poor people"). The rural struggles based on the Outline of Chinese Land Law became so intense that "tenant farmers and agricultural workers" in this sense attacked not only the relatively wealthy but also village cadres, Party members, administrative personnel, and even county and district Party members and Party organizations to take their property and lives. This state of affairs was later referred to within the CCP as the "extreme left phenomenon".

Mao Zedong, who was in the northern part of Shanxi Province, had a basically affirmative attitude toward this situation. Even at a meeting of the Communist Party Central Committee at the end of 1947, Mao did not recognize that a "radicalization" was occurring in the base areas that needed to be promptly corrected. Mao saw the rise of the struggle under the Outline of Chinese Land Law as indicating that there were indeed party members and cadres blocking the progress of land reform, and that tenant farmers and agricultural workers who had been oppressed by them had risen up for land reform, which he took as proof of the correctness of his "official social image" of China and the rural revolutionary strategy (land reform) he had formulated based on this image.

In the central leadership of the CCP, Ren Bishi was concerned about this "extreme left phenomenon". In December 1947, he recognized the great disruption to society and order in Communist-controlled areas and sought to correct the "extreme left phenomenon" from early 1948 onward through the strict application of class divisions based on exploitative relations. The direct cause of the "extreme left phenomenon" in the rural revolution of 1947 was the substantial change in class distinction criteria made by Liu Shaoqi shortly after his arrival in the Jinchaji-base area in the spring of 1947, from "exploitation" to "affluence", Ren wanted to return to the original CCP standard of class distinction of " exploitation" upon which Mao had once insisted.

Ren asked Mao Zedong to order that exploitation be thoroughly enforced as a criterion for class classification, and Mao agreed (Mao considered this suggestion by Ren a mere matter of course, since he was unaware that the criterion for class classification had been substantially changed). The local organizations and cadres of the CCP welcomed the correction of the "extreme left phenomenon" (i.e., a return to the original class-division standards) because the CCP organizations and Party members in the counties, districts, and villages had been severely damaged by those who had been called "tenant farmers and agricultural workers" and their rule was in turmoil. Mao, however, maintained his stance of seeking both to make exploitation the criterion for class distinction and to boost land reform in the original sense of "distributing landowners' land to tenant farmers". At this point, Mao was still unaware of the gap between the "official social image" and the socioeconomic structure of North China. Ren convinced Mao to suspend land reform by explaining that "in the old base areas, many tenant farmers and agricultural laborers have already become self-employed farmers", meaning that "land reform is basically complete". Mao finally agreed to this explanation a month later, in mid-February 1948, and ordered a moratorium on land reform in the old base areas. Ren was able to correct the "extreme left phenomenon" without pointing out the gap between Mao's perception of Chinese society (the "official social image") and the socioeconomic structure of North China, i.e., without damaging Mao's "correctness".

(4) In this rural revolution, the CCP established a new order in the base society in which the "will of the exploited class" was the basis of legitimacy. Mao had insisted upon the logic of "the exploited class is right" since the 1930s, and later forced central-level leaders to endorse it through the Rectification Movement in Yan'an in 1942. This logic was a fundamental principle of Mao Zedong's ideology, which became the underlying theory in the 1945 revision of the CCP's constitution, and was enforced on local party organizations, party members, and the society under their control in the late 1940s. Mao Zedong justified his every decision by monopolizing the right to interpret what was the "right will of the exploited class".

In village societies under the CCP rule, the "will of the exploited class" was the term used to justify people's actions and demands. Those who led the struggle in the villages and became new village cadres also justified their overthrow of their neighbors with the phrase "the will of the exploited class". However, what the "will of the exploited class" was not determined by a majority vote of the population, but unilaterally by the CCP (and ultimately by Mao). The CCP (Mao Zedong) ruled society by creating an order in which the "will of the exploited class" was considered the basis of legitimacy, and then by monopolizing the right to interpret that "will of the exploited class". The "inspection" conducted from the spring of 1947 changed (limited) the basis of legitimacy from the "exploited classes" to "tenant farmers and agricultural workers", and the subsequent struggle under the Outline of Chinese Land Law gave "tenant farmers and agricultural workers" authority and power over the base CCP organization and Party members. As a result, the CCP's governing structure, which had been formed by the spring of 1947, was thrown into turmoil and destroyed. From this perspective, the forced implementation of land reforms that did not fit the reality of North China's rural society (especially the emergence of the "extreme left phenomenon") may appear to have hindered the CCP from establishing itself in power. In practice, however, the result was rather the opposite. The base-level cadres and party members who led the struggle up to the spring of 1947 were stripped of their legitimacy because of their failure to realize land reform (i.e., the "will of the exploited class" as envisioned by the CCP) and were overthrown by the "tenant farmers and agricultural workers" who were newly selected by the CCP. However, the "tenant farmers and agricultural workers" who were responsible for this new struggle also had their qualifications as tenant farmers and agricultural workers called into question with the correction of the "extreme left phenomenon" by a return to exploitation-based class classification criteria. This is because although they were "poor farmers", many of them were not tenant farmers, especially in the North China Plain. The "tenant farmers and agricultural workers" were also different from the tenant farmers and agricultural workers envisioned in the "official social image" and the original revolutionary strategy.

Even after the correction of the "extreme left phenomenon", the CCP supported the "tenant farmers and agricultural workers" who were responsible for the movement under the Outline of Chinese Land Law and did not reinstate those who had been overthrown by the "tenant farmers and agricultural workers" (those who had led the struggle until the spring of 1947). However, the "tenant farmers and agricultural workers" were surrounded by bereaved families and friends who were overthrown by them who unfailingly took a hard look at the "tenant farmers and agricultural workers". Thus, the "tenant farmers and agricultural workers" could not violate orders (e.g., to provide supplies and soldiers to win the civil war) that the CCP would send down under the guise of "the will of the exploited class", because they were not real tenant farmers being exploited by the landowners, but merely "poor farmers". If one of them violated such a directive of the CCP, an accusation would be immediately lodged by his antagonists around him that he was not a revolutionary after all in a search for revenge justified as an act of justice. In order to maintain the support of the CCP, the "tenant farmer and agricultural worker" must realize the dictates of the CCP to the letter and if possible, exceed requirements. Of course, the same was true for those who had failed to achieve land reform in the previous period and were overthrown as "saboteurs of the revolution" (former village cadres and party members). No one in society was fully qualified as a member of the exploited classes (especially tenant farmers and agricultural workers), the basis of the new order.

Thus, the forced land reform based on the "official social image" with its divergence from the reality of North China's rural society and the resulting "extreme left phenomenon" consequently strengthened the CCP's control over society. After the rural revolution during China's civil war, a state in which the CCP had a high capacity to manipulate society, namely the PRC, was established. The PRC of the 1950s, which was able to take even land ownership away from the peasants, exists as an extension of this manipulative capacity.

《著者紹介》

み しな ひで のり
三品英憲

1971 年生まれ
2003 年　東京都立大学大学院人文科学研究科博士課程単位取得退学
現　在　和歌山大学教育学部教授，博士（史学）

中国革命の方法
――共産党はいかにして権力を樹立したか――

2024 年 9 月 15 日　初版第 1 刷発行

定価はカバーに
表示しています

著　者　三　品　英　憲

発行者　西　澤　泰　彦

発行所　一般財団法人 名古屋大学出版会
〒 464-0814　名古屋市千種区不老町 1 名古屋大学構内
電話(052)781-5027／FAX(052)781-0697

© Hidenori MISHINA, 2024　　　　　　　　Printed in Japan
印刷・製本 亜細亜印刷㈱　　　　　　ISBN978-4-8158-1167-9
乱丁・落丁はお取替えいたします。

JCOPY 〈出版者著作権管理機構 委託出版物〉
本書の全部または一部を無断で複製（コピーを含む）することは，著作権
法上での例外を除き，禁じられています。本書からの複製を希望される場
合は，そのつど事前に出版者著作権管理機構（Tel：03-5244-5088, FAX：
03-5244-5089, e-mail：info@jcopy.or.jp）の許諾を受けてください。

蒲豊彦著
闘う村落
—近代中国華南の民衆と国家—
A5 ・ 504頁
本体7,200円

吉澤誠一郎著
愛国とボイコット
—近代中国の地域的文脈と対日関係—
A5 ・ 314頁
本体4,500円

関智英著
対日協力者の政治構想
—日中戦争とその前後—
A5 ・ 616頁
本体7,200円

松本俊郎編
「満洲国」以後
—中国工業化の源流を考える—
A5 ・ 358頁
本体5,800円

中兼和津次著
毛沢東論
—真理は天から降ってくる—
四六 ・438頁
本体3,600円

中兼和津次編
毛沢東時代の経済
—改革開放の源流を探る—
A5 ・ 312頁
本体5,400円

林載桓著
人民解放軍と中国政治
—文化大革命から鄧小平へ—
A5 ・ 254頁
本体5,500円

李昊著
派閥の中国政治
—毛沢東から習近平まで—
A5 ・ 396頁
本体5,800円

鄭黄燕著
都市化の中国政治
—土地取引の展開と多元化する社会—
A5 ・ 268頁
本体5,400円

毛里和子著
現代中国　内政と外交
A5 ・ 240頁
本体3,600円

原田昌博著
政治的暴力の共和国
—ワイマル時代における街頭・酒場とナチズム—
A5 ・ 432頁
本体6,300円